内容简介

本教材根据“基于工作过程系统化”的课程开发思路，在改革教学实践的基础上，遵照学生的认知规律，内容安排上由浅入深，选取与计算机实际应用密切相关的基础性知识，重点介绍计算机基础知识、常用办公应用软件的操作技巧、计算机网络基本应用知识及常用工具软件的使用，采用情境描述、情境分析、情境实现、情境实战几个与实际工作密切相关的环节来提高学生运用计算机服务于学习、工作和生活的能力。本教材层次清晰、重点突出、语言通俗易懂，满足“一体化”教学的要求。

本教材作者均为一线专业教师，熟悉高职高专学生的学习特点及工学结合的编写思路，在编写过程中提供了大量操作性、实用性强且有代表性的案例，适合作为高职高专院校计算机公共课的教材，也可作为全国计算机等级考试一级和全国高新技术考试（操作员）的培训教材，也适宜计算机爱好者自学使用。

全国高等职业教育“十二五”规划教材

计算机应用基础情境教程

JISUANJI YINGYONG JICHU QINGJING JIAO CHENG

余小燕　陆全华　主编

中国农业出版社

编审人员名单

主　编　余小燕　陆全华

副主编　吴小香　俞　彤　陈君艳　王秀萍

编　者　（以姓名笔画为序）

王秀萍　朱　江　刘雪兰

吴小香　余小燕　陆全华

陈君艳　俞　彤　高正红

燕　斌

审　稿　王富国　徐冬寅

前　言

随着科学技术的发展，人类已经步入信息时代，计算机信息技术的发展水平、运用水平和教育水平已经成为衡量社会进步程度的重要标志，计算机知识与应用能力是现代人知识和能力结构的重要组成部分。计算机应用基础是高职高专院校学生必修的公共基础课，计算机已成为从事各项工作的重要工具，因此，提高计算机实际操作能力就显得十分重要。

近年来随着计算机技术的迅速发展，高职高专院校学生计算机知识的起点不断提高，全国计算机基础课程内容在不断改革，“教师教什么、怎样教，学生学什么、怎样学”的讨论也在不断更新，我们根据多年的教学经验编写了本教材，力求突出以下特点：

1. 体现“以就业为导向、以服务为宗旨、以能力为本位”的高职教育理念。本教材从计算机应用基础课程当前的相关岗位能力需求出发，分析该岗位群所需的知识技能，主要是操作系统与 Internet 的使用、常用 Microsoft 办公软件的使用，还有计算机基础知识、计算机网络基础知识、常用工具软件的使用以及职业素质等，这些构成了计算机应用基础课程的知识体系结构。根据该体系结构，将本教材分为七个模块，每个模块都模拟真实的学习情境，设计对应的工作任务，充分考虑职业教育的特色，突出知识的实际应用，注重学生应用能力的培养。

2. 体现“学习情境、项目主导”的基于工作过程的教学模式。在教学过程中，教师首先根据学习情境的描述，提出问题，并展示工作任务和工作结果；然后分析任务，引导学生讨论解决问题的方法；学生在问题的引导和教师的启发下完成任务；任务完成后，师生共同评价成果，指出存在的问题。

3. 学习情境模拟实际工作需要，项目任务题材丰富，激发学生学习的兴趣。本教材内容全部由实用性、操作性强的项目任务构成，情境描述贴切，情境分析具体，情境实现步骤真实，使学生能够以应用为目的主动学习。

4. 注重工作任务的完成过程，符合教学规律。本书在内容的安排上由浅入深，循序渐进，逐步拓宽知识点。按照“情境描述→情境分析→任务实现→情境实战”的思路组织教学，力求达到“学中做、做中学”的目的。

5. 教学资源立体化，便于教师教学。本教材所有电子教案、制作素材、样例效果、配套实训、练习题及答案等配套教学资源都可在江苏畜牧兽医职业技术学院的数字化学习中心网站下载，便于教师组织教学。

本教材由在教学第一线并具有丰富计算机基础教学经验的多位教师共同编写，余小燕、陆全华担任主编，吴小香、俞彤、陈君艳和王秀萍担任副主编，刘雪兰、高正红、朱江、燕斌参与编写。具体编写分工如下：模块一、二、三由余小燕、吴小香编写；模块四由陈君艳、高正红编写；模块五由王秀萍、燕斌编写；模块六由刘雪兰、朱江编写；模块七由俞彤编写。余小燕、陆全华负责全书统稿，王富国和徐冬寅两位教授对本教材进行了审稿，并提出了许多宝贵意见。

本教材在编写过程中得到了很多同仁的支持和帮助，特别是陈熔、王坤等几位教授，在这里一并表示感谢。书中情境描述及项目任务中提到的姓名、单位名等信息纯属虚构，如有雷同，纯属巧合。本教材虽经多次讨论并反复修改，但不当和疏漏之处在所难免，敬请广大读者指正！如有意见和建议请发邮件至451685908@qq. com。

编　者

2012 年 7 月

总 目 录

模 块 一 目 录

模块一　计算机基础知识

学习情境

➤ 概述计算机
➤ 认识计算机硬件
➤ 计算机软件系统
➤ 计算机病毒及防治

技能目标

➤ 熟悉计算机的概念、类型及应用领域，以及计算机系统的配置及主要技术指标

➤ 掌握进制的概念，能够熟练进行十进制、二进制、八进制和十六进制之间的转换

➤ 掌握数据的存储单位（位、字节、字）、西文字符与 ASCII 码、汉字及其编码（国标码）的基本概念

➤ 熟悉计算机的安全操作、病毒的概念及其防治

➤ 掌握计算机硬件系统的组成和功能，包括 CPU、存储器（ROM、RAM）以及常用的输入输出设备的功能

➤ 掌握计算机软件系统的组成和功能，包括系统软件和应用软件、程序设计语言（机器语言、汇编语言、高级语言）的概念

➤ 熟悉多媒体计算机系统的初步知识

情境一　概述计算机

❶情境描述

随着信息时代的来临，计算机已经走进了千家万户。那么什么是计算机？它能干什么？它有什么特点？它主要应用在哪些领域？未来的计算机发展趋势又怎样？这些都是每一个初次接触计算机的人迫切想了解的问题。请从专业的角度来全面地阐述这些问题。

❷情境分析

在本情境中，要全面地阐述这几个问题，先从什么是计算机说起，然后介绍计算机的发展、特点、分类及应用领域，最后介绍评价一台计算机的性能的高低的方法。

要全面阐述这几个问题，需要掌握如下知识技能点：

➢熟悉计算机概念及计算机的发展历史，了解未来可能的新型计算机

➢熟悉计算机的特点、分类及应用领域

➢熟悉计算机系统及其主要性能指标

经分析，可按照下列要点来阐述：

- 什么是计算机
- 计算机的发展
- 计算机的特点与分类
- 计算机的应用
- 计算机系统及其主要性能指标

❸具体实现

在第二次世界大战期间，英国为了破译德国人的电报密码，设计出了一台计算机，用来获取德国人的情报。之后，美国为了研究、制造投往广岛和长崎的原子弹，生产了“埃尼阿克”。虽然电子计算机因为战争的而出现，但是现在它成为人类不可缺少的助手：纽约的一次停电导致整个社会陷入瘫痪；我国台湾地震使海底多条光缆受损，最终导致亚洲与其他国家通信严重受损。可见计算机已经渗透到了生活中的各个角落，计算机信息技术的应用程度已经成为衡量一个国家信息化水平的重要标志。

1.1.1　什么是计算机

📖**1. 什么是计算机**　计算机是信息处理系统中最重要的一种工具，它不仅承担着信息加工、信息存储的任务，而且信息传递、感测、识别、控制和显示等都离不开计算机，所以我们说计算机是一种通用的信息处理工具。

计算机还是一种能够按照事先存储的程序自动、高速地进行大量算术运算与逻辑运算的现代化智能电子设备。它可以做许多不同的工作，如算题、播放音乐、处理文字、管理数据、控制其他机器、模拟世界上的事物等；也可以同时做不同的工作，如边处理文字边播放音乐等，但并不是所有的工作都能做。

📖**2. 现代计算机的基本工作原理**　计算机是一种电子设备，它是一种按照事先存储的程序进行数值计算和信息处理的电子设备。程序是由一条条计算机指令按一定的顺序组合而成的。把事先编制好的程序存放到存储器内，计算机在运算时依次取出指令，根据指令的功能进行相应的运算，这就是“存储程序控制原理”，该原理是美籍匈牙利数学家冯·诺依曼于1946年提出，并确立了现代计算机的基本结构，即冯·诺依曼结构，其结构可以概括为如下几点：

（1）把程序当作数据来对待，程序和该程序处理的数据均采用二进制的形式进行存储。

（2）把程序和数据存储在计算机内部的存储器中，且能自动依次执行指令。

（3）由控制器、运算器、存储器、输入设备、输出设备五大部件组成计算机硬件。

冯·诺依曼提出的计算机体系结构为后人普遍接受，人们把按照这一原理设计的计算机称为冯·诺依曼计算机。冯·诺依曼的这一设计思想被誉为计算机发展史上的里程碑，标志着计算机时代的真正开始。虽然计算机技术发展很快，但“存储程序控制原理”至今仍然是计算机内在的基本工作原理。自计算机诞生的那一天起，这一原理就决定了人们使用计算机的主要方式是编写程序和运行程序。

科学家们一直致力于提高程序设计的自动化水平，如改进用户的操作界面，提供各种开发工具、环境与平台等，其目的都是让人们更加方便地使用计算机，可以少编程甚至不编程来使用计算机，因为计算机编程毕竟是一项复杂的脑力劳动。但不管用户的开发与使用界面如何演变，“存储程序控制原理”没有变，它仍然是我们理解计算机系统功能与特征的基础。

📖**3. 世界上第一台电子计算机 ENIAC** 20 世纪 40 年代中期，由于导弹、火箭、原子弹等现代科学技术的发展，出现了大量极其复杂的数学问题，原有的计算工具已无法满足要求；而电子学和自动控制技术的迅速发展，为研制新的计算工具提供了物质和技术基础。

1946 年，在美国宾夕法尼亚大学，由 John W. Mauchly 博士和它的研究生 J. Presper Eckert 领导的研制小组为精确测算炮弹的弹道特性而制成了 ENIAC（“埃尼阿克”，Electronic Numerical Integrator and Calculator）计算机，这是世界上第一台真正能自动运行的电子数字计算机，它占地面积约 170 平方米，使用了18 800只电子管，10 000只电容器和70 000只电阻，质量达到 30 吨，功率为 150 千瓦，每秒只可进行5 000次加减运算，还比不上现在的一只掌上可编程计算器，但它毕竟是世界上第一台可以实际使用的电子计算机，为电子计算机的发展奠定了技术基础。

ENIAC 的问世具有划时代的意义，它代表了电子计算机时代的到来，从此计算机技术飞速发展起来了，在短短的 60 余年间，计算机的性能提高了 100 万倍，价格下降为万分之一。计算机技术的迅猛发展深刻地影响着科学技术、工农业生产以及社会生活的各个领域，成为第三次工业革命中最激动人心的成就，使我们的社会成为信息化的社会，几十年来，计算机科学已成为发展最快的一门学科。

1.1.2 计算机的发展

📖**1. 计算机的发展历程** 从第一台电子计算机诞生到现在，计算机的发展非常迅速，并正在向新型计算机发展。根据电子计算机采用的物理器件，一般把电子计算机的发展划分为四个时代。

（1）第一代，电子管计算机（1946—1958）。采用电子管作为基本的逻辑元器件，没有系统软件，只能用机器语言或汇编语言编写程序。运算速度仅每秒几千次到数万次，内存容量仅几千字节。第一代电子计算机体积大，造价高，耗能多，故障率高，主要用于科学计算。

（2）第二代，晶体管计算机（1958—1964）。采用晶体管作为计算机的基本逻辑元件，内存以磁芯存储器为主，外存开始使用磁盘、磁带，体积大大缩小，外设种类也有所增加。其运算速度大大提高，达到每秒几十万次，内存容量扩大到几万字节。计算机软件也有了较大发展，出现了高级程序设计语言，如 FORTRAN、ALGOL、COBOL 等。其应用除了科学计算外，还扩展到自动控制和数据处理等领域。

（3）第三代，集成电路计算机（1964—1970）。采用中小规模集成电路作为计算机的基本逻辑元器件。即把几十至几百个电子元器件集中在一块几平方毫米的单晶硅片上。因此体积减小，耗能减少，性能和稳定性提高，运算速度达每秒几十万次到几百万次。内存开始使用半导体存储器，容量增大。随着软件的逐渐完善，出现了操作系统和会话式语言，高级程序设计语言种类更多，计算机同时向标准化、多样化、通用化、系列化发展，计算机的应用扩大到各个领域。

（4）第四代，大规模和超大规模集成电路计算机（1971 年至今）。采用大规模集成电路（LSI）或超大规模集成电路（VLSI），集成度高达几百万个电子元器件。存储量大幅度提高，运算速度达每秒千万次到百万亿次。操作系统不断完善，应用软件实现了现代工业化生产，计算机的发展进入了网络时代。

目前使用的计算机都属于第四代计算机。自 20 世纪 90 年代开始，由于集成电路技术的发展和微处理器的出现，计算机发展速度之快，大大超出人们的预料：性能不断提高，体积不断变小，功耗不断降低，越来越便宜，软件越来越丰富，使用越来越容易，应用领域越来越普遍，计算机数量不断增加。这种趋势不仅仍在继续，且节奏进一步加快，市场竞争大大加剧。学术界和工业界已不再沿用“第×代计算机”的说法。

📖**2. 计算机的发展趋势** 目前，科学家们正在使计算机朝着巨型化、微型化、网络化、智能化和多功能化方向发展。

（1）巨型化。目前巨型化是指具有几千兆字节以上的存储容量、数万亿次/秒以上的运算速度、外围设备完备的计算机系统。巨型计算机主要用于尖端科学技术的研究开发和军事国防系统中。

（2）微型化或体积微型化。20 世纪 70 年代以来，由于大规模和超大规模集成电路的飞速发展，微处理器芯片连续更新换代，微型计算机连年降价，加上丰富的软件和外部设备，操作简单，使微型计算机很快普及社会各个领域并走进了千家万户。随着微电子技术的进一步发展，微型计算机将发展得更加迅速，其中笔记本型、掌上型等微型计算机必将以更优的性能价格比受到人们的欢迎。

（3）网络化。网络化是指利用通信技术和计算机技术，把分散在不同地点的计算机互连起来，按照网络协议相互通信，以达到所有用户共享软件、硬件资源的目的。随着 Internet（因特网）的迅猛发展，目前计算机网络已经在各行各业得到了广泛的应用。

目前各国都在开发三网合一的系统工程，即将电信网、计算机网、有线电视网合为一体。为了适应这种发展，我国已将邮电部、电子工业部、广电部等合并为工业和信息化部。

（4）智能化。智能化就是要求计算机能够模拟人的思维和感官，即具有识别声音、图像的能力，有推理和联想学习的功能，其中最具有代表系统的是专家系统和智能机器人。

📖**3. 未来可能的新型计算机** 人们正在研究开发的计算机系统，主要着眼于计算机的智能化，它以知识处理为核心，可以模拟或部分替代人的智能活动，具有自然的人机通信能力。

非冯·诺依曼体系结构的计算机是另一个研究焦点。人们在经过长期的探索后发现，冯·诺依曼体系结构虽然为计算机的发展奠定了基础，但是它的“存储程序控制”原理表现在“集中顺序控制”方面的串行机制成为进一步提高计算机性能的瓶颈。

目前计算机用的几乎都是半导体集成电路，但现在人们也在努力研究基于其他材料的计算机，如“生物计算机”、“光子计算机”等。

（1）量子计算机。基于量子效应开发，利用一种链状分子聚合物的特性来表示开关的状态，利用激光脉冲来改变分子的状态，使信息沿着聚合物移动，从而进行运算。

（2）光学计算机。以光子代替电子，光互连代替导线互连，光硬件代替计算机中的电子硬件，光运算代替电运算。

(3) 生物计算机。蛋白质分子与周围物理化学介质的相互作用过程。计算机的转换开关由酶来充当，而程序则在酶合成系统本身和蛋白质的结构中极其明显地表示出来。预计10～20年后，DNA计算机将进入实用阶段。

这些技术现在还都不成熟，与实际应用有很大差距，但可以预计这些技术的发展必将使计算机的前景更加美好。当然，这是一个需要长期努力才能实现的目标。

🕮4. 我国计算机的发展

(1) 我国第一台电子计算机。1956年，华罗庚教授受命筹建中国科学院计算技术研究所；1958年中国第一台计算机103型机研制成功，它由中国科学院计算所与北京有线电厂共同研制。该机字长31位，内存容量为1 024字节，运算速度每秒450次。1958年8月1日该机可以表演短程序运行，标志着我国第一台电子计算机诞生。该机在738厂开始小量生产，改名为103型计算机（即DJS-1型），共生产38台。

(2) 我国第一台大型电子计算机。104型计算机于1959年4月完成调试，第一道题目是五一节天气预报，9月交付用户使用，无故障稳定运行时间达到2小时。该机有22个机柜，占地200平方米。全机共用4 200个电子管，4 000个晶体二极管。字长39位，容量为4KB，每秒运算1万次。

(3) 我国第二代电子计算机。1964年我国华北计算机研究所先后研制成功108机（DJS-6）、121机（DJS-21）和320机（DJS-6），并在738厂等五家工厂生产；中国人民解放军军事工程学院（简称哈军工，国防科技大学前身）研制成功441B全晶体管计算机，小批量生产了40多台。当时我国研发出的计算机都仅有小批量生产，由国家分配到各个科研院所使用，研发和生产计算机的单位全部是军工企业，具备极高的保密措施，每一个元件，每一张设计图纸都被严格看管。

(4) 1985年6月，我国第一台IBM PC兼容微型计算机——长城0520CH研制成功，其后长城、联想、方正等公司纷纷推出国产微型计算机，微机开始逐渐普及，并应用于国民经济及社会生活的各个领域。

1.1.3 计算机的特点

计算机被广泛应用于科学计算、数据处理、自动控制、办公自动化、人工智能、网络通信等领域，其主要原因是计算机有区别于以往的计算工具的几个重要特点。

🕮1. 运算速度快 当今计算机系统的运算速度已达到每秒万亿次，微机也可达每秒亿次以上，使大量复杂的科学计算问题得以解决。例如：卫星轨道的计算、大型水坝的计算、24小时天气预报的计算等，过去人工计算需要几年、几十年，而现在用计算机只需几天甚至几分钟就可完成。

🕮2. 计算精度高 科学技术的发展特别是尖端科学技术的发展，需要高度精确的计算。计算机控制的导弹之所以能准确地击中预定的目标，是与计算机的精确计算分不开的。一般计算机可以有十几位甚至几十位（二进制）有效数字，计算精度可由千分之几到百万分之几，是任何计算工具所望尘莫及的。

🕮3. 具有记忆和逻辑判断能力 随着计算机存储容量的不断增大，可存储记忆的信息越来越多。计算机不仅能进行计算，而且能把参加运算的数据、程序以及中间结果和最后结果保存起来，以供用户随时调用；还可以对各种信息（如语言、文字、图形、图像、音乐等）通过编码技术进行算术运算和逻辑运算，甚至进行推理和证明。

📖**4. 能自动运行并具备人机交互能力**　所谓自动运行，是指把需要计算机处理的问题编成程序，输入计算机，当发出运行指令后，计算机便在该程序控制下依次逐条运行，很少需要人工干预。人机交互是指当要干预程序执行时，可以采用人机之间的一问一答方式，有针对性地解决问题。

1.1.4　计算机的分类

📖**1. 按使用范围分类**

（1）通用计算机。通用计算机即指为解决各种问题、具有较强的通用性而设计的计算机。这类计算机用途广泛，因而适用范围很广。

（2）专用计算机。专用计算机是指为某种特定目的所设计、制造的计算机，其适用范围窄。专用计算机一般用在过程控制中，如智能仪表、飞机的自动控制、导弹的导航系统等，这类专用计算机具有运行效率高、速度快、精度高等特点。还有的专用计算机结构简单，价格低，工作效率也很高，如超市收银机、银行柜员机和控制用的单片机等。

📖**2. 按数据处理方式分类**

（1）数字计算机。数字计算机处理的是非连续变化的数据，这些数据在时间上是离散的，输入的是数字量，输出的也是数字量，如职工工号、年龄、工资等数据。其运算精度高，通用性强。

（2）模拟计算机。模拟计算机处理和显示的是连续的物理量，所有数据用连续变化的模拟信号来表示。一般来说，模拟计算机不如数字计算机精确，通用性也不强，但运算速度快，主要用于过程控制和模拟仿真。

（3）数模混合计算机。这种混合计算机兼有数字和模拟两种计算机的特点，既能接受、输出和处理模拟量，又能接受、输出和处理数字量。

📖**3. 按计算机性能、用途和价格分类**　按照计算机的性能、用途和价格进行分类，通常把计算机分为下面的四大类。需要说明的是，由于计算机技术发展很快，不同类型计算机之间的划分标准是变化的。

（1）巨型计算机。巨型机也称超级计算机，采用大规模并行处理的结构，由数以百计、千计、万计的 CPU 共同完成系统软件和应用软件运行任务。它有极强的运算处理能力，速度达到每秒运算数万、数十万亿次以上，大多使用在军事、科研、气象预报、石油勘探、飞机设计模拟、生物信息处理、破解密码等领域。2008 年 6 月，我国曙光公司研制成功“曙光 5000A”巨型计算机，它包含6 600个 AMD 公司的 4 核处理器，运算速度达到每秒 160 万亿次。

（2）大/中型计算机。大/中型计算机指运算速度快、存储容量大、通信联网功能完善、可靠性高、安全性好、有丰富的系统软件和应用软件的计算机。通常含有几十个甚至更多个 CPU，一般用于企事业单位的集中数据处理，比如各种服务器。

（3）小型计算机。小型计算机是一种供部门使用的计算机，近些年来小型机逐步被高性能的服务器所取代，其典型应用是帮助中小企业完成信息处理任务，如库存管理、销售管理、文档管理等。

（4）个人计算机。个人计算机（PC）也称个人电脑或微型计算机，它是 20 世纪 80 年代初期由于单片微处理器的出现而开发成功的。个人计算机的特点是价格低，使用方便，软件丰富，性能不断提高，适合办公或家庭使用。

近几年，出现了各种各样的个人计算机，如图 1-1-1 所示。

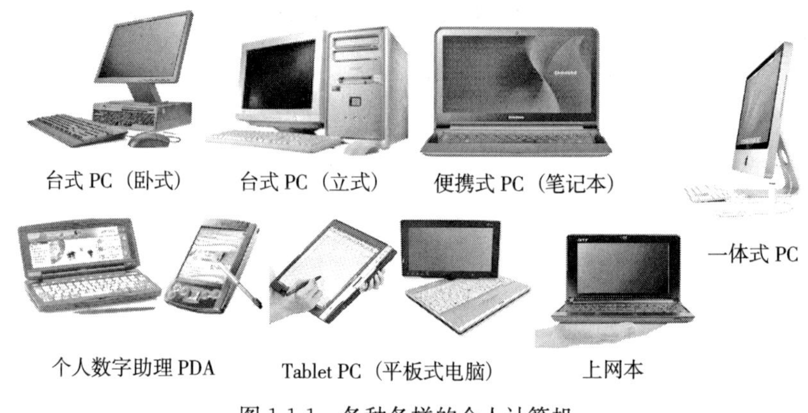

图 1-1-1　各种各样的个人计算机

（5）工作站。工作站是指为了某种特殊用途而将高性能的计算机系统、输入/输出设备与专用软件结合在一起的系统。它的独特之处在于大容量主存、大屏幕显示器，特别适合于计算机辅助工程。例如图形工作站，一般包括主机、数字化仪、扫描仪、鼠标、图形显示器、绘图仪和图形处理软件等，它可以完成对各种图形与图像的输入、存储、处理和输出等操作。

（6）服务器。服务器是在网络环境下为多用户提供服务的共享设备，一般分为文件服务器、打印服务器、计算服务器和通信服务器等。该设备连接在网络上，网络用户在通信软件的支持下远程登录，共享服务器提供的各种服务。

此外按照计算机的内部逻辑结构即处理器字长，可将计算机分为 16 位机、32 位机或 64 位机等。32 位机使用 32 位的处理器作为 CPU，它目前仍然是主流机型，从应用角度看 32 位机满足了绝大部分用途的需要，包括文字、图形、表格处理及精密科学计算等多方面的需要；64 位机使用 64 位的处理器作 CPU，这是目前的各个计算机领军公司争相开发的最新产品。

1.1.5　计算机的应用

计算机主要应用在数值计算、数据处理、过程控制、人工智能、计算机辅助工程、电子商务和娱乐等领域。

📖**1. 科学计算**　科学计算也称为数值计算，是指用计算机来解决科学研究和工程计算中所提出的复杂的数学及数值计算问题，这是计算机应用最早也是最成熟的领域。计算机不仅计算速度快，而且精度高，许多人工难以完成的复杂计算，使用计算机可以迎刃而解。如气象预报的精确化、人造卫星轨道的计算、宇宙飞船的制造等，计算机已成为人们必不可少的工具。

📖**2. 数据处理**　数据处理又称为信息管理，是人们利用计算机对所获取的信息进行采集、记录、整理、加工、存储和传输，并进行综合分析等，是计算机的一个重要应用领域。

在当今信息化的社会中，每时每刻都在生成大量的信息，只有利用计算机才能对浩如烟海的信息进行管理和利用。目前，文字处理软件、电子报表软件和各种网上办公系统的使用已经十分广泛，在办公自动化中发挥了巨大的作用。利用数据库技术开发的管理信息系统和决策支持系统等也大大提高了企业和政府部门的现代化管理水平。

📖**3. 实时控制**（过程控制）　所谓实时控制就是及时地采集、检测数据，使计算机快速地处理和自动地控制被控对象的动作，实现生产过程的自动化。过程控制不仅能通过连续监控提高生产的安全性和自动化水平，同时提高了产品的质量，降低了成本，减轻了劳动强度。它在钢铁、石油、化工、制造业等工业以及军事和航天领域得到了广泛的应用。

📖**4. 计算机辅助工程**　当前采用计算机辅助功能的系统越来越多，使得各领域的科学研究、辅助设计、生产制造、教育教学等技术有了突飞猛进的发展。这些系统包括计算机基础教育（CBE）、计算机辅助设计（CAD）、计算机辅助制造（CAM）和计算机集成制造系统（CIMS）。

计算机辅助设计（CAD）技术目前广泛应用在汽车、飞机、船舶、集成电路、大型自动控制系统的设计中；计算机辅助制造（CAM）技术是利用计算机对生产设备进行控制和管理，实现无图纸加工，广泛应用在工业控制中；计算机基础教育（CBE）主要包括计算机辅助教学（CAI）、计算机辅助测试（CAT）和计算机管理教学（CMI）等。

📖**5. 人工智能**　这是计算机应用的崭新领域，它由计算机来模拟或部分模拟人类的智能。传统的计算机程序虽然具有逻辑判断能力，但它只能执行预先设计好的程序，而不能像人类那样有思维。人工智能是一门涉及计算机科学、控制论、信息论、仿生学、神经心理学和心理学等多门学科交叉的边缘学科，目前的研究方向有模式识别、自然语言理解、自动定理证明、自动程序设计、知识表示、机器学习、专家系统、机器人等。

📖**6. 电子商务**　电子商务是指通过计算机和网络进行商务活动，是在 Internet 的广阔联系与传统信息技术的丰富资源相结合的背景下应运而生的一种网上相互关联的动态商务活动。电子商务是 1996 年开始的，起步虽然晚，但是因其高效率、低支付、高效益和全球性等特点，很快受到各国政府和企业的广泛重视，有着广阔的发展前景。目前，世界各地的许多公司及个人通过网络进行商业交易，在网上进行业务往来。

📖**7. 娱乐**　计算机已经走进家庭，在工作生活之余人们使用计算机看电影、听音乐、玩游戏、浏览新闻等。

1.1.6　计算机系统基本组成

经过近 70 年的发展，计算机的功能在不断增强，应用不断扩展，计算机系统也变得越来越复杂。但无论系统多么复杂，它们的基本组成和工作原理还是大体相同的。

计算机系统由硬件系统和软件系统两大部分组成。硬件是指看得见摸得着的计算机主机及外围设备，是计算机系统中所有实际物理装置的总称；软件是各种程序的总称，是在硬件上运行的程序和相关的数据及文档。

软件是计算机系统中不可缺少的组成部分，如果说硬件是计算机系统的物质基础，那么软件就是计算机系统的大脑。一个不包含任何软件的计算机称为“裸机”，这样的计算机是什么也干不了的。计算机系统的组成如图 1-1-2 所示。

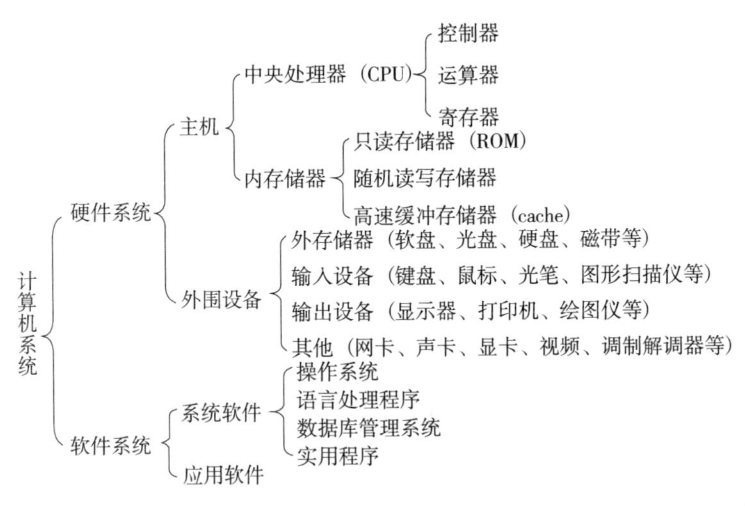

图 1-1-2　计算机系统基本组成

1.1.7　计算机系统主要性能指标

计算机系统主要技术指标有字长、时钟周期、存储容量、主频等。

1. 字长　字长是计算机中的 CPU 一次能够同时处理的二进制数据的位数，它直接关系到计算机的计算速度、精度和功能。字长越长，计算机处理数据的能力越强。

2. 内存容量　内存容量反映计算机存储信息的能力，其单位有字节（B）、千字节（KB）、兆字节（MB）、吉字节（GB），它们的换算关系是 $1GB=2^{10}MB=2^{20}KB=2^{30}B$。

3. 运算速度　计算机的运算速度是指每秒能执行指令的数量，其单位为 MIPS（百万条指令/秒）。衡量计算机的速度一般从主频、运算速度、存取速度来考虑。

4. 时钟周期和主频　在电子技术中，脉冲信号是按一定电压幅度、一定时间间隔连续发出的，脉冲信号之间的时间间隔称为周期；而将在单位时间（如 1 秒）内所产生的脉冲个数称为频率。时钟周期是一个时间的量，它表示了中央处理器所能运行的最高频率。更小的时钟周期意味着更高的工作频率。频率的标准计量单位是 Hz（赫兹），还有 kHz（千赫兹）、MHz（兆赫兹）、GHz（吉赫兹）。其中 1GHz＝1 000 MHz，1MHz＝1 000 kHz，1kHz＝1 000Hz。有时也用时钟周期的倒数——时钟频率，即我们通常所说的主频来表示。一般来说，主频越高（时钟周期越短），计算机的运算速度越快，但主频并不能全面反映计算机的运算速度，较能准确地反映计算机运算速度的是 MIPS 指令。近年来，微机的主频提高很快。

5. 数据输入/输出最大速率　主机与外部设备之间交换数据的速率也是影响计算机工作速度的重要因素。由于各种外部设备本身工作的速度不同，常用主机所能支持的数据输入/输出最大速率来表示。

情境二　认识计算机硬件

❶情境描述

计算机系统是由硬件系统和软件系统两大部分组成的。微型计算机是目前最广泛使用的计算机系统，请介绍微型计算机系统的基本组成、各部分的功能，并帮助用户识别微型计算机中的各个硬件部件。

❷情境分析

在本情境中需要掌握如下知识技能点：

➢计算机硬件系统的基本组成及功能

➢认识微型计算机的各个硬件组件，并了解其性能指标及常见品牌

经分析，可按照下列步骤完成：

- 计算机硬件系统
- 微型计算机硬件，包括主机、外存储器、输入输出设备、其他设备

❸具体实现

1.2.1　计算机硬件系统

计算机硬件系统是指构成计算机物理结构的电气、电子和机械部件，是计算机系统中所有实际物理装置的总称。

从冯·诺依曼提出的计算机体系结构可知，计算机硬件系统通常由五大部分组成，分别是运算器、控制器、存储器、输入设备和输出设备，如图 1-2-1 所示。

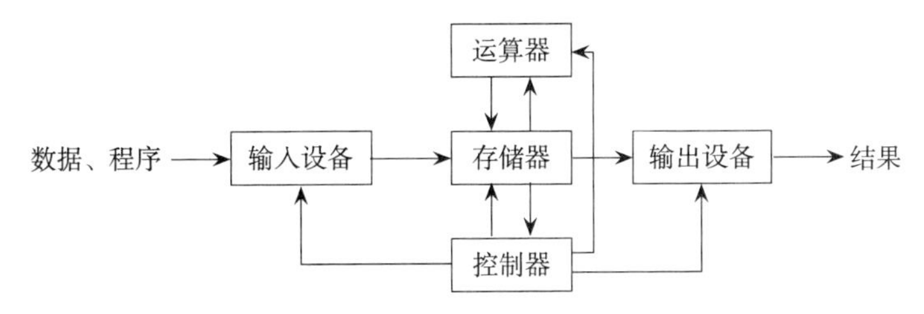

图 1-2-1　计算机硬件系统基本组成

📖**1. 运算器**　运算器是对信息进行加工处理的部件。它在控制器的控制下与内存交换信息，其主要功能是进行算术运算和逻辑运算，还具有移位、比较、传递等功能。此外，在运算器中还含有能暂时存放数据或结果的寄存器。

📖**2. 控制器**　控制器是整个计算机硬件系统的指挥中心，它负责对指令进行分析、判断并发出控制信号，使计算机各部件自动协调的工作。

将运算器和控制器集成在一块大小仅为几平方厘米的半导体芯片上，负责对输入信息进行各种处理的部件称为处理器，因为其体积小，故称为微处理器。一台计算机中往往有多个处理器，它们各有不同的任务，有的用于绘图，有的用于通信，其中承担系统软件和应用软件运行任务的处理器称为中央处理器（central processing unit，CPU），它是任何一台计算机必不可少的核心组成部件。

大多数计算机只包含一个 CPU。为了提高处理速度，计算机也可以包含 2 个、4 个、8 个甚至几百个、几千个 CPU。使用多个 CPU 实现超高速计算的技术称为并行处理，采用这种技术的计算机系统称为多处理系统。

📖**3. 存储器** 存储器的主要功能是存放程序和数据。存储器由许多存储单元组成，每个存储单元可以存放一个数据或一条指令。存储单元按照一定的顺序编号，每个存储单元有唯一的编号即单元地址，该地址是固定不变的，而存储在其中的信息是可变的。向存储单元存入信息或从存储单元取出信息称为访问存储器。

在计算机系统中存在多种形式的存储器，可分为内存和外存两大类。内存的存取速度快而容量相对较小，它与CPU高速相连，用来存放已经启动运行的程序和正在处理的数据。外存的存储速度较慢而容量相对较大，它与CPU并不直接相连，用于永久性地存放计算机中几乎所有的信息。

外存也称为辅存，常见的有磁盘存储器（包括软盘、硬盘、光盘、U盘、移动硬盘）和磁带存储器；内存也就是我们平时所说的主存，按照是否能随机进行读写，可分为RAM（随机访问存储器）、ROM（只读存储器），而我们平时所说的内存条主要是指RAM。

📖**4. 输入设备** 输入设备是向计算机输入信息的装置，用于把编制好的程序、数据和各种信息转变为计算机能识别、接收的电信号，按照顺序送往计算机内存中。常用的输入设备有键盘、鼠标、光笔、磁盘机、扫描仪、摄像机等。

📖**5. 输出设备** 输出设备是用来输出数据处理结果或其他信息的设备。主要是把计算机处理的数据、计算结果等内部信息按需要的形式输出。常见的输出设备有显示器、打印机、绘图仪等。

微型计算机是目前使用最广泛的计算机系统，它也是基于计算机系统的五部分组成的。根据微型计算机的特点将其硬件分为主机和外围设备两大部分，如图1-2-2所示。

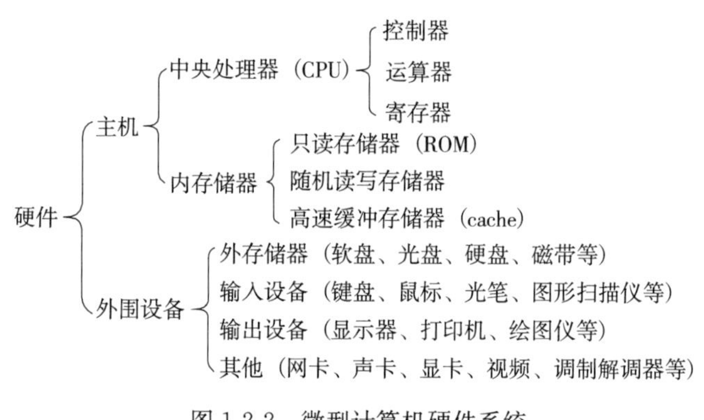

图1-2-2 微型计算机硬件系统

1.2.2 微型计算机主机

主机是安装在主机箱内所有部件的统一体，是微型计算机系统的核心，主要由CPU、内存、输入/输出接口（简称I/O接口）、总线和各种扩展槽等组成，这些部件被制成一块或多块印制电路板，称为主机板，简称主板或系统板。

📖**1. 主板** 从功能上讲主板就是主机，是计算机中各种设备的连接载体，也是微型计算机系统的主体和控制中心，它几乎集合了全部系统的功能，控制着各部分之间的指令流和数据流。在主板上通常安装有CPU插槽、芯片组、存储器插槽、扩充卡插槽、显卡插槽、BIOS、CMOS存储器、辅助芯片和若干用于连接外围设备的I/O插口，但随着计算机的发展，不同型号的微型计算机的主板结构是不一样的，典型的主板外观如图1-2-3所示。生产主板的主要厂商有Intel、华硕、微星和技嘉等。

（1）CPU插槽。用于固定、连接CPU芯片。为了方便安装CPU芯片，现在的CPU插槽基本上都是零插槽式设计，都是用卡扣来固定CPU。

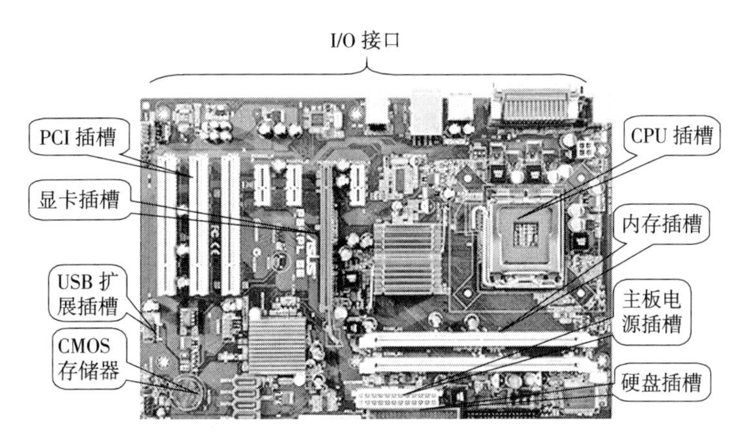

图 1-2-3　主板实物

（2）内存插槽。随着内存扩展板的标准化，主板给内存预留有专用插槽，只要购买所需数量并与主板插槽匹配的内存条，就可以实现扩充内存和即插即用。

（3）PCI 插槽。即总线插槽，主板上有一系列的扩展槽，用来连接各种功能插卡，如声卡、网卡等，以扩展微型计算机的各种功能。任何插卡插入扩展槽后，就可以通过系统总线与 CPU 连接，在操作系统的支持下实现即插即用。

（4）I/O 接口。即输入/输出接口，是 CPU 与外围设备之间交换信息的连接电路，它们通过总线与 CPU 相连，简称 I/O 接口。

（5）CMOS 存储器。CMOS 是一种存储基本输入输出系统（BIOS）所使用的系统存储器，是微机主板上一块可读写的 ROM 芯片，用来保存当前系统的硬件配置和用户对某些参数的设定。当计算机断电时，由一块电池供电，使存储器中的信息不会丢失，用户可以利用 CMOS 对微机的系统参数进行设置。

2. 中央处理器（CPU）　CPU 就像计算机的“大脑”，是整个计算机运算与控制的核心，是计算机中集成度最高、最贵重的一块芯片。计算机所有数据的加工处理都是在 CPU 中完成的，因此它的性能好坏大体能反映计算机的性能。说到 CPU，不得不提到全球最大的 CPU 芯片制造商 Intel 公司，另外还有 AMD 公司也是重要的 CPU 芯片厂商。常见的 CPU 如图 1-2-4 所示。

Intel 赛扬 D352 3.2G　　Intel Core 2 Duo E6750　　AMD Athlon64 × 2

图 1-2-4　CPU

我们知道，CPU 主要包含运算器和控制器，事实上 CPU 处理数据的过程类似于一个工厂对数据进行加工的过程，其工作原理如图 1-2-5 所示。

原料进入工厂后经过物资分配部门的调度被分往生产线，生产出的产品存储在仓库中，

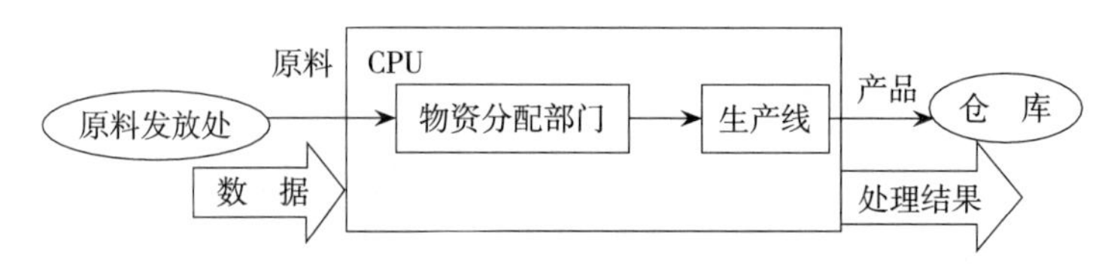

图 1-2-5 CPU 工作原理

最后拿到市场上去卖。其中数据以及程序指令就是原料，CPU 的控制器就是物资分配部门，经过运算器这条生产线的加工，获得的处理结果存储在存储器（仓库）中，最终交由应用程序使用。

因此，CPU 的运算速度是 CPU 的一个重要的性能指标，通常称为主频，指的是 CPU 内核工作的时钟频率，简单地说，就是 CPU 的工作频率，以 MHz（兆赫兹）为单位。主频仅仅反映了 CPU 自身的工作频率，但是 CPU 需要和其他设备进行通信、交换数据，如从存储器中读写数据等，这个频率就是 CPU 的外频，即主板上系统总线的工作频率。倍频则是指 CPU 外频与主频相差的倍数，用公式表示就是“主频＝外频 * 倍频”。例如 Intel 赛扬 D352-3. 2G 的主频是3 200MHz，外频为 133MHz，倍频为 24。

一般来说，主频越高，表明 CPU 的运算速度越高。当然，具有相同主频的 CPU，由于架构不同，CPU 的性能也不相同。

3. 内存储器 内存储器是直接与 CPU 进行信息交换的存储设备，是微型计算机工作的基础。CPU 在工作时，需要从硬盘等外存储器中读取数据，但由于硬盘这个“仓库”太大，加上离 CPU 也很“远”，运输“原料”的速度就比较慢，导致 CPU 的生产效率大打折扣。因此，内存储器就在 CPU 与外存储器之间建立了一个“中转仓库”。当 CPU 需要数据时，事先可将部分数据存放在内存中，以解 CPU 的燃眉之急。内存不能用来长时间存放数据，当计算机断电后，内存中的数据就会丢失，因此在计算机关机之前需要将数据保存在硬盘中。

通常内存储器可分为只读存储器、随机读写存储器和高速缓冲存储器三类。

（1）只读存储器 ROM（Read-Only Memory）。ROM 是指只能从该设备中读数据，而不能往里面写数据，所以一般用于保存一些系统最基本的数据，即使在计算机关机后，它仍然保留这些数据。通常 ROM 存储计算机中硬件设备的配置，也存储计算机用于检查所有外围设备是否正常工作所需的程序，这种检查称为 POST（power on self test，通电自检），计算机在一开机时一般都会运行 ROM 中的这段程序来检测计算机的各种设备是否正常工作。

（2）随机读写存储器 RAM（random access memory）。RAM 就是我们通常所说的内存，它用于在计算机进行运算时临时存储程序和数据。RAM 允许读写数据，并需要持续供给电流，只要计算机一关机，RAM 中存储的信息就会丢失。

按照 RAM 保存数据的机理又可分为 DRAM（动态随机访问存储器）和 SRAM（静态随机访问存储器）两种。DRAM 芯片电路简单，集成度高，功耗小，成本较低，适合使用内存储器的主体部分，但是它的速度较慢，一般要比 CPU 慢得多。SRAM 与 DRAM 相比，其电路较复杂，集成度低，功耗较大，制造成本高，价格高，但工作速度很快，适合用于高速缓冲存储器 Cache（目前大多与 CPU 集成在同一块芯片中）。

目前微机中的 RAM 大多采用半导体存储器，基本上是以内存条的形式进行组织的（图

1-2-6)，其优点是扩展方便，用户可根据需要随时扩展内存，使用时只要将内存条插在主板上的内存插槽上即可。

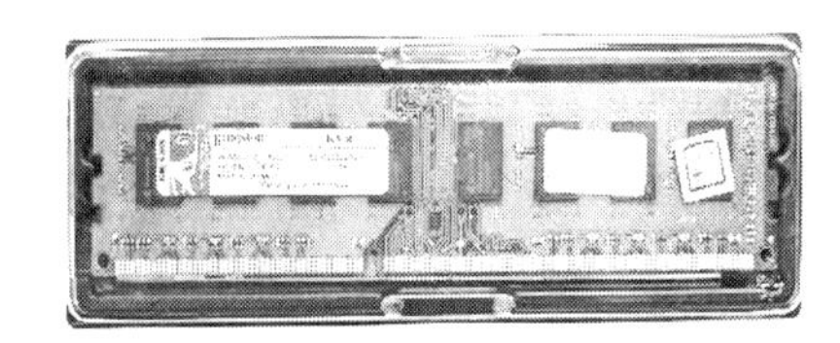
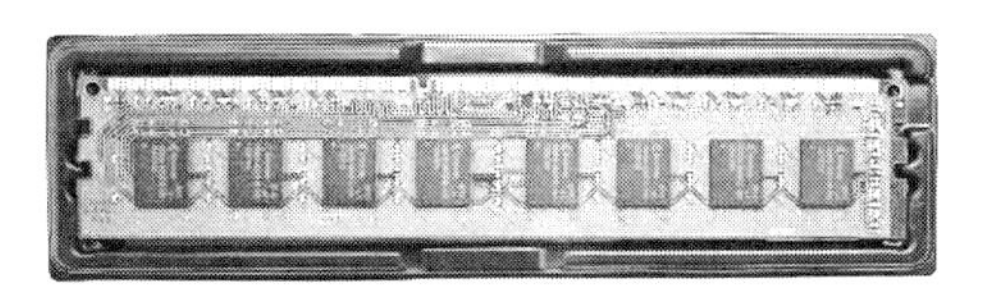

图 1-2-6　金士顿 2GB DDR3 内存条

(3) 高速缓冲存储器 (cache)。Cache 是指在 CPU 与内存之间设置一级或两级高速小容量存储器，称为高速缓冲存储器，其固化在主板上。在计算机工作时，系统先将数据由外存读入 RAM 中，再由 RAM 读入 Cache 中，然后 CPU 直接从 Cache 中取数据进行操作。Cache 的容量一般为 32～256KB，存取速度为 15～35ns（纳秒），而 RAM 存取速度一般要大于 80ns。

1.2.3　微型计算机外存储器

外存储器即外存，也称为辅存，其主要作用是长期存放计算机工作所需要的系统文件、应用程序、用户程序、文档和数据等。当 CPU 需要执行某部分程序和数据时，由外存调入内存以供 CPU 访问，可见外存的作用是扩大存储系统容量的。

外存储器主要有磁盘或磁带等，它既属于输入设备，也属于输出设备。磁盘是微机中使用的主要存储设备，分为硬盘、软盘、光盘三种。通常一台微机至少安装一个硬盘存储器和一个光盘存储器。硬盘存储器的特点是存储容量大，读写速度快，密封性好，可靠性高，使用方便，有些软件只需要其还正常存在于硬盘中便能长期使用运行；而软盘和光盘的特点是成本低，质量轻，价格低，盘片易携带易保管，但需要插入盘片才能运行其中的软件，且有些大的软件如果没有硬盘驱动器根本无法运行。

📖**1. 硬盘存储器**　硬盘一般置于主机箱内，盘片是涂有磁性材料的磁盘组件，用于存放数据。衡量硬盘存储器性能的主要技术指标是硬盘容量，容量越大，存储信息越多。硬盘的容量取决于硬盘的磁头数、柱面数及每个磁道扇区数，而每个扇区的容量为 512B，故硬盘的容量为 512×磁道扇区数×磁头数×柱面数。

除了硬盘容量，它的主轴转速是硬盘内部数据传输率的决定因素之一，它决定了硬盘读写数据的速度，在一定程度上也影响到计算机硬盘的速度，转速越高，平均存取时间越短，数据传输速度也会相应加快，如图 1-2-7 所示的日立 7K200 硬盘拥有7 200转的转速以及 200GB 的容量。

一般来说，衡量硬盘存储器性能的主要技术指标除了存储容量、数据传输速率外，还有平均存取时间、高速缓存容量、平均无故障时间等。所以用户在选购硬盘时，主要考虑容量（容量越大，存储信息越多）、转速（转速越高，平均存取时间越短，数据传输速率也会相应加快），另外还要注意硬盘的接口类型、硬盘的发热与噪声情况。

图 1-2-7　日立 7K200 硬盘

新硬盘存储器在使用之前，要经过低级格式化、硬盘分区和高级格式化三个阶段。硬盘的低级格式化一般是由生产厂家在出厂前完成，目的之一是划分磁道和扇区；硬盘分区可由生产厂家和用户来进行（用 DOS 下的 FDISK 命令），目的是建立系统使用的磁盘分区，使每个分区都有自己的名字即盘符，并将引导程序和分区信息表写到硬盘的第一个扇区上，这样系统就通过盘符来访问硬盘；硬盘的高级格式化是由用户来完成的（通过 DOS 系统下的 FORMAT 命令），其目的一方面是装入操作系统，使硬盘兼有系统启动盘的作用，另一方面是对指定的硬盘分区建立文件分配表以便系统按指定的格式存储文件。需要注意的是，格式化操作会清除磁盘中原有的全部信息，所以在对硬盘进行格式化之前一定要做好备份工作。

📖**2. 光盘存储器** 光盘存储器是利用光学方式进行读写信息的存储设备，主要由光盘、光盘驱动器和光盘控制器组成。光盘的特点是存储容量大，可靠性高。光盘的读写是靠光盘驱动器进行的。光盘和光驱如图 1-2-8 所示。

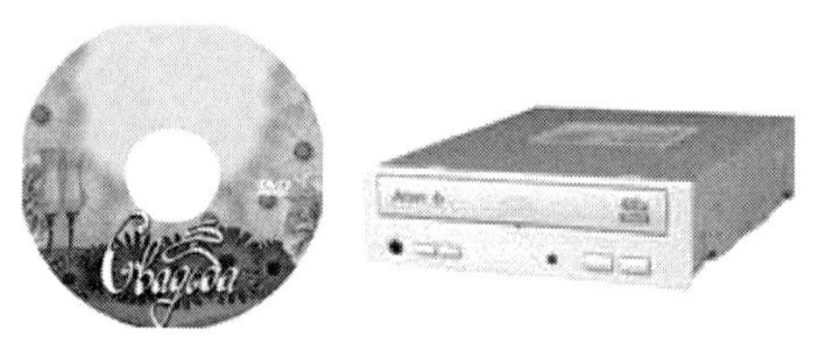

图 1-2-8 光盘和光驱

常见的光盘有三种形式：只读型、追记只读型和可擦写型。

只读光盘（CD-ROM）中的内容在光盘生产时就已经确定，盘片一旦制成，其内容不可改变，只能读取。在计算机领域，CD-ROM 主要用于视频盘和数字化唱盘以及各种多媒体出版物。追记只读型光盘（CD-R）可以分一次或几次对它写入数据，已写入的数据不能更改且只能读取。CD-R 光盘一般用于资料的永久性保存，也可用于自制多媒体光盘或光盘备份。可擦写型光盘（CD-RW）可以反复读写，兼有硬磁盘的大容量和软磁盘的易装卸等优点，是一种新型的光盘。一般的光盘驱动器只能读光盘，只有刻录机才能对光盘进行写操作。

📖**3. 软盘存储器** 软盘存储器主要由软盘和软盘驱动器组成。软盘具有存储容量小、读写方便、成本低、可装可卸的特点，过去常用的是容量为 1.44MB 的 3.5 英寸软盘。它是一个柔软的涂有磁性材料的塑料片，它的磁头读写孔平时由滑动的金属片盖住，对磁盘起到保护作用。软盘中的信息必须通过安装在计算机上的软盘驱动器才能读写。

图 1-2-9 移动硬盘和 U 盘

📖**4. 可移动外存储器** 由于软盘存储容量小，也容易损坏，目前正被一种可移动的存储器所代替，这就是目前常见的 U 盘和可移动硬盘。移动硬盘用来存储大容量的文件，U 盘也称为闪存盘或闪盘，是以闪存芯片为信息载体记录、保存数据的，其特点是读写速度快。移动硬盘和 U 盘外观如图 1-2-9 所示。

综上所述，在计算机中存储信息的设备有内存、硬盘、软盘、光盘等。内存的存储速度快，但其存储容量有限；硬盘、光盘的存储容量大，但其存储速度慢。为了充分发挥各种不同存储容量、不同存取速度的存储设备的长处，将它们按照一定的体系结构组织起来，使所存放的程序和数据按照层次分布在各存储设备中，这就构成了具有层次结构的存储系统。存储系统的层次结构如图 1-2-10 所示。

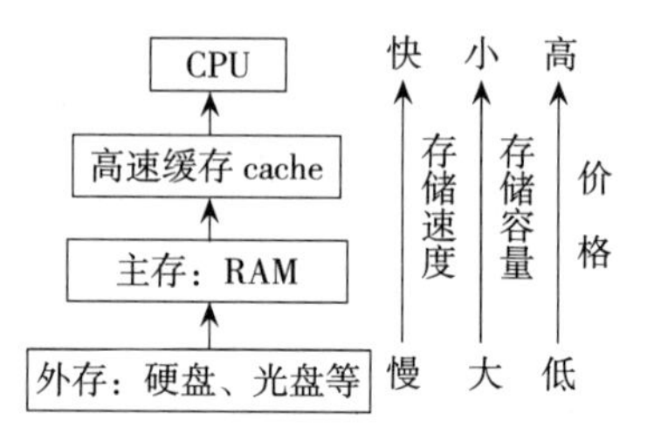

图 1-2-10 存储系统的层次结构

1.2.4　微型计算机输入设备

输入设备用于将系统文件、用户程序及文档、运行程序所需的数据等信息输入计算机的存储设备中以备使用。常用的输入设备有键盘、鼠标、扫描仪、数字化仪和光笔等。

📖**1. 键盘**　键盘是微型计算机的主要输入设备，是实现人机对话的重要工具。通过它可以输入程序、数据、操作指令，也可以对计算机进行控制。

键盘分为有线式和无线式键盘，其结构随机型的不同而有所不同，但基本部分是一样的。标准键盘有 104 键，分五个区，分别是主键盘区、功能键区、编辑键盘区、数字小键盘区及状态指示区，如图 1-2-11 所示。

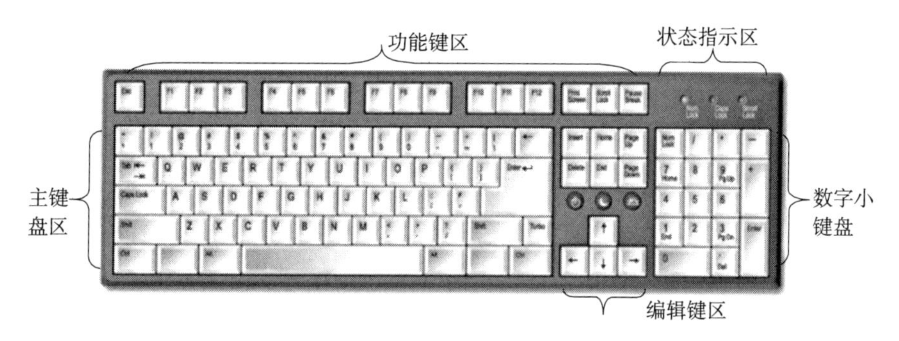

图 1-2-11　键　盘

键盘左边是主键盘区，共有 61 个键，包含数字键 0～9、字母键 A～Z、符号键及控制键；键盘上方是功能键区，共有 13 个，包括 F1～F12 键和强行退出键 Esc；键盘右边是数字小键盘区，共有 17 个键，主要用来快速输入数字；主键盘区和小键盘区中间是编辑键盘区，共有 13 个键；在键盘的右上角还有 3 个指示灯。下面综合介绍一些键的功能和使用。

双态键：包括 Ins、Caps Lock、Num Lock、Scroll Lock 四个键，分别是插入/改写键、大写字母锁定键、控制/数字键、滚动锁定键，它们是两种状态的切换开关。其中后三个键分别对应键盘右上方的三个指示灯：Caps Lock 指示灯、Num Lock 指示灯、Scroll Lock 指示灯，从指示灯的亮暗情况可清楚地看出当前字母的大小写状态、数字小键盘状态和滚动锁定状态。

双符键：有 30 个，它们每个键面上有上下两个字符，主键盘区的双符键有换档键 Shift 控制键 Ctrl，小键盘区的双符键由该区的控制/数字键 Num Lock 控制。在计算机处于启动状态时，各双符键处于下面的字符和小写英文字符状态。

屏幕复制键 Print Screen：在 Windows 系统下，按该键就把整个屏幕复制到剪贴板中；当该键和转换键 Alt 一起按下去时，则将当前活动窗口复制到剪贴板上。

暂停与中断键 Pause/Break：按下该键，则暂停正在执行的操作，再按下任意键则继续执行操作。

其他键：后退键 Back Space，删除光标前一个字符；换行键 Enter，将光标移至下一行首；跳格键 Tab，将光标右移到下一个跳格位置；空格键，输入一个空格；Ins 键，插入字符键；Del 键，删除当前光标位置的字符键；Home 键，将光标移至行首；End 键，将光标移至行尾；Page Up 键，向上翻页；Page Down 键，向下翻页。

🕮2. 鼠标

（1）鼠标分类。鼠标按照结构不同有机械式、光电式、激光鼠标三种。机械式鼠标的下面有一个可以在桌面上滚动的球，通过球的滚动来移动光标；光电式鼠标通过光的反射来确定鼠标的移动。鼠标一般有两个键，中间还有一个滚动键。

（2）鼠标基本操作。鼠标的基本操作有指向、悬停、单击、双击、右击及拖动。

指向：在不按下鼠标按键的情况下，移动鼠标指针到某个位置。当用鼠标指针指向某些按钮时会突出显示一些文字，说明该按钮的功能。指向操作一般用于确定操作对象。

单击：快速按鼠标左键一下。单击操作可以选中某一个对象或按下一个按钮。

双击：快速连续按鼠标左键两下。双击操作可以执行某一命令。

右击：快速按鼠标右键一下。右击操作可以选中某一个对象并弹出该对象的快捷菜单。

拖动：按住鼠标左键不放，移动到另一位置后松开鼠标左键。此操作可以移动或复制某一对象或创建一个快捷菜单。

悬停：将鼠标指针移动到某个对象上停留片刻，用于显示关于该对象的提示信息。

（3）鼠标接口。安装鼠标要注意其接口类型，其与主机的接口有两种，分别是 PS/2 接口和 USB 接口，只需要将其直接插在微机的串口 COM1 或 COM2、USB 接口上即可使用。无线鼠标也已经广泛使用，有些产品作用距离达到 10m 左右。

🕮3. 其他输入设备

（1）扫描仪。扫描仪是一种可将静态图像输入计算机的图像采集设备，对于桌面排版系统、印刷制版系统都十分有用，如果配上文字识别软件，用扫描仪可以快速、方便地把各种文稿录入计算机，可加速计算机文字录入过程。扫描仪外观如图 1-2-12 所示。

（2）手写笔。手写笔一般是使用一只专门的笔，或者手指在特定的区域内书写文字。手写笔通过各种方法将笔或者手指走过的轨迹记录下来，然后识别为文字。对于不喜欢使用键盘或者不习惯使用中文输入法的人来说是非常有用的，因为它不需要学习输入法。手写笔还可以用于精确制图，例如可用于电路设计、CAD 设计、图形设计、自由绘画以及文本和数据的输入等。手写笔一般都由两部分组成，一部分是与电脑相连的写字板，另一部分是在写字板上写字的笔。手写板上有连接线，接在电脑的串口，有些还要使用键盘孔获得电源，即将其上面的键盘口的一头接键盘，另一头接电脑的 PS/2 输入口。手写笔外观如图 1-2-13 所示。

图 1-2-12　扫描仪

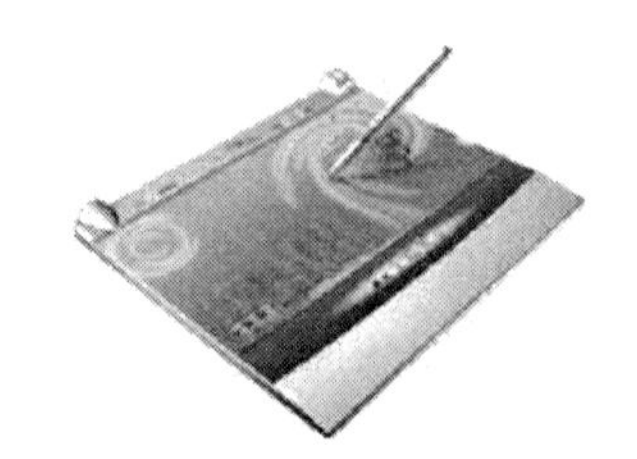

图 1-2-13　手写笔

图 1-2-14　触摸屏

（3）触摸屏。触摸屏又称为触控屏、触控面板，是一种可接收触头等输入信号的感应式液晶显示装置。当接触了屏幕上的图形按钮时，屏幕上的触觉反馈系统可根据预先编制的程序驱动各种连接装置，可用以取代机械式的按钮面板，并借由液晶显示画面制造出生动的影音效果。触摸屏作为一种最新的电脑输入设备，它是目前最简单、方便、自然的一种人机交互方式。它赋予了多媒体以崭新的面貌，是极富吸引力的全新多媒体交互设备。主要应用于公共信息的查询、领导办公、工业控制、军事指挥、电子游戏、点歌点菜、多媒体教学、房地产预售等。触摸屏外观如图 1-2-14 所示。

1.2.5　微型计算机输出设备

输出设备是用来输出数据处理结果或其他信息的设备。主要是把计算机处理的数据、计算结果等内部信息按需要的形式输出，可以通过打印机打印出来，也可以显示在显示器上，还可以输出到磁盘上保存起来。常见的输出设备有显示器、打印机、绘图仪、音箱、磁盘等。

1. 显示器　显示器是计算机的主要输出设备，它是计算机的一种图文输出设备，其作用是将数字信号转换为光信号，使文字与图形在屏幕上显示出来。没有显示器，用户就无法了解计算机的处理结果和所处的工作状态，也无法进行操作。

（1）显示器组成。计算机显示器通常由两部分组成：显示器和显示控制器。显示器是一个独立的设备，显示控制器也称显卡、图形卡或视频卡。有些 PC 的主板芯片组中已包含显卡功能（集成显卡），这样做一方面降低了成本，另一方面也节省了一个插槽。

（2）显示器的分类。计算机使用的显示器主要有两种：CRT（阴极射线管显示器）和 LCD（液晶显示器）。现在有一些台式机还使用 CRT，CRT 纯平显示器具有可视角度大、无坏点、色彩还原度高、色度均匀、可调节的多分辨率模式、响应时间极短等 LCD 显示器难以超过的优点，而且现在的 CRT 显示器价格要比 LCD 显示器低不少。而 LCD 显示器则具有工作电压低、没有辐射危害、功耗小、不闪烁、体积轻薄、易于实现大画面显示等优点。LCD 已经广泛应用于便携式计算机、数码相机、数码摄像机、电视机及手机等设备。

（3）显卡。显卡是主机与显示器之间的“桥梁”，如图 1-2-15a 所示，其功能就是控制计算机的图形输出，负责将 CPU 送来的影像数据处理成显示器认知的格式，再送到显示器形成图像。显卡的核心是绘图处理器（GPU），如图 1-2-15b 所示，显卡中采用何种 GPU 芯片基本决定了该显卡的档次和基本性能，而显卡的性能决定了显示器的显示内容及显示质量。

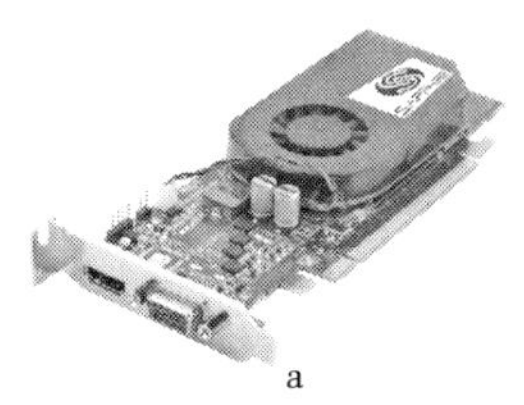
a

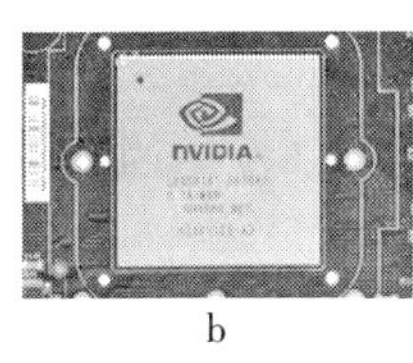

b

图 1-2-15　显卡和 GPU 芯片
a. 显卡　b. GPU 绘图处理器

（4）显存。虽然 GPU 芯片决定了显卡的档次和基本性能，但只有配置了合适的显示存储器才能使 CPU 芯片性能完全发挥出来。显示存储器即显存，显存容量是选择显卡的关键参数之一。显存容量决定显卡临时存储数据的多少，从早期较小的容量发展到 12MB、16MB、32MB、64MB、128MB，再发展到目前主流的 256MB、512MB 和高档显卡的 1024MB 显存，某些专业显卡甚至已经达到 2GB 显存了。

（5）最大分辨率。最大分辨率是指显卡在显示器上所能描绘的像素点数量。显示器上显示的画面是由一个个像素点组成的，而这些像素点的所有数据都由显卡提供，因此显存容量会影响到最大分辨率。目前流行的 256MB、512MB 等显存足以应付大部分的 3D 游戏。

（6）购买显卡需要考虑的因素。影响显示器性能的主要参数是显卡，而用户在购买显卡时需要考虑如下方面：

①GPU 芯片性能。目前市场上的显卡大多采用 nVIDIA 和 ATI 两种品牌的 GPU 芯片。

②显存容量和速度。显存容量越大并不一定意味着显卡的性能就越高，显存容量应该与GPU的性能相匹配才合理，GPU性能越高，由于其处理能力越高所配备的显存容量相应也应该越大，而低性能的GPU配备大容量显存对其性能是没有任何帮助的，反而使购买成本提高。显存容量够用即可，个人计算机的显存有64MB就可以应付了。

③集成显卡还是独立显卡。集成显卡不需要独立的显存，而是借用系统内存，会导致一定的性能损失，集成显卡主要应用在办公和学习上。

④是否支持微软的DirectX-9.0和OpenGL-2.0以上标准。如今很多3D游戏和CAD应用软件都是按DirectX-9.0和OpenGL图形API设计的，因此选购显卡时要求其使用的GPU能支持这些标准。

⑤工艺与元器件。即使是相同的GPU和显存，不同显卡由于在布线设计、显存搭配、电容等元器件的选用等方面有差异，性能也会有差异。因此尽量选用品牌产品。

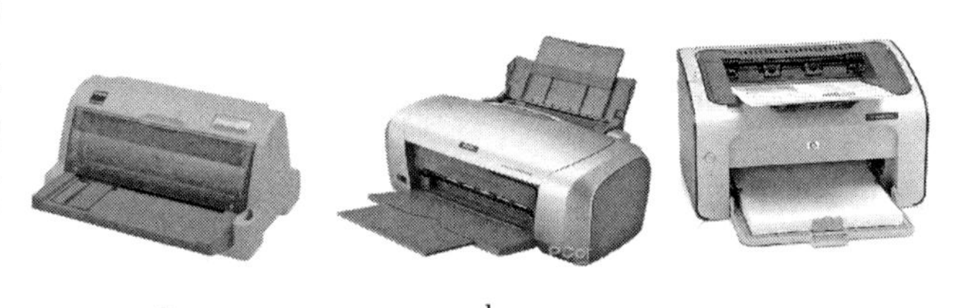

a　　b　　c

图1-2-16　打印机

a. 爱普生LQ-630K针式打印　b. 爱普生R230喷墨打印机　c. 惠普LaserJet P1007激光打印机

2. 打印机　打印机（printer）是计算机的输出设备之一，将计算机的运算结果或中间结果以人所能识别的数字、字母、符号和图形等依照规定的格式打印在纸上的设备。

衡量打印机好坏的指标有三项：打印分辨率、打印速度和噪声。常用的打印机有喷墨式打印机、激光式打印机、针式打印机等，如图1-2-16所示。

3. 绘图仪　绘图仪是计算机的一种能按照人们要求自动绘制图形并输出图形，实现硬拷贝图文的输出设备，它不仅可自动绘制图形，还可将绘制的图形输出来。绘图仪在绘图软件的支持下工作，可绘制出复杂、精确的图形，是各种计算机辅助设计不可缺少的工具。主要可绘制各种管理图表和统计图、大地测量图、建筑设计图、电路布线图、各种机械图与计算机辅助设计图等。绘图仪外观如图1-2-17所示。

图1-2-17　绘图仪

1.2.6　微型计算机其他设备

随着计算机系统功能的不断扩大，所连接的硬件设备也越来越多，其种类也越来越多。

1. 声卡　声卡也称音频卡，是多媒体技术中最基本的组成部分，其基本功能是把来自话筒、光盘的原始声音信号加以转换，输出到耳机、音箱等设备，或通过音乐设备数字接口（MIDI）使乐器发出美妙的声音。

2. 网卡　网卡也就是网络接口卡，又称网络适配器，简称网卡。用于实现联网计算机和网络电缆之间的物理连接，为计算机之间相互通信提供一条物理通道，并通过这条通道进行高速数据传输，是使计算机连接到局域网或者广域网必须安装的设备。

安装好网卡后，还必须安装网卡驱动程序到计算机的操作系统中。通常情况下，服务器上使用PCI或EISA总线的智能型网卡，笔记本电脑则用PCMCIA总线的网卡或采用并行接口的便携式网卡，工作站采用 PCI 或 ISA 总线的普通网卡。需要注意的是，目前 PC 基本上已不再支持 ISA 连接，故在为 PC 选购网卡时，不能选已经过时的 ISA 网卡，而应当选用 PCI 网卡。图 1-2-18a 所示的是 PCI 网卡，1-2-18b 所示的是 PCMCIA 网卡。

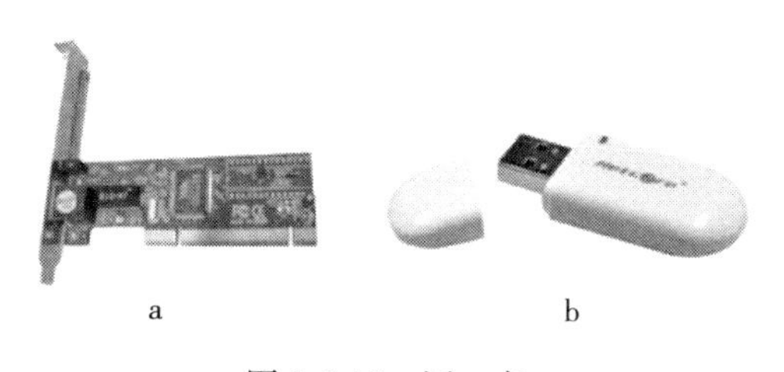

a　　b

图 1-2-18　网　卡

a. PCI 网卡　b. PCMCIA 网卡

📖**3. 调制解调器**　调制解调器（modem）是调制器和解调器的简称，用于进行数字信号与模拟信号之间的转换。

由于计算机处理都是数字信号，而电话线传输的都是模拟信号。当通过电话联网时，在计算机和电话之间需要连接一台调制解调器，通过调制解调器将计算机输出的数字信号转换为合适电话线传输的模拟信号，这个过程称为调制；在接收端再将接收到的模拟信号转换为计算机能够识别的数字信号，这个过程称为解调，正是通过这样一个调制与解调的数模转换过程，从而实现了两台计算机之间的远程通信。

一般来说，按照调制解调器的形态和安装方式，可以大致分为四大类：外置式、内置式、PCMCIA 插卡式、机架式调制解调器，如图 1-2-19 所示。

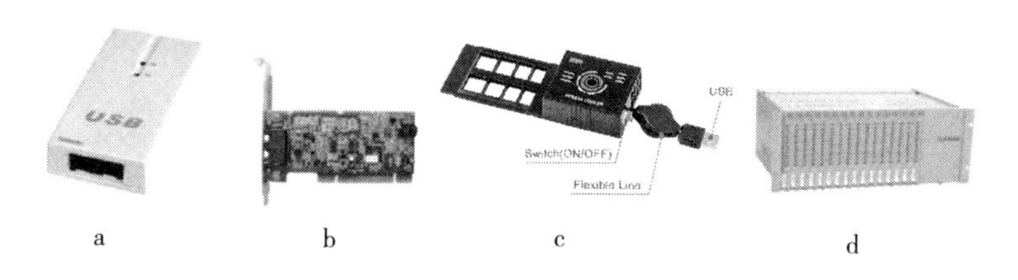

a　　b　　c　　d

图 1-2-19　调制解调器

a. 外置式　b. 内置式　c. PCMCIA 插卡式　d. 机架式

（1）外置式调制解调器。外置式调制解调器放置于机箱外，通过串行通讯口与主机连接。这种调制解调器方便灵巧、易于安装，闪烁的指示灯便于监视调制解调器的工作状况，但外置式调制解调器需要使用额外的电源与电缆。

（2）内置式调制解调器。内置式调制解调器在安装时需要拆开机箱，并且要对终端和 COM 口进行设置，安装较为繁琐。这种调制解调器要占用主板上的扩展槽，但无需额外的电源与电缆，且价格比外置式调制解调器要低一些。

（3）PCMCIA 插卡式调制解调器。插卡式调制解调器主要用于笔记本电脑，体积纤巧，配合移动电话，可方便地实现移动办公。

（4）机架式调制解调器。机架式调制解调器相当于把一组调制解调器集中于一个箱体或外壳中，并由统一的电源进行供电。机架式调制解调器主要用于 Internet、电信局、校园网、金融机构等网络的中心机房。

📖**4. 电源**　计算机属于弱电产品，也就是说部件的工作电压比较低，一般在正负 12V 以内，并且是直流电。而普通的市电为 220V（有些国家为 110V）交流电，不能直接在计算机部件上使用。因此计算机和很多家电一样需要一个电源部分，负责将普通市电转换为计算机可以使用的电压，一般安装在计算机主机箱内。

由于计算机的核心部件工作电压非常低，并且由于计算机工作频率非常高，因而电源是影响计算机工作稳定性的一个重要因素，劣质的电源功率不够、电压不稳定，经常会引发硬盘故障，甚至会使硬盘中珍贵的数据付之一炬。劣质电源还会使系统莫名其妙地重启动，使屏幕显示有花纹，甚至烧坏主板等部件。电源的外观如图1-2-20所示。

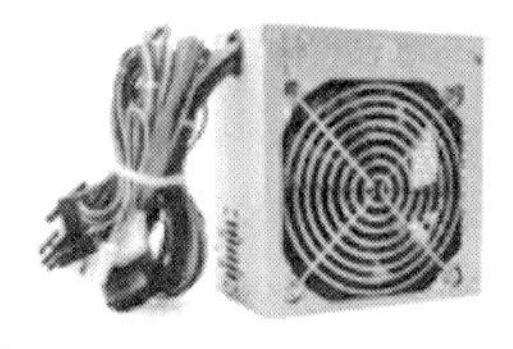

图 1-2-20　电　源

📖5. 机箱　机箱可分为卧式和立式两种。在机箱的正面一般有电源开关、复位按钮、软盘驱动器接口、光盘驱动器接口、指示灯、USB接口等。

在选购机箱时不能只注意外观是否好看，要注意其质量。优质机箱的用料多为镀锌钢板，抗外界电磁波的干扰能力强，使计算机更加稳定、可靠地工作，它的强度高，抗腐蚀能力好。劣质的机箱采用廉价的镀锡钢板，厚度薄，使用一段时间后会使主板变形，导致系统工作不稳定，甚至无法工作。

📖6. CPU 风扇　CPU的风扇和散热片，顾名思义就是利用它们快速将CPU的热量传导出来并吹到附近的空气中去，降温效果的好坏直接与CPU散热风扇、散热片的品质有关。风扇功率是影响风扇散热效果的一个很重要的条件，功率越大通常风扇的风力也越强劲，散热的效果也越好。而风扇的功率与风扇的转速又是直接联系在一起的，也就是说风扇的转速越高，风扇也就越强劲有力。风扇外观如图1-2-21所示。

图 1-2-21　CPU 风扇

1.2.7　认识多媒体计算机

1985年出现了第一台多媒体计算机，其主要功能是指可以把音频、视频、图形图像和计算机交互式控制结合起来，进行综合处理。简单地说，多媒体计算机就是可以处理声音、图形、图像、动画、文本等音频视频信号的计算机，现在的计算机大多具备多媒体功能，给人们的生活、工作带来了方便和乐趣。

📖1. 多媒体计算机的概念　在计算机领域，媒体可以指用以存储信息的实体，如磁带、磁盘、光盘等，也可以指用以承载信息的载体，如数字、文字、声音、动画、图形等。

多媒体技术是处理文字、声音、图形、图像、动画和影像等的综合技术，它包括各种媒体的处理和信息压缩技术、多媒体计算机系统技术、多媒体数据库技术、多媒体通信技术以及多媒体人机界面技术等。

多媒体计算机是综合了多种技术的一种集成形式，它汇集了计算机体系结构、计算机系统软件、视频/音频等信号的获取、处理、特技以及显示输出等技术，也就是说，多媒体计算机在原有单一的个人计算机的基础上，扩大了数字信号处理器，用大容量光盘、数字照相机、扫描仪、触摸屏等外设作为系统基本配置，以多种形式表达、存储和处理信息，充分调动人的眼、耳、口、手等感觉器官与计算机进行交互作用，多渠道与计算机进行人机信息交流，使人机界面更加友好和方便。

📖2. 与多媒体相关的基本概念

（1）文本。文本是指以ASCII码存储的文件，是最常见的一种媒体，各种书籍和档案等都是以文本媒体数据为主构成的。

（2）图形。图形是指由计算机绘制的各种几何图形，是图像矢量化的结果，它是对原有图像进行某种程度的抽象而得到的。

（3）图像。图像是指由摄像机或图形扫描仪等输入设备获取的实际场景的静态画面。

（4）动画。动画是指借助计算机生成一系列可供动态实时演播的连续图像。图形和图像按照一定的顺序组成时间序列就是动画。

（5）音频。音频是指数字化的声音，它可以是语言、背景音乐及各种声响。

（6）视频。视频是指由摄像机等输入设备获取的活动画面。

（7）超文本。超文本是一种信息处理技术，是把一些块状信息根据需要按一定逻辑顺序连接成网状结构的信息管理技术。

（8）超媒体。超媒体也是一种信息管理技术，它以结点为基本单位。结点中的信息可以是文字、图形、图像、声音、动画、视频、程序或它们的组合。超媒体是采用多媒体的多种表达形式并使用类似于超文本的多维描述形式。

📖**3. 多媒体计算机的基本组成** 一般来说，多媒体个人计算机（MPC）的基本硬件配置包括至少一个功能强大且速度快的中央处理器 CPU、可管理与控制各种接口与设备的配置、大容量的存储空间、高分辨率的显示接口与设备、可处理音响的接口与设备、可处理图像的接口与设备。这样的配置是最基本的多媒体个人计算机的硬件基础，它们构成了 MPC 的主机。

除此之外，MPC 能扩充的配置还可能包含光盘驱动器、音频卡及音频输入输出设备、图形加速卡、视频卡及能获取与处理各种动画和数字化视频媒体的设备、连接图形扫描仪的扫描卡、网络接口及与其连接的设备（如视频电话机）等。

情境三　计算机软件系统

❶情境描述

计算机系统由硬件系统和软件系统两大部分组成，如果说硬件是计算机系统的物质基础，那么软件就是计算机系统的大脑。一个不包含任何软件的计算机称为“裸机”，这样的计算机是什么也干不了的。请介绍软件系统的组成和功能、计算机中的信息的表示、计算机与人进行交流的方式。

❷情境分析

在本情境中，需要掌握如下知识技能点：

➢计算机软件系统的功能与组成

➢计算机中字符的编码

➢计算机中使用的二进制数据与其他进制的数据之间的转化

➢人机对话语言——程序设计语言

经分析，可按照下列步骤来介绍：

- 计算机软件系统

- 数值数据的相互转换
- 字符编码
- 指令和程序

❸具体实现

1.3.1 计算机软件系统

软件系统着重研究如何管理、维护计算机，如何使用户更好地使用计算机，如何更好地发挥计算机的资源效能，其中涉及的范围很广。

1. 什么是计算机软件 现代计算机都是按照冯·诺依曼“存储程序控制”的思想设计的。程序是告诉计算机做什么和如何做的一组指令（语句），这些指令都是计算机所能够理解并执行的一些命令。所以程序具有以下特点：①完成某一确定的信息任务；②使用某种计算机语言描述如何完成该任务；③存储在计算机中，并在启动运行后才能起作用。

计算机的灵活性和通用性表现在两个方面：一方面，它通过执行不同的程序来完成不同的任务，如图 1-3-1 所示；另一方面，即使执行同一个程序，当输入数据不同时输出结果也不同，如图 1-3-2 所示。所以程序通常并不是专门为解决某一个特定问题而设计的，而大多是为解决某一类问题而设计开发的。

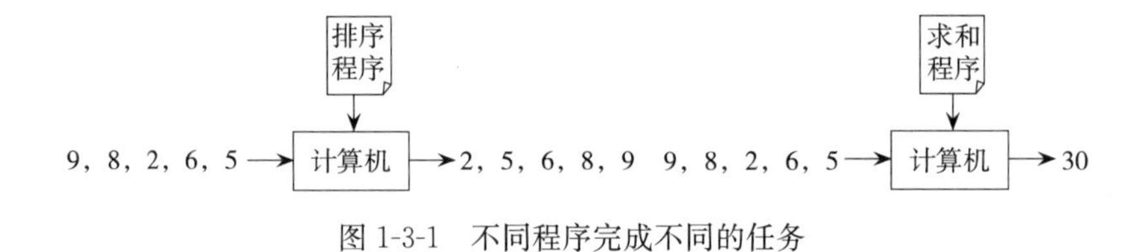

图 1-3-1 不同程序完成不同的任务

图 1-3-2 相同程序处理不同的任务

需要说明的是，程序所处理的对象和处理后得到的结果都称为数据；程序必须处理合理、有效、正确的数据，否则不会产生有意义的输出结果。此外，程序和数据具有相对性，在这个场合它称为程序，在另一场合它可能是另外一个程序所处理的数据。

软件的含义比程序更宏观一些。一般情况下，软件往往指的是设计比较成熟、功能比较完善、具有某种使用价值的程序。而且，人们不仅把程序也把与程序有关的数据和文档统称为软件。其中，程序是软件的主体，单独的数据或文档一般不认为是软件；数据指的是程序运行过程中需要处理的对象和必须使用的一些参数；文档指的是与程序开发、维护及操作有关的一些资料（如设计报告、维护手册、使用指南等）。通常，软件（特别是商品软件和大型软件）必须有完整、规范的文档作为支持。

软件和程序本质上是相同的。因此，在不会发生混淆的场合下，软件和程序并不严格加以区分。软件产品则是软件开发商交付给用户用于特定用途的一整套程序、数据及相关的文档（一般是安装和使用手册），它们以光盘或磁盘作为载体，也可以经过授权后从网上下载。

📖**2. 软件著作权的保护**　软件是智力活动的结果。作为知识作品，它与书籍、论文、音乐、电影等一样受到知识产权（版权）法的保护。版权是授予软件作者某种独占权利的一种合法的保护形式，版权所有者唯一地享有该软件的拷贝、发布、修改、署名、出售等诸多权利。购买了一个软件后，用户仅仅得到了该软件的使用权，并没有得到它的版权。因此，随意进行软件拷贝和分发都是违法行为。

软件著作权是知识产权的一种，应该受到保护。许多软件产品在它的说明书和安装中都有版权的声明。声明中强调其计算机程序受法律保护，如果未经授权而擅自复制或传播软件，将在法律许可范围内受到起诉，并受到严厉的民事和刑事制裁。

随着信息技术的发展，开发计算机软件的人力和物力的投入越来越大，软件本身的复杂性也在不断增加，在硬件费用降低的同时，软件的费用却在增加。我国长期缺乏软件版权保护意识，加之软件复制又比较方便，从而使软件方面的知识产权在过去的一段时间内未得到应有的保护，直接挫伤了软件开发人员的积极性，影响了我国计算机应用水平的整体提高，其后果也影响了我国的声誉。

为鼓励计算机软件的开发和流通，切实保护软件著作人的合法权益，打击计算机软件的盗版行为，促进我国计算机应用事业的发展，国务院根据《中华人民共和国著作权法》的有关规定，颁布了《计算机软件保护条例》，并从 1991 年 10 月 1 日起实施。该条例明确规定了软件著作人的著作人身权和著作财产权。未经软件著作人的同意而复制其软件的行为是侵权行为，并将要承担相应的民事责任、行政责任，侵权行为触犯刑律的，侵权者还将要承担刑事责任。

📖**3. 计算机软件的特性**　在计算机系统中，软件和硬件是两种不同的产品。硬件是有形的物理实体，而软件是无形的，它具有许多与硬件不同的特性。

（1）不可见性。软件是原理、规则、方法的体现，它不能被人们直接观察和触摸。程序和数据都是以二进制编码形式表示并通过电、磁或光的机理进行存储，人们看到的只是它的物理载体，而不是软件本身，其价值也不是以物理载体的成本来衡量的。

（2）适用性。一个成功的软件往往不是只满足特定应用的需要，而是可以适用一类问题的需要。如微软的文字处理软件 Word，它不仅可以帮助用户撰写书稿、简历等，还可以用来写作备忘录、邮件、网页等类型的文档，不但可以处理中文和英文，还可以处理其他国家文字的文档。因此，软件在研制和开发过程中需要进行大量的调研和分析，弄清问题本质，进行概括和归纳。

（3）依附性。软件不像硬件产品那样可以独立存在，它要依附于一定的环境，这种环境由特定的计算机硬件、网络和其他软件组成。没有一定的环境，软件就无法正常运行，或者根本无法运行。在某台计算机上极有价值的一些软件，在另一台计算机上可能毫无用途；计算机硬件损坏或重新配置后，它可能变得一文不值。

（4）复杂性。正是因为软件本身不可见，功能上要具有较好的适用性，再加上在软件设计和开发时还要考虑它对运行环境多样性和易变性的适应能力，因此现今的任何一个商品软件几乎都相当复杂。不仅在功能上要能满足应用的需求，而且响应速度要快，操作使用要灵活方便，工作要可靠安全，对运行环境的要求要低，还要易于安装、维护、升级和卸载等，所有这些都使得软件的规模越来越大，结构越来越复杂，开发成本也越来越高。当今的软件产品一般都由软件公司组织许多软件人员按照工程的方法开发并经过严格测试后完成。如微软为完成 Vista 操作系统投入 90 亿美元，包括 Vista 未来的配套及合作伙伴的投入，预计在 180 亿美元以上，如果加上开发 Office 2007 的成本，投入资金在 240 亿～270 亿美元，而开发设计人员共9 000多人，开发时间 6 年多。

（5）无磨损性。软件在使用过程中不像其他物理产品会有损耗或者产生物理老化现象，理论上只要它所赖以运行的硬件和软件环境没变，它的功能和性能就不会发生变化，就可以永远使用。当然，硬件技术在进步，用户的需求在发展，长时间使用同一软件是很少的。

（6）易复制性。软件是以二进制表示，以光、电、磁等形式存储和传输的，因而软件可以非常容易且毫无失真地进行复制，这就使得软件的盗版行为很难绝迹。软件开发商除了依靠法律保护软件之外，还经常采用各种防复制措施来保护其软件产品的销售量，以收取高额的开发费并取得利润。

（7）不断演变性。由于计算机技术在不断发展，社会在不断变革和进步，软件投入使用后，其功能、运行环境和操作使用方法等也都处于不断的发展变化中。一种软件在有更好的同类软件开发出来后，它就会被淘汰。从软件的开发、使用到它走向灭亡，这个过程称为软件的生命周期。为了延长软件的生命周期，软件在投入使用后，软件人员还要不断地修改、完善，使其减少错误，扩充功能，适应不断变化的环境，这就是软件版本的升级。用户可以通过向软件厂商支付一定的费用来升级或更新原来的软件。

（8）有限责任性。由于软件的正确性无法采用数学方法加以证明，目前还没有人知道怎样才能写出没有错误的程序来，因此软件功能是否百分之百正确，它能否在任何情况下正常运行，软件厂商无法给出承诺，因此，软件包装上会印有如下一段典型的“有限保证”的声明：“本软件不做任何保证。程序运行的风险由用户自己承担。这个程序可能会有一些错误，你需要自己承担所有服务、维护和纠正软件错误的费用。另外，生产厂商不对软件使用的正确性、精确性、可靠性和通用性做任何承诺。”

（9）脆弱性。随着因特网的普及，计算机之间相互通信和共享资源在给用户带来方便和利益的同时，也给系统的安全带来了威胁，如黑客攻击、病毒入侵、信息盗用等。其原因一方面是操作系统和通信协议存在漏洞，另一方面也是软件不是“刚性”的产品，它很容易被修改和破坏，因而使违法和犯罪的行为能够得逞。

📖**4. 计算机软件的分类**　根据软件的功能，计算机软件可分为系统软件和应用软件。

（1）系统软件。系统软件泛指那些为了有效地使用计算机系统、给应用软件开发与运行提供支持或者能为用户管理与使用计算机提供方便的一类软件，例如基本输入/输出系统（BIOS）、操作系统、程序设计语言处理系统、数据库管理系统、常用的实用程序（如磁盘清理程序、备份程序等）等都是系统软件。

①操作系统。系统软件的核心是操作系统（operating system，OS），几乎所有用户都要安装操作系统，用户通过操作系统使用计算机。

②语言处理系统。采用程序设计语言编写的程序称为该种语言的源程序，任何一种高级语言的源程序都不能被计算机识别、运行。为了能够被计算机识别、运行，必须先经过一定的语言处理系统进行处理。

③数据库管理系统。数据库管理系统的作用就是在操作系统的支持下，建立、操作、维护数据库，它是提高数据处理工作效率的重要工具。数据库按照数据的组织方式可分为关系数据库、网状数据库和层次数据库三类。常用的数据库有 FoxBase、FoxPro、Visual FoxPro、Access、SQL Server 等。

④实用程序。实用程序是软件开发、实施和维护过程中所使用的程序，常见的有为用户进行文件编辑提供服务的文件编辑程序、编译阶段的编译连接程序、调试阶段的调试程序、用来检测计算机系统软硬件故障的诊断程序等。在软件开发的各个阶段，用户可以根据不同的需要选择合适的工具来提高工作效率并改进软件产品的质量。

系统软件有以下主要特征：它与计算机硬件有很强的交互性，能对硬件资源进行统一的控制、调度和管理；系统软件具有基础性的支撑作用，它是应用软件的运行平台。在通用的计算机系统中，系统软件是必不可少的。通常在购买计算机时，计算机供应厂商必须提供给用户一些最基本的系统软件，否则计算机无法工作。

（2）应用软件。应用软件泛指那些专门用于解决各种具体应用问题的软件。应用软件的存在不影响整个计算机系统的运转，但它必须在系统软件的支持下才能工作。由于计算机的通用性和应用的广泛性，应用软件比系统软件更丰富多样。通常按照应用软件的开发方式和应用范围，可将应用软件分为通用应用软件和定制应用软件两大类。

①通用应用软件。生活在现代社会，不论是工作还是学习，不论从事什么职业，处于什么岗位，人们都需要阅读、书写、通信、娱乐等，所有这些活动都可用相应的软件使我们能更方便、更有效地进行，这类软件就是通用应用软件。通用应用软件也有很多类，如文字处理软件、信息检索软件、游戏软件、媒体播放软件、网络通信软件、演示软件、绘图软件、电子表格软件等（表 1-3-1），这些软件设计精巧，易学易用，多数用户很快能够使用。在普及计算机应用的过程中，通用应用软件起了很大的作用。

表 1-3-1 通用应用软件的主要类别和功能

类 别	功 能	流行软件举例
文字处理软件	文字编辑、处理与排版	WPS、Word 等
电子表格软件	表格定义、数据计算、制表与绘图等	Excel 等
演示软件	投影片制作与播放	PowerPoint 等
图形图像软件	图像处理、动画制作等	AutoCAD、Photoshop、Flash 等
媒体播放软件	播放数字音频和视频文件	RealPlay、Media Play 等
网络通信软件	电子邮件、聊天、网络电话等	QQ、MSN、Outlook Express 等
信息检索软件	在因特网中查找所需要的信息	Google、百度等
游戏软件	游戏和娱乐	游戏、象棋、扑克等

②定制应用软件。定制应用软件是按照不同领域用户的特定应用要求专门设计开发的软件，如超市的销售管理和市场预测系统、大学教务管理系统、学生成绩管理系统、酒店客房管理系统等。这类软件专业性强，设计和开发成本相对较高，只有特定用户购买，因此比通用应用软件贵得多。

此外，按照软件权益如何处置来进行分类，则软件可分为商品软件、共享软件和自由软件三种。商品软件顾名思义是用户需要付费购买其使用权的软件。它除了受版权保护之外，还受到软件许可证的保护；共享软件是一种“买前免费试用”的具有版权的软件，它通常允许用户试用一段时间，也允许用户复制，但过了试用期若还想使用，就得交一笔注册费，成为注册用户才行。这是一种节约市场营销费用的有效的软件销售策略。自由软件的创始人是理查德·斯塔尔曼，他于1984年启动了开发“类UNIX系统”的自由软件工程，创建了自由软件基金会，拟定了通用公共许可证，倡导自由软件的非版权原则。该原则是：用户可共享自由软件，允许随意复制、修改其源代码，允许销售和自由传播，但是对源代码的任何修改都必须向所有用户公开，还必须允许此后的用户享有进一步复制和修改的自由。自由软件有利于软件共享和技术创新，它的出现成就了TCP/IP协议、Apache服务器软件和Linux操作系统等一大批软件精品的产生。

1.3.2 数值数据的相互转换

计算机中的数据可分为数值数据和非数值数据两大类。非数值数据又分为文本数据和声音、图像、图形等非文本型数据。由于计算机采用了二进制数制，因此计算机中的所有数据、指令和程序都必须以二进制代码形式表示。所以不管哪种类型的数据都必须转换成二进制代码的形式存储在计算机中，并以二进制代码形式进行处理。

1. 十进制与其他进制数的表示 我们平时使用的是十进制数，使用0～9这10个符号，分别代表0～9这10个数，其进位规则是“逢10进1”，借位规则是“借1当10”。对于任意的一个十进制数据N我们都可以表示为：

$$N = A_{n-1} \times R^{n-1} + A_{n-2} \times R^{n-2} + \cdots + A_1 \times R^1 + A_0 \times R^0 + A_{-1} \times R^{-1} + \cdots$$

例如，十进制数32541.78可表示为

$$32541.78 = 3\times10^4 + 2\times10^3 + 5\times10^2 + 4\times10^1 + 1\times10^0 + 7\times10^{-1} + 8\times10^{-2}$$

同理，对于任意R进制的数据N均可表示为

$$N = A_{n-1} \times R^{n-1} + A_{n-2} \times R^{n-2} + \cdots + A_1 \times R^1 + A_0 \times R^0 + A_{-1} \times R^{-1} + \cdots$$

式中，R称为基数，A_{n-1}，…，A_{n-2}，A_1，A_0，A_{-1}是从高位到低位（从左到右）的各位数值，取值范围在0与$R-1$之间。十进制的基数为10，二进制的基数为2，8进制的基数为8，12进制的基数为12，16进制的基数为16，R进制的基数为R。

二进制数据是用“0”和“1”两种数字来表示的数据，其进位规则是“逢2进1”，借位规则是“借1当2”。同理，二进制数10110的基数为2，可表示为

$$10110 = 1\times2^4 + 0\times2^3 + 1\times2^2 + 1\times2^1 + 0\times2^0$$

八进制数据使用0～7之内的8个数字表示，其基数为8，进位规则是“逢8进1”，借位规则是“借1当8”，八进制数中不应出现大于或等于8的数字。如八进制数据354.67，可表示为

$$345.67 = 3\times8^2 + 4\times8^1 + 5\times8^0 + 6\times8^{-1} + 7\times8^{-2}$$

十六进制数据是使用0～9共10个数字以及A、B、C、D、E、F共6个英文字母来表示的数据，其基数为16，进位规则是“逢16进1”，借位规则是“借1当16”，A、B、C、D、E、F这六个英文字母，分别相当十进制数的10～15。如16进制数3B4.A7，可表示为

$$3B4.A7 = 3\times16^2 + B\times16^1 + 4\times16^0 + A\times16^{-1} + 7\times16^{-2}$$

一般用（　　）$_{角标}$的形式表示不同进制的数，如$(101101)_2$表示二进制数101101，

$(354.67)_8$ 表示八进制数 354.67，$(3B4.A7)_{16}$ 表示十六进制数 3B4.A7。

人们在生活中使用十进制数，而计算机使用二进制数，因此数据在输入/输出计算机时，需要进行二进制与十进制数之间的转换。二进制简单，但不便于记忆，因此人们常使用八进制或十六进制来描述数据。

2. 其他进制数据转换成十进制 一个任意 R 进制的数据 N 均可表示成

$$N = A_{n-1} \times R^{n-1} + A_{n-2} \times R^{n-2} + \cdots + A_1 \times R^1 + A_0 \times R^0 + A_{-1} \times R^{-1} + \cdots$$

将该式展开，即将每一项的系数乘以基数 R 的幂次方，然后将这些乘积累加起来，其和就是对应的十进制数。

【例 1.1】将 $(1101.11)_2$ 转换成十进制数。

解：$(1101.11)_2 = 1\times2^3+1\times2^2+0\times2^1+1\times2^0+1\times2^{-1}+1\times2^{-2}$

$= 8+4+0+1+0.5+0.25$

$= (13.75)_{10}$

【例 1.2】将 $(307.2)_8$ 转换成十进制数。

解：$(307.2)_8 = 3\times8^2+0\times8^1+7\times8^0+2\times8^{-1}$

$= 192+0+7+0.25$

$= (199.25)_{10}$

【例 1.3】将 $(3AB.2)_{16}$ 转换成十进制数。

解：$(3AB.2)_{16} = 3\times16^2+A\times16^1+B\times16^0+2\times16^{-1}$

$= 768+160+11+0.125$

$= (939.125)_{10}$

3. 十进制数据转换成其他进制数据 十进制数据有两部分：整数部分和小数部分，这两部分在转换成其他进制的数据时是按照不同的规则进行的。

如十进制整数转换为二进制数，采用除以 2 倒取余法，直至商为 0。将各次所得余数依次从下向上排列，最先得到的余数排在最低位，依次往高位排，最后得到的余数排在最高位。

【例 1.4】将 18 转换成二进制数。

解：

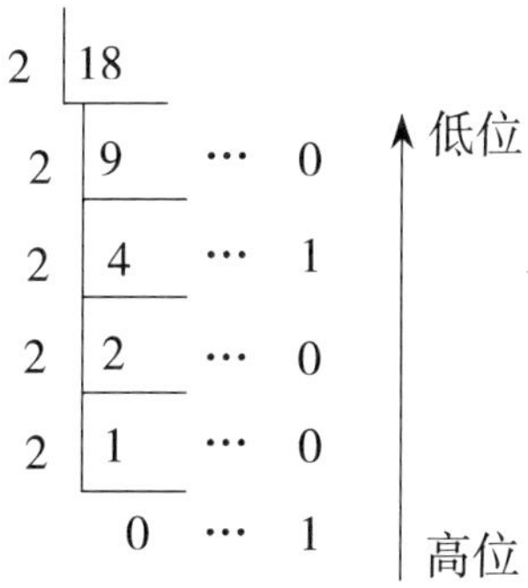

```
2 | 18
  2 | 9  … 0   ↑ 低位
  2 | 4  … 1
  2 | 2  … 0
  2 | 1  … 0
      0  … 1     高位
```

所以，$(18)_{10} = (10010)_2$。

十进制小数转换成二进制数，采用乘以 2 取整法，直至小数部分为 0 或满足条件为止。第一次取得的整数为二进制小数中的最高位，以后乘得的整数为该二进制小数的次高位，依此类推，便可得到整个二进制小数。

【例 1.5】将十进制数 0.425 转换成二进制小数，取小数 5 位。

解：

```
      0.425            高位
×         2
   --------
      0.850  …  0
×         2
   --------
      1.700  …  1
      0.700
×         2
   --------
      1.400  …  1
      0.400
×         2
   --------
      0.800  …  0
×         2            低位
   --------
      1.600  …  1
```

所以，$(0.425)_{10}=(0.01101)_2$。

对于既有整数又有小数的十进制数，可将整数和小数部分分别进行转换，然后将两部分用小数点连接起来，便可得到所需的二进制数。如 $(18.425)_{10}=(10010.01101)_2$。

同理，十进制整数转换为八进制数，采用除以 8 倒取余法，直至商为 0。将各次所得余数依次从下向上排列，最先得到的余数排在最低位，依次往高位排，最后得到的余数排在最高位。

十进制小数转换成八进制数，采用乘以 8 取整数，直至小数部分为 0 或满足条件为止。第一次取得的整数为八进制小数中的最高位，以后所得的整数为该八进制小数的次高位，依此类推，便可得到整个八进制小数。十进制数据转换成任意进制数据的方法与转换成八进制数的方法是一样的。

【例 1.6】将 161 转换成八进制数、十六进制和十二进制。

```
8|161            12|161            16|161
 8|20  …1         12|13  …5         16|10  …1
  8|2  …4          12|1  …1             0  …A
    0  …2              0  …1
```

所以，$(161)_{10}=(241)_8=(11510010)_{12}=(A1)_{16}$。

【例 1.7】将十进制数 0.425 转换成八进制小数，取小数 4 位。

解：

```
      0.425            高位
×         8
   --------
      3.400  …  3
      0.4
×         8
   --------
      3.200  …  3
      0.200
×         8
   --------
      1.600  …  1
      0.600
×         8
   --------
      4.800  …  4
                       低位
```

所以，$(0.425)_{10}=(0.3314)_8$。

4. 二进制数与八进制数之间的转换　由于 $2^3=8$，所以 3 位二进制数相当于 1 位八进制数，使用八进制数可以缩短书写的位数，而二进制数和八进制数之间的转换也十分简单。

（1）二进制数转换成八进制数。将二进制数以小数点为分界，整数部分向左，小数部分向右每 3 位为一组，不足位数添 0 补足，然后将每组的 3 位二进制数转换为 1 位八进制数，即得到八进制数。

【例 1.8】将二进制数 11001101.1011 转换成八进制数。

解：从小数点起每 3 位一组分开，得

011　001　101.101　100

↓　↓　↓　↓　↓

3　1　5.　5　4

所以，$(11001101.1011)_2=(315.54)_8$。

（2）八进制数转换成二进制数。八进制数转换成二进制数是上述过程的逆过程。1 位八进制数对应 3 位二进制数，所以八进制数转换为二进制数的过程，实际是将每 1 位八进制数展开成 3 位二进制数。可以去除高位为 0 的数字。

【例 1.9】将八进制数 354.67 转换成二进制数。

解：

3　5　4.　6　7

↓　↓　↓　↓　↓

011　101　100.110　111

所以，$(354.67)_8=(11101100.110111)_2$。

5. 二进制数与十六进制数之间的转换　由于 $2^4=16$，采用十六进制，每一位可以很方便地用 4 位二进制数来表示，所以与二进制数互换起来很容易。

（1）二进制数转换成十六进制数。这与二进制数转换为八进制相似，以小数点为界，整数部分向左，小数部分向右每 4 位一组，不足位数添 0 补足，然后将每组 4 位二进制数转换为十六进制数即可。

【例 1.10】将二进制数 1001011000010.10011111 转换为十六进制数。

解：0001　0010　1100　0010.1001　1111

↓　↓　↓　↓　↓　↓

1　2　C　2　.　9　F

所以，$(1001011000010.10011111)_2=(12C.9F)_{16}$。

（2）十六进制数转换成二进制数。与八进制转换成二进制相似，1 位十六进制数对应 4 位二进制数，只需将每 1 位十六进制数展开成 4 位二进制数即可，高位的 0 可去除。

【例 1.11】将十六进制数 EC.96 转换为二进制数。

解：E　C　.　9　6

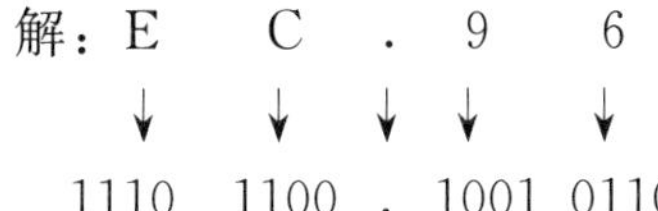

1110　1100　.　1001　0110

所以，$(EC.96)_{16}=(11101100.1001011)_2$。

表 1-3-2 列出了二进制、八进制、十六进制与十进制数之间的对照关系，以供查阅。

表 1-3-2　二进制、八进制、十六进制与十进制数之间的对照表

十 进 制	二 进 制	八 进 制	十 六 进 制
0	0	0	0
1	1	1	1
2	10	2	2
3	11	3	3
4	100	4	4
5	101	5	5
6	110	6	6
7	111	7	7
8	1000	10	8
9	1001	11	9
10	1010	12	A
11	1011	13	B
12	1100	14	C
13	1101	15	D
14	1110	16	E
15	1111	17	F

在数制使用时，常将各种数制用简码来表示：如十进制数用 D 表示或省略；二进制数用 B 来表示；十六进制数用 H 来表示。例如，十制数 123 表示为 123D 或者 123；二进制数 1011 表示为 1011B；十六进制数 3A4 表示为 3A4H。

1.3.3　字符编码

计算机中对非数值的文字和其他符号进行处理时，要对文字和符号进行数字化处理，即用二进制编码来表示文字和符号。字符编码是一个涉及世界范围内有关信息表示、交换、处理、存储的基本问题，因此都是以国家标准或国际标准的形式颁布施行的。

1. 西文字符编码——美国信息交换标准代码（ASCII 码）　计算机中最普遍使用的字符代码是美国信息交换标准代码（American standard code for information interchange，ASCII）。ASCII 码虽然是美国国家标准，但它已被国际标准化组织（ISO）认定为国际标准。它是 7 位编码，总共有 128 个符号，包括英文 26 个大写字母、26 个小写字母、0～9 共 10 个数字，32 个控制字符和 34 个专用字符，每个字符用 7 位二进制数表示。7 位二进制编码如表 1-3-3 所示。

表 1-3-3　ASCII 码表

$b_6b_5b_4$ / $b_3b_2b_1b_0$	000	001	010	011	100	101	110	111
0000	NUL	DLE	SP	0	@	P	`	p
0001	SOH	DC1	!	1	A	Q	a	q
0010	STX	DC2	"	2	B	R	b	r
0011	ETX	DC3	#	3	C	S	c	s
0100	EOT	DC4	$	4	D	T	d	t
0101	ENQ	NAK	%	5	E	U	e	u
0110	ACK	SYN	&	6	F	V	f	v
0111	BEL	ETB	'	7	G	W	g	w
1000	BS	CAN	(	8	H	X	h	x
1001	HT	EM	)	9	I	Y	i	y
1010	LF	SUB	*	:	J	Z	j	z
1011	VT	ESC	+	;	K	[	k	{
1100	FF	FS	,	<	L	\	l	|
1101	CR	GS	-	=	M	]	m	}
1110	SO	RS	.	>	N	^	n	~
1111	SI	US	/	?	O	_	o	DEL

在微型计算机中采用 7 位 ASCII 码作为西文字符的机内码时，每个字节只占用了 7 位，最高位恒为 0。

📖**2. 汉字编码**　与西文字符一样，汉字也是字符，在计算机内也以二进制形式表示。国家标准《信息交换用汉字编码字符集——基本集》（GB 2312—1980）是我国于 1980 年制定的，这是国家规定的用于汉字信息处理使用的代码的依据。GB 2312—1980 中规定了 6 763个汉字和 682 个图形符号的代码。同时根据汉字的使用频度、组词能力以及用途将其分为一级常用汉字3 755个和二级常用汉字3 008个。

（1）区位码。在 GB 2312—1980 标准中，每个汉字（图形符号）采用双字节表示，每个字节只用低 7 位，由于有 34 种状态用于控制字符，因此只有 94 种状态用于汉字编码。这样双字节的低 7 位只能表示 94×94＝8 836种状态。在此标准中，汉字编码表有 94 行、94 列，其中行号称为区号，列号称为位号。非汉字图形符号置于 1～11 区，一级汉字3 755个，置于 16～55 区，二级汉字3 008个，置于 56～87 区。在计算机内部为了方便处理和存储，每个汉字的区号和位号分别用 1 个字节来表示。例如，“大”字的区号是 20，位号是 83，它的区位码是 2083。

（2）国标码。区位码不能用于汉字的通信。为了避免与通信使用的控制码（00H～1FH）发生冲突，每个汉字的区号和位号分别加上 32（即二进制 00100000），经过这样的处理得到的代码称为国标码。例如，“中”字的区号是 54，位号是 48，区号、位号各加 32 后分别为 86 和 80，则它的国标码为 8680，二进制表示为 01010110 01010000（转换成十六进制数为 5650 H），即将 86 和 80 分别转换为十六进制。又如“国”字的区号为 25，位号为

90，则其区位码为 2590，国标码为十六进制数 397AH。

（3）机内码。由于文本中的汉字和西文字符经常是混合在一起的，汉字信息如果不加以特别标识，与单字节的 ASCII 码就会混淆不清。为了解决这个问题，目前最常用的方法是把多余的最高一位置 1，即每个字节分别加上 80H，这种用于在计算机内部表示汉字的代码称为机内码。例如“中”字的国标码为01010110 01010000（转换成十六进制数为 5650H），其机内码为十六进制数 D6D0H（11010110 11010000）。

（4）输入码。汉字输入码是为了将汉字输入计算机而设计的代码。汉字输入编码方案很多，通常根据汉字的字体结构和笔画、读音、字形等各种特点来进行编码。目前常用的有全拼码、智能 ABC 拼音编码、五笔字型码等。

（5）字形码。汉字字形码是汉字字库中存储的汉字字形的数字化信息，用于汉字的显示和打印。目前汉字字形的产生方式大多是数字式，即以点阵方式形成汉字。因此汉字字形码主要是指汉字字形点阵的代码。通常汉字点阵的规格有 16×16、24×24、64×64、96×96 等。同一点阵规格，不同字体的点阵字形码也不相同。描写汉字点数的多少决定了输出字体的精确程度。

已知某个汉字的区位码，求其国标码与机内码。方法一般有两种：

方法一：将区位码先转换成十六进制数表示，然后将其（区位码的十六进制表示）＋2020H 则为国标码；国标码＋8080H 为机内码。

以汉字“大”为例，“大”字的区位码为 2083，即区号为 20，位号为 83；将区位号 2083 转换为十六进制表示为 1453H；1453H＋2020H＝3473H，得到国标码 3473H；3473H＋8080H＝B4F3H，得到机内码为 B4F3H。

方法二：将区位码的区号和行号分别加上十进制的 32，然后转换成十六进制，得到国标码；国标码＋8080H 得到机内码。

同样，已知汉字的机内码，求国标码是该过程的逆过程。

1.3.4 指令和指令系统

1. 指令 计算机执行某种操作的命令称为指令，指令是用来规定计算机执行的操作和操作对象所在存储位置的一个二进制串，由计算机直接识别并执行，是程序控制计算机的最小单位。计算机的工作就是按顺序地执行存放在存储器中的一系列指令。为解决某一问题而设计的一系列指令称为程序。

2. 指令系统 一台计算机所能识别的所有的指令的集合，称为该种计算机的指令系统，指令系统体现了计算机的基本功能。软件设计师的工作就是在指令系统的基础上建立程序，扩充和发挥机器的功能。

通常一条指令由两部分构成：操作码和操作数地址。操作码指明了计算机应该执行的某种操作的性质和功能，是指出计算机应执行某种操作的一个二进制代码。例如加法、减法、乘法、除法、取数、存数等各基本操作都有各自相应的操作码。

操作数地址指出被操作的数据（简称操作数）存放于何处，即操作数所在存储单元的地址。计算机中操作数可以相当灵活地指定，它可以直接包含在指令中，也可以在 CPU 的某个寄存器中，大多数情况是在存储器的某个存储单元中。指定操作数所在位置的方法称为“寻址方式”。

指令按其功能可以分为两种类型：一类用来命令计算机的各个部件完成基本的算术逻辑运算、数据存取和数据传送等操作，属操作类指令；另一类是用来控制程序本身的执行顺序，实现程序的分支、转移等，属于转移类指令，见表 1-3-4。

表 1-3-4　常用指令类型及说明

类　型	名　称	说　明
操　作	算术运算	完成两个操作数的加、减、乘、除等算术运算
	逻辑运算	完成两个操作数的逻辑加、逻辑乘、按位加等各种逻辑运算
	数据存取	存取各种设备的 I/O 端口，实现数据的输入/输出
	数据传送	把存储器或寄存器中某个数据复制到指定存储单元或寄存器
控制转移	分支	可以在满足某个条件的情况下，改变程序执行的次序
	转移	可以无条件改变程序执行的次序

1.3.5　程序设计语言

语言是用于通信的。人们日常使用的自然语言用于人与人的通信，而程序设计语言则用于人与计算机之间的通信。计算机是一种电子机器，其硬件使用的是二进制语言，与自然语言差别太大了。程序设计语言就是一种人能方便地使用且计算机也容易理解的语言。程序员使用这种语言来编制程序，确切地表达需要计算机完成什么任务，计算机就按照程序的规定完成任务。

程序设计语言按照其级别可以划分为机器语言、汇编语言和高级语言三大类。

1. 机器语言　机器语言就是计算机的指令系统。用机器语言编写的程序可以被计算机直接执行。由于机器语言编写的程序全部是二进制代码的集合，它虽然可以直接在计算机上运行，但不便于记忆、阅读和书写。尽管如此，由于计算机只能接受以二进制代码表示的机器语言，所以任何语言编写的程序只有翻译成二进制代码程序（目标程序）后才能为计算机所接受并执行。

2. 汇编语言　汇编语言用助记符来代替机器指令的操作码和操作数，如用 ADD 表示加法，SUB 表示减法，MOV 表示传送数据等。这样就能使指令使用符号表示而不再使用二进制表示。用汇编语言编写的程序与机器语言程序相比，虽然可以提高一点效率，但仍然不够直观简便。

用汇编语言编制的程序称为汇编语言源程序，机器不能直接执行，必须翻译成机器语言程序才能在计算机上运行。这种翻译过程由汇编语言编译程序来完成。

3. 高级语言　为了克服汇编语言的缺陷，提高编写程序和维护程序的效率，一种更接近人们自然语言（主要是英语）的程序设计语言应运而生了，这就是高级语言。高级语言的表示方法接近解决问题的表示方法，而且具有通用性，在一定程度上与机器无关。例如，若要计算 889－(123＋54)＋76，并把结果值赋给变量 result，高级语言可把它直接写成

result＝889－(123＋54)＋76

显然，这与使用数学语言对计算机过程的描述是一致的，而且这样的描述适用于任何配置了这种高级语言处理系统的计算机。由此可见，高级语言的特点是易学、易用、易维护，人们可以更有效、更方便地用它来编制各种用途的计算机程序。

但必须指出，高级语言虽然接近自然语言，但与自然语言仍有很大差距。这一差距主要表现在高级语言对于所采用的符号、各种语言成分及其构成、语言的格式等都有专门的规定，即语法规则极为严格。其主要原因是高级语言处理系统是计算机，而自然语言的处理系统则是人，迄今为止，计算机所具有的能力都是人预先赋予的，计算机本身不能自动适应变化的情况，缺乏高级的智能。

迄今为止，各种不同应用的程序设计语言有上千种之多，比较有影响的高级语言有FORTRAN、Pascal、C、BASIC、VB 等。随着计算机技术的发展，程序设计语言也在不断发展，近年来又出现了大量的面向对象的程序设计语言和可视化程序设计语言。

📖**4. 程序设计语言处理系统** 除了机器语言外，其他程序设计语言编写的程序都不能直接在计算机上执行，需要对它们进行适当的转换。语言处理系统的作用就是把用非机器语言编写的程序变换成可在计算机上执行的程序，或进而直接执行得到计算结果。负责完成这种功能的软件是编译程序、解释程序和汇编程序，它们通称为程序设计语言处理系统。

程序设计语言处理系统是系统软件中的一大类，它随被处理的语言及其处理方法和处理过程的不同而不同。任何一个语言处理系统通常都包含一个翻译程序，它把一种语言的程序翻译成等价的另一种语言的程序。被翻译的语言和程序分别称为源语言和源程序，而翻译生成的语言和程序分别称为目标语言和目标程序。按照不同的翻译处理方法，翻译程序可分为三类：

（1）汇编程序。将用汇编语言编制的程序（汇编源程序）翻译成机器语言程序的程序，称为汇编程序，翻译的过程称为汇编。

（2）解释程序。解释程序对源程序进行翻译的方法相当于两种自然语言间的“口译”。解释程序对源程序的语句从头到尾逐句扫描，逐句翻译，并且翻译一句执行一句，因而这种翻译方式并不形成机器语言形式的目标程序。

（3）编译程序。编译程序对源程序进行翻译的方法相当于“笔译”。在编译程序的执行过程中，要对源程序扫描一遍或几遍，最终形成一个可在具体计算机上执行的目标程序。编译程序的实现算法较为复杂，但通过编译程序的处理可以产生高效运行的目标程序，并把它保存在磁盘上，以备多次执行。

情境四　计算机病毒及防治

❶情境描述

随着计算机技术的飞速发展，特别是近几年计算机网络的应用，计算机在现代社会生活中扮演着越来越重要的角色。与此同时，计算机犯罪和计算机病毒的蔓延呈上升趋势，对信息社会已构成严重的威胁。请介绍计算机病毒。其有哪些特点？计算机感染病毒后一般有些什么症状？会产生什么后果？怎样预防计算机病毒？

❷情境分析

在本情境中，主要掌握如下知识技能点：

➢计算机病毒的定义、特点、分类

➢计算机病毒的危害及感染后的一般症状

➢计算机病毒的防治

经分析，可按照下列步骤完成：

- 计算机病毒产生及发展
- 计算机病毒的特点
- 计算机病毒的症状及危害
- 计算机病毒的防治

❸具体实现

1.4.1　计算机病毒及其产生

随着办公自动化的广泛应用以及计算机和网络在大范围内的普及、推广和使用，计算机病毒也随之在世界范围内不断出现，并且迅速蔓延。由于病毒的神秘性和破坏性，它已经成为一个严重的社会问题。因此计算机用户想要用好计算机，就必须加深对计算机病毒的了解，掌握必要的计算机病毒知识和病毒防护知识，随时对计算机进行检测，及早发现并清除病毒。更重要的是，要采取主动防御的措施，做好计算机病毒的预防工作。

🕮**1. 什么是计算机病毒**　医学上的病毒是一类比较原始、有生命特征、能够自我复制和在细胞内寄生的非细胞生物。计算机病毒与医学上的“病毒”不同，它不是天然存在的，是某些人利用计算机软、硬件所固有的脆弱性而编制的具有特殊功能的程序。计算机病毒能通过某种途径潜伏在计算机存储介质（或程序）里，当达到某种条件时即被激活，用修改其他程序的方法将自己的精确拷贝或者可能演化的形式放入其他程序中，从而感染它们，对计算机资源进行破坏。

1994 年 2 月 18 日，我国正式颁布实施了《中华人民共和国计算机信息系统安全保护条例》(以下简称《条例》)，在《条例》第二十八条中明确指出：“计算机病毒，是指编制或者在计算机程序中插入的破坏计算机功能或者毁坏数据，影响计算机使用，并能自我复制的一组计算机指令或者程序代码。”此定义具有法律性、权威性。

“计算机病毒”这一概念是 1977 年由美国著名科普作家雷恩在一部科幻小说《P1 的青春》中提出来的，1983 年美国计算机安全专家考因首次通过实验证明了病毒的可实现性。1987 年世界各地的计算机用户几乎同时发现了形形色色的计算机病毒，如大麻、IBM 圣诞树、黑色星期五等；1989 年全世界的计算机病毒攻击十分猖獗，其中“米开朗基罗”病毒给许多计算机用户造成了极大损失。随着计算机网络的不断发展，各种病毒利用因特网进行传播，其危害的范围更加广泛。

🕮**2. 计算机病毒的产生**　计算机病毒的产生是计算机技术和以计算机为核心的社会信息化进程发展到一定阶段的必然产物。其产生的过程可分为：程序设计—传播—潜伏—触发—运行—实行攻击。究其产生的原因不外乎以下几种：

（1）一些计算机爱好者出于好奇或兴趣，也有的是为了满足自己的表现欲，故意编制出一些特殊的计算机程序，让别人的电脑出现一些动画，或播放声音，或提出问题让使用者回答，以显示自己的才能。而此种程序流传出去就演变成计算机病毒，此类病毒破坏性一般不大。

（2）产生于个别人的报复心理。如我国台湾的学生陈盈豪，就是出于此种情况；他以前购买了一些杀病毒软件，可拿回家一用，并不如厂家所说的那么厉害，杀不了什么病毒，于是他就想亲自编写一个能避过各种杀病毒软件的病毒，这样，CIH 就诞生了。此种病毒对电脑用户曾造成一定程度的灾难。

(3) 来源于软件加密，一些商业软件公司为了不让自己的软件被非法复制和使用，运用加密技术，编写一些特殊程序附在正版软件上，如遇到非法使用，则此类程序自动激活，于是又会产生一些新病毒，如巴基斯坦病毒。

(4) 产生于游戏，编程人员在无聊时互相编制一些程序输入计算机，让程序去销毁对方的程序，如最早的“磁芯大战”，这样，另一些病毒也产生了。

(5) 用于研究或实验而设计的“有用”程序，某种原因而失去控制，扩散出来。

(6) 由于政治、经济和军事等特殊目的，一些组织或个人也会编制一些程序用于进攻对方电脑，给对方造成灾难或直接性的经济损失。

在计算机病毒的发展历程中，经历了许多重大的计算机病毒事件，如 1988 年 11 月 2 日，Internet 前身 Arpanet 网络遭到蠕虫病毒的攻击，导致整个网络瘫痪，其始作俑者为康奈尔大学计算机科学系研究生罗伯特·莫里斯；1998 年出现的 CIH 病毒是一个全新的新型病毒，它是第一个直接攻击、导致硬件不能正常工作的计算机病毒；1994 年出现的梅丽莎病毒是第一个通过电子邮件传播的病毒，短短 24h 之内就使美国数万台服务器、数十万台服务站遭到瘫痪，造成损失高达 10 亿美元；2001 年出现的 CodeRed 红色代码病毒是一种新型网络病毒，其传播所使用的技术充分体现网络时代网络安全与病毒的巧妙结合，开创了网络病毒传播的新路，可称之为划时代的病毒。

1.4.2 计算机病毒的特点

计算机病毒一般隐藏在计算机系统的数据资源或程序中，借助系统运行共享资源而进行繁殖、传播和生存，扰乱计算机系统的正常运行，篡改、破坏系统和用户的数据资源、程序。一旦在计算机上运行这种程序，就像生物学中传染病毒一样，给人们带来灾难，于是人们形象地将其称为“病毒”。计算机病毒对计算机系统的安全性具有极大的威胁，它具有如下特点。

📖**1. 传染性** 传染性是计算机病毒最重要的特征，是判断一段程序代码是否为计算机病毒的依据。病毒程序一旦侵入计算机系统就开始搜索可以传染的程序或者磁介质，然后通过自我复制迅速传播。由于目前计算机网络日益发达，计算机病毒可以在极短的时间内，通过像 Internet 这样的网络传遍世界。

📖**2. 破坏性** 无论何种病毒程序一旦侵入系统都会对操作系统的运行造成不同程度的影响，轻者会降低计算机工作效率，占用系统资源，重者可导致系统崩溃。由此特性可将病毒分为良性病毒与恶性病毒。良性病毒可能只显示一些画面或出点音乐、无聊的语句，或者根本没有任何破坏动作，但会占用系统资源，这种病毒多数是恶作剧者的产物，如小球病毒、1575/1591 病毒、救护车病毒、扬基病毒、Dabi 病毒等。恶性病毒则有明确的目的，或删除文件，或加密磁盘中的数据，甚至摧毁整个系统和数据，使之无法恢复，造成无可挽回的损失。因此病毒程序的破坏性体现了病毒设计者的真正意图。

📖**3. 潜伏性** 计算机病毒具有依附于其他媒体而寄生的能力，这种媒体称为计算机病毒的宿主。依靠病毒的寄生能力，病毒传染到合法的程序和系统后，不立即发作，而是悄悄隐藏起来，然后在用户不察觉的情况下进行传染。这样，病毒的潜伏性越好，它在系统中存在的时间也就越长，病毒传染的范围也越广，其危害性也越大。但并不是所有的病毒都有潜伏期，病毒是否有潜伏期要视病毒的触发条件而定，只有那些触发条件是使用特定时间的病毒才具有潜伏期。

📖**4. 隐蔽性**　计算机病毒是一种具有很高编程技巧、短小精悍的可执行程序。它通常附在正常程序之中或磁盘引导扇区中，或者磁盘上标为坏簇的扇区中，以及一些空闲概率较大的扇区中，这是它的非法可存储性。病毒想方设法隐藏自身，就是为了防止用户察觉。

📖**5. 可触发性**　计算机病毒一般都有一个或者几个触发条件。满足其触发条件或者激活病毒的传染机制，使之进行传染；或者激活病毒的破坏部分。触发的实质是一种条件的控制，病毒程序可以依据设计者的要求，在一定条件下实施攻击。这个条件可以是敲入特定字符，使用特定文件，在某个特定日期或特定时刻，或者是病毒内置的计数器达到一定次数等。如CIH病毒就发作于每个月的26日；“黑色星期五”病毒在逢13号的星期五发作。

📖**6. 寄生性**　计算机病毒寄生在其他程序之中，当执行这个程序时，病毒就起破坏作用，而在未启动这个程序之前，它是不易被人发觉的。

📖**7. 非授权可执行性**　用户通常调用执行一个程序时，把系统控制交给这个程序，并分配给相应的系统资源，如内存，从而使之能够运行并完成用户的需求。因此程序执行的过程对用户是透明的。而计算机病毒是非法程序，正常用户是不会明知是病毒程序而故意调用执行的。但由于计算机病毒具有正常程序的一切特性：可存储性和可执行性。它隐藏在合法的程序或数据中，当用户运行正常程序时，病毒伺机窃取到系统的控制权，得以抢先运行，然而此时用户还认为在执行正常程序。

1.4.3　计算机病毒的分类

目前计算机病毒的种类很多，其破坏性的表现方式也很多。据资料介绍，目前全世界已经发现的计算机病毒已超过15 000多种，它的种类不一，分类方法也很多。一般按照计算机病毒的不同属性来分类。

📖**1. 按病毒存在的媒体分类**　按照病毒存在的媒体，病毒可分为网络病毒、文件病毒、引导型病毒三类。

（1）网络病毒。网络病毒通过计算机网络传播感染网络中的可执行文件，具有破坏性强、传播性广、针对性强、扩散面广、传染方式多、消除难度大等特点。

（2）文件病毒。文件型病毒将自身附加在其他文件（这类文件被称为宿主文件）上。这类病毒程序通过修改宿主文件代码，将其自身代码插入文件的任何位置，在某个时刻扰乱程序的正常运行。这类病毒程序一般感染可执行文件或数据文件，如1575/1591病毒、848病毒感染.com和.exe等可执行文件，Macro/Concept、Macro/Atoms等宏病毒感染.doc文件。

（3）引导型病毒。引导型病毒利用操作系统的引导模块将其插入磁盘的引导扇区中，一旦系统引导就会首先执行病毒程序并且常驻内存，所有在感染了该病毒的计算机上使用过的磁盘都会被感染。常见的引导区型病毒有大麻、小球、米氏病毒等。

📖**2. 按病毒传染的方法分类**　按照病毒传染的方法可将病毒分为驻留型病毒和非驻留型病毒两类。

（1）驻留型病毒。该病毒感染计算机后，把自身的内存驻留部分放在内存（RAM）中，这一部分程序挂接系统调用并合并到操作系统中去，一直处于激活状态，直到关机或重新启动。

（2）非驻留型病毒。该病毒在得到机会激活时并不感染计算机内存，一些病毒在内存中留有小部分，但是并不通过这一部分进行传染，这类病毒都是非驻留型病毒。

📖3. 按病毒破坏的能力分类

按照病毒破坏能力的大小可将病毒分为无害型、无危险型、危险型、非常危险型四类。

（1）无害型病毒。该类病毒除了传染时减少磁盘的可用空间外，对系统没有其他影响。

（2）无危险型病毒。该类病毒存在将导致内存减少、显示不明图像或者发出不明声音，对计算机系统没有危险，如女鬼病毒（Joke. Girlghost）。

（3）危险型病毒。这类病毒在计算机系统操作中会造成严重的错误。

（4）非常危险型。这类病毒存在将会删除程序，破坏数据，清除系统内存区和操作系统中重要的信息，其对系统的危害往往是无法预料的，并且是灾难性的破坏。如最有破坏力的病毒之一 CIH 病毒，它的发作破坏方式主要是通过篡改主板 BIOS 中的数据，造成电脑死机或黑屏，从而让用户无法进行任何数据抢救和杀毒的操作。

📖4. 按病毒的算法分类 按照病毒的算法可将病毒分为伴随型病毒、“蠕虫”型病毒、寄生型病毒三类。

（1）伴随型病毒。这一类病毒并不改变文件本身，它们根据算法产生 .exe 文件的伴随体，具有同样的名字和不同的扩展名（. com），例如：XCOPY. EXE 的伴随体是 XCOPY-COM。病毒把自身写入 .com 文件并不改变 .exe 文件，当 DOS 加载文件时，伴随体优先被执行到，再由伴随体加载执行原来的 .exe 文件。

（2）“蠕虫”型病毒。蠕虫病毒以尽量多复制自身（像虫子一样大量繁殖）而得名，多感染电脑和占用系统、网络资源，造成 PC 和服务器负荷过重而死机，并以使系统内数据混乱为主要的破坏方式，它不一定马上删除你的数据让你发现，典型的病毒有“爱情虫”病毒、梅丽莎病毒等。

（3）寄生型病毒。除了伴随型和“蠕虫”型外的病毒，其他病毒都可称为寄生型病毒，它们依附在系统的引导扇区或文件中，通过系统的功能进行传播。

1.4.4 计算机病毒的防治

📖1. 计算机感染病毒后的常见症状 计算机感染病毒后，可能会出现以下症状：

（1）磁盘坏簇莫名其妙地增多。

（2）可执行程序或数据文件长度增大。

（3）系统可用空间变小，这是由于病毒本身或其复制品不断侵占系统空间。

（4）磁盘访问异常，这是由于病毒程序的异常活动。

（5）系统引导变慢，因为病毒程序附加或占用引导部分。

（6）丢失数据和程序。

（7）打印出现问题。

（8）死机现象增多。

（9）生成不可见的表格文件或特定文件。

（10）系统出现异常动作，例如突然死机，又在无任何外界介入下，自行启动。

（11）显示一些无意义的画面、问候语等。

（12）系统不认识磁盘或硬盘不能引导系统等。

（13）异常要求用户输入口令。

（14）电脑运行比平时迟钝。

（15）系统内存容量忽然大量减少。

（16）程序载入时间比平常久。

（17）内存中增加来路不明的常驻程序。

（18）文件的内容被加上一些奇怪的资料。

（19）文件名、扩展名、日期、属性等被更改过。

（20）对一个简单的工作，磁盘似乎花了比预期长的时间。

📖**2. 计算机病毒的传播途径**　病毒主要通过以下途径传播：

（1）通过不可移动的计算机硬件设备进行传播，这些设备通常有计算机的专用 ASIC 芯片和硬盘等。这种病毒虽然极少，但破坏力极强。

（2）通过文件传输介质进行传播，传输介质包括软盘、U 盘等。例如 CIH 病毒，通过复制感染程序进行传播。

（3）通过计算机网络进行传播，如通过电子邮件、网络共享、文件共享软件等方式进行传播。现代信息技术的进步已使空间距离不再遥远，“相隔天涯，如在咫尺”，但也为计算机病毒的传播提供了新的“高速公路”。计算机病毒可以附着在正常文件中，通过网络进入一个又一个系统，国内计算机感染一种“进口”病毒已不再是什么奇怪的事了。在信息国际化的同时，病毒也在国际化。

📖**3. 计算机病毒的预防**　计算机病毒的预防分为两种：管理方法上的预防和技术上的预防。一般情况下，这两种方法是相辅相成的。

（1）用管理手段预防计算机病毒的传染。建立科学、严格的管理制度，制定有关计算机病毒的法律，通过宣传、教育使用户了解计算机病毒的常识和危害，尊重知识产权，不随意复制软件，加强自身的社会责任感。

对用户来说，要采取一系列措施进行预防，养成良好的使用习惯，如定期检查和清除病毒，不打开可疑邮件及邮件附件，不随便打开某些网站及网页上不知名的链接广告，不随意打开 QQ 聊天信息里的网址链接，不随意运行不知名的程序，不轻易下载不知名站点的软件，使用 U 盘或移动硬盘前要先查杀病毒，重要资料要经常备份等。

（2）采用技术手段预防计算机病毒的传染。采用一定的技术措施，如安装带有防火墙的杀毒软件等来预防计算机病毒对系统的入侵，当发现病毒欲感染系统时，向用户发出报警。需要注意的是，安装了杀毒软件后要经常更新升级，保证杀毒软件是最新的病毒库，然后定期对整个硬盘进行全面的扫描。

计算机病毒将与计算机同在，就像人类无法彻底清除生物病毒一样，但是也不必过分担心，只要做好了防范措施，就可以把感染病毒的机会降到最低，把病毒造成的损失降到最低。

📖**4. 常用杀毒软件介绍**　杀毒软件也称反病毒软件或防毒软件，是用于消除电脑病毒、特洛伊木马和恶意软件的一类软件。杀毒软件通常集成监控识别、病毒扫描和清除、自动升级等功能，有的杀毒软件还带有数据恢复等功能，是计算机防御系统的重要组成部分。杀毒软件一般都具有实时监控和查杀病毒功能，但是杀毒软件不可能查杀所有病毒，也不一定把查到的病毒全部清除掉。目前国产防病毒软件主要有360杀毒、金山毒霸、瑞星杀毒软件。

（1）360杀毒软件。360杀毒软件是永久免费、性能超强的杀毒软件。360杀毒轻巧快速，查杀能力超强，有可信程序数据库，以防止误杀，误杀率远远低于其他一些杀毒软件，依托360安全中心的可信程序数据库，实时校验，能第一时间切断病毒传播链。360杀毒软件不仅能查杀病毒，而且能有效防御最新病毒的入侵，其病毒库每小时升级，让用户及时拥有最新的病毒清除能力。360杀毒和360安全卫士配合使用，是安全上网的“黄金组合”。

（2）瑞星杀毒软件。瑞星杀毒软件是北京瑞星科技股份有限公司针对流行于国内外危害较大的计算机病毒和有害程序，自主研发的反病毒安全工具。能够准确查杀各种加壳变种病毒、未知病毒、黑客木马、恶意网页、间谍软件、流氓软件等有害程序，在病毒处理速度、病毒清除能力、病毒误报率、资源占用率等主要技术指标上实现了新的突破。

（3）金山毒霸杀毒软件。金山公司推出的电脑安全产品，监控、杀毒全面、可靠，占用系统资源较少。其软件的组合版功能强大（金山毒霸2011、金山网盾、金山卫士），集杀毒、监控、防木马、防漏洞为一体，是一款具有市场竞争力的杀毒软件。

练　习　题

一、单项选择题

1. 在计算机应用中，“计算机辅助设计”的英文缩写为（　　）。
   A. CAD　B. CAM　C. CAE　D. CAT
2. 微型计算机中，合称为中央处理单元（CPU）的是指（　　）。
   A. 运算器和控制器　B. 累加器和算术逻辑运算部件（ALU）
   C. 累加器和控制器　D. 通用寄存器和控制器
3. 计算机系统的“主机”由（　　）构成。
   A. CPU、内存储器及辅助存储器　B. CPU和内存储器
   C. 存放在主机箱内部的全部器件　D. 计算机的主板上的全部器件
4. 冯·诺依曼计算机工作原理的设计思想是（　　）。
   A. 程序设计　B. 程序存储　C. 程序编制　D. 算法设计
5. 通常，在微机中标明的P4或奔腾4是指（　　）。
   A. 产品型号　B. 主频　C. 微机名称　D. 微处理器型号
6. 连接计算机系统结构的五大基本组成部件一般通过（　　）。
   A. 适配器　B. 电缆　C. 中继器　D. 总线
7. 在计算机领域通常用主频来描述（　　）。
   A. 计算机的运算速度　B. 计算机的可靠性
   C. 计算机的可运行性　D. 计算机的可扩充性
8. 下列计算机接口中，可以直接进行“插拔”操作的是（　　）。
   A. COM　B. LPT　C. PCI　D. USB
9. 在衡量计算机的主要性能指标中，字长是（　　）。

A. 计算机运算部件一次能够处理的二进制数据位数　B. 8 位二进制长度
C. 计算机的总线数　D. 存储系统的容量

10. 在计算机领域，通常用英文单词“BYTE”来表示（　　）。
A. 字　B. 字长　C. 二进制位　D. 字节

11. 在计算机领域，通常用英文单词“bit”来表示（　　）。
A. 字　B. 字长　C. 二进制位　D. 字节

12. 某工厂的仓库管理软件属于（　　）。
A. 应用软件　B. 系统软件　C. 工具软件　D. 字处理软件

13. 下列关于系统软件的 4 条叙述中，正确的一条是（　　）。
A. 系统软件与具体应用领域无关
B. 系统软件与具体硬件逻辑功能无关
C. 系统软件是在应用软件基础上开发的
D. 系统软件并不具体提供人机界面

14. Linux 是一种（　　）。
A. 数据库管理系统　B. 操作系统　C. 字处理系统　D. 鼠标器驱动程序

15. C 语言编译器是一种（　　）。
A. 系统软件　B. 微机操作系统　C. 字处理系统　D. 源程序

16. 用于描述内存性能优劣的两个重要指标是（　　）。
A. 存储容量和平均无故障工作时间　B. 存储容量和平均修复时间
C. 平均无故障工作时间和内存的字长　D. 存储容量和存取时间

17. 微型计算机中的内存储器，通常采用（　　）。
A. 光存储器　B. 磁表面存储器
C. 半导体存储器　D. 磁芯存储器

18. 具有多媒体功能的微型计算机系统中，常用的 CD-ROM 是（　　）。
A. 只读型大容量软盘　B. 只读型光盘
C. 只读型硬盘　D. 半导体只读存储器

19. 计算机能直接识别和执行的语言是（　　）。
A. 机器语言　B. 高级语言　C. 汇编语言　D. 数据库语言

20. 下列四种设备中，属于计算机输入设备的是（　　）。
A. UPS　B. 投影仪　C. 绘图仪　D. 鼠标器

21. 下列术语中，属于显示器性能指标的是（　　）。
A. 速度　B. 分辨率　C. 可靠性　D. 精度

22. 硬盘工作时，应特别注意避免（　　）。
A. 光线直射　B. 强烈震动　C. 环境卫生不好　D. 噪声

23. 汉字在计算机内的表示方法一定是（　　）。
A. 国标码　B. 机内码
C. 最左位置为 1 的 2 字节代码　D. ASCII 码

24. 一般情况下，1KB 内存最多能存储（　　）个 ASCII 码字符，或（　　）个汉字内码。
A. 1024、1024　B. 1024、512　C. 512、512　D. 512、1024

25. 下面是关于计算机病毒的 4 条叙述，其中正确的一条是（　　）。

A. 严禁在计算机上玩游戏是预防计算机病毒侵入的唯一措施

B. 计算机病毒是一种人为编制的特殊程序，会使计算机系统不能正常运转。

C. 计算机病毒只能破坏磁盘上的程序和数据

D. 计算机病毒只破坏内存中的程序和数据

26. 防范病毒的有效手段，不正确的是（　　）。

A. 不要将软盘随便借给他人使用，以免感染病毒

B. 对执行重要工作的计算机要专机专用，专人专用

C. 经常对系统的重要文件进行备份，以备在系统遭受病毒侵害、造成破坏时能从备份中恢复

D. 只要安装微型计算机的病毒防范卡，或病毒防火墙，就可对所有的病毒进行防范

27. 下面哪个迹象最不像感染了计算机病毒（　　）。

A. 开机后微型计算机系统内存空间明显变小

B. 开机后微型计算机电源指示灯不亮

C. 文件的日期时间值被修改成新近的日期或时间（用户自己并没有修改）

D. 显示器出现一些莫名其妙的信息和异常现象

28. 目前最好的防病毒软件的作用是（　　）。

A. 检查计算机是否染有病毒，消除已感染的任何病毒

B. 杜绝病毒对计算机的感染

C. 查出计算机已感染的任何病毒，消除其中的一部分

D. 检查计算机是否染有病毒，消除已感染的部分病毒

29. 第四代计算机的逻辑器件采用的是（　　）。

A. 晶体管　　B. 大规模、超大规模集成电路

C. 中、小规模集成电路　　D. 微处理器集成电路

30. 微型计算机诞生于（　　）。

A. 第一代计算机时期　　B. 第二代计算机时期

C. 第三代计算机时期　　D. 第四代计算机时期

31. 化工厂中用计算机系统控制物料配比、温度调节、阀门开关的应用属于（　　）。

A. 过程控制　　B. 数据处理　　C. 科学计算　　D. CAD/CAM

32. 1959 年 IBM 公司的塞缪尔（A. M. Samuel）编制了一个具有自学能力的跳棋程序，这属于计算机在（　　）方面的应用。

A. 过程控制　　B. 数据处理

C. 计算机科学计算　　D. 人工智能

33. 在计算机应用中，“计算机辅助制造”的英文缩写为（　　）。

A. CAD　　B. CAM　　C. CAE　　D. CAT

34. 7 位二进制编码的 ASCII 码可表示的字符个数为（　　）。

A. 128　　B. 130　　C. 127　　D. 64

35. 已知英文字母 m 的 ASCII 码值为 109，那英文字母 p 的 ASCII 码值为（　　）。

A. 111　　B. 112　　C. 113　　D. 114

36. 将用高级程序编写的源程序翻译成目标程序的程序称为（　　）。
A. 连接程序　　B. 编辑程序　　C. 编译程序　　D. 诊断维护程序
37. 固定在计算机主机箱体上、连接计算机各种部件、起桥梁作用的是（　　）。
A. CPU　　B. 主板　　C. 外存　　D. 内存
38. 当前气象预报已广泛采用数值预报方法，这主要涉及计算机应用中的（　　）。
A. 科学计算和数据处理　　B. 科学计算与辅助设计
C. 科学计算和过程　　D. 数据处理和辅助设计
39. 下列存储器中，属于内部存储器的是（　　）。
A. CD-ROM　　B. ROM　　C. 软盘　　D. 硬盘
40. 下列设备中，能作为输出设备用的是（　　）。
A. 键盘　　B. 鼠标器　　C. 扫描仪　　D. 磁盘驱动器
41. 微型机中，关于 CPU 的“Pentium III 866”配置的数值 866 表示（　　）。
A. CPU 的型号是 866　　B. CPU 的时钟主频是 866MHZ
C. CPU 的高速缓存容量为 866KB　　D. CPU 的运算速度是 866MIPS
42. 中央处理器（CPU）可直接读写的存储部件是（　　）。
A. 内存　　B. 硬盘　　C. 软盘　　D. 外存
43. 在下面的描述中，正确的是（　　）。
A. 外存中的信息可以直接被 CPU 处理
B. 键盘是输入设备，显示器是输出设备
C. 操作系统是一种很重要的应用软件
D. 计算机中使用的汉字编码和 ASCII 码是相同的
44. 下面关于微处理器的描述中，不正确的是（　　）。
A. 微处理器通常以单片集成电路制成
B. 它具有运算和控制功能，但不具备存储功能
C. Pentium 处理器是当前 PC 中使用最广泛的处理器
D. Intel 公司是国际上研制和生产微处理器最有名的公司
45. 衡量微型计算机价值的主要依据是（　　）。
A. 功能　　B. 性能价格比　　C. 运算速度　　D. 操作次数
46. 计算机具有逻辑判断能力，主要取决于（　　）。
A. 硬件　　B. 体积　　C. 编制的软件　　D. 基本字长
47. 老师上课用的计算机辅助教学的软件是（　　）。
A. 操作系统　　B. 系统软件　　C. 应用软件　　D. 文字处理软件
48. 鼠标器有简单、直观、移动速度快等优点，但下列四项中不能用鼠标点击的是（　　）。
A. 键盘按键　　B. 菜单　　C. 图标　　D. 窗口按钮
49. 在微机的性能指标中，内存储器容量指的是（　　）。
A. ROM 容量　　B. RAM 容量
C. ROM 和 RAM 容量总和　　D. CD-ROM 容量
50. 在计算机中，信息的最小单位是（　　）。
A. 字节　　B. 位　　C. 字　　D. KB

51. 计算机软件一般分为系统软件和应用软件两大类，不属于系统软件的是（　　）。

A. 操作系统　　B. 数据库管理系统

C. 客户管理系统　　D. 语言处理系统

52. 以下属于计算机输出设备的是（　　）。

A. 打印机　　B. 鼠标　　C. 扫描仪　　D. 键盘

53. 微型计算机主机的组成部分是（　　）。

A. 运算器和控制器　　B. 中央处理器和主存储器

C. 运算器和外设　　D. 运算器和存储器

54. 在下面的叙述中，正确的是（　　）。

A. CPU 可以直接访问外存储器

B. 外存储器包括磁盘存储器、光盘存储器和闪存存储器

C. 计算机信息储存的最小单位是字节

D. DVD 不是光盘存储器

55. 微机系统与外部交换信息主要是通过（　　）。

A. 输入输出设备　B. 键盘　　C. 光盘　　D. 内存

56. 微型计算机的基本性能指标不包括（　　）。

A. 字长　　B. 存取周期　　C. 主频　　D. 硬盘容量

57. 为了避免混淆，十六进制数在书写时常在后面加上字母（　　）。

A. H　　B. O　　C. D　　D. B

58. 在标准 ASCII 编码表中,数字码、小写英文字母和大写英文字母的前后次序是(　　)。

A. 数字、小写英文字母和大写英文字母

B. 小写英文字母、大写英文字母、数字

C. 数字、大写英文字母和小写英文字母

D. 大写英文字母、小写英文字母、数字

59. 假设给定一个十进制整数 D，转换成对应的二进制整数 B，那么就这两个数字的位数而言，B 与 D 相比（　　）。

A. B 的位数大于 D　　B. D 的位数大于 B

C. B 的位数大于等于 D　　D. D 的位数大于等于 B

60. 6 位二进制数最大能表示的十进制整数是（　　）。

A. 64　　B. 63　　C. 32　　D. 31

61. 16 进制数的数码中，最大的一个是（　　）。

A. A　　B. E　　C. 9　　D. F

62. 下列字符中 ACSII 码值最大的是（　　）。

A. a　　B. A　　C. f　　D. Z

63. 下列叙述中错误的是（　　）。

A. 高级语言编制的程序的可移植性最差

B. 不同型号的计算机具有不同的机器语言

C. 机器语言是由一串二进制数 0、1 组成的

D. 用机器语言编写的程序执行效率最高

64. 下列关于存储设备的说法中正确的是（　　）。
A. 机器中内存的容量一般比硬盘大　B. 硬盘的读写速度比内存快
C. 内存中存储的信息断电后会消失　D. 相同容量下，内存的价格比硬盘低
65. 下列设备中，完全属于外部设备的一组是（　　）。
A. CD-ROM 驱动器、CPU、键盘、显示器
B. 激光打印机、键盘、软盘驱动器、鼠标器
C. 内存储器、软件驱动器、扫描仪、显示器
D. 打印机、CPU 、内存储蓄、硬盘
66. 计算机网络的应用越来越普遍，它的最大好处在于（　　）。
A. 节省人力　　B. 存储容量大
C. 可实现资源共享　　D. 是信息存取速度提高
67. 能直接与 CPU 交换信息的存储器是（　　）。
A. 硬盘存储器　B. CD-ROM　C. 内存储器　D. 软盘存储器
68. 下列四组数依次为二进制、八进制和十六进制，符合要求的是（　　）。
A. 11，78，19　B. 12，77，10　C. 12，80，10　D. 11，77，19
69. 在微型计算机中，微处理器芯片上集成的是（　　）。
A. 控制器和运算器　　B. 控制器和存储器
C. CPU 和控制器　　D. 运算器和 I/O 接口
70. 微型计算机的主要技术指标有（　　）。
A. 所配备的系统软件的优劣
B. CPU 的主频和运算速度、字长、内存容量和存取速度
C. 显示器的分辨率、打印机的配置
D. 硬盘容量的大小
71. 一个字符的 ASCII 编码，占用二进制数的位数为（　　）。
A. 8　B. 7　C. 6　D. 4
72. 通常所说的“裸机”是指计算机仅有（　　）。
A. 硬件系统　B. 软件　C. 指令系统　D. CPU
73. cache 的中文译名是（　　）。
A. 缓冲器　B. 高速缓冲存储器　C. 只读存储器　D. 可编程只读存储器
74. 下列四种软件属于应用软件的是（　　）。
A. 财务管理系统　B. DOS　C. Windows 98　D. Windows 2000
75. 微型计算机的主机的构成有 CPU、（　　）。
A. RAM　　B. RAM、ROM 和硬盘
C. ROM 和 RAM　　D. 硬盘和显示器
76. 下列各类存储器中，断电后其中信息会丢失的是（　　）。
A. RAM　B. ROM　C. 硬盘　D. 软盘
77. 与二进制数 11111110 等值的十进制数是（　　）。
A. 255　B. 256　C. 254　D. 253
78. 在下列存储器中，访问速度最快的是（　　）。

A. 软盘　　B. 硬盘　　C. 优盘　　D. 内存

79. 下列四条叙述中，正确的一条是（　　）。
A. 外存储器既可作为输入设备也可作为输出设备
B. 高级语言原程序可以被计算机直接执行
C. 计算机语言中，汇编语言属高级语言
D. 机器语言是与所用机器无关的

80. 下面说话中正确的是（　　）。
A. 计算机体积越大，其功能越强
B. 在微机性能指标中，CPU 的主频越高，相对的运算速度越高
C. 两个显示器屏幕大小相同，则它们的分辨率必定相同
D. 点阵打印机的针数越多，则能打印的汉字字体就越多

81. 如今人们使用银行卡在自动取款机上取款，这属于计算机应用领域的（　　）。
A. 科学计算　　B. 过程控制　　C. 人工智能　　D. 数据处理

82. 利用计算机对指纹进行识别、对图像和声音进行处理属于的应用领域是（　　）。
A. 科学计算　　B. 自动控制　　C. 辅助设计　　D. 信息处理

83. 使用 Windows XP 自带的“录音机”录音，计算机必须安装（　　）。
A. 麦克风　　B. 耳机　　C. 软驱　　D. CD-ROM

二、填空题

1. 计算机系统一般由____________和____________两大系统组成。

2. 微型计算机系统结构由____________、控制器、____________、输入设备、输出设备五大部分组成。

3. 在表示存储容量时，1GB 表示 2 的____________次方，或是____________MB。

4. 衡量计算机中 CPU 的性能指标主要有____________和____________两个。

5. 存储器一般可以分为主存储器和____________存储器两种。主存储器又称____________。

6. 构成存储器的最小单位是____________，存储容量一般以____________为单位。

7. 计算机软件一般可以分为____________和____________两大类。

8. 在衡量显示设备能表示像素个数的性能指标是____________，目前微型计算机可以配置不同的显示系统，在 CGA、EGA 和 VGA 标准中，显示性能最好的一种是____________。

9. 系统总线按其传输信息的不同可分为____________、____________和____________三类。

10. 7 个二进制位可表示____________种状态。

11. 在微型计算机中，西文字符通常用____________编码来表示。

12. 以国标码为基础的汉字机内码是两个字节的编码，一般在微型计算机中每个字节的最高位为____________。

13. 常见的计算机病毒按其寄生方式的不同可以分为____________、____________和混合型病毒。

模块二目录

模块二　计算机基本操作

学习情境

➤ 中英文输入
➤ 管理磁盘空间
➤ 设置计算机系统

技能目标

➤ 掌握操作系统的基本概念及功能
➤ 熟练掌握 Windows XP 操作系统的特点和运行环境
➤ 熟练掌握桌面、窗口、菜单的相关属性及其相关操作技能
➤ 熟练掌握鼠标和键盘的使用方法
➤ 熟练掌握 Windows XP 帮助系统的使用
➤ 熟练掌握 Windows XP 的桌面管理、文件管理、系统设置、磁盘管理及附件使用等基本操作方法
➤ 熟悉掌握一种汉字录入方法

情境一　中英文输入

❶情境描述

中英文输入是使用计算机的一项最基本技能。请使用 Windows XP 操作系统中的记事本程序进行中英文录入练习。

❷情境分析

进行中英文输入练习，首先启动计算机，熟悉 Windows XP 操作系统桌面、窗口、对话框、菜单；打开记事本程序，然后进行中英文输入的练习。在本情境中，主要掌握如下知识技能点：

➤操作系统的基础知识
➤认识 Windows XP 桌面
➤Windows XP 的启动、退出与注销
➤汉字录入指法及汉字输入方法

经分析，可按照下列步骤完成：

- 操作系统的基础知识

- Windows XP 的启动、退出与注销
- 认识 Windows XP 桌面
- 中英文输入

❸具体实现

2.1.1　操作系统基础知识

用户对计算机进行操作，都是利用操作系统完成的。操作系统是管理和控制计算机系统中的软件和硬件资源、合理地组织计算机工作流程以方便用户使用的程序集合。

1. 为什么使用操作系统　两个使用不同语言的人进行交流时需要一个翻译，这个翻译官就充当了他们之间的“接口”。同样，用户与计算机硬件进行交互也需要一个接口。计算机是一种机器，它只能理解电脉冲所形成的二进制数据，而用户则以语言形式向计算机发出指令，因此计算机无法直接理解。于是，操作系统就在用户和计算机硬件之间充当了“翻译官”，它将用户发出的命令转换成计算机能够理解的语言，这样用户和计算机就能“对话”了。用户只需要给计算机指定任务，然后操作系统会自动告诉计算机要做的事情，并协调计算机的软件和硬件来完成这个任务。

可见，操作系统是现代计算机必不可少的系统软件，是计算机的灵魂。

2. 操作系统的分类　用户通过界面与计算机进行交互。例如使用手机界面打电话、发短信，同样，计算机操作系统也提供了界面，包括以下两种：

(1) 基于字符的界面。基于字符的界面是只显示文本字符的界面。要与计算机进行交互，就必须输入一组称为命令的指令。如 MS-DOS（微软磁盘操作系统），如图 2-1-1 所示。

图 2-1-1　基于字符的界面

(2) 图形用户界面。这是当代计算机用户都熟悉并经常使用的操作系统，它改变了 DOS 等基于字符的命令操作方式，取而代之的是窗口、对话框、图标、菜单等，它提供了

友好的用户界面，使用户可以更方便地进行各种操作。

📖**3. Windows XP 操作系统** Windows XP 是微软公司的基于 Windows 2000 内核的一代操作系统，字母 XP 表示英文单词的 Experience（体验）。Windows XP 集成了 Windows 2000 和 Windows 9x 的优点，继承了 NT 系列操作系统的稳定性，同时也添加了强大的媒体功能支持，具有全新的界面、高度集成的功能、稳固的安全性和方便快捷的操作性能。它在界面、风格与功能上都与 Windows 系列的桌面操作系统具有一致性，是一种面向对象的图形用户界面操作系统。

自它推出以来，相继有了专业版（Windows XP Professional）、家庭版（Windows XP Home Edition）、平板电脑版（Windows XP Tablet PC Edition）和媒体中心版（Windows XP Media Center Edition）等多个版本。其中专业版和家庭版对准企业和家庭用户，一般常见于台式机和笔记本；平板计算机的推出是配合微软的 Tablet PC 平台，这是一个便携式的一体机平台，具有许多先进的特性；媒体中心版将软硬件集成在一起，构建一个家庭影音中心，包括遥控、影音获取、影音编辑等全套功能。

本章主要介绍中文版 Windows XP 家庭版（专业版）。

📖**4. Windows XP 操作系统的运行环境** 用户在安装 Windows XP 之前，首先需要了解 Windows XP 的系统需求，以便合理安排、整理出足够的硬盘空间，提供必要的硬件环境，了解网络的配置信息、合适的安装方式以及对文件系统的规划等情况。

Windows XP 对硬件的最低要求是：

（1）233MHz 或更高主频的 Pentium 兼容 CPU（推荐 300MHz CPU）。

（2）最小 64MB 内存（推荐 128MB，最大 4GB），增加内存通常会改善系统的响应速度。

（3）需要 2GB 硬盘并提供 1.5GB 的自由空间，如果从网络安装，还需更多的可用磁盘空间。

（4）支持 800 ×600 像素或更高分辨率的显卡和 VGA 显示器、CD-ROM 或者 DVD 驱动器、键盘、鼠标、网卡、声卡、DVD 解码卡等设备。

📖**5. Windows XP 操作系统的安装** Windows XP 的安装分为新安装和升级安装。我们可在以前的 Windows 98/98SE/Me/NT4/2000 这些操作系统的基础上顺利升级到 Windows XP。Windows XP 的核心代码是基于 Windows 2000 的，所以从 Windows NT4/2000 上进行升级安装十分容易。下面是全新安装中文版 Windows XP 的步骤。

（1）首先在 CMOS 中将光驱设置成可启动光驱。

（2）开机插入 Windows XP 安装盘。

（3）按照安装盘中的向导一步步完成安装过程。

2.1.2 Windows XP 的启动与退出

📖**1. 用户账户与启动 Windows XP** 如果是第一次启动 Windows XP，一般是以 Administrators 组成员身份登录的。由于中文版 Windows XP 是一个支持多用户的操作系统，若有多个用户使用计算机，在登录时只需要在登录界面上单击用户名前的图标，即可实现多用户登录，各个用户可以进行个性化设置而互不影响，可以通过执行菜单“开始”→“控制面板”→“用户账户”命令，打开窗口来添加新的用户，如图 2-1-2 所示。

图 2-1-2　“用户账户”窗口

在“挑选一项任务”选项组中单击“创建一个新账户”超链接，系统需要提供账户的用户名，输入完成后单击“下一步”按钮，需要选择账户的类型，如图 2-1-3 所示。

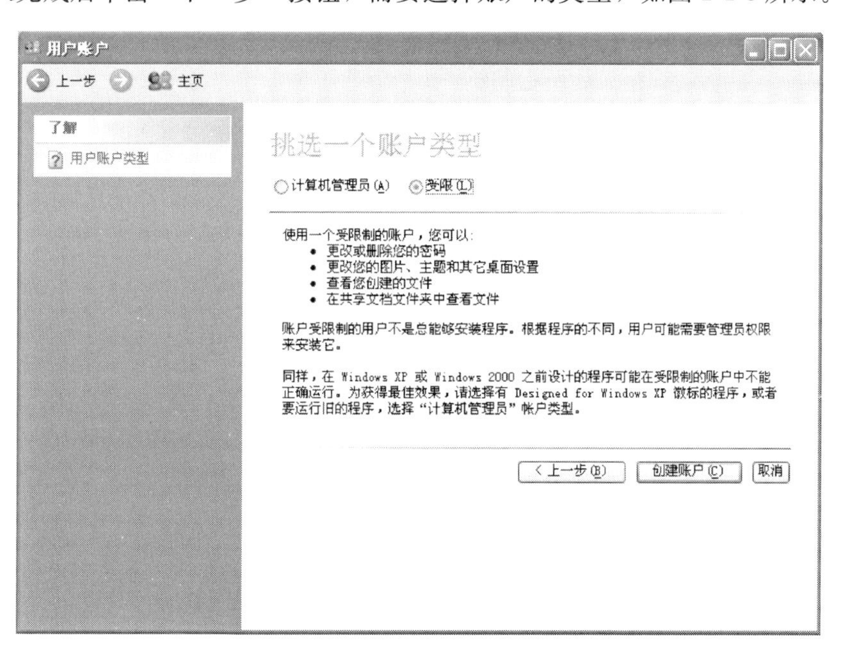

图 2-1-3　挑选账户类型

默认情况下 Windows XP 提供了两种类型的账户：计算机管理员和受限制账户。计算机管理员是对计算机有最高控制权限的人，这类账户可以对系统进行任何设置，查看、修改或者删除计算机上的所有文件。因此在创建这类账户的时候一定要小心，因为对于使用这类账户的用户而言错误的设置可能会造成很严重的系统障碍。为安全起见，不建议日常使用中使用管理员账户。所以这里设置账户类型为“受限制用户”，分别为爸爸、妈妈和女儿每人创建一个受限制账户。以后启动计算机后将不会立刻出现桌面，而是出现类似如图 2-1-4 所示的欢迎屏幕。

图 2-1-4　多用户登录界面

在欢迎屏幕上，每个用户可以单击自己的账户名并输入密码（如果需要的话）登录进入 Windows。每个用户使用自己的账户登录后都能看到完全一样的初始桌面设置，而他们在这个桌面上进行的任何修改（如添加或删除某个桌面快捷方式、更换墙纸等）都只对自己的账户生效，不会影响到别人。

2. 注销 Windows XP　为了便于不同的用户快速登录来使用计算机，中文版 Windows XP 提供了注销功能，应用注销功能，使用户不必重新启动计算机就可以实现多用户登录，这样既快捷方便，又减少了对硬件的损耗。

中文版 Windows XP 的注销，可执行下列操作：

（1）执行“开始”→“注销”命令，这时桌面上会打开一个对话框，询问用户是否确实要注销，用户单击“注销”按钮，系统将进行注销，单击“取消”按钮，则取消此次操作，如图 2-1-5 所示。

图 2-1-5　“注销 Windows”对话框

（2）单击“注销”按钮，桌面上打开另一个对话框，“切换用户”指在不关闭当前登录用户的情况下而切换到另一个用户，用户可以不关闭正在运行的程序，而当再次返回时系统会保留原来的状态；而“注销”将保存设置，关闭当前登录用户，打开如图 2-1-4 所示界面。在该窗口中用户可以选择任一用户名重新登录，也可以关闭计算机。

3. 关闭 Windows XP　当用户要结束对计算机的操作时，一定要先退出中文版 Windows XP 系统，然后再关闭显示器，否则会丢失文件或破坏程序。如果用户在没有退出 Windows 系统的情况下就关机，系统将认为是非法关机，当下次再开机时，系统会自动执行自检程序。关闭 Windows XP 的最常用的方法是选择“开始”→“关闭计算机”命令，打开如图 2-1-6 所示的“关闭计算机”对话框。在该对话框中提供了三种关闭方式，用户可根据需要从中选择一种。

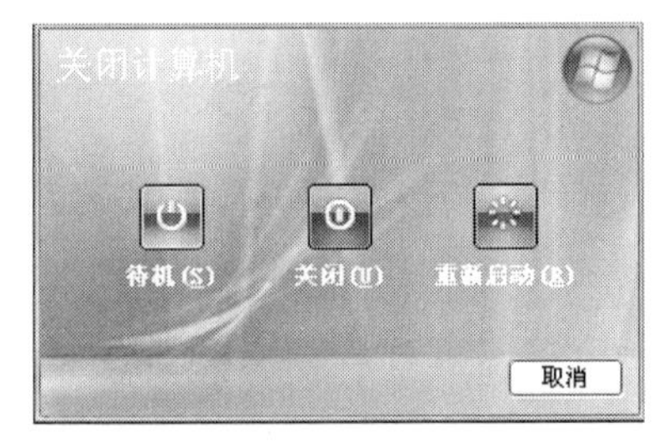

图 2-1-6　关闭计算机

（1）“关机”命令。如果选择该命令，Windows 会保存数据退出程序，然后关闭计算机。

（2）“重新启动”命令。如果选择该命令，计算机保存更改的所有 Windows 设置，并将当前存储在内存中的全部信息保存在硬盘，然后重新启动计算机。

（3）“待机”命令。如果选择该命令，计算机保持立即可用的状态且计算机可节省电能消耗，当前数据仍在内存中。

2.1.3　认识桌面

“桌面”是启动计算机登录到系统后看到的整个屏幕界面，它是用户和计算机进行交流的窗口，上面可以存放用户经常用到的应用程序和文件夹图标。通过桌面，用户可以有效地管理自己的计算机。Windows XP 桌面由桌面背景、桌面图标、任务栏、开始按钮和状态栏等组成。如图 2-1-7 所示为 Windows XP 桌面。

图 2-1-7　Windows XP 桌面

📖**1. 图标**　图标是指在桌面上排列的小图像，它包含图形、说明文字两部分，如果用户把鼠标放在图标上停留片刻，桌面上会出现对图标所表示内容的说明或者是文件存放的路径，双击图标就可以打开相应的内容。

“我的文档”图标：用于管理“我的文档”下的文件和文件夹，它是系统默认的文档保存位置。

“我的电脑”图标：用户通过该图标可以实现对计算机硬盘驱动器、文件夹和文件的管理，在其中用户可以访问连接到计算机的硬盘驱动器、照相机、扫描仪和其他硬件以及有关信息。

“网上邻居”图标：该项中提供了网络上其他计算机上文件夹和文件访问以及有关信息，在双击展开的窗口中用户可以进行查看工作组中的计算机、查看网络连接及添加一个网络邻居等工作。

“回收站”图标：在回收站中暂时存放着用户已经删除的文件或文件夹等一些信息，当用户还没有清空回收站时，可以从中还原删除的文件或文件夹。删除到回收站中的文件仍然占用着磁盘空间。一般情况下，要删除一个或多个文件，首先是选择这个（些）文件，若按 Delete（Del）键，则这个（些）文件就放在回收站中；若按 Shift＋Delete（Del）组合键，则这个（些）文件不放到回收站中而直接彻底删除。

“Internet Explorer”图标：用于浏览互联网上的信息，双击该图标可以访问网络资源。

图 2-1-8　桌面快捷菜单

用户可以在桌面上创建自己经常使用的程序或文件的图标，这样使用时直接在桌面上双击即可快速启动该项目。方法是在桌面空白处右击，在弹出的快捷菜单中选择“新建”命令，如图 2-1-8 所示，利用“新建”命令下的级联菜单，用户可以创建各种形式的图标，比如文件夹、快捷方式、文本文档等。当用户选择了所要创建的选项后，在桌面上会出现相应的图标，用户可以为它命名，以便于识别。用户还可以利用该快捷菜单中的“排列图标”命令对桌面上的图标按照大小、类型等方式进行排列。当然用户可以对桌面上的图标进行移动、删除、重命名等操作。

2. 任务栏　任务栏是位于桌面最下方的一个小长条，它显示了系统正在运行的程序和打开的窗口、当前时间等内容，用户通过任务栏可以完成许多操作，而且也可以对它进行一系列的设置。任务栏从左向右依次是“开始”菜单按钮、快速启动工具栏、窗口按钮栏和通知区域等几部分，如图 2-1-9 所示。

图 2-1-9　任务栏

(1)“开始”菜单按钮。单击此按钮，可以打开“开始”菜单，详细内容后面介绍。

(2) 快速启动工具栏。它由一些小型的按钮组成，单击可以快速启动程序，一般情况下，它包括网上浏览工具 Internet Explorer 图标、收发电子邮件的程序 Outlook Express 图标和显示桌面图标等。

(3) 窗口按钮栏。当用户启动某项应用程序而打开一个窗口后，在任务栏上会出现相应的有立体感的按钮，表明当前程序正在被使用，在正常情况下，按钮是向下凹陷的，而把程序窗口最小化后，按钮则是向上凸起的，这样可以使用户观察更方便。Windows XP 虽然可以同时启动多个应用程序，但是位于前台的任务只有一个。通过任务栏可以非常方便地切换前台任务，即单击任务栏上想要作为前台的应用程序按钮或图标。

(4) 通知区域。在该区域可以看到在计算机启动时加载的一些程序，如系统时间、输入法和音量控制等。

系统默认的任务栏位于桌面的最下方，用户可以根据需要把它拖动到桌面的任一边缘，方法是将鼠标指向任务栏上的空白处，按住鼠标左键将任务栏拖至桌面的上、下、左、右四个方向的边缘即可。

用户也可以改变任务栏的宽度，即将鼠标指向任务栏靠屏幕上侧的边缘，这时鼠标指针变为双向箭头型，按住鼠标左键拖动任务栏以改变大小。还可以通过改变任务栏的属性，让它自动隐藏。方法是首先将鼠标指向任务栏的空白处并右击，在弹出的快捷菜单中选择“属性”命令，则打开“任务栏和「开始」菜单属性”对话框，如图 2-1-10 所示。

在“任务栏外观”选项组中，用户可以通过对复选框的选择来设置任务栏的外观。如锁定任务栏，使其不能被随意移动或改变大小等。在“通知区域”选项组中，用户可以单击

“自定义”按钮，打开“自定义通知”对话框，修改选定项目的通知行为。

📖**3. “开始”菜单**　任务栏的最左边有一个“开始”按钮，通过单击这个“开始”按钮用户方便地访问 Internet、收发电子邮件、启动应用程序和进行系统设置。

单击“开始”按钮，打开“开始”菜单，如图 2-1-11 所示。它大致分为四个部分：

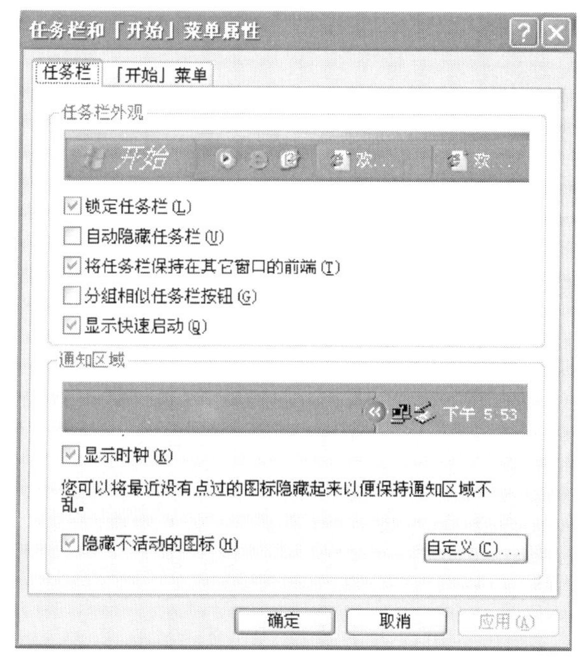

图 2-1-10　“任务栏和［开始］菜单属性”对话框

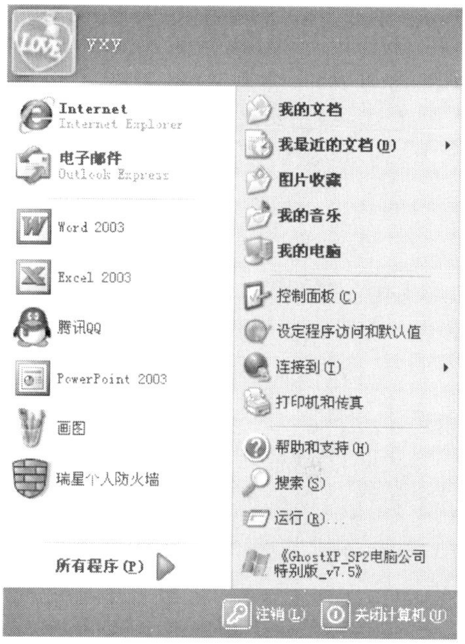

图 2-1-11　“开始”菜单

（1）最上面部分说明当前登录计算机系统的用户，由一个漂亮的小图标和用户名组成。

（2）中间部分左侧是用户常用的应用程序的快捷启动项，用户可以快速启动这些应用程序。

（3）中间部分右侧是系统控制工具菜单区域，例如“我的电脑”、“我的文档”、“搜索”等选项，通过这些菜单项，用户可以实现对计算机进行操作与管理。

（4）在“所有程序”菜单项中显示系统中安装的全部应用程序；在“开始”菜单最下方有“注销”和“关闭计算机”两个选项，用户可以在此进行注销用户和关闭计算机的操作。

📖**4. 经典“开始”菜单**　在中文版的 Windows XP 中，用户不仅可以使用具有鲜明风格的“开始”菜单，还可以使用原来 Windows 沿用的经典“开始”菜单。当用户需要改变菜单样式时，在任务栏空白处或在“开始”按钮上右击，在弹出的快捷菜单中选择“属性”命令，打开“任务栏和「开始」菜单属性”对话框，在该对话框中选中“经典「开始」菜单”单选按钮，单击“确定”按钮。当用户再次打开“开始”菜单时，将改为经典样式，如图 2-1-12 所示。

图 2-1-12　经典“开始”菜单

2.1.4 认识窗口

当用户打开一个文件或者是应用程序时，都会出现一个窗口，窗口是用户进行操作时的重要组成部分，熟练地对窗口进行操作，会提高用户的工作效率。在中文版 Windows XP 中，根据窗口组成的元素，一般可分为应用程序窗口、对话框窗口和文件夹窗口，它们基本包括了相同的组件，如图 2-1-13 所示是一个标准的窗口，它由标题栏、菜单栏、工具栏等几部分组成。

1. 窗口组成

（1）标题栏。标题栏显示了该窗口的名称。标题栏的右边有三个按钮，分别是“最小化”按钮、“最大化”按钮、“关闭”按钮。单击“最小化”按钮，窗口将被隐藏，只在任务栏上显示一个任务条。单击“最大化”按钮，窗口将最大限度地布满在屏幕上。在已经最大化的窗口中，可以看到原来的“最大化”按钮变成了“还原”按钮，单击此按钮，应用程序窗口将恢复成默认的大小。

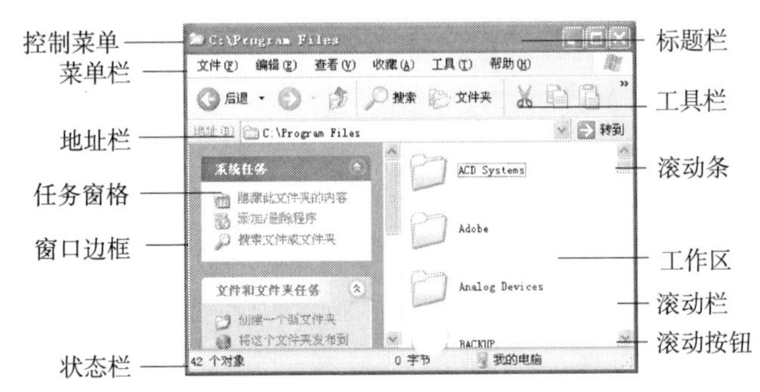

图 2-1-13 Windows XP 典型窗口

（2）菜单栏。菜单栏中包含该窗口的所有菜单项，可以通过选择菜单中的各命令来完成大多数对应用程序的访问和操作。

（3）工具栏。工具栏为用户提供了一系列常用的标准按钮，使用它们可以快速地完成菜单栏中某些命令的功能。

（4）地址栏。单击地址栏的下三角按钮，可以在其中选择需要查看的项目，该项目对应的文件和文件夹将显示在窗口的工作区中。

（5）工作区。工作区是窗口的主体部分，用户可在该区域中对各图标代表的应用程序进行操作。

（6）窗口边框。窗口边框是窗口的最外层结构，通过它可以任意调整窗口的大小。

（7）“任务”窗格。为用户提供常用的操作命令，其名称和内容随打开窗口的内容而变化，当选择一个对象后，在该选项下会出现可能用到的各种操作命令，可以在此直接进行操作，而不必在菜单栏或工具栏中进行，这样会提高工作效率，其类型有系统任务、其他位置、文件和文件夹任务等。

“系统任务”任务窗格：可以将其中的任务应用到本计算机或选择的硬件设置中。

“其他位置”任务窗格：以链接的形式为用户提供了计算机上的其他位置，在需要使用时，可以快速转到有用的位置，打开所需要的其他文件，例如“我的电脑”、“我的文档”等。

“详细信息”任务窗格：在这个选项中显示了所选对象的大小、类型和其他信息。

2. 窗口的基本操作

（1）在窗口间切换。当打开了多个窗口时，Windows 提供的操作可以帮助用户轻松地管理不同的窗口。如果用户要查看的窗口被当前窗口覆盖住，但还是可以看见的，则可单击该窗口的任何部位，该窗口即成为当前窗口。通过这种方法，用户可以在不同窗口间实现切换。通常每打开一个应用程序窗口，都将在桌面下方的任务栏上显示相应的任务条，用户通过直接单击这些任务按钮也可以实现不同窗口之间的切换。

（2）移动窗口。只要窗口不是最大化状态，用户就可以在桌面上任意移动窗口的位置。用鼠标左键按住窗口的标题栏并拖动，移动到桌面的任意位置，松开鼠标后，应用程序窗口就移动到相应的位置。

（3）调整窗口大小。用户用鼠标同样可以改变窗口大小，只要移动鼠标到应用程序窗口边缘，当鼠标箭头变形为两端带箭头的形状时，按鼠标左键不放，拖动调整，即可任意改变应用程序窗口的大小。

（4）排列窗口。当用户同时打开多个应用程序窗口操作，需要将这些窗口的排列方式进行调整，以便操作。当然用户可以用上面的方式一个一个地对窗口进行大小位置的调整，但最快的还是利用 Windows XP 的自动排列窗口功能。首先在任务栏空白处右击，弹出快捷菜单，该快捷菜单中提供了三种自动排列窗口的命令：层叠窗口、横向平铺窗口、纵向平铺窗口。

用鼠标单击标题栏最左边的“控制菜单”图标或右击标题栏任何地方即可打开控制菜单，在控制菜单中也包含了对窗口进行操作的各项命令，用户通过使用这些命令，可以完成上述对窗口的各项操作。

（5）使用滚动条查看窗口内容。当内容太多、窗口不能显示全时，窗口的边缘就会出现滚动条。滚动条分为水平滚动条和垂直滚动条两类，一个滚动条又由三部分组成：滚动栏、滚动条、滚动按钮。滚动栏与滚动条的长度表示当前窗口内容的长度。

用户可以通过使用这些滚动条来控制、调整窗口里内容的显示。下面以垂直滚动条为例说明滚动条的使用方法。垂直滚动条的具体操作方法如下：

①单击滚动条两端的按钮，可以上下滚动一行。

②单击滚动栏的上面或下面空白处，可以滚动一屏（结果和按 Page Up 或 Page Down 键相同）。

③将鼠标指针移动到滚动栏，拖动滚动条到滚动栏中指定的位置，松开鼠标，即可滚动到指定位置。

④将鼠标光标移动到滚动按钮，按住鼠标左键窗口将连续滚动显示，直至松开鼠标。

2.1.5　认识对话框

对话框是最常用的人机交互界面，通过对话框可完成系统设置、信息获取与交换操作，不同的场合下，对话框中的元素有所不同。对话框是以窗口形式出现的，有标题栏、选项卡和命令按钮，还有文本框、列表框、数值框、复选框、单选按钮等，可以在桌面上移动，但没有边框，不能改变窗口的大小，因而没有“窗口控制”按钮、“最大化”按钮和“最小化”按钮。典型的对话框如图 2-1-14a 和图 2-1-14b 所示。

🕮**1. 文本框**　文本框也称编辑框，是用户输入信息的区域，根据使用的命令填入具体的内容。有时在文本框中系统已经提供了一个默认值，供用户直接选择或修改。

🕮**2. 列表框**　列表框通常给出一系列的选项，供用户从中选择一个或多个选项。当列

a

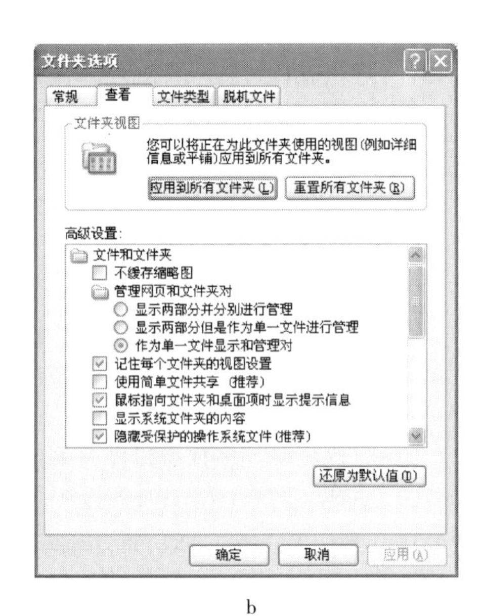

b

图 2-1-14 对话框
a. “日期和时间属性”对话框 b. “文件夹选项”对话框

表框中的选项较多、一次在框内显示不完时，可以通过列表框右边的滚动条来滚动显示。

列表框还有一种常用的形式即下拉列表框，常用于对话框内容较多、空间较小时取代普通的列表框。它的使用和普通列表框基本相同，用鼠标单击其右侧的下三角按钮，即可将其下拉列表框打开。

3. 下拉列表框和下拉组合框 “图标”是指在桌面上排列的小图像，它包含图形、说明文字两部分，如果用户把鼠标放在图标下拉列表框：单击右侧下三角按钮后弹出的列表，如图 2-1-15a 所示。

下拉组合框：是兼有文本框和列表框的功能。用户既可在文本框中输入一个新项，也可单击文本框右侧的下三角按钮查看选择项的列表，如图 2-1-15b 所示。

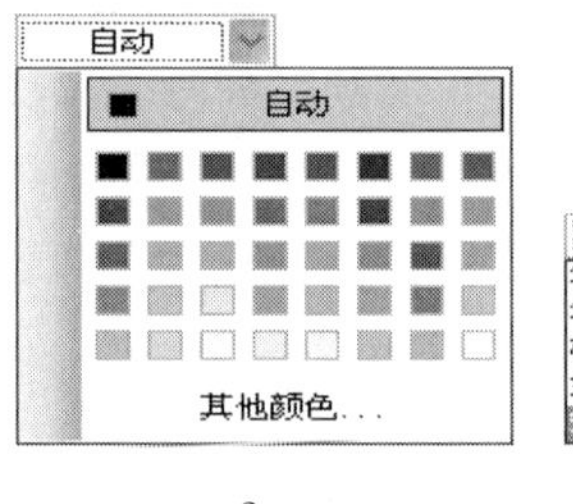

a

b

图 2-1-15 下拉列表框和下拉组合框
a. 下拉列表框 b. 下拉组合框

4. 单选按钮○ 单选按钮是成组出现的，一组单选按钮中只能有一个被选中。单击单选按钮，圆圈中带有黑点为选中；再次单击，圆圈中的黑点取消，为未选中。只要在任意一个单选按钮上单击，则被选选项的圆圈中出现黑点，而其他的选项将自动恢复到未选状态。

5. 复选框□ 一组复选框所表示的参数是不互斥的，可以选择部分，也可以选择全部，甚至一个都不选。用“√”表示选中，没有“√”表示未选中。鼠标单击复选框，可以选择或不选择。

6. 选项卡 选项卡也称为标签，是对话框中用得最多的控件之一，呈“向外突出”状的代表当前正在使用的标签。单击选项卡可以将其中的内容显示在对话框中。选项卡改变了，对话框中的内容也随着改变。

📖**7. 数值微调按钮**　利用数值微调按钮可以对相应数值框中的数据进行调整，单击数值框右边的上下按钮进行数据增减，单击一次增/减一个单位。当然用户可以在数值框中直接输入所需要的数值。

📖**8. 命令按钮**　单击命令按钮可以完成一个特定操作。如果命令按钮中含有“…”符号，则表示该命令执行后会打开另外一个对话框。

2.1.6　认识菜单

前面已经讲解了“开始”菜单的使用，在Windows XP中，除了开始菜单外，还有窗口菜单、控制菜单、快捷菜单等。

📖**1. 窗口菜单**　多数窗口都有菜单栏，一般情况下，菜单栏中都有“文件”、“编辑”、“查看”等菜单项，鼠标移到某菜单项时，该菜单按钮会呈突起状态，单击菜单按钮则打开菜单。

📖**2. 控制菜单**　在任何一个应用程序窗口和文档窗口中都有一个控制菜单，一般用鼠标单击窗口左上角的“控制菜单”图标，或者按Alt＋空格组合键，即可打开控制菜单，如图2-1-16所示。

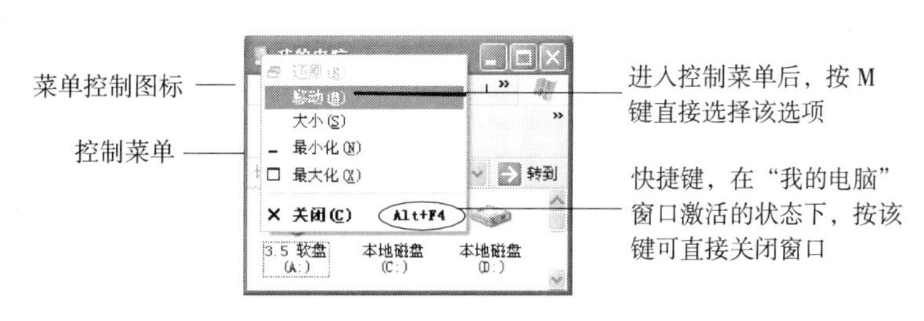

图2-1-16　控制菜单

📖**3. 快捷菜单**　要使用快捷菜单，只需要将鼠标指向要操作的对象，然后右击，就激活了该对象的快捷菜单，在快捷菜单中列出了与该对象相关的命令项，用户可以选择对应的命令项进行操作。如在前面提到的在任务栏空白处右击，弹出的就是任务栏的快捷菜单。

📖**4. 菜单的约定**　打开某个菜单项有多条命令可选择，每条命令的名称概括了其主要功能，为了操作方便，还用一些特殊的表示方法：

（1）命令旁括号内带下画线的字母。表示执行该命令的快捷键，同时按Alt键和这个字母键，就可执行该命令。

（2）命令旁带“▸”符号。表示该命令有下一级联菜单。

（3）命令旁带“…”符号。表示该命令有对话框，需要用户做进一步的设置。

（4）命令旁带组合键。这是该菜单项的快捷键。

（5）命令旁带“✓”符号。表示该命令有奇偶性，即如果本次执行该命令使它从不带“√”变为带“√”后，命令的功能起作用，那么下次再执行该命令时会使“√”符号消失，而且命令的功能不起作用。

（6）命令左边带有图形符号。表示该命令可用工具栏的方式执行。

（7）命令旁带“•”符号。表示在该组命令中只有带“•”符号的那条命令起作用。

（8）命令字体的颜色。深色命令表示可选择执行；浅色命令表示不可选，即它的功能现在不起作用。

（9）命令分隔线。若干命令用浅色的直线分隔，表示它们是属于同一类具有相似功能的命令。

📖**5. 工具栏** 大多数 Windows XP 应用程序都有工具栏，工具栏上的按钮在菜单中都有对应的命令。当将鼠标指针指向工具栏上的某个按钮时，稍停留片刻，应用程序将显示该按钮的功能名称。

📖**6. 剪贴板** Windows 剪贴板为我们各个 Windows 程序间的信息交流提供了一个桥梁，它实际上是在内存中开辟的临时存储区，是应用程序的数据交换中心。默认的 Windows 的剪贴板只能够存放一个内容，当下一次有内容进入剪贴板时原来的内容就会被覆盖掉，最后一次存入的内容将一直保留，直到退出 Windows。

(1) 移动或复制信息到剪贴板中。先打开到要移动或复制信息的窗口，选定要移动或复制的信息，选择“编辑”→“剪切”或“复制”命令，或者右击信息，在弹出的快捷菜单中选择“剪切”或“复制”命令。

在要移动的或复制信息窗口中若直接按 Print Screen 键，则将整个屏幕信息以位图格式复制到剪贴板中；若按 Alt+Print Screen 组合键，可将当前活动窗口的信息以位图格式复制到剪贴板中。

(2) 从剪贴板中粘贴信息。应用程序读取剪贴板中内容用“粘贴”命令。先打开到要粘贴信息的应用程序，把光标定位到要放置信息的位置上，选择“编辑”→“粘贴”命令或者右击信息，在弹出的快捷菜单中选择“粘贴”命令。将信息粘贴到目标程序中后，剪贴板中内容仍然保持不变，可以进行多次粘贴，既可以在同一文件中多处粘贴，也可以在不同文件中粘贴。

2.1.7 Windows XP 常用附件简介

Windows XP 在附件中集成了一些常用的程序，当用户要处理一些要求不是很高的工作时，可以利用附件中的工具来完成，用户能轻松地在其环境下完成各种管理和操作。本节介绍 Windows XP 自带的画图程序、记事本、写字板和硬盘管理程序的使用。

📖**1. 画图程序** 它是一种位图绘制程序，利用它可以制作各种类型的图形，以位图文件的格式（扩展名为 .bmp）或其他文件格式（如 .jpg、.gif）保存，还可以通过剪贴板将画图程序所创建的图形添加到其他文档中。画图程序窗口如图 2-1-17 所示。

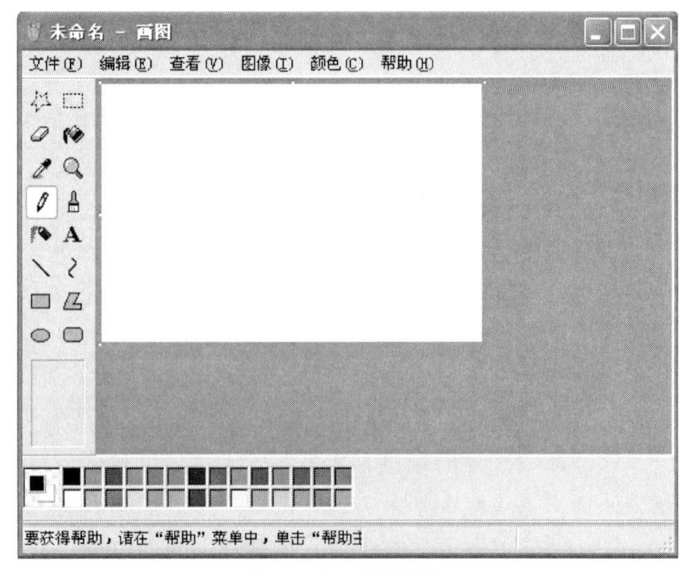

图 2-1-17 画图程序

📖**2. 记事本** 记事本是 Windows XP 提供的一个小型文本编辑器，只能处理不大于 50KB 的纯文本文件。由于“记事本”的使用既方便又快捷，生成的纯文本文件（扩展名为 .txt）通用性极强，所以非常实用和受欢迎。

📖**3. 写字板** 记事本只能处理不带格式的文本，如果要对文本进行格式的编排，就可以使用写字板。写字板具有很强的文本编辑功能，而且能生成多种文件格式。由于写字板是功能强大的文字编辑处理工具 Word 的子集，因此可以参考 Word 的使用方法来使用它。

4. 计算器　计算器有“标准型”和“科学型”两种，如图 2-1-18 所示。“标准型”计算器用于简单的算术运算，“科学型”计算器可以进行较为复杂的数学运算，如指数运算、三角函数运算等，并且可以用二进制、八进制、十进制、十六进制等不同的进位计数制进行运算。通过“查看”菜单可以在“标准型”和“科学型”两种形式的计算器之间进行切换。

a

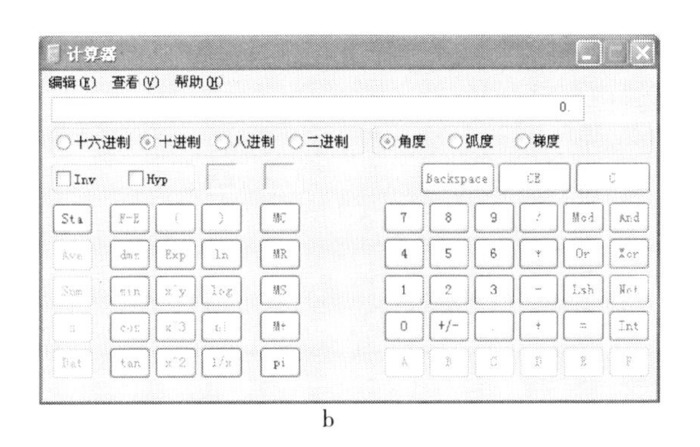

b

图 2-1-18　计算器

a. 标准型计算器窗口　b. 科学型计算器窗口

2.1.8　中英文输入

1. 打字指法与姿势　打字指法是指如何运用十个手指击键的方法，即规定每个手指分工负责击打哪些键位，充分调动每个手指的作用，并实现不看键盘地输入（俗称盲打），从而提高击键的速度。

(1) 基本键位及手指分工。键盘的 A S D F G H J K L ; 这八个键位为基本键位。准备打字时，除拇指外其余的八个手指要自然平放放在基本键位上，拇指放在空格键上，十指分工明确并包键到位，如图 2-1-19 所示。

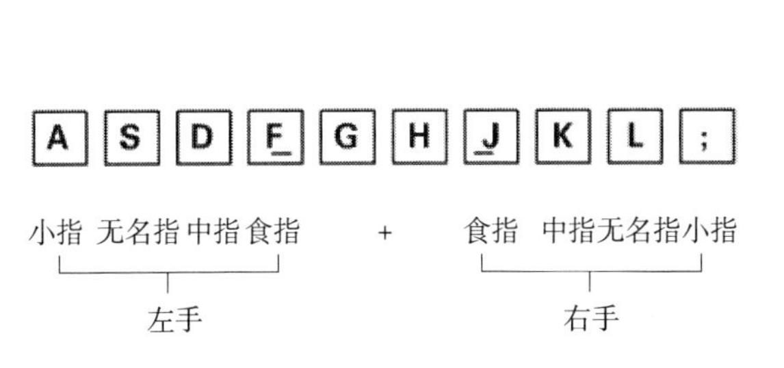

图 2-1-19　基本键位及手指分工

每个手指除了指定的基本键位外，还分工有其他字键，称为它的范围键。指法分工示意图如图 2-1-20 所示。

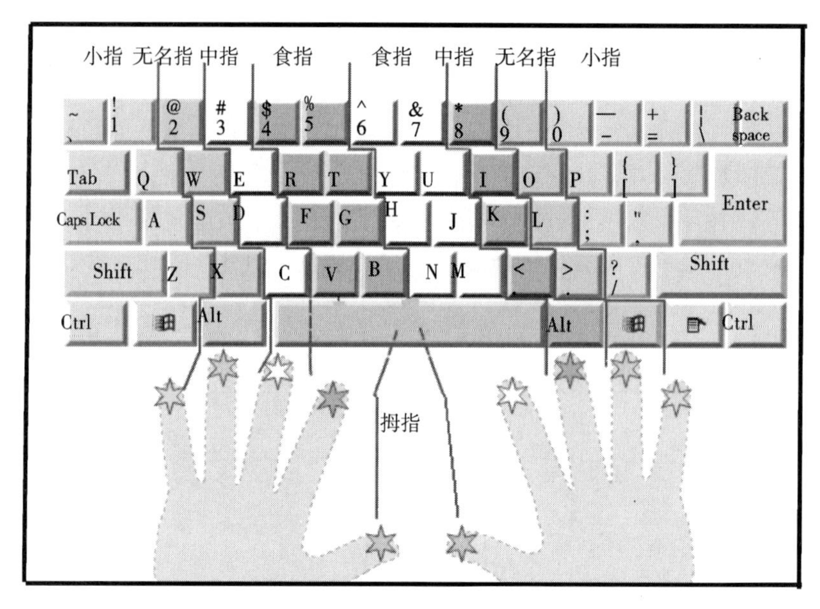

图 2-1-20　指法分工示意

明确了每个手指的范围键，在准备打字时左右手指放在基本键上；击完它迅速返回原位；食指击键注意键位角度；小指击键力量保持均匀；数字键采用跳跃式击键。

（2）正确的击键方法。明确了每个手指的范围键，还要有正确的击键方法。初学者要做到：

①平时各个手指要放在基本键位上，打字时每个手指只负责相应的键，不可越俎代庖。

②打字时，一手击键，另一手指要在基本键位上处于预备状态。

③击键时，手指抬起，只有要击键的手指才可伸出击键，不可压键或按键，击键之后手指要立即回到基本键位上，不可停留在已击的键上。

④食指击键注意键位角度，小指击键力量保持均匀，数字键采用跳跃式击键。

⑤初学打字时，首先要注意击键准确，其次才追求击键速度。

（3）打字姿势。打字时一定要有正确的坐姿，坐姿不正确，不但会影响打字速度的提高，而且还会很容易疲劳、出错。正确的坐姿应该是：

①两脚平放，腰部挺直，两臂自然下垂，两肘贴于腋边。

②身体可略倾斜，离键盘的距离为 20～30cm。

③打字教材或文稿放在键盘左边，或用专用夹，夹在显示器旁边。

④打字时眼观文稿，身体不要跟着倾斜。

2. 汉字输入方法的选择

方法一：用鼠标选择输入法，具体操作步骤如图 2-1-21 所示。

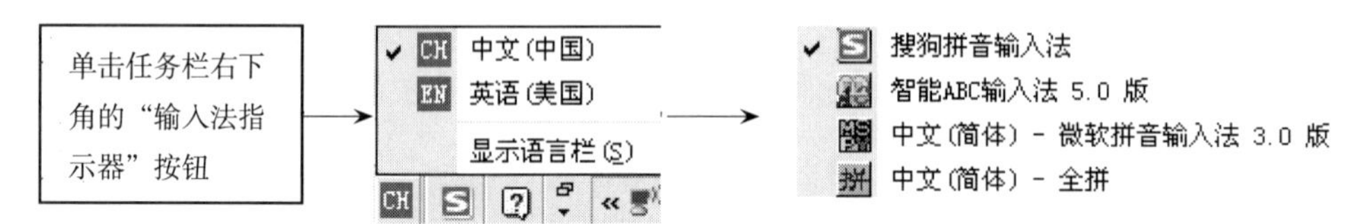

图 2-1-21　使用鼠标选择输入法

方法二：使用键盘选择输入法，相应快捷键如图 2-1-22 所示。

多种输入法之间轮流切换：Ctrl+Shift
中英文输入法之间切换：Ctrl+Space（空格键）
全角、半角转换：Shift+Space
中英文标点符号之间切换：Ctrl+.

图 2-1-22 使用键盘选择输入法

📖3. 字体的安装 当进行文字输入或排版时，有时为了美观，需要使用不同的字体风格，例如宋体、黑体等。其实每一种字体风格在 Windows 系统中都有一个对应的字体文件，系统就是靠读取这个文件中的信息来显示相应的字体效果。这些字体文件默认存放在 C：\ WINDOWS \ FONTS 文件夹中（C 盘为系统所在分区），双击打开字体文件，可以查看该字体的信息和实现的各种效果。虽然 Windows 系统中已经预装了许多种字体文件，但有时并不能满足需要，这时就要安装新字体了，使用字体安装工具可以完成这个操作。操作步骤如下：

（1）选择"开始"→"控制面板"命令，打开"控制面板"窗口，双击"字体"选项，在弹出的"字体"窗口中选择"文件"→"安装新字体"命令，此时会弹出一个"添加字体"对话框，分别如图 2-1-23、图 2-1-24 所示。

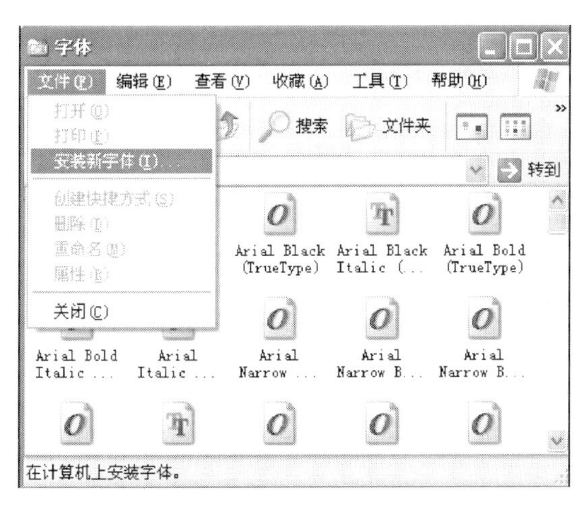

图 2-1-23 "字体"窗口

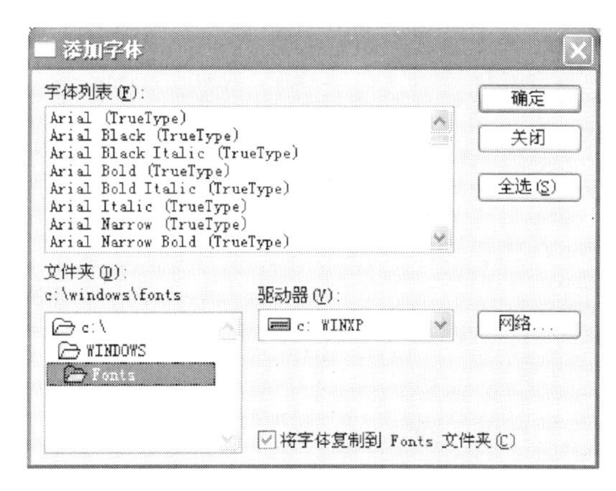

图 2-1-24 "添加字体"对话框

（2）在"驱动器"下拉列表框中选择字体文件所在盘，在"文件夹"列表框中选择字体文件所在的文件夹，该文件夹中的字体文件就会显示在"字体列表"列表框中；选择要添加的字体文件，选中"将字体复制到 FONT 文件夹"单选按钮，单击"确定"按钮即可。

📖4. 中文输入法的安装 Windows XP 中提供了多种汉字输入法，用户可以使用默认的输入法有全拼、双拼、智能 ABC、微软拼音、郑码输入法，也可以自己安装其他中文输入法。如果安装的不是 Windows XP 内置的中文输入法，则直接运行该输入法的安装程序就可以了。

（1）在"控制面板"窗口中打开"区域和语言选项"对话框，切换到"语言"选项卡，如图 2-1-25 所示，在"文字服务和输入语言"选项组中单击"详细信息"按钮，打开如图 2-1-26 所示的"文字服务和输入语言"对话框，该窗口中显示当前计算机已安装的中文输入法。

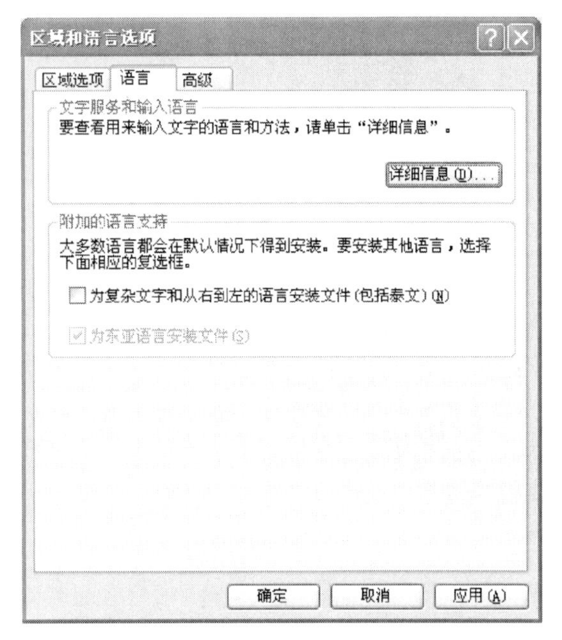

图 2-1-25 “区域和语言选项”对话框

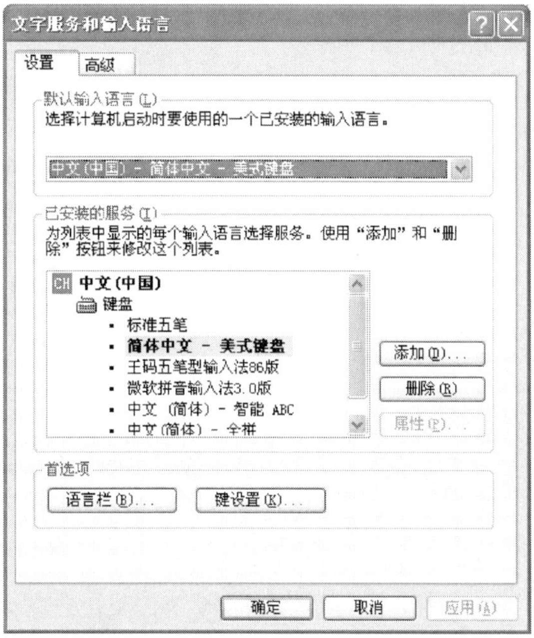

图 2-1-26 “文字服务和输入语言”对话框

（2）单击“添加”按钮，打开如图 2-1-27 所示的“添加输入语言”对话框，在“键盘布局/输入法”下拉列表框中选择要添加的输入法类型，单击“确定”按钮，就完成了该输入法的安装。

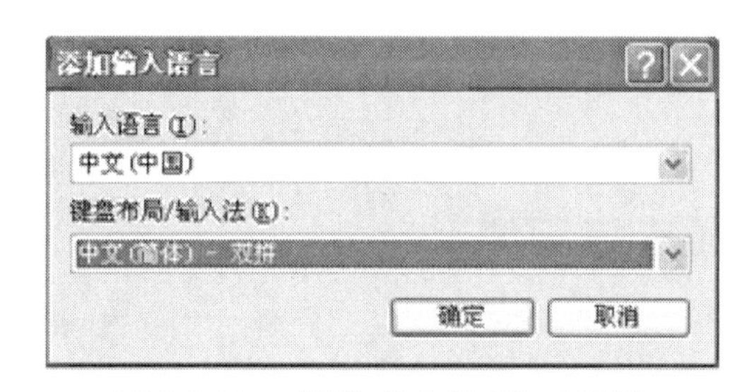

图 2-1-27 “添加输入语言”对话框

要删除某一种已安装的输入法，只需在“文字服务和输入语言”对话框中选择要删除的输入法，单击“删除”按钮就可以了。

5. 中文输入法的使用 安装中文输入法后，用户可以使用键盘命令或鼠标操作来显示和关闭中文输入法。按 Ctrl＋Space 组合键来打开或关闭中文输入法；按 Ctrl＋Shift 组合键来切换各种中文输入法；可以用鼠标单击任务栏上的“语言栏”图标，弹出当前系统已安装的输入法菜单，可以从该菜单中选择所需的输入法。当用户选择某种中文输入法之后，屏幕上会弹出一个“输入法指示器”窗口，从中可以看到，输入法状态窗口包括五个功能按钮（以智能 ABC 输入法为例），如图 2-1-28 所示。

在“智能 ABC 输入法指示器”中，这五个按钮从左向右依次是：

图 2-1-28 智能 ABC 输入法指示器

（1）中英文切换按钮。进行中英文切换，功能与键盘上的 Ctrl＋Space 组合键相同。

（2）输入法系统菜单。显示输入法菜单，右击菜单可进行输入法属性设置和查看帮助信息等内容。

（3）全角/半角切换按钮。进行半角/全角切换，利用键盘上的 Shift＋Space 组合键也可以实现这种操作。该按钮似月牙状，表明当前是半角输入，字母和数字占1个字符的位置；该按钮似圆盘状，表明当前是全角输入，字母和数字占两个字符的位置。

（4）中英文标点切换按钮。用来进行中英文标点切换。该按钮似空心状，则输入的是中文标点符号，否则是英文标点符号。

（5）中文软键盘按钮。鼠标单击此按钮开或关软键盘，鼠标右击此按钮选择软键盘类型。

情境二　管理磁盘空间

❶情境描述

计算机中的信息都是以文件的形式存储在磁盘上的，如果将文件像一盘散沙随意放置在磁盘中，则很难进行查找和管理。因此，对计算机中的文件进行有效的管理是非常必要的，也是使用计算机的最基本技能之一。请介绍管理磁盘空间的有效方法。

❷情境分析

有效管理磁盘空间，主要掌握如下知识技能点：

➢磁盘的查看、格式化、清理和碎片整理

➢文件与文件夹的命名、创建、重命名、移动、复制和删除

➢设置文件和文件夹的属性

➢文件和文件夹的选定、发送、查找和恢复

➢资源管理器的使用

➢快捷方式的使用

经分析，可按照下列步骤完成：

- 磁盘管理
- 资源管理器的使用
- 文件和文件夹操作
- 快捷方式的使用

❸具体实现

2.2.1　磁盘管理

熟练地使用计算机的磁盘管理功能，利用它查看和管理磁盘，了解磁盘的使用情况和分区格式等相关信息，定期对磁盘空间进行清理，从而有效地使用和管理计算机系统资源，以便发挥计算机的最佳性能。

🕮1. 单个磁盘空间的查看

（1）双击桌面上的“我的电脑”图标，打开“我的电脑”窗口。

（2）右键单击某个驱动器的图标，在弹出的快捷菜单中选择“属性”命令，打开如图2-2-1所示的“属性”对话框。

（3）在该对话框中查看该磁盘驱动器的存储空间及使用情况。

📖2. 磁盘信息的查看

（1）执行“开始”→“控制面板”命令，打开“控制面板”窗口；双击其中的“管理工具”图标，打开“管理工具”窗口。

（2）双击“计算机管理”快捷方式图标，在打开的“计算机管理”窗口中单击“磁盘管理”选项，即可查看磁盘的相关信息，包括磁盘的个数、各磁盘的分区情况以及各卷的文件系统类型、容量、空闲空间和状态等，如图 2-2-2 所示。

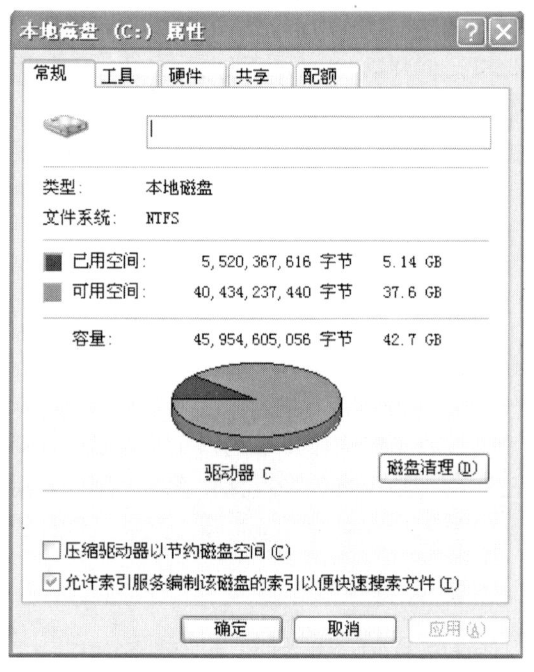

图 2-2-1　磁盘“属性”对话框

提示：NTFS 和 FAT32 都是磁盘分区格式。FAT32 使用 32 位的文件分配表来管理硬盘文件；NTFS 是微软 Windows NT 内核的系列操作系统支持的、一个特别为网络和磁盘配额、文件加密等管理安全特性设计的磁盘格式，支持 Windows 2000 之后的微软操作系统，低版本的磁盘系统不能访问 NTFS 分区上的文件。如果要运行低版本的操作系统，需要将文件系统的格式设置为 FAT32 格式。

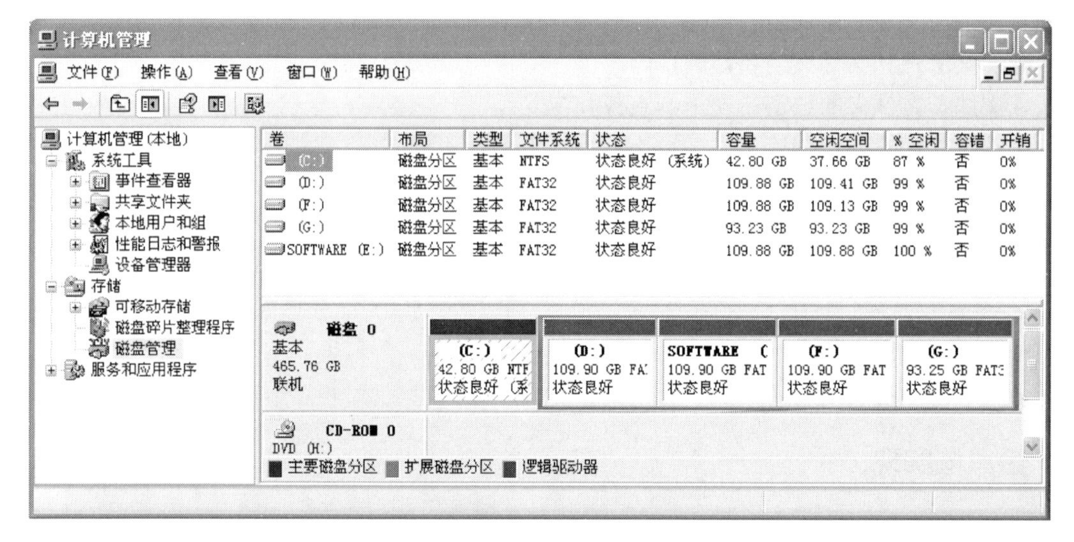

图 2-2-2　查看磁盘的相关信息

📖3. 磁盘格式化　新的磁盘在使用前要进行格式化，用过的磁盘也可以格式化。如果对旧盘进行格式化，将删除该磁盘上的所有信息，所以对磁盘格式化（尤其是 C 盘）应十分谨慎。

在“我的电脑”窗口中，选择需要格式化的驱动器图标之后，执行菜单命令“文件”→“格式化”命令或者右击图标，在弹出的快捷菜单中选择“格式化”命令，可对磁盘进行格式化操作。如图 2-2-3 所示选择 D 盘、执行“格式化”命令时弹出的对话框。

（1）容量。打开下拉列表框可以选择待格式化磁盘的容量。

（2）文件系统。文件系统是指文件命名、存储和组织的总体结构。Windows 支持三种文件系统：FAT16、FAT32、NTFS。软盘只能选择 FAT16。

（3）分配单元大小。指定磁盘分配单元的大小或簇的大小。如果是常规使用，推荐使用默认设置。

（4）卷标。在该文本框内可以为待格式化的磁盘指定一个卷标。

（5）快速格式化。选择此复选框后，格式化磁盘时进行快速格式化，即只删除磁盘中的文件但不扫描坏扇区来执行快速格式化，因此如果磁盘上有损坏的扇区，用此种方法将不能检查出来。

（6）压缩。指定是否格式化卷，以便压缩该卷上的文件夹和文件。只有 NTFS 驱动器才支持压缩。

图 2-2-3　“格式化”对话框

📖4. 磁盘清理程序　系统在运行时会产生大量的临时文件，在“回收站”中还保存着未被真正删除的文件，这些文件都占据着空间，有时会造成空间的不够。“磁盘清理程序”为用户提供了清理这类文件的方便手段。选择“开始”→“程序”→“附件”→“系统工具”→“磁盘清理”命令，从打开的对话框中选择要清理的驱动器，然后单击“确定”按钮后，就会打开如图 2-2-4 所示的对话框。选择要删除的文件后单击“确定”按钮即可开始删除指定的文件，从而释放出磁盘空间。

📖5. 磁盘碎片整理程序　磁盘上文件的物理存储是以簇为基本单位存放的，在文件的建立、修改、删除等操作过程中，往往会使得一个完整的文件的簇是不连续的，也就是说，文件在磁盘上是以不连续的碎片的形式存放的。虽然这种碎片在逻辑上是链接起来的，不影响文件的完整性，但碎片太多会影响文件的读写速度，从而降低系统的性能。

Windows XP 中的磁盘碎片整理程序可以将磁盘上每个文件整理成以连续簇的形式存放，以提高文件的读写速度。选择“开始”→“程序”→“附件”→“系统工具”→“磁盘碎片整理程序”命令，从打开的窗口中选择要整理的驱动器

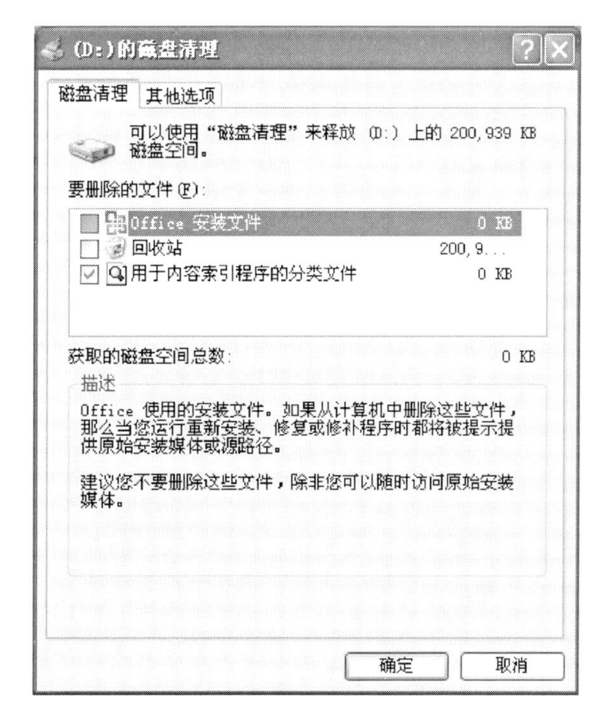

图 2-2-4　“磁盘清理”对话框

名并单击“碎片整理”按钮后就会打开如图 2-2-5 所示的“磁盘碎片整理程序”窗口。磁盘碎片整理的时间较长，一般选择在机器空闲的时候进行。

图 2-2-5 “磁盘碎片整理程序”窗口

2.2.2 资源管理器的使用

文件管理、作业管理、处理器（CPU）管理、内存管理和设备管理共同被称为操作系统的五大资源管理。除文件管理和作业管理之外，其余三个资源管理的对象均为系统的硬件资源。其中用户使用最多的就是文件系统，因为用户正是通过文件管理系统来使用计算机系统提供的数据资源的。

通过“资源管理器”窗口管理文件和文件夹，能够清楚地反映出文件和文件夹之间的逻辑结构和层次关系。

1. 文件 文件是具有符号名的一组相关信息的集合。这些信息集合通常存放在外部存储器的磁盘或磁带上，并可以用文件名进行按名存取。

几乎计算机系统中的所有信息资源都以文件的形式提供给用户。例如用高级语言或汇编语言编写的源程序是一个文件，编译后产生的代码程序也是一个文件，一组数据、一组资料也是一个文件。甚至诸如显示器、键盘、打印机等外部设备也都可以看成设备文件。

由于计算机系统内的所有程序和数据都是以文件的形式存储在磁盘上的，因此，为了区别不同类型的文件，在磁盘中以文件名来区分不同文件。Windows XP 通过文件名来对文件进行各种不同的操作。

Windows XP 规定文件名的最大长度不超过 255 个字符，文件名中可以出现空格，通常用“.”将文件分成几部分，在文件名中可以有多个“.”，但一般经常只用一个。如“计算机 . 专业 . 教学计划”比“计算机专业 . 教学计划”用得少。同时，在“.”后的名字通常用三个字母来表示不同类型的文件。如“.doc”表示 Word 文件、“.exe”表示可执行文件、“.txt”表示文本文件等。在“.”之后的名字称为文件的扩展名，而“.”之前的文件名则称为“主文件名”。

另外，关于文件名还有一些规定：

(1) 文件名中不能使用下列符号：? \ * ＜ ＞ |

(2) 文件名中的字母不区分大小。

在查找文件时，可以使用通配符“*”和“?”来代替文件名中的字符。通常“*”可以代替从其所在位置起到“.”或空格前的所有字符；“?”可以代替文件名中一个位置上的字符。

📖2. 文件的分类 为了有效、方便地组织和管理文件，应按照某种标准对文件进行分类。文件有多种分类方法，取决于应用的不同环境和观点。

例如，按文件的用途可分为系统文件、库文件、用户文件等。系统文件是有关操作系统和其他系统程序组成的文件，如编译程序、连接程序和构成操作系统本身的一些程序。这类文件只允许用户通过系统调用来执行，不允许对其进行读写和修改。库文件主要由各种标准子程序库组成，如各种语言的子程序库、程序运行支持库等。这类文件允许用户对其进行读取、执行，但不允许对其进行修改。用户文件是指由用户建立的文件，如源程序、目标程序、数据文件等。

按属性文件分为只读文件、读写文件和非保护文件。只读文件是只允许授权者使用但不允许改写的文件。读写文件是允许授权者读写的文件。非保护文件是指所有用户均可读写或执行的文件。

📖3. 文件夹 在计算机系统中，通常都要存储大量的文件，为了能有效地管理这些文件，必须对文件加以妥善的组织，以做到用户只需向系统提供所需访问文件的文件名，便能快速地、准确地找到指定的文件。Windows XP 采用树形结构以文件夹的形式组织和管理文件。文件夹相当于 MS-DOS 的文件目录。

在文件夹的树形结构中，处于顶层（树根）的文件夹是桌面，计算机上所有的资源都组织在桌面上，从桌面开始可以访问任何一个文件。一台计算机拥有的磁盘和控制面板也是以文件夹的形式组织在“我的电脑”中。像“我的电脑”、“回收站”、“控制面板”这样的文件夹是系统专用的文件夹，我们称之为系统文件夹。

📖4. 启动资源管理器 在 Windows XP 中启动资源管理器的操作方法为：执行“开始”→“程序”→“附件”→“Windows 资源管理器”命令，这时资源管理器的管理窗口就出现在计算机屏幕上，如图 2-2-6 所示。

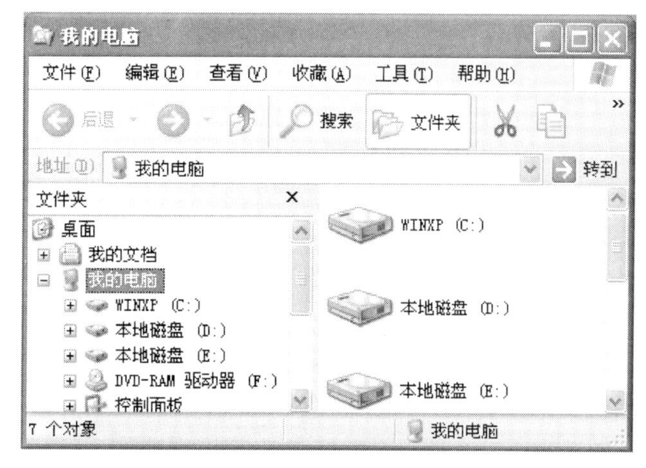

图 2-2-6 Windows 资源管理器窗口

也可以右击“开始”按钮，或

者右击“我的电脑”图标，在弹出的快捷菜单中选择“资源管理器”命令，也可以打开资源管理器窗口。

📖5. 资源管理器窗口及其使用 Windows 资源管理器窗口上部是菜单栏和工具栏。工具栏包括标准按钮、地址栏、链接栏等。窗口部分分为两个区域：左窗格和右窗格。左窗格中有一棵文件夹树，显示计算机资源的结构组织，最上方的是桌面图标，计算机所有的资源都组织在这个图标下。右窗格中显示左窗格中选定的对象所包含的内容，左窗格和右窗格之间是一个分隔条，窗口底部是状态栏。

（1）显示和隐藏工具栏。在 Windows 资源管理器窗口中，执行菜单“查看”→“工具栏”命令，显示如图 2-2-7 所示的级联菜单，可以使用“标准按钮”、“地址栏”等命令打开或关闭相应的工具栏。用户还可以使用“工具栏”级联菜单中的“自定义”命令增加或删除工具栏上的按钮。

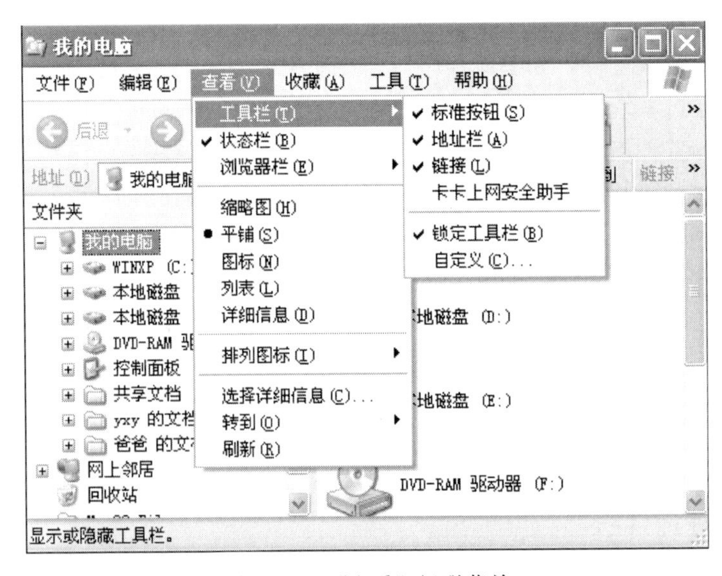

图 2-2-7 “查看”级联菜单

（2）改变文件和文件夹的显示方式。在如图 2-2-7 所示的“查看”级联菜单中，可以选择“缩略图”、“平铺”、“图标”、“列表”和“详细信息”几种方式显示文件或文件夹。在 Windows XP 中，如果一个文件的类型没有登记，则使用通用的图标表示这个文件，并且显示文件扩展名。文件夹图标是通用的，用户可以右击该文件夹，在弹出的快捷菜单中选择“属性”命令，切换到“自定义”选项卡，更改该文件夹的图标。

（3）排列文件和文件夹的图标。当以大图标或小图标方式显示文件和文件夹时，在右窗格中以行、列对齐的方式显示图标，用户可以将图标拖动到自己选定的位置。如果执行菜单“查看”→“排列图标”→“自动排列”命令，则移动图标后，系统自动以行、列对齐的方式显示图标。

（4）浏览文件夹中的内容。在 Windows 资源管理器窗口左窗格中，如果一个文件夹中包含下一层子文件夹，则该文件夹的左边有一个方框，其中包含一个加号“＋”或者减号“－”。当单击某文件夹左边有“＋”的方框时，就会展开该文件夹，并且“＋”变成“－”。展开后再次单击，则将文件夹折叠，并且“－”变成“＋”。

（5）修改其他查看选项。在资源管理器窗口中执行“工具”→“文件夹选项”命令，打开“文件夹选项”对话框，在其中可以设置其他的查看方式。如图 2-2-8 和图 2-2-9 所示。例如，是否显示所有的文件和文件夹，隐藏或显示已知文件类型的扩展名等。

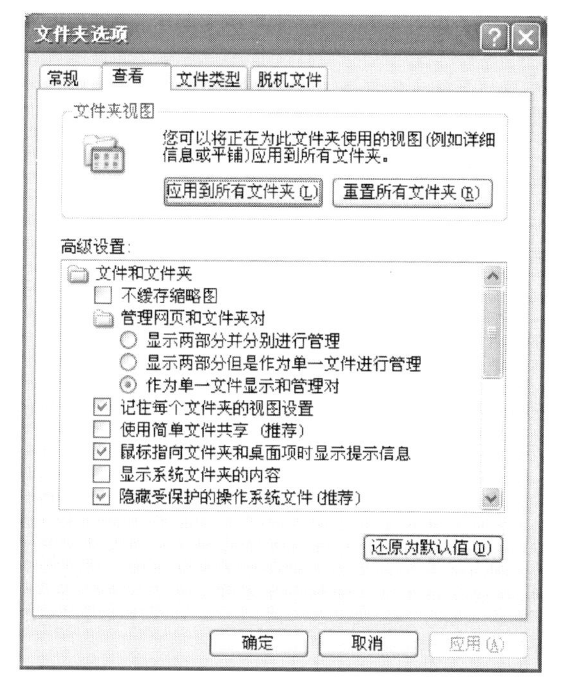

图 2-2-8　“查看”选项卡

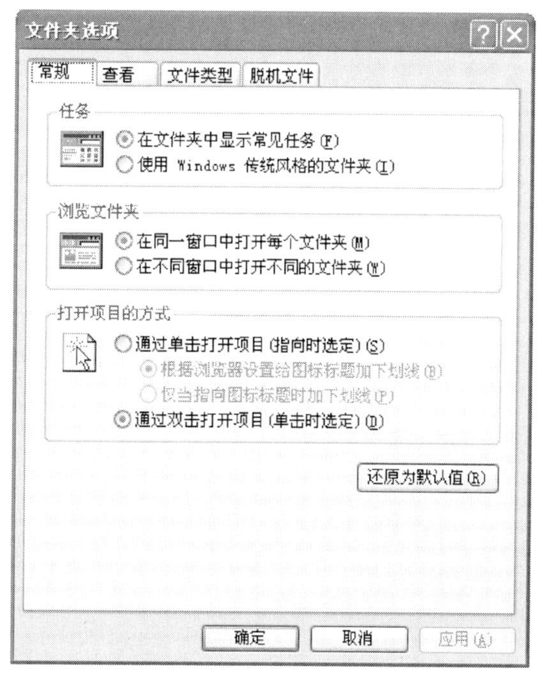

图 2-2-9　“常规”选项卡

2.2.3　文件和文件夹操作

资源管理器和“我的电脑”窗口是 Windows XP 提供的用于管理文件和文件夹的两个应用程序，利用它们可以显示文件夹的结构和文件的详细信息，启动应用程，打开文件，查找文件和复制文件等。用户可以根据自己的习惯和要求来选择这两种应用程序的一种。

📖**1. 选定文件和文件夹**　在对文件或文件夹进行移动、复制或删除等操作前，必须先选择操作对象，使文件或文件夹反向显示。

（1）选择单个文件或文件夹对象。通过资源管理器或“我的电脑”窗口找到文件或文件夹所在的位置，然后用鼠标直接单击它即可。

（2）选择多个不连续的文件或文件夹对象。其基本方法是：在右窗格中单击第一个对象，按住 Ctrl 键不放，然后依次单击其他要选定的对象，如图 2-2-10 所示。

（3）选择多个连续的文件或文件夹对象。其基本操作方法是：在右窗格中，先单击第一个文件或文件夹对象，按住 Shift 键不放，然后单击最后一个文件或文件夹对象即可。

（4）选择当前文件夹中的所有文件和文件夹对象。执行“编辑”→“全部选定”命令即可。

（5）若整个窗口中仅有少数几个文件或文件夹不选择，而想选择其余的大部分文件或文件夹，此时，就可以考虑使用反向选择功能，操作方法如下：

①按住 Ctrl 键，同时单击选中不想要的文件或文件夹。

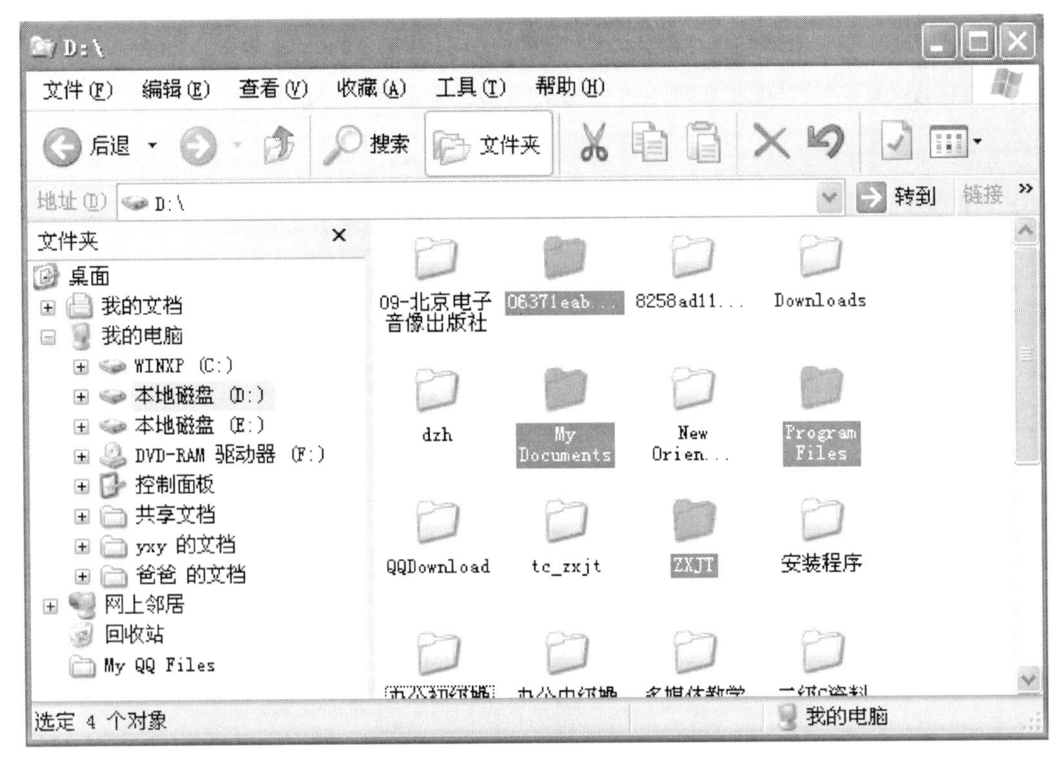

图 2-2-10　选定多个不连续的文件

②执行“编辑”→“反向选定”命令，则刚才选定的内容变为未选定状态，而未选定者变为选定状态。

📖**2. 创建文件夹**　在资源管理器中创建文件夹有很多方法，可以非常方便地在指定的驱动器或文件夹中创建新文件夹。可以在右窗格中空白处右击，在弹出的快捷菜单中选择“新建文件夹”命令，也可以在左窗格中创建，方法如下：

（1）在左窗格中，单击想要创建文件夹的上一级文件夹。

（2）执行“文件”→“新建”→“文件夹”命令，这时在右窗格中出现闪烁光标的新建文件夹，默认名称为“新建文件夹”。

（3）在闪烁的新建文件夹框中输入文件夹名称，然后按 Enter 键，或用鼠标单击窗口上的其他位置，新建文件夹出现在窗口中。

📖**3. 复制（移动）文件和文件夹**　如果需要将文件或文件夹移动或复制到其他文件夹或驱动器中，首先选择想要复制或移动的文件或文件夹，通常称为对象，然后一般可以使用如下几种方法。

（1）使用菜单命令复制（移动）文件、文件夹。执行“编辑”→“复制”（“剪切”）命令，或单击工具栏中的“复制”（“剪切”）按钮，然后在左窗格中，单击想要放置该对象的目标文件夹位置，执行“编辑”→“粘贴”命令，或单击工具栏中的“粘贴”按钮，则该对象将复制（移动）到当前的文件夹位置。

（2）使用鼠标拖动法复制（移动）文件、文件夹。将鼠标指向选择的对象，按 Ctrl 键（如果是“移动”操作则不需要按 Ctrl 键），然后按住鼠标左键将选定的对象拖动到目标文件夹中，然后释放鼠标。

(3) 右击复制（移动）文件、文件夹。将鼠标指向想要复制（移动）的对象，然后右击，在弹出的快捷菜单中选择“复制”（“剪切”）命令（如果想要发送，选择“发送到”命令），然后选择放置该对象的目标文件夹并右击，在弹出的快捷菜单中选择“粘贴”命令即可。

(4) 直接执行“编辑”→“复制到文件夹”（“移动到文件夹”）命令，然后选择目标文件夹就可以了。

4. 重命名文件和文件夹　在资源管理器中，文件夹的重命名可以在左右两个窗格中进行，而文件的重命名只能在右窗格中进行。

(1) 使用菜单命令进行重命名。选择要重命名的文件或文件夹，执行菜单命令“文件”→“重命名”，这时选定的文件名将出现闪烁光标，输入新的文件名，并按 Enter 键。

(2) 使用鼠标右键进行重命名。将鼠标指向想要重命名的文件或文件夹，然后右击，在弹出的快捷菜单中选择“重命名”命令，输入新文件名，并按 Enter 键。

5. 删除与恢复文件和文件夹　经过一段时间的使用，计算机中会存留一些不再使用的文件或文件夹，这些内容既增加了文件管理的难度，又占用了大量的磁盘空间，所以用户应删除这些确实不再使用的文件或文件夹。其操作方法是：选定要删除的文件或文件夹，然后执行菜单命令“文件”→“删除”，或者直接按 Delete 键，或者单击工具栏中的“删除”按钮，则这些选定的对象就被移动到了回收站中。当然还可以直接用鼠标将选择的文件或文件夹拖到回收站。

当一个文件或文件夹刚刚被删除，如果还没有进行其他操作，则可执行菜单命令“编辑”→“撤销删除”，或者单击工具栏中的“撤销”按钮进行恢复。如果执行了其他操作，则通过“回收站”中的“还原”命令恢复。

另外，并不是所有的文件删除后都可以被还原，如果用户删除了移动磁盘或网络上的文件则不能被还原，因为这些文件被删除后并没有被送到回收站中。当用户选择“回收站”→“清空回收站”命令时，则清空回收站中的所有文件，这些文件也不能被恢复。

回收站是一个系统文件夹，其作用是把删除的文件或文件夹临时存放在一个特定的磁盘空间中，是被删除对象的暂时存放处。当文件或文件夹放入回收站的时候，计算机只是给这些对象做了个删除的标记，并从文件列表中取消，而不是真的把这些对象删除掉，这些对象仍然会占用硬盘空间，所以如果想要将指定的文件或文件夹彻底清除，需要在回收站中选中该对象，单击右键，在弹出的菜单中选择“删除”命令。

如果不想让要删除的对象进入回收站，而是直接从计算机硬盘上永久删除，先选定需要删除的对象，然后按 Shift＋Delete 组合键，或者按住 Shift 键的同时执行“删除”命令，打开“确认文件删除”对话框；如果单击“是”按钮，则所选定的文件或文件夹将直接删除而无法恢复。

6. 发送文件和文件夹　文件或文件夹的发送也是一种复制方式。选定要复制的文件或文件夹并单击右键，在弹出的菜单中选择“发送到”命令，并在弹出的级联菜单中选择相应的命令即可。

7. 搜索文件和文件夹　计算机上的文件或文件夹分散在磁盘的各个地方，如要查找一个特定的文件或文件夹，应使用 Windows XP 所提供的“搜索”程序。执行菜单命令“开始”→“搜索”→“文件和文件夹”，打开“搜索结果”窗口，如图 2-2-11 所示，在其中设置搜索条件，搜索相应的文件或文件夹。

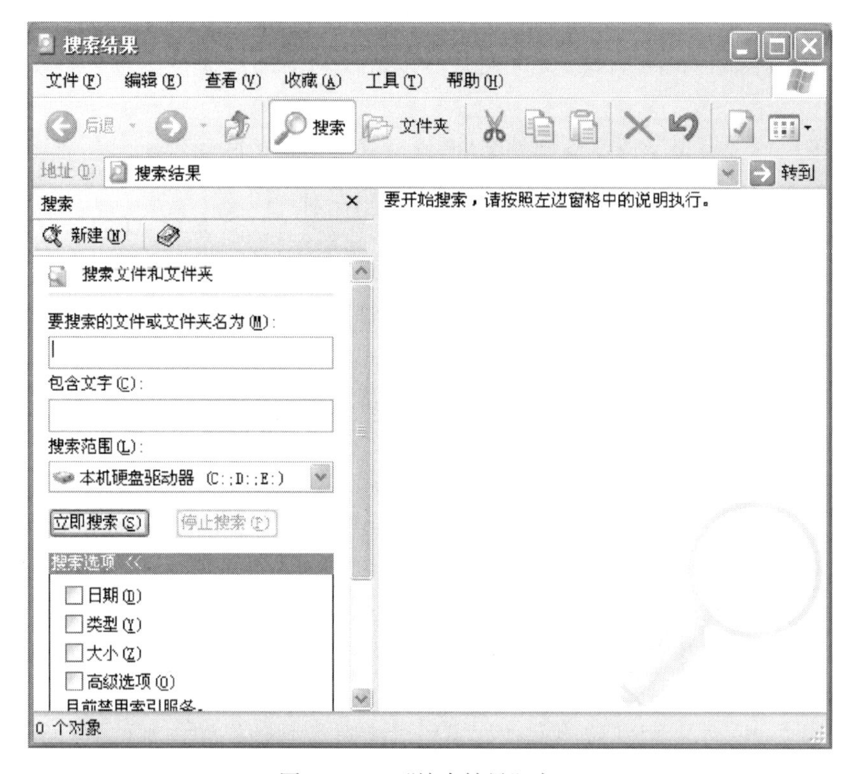

图 2-2-11 “搜索结果”窗口

在左窗格中设置搜索条件，用来缩小搜索范围，单击“立即搜索”按钮，计算机则开始进行搜索，并在右窗格中将显示搜索结果。

“要搜索的文件或文件夹名为”文本框：指定要查找的文件或文件夹的名称，可以使用文件通配符“*”和“?”。通常“*”代表一个或多个任意的字符，“?”只代表一个字符或数字。如“*.doc”表示所有的 Word 文档文件，“?洲.*”表示所有的文件名第二字为“洲”的任意类型的文件。

“搜索范围”下拉列表框：指定文件查找的位置。

“包含文字”文本框：输入文件中包含的文字。

“搜索”选项：根据文件或文件夹创建的日期、大小、类型等，可进一步缩小搜索范围，减少搜索时间。

在 Windows XP 中还可以搜索其他用户、局域网中的计算机名、Internet 上的网页等，搜索的方法与搜索文件差不多，这里就不赘述了。

📖**8. 设置文件和文件夹的属性** 在 Windows 资源管理器中，可以方便地查看或修改文件或文件夹的属性。首先选择要查看或修改属性的文件或文件夹并右击，在弹出的快捷菜单中选择“属性”命令，或者执行菜单命令“文件”→“属性”，都可以打开如图 2-2-12 所示的“属性”对话框。

如果选择“隐藏”复选框，则选择的文件或文件夹默认状态下在 Windows 资源管理器中不显示出来。

如果选择“只读”复选框，则选择的文件或文件夹在删除时需要进行确认，从而避免因误操作而将重要的文件删除。

如果选择“存档”复选框，则选择的文件或文件夹该文件被修改时将保留备份文件。

文件或文件夹还有另一种属性即系统属性，一般情况下，文件的系统属性由系统指定，具有此属性的文件是运行 Windows 所必需的，用户千万不要随意删除。

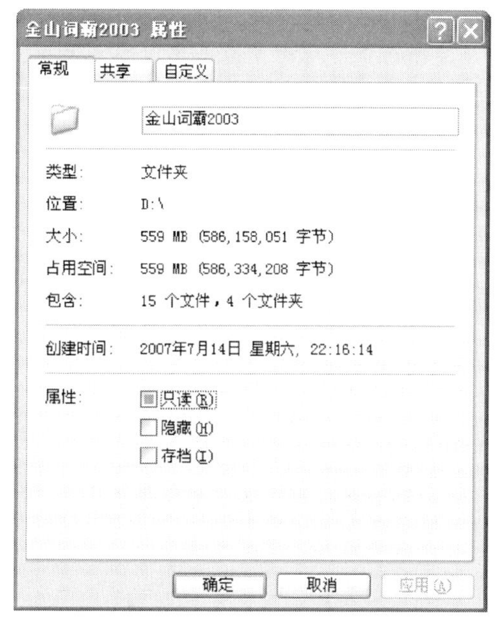

图 2-2-12　“属性”对话框

2.2.4　快捷方式的使用

Windows XP 提供了两种快捷方式，分别是快捷方式和快捷键两种。设置快捷方式就是建立各种应用程序、文件、文件夹、打印机或网络中的计算机等快捷方式图标，通过双击该快捷方式图标，即可快速打开该对象。设置快捷键就是设置各种应用程序、文件、文件夹、打印机等快捷键，通过按该快捷键，即可快速打开该对象。删除快捷方式图标与删除普通图标是不同的，在删除快捷方式图标时，不会删除该图标所连接的程序或文档；而删除了一个普通的图标，则该程序或文档将一起被放入回收站。

📖**1. 建立快捷方式**　在桌面上创建一个快捷方式实际上是创建一个扩展名为 .lnk 的文件，常用的方法有两种。以下以创建可执行文件 QQgame. exe 的快捷方式图标为例来讲述具体的创建方法。

方法一：通过“创建快捷方式”对话框建立。具体操作步骤如下：

(1) 在桌面的空白处右击，在弹出的快捷菜单中依次选择“新建”→“快捷方式”命令，弹出“创建快捷方式”对话框，如图 2-2-13 所示。

(2) 在“请键入项目的位置”文本框中输入 QQgame. exe 的路径，或者通过单击“浏览”按钮查找所需要的程序。

(3) 单击“下一步”按钮，屏幕提示为所建的快捷方式起一个名字，可以沿用计算机给出的默认名字，也可以自己命名，如图 2-2-14 所示。

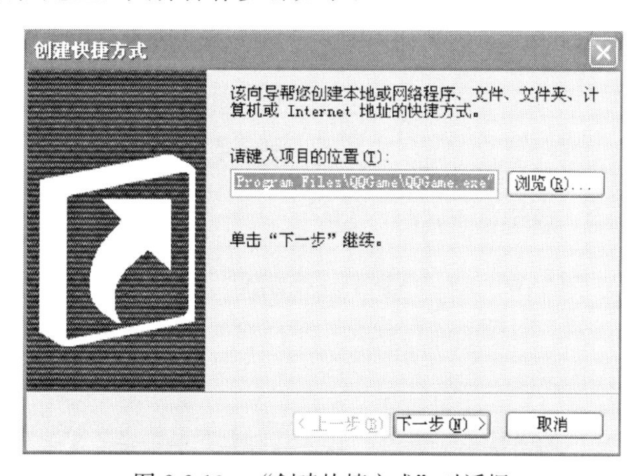

图 2-2-13　“创建快捷方式”对话框

(4) 单击“完成”按钮，则在桌面上出现一个可执行文件“QQgame. exe”的快捷方式。

方法二：找到需要创建快捷方式的程序并右击，在弹出的快捷菜单中选择“创建快捷方式”命令，即可建立快捷方式图标。

不仅程序可以建立快捷方式，对于经常使用的文件夹或文件也可以建立快捷方式，方法与上述类似。

📖**2. 更改快捷方式**　要更改快捷方式，可以在已经建立的快捷方式图标上右击，在弹出的快捷菜单中选择“属性”命令，将打开如图 2-2-15 所示的对话框。

在“目标”文本框中可以更改快捷方式链接的文件；单击“更改图标”按钮，可以从打开的窗口中为快捷方式重新选择一个图标；在“快捷键”文本框中可以为该快捷方式设置快捷键。

图 2-2-14　“选择程序标题”对话框

图 2-2-15　快捷方式属性对话框

情境三　设置计算机系统

❶情境描述

在 Windows XP 中，控制面板集中了调整与配置系统的全部工具，如打印机设置、区域设置、日期与时间设置、字体管理、硬件管理、添加与删除应用程序、任务计划等。请使用控制面板中的这些工具，对自己所使用的计算机中软、硬件进行详细的管理与设置。

❷情境分析

设置计算机系统，主要掌握如下知识技能点：

➢多用户管理

➢显示属性、设置系统日期和时间、应用程序的安装与卸载

➢键盘、鼠标、打印机的设置

➢任务计划和帮助系统的使用

经分析，可按照下列步骤完成：

- 设置显示属性
- 设置系统日期和时间
- 设置键盘和鼠标属性
- 安装与卸载应用程序
- 安装打印机与打印文档
- 使用任务计划
- 使用帮助系统

❸具体实现

在 Windows XP 中启动控制面板通常用下面三种方法：

方法一：在 Windows XP 桌面上，打开“我的电脑”窗口，然后双击“我的电脑”中的“控制面板”图标，打开“控制面板”窗口，如图 2-3-1 所示。

方法二：执行“开始”→“控制面板”命令。

方法三：打开“资源管理器”窗口，单击左窗格中的“控制面板”图标。

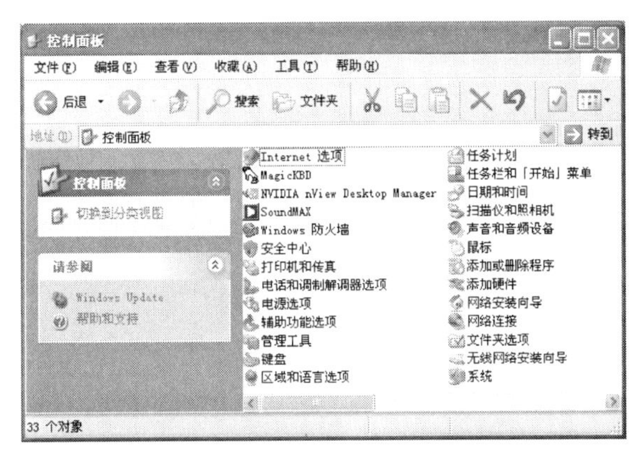

a

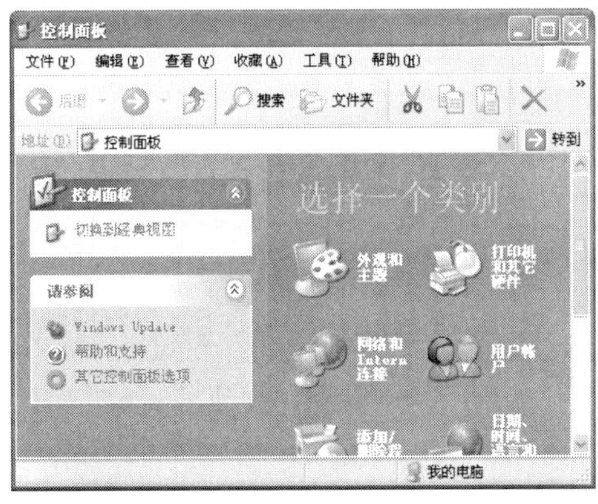

b

图 2-3-1　“控制面板”窗口
a. 经典视图窗口　b. 分类视图窗口

在控制面板中包含了计算机软、硬件资源配置的工具软件。选择“查看”→“详细资料”命令可以将这些工具软件功能的简要描述显示出来。

WindowsXP 中的控制面板有两种视图：分类视图和经典视图。分类视图使用了以任务为中心的方法，突出了常用故障排除方法，显示了十个顶级类别供用户选择，同时带有清楚的导航路径，如图 2-3-1b 所示的“控制面板”窗口就是分类视图；经典视图使用了以应用程序为中心的方法，显示了一系列文件和文件夹。单击“控制面板”窗口左窗格中的“切换到经典视图”选项或“切换到分类视图”选项，可以在两种视图间切换。

2.3.1　设置显示属性

双击控制面板中的“显示”图标，打开“显示属性”对话框。桌面的大多数显示特性都可以通过该对话框进行设置。

🕮**1. 桌面主题**　桌面主题是一组预定义的窗口元素，使用它们可以将计算机个性化，使之有别具一格的外观。主题会影响桌面的总体外观，包括背景、屏幕保护程序、图标、字体、颜色、窗口、鼠标指针和声音。在 Windows XP 中，用户可以使用 Windows XP 作为主题，可以切换桌面主题，或修改现有主题的元素以创建新的主题，并使用用户希望的外观来自定义桌面。

切换到“主题”选项卡，如图 2-3-2 所示。在主题列表框中选择一个新的主题，主题的预览图即显示在示例框中，单击“确定”按钮，计算机于是就应用了此桌面主题。

确定了桌面主题后，用户可以使用“显示属性”对话框中的其他几个选项卡来设置桌面主题元素。

🕮**2. 设置屏幕保护**　屏幕保护程序是用户在一段指定的时间内没有使用计算机时，屏幕上出现的移动的位图或图片。使用屏幕保护程序可以减少屏幕的损耗并保障系统安全。

切换到“屏幕保护程序”选项卡，如图2-3-3 所示。在“屏幕保护程序”下拉列表框中选择 Windows XP 提供的屏幕保护程序，如“三维文字”、“肥皂泡泡”等，然后设置等待时间。

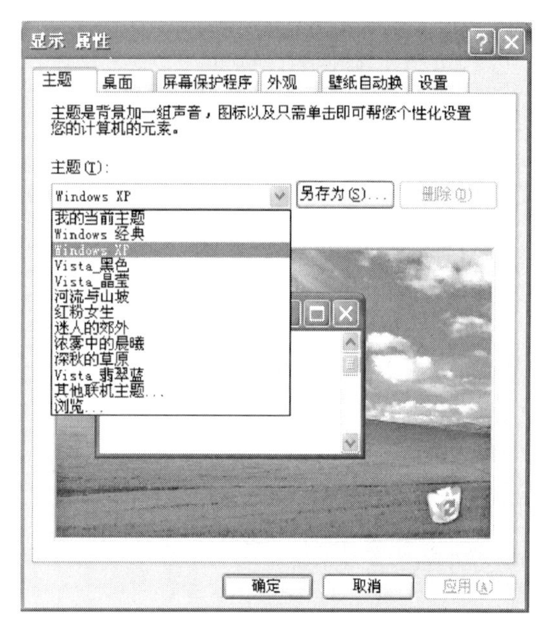

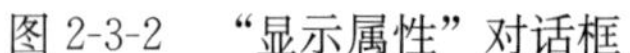
图 2-3-2　“显示属性”对话框

图 2-3-3　“屏幕保护程序”选项卡对话框

如果要全屏幕查看屏幕保护程序的效果，则单击“预览”按钮，预览时移动鼠标或按任意键，动画会立即消失；如果要优化屏幕保护程序，则单击“设置”按钮，在弹出的对话框中进行设置，最后单击“确定”按钮即可。

🕮**3. 调整色彩和分辨率**　切换到“设置”选项卡，如图 2-3-4 所示。这是设置显示器基本性能的窗口，其中颜色和分辨率的设置依据显示适配器类型的不同而有所不同。

🕮**4. 设置桌面背景及图标**　切换到“桌面”选项卡，如图 2-3-5 所示，在“背景”列表中选择自己喜欢的墙纸作为桌面背景，并且可以修改该背景的颜色。还可以单击“浏览”按钮找到保存在计算机硬盘中的图片，将其设置为桌面背景。

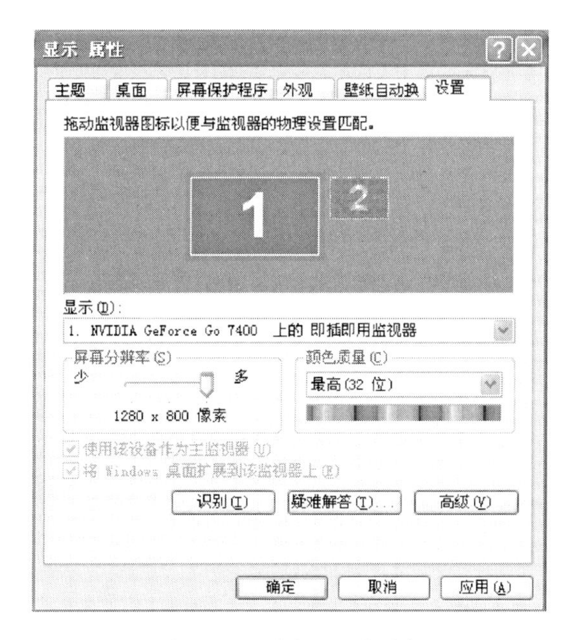

图 2-3-4　“设置”选项卡

图 2-3-5　“桌面”选项卡

单击“自定义桌面”按钮可打开如图 2-3-6 所示对话框。该对话框可分为三个选项组，在“桌面图标”选项组中，如果选择“我的电脑”、“网上邻居”、“我的文档”、“Internet Explorer”复选框，则在桌面上出现代表它们的图标；在中间选项组中若选择了某一个对象后，单击“更改图标”按钮，则打开如图 2-3-7 所示的对话框，在该对话框中用户可以选择自己满意的图标，单击“确定”按钮，选择对象的图标就更改了。

图 2-3-6　“桌面项目”对话框

图 2-3-7　“更改图标”对话框

若桌面上快捷方式太多，显得很杂乱，这时可以单击“桌面项目”对话框中的“现在清理桌面”按钮，弹出“清理桌面向导”对话框，按照该向导的提示将没有使用的桌面项目移动到一个文件夹中；如果用户决定要将某个快捷方式移回到桌面，可以从桌面上的“未使用的桌面快捷方式”文件夹中将其还原。

📖**5. 更改桌面外观**　切换到“外观”选项卡，如图 2-3-8 所示。用户可以选择自己喜欢的色彩方案，更改桌面、消息框、活动窗口和非活动窗口等的颜色、大小、字体等。在默认状态下，系统使用的是 Windows 标准的颜色、大小、字体等设置。用户也可以根据自己的喜好设计关于这些项目的颜色、大小和字体等显示方案。

单击“高级”按钮，将弹出“高级外观”对话框，如图 2-3-9 所示，在该对话框中的“项目”下拉列表框中提供了所有可进行更改设置的选项，用户可在“项目”下拉列表中进行选择，然后更改其大小和颜色等。若所选项目中包含字体，则“字体”下拉列表框变为可用状态，用户可对其进行设置。设置完毕后，单击“确定”按钮回到“外观”选项卡中。单击“效果”按钮，弹出“效果”对话框，在该对话框中可进行显示效果的设置。

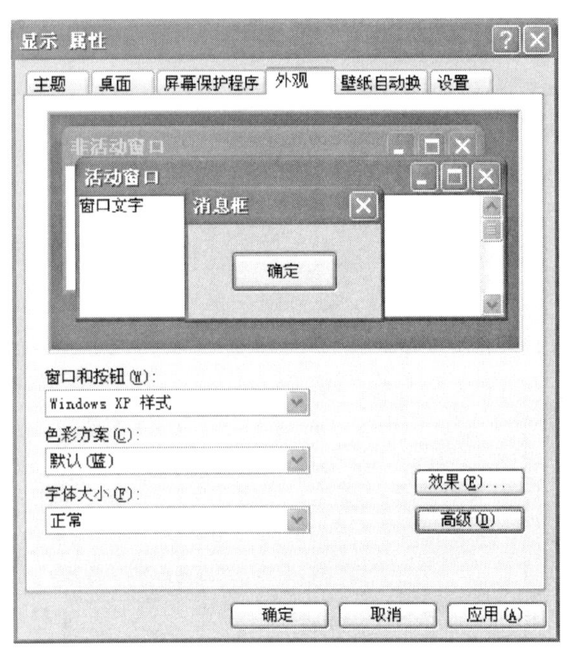

图 2-3-8　“外观”选项卡

图 2-3-9　“高级外观”对话框

2.3.2　设置系统日期和时间

在 Windows XP 中，用户每次创建文件或文件夹以及编辑文件时，系统都会将相应的时间记录下来，包括该文件创建的时间、最近一次修改的时间以及最近一次的访问时间。而对于文件夹，则系统只记录该文件夹的创建时间。另外把系统时间置于系统桌面的任务栏中，用户可以很方便地随时看到当前的日期和时间。

📖**1. 更改系统日期和时间**　如果需要，可以重新设置日期与时间。其设置方法如下：在“控制面板”窗口中双击“日期和时间”图标，打开“日期和时间属性”对话框，如图 2-3-10 所示。在该对话框中，显示的是系统的日期与时间，用户可以对此进行修改，最后单击“确定”按钮。

还可以鼠标双击任务栏通知区域中的时间选项来打开“日期和时间属性”对话框。

图 2-3-10　“日期和时间属性”对话框

2. 更改系统显示日期的方式　Windows XP 提供了四种短日期和四种长日期的显示方式，不同的方式显示不同的效果，用户可以根据爱好做相应地修改，其具体操作步骤如下：

在“控制面板”窗口中，双击“区域和语言选项”选项，打开“区域和语言选项”对话框，如图 2-3-11 所示。切换到“区域选项”选项卡，在该选项卡中用户可以看到当前设置的时间、短日期和长日期的形式；单击“自定义”按钮，打开“自定义区域选项”对话框，切换到“日期”选项卡，如图 2-3-12 所示，用户可以从相应选项的下拉列表框中选择自己想要的日期格式。

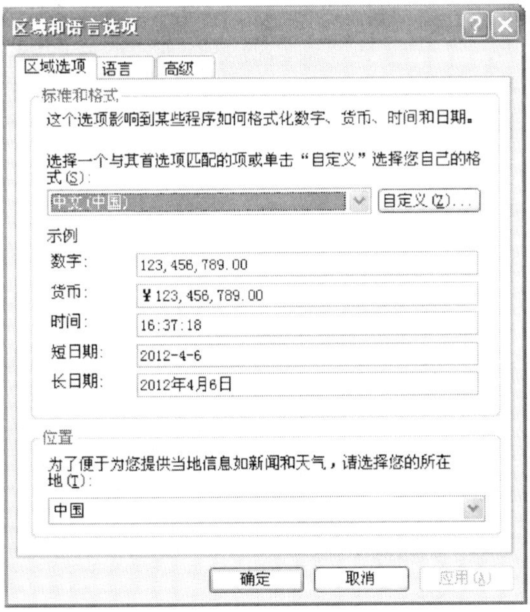

图 2-3-11　“区域和语言选项”对话框

图 2-3-12　“自定义区域选项”对话框

3. 更改系统显示时间的方式　系统时间同样也有不同的显示方式，其设置方式大体与系统日期的设置方式相同，用户需要注意的是，在弹出“自定义区域选项”对话框时，切换到“时间”选项卡，用户可以定制自己的“个性化”时间显示方式，其原则与设置系统日期的方式相同。

4. Internet 时间　目前许多计算机都需要与相关的网络服务器的系统时间一致，比如用于视频会议、网上股票交易等活动的计算机的时钟必须定期地同网络服务器的时钟进行校正，当然用户必须是相关网络域的一员或连接到相关的网络上（例如 Internet）。

在“控制面板”窗口中双击“时间和日期”选项，打开“时间和日期”对话框，切换到“Internet 时间”选项卡，如图 2-3-13 所示，选择“自动与 Internet 时间服务器同步”复选框，在“服务器”下拉列表框中选择相应的网络服务器地址，单击其后的“立即更新”按钮即可实现计算机的时间与网络服务器的系统时间一致。

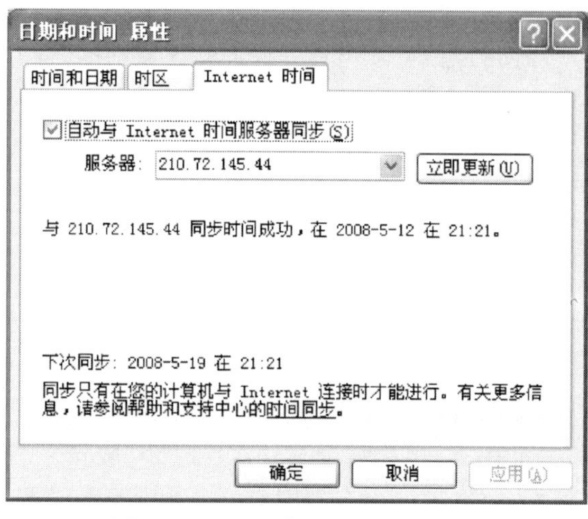

图 2-3-13 “日期和时间”对话框

2.3.3 设置键盘和鼠标属性

键盘和鼠标是计算机最常用的两种输入设备，Windows XP 为用户提供了对键盘和鼠标的灵活设置，使用户可以根据自己的工作习惯使用键盘和鼠标，以提高工作效率。

1. 键盘的设置 在“控制面板”窗口中双击“键盘”图标，打开“键盘属性”对话框，如图 2-3-14 所示。

(1) 切换到“速度”选项卡，在该选项卡中的“字符重复”选项组中拖动“重复延迟”滑块，可调整在键盘上按住一个键需要多长时间才开始重复输入该键；拖动“重复率”滑块可调整输入重复字符的速率；在“光标闪烁频率”选项组中，拖动滑块可调整光标的闪烁频率。

(2) 切换到“硬件”选项卡，如图 2-3-15 所示，在该选项卡中显示了所用键盘的硬件信息，如设备的名称、类型等。单击“属性”按钮，可打开“键盘设备属性”对话框，在该对话框中可查看键盘的常规设备属性、驱动程序的详细信息，更新驱动程序，返回驱动程序，卸载驱动程序等。

图 2-3-14 “键盘属性”对话框

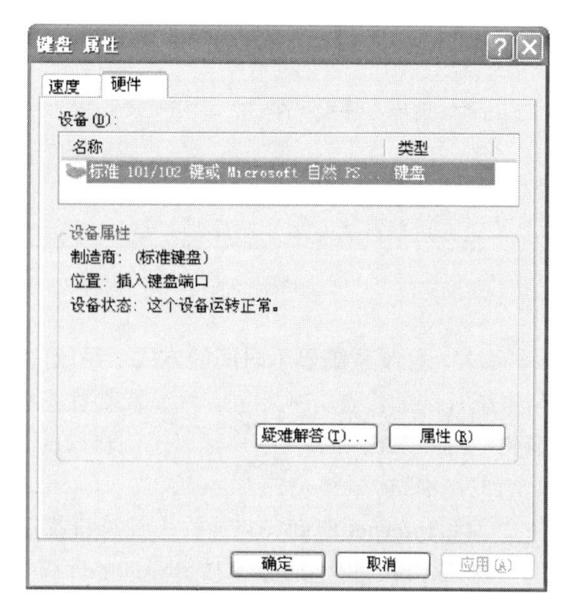

图 2-3-15 “硬件”选项卡

2. 鼠标的设置　在“控制面板”窗口中双击鼠标图标，打开“鼠标属性”对话框，如图 2-2-16 所示。

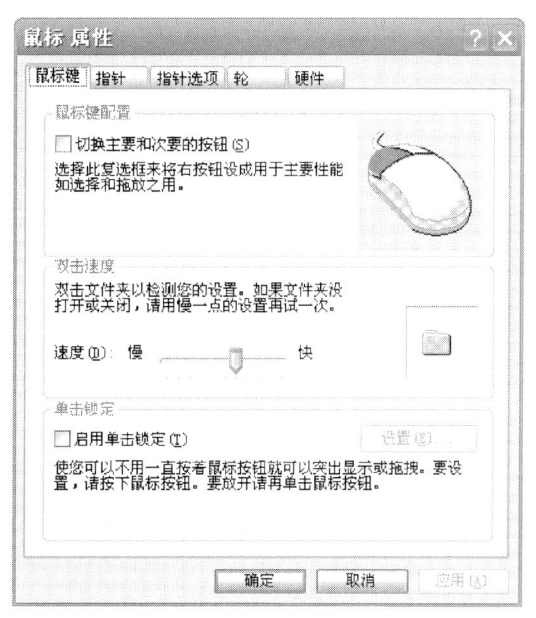

图 2-3-16　“鼠标属性”对话框

在“鼠标属性”对话框中，可以对用户使用鼠标的左右手习惯、鼠标移动速度以及鼠标移动轨迹进行设置。

切换到“鼠标键”选项卡，在“鼠标键配置”选项组中，系统默认左边的键为主要键，若选择“切换主要和次要的按钮”复选框，则设置右边的键为主要键；在“双击速度”选项组中拖动滑块可调整鼠标的双击速度，双击旁边的文件夹可检验设置的速度；在“单击锁定”选项组中若选择“启用单击锁定”复选框，则可以在移动项目时不用一直按着鼠标键就可实现，单击“设置”按钮，在弹出的“单击锁定的设置”对话框中可调整实现单击锁定需要按鼠标键或轨迹按钮的时间。

切换到“指针”选项卡，系统提供了多种鼠标指针的显示方案，用户可以选择一种喜欢的鼠标指针方案。切换到“指针选项”选项卡，在该选项卡中可拖动滑块调整鼠标指针的移动速度，可设置在移动鼠标指针时是否会显示指针的移动轨迹，拖动滑块还可调整轨迹的长短等。此外，切换到“硬件”选项卡，可查看设备的名称、类型及属性。

2.3.4　安装与卸载应用程序

1. 安装应用程序　通常，在 Windows XP 中安装应用程序是非常简单的，并有多种安装方法。在安装过程中，关键是要正确理解每一步的作用，并进行正确设置，这样才能顺利地进行安装。在 Windows XP 中安装软件有以下几种方式：

（1）自动安装。现在很多软件的安装光盘中都有自启动功能，直接将该安装光盘放入光驱中即可自动启动安装程序。安装程序将自动启动安装向导，根据向导的提示执行安装过程就可以完成软件的安装。

（2）运行安装程序。在软件的安装光盘中，一般都有一个安装程序（如 setup. exe），运行这个程序可以进行软件的安装。具体操作如下：

①打开“我的电脑”窗口或“资源管理器”窗口，找到安装盘或安装软件所在驱动器中的安装程序（如 setup. exe 或 install. exe）。

②双击该文件图标直接启动安装程序，再根据向导的提示执行安装过程，就可以完成软件的安装。

另外，还可以通过执行“开始”→“运行”命令来运行安装程序。

（3）利用“添加/删除程序”来安装程序。以上安装软件使用的是软件本身的安装向导，Windows XP 也提供了安装软件的向导。在“控制面板”窗口中有一个“添加或删除程序”图标，双击这个图标，打开“添加或删除程序”窗口，如图 2-3-17 所示。

在打开的窗口中，显示出已经安装在 Windows XP 中的应用程序。单击“添加新程序”按钮，右边显示出一些选项，如“从CD-ROM或软盘安装程序”、“从Microsoft添加程序”等。如果选择“从光盘或软盘”安装程序，当用户单击“光盘或软盘”按钮后，系统会提示插入安装光盘。

图 2-3-17　“添加或删除程序”窗口

2. 卸载应用程序　在 Windows XP 中卸载应用程序通常可以使用两种方法，使用软件自身的卸载程序或使用“更改或删除”工具进卸载。

(1) 使用卸载程序。通过调用该应用程序组自己的卸载程序，用户可以实现对程序组的删除操作。选择“开始”→“程序”命令，在需要卸载的程序组中找到对应的卸载程序，执行该卸载程序。在程序卸载过程中，会询问一些内容，如“是否确定删除此程序组”、“是否删除共享文件”等，用户应根据具体情况作出选择。

(2) 使用系统卸载工具。通过在“控制面板”窗口中的“添加或删除程序”进行应用程序的卸载。在“添加或删除程序”窗口中单击“更改或删除程序”按钮，选择需要卸载的应用程序项，显示出该应用程序的介绍信息，并在旁边显示“更改/删除”按钮。单击“更改/删除”按钮，则系统弹出确认对话框。单击“确定”按钮，系统将开始自动卸载该程序组。在“添加或删除程序”窗口中，用户还可以实现 Windows 组件的添加与删除。

2.3.5　安装打印机和打印文档

要丰富计算机的功能，不仅需要安装各种软件，还需要在计算机上连接并使用各种硬件设备。这些设备包括任何连接到计算机并可以由计算机的中央处理器控制的设备，如网卡、声卡、打印机等都是主要的硬件设备，其中打印机是需要用户来安装的。

1. 安装打印机　用户不但可以在本地计算机上安装打印机，如果用户是连入网络的，且网络中有已共享的打印机，也可以安装网络打印机，使用网络中的共享打印机来完成打印作业。网络打印机的安装与本地打印机的安装过程是大同小异的。下面简单介绍本地打印机的安装。

在安装本地打印机之前首先要进行打印机的连接，用户可在关机情况下，把打印机的信号线与计算机的 LPT1 端口相连，并且接通电源，连接好之后，就可以开机启动系统，准备安装其驱动程序了。

由于 Windows XP 自带了一些硬件的驱动程序，在启动计算机的过程中，系统会自动搜索新硬件并加载其驱动程序，在任务栏上会提示其安装的过程，如“查找新硬件”、“发现新硬件”、“已经安装好并可以使用了”等文本框。如果用户所连接的打印机的驱动程序没有在系统的硬件列表中显示，就需要用户使用打印机厂商所附带的光盘进行手动安装，这时需要使用“添加打印机”向导了。操作步骤如下：

（1）选择“开始”→“控制面板”命令，在打开的“控制面板”窗口中双击“打印机和传真”图标，打开“打印机和传真”窗口。

（2）在窗口链接区域的“打印机任务”区域下单击“添加打印机”图标，即可启动“添加打印机向导”对话框，如图 2-3-18 所示。在这个对话框中提示用户应注意的事项，如果用户通过 USB 端口或者其他热插拔端口来连接打印机，就没有必要使用这个向导，只要将打印机的电缆插入计算机或将打印机面向计算机的红外线端口，然后打开打印机，Windows XP 系统会自动安装打印机。

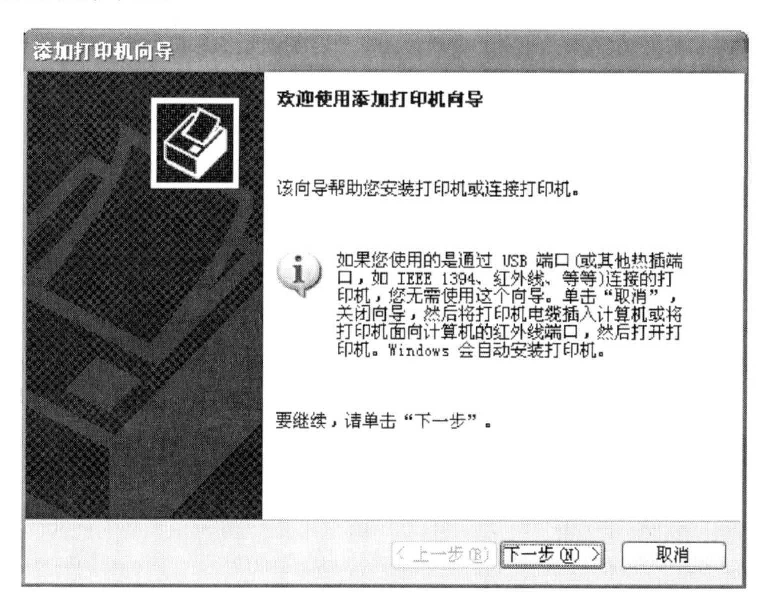

图 2-3-18　“添加打印机向导”对话框：欢迎使用添加打印机向导

（3）单击“下一步”按钮，进入打印向导的下一步，如图 2-3-19 所示，选择“连接到这台计算机的本地打印机”单选按钮。

（4）单击“下一步”按钮，根据向导提示依次选择打印机端口，安装打印机软件。在安装打印机软件时，如果用户所安装的打印机制造商和型号未在列表中显示，可以使用打印机附带的安装光盘进行安装，单击“从磁盘安装”按钮，按照屏幕提示继续完成打印机的安装。

📖2. 打印文档　打印机安装好后就可以随时打印文档。打印文档有两种方法：

（1）如果文档已经在某个应用程序中打开，则选择菜单命令“文件”→“打印”打印文档。

（2）如果文档未打开，则打开“资源管理器”或“我的电脑”找到这个文档并选中，如图 2-3-20 所示。选择菜单命令“文件”→“打印”，或者单击左窗格中的“打印这个文件”命令。

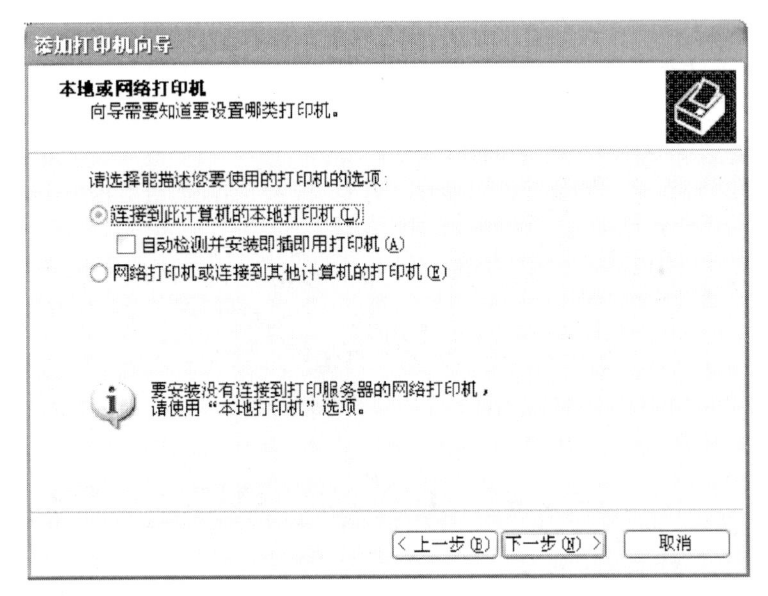

图 2-3-19　“添加打印机向导”对话框：本地或网络打印机

图 2-3-20　打印文档

打印文档时，在任务栏的通知区域将出现一个打印机图标。该图标消失后，表示该文件打印完毕。在文档的打印过程中，可以双击这个打印机图标，查看打印机当前状态。如果要取消或暂停要打印的文档，可使用“文档”菜单中相应命令完成操作；如果要取消所有的打印文档，选择“打印机”→“取消所有文档”命令即可。

2.3.6　使用任务计划

利用任务计划可将任何脚本、程序或文档安排在用户最方便的时候运行。“任务计划”在用户每次启动 Windows XP 时启动并在后台运行，它按照用户在创建任务时指定的时间启动计划的每个任务。如以制作闹铃为例，其操作步骤如下：

(1) 准备一个声音文件，其格式通常为.mp3、.mid、.wma 等。

（2）打开“控制面板”窗口，双击其中的“任务计划”图标，打开“任务计划”窗口；双击“添加任务计划”命令，打开“任务计划向导”对话框，如图 2-3-21 所示；单击“下一步”按钮。

（3）在图 2-3-22 所示的向导中选择自动运行的程序。一般情况下，直接在这里选择计划执行的程序即可。由于要播放的是一个声音文件，所以单击“浏览”按钮，在弹出的窗口中找到要运行的程序，如声音文件“喜洋洋 . mp3”。

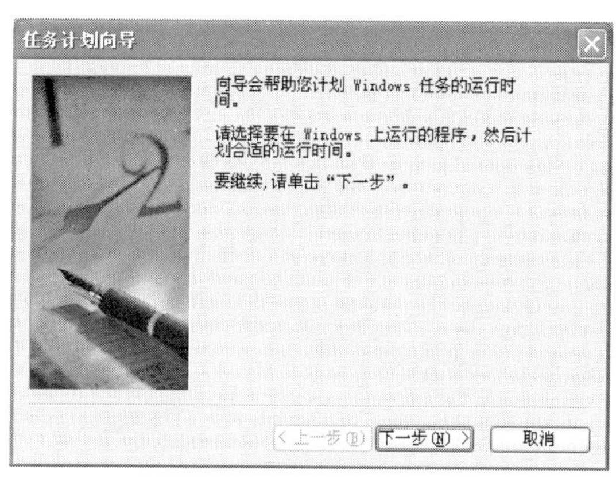

图 2-3-21　“任务计划向导”对话框

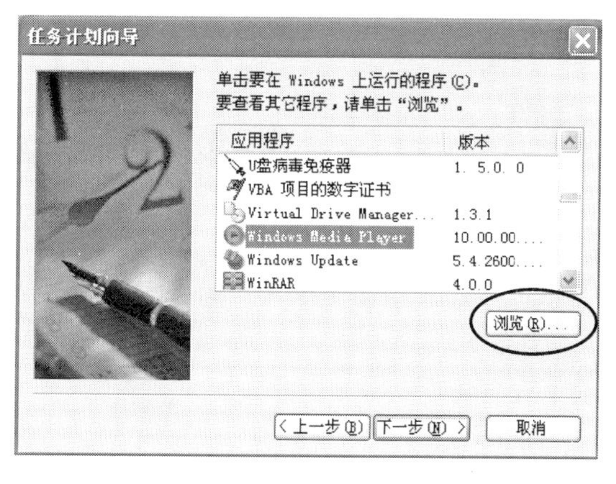

图 2-3-22　选择自动运行的程序

（4）单击“打开”按钮，进入如图 2-3-23 所示的窗口中。在该窗口中设置任务名称和任务执行的周期。

（5）单击“下一步”按钮，打开如图 2-3-24 所示的窗口，在这里设置任务开始执行的时间和日期。

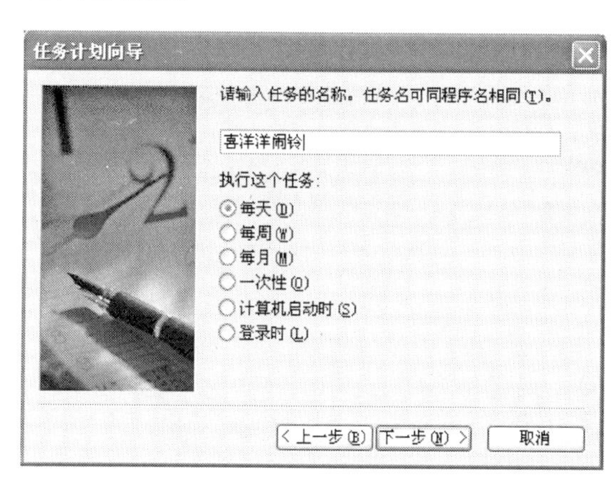

图 2-3-23　设置任务名称及任务执行周期

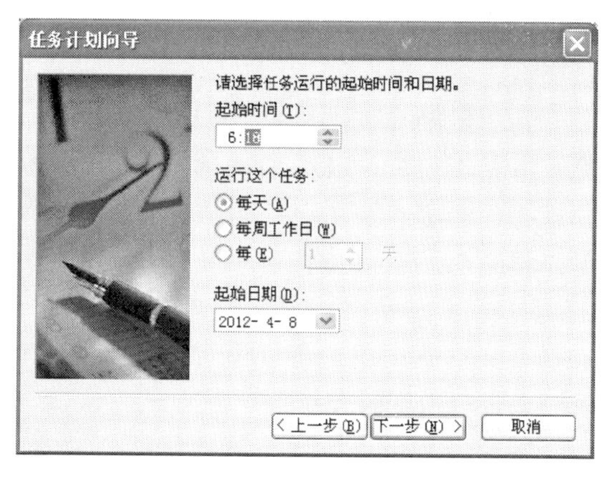

图 2-3-24　设置任务执行的开始时间和日期

（6）单击“下一步”按钮，进入如图 2-3-25 所示的设置用户名和密码窗口。这里的设置要与开机用户名和密码保持一致。

（7）单击“下一步”按钮，即出现结束窗口；单击“完成”按钮即完成了当前任务的设置，并启动了该任务计划。

（8）在“任务计划”窗口中，右击该任务，在弹出的菜单中选择“属性”命令（图 2-3-

26)，即打开该计划任务的“属性”对话框，在该对话框中提供用户对任务、日程安排等进行更高级的设置或对原有任务进行修改。如果在弹出的菜单中选择“运行”命令，则可以浏览该任务计划的执行结果。

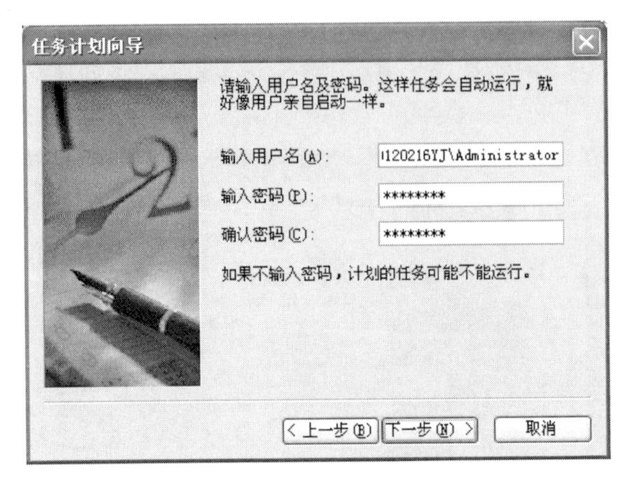

图 2-3-25　设置用户名和密码

图 2-3-26　“任务计划”窗口

2.3.7　使用帮助系统

Windows XP 提供了功能强大的帮助系统，当用户在使用计算机过程中遇到了疑难问题无法解决时，可以在帮助系统中寻找解决问题的方法，在帮助系统中不但有关于 Windows XP 操作与应用的详尽说明，而且可以在其中直接完成对系统的操作。

1. 了解帮助系统　选择“开始”→“帮助和支持”命令即可打开“帮助和支持中心”窗口，如图 2-3-27 所示。在这个窗口中会为用户提供帮助主题、指南、疑难解答和其他支持服务。

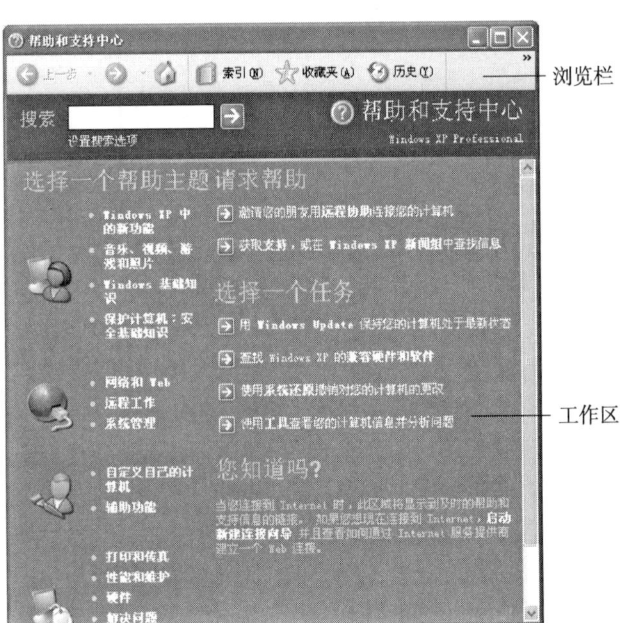

图 2-3-27　“帮助和支持中心”窗口

在“帮助和支持中心”窗口的最上方是浏览栏，其中的选项为用户在操作时提供了方便，可以快速地选择自己所需要的内容。在窗口的浏览栏下方是“搜索”文本框，在这个文本框中用户可以设置搜索选项，进行内容的查找。

在窗口的工作区域是各种帮助内容的选项，在“选择一个帮助主题”选项组中有针对相关帮助内容的分类，第一部分为 Windows XP 的新增功能以及基本的操作，第二部分是有关网络的设置，第三部分是如何自定义自己的计算机，第四部分是有关系统和外部设备维护的内容。在“请求帮助”选项组中用户可以启用远程协助向别的计算机用户求助，也可以通过 Microsoft 联机帮助支持向在线的计算机专家求助，或从 Windows XP 新闻组查找信息。在“选择一个任务”选项组中用户可利用提供的各选项对自己的计算机系统进行维护。在“您知道吗”选项组中用户可以启动、新建链接向导，并且查看如何通过互联网服务提供商建立一个网页链接。

2. 使用帮助系统　在“帮助和支持中心”窗口中，用户可以通过各种途径找到自己需要的内容，这里简单介绍常用的几种方式：

（1）使用直接选取相关选项并逐级展开的方法。单击工作区域中某个主题，窗口会打开相应的详细列表框，用户可在该主题的列表框中选择具体内容，在窗口右侧的显示区域就会显示相应的具体内容。

（2）直接在“帮助和支持中心”窗口中的“搜索”文本框中输入要查找内容的关键字，然后单击“”按钮，可以快速找到结果，如图 2-3-28 所示。

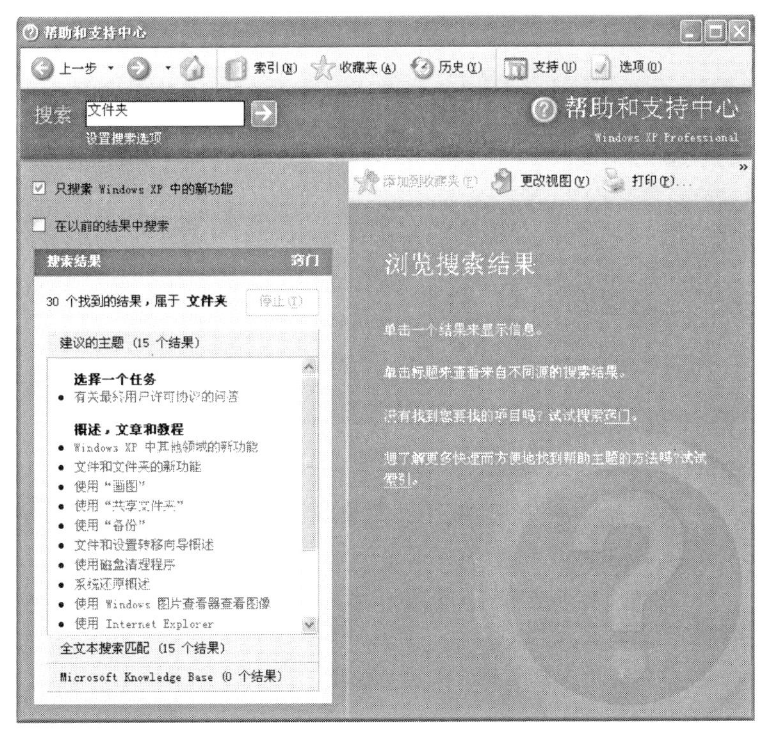

图 2-3-28　“搜索”选项

（3）用户也可以使用帮助系统的“索引”功能来进行相关内容的查找，在“帮助和支持中心”窗口的浏览栏上单击“索引”按钮，这时将切换到“索引”页面，在“索引”文本框中输入要查找的关键字，或者直接在其列表框中选定所需要的内容，然后单击“显示”按钮，在窗口右侧即会显示该项的详细资料，如图 2-3-29 所示。

（4）如果用户链接了 Internet，可以通过远程协助获得在线帮助或者与专业支持人员联系。在“帮助和支持中心”窗口的浏览栏上单击“支持”按钮，即可打开“支持”页面，用户可以向自己的朋友求助，或者直接向 Microsoft 公司寻求在线协助支持，还可以和其他的 Windows 用户进行交流。

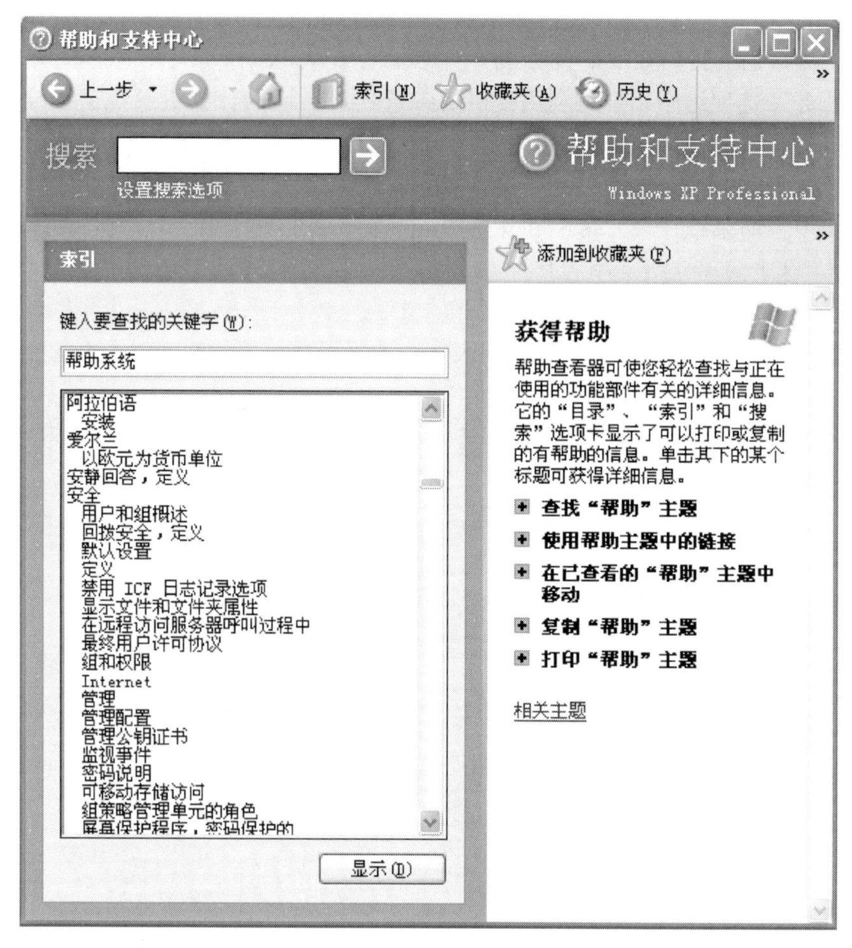

图 2-3-29　“索引”选项

练　习　题

一、单项选择题

1. 操作系统主要功能是（　　）。

A. 实现软、硬件的转换　　　　B. 管理系统所有的软、硬件

C. 把源程序转换为目标程序　　D. 进行数据处理

2. 在 Windows 中，为了弹出“显示属性”对话框以进行显示器属性的设置，下列操作中正确的是（　　）。

A. 用鼠标右键单击任务栏空白处，在弹出的快捷菜单中选择“属性”命令

B. 用鼠标右键单击桌面空白处，在弹出的快捷菜单中选择“属性”命令

C. 用鼠标右键单击“我的电脑”窗口空白处，在弹出的快捷菜单中选择“属性”命令

D. 用鼠标右键单击“资源管理器”窗口空白处，在弹出的快捷菜单中选择“属性”命令

3. Windows 目录的文件结构是（　　）。

A. 网状结构　　B. 环型结构　　C. 矩形结构　　D. 树型结构

4. 在 Windows 中，关于设置默认的汉字输入方法不正确的是（　　）。

A. 选择控制面板中“区域和语言选项”图标

B. 右键单击输入法图标，选择设置

C. 单击输入法图标，在菜单中选择默认输入法

D. 设置的默认输入法可以改变

5. Windows 中，要将屏幕分辨率调整到 1024×768，进行设置时应选择控制面板中的（　　）。

A. 系统　　B. 显示　　C. 自动更新　　D. 管理工具

6. Windows 中，对文件的存取方式是（　　）。

A. 按文件目录存取　　B. 按文件夹的内容存取

C. 按文件名进行存取　　D. 按文件大小进行存取

7. 在 Windows 中，写字板文件默认的扩展名是（　　）。

A. . txt　　B. . rtf　　C. . vri　　D. . bmp

8. 在 Windows 中，要安装一个应用程序，正确的操作应该是（　　）。

A. 打开“资源管理器”窗口，使用鼠标拖动

B. 打开“控制面板”窗口，双击“添加\删除程序”

C. 打开 MS-DOS 窗口，使用 copy 命令

D. 打开“开始”菜单，选中“运行”命令，在弹出的“运行”对话框中输入 copy 命令

9. 文件夹的命名原则规定文件夹的名称不能包括的字符是（　　）。

A. 字母　　B. 数字　　C. 下画线　　D. 斜杠

10. Windows 中在输入法列表框中选定一种汉字输入法，屏幕上就会出现一个与该输入法相应的（　　）。

A. 汉字字体列表框　　B. 汉字字号列表框

C. 汉字输入编码框　　D. 汉字输入法状态栏

11. 在 Windows 中，下列关于附件中的工具叙述正确的是（　　）。

A. 写字板是字处理软件，不能插入图形

B. “画图”软件是绘图工具，不能用于输入文字

C. “画图”软件不可以进行图形、图片和编辑处理

D. “记事本”不能插入图形

12. 关于 Windows 中的“命令提示符”方式，不正确的说法是（　　）。

A. 开机后，可以直接进入“命令提示符”的安全模式

B. 通过“开始”按钮中的“程序/附件”菜单可以进入“命令提示符”方式

C. 用“EXIT”命令，可从命令提示符方式回到 Windows 环境

D. 要进入 Windows 的命令提示符方式，必须在安装 Windows 之前，安装 MS-DOS

13. 可对 Windows 桌面的颜色、方案、分辨率等显示属性进行设置，应先打开的对象

是（　　）。

A. “多媒体”附件　B. 资源管理器　C. 控制面板　D. 快捷菜单

14. 对 Windows 的回收站，下列叙述正确的是（　　）。

A. 回收站中可以存放所有外存储器中被删除的文件或文件夹

B. 回收站是特殊的文件夹

C. 回收站的大小是固定的，不能调整

D. 回收站中的文件不可以还原

15. 在 Windows 中任务栏上的内容为（　　）。

A. 当前窗口的图标　B. 已启动并运行的程序名

C. 所有已打开窗口的图标　D. 已经打开的文件名

16. 在 Windows 中，要使用附件中的“计算器”计算 5 的 3.7 次方（$5^{3.7}$）的值，应选择（　　）。

A. 标准型　B. 统计型　C. 高级型　D. 科学型

17. 关于 Windows 菜单的基本操作，下列说法不正确的是（　　）。

A. 右边有一个三角形的菜单项表示还有下一级的级联菜单

B. 鼠标左键单击菜单项即可执行相应的命令

C. 在使用菜单后，用鼠标左键单击菜单外的任何区域即可退出

D. 单击菜单中的菜单项都会执行相应命令

18. 在 Windows 中，粘贴命令的快捷组合是（　　）。

A. Ctrl＋C　B. Ctrl＋X　C. Ctrl＋A　D. Ctrl＋V

19. 若 Windows 的桌面上有画图程序的快捷图标，不能启动画图的方法是（　　）。

A. 双击桌面上的“画图”图标

B. 从“开始”菜单“所有程序”项的“附件”中单击“画图”命令

C. 从“资源管理器”中，找到“画图”，并双击它

D. 从“资源管理器”中，找到“画图”，并右击它

20. 在下列有关 Windows 菜单命令的说法中，不正确的是（　　）。

A. 命令前带有符号（“√”）表示该命令有效

B. 带省略号（…）的命令执行后会打开一个对话框

C. 命令呈暗淡的颜色，表示相应的程序被破坏

D. 当鼠标指向带黑三角符号的菜单项时，会弹出有关级联菜单

21. Windows 中将文件发送到软盘，其实就是（　　）。

A. 移动文件到软盘　B. 在软盘中建立文件的快捷方式

C. 将文件复制到软盘　D. 将文件压缩处理后保存到软盘

22. 删除某个应用程序的桌面快捷图标意味着（　　）。

A. 该应用程序连同快捷图标一起被删除

B. 只删除了该应用程序，快捷图标被隐藏

C. 只删除了图标，该应用程序被保留

D. 该应用程序连同图标一起被隐藏

23. Windows 中有很多功能强大的应用程序，其“磁盘碎片整理程序”的主要用途是

（　　）。

A. 进行磁盘文件碎片整理，提高磁盘的读写速度

B. 将磁盘文件碎片删除，释放磁盘空间

C. 进行磁盘碎片整理，并重新格式化

D. 将不小心摔坏的软盘碎片重新整理、规划，使其重新可用

24. 关于 Windows 文件命名的规定，不正确的是（　　）。

A. 用户指定文件名时可以用字母的大小写格式，但不能用大小写区别的文件名。

B. 搜索文件名时，可以使用通配符“?”和“*”

C. 文件名可用字母、允许的字符、数字和汉字命名

D. 由于文件名可以使用间隔符“.”，因此可能出现无法确定文件的扩展名

25. Windows 音频工具“录音机”录制的声音被保存的文件夹扩展名为（　　）。

A. .mp3　　B. .mid　　C. .avi　　D. .wav

26. 在 Windows 中，写字板是一种（　　）。

A. 字处理软件　　B. 画图工具　　C. 网页编辑器 D. 造字程序

27. 在 Windows 中，能弹出对话框的操作是（　　）。

A. 选择了带“…”的菜单项　　B. 选择了带向右三角形箭头的菜单项

C. 选择了颜色变灰的菜单项　　D. 运行了与对话框对应的应用程序

28. 在 Windows 中，下列四项中用来打开某个对象的鼠标操作是（　　）。

A. 单击鼠标　　B. 双击鼠标　　C. 移动鼠标　　D. 右击鼠标

29. Windows 的“控制面板”窗口中不包含的图标（　　）。

A. 键盘　　B. 鼠标　　C. Word　　D. 日期和时间

30. 关于文件名的说法，下面正确的是（　　）。

A. 允许同一目录的文件同名，不允许不同目录的文件同名

B. 允许同一目录的文件同名，也允许不同目录的文件同名

C. 不允许同一目录或不同目录的文件同名

D. 不允许同一目录的文件同名，允许不同目录的文件同名

31. 在资源管理器中，要显示文件的修改日期，应该在“查看”菜单中选择（　　）。

A. 大图标　　B. 小图标　　C. 列表　　D. 详细资料

32. 在 Windows 系统的文件和文件夹的属性中，没有（　　）。

A. 隐藏属性　　B. 系统属性　　C. 快捷属性　　D. 只读属性

33. 下列有关目录结构的叙述中，正确的是（　　）。

A. 一个磁盘可以有多个根目录　　B. 一个磁盘有且仅有一个根目录

C. 一个磁盘不允许有 5 级以上的子目录　　D. 一个磁盘必须有根目录和子目录

二、填空题

1. 操作系统的功能由五个部分组成：处理器管理、存储器管理、＿＿＿＿＿＿管理、＿＿＿＿＿＿管理和作业管理。

2. 操作系统可以分成单用户、批处理、实时、＿＿＿＿＿＿、＿＿＿＿＿＿以及分布式操作系统。

3. 处理器管理最基本的功能是处理____________事件。

4. 每个用户请求计算机系统完成的一个独立的操作称为____________。

5. Windows 的整个屏幕画面所包含的区域称____________。

6. 窗口是 Windows ____________程序存在的基本方式，每一个窗口都代表一个运行的____________。

7. 任务栏上显示的是____________以外的所有窗口，Alt+____________可以在包括对话框在内的所有窗口之间切换。

8. 在任何窗口下，用户都可以用组合键（Ctrl+____________键或 Ctrl+____________键）或热键切换输入法。

9. 要安装或卸除某个中文输入法，应先启动____________，再使用其中____________的功能。

10. 在控制面板的“添加/删除程序”中，可以方便地进行____________程序和 Windows ____________的删除和安装的工作。

11. 当你要删除某一应用程序时，可以使用____________工具。如果采用直接删文件夹的方法，很可能造成系统____________错误。

12. 按____________键，从关闭程序列表中选择程序，再单击____________按钮可以退出应用程序。

13. 对于 MS-DOS 方式，输入____________命令可以退出“命令提示符”环境。

14. Windows 的文件名中用“*”代表任意____________个字符，用“?”代表任意____________个字符。

15. 可供选择的各种查看文件夹内容的显示方式的菜单项，共有 5 项（大图标、____________、____________、详细资源和缩略图）。

16. 复制文件夹时，按住____________键，然后拖放文件夹图标到另一个____________图标或驱动器图标上即可。

17. 移动文件夹时，按住____________键再拖放____________图标到目的位置后释放即可。

18. Windows 把所有的系统环境设置功能都统一到了____________中。

19. 在添加新硬件时，如果该硬件符合____________的规范，那么操作系统在启动的过程中将能找到该硬件并将在屏幕上显示____________的提示信息。

模 块 三 目 录

模块三　文字处理软件 Word 2003

学习情境

- ➤ 制作文学小报（一）
- ➤ 制作文学小报（二）
- ➤ 制作商品销售报表
- ➤ 制作学生成绩通知单
- ➤ 毕业论文排版成册

技能目标

- ➤ 文本在 Word 文档中的编辑方法
- ➤ 文本和段落格式设置
- ➤ 项目符号和编号、边框和底纹、分栏、查找与替换等操作
- ➤ 图片、自选图形、艺术字等对象的插入与编辑
- ➤ 文本框的插入与编辑
- ➤ 表格的建立、编辑、格式化操作
- ➤ 表格中数据计算与排序
- ➤ 邮件合并及其操作
- ➤ 文档的版面设置与打印
- ➤ 大纲视图及其操作
- ➤ 文档样式的建立、修改与应用
- ➤ 题注的插入与更新
- ➤ 目录的插入与更新

情境一　制作文学小报（一）

❶情境描述

张红刚进入学生会，其主要工作是负责学生会的日常文字方面的工作，如制作文学小报、发会议通知、统计学生出勤情况等。现要求她按照范例制作一张文学小报，样图如图 3-1-1 所示。

❷情境分析

现在各行各业都离不开办公软件的使用，张红要能很快地胜任工作，需学习开办公软件

Office 2003。现要按照样图制作一份文学小报，需要使用文字处理软件 Word 2003。提供给张红的素材只有一篇短文《荷叶母亲》。制作此样图主要掌握如下知识技能点：

➢Word 2003 软件的启动与退出
➢熟悉 Word 2003 的应用程序窗口
➢新建并保存、保护文档
➢输入文本，包括中英文、符号、特殊符号、日期和时间等
➢文本的移动、删除、复制、粘贴等操作
➢设置字体、字形、字号、颜色、字符间距、下划线、着重号、文字效果
➢设置段落格式，如缩进、对齐方式、行间距、段间距、特殊格式
➢查找与替换、设置分栏、边框、底纹、首字下沉
➢插入脚注和尾注
➢中文版式

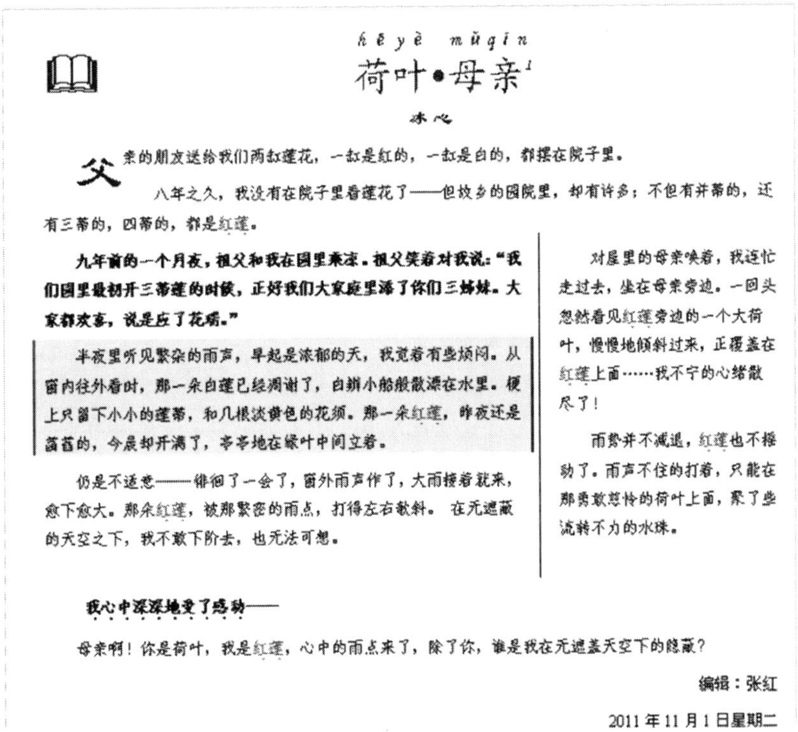

hēyè mǔqin

荷叶•母亲[1]

冰心

父亲的朋友送给我们两缸莲花，一缸是红的，一缸是白的，都摆在院子里。

八年之久，我没有在院子里看莲花了——但故乡的园院里，却有许多；不但有并蒂的，还有三蒂的，四蒂的，都是红莲。

九年前的一个月夜，祖父和我在园里乘凉。祖父笑着对我说："我们园里最初开三蒂莲的时候，正好我们大家庭里添了你们三姊妹。大家都欢喜，说是应了花瑞。"

半夜里听见繁杂的雨声，早起是浓郁的天，我觉着有些烦闷。从窗内往外看时，那一朵白莲已经凋谢了，白瓣小船般散漂在水里。梗上只留下小小的莲蓬，和几根淡黄色的花须。那一朵红莲，昨夜还是菡萏的，今晨却开满了，亭亭地在绿叶中间立着。

仍是不适意——徘徊了一会了，窗外雨声作了，大雨接着就来，愈下愈大。那朵红莲，被那繁密的雨点，打得左右敧斜。在无遮蔽的天空之下，我不敢下阶去，也无法可想。

对屋里的母亲唤着，我连忙走过去，坐在母亲旁边。一回头忽然看见红莲旁边的一个大荷叶，慢慢地倾斜过来，正覆盖在红莲上面……我不宁的心绪散尽了！

雨势并不减退，红莲也不摇动了。雨声不住的打着，只能在那勇敢慈怜的荷叶上面，聚了些流转不力的水珠。

我心中深深地受了感动——

母亲啊！你是荷叶，我是红莲，心中的雨点来了，除了你，谁是我在无遮盖天空下的隐蔽？

编辑：张红

2011 年 11 月 1 日星期二

1选自《冰心文集》第一卷

图 3-1-1　制作文学小报（一）样图

经分析，可按照下列步骤完成：

- 熟悉文字处理软件 Word 2003 的应用程序窗口
- 建立新文档，并保存该文档
- 输入并编辑文档内容
- 设置文字格式
- 设置段落格式

- 设置其他格式
- 情境实战

❸具体实现

3.1.1 熟悉 Word 2003 应用程序窗口

Word 2003 是当今非常流行也是功能强大的一款文字处理软件，它是 Office 2003 办公自动化套装软件中的组件之一，适用于制作各种文档，如文件、信函、传真、报纸、简历等，利用它也可以制作网页和发送电子邮件。

1. 启动 Word 2003 启动 Word 2003 可以用以下方法：

方法一：从开始菜单启动。单击任务栏中的“开始”按钮，选择菜单中的“所有程序”→“Microsoft Office”→“Microsoft Office Word 2003”命令即可。

方法二：用已有的文档启动。双击一个已有的 Word 文档即可启动 Word。

方法三：用桌面图标启动。双击桌面上的 Word 2003 快捷方式图标。

2. 退出 Word 2003 退出 Word 2003 的方法有多种，常用的有以下几种：

方法一：单击 Word 2003 应用程序窗口右上角的 Word 窗口的“关闭”按钮。

方法二：单击“文件”菜单，选择“退出”命令。

方法三：单击 Word 2003 应用程序窗口标题栏最左边的 Word 控制菜单图标，从打开的菜单中选择“关闭”命令。

方法四：右击 Word 2003 应用程序窗口标题栏，然后在弹出的快捷菜单中选择“关闭”命令。

在退出 Word 时，如果文档没有保存，会出现类似如图 3-1-2 所示的提示对话框，用户根据情况进行选择。

图 3-1-2 是否保存文档的提示对话框

注意：用户如果只想关闭当前的 Word 文档窗口而不退出 Word 应用程序，则可单击“文件”菜单，选择“关闭”命令。

3. Word 2003 应用程序窗口的组成 启动 Word 2003 后，屏幕将出现 Word 2003 的应用程序窗口，它主要由标题栏、菜单栏、各种工具栏、标尺、编辑区、状态栏和任务窗格等部分组成，如图 3-1-3 所示。

（1）标题栏。标题栏位于窗口的最上端，从左向右依次如下：

①控制菜单按钮。单击该按钮会弹出 Word 的控制菜单，可以改变窗口的大小，或移动、恢复、最小化、最大化及关闭窗口。

②窗口标题。标题栏中显示的文件名和应用程序名就是窗口标题，默认的初始新建的文件名是“文档 1. doc”。

③“最小化”按钮、“最大化”/“还原”按钮和“关闭”按钮。单击“最小化”按钮，当前执行的 Word 2003 文档缩小成 Windows 任务栏上的一个任务按钮；单击“最大化”按钮可使 Word 2003 文档最大化成整个屏幕的状态，当前“最大化”按钮变成“还原”按钮；单击“还原”按钮，最大化 Word 文档变成原来所显示的窗口大小；单击“关闭”按钮可退出 Word 2003 应用程序。

标题栏
菜单栏
工具栏
水平标尺
垂直标尺
任务窗格
垂直滚动条
文档编辑区
水平滚动条
视图切换
浏览按钮
绘图工具
状态栏

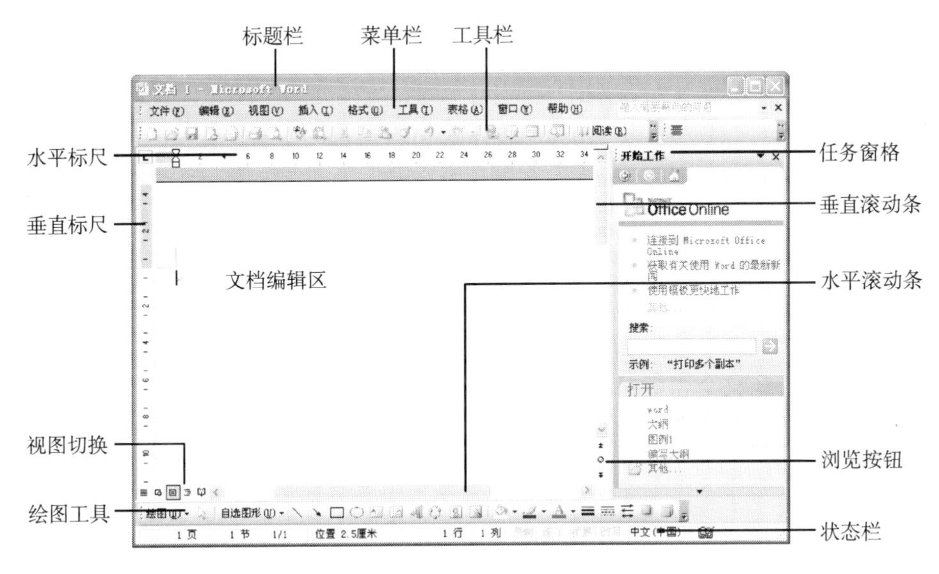

图 3-1-3　程序窗口

(2) 菜单栏。标题栏下方是菜单栏，其包括 9 个菜单项和一个脱机帮助，如图 3-1-4 所示。

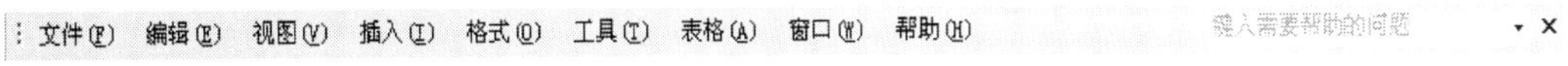

文件(F) 编辑(E) 视图(V) 插入(I) 格式(O) 工具(T) 表格(A) 窗口(W) 帮助(H)
键入需要帮助的问题

图 3-1-4　菜单栏

菜单栏上各个菜单项都是由很多命令组成的下拉菜单，单击这些命令或者通过使用快捷键即可达到使用 Word 的功能。命令前面有图标，表示可以将这些命令添加到工具栏中；命令后面有组合键，表示这个命令的键盘命令；命令后有“…”，表示单击该命令会打开一个对话框；命令后有“▶”，表示该命令有级联菜单。常见命令符号如图 3-1-5 所示。

插入(I) 格式(O) 工具(T)
分隔符(B)...
页码(U)...
符号(S)...
数字(R)...
引用(N)
图片(P)
对象(O)...
超链接(I)... Ctrl+K

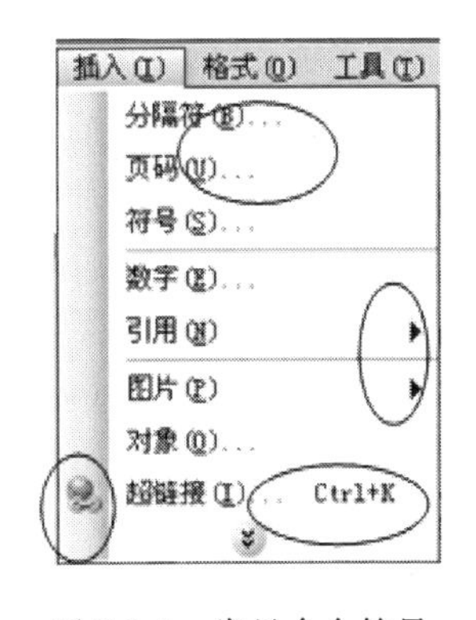

图 3-1-5　常见命令符号

(3) 工具栏。工具栏位于菜单栏的下方，“常用”工具栏和“格式”工具栏是 Word 默认的两个工具栏。工具栏中以图标的形式显示常用工具按钮，每一个按钮都代表了某一项菜单命令功能，指向工具栏中的任意一个按钮即可显示按钮的意义，直接单击相应按钮即可执行某项操作。其按钮组成如图 3-1-6 所示。

文件(F) 编辑(E) 视图(V) 插入(I) 格式(O) 工具(T) 表格(A) 窗口(W) 帮助(H)
键入需要帮助的问题
100%

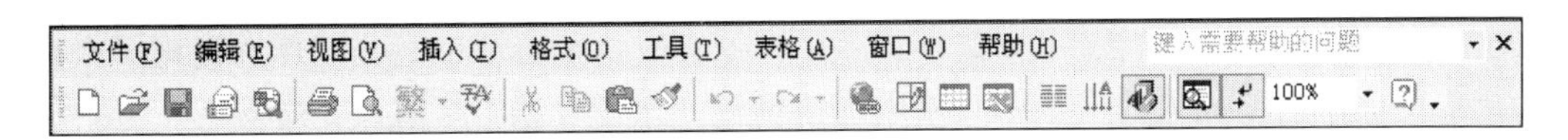

图 3-1-6　工具栏

用鼠标按住工具栏左侧突起的灰色竖线，可以将工具栏拖动在窗口的其他位置。选择“视图”→“工具栏”命令，单击要选择的工具栏，即可显示或隐藏工具栏。选择“视图”

→“工具栏”→“自定义”命令，打开“自定义”对话框，切换到“选项”选项卡，可以个性化菜单和工具栏。

（4）标尺。标尺分为水平标尺和垂直标尺，用来查看页面的尺寸，显示文字所在的实际位置、页边距等，还可以设置页边距、左右缩进、首行缩进、制表位等。单击“视图”→“标尺”命令可显示或隐藏标尺。标尺有多种度量单位，如厘米、毫米、磅、英寸、字符等，可选择“工具”→“选项”→“常规”命令来设置度量单位。水平标尺在页面视图、Web版式视图和普通视图下可以看到，而垂直标尺只有在页面视图和打印预览下才可看到。

（5）任务窗格。Microsoft Office 2003 中的任务窗格可在恰当的时间为用户提供所需的工具，帮助用户顺利完成工作。当用户执行某些任务（例如，开始新的文档、寻求帮助或插入剪贴画）时，任务窗格会自动打开。有时，可能需要用户选择“视图”→“任务窗格”手动打开任务窗格。任务窗格类似于工具栏，用户可以在窗口中任意移动任务窗格，方法是拖动移动控制点至目的位置。

Word 2003 提供了 14 种任务窗格，可方便用户使用，第一次启动 Word 2003 时打开的是“开始工作”任务窗格，单击任务窗格右上角的▾按钮，可以切换不同的任务窗格。常用的有以下几个：

①“开始工作”任务窗格。使用该窗格，用户可以开始新的工作。用户可以单击“连接到 Microsoft Office Online”链接到网上查找更多信息，可以在“搜索”文本框中输入关键词搜索信息，可以从“打开”区域打开已有的文档，单击“新建文档”选项可以创建一个新文档。

②“帮助”任务窗格。用户可访问所有“Office 帮助”内容。作为任务窗格，“帮助”任务窗格显示为活动应用程序的一部分，“帮助”窗口显示一些主题和其他“帮助内容”，并显示在活动应用程序的旁边，但与应用程序相分离。

③“搜索”任务窗格。用户可以在“搜索”文本框中输入关键词来搜索 Microsoft Office 帮助信息、培训和模板，也可以在“Office Online”区域到网上查找更多信息，还可以进行信息检索、剪贴画搜索等。

④“信息检索”任务窗格。用户可以使用信息检索服务，并利用检索结果编辑文档。用户可直接在“搜索”文本框中输入关键词进行信息检索，检索范围的参考资料提供了翻译功能和英文助手，翻译功能提供了基本的双语词典和中英文翻译，并可连接网络上的翻译服务；英文助手给出了检索关键词的英文释义，极大地方便了用户。

⑤“剪贴板”任务窗格。用户可以将保存在剪贴板上所拷贝的文本或图片以文本或图片的形式显示在“剪贴板”任务窗格中，以方便使用。

⑥“样式和格式”任务窗格。用户可以创建、查看、选择、应用和清除文本中的格式。

（6）文档编辑区与文档结构图。文档编辑区位于标尺下方的空白区域，用户可以在其中输入文本，插入图片，设置文本格式等。在文档编辑时，编辑区中有一闪烁的光标符号，称为插入点，标示着要插入的文字或对象出现的位置，是各种编辑修改命令生效的位置，同时也是确定拼写、语法检查、查找等操作的起始位置。

单击“视图”→“文档结构图”命令，就会将文档编辑区分为左右两部分，左侧是大纲窗口，其中显示出该文档的大纲结构；右侧是编辑区，显示文档的内容。当单击左侧的大纲窗口中某个大纲标题时，右侧窗口中自动显示出该标题下的内容。在右侧窗口修改大纲结构，左侧窗口会立即进行大纲调整。

使用该功能，可以快速浏览、编辑长文档。需要说明的是，在文档结构图中，左侧的大纲结构只能查看，不能在左侧的窗口中编辑文档大纲，需要在大纲视图下编辑文档大纲。

（7）状态栏。状态栏位于 Word 窗口的最下端，它用来显示当前的文本状态，如页数、节、目前所在的页数/总页数、光标所在位置的行号和列号，还有当前的工作方式，包括录制、修订、扩展、改写，指向其中一种方式，双击就可进入或退出该工作方式。

（8）视图及视图切换按钮。视图指文档在文档窗口中的显示方式，同一文档可以在不同的视图下查看。Word 2003 提供了多种查看方式来满足不同的需要，使用户可以从不同的侧面观察和编辑文档。可以在“视图”菜单中单击“视图”命令，或者直接单击文档窗口左下角的视图按钮。

①普通视图。普通视图是常用的文档处理视图，在普通视图下可以输入、编辑和设置文本格式。在普通视图下占用计算机资源少，响应速度快，可以显示文本格式，同时简化了页面的布局，很便捷地进行编辑。但在普通视图中，不显示页边距、页眉和页脚、背景、图形对象以及没有设置为嵌入型环绕方式的图片，无法显示分栏，无法实现首字下沉，并且绘制图像的结果也无法显示出来。

②Web 版式视图。在 Web 版式视图中当前文档内容以 Web 风格的形式进行显示。在这种方式下，使用 Web 版式可快速预览当前文本在浏览器中的显示效果，便于再做进一步调整。

③页面视图。页面视图主要用于版面设计，显示整个页面的分布情况以及页面大小、布局，编辑页眉和页脚，查看、调整页边距，处理分栏及图形对象，适用于浏览整个文章的总体效果。这是非常常用的一种视图方式。

④大纲视图。大纲视图可以查看长文档的结构，还可以通过拖动标题来移动、复制和重新组织文本，它特别适合编辑大量章节的长文档，能让文档层次结构清晰明了，并可根据需要进行调整。在查看时可以通过折叠文档来隐藏正文内容而只看主要标题，或者展开文档以查看所有的正文。但在大纲视图中不显示页边距、页眉和页脚、图片和背景等文档信息。

⑤阅读版式视图。在 Word 2003 中增加了阅读版式视图，它将原来的文章编辑区缩小，而文字大小保持不变。当文字多时它会自动分成多屏。要使用阅读版式视图，只需在打开的 Word 文档中单击工具栏中的“阅读”按钮或者按 Alt＋R 组合键就可以阅读了。想要停止阅读文档时，单击“阅读版式”工具栏中的“关闭”按钮或按 Esc 或 Alt＋C 组合键，可以从阅读版式视图切换回来。如果要修改文档，只需在阅读时简单地编辑文本，而不必从阅读版式视图切换出来。

4. 窗口的拆分与取消　在日常编辑工作中，经常需要在一个较大的文档中对比前后内容进行编辑，这时可以将正在编辑的窗口拆分成两个窗口，使一个大文档不同位置的两部分内容分别显示在上下两个窗口中，从而可以很方便地编辑文档。

可选择下列方法之一拆分窗口：

方法一：单击“窗口”→“拆分”命令，窗口出现一条灰色的横线，移动鼠标调整到合适的位置，单击鼠标左键确定。此时如果还想调整窗口大小，只要把鼠标指针移到该横线上，当鼠标指针变为上下箭头时，拖动鼠标即可调整窗口的大小。

方法二：将鼠标指针移动到垂直滚动条顶端的拆分条处，当指针变为上下箭头时，拖动鼠标到适当的位置来拆分窗口。

要取消一个窗口，可以首先将光标定位到需要取消的窗口中，然后单击“窗口”→“取消窗口”命令；或者直接拖动拆分条到垂直滚动条顶端，则关闭了下方的窗口。

🕮**5. Word 2003 的联机帮助** 在使用 Word 2003 过程中，难免会遇到一些问题，这时可使用 Word 的系统帮助解决遇到的问题。

（1）通过 Office 助手提供帮助。Office 助手可以帮助用户查找“帮助”主题，自动显示提示并针对用户正在使用的程序的各种功能提供帮助信息。Office 2003 为用户提供了 11 个可爱的助手，它会根据用户的需要出现或隐藏，在用户操作遇到困难时，随时提供帮助。

单击“帮助”→“显示 Office 助手”命令，即可在屏幕上显示小助手。右键单击小助手图标，从弹出的快捷菜单中选择“选择助手”命令，将弹出“Office 助手”对话框，用户可以从“助手之家”中选择自己喜欢的助手。

（2）使用“帮助”菜单中的帮助命令。选择“帮助”→“Microsoft Office Word 帮助”命令，将会出现“Word 帮助”任务窗格，在搜索栏中输入想查找内容的关键字，即可找到想要的帮助信息。

（3）从 Microsoft Office Online 网站获取联机帮助。选择“帮助”→“Microsoft Office Online”命令，或者在“Word 帮助”任务窗格中单击“连接到 Microsoft Office Online”链接，都会在浏览器中打开“Microsoft Office Online”网站主页，它是一个定期更新的 Web 网站，为涉及 Office 产品的问题提供信息和答案，还可获取最新 Office 提示信息、模板、剪贴画、已经更新的帮助文件及对高级技术支持问题的解答。

3.1.2 新建并保存文档

Word 文档通常是指 Word 生成的文件。Word 文档的生成即是处理文档的过程，包括文字录入、格式设置与编排、保存并退出等基本操作。

🕮**1. 新建文档** 应用下列新建文档方法之一，可新建一个空白文档。

方法一：启动 Word 2003，出现应用程序窗口，即 Word 自动给空白文档命名为“文档 1”，扩展名为“.doc”，直到文档存盘时由用户确定具体的文件名。

方法二：单击菜单中的“文件”→“新建”命令，选择空白文档即可新建一个文档，也可直接点击工具栏中的“新建空白文档”按钮，新建一个空白文档。

方法三：根据模板创建文档。打开“新建文档”任务窗格，选择“本机上的模板”链接，打开“模板”对话框，选择一个模板，则快速建立一个具有所选模板格式的文档。

提示：模板是 Word 编写文档过程中非常重要的一个概念，在一个模板文件中包含了所有定义的样式。所谓样式，就是指文本段落所设定的字体、颜色、行间距等一切版式上的信息。当利用一个模板来新建文档时，该模板中定义的所有样式都将出现在新建文档窗口的“格式”工具栏的“样式”下拉列表中，从而方便用户设定文本段落的样式，也可保持样式的统一。

🕮**2. 保存文档** 文档建立或修改好后，此文档的内容还驻留在计算机内存中，断电后内存中的信息就会丢失。为了永久保存所建立的文档，在退出 Word 之前应将它作为磁盘文件保存起来，以便下次使用。用户在编辑文档的过程中要养成经常保存文件的良好习惯。

（1）保存新建文档。对于新创建的文档可选择“文件”→“保存”命令，或者直接单击

"常用"工具栏中的"保存"按钮，将打开"另存为"对话框，如图 3-1-7 所示，在"保存位置"后的文本框中选择文件保存的位置，在"文件名"文本框中输入文件名，如"小报-荷叶"，在"保存类型"下拉列表框中选择"Word 文档"，然后单击"保存"按钮。

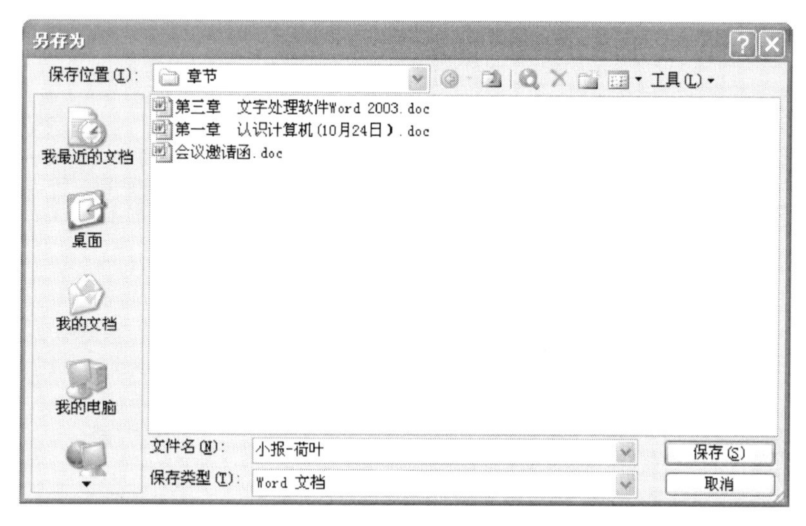

图 3-1-7　"另存为"对话框

(2) 保存已有文档。文档内容发生变化后如若保留，则需要保存文档，可参照下列方法之一进行。

方法一：直接单击"常用"工具栏中的"保存"按钮。

方法二：设置自动保存文档。选择"工具"→"选项"命令，打开"选项"对话框，切换到"保存"选项卡，在自动保存时间间隔中可以自行设置保存时间。

若想把当前文档保存为另一个文档，应选择"文件"→"另存为"命令，打开"另存为"对话框，在"文件名"文本框中输入文件名，单击"保存"按钮。

📖**3. 打开文档**　该文件关闭或退出 Word 应用程序后，需要再次操作该文档时，则首先必须打开该文档，可选择下列方法之一打开已存在文档。

方法一：单击 Word 应用程序窗口"文件"菜单底部，找到最近打开的文件，如"小报-荷叶.doc"；如没有，则选择"文件"→"打开"命令，出现"打开"对话框，在该对话框中找到要打开的文件，单击"打开"即可。

方法二：单击任务栏中的"开始"菜单，然后单击"文档"菜单中的文件名。

方法三：找到要打开的文件（如"小报-荷叶.doc"），双击该文件名即可。

📖**4. 关闭文档**　单击"文件"→"关闭"命令，或单击文档窗口右上方的"关闭"按钮都可以关闭正在编辑的文件。如果文档未保存过，关闭时会出现是否保存的提示，用户根据需要单击"是"或者"否"按钮。

📖**5. 保护文档**　如果用户所编辑的文档不希望别人查看，则可以给文档设置一个打开文档密码，使用户不知密码就不能打开文件；类似地，如果允许打开查看文档但不能修改文档，则可以给文档设置一个修改文档的密码。可采用下列两种方法之一设置文档权限密码。

方法一：选择"文件"→"另存为"命令，打开"另存为"对话框，然后单击该对话框中的"工具"按钮，选择"安全措施选项"命令，如图 3-1-8 所示，打开"安全性"对话框。在该对话框中的“打开文件时的密码”文本框和“修改文件时的密码”文本框（图 3-1-9）中输入要设置的密码，单击“确定”按钮，在弹出的“确认密码”对话框中再次输入以上密码；单击“确定”按钮返回“另存为”对话框，最后单击“保存”按钮。

方法二：选择菜单“工具”→“选项”命令，打开“选项”对话框，选择“安全性”标签，如图 3-1-10 所示，在“打开文件时的密码”文本框和“修改文件时的密码”文本框中输入要设置的密码单击“确定”按钮即可。

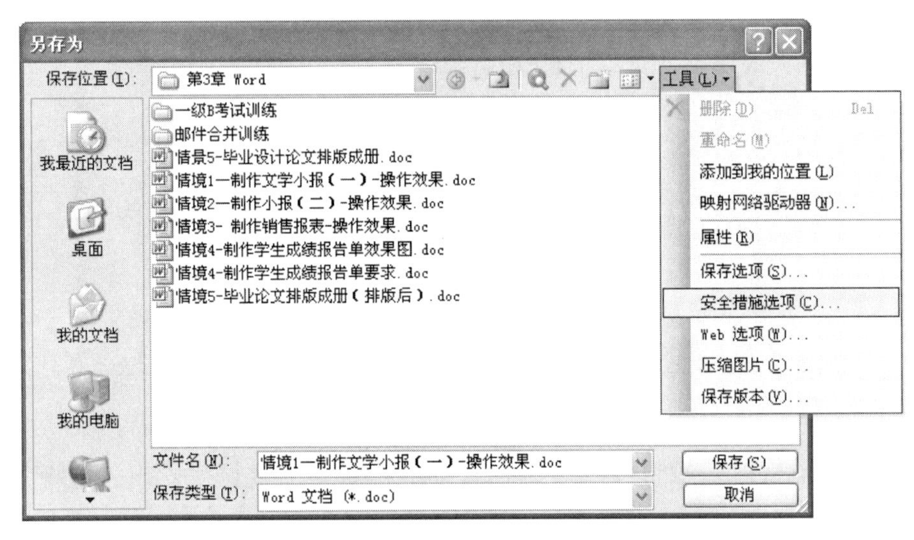

图 3-1-8　在“另存为”对话框中选择“安全措施选项”命令

图 3-1-9　“安全性”对话框

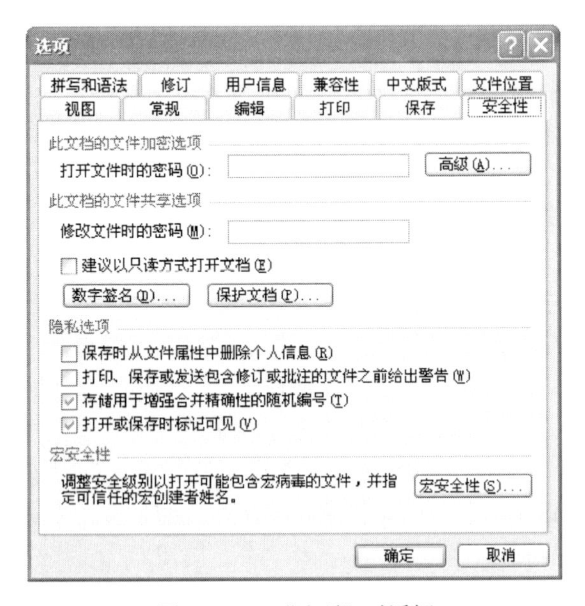

图 3-1-10　“选项”对话框

3.1.3　输入并编辑文档

请读者练习下面这些与文本相关的一些操作，然后在文件“小报-荷叶.doc”的文本编辑区中输入范例中所示文本。

📖**1. 输入文本**　在输入文本之前定位插入点（由键盘中“↑”、“↓”、“→”、“←”按钮或者鼠标单击定位），然后直接输入文本。输入文本过程中可以用 BackSpace 键删除插入点前的文本，可以用 Delete 键删除插入点后的文本。输入完一行自动切换到下一行，若不满一行可以按 Enter 键直接切换到下一行行首。

（1）普通中英文的输入。在 Word 2003 中输入一般常用中/英文文字，需要进行以下几种切换方法：

①中/英文输入法切换。按 Ctrl＋空格组合键。

②切换各种输入法。按 Ctrl＋Shift 组合键直接可以循环切换。

③全角/半角切换。在中文输入状态下，英文字母有全角/半角之分。一般地，输入法指示器由五部分组成，从左向右第三个就是全角/半角切换按钮，单击该按钮可进行全角/半角切换，按 Shift＋空格组合键也可以切换。该按钮似月牙状，表明当前是半角输入，字母和数字占 1 个字符的位置；该按钮似圆盘状，表明当前是全角输入，字母和数字占两个字符的位置。

④中英文标点符号切换。在输入法指示器中从左向右第四个按钮就是中英文标点符号切换按钮，用来进行中英文标点符号切换。该按钮似空心状，则输入的是中文标点符号，否则是英文标点符号。

提示：英文字母有大/小写之分，按 Caps Lock 键后，英文大小写指示灯亮表示大写状态，指示灯不亮表示小写状态。

（2）符号的输入。在输入文本时，可能要输入一些键盘上没有的符号，如数学符号、货币符号、希腊字符等，除采用汉字输入法的软键盘之外，Word 2003 中还提供了大量符号供用户选择输入，操作步骤如下：

①将光标移动到想要插入符号的位置，选择“插入”→“符号”命令，打开“符号”对话框，选择“符号”选项卡。

②在“字体”下拉列表框中选择某种字体（如图 3-1-11a、b 中不同的字体），双击要插入的符号（或先选中要插入的符号，然后单击“插入”按钮），即可将该符号插入到文档中。

（3）频繁使用的符号输入。在输入符号时，有些特殊符号插入非常频繁，这时可以用更

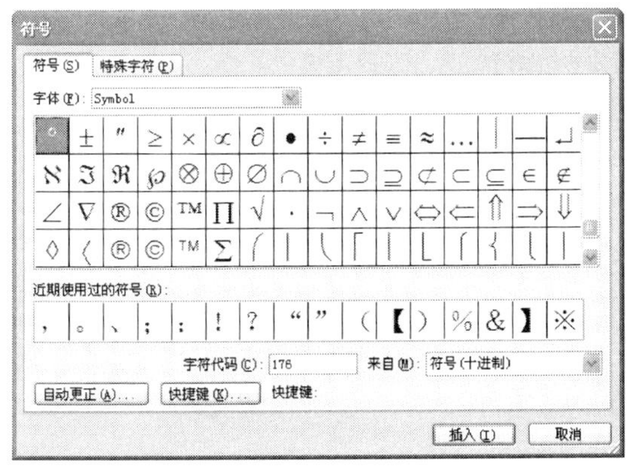

a

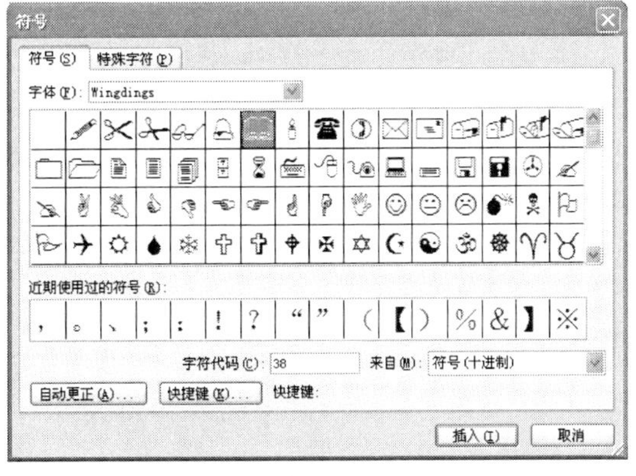

b

图 3-1-11　“符号”对话框

a. 字体（一）　b. 字体（二）

为快捷的方法。通常情况下，Word 2003 为常用的符号提供了快捷键，如果认为 Word 2003 定义的快捷键使用起来不方便，可以自己为该字符定义快捷键。如在文档中频繁地插入符号“→”，定义其快捷键的操作步骤如下：

①在“符号”对话框中选择要为其定义快捷键的符号，如“→”。

②单击“快捷键”按钮，打开“自定义键盘”对话框，将光标定位到“请按新快捷键”文本框中。

③用户按新的快捷键（如 Alt＋Right），该快捷键会显示在该文本框中，如图 3-1-12 所示。

④单击“指定”按钮，然后单击“关闭”按钮就完成了这个快捷键的设定。

图 3-1-12 “自定义键盘”对话框

如果要删除这个快捷键的定义，只需在“自定义键盘”对话框中选取“当前快捷键”列表框的快捷键的定义，然后单击“删除”按钮，再单击“关闭”按钮即可。

（4）日期和时间的输入。向文档中输入日期和时间有三种方式：键盘直接输入、静态方式和自动更新方式。键盘输入方式可以向文档中输入任意日期和时间，而静态方式和自动更新方式是将当前系统的日期和时间插入文档中，而且还可以根据需要自动更新。

方式一：键盘直接输入。该方式输入日期和时间与输入其他普通文本一样，用键盘直接输入即可。时间和日期是任意的，不受系统时间的限制，也不会自动更新。

方式二：静态方式插入。以静态方式插入的是系统的日期和时间，一旦输入，以后一直保持不变。操作步骤如下：

①将光标移动到要插入时间和日期的位置。

②选择“插入”→“日期和时间”命令，打开“日期和时间”对话框。

③在“可用格式”列表框中选择需要的日期或时间格式，在“语言（国家/地区）”列表中选择需要的语言，如图 3-1-13a 所示。

④单击“确定”按钮，日期或时间就会按选定的格式插入文档中。

方式三：自动更新插入。该方式是把日期和时间插入文档后，日期和时间会随着系统时间的改变而自动更新，在打印文档时，打印出的总是当前的日期和时间，这适用于通知、信函等文档类型。具体的操作步骤和静态方式类似，不同的是，要在“日期和时间”对话框中选中“自动更新”复选框，如图 3-1-13b 所示。

2. 选取文本 在 Word 中，常常要对文档的某一部分进行操作，如某个段落、某些句子等，这时就必须先选取要操作的部分，被选取的文字以黑底白字的高亮形式显示。选取文本后，用户所做的操作都只是作用于选定的文本。下面介绍几种常用的选取方法。

（1）选取连续的字、句、行、段。要选取连续的文本，用鼠标选取是最基本、最常用的选取方式，通用的方法有两种：

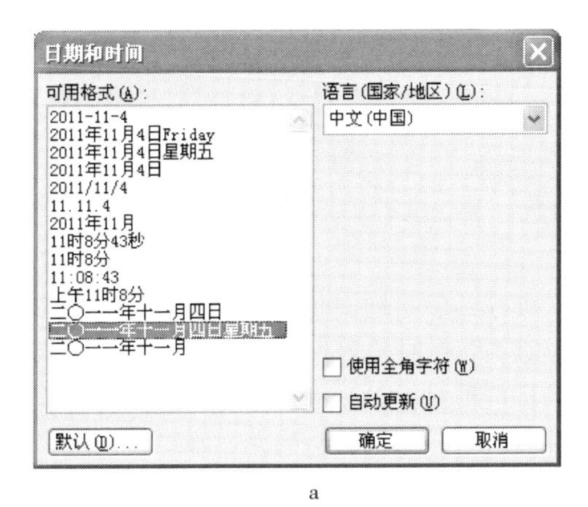

a

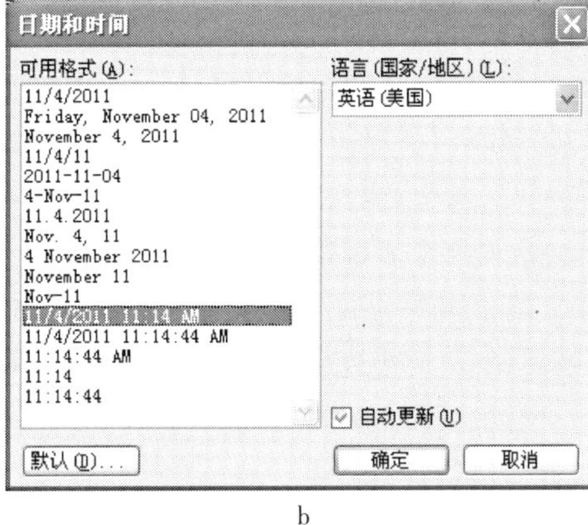

b

图 3-1-13 “日期和时间”对话框

a. 静态方式插入日期和时间 b. 自动更新插入日期和时间

方法一：在要选取的文字的开始位置按下鼠标左键，然后拖动鼠标，在鼠标指针移动到要选取文字的结束位置时释放鼠标即可。

方法二：在要选取文字的开始位置单击鼠标左键，按住 Shift 键，然后在要选取文字的结束位置再次单击鼠标左键。

这两种方法对连续的字、句、行、段的选取都适用。

（2）选取某一行。选取某一行的方法有两种：

方法一：将鼠标指针移动到欲选取行的左侧，当鼠标指针变为一个斜向上方的箭头时单击鼠标左键即可。

方法二：将光标定位要选取行的开始位置，按住 Shift＋End 组合键，可以选取光标所在行的文字。

（3）选取某一句。选取某一句，只需将光标定位在该句内，鼠标左键双击即可。

（4）选取某一段。首先将光标定位在要选取段落的任意位置，鼠标左键连续单击三次，即可选定整个段落。

（5）选取矩形块。选取矩形块的方法有两种：

方法一：按住 Alt 键，在要选取的开始位置按下鼠标左键，拖动鼠标可以拉出一个矩形区域。

方法二：在欲选取的开始位置单击鼠标左键，同时按住 Alt＋Shift 组合键，在结束位置再次单击鼠标左键，同样可以选定一个矩形区域。

（6）全文选取。选取全文除了可用选取连续文本的方法外，还可以用以下三种方法：

方法一：选择“编辑”→“全选”命令。

方法二：使用 Ctrl＋A 组合键。

方法三：在文档的开始位置单击鼠标左键，然后同时按下 Ctrl＋Shift＋End 组合键。

🕮**3. 撤销和恢复文本** 在编辑文档的时候，经常会出现一些错误操作，这时可使用撤销和恢复功能。撤销表示取消上一步的操作结果，将编辑状态恢复到所做误操作之前的状态；恢复则对应于撤销，是将还原刚撤销的操作，所以恢复操作是撤销操作的逆操作。可用下列两种方法之一进行：

方法一：直接单击工具栏中的“撤销”按钮和“恢复”按钮即可。

方法二：单击“编辑”菜单中的“撤销”、“恢复”命令。

提示： Word允许一次撤销以前的多步操作，方法是单击“撤销”下拉按钮，在弹出的下拉列表中选择需要撤销的操作。还需要注意的是，Word不允许任意选择一个以前的操作来撤销，而只能连续撤销一些操作。

4. 复制和粘贴文本 文本的复制与粘贴一般是成对使用的，先复制后粘贴。复制文本是将选定的文本复制到剪贴板上，而所选取的文字仍在原位置保持不变。

(1) 复制文本。先选取要复制的文本，然后用下列方法之一进行复制：

方法一：选择“编辑”→“复制”命令。

方法二：在选取的文字上单击鼠标右键，在弹出的快捷菜单中选择“复制”命令。

方法三：选取文本后使用快捷键Ctrl+C。

(2) 粘贴文本。粘贴时，先将光标定位在欲粘贴文字的位置，然后用下列方法之一进行粘贴：

方法一：选择“编辑”→“粘贴”命令。

方法二：在选取的文字上单击鼠标右键，在弹出的快捷菜单中选择“粘贴”命令。

方法三：选取文本后使用Ctrl+V组合键。

5. 剪切、移动和删除文本 在编辑文档过程中，可能需要将某些文档从当前位置移动到其他位置，改变文档的结构，可采用剪切与移动功能。

(1) 剪切文本。剪切与复制差不多，不同的是，复制只将选定的文本复制到剪贴板中，而剪切则在复制到剪贴板的同时将选取的文本从原来位置删除了。剪切文本同样首先需选取要剪切的文本，然后进行剪切。剪切的方法有三种：

方法一：选择“编辑”→“剪切”命令。

方法二：在选取的文字上单击鼠标右键，在弹出的快捷菜单中选择“剪切”命令。

方法三：选取文本后使用Ctrl+X组合键。

(2) 移动文本。实现将选取的文本从当前位置移动到其他位置最常用的方法是将剪切操作和粘贴操作结合使用。操作步骤是：首先选定文本，然后剪切文本，最后将光标定位到目标位置后粘贴文本。

(3) 删除文本。如果要删除一个字符，只需要将光标定位到要删除的字符的前面，按下Delete键，则该字符被删除，同时被删除字符后面的文本依次前移。如果要删除一段文本，则先选取要删除部分的文本，然后按下Delete键即可。

提示：“剪贴板”可以看成Word的临时记录区域，当使用“复制”或“剪切”命令时，被选中的文字便被自动记录到“剪贴板”上。Word 2003剪贴板的功能十分强大，它最多可以记录24项内容，同时允许用户进行有选择的粘贴操作。

6. 插入文件 如果要输入的文本已经在另一个已存在的文件中，这时候可将该文件插入当前文档中。操作步骤如下：

(1) 首先将光标定位在插入点。

(2) 然后选择“插入”→“文件”命令，打开“插入文件”对话框，选择要插入的文件，即可完成将第二个文件内容插入光标所在位置。

3.1.4　设置文字格式

制作文档，不仅要输入内容，还要设置文字格式。文字格式包括字体、字符大小、颜色以及各种修饰效果等，文字格式的编排决定文字在屏幕上和打印时的显示形式。对一个文档的不同的内容使用不同的字体和字形，可以使文档的层次分明、结构清晰，让阅读者一目了然。

1. 字体、字形、字号、颜色　常用的汉字的字体有宋体、黑体、楷体、仿宋体、隶书和幼圆等，中文版 Word 2003 默认设置中文字体为宋体，英文字体为 Times New Roman；字号就是字的大小，在印刷业一般用“号”作为字体大小的衡量单位，Word 默认设置字号为 5 号；为了强调一些文字，还常常需要改变文字的字形和颜色，Word 默认设置字形为常规形，颜色为黑色。

（1）利用工具栏设置。首先选定要设置格式的文本，单击工具栏中“字体”下拉列表框右侧的下拉按钮，在弹出的下拉列表中选择一项即可设置字体；同样单击“字号”下拉列表框右侧的下拉按钮，在弹出的下拉列表中选择一项即可设置字号；单击工具栏上的字体颜色按钮**A**▾的下拉列表框，从“字体颜色”调色板中选取一种颜色即可；单击加粗按钮**B**、倾斜按钮***I***则可设置字形。

（2）利用菜单设置。选择“格式”→“字体”命令，打开如图 3-1-14 所示的“字体”对话框，分别在“中文字体”、“西文字体”、“字形”、“字号”和“字体颜色”下拉列表框中选择要设置的中文字体、西文字体、字形、字号和字体颜色。

图 3-1-14　“字体”对话框（一）

如果要设置下划线或着重号及文字的效果（如上标、下标、阴影等），也在“字体”对话框中设置。

提示：在进行文字格式设置前，必须先选定文本。另外，如果选定的文本中同时包含中英两种文字，如果全部设置为中文字体，则英文字母和符号在相应的中文字体下会显得不协调，这时最好用“格式”菜单分别设置中文字体和西文字体。

2. 字符间距、缩放及位置　Word 提供了间距缩放和文字位置功能，用户可以通过此项功能调整文档的外观，提高可读性。操作步骤如下：

（1）首先选中要调整字符间距的文本。

（2）选择“格式”→“字体”命令，在打开的“字体”对话框中选择“字符间距”选项卡，如图 3-1-15 所示。

（3）在“缩放”下拉列表框中选择一个百分数；在“间距”列表框中选择“加宽”或“紧缩”选项，单击“磅值”数值框右侧的微调按钮，设置需要把字符移动的磅数。

（4）还可以在“位置”列表框中选择“标准”、“提升”或“降低”选项，单击“磅值”数值框右侧的微调按钮，设置需要把字符移动的磅数。

（5）在“预览”框中可以即时查看字符紧缩或加宽的效果。单击“确定”按钮，即可应用所进行的设置。

🕮**3. 文字效果**　设置文字的效果除了可以在“字体”对话框中进行设置“阴影”、“上标”、“小标”等效果之外，还可为文字设置动态效果，以增强文字在屏幕上的显示效果。操作步骤如下：

（1）选中要设置动态效果的文本。

（2）打开“字体”对话框，选择“文字效果”选项卡，如图 3-1-16 所示。

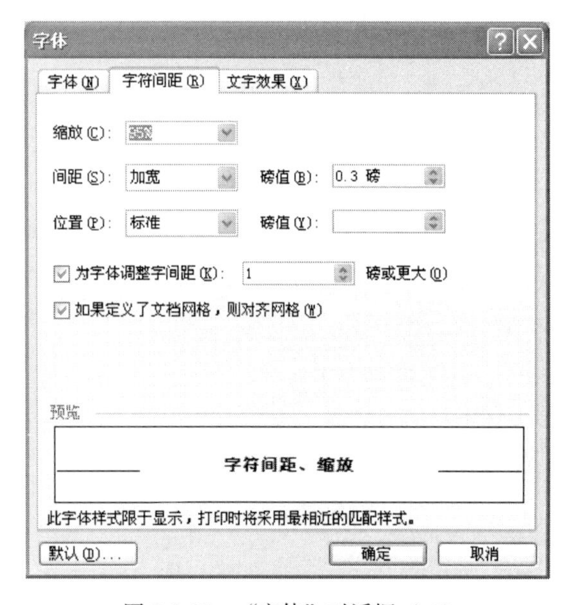

图 3-1-15　“字体”对话框（二）

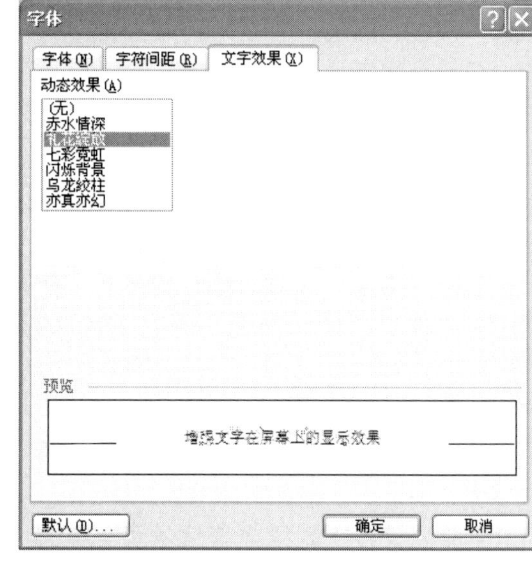

图 3-1-16　“文字效果”选项

（3）在“动态效果”列表中选择所需的效果，在“预览”框中查看效果示例。

（4）单击“确定”按钮，则该效果将被应用于所选的文本。

提示：为文字添加动态效果的原则是宁缺毋滥。文档在打印时不会显示动态效果。

3.1.5　设置段落格式

文字构成了段落，段落的设置同样影响文档的美观。可以为整个段落设置特定的格式，如行间距、段前和段后间距、段落缩进、换行、分页以及为段落添加边框和底纹等。

在操作中常常按 Enter 键形成一个段落，一般以“↵”作为标记。若要换行但不分段，可以使用 Shift＋Enter 组合键来设置，或者输完一行文本自动换行。

🕮**1. 段落缩进、对齐方式及间距**　在文档操作过程中，常需要让某些段落相对于别的段落有一些缩进以显示不同的层次，如首行缩进两个字符；还需要改变一个段落的间距或对齐方式等，这些设置需要用到“段落”对话框，可改变段落缩进、段落对齐方式及段落间距。

段落的缩进决定了段落与页边距的距离，有整段缩进（左、右缩进）、首行缩进、悬挂缩进三种。整段缩进（左、右缩进）可以调整段落相对于左、右页边距的距离（缩进值）；

首行缩进是指段落的第一行相对于该段的其他行向右缩进一定的距离，通常是每段第一行缩进两个字符；悬挂缩进是指段落的第一行不动，而其他行由左向右缩进一定的距离。段落缩进可以通过水平标尺来认识，如图 3-1-17 所示。

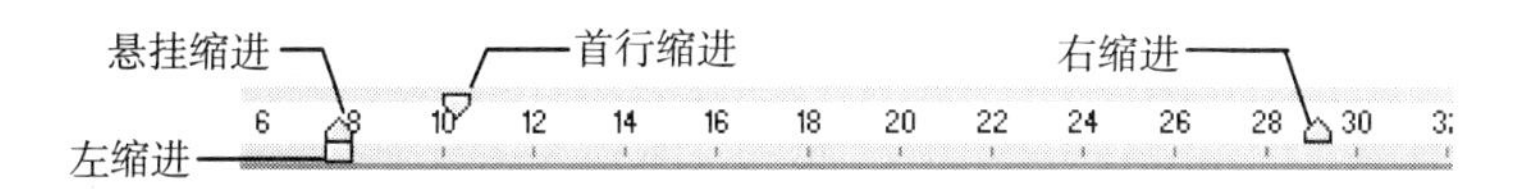

图 3-1-17　水平标尺中缩进标记

对齐方式是段落内容在文档的左、右边界之间的横向排列方式。Word 共有五种对齐方式：左对齐、右对齐、居中对齐、两端对齐和分散对齐。段落默认的对齐方式是两端对齐。

间距分为段落间距和行间距。行间距决定段落中行与行之间的距离（默认行间距为单倍间距），可设置为 1.5 倍行距、最小值、固定值、多倍行距或其他值；段落间距有段前间距和段落间距之分，段前（后）间距指某段落与上（下）一段落之间的距离，数值单位可以是字符、行、磅、厘米。

在设置段落格式时，首先将光标定位到要设置的段落，或者选定要设置的段落，然后选择下列几种方法之一进行设置。

（1）方法一：使用“段落”对话框设置段落缩进、对齐方式及间距。

①选择或定位段落，选择“格式”→“段落”命令，打开“段落”对话框，切换到“缩进和间距”选项卡，如图 3-1-18 所示。

②分别在“左”、“右”、“段前”、“段后”文本框中选择或输入数值，在“特殊格式”、“行距”下拉列表中选择一项，在“设置值”（或“度量值”）文本框中选择或输入数值。

③单击“确定”按钮。

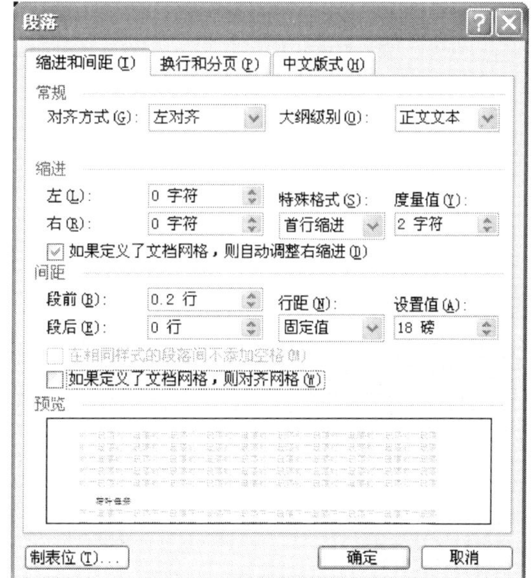

图 3-1-18　“段落”对话框

（2）方法二：使用“格式”工具栏调整段落左缩进、对齐方式及间距。

①调整整段左缩进。选择或定位段落，单击“格式”工具栏中的“减少缩进量”按钮（或“增加缩进量”按钮）来调整段落的左边界。

②调整对齐方式。选择或定位段落，单击“格式”工具栏中的“两端对齐”按钮、“右对齐”按钮、“居中对齐”按钮、“分散对齐”按钮即可调整。需要注意的是，在“格式”工具栏中没有“左对齐方式”按钮。

③调整间距。选择或定位段落，单击“格式”工具栏中的“行距”按钮右侧的下拉列表框，从中选择一数值或者“其他”选项。如选择“其他”选项则打开“段落”对话框，可在其中进行设置。

（3）方法三：使用水平“标尺”来调整段落缩进。选择或定位段落，用鼠标拖动“首行缩进”（“悬挂缩进”、“左缩进”、“右缩进”）标记，可以直接设置首行缩进（悬挂缩进、左缩进、右缩进）。

注意：在设置段落格式时，首先将光标定位到要设置的段落，或者选定要设置的段落，然后进行设置。

2. 边框和底纹 当需要对文档中的部分文本或段落添加边框或底纹时可利用“格式”菜单中的“边框和底纹”命令设置。具体操作步骤如下：

（1）选中要添加边框或底纹的文本，选择“格式”→“边框和底纹”命令，打开“边框和底纹”对话框。

（2）边框设置。选择“边框”选项卡，在“设置”选项组选择边框外观，分别在“线型”、“颜色”、“宽度”列表框中选择边框的类型、颜色及粗细，在“应用于”下拉列表中选择“段落”或“文字”，这时在“预览”区域就可查看所设置的边框效果，如图 3-1-19 所示。

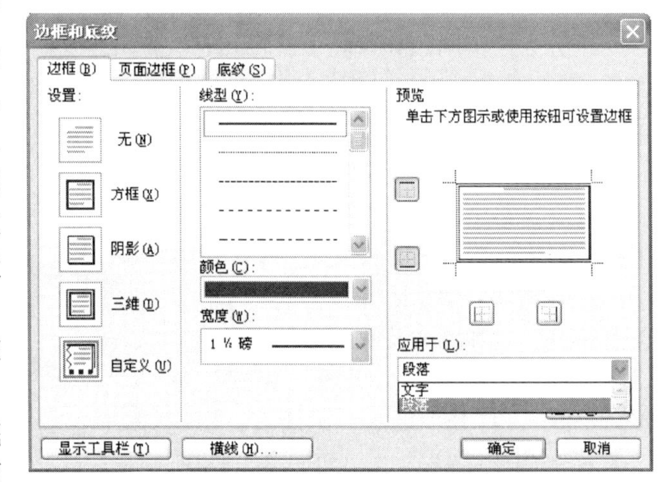

图 3-1-19 “边框和底纹”对话框

（3）单击“确定”按钮即可完成边框的设置。

（4）设置底纹。在“边框和底纹”对话框中选择“底纹”选项卡，在“填充”选项组的调色板中选择一种填充颜色，如果没有合适的颜色，则单击“其他颜色”按钮，在弹出的“颜色”对话框中自定义颜色；在“图案”选项组的“样式”下拉列表中选择一种应用于填充颜色上层的底纹样式，可做如下选择：选择“清除”选项，则只对文本应用所选的颜色；选择“纯色（100%）”选项，则只对文本应用图案颜色；选择“25%”选项，则对文本应用所选的颜色及图案颜色。

（5）选择底纹样式后，在“颜色”下拉列表框中选择图案颜色，在“应用于”下拉列表框中选择“文字”或“段落”，如图 3-1-20 所示。

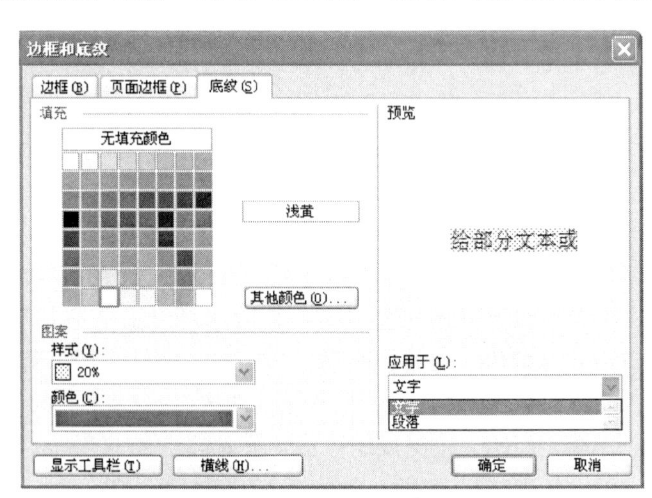

图 3-1-20 “底纹”选项卡

（6）单击“确定”按钮即完成底纹的设置。

此外，还可以利用“格式”工具栏中“字符边框”按钮A和“字符底纹”A按钮给所选定的文本进行简单的边框和底纹设置。

提示： 在“边框和底纹”对话框中，在“应用于”下拉列表框中如果选择“文本”，则只对所选定的文字设置边框和底纹；如果选择的是“段落”，则对光标所在的段落或所选定的文本所在的段落设置边框和底纹。

📖**3. 分栏**　在报纸、杂志中经常可以看到分栏排版，分栏可使文稿的版面更加整洁、紧凑。对文档进行分栏的具体操作步骤如下：

（1）明确需要分栏的对象。如果要对整个文档分栏，则将光标定位在文档的任意位置；如果对某段文本分栏，则选定该段文本；如果对某点之后的所有文本进行分栏，则将光标定位在该点。

（2）选择“格式”→“分栏”命令，弹出“分栏”对话框，如图 3-1-21 所示。

（3）在“预设”选项区选择一种类型，或者在“栏数”列表框中设置栏数；如果选中了“栏宽相等”复选框，则每栏的宽度都相等，如果没有选中，则在“宽度和间距”选项组中设置每一栏的宽度和栏与栏之间的距离。

（4）如果希望栏与栏之间有一条分割线，则选中“分割线”复选框；在“应用于”下拉列表框中可根据需求选择“所选文字”、“插入点之后”或“整篇文档”选项。

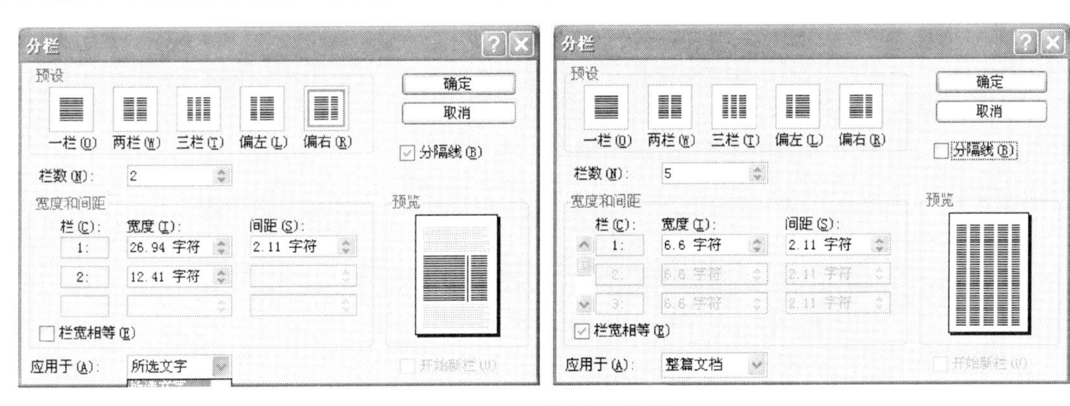

图 3-1-21　“分栏”对话框

📖**4. 格式刷的使用**　格式刷是实现快速格式设置的重要工具，它可以方便地将某部分文本的字符格式、段落格式、项目符号和编号列表格式等属性应用到其他文本或段落上，操作步骤如下：

（1）选定格式化好的源文本块。

（2）单击“格式”工具栏中的“格式刷”按钮，此时鼠标指针变成刷子状。

（3）按住鼠标左键刷过要应用源文本块格式的目的文本，目的文本块就具有与源文本块一样的格式。同时，鼠标指针恢复原样。

提示： 双击“格式刷”按钮，可以实现多次格式复制。若要停止使用格式刷，则单击“格式刷”按钮或按 Esc 键取消。

3.1.6　设置其他格式

文档内容输入结束后，需要对它进行修饰，包括页面设置、字体、字形、字号、字符间距、段落、边框、底纹、页眉页脚等。Word 2003 具有强大的排版功能，它可以把文档修饰成层次清晰、段落明显、美观大方的文档版式。

🕮**1. 查找和替换** 在编辑文档过程中，有时需要在其中搜索指定的内容，或者将搜索到的内容替换为别的内容，还可以将替换后的文字带有一些指定的格式，这些都可以使用“查找和替换”功能实现。

（1）查找文本。具体操作步骤如下：

①如果想在文档的某个特定范围内查找，则在查找之前先选择该区域文本，否则直接操作第二步。

②选择“编辑”→“查找”命令，打开“查找和替换”对话框，在“查找内容”下拉列表框中输入要查找的内容，如“格式”，如图 3-1-22a 所示。

③单击“查找下一处”按钮开始查找。当找到了则将该文本移入文档窗口内并反白显示。

④如果查找指定格式的内容，则单击“高级”按钮，此时“高级”按钮变成了“常规”按钮，展开了“查找与替换”对话框的高级选项，如图 3-1-22b 所示。

图 3-1-22 “查找和替换”对话框

a. 简单查找 b. 高级查找

⑤设置要查找内容的格式，然后单击“查找下一处”按钮开始查找。当找到了则将该文本移入文档窗口内并反白显示；如果还需要继续查找，则再次单击“查找下一处”按钮。

⑥单击“取消”按钮则关闭“查找和替换”对话框，并且光标定位在当前查找到的文本

处。

（2）简单替换文本。简单替换是把搜索到的指定文本替换成另外的文本，如把“你们”替换成“您们”，操作步骤如下：

①选择“编辑”→“替换”命令，打开“查找和替换”对话框，如图 3-1-23 所示。

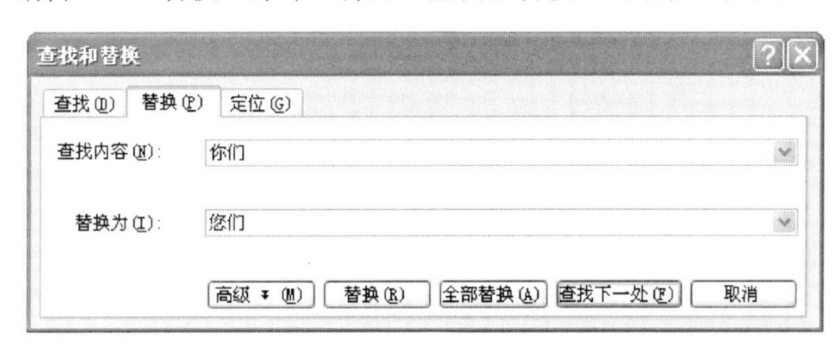

图 3-1-23　“查找和替换”对话框的“替换”选项

②在“查找内容”下拉列表框中输入要查找的文本，如“你们”，在“替换为”下拉列表框中输入替换后的文本，如“您们”。

③单击“查找下一处”按钮，则找到要替换的文本，并以高亮反白形式显示，如果用户决定替换，则单击“替换”按钮，否则可单击“查找下一处”按钮继续查找或单击“取消”按钮不再查找。如果单击“全部替换”按钮，则替换所有指定的文本，即将文档中所有的“你们”替换“您们”。

（3）高级替换文本。高级替换文本是指将搜索到的指定文本替换成另外文本的同时，还将替换后的文本重新设置格式，如将“你们”替换成红色、加粗、有双下划线的具有阴影效果的“您们”。操作步骤如下：

①在“查找和替换”对话框的“替换”选项卡中的“查找内容”和“替换为”下拉列表框中分别输入查找的内容和替换的内容，如图 3-1-23 所示。

②单击“高级”按钮，则展开了“查找和替换”对话框的高级选项。

③将光标定位在“替换为”的下拉列表框中，单击“格式”按钮，在弹出的菜单中选择合适的项，则打开对应的对话框（如在弹出的菜单中选择“字体”，则打开“字体”对话框，在“字体”对话框中进行设置）。设置完毕，则在“替换为”列表框的下方出现了替换文本的格式。如图 3-1-24 所示。

④单击“全部替换”、“查找下一处”或“替换”，则查找到的文本不仅替换成了新的内容，而且新的内容还具有新的格式。

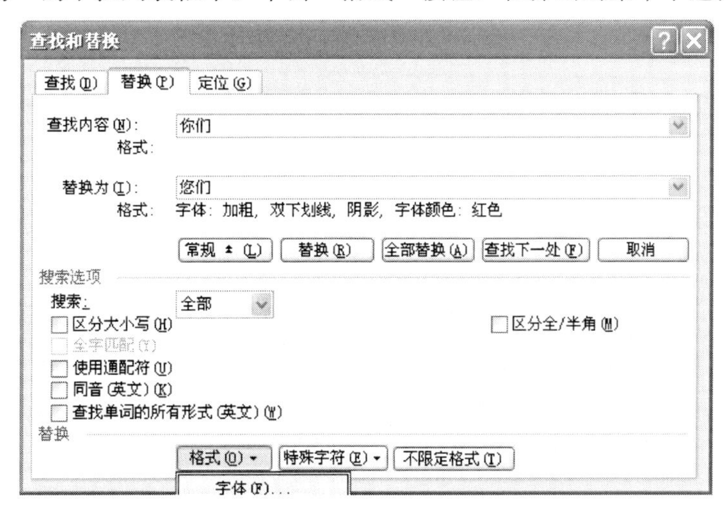

图 3-1-24　高级替换

提示：如果不小心设置了“查找内容”的格式，即在“查找内容”下拉列表框下显示了一些格式，这时可以将光标定位在“查找内容”列表框中，然后单击“不限定格式”按钮，再把光标定位在“替换为”列表框中，单击“格式”按钮给替换后的文本设置格式。

2. 中文版式 在有些场合，需要输入一些比较特殊的文本，例如，输入带拼音的文本（如“荷叶母亲”，拼音 hé yè mǔ qin），带圈的字符“字”，将文本纵横混排（如“我们”），将多个字符合并（如“abc def”），将两行合并成一行（如“我们”），这些都可利用 Word 2003 中的中文版式来解决。这些操作都大同小异，下面选择其中部分设置来讲解。

（1）设置文本带拼音。使文本带拼音的操作步骤如下：

①选中要加拼音的文本，如将“荷叶母亲”几个字加上拼音。

②选择“格式”→“中文版式”→“拼音指南”命令，则打开“拼音指南”对话框，如图 3-1-25 所示。

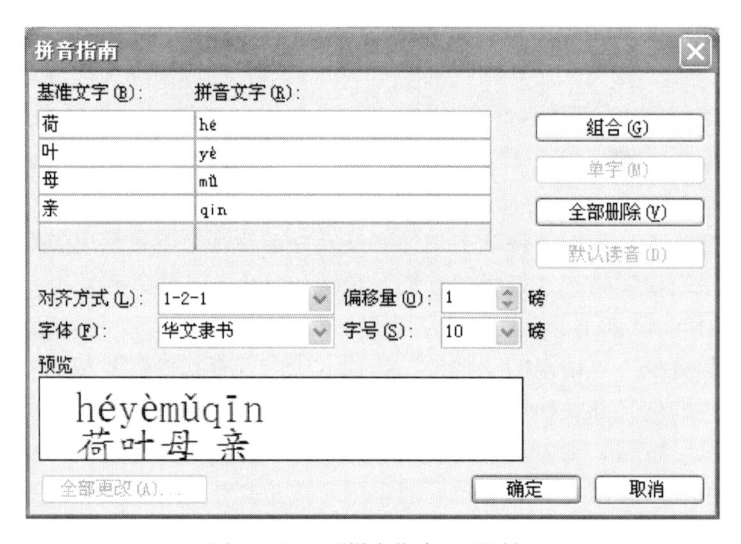

图 3-1-25 “拼音指南”对话框

③用户可设置字体、合适的字号及偏移量等，在“预览”区域可看到效果。

④单击“确定”按钮即可。

（2）设置字符带圈。

将字符“字”设置成带圈效果“字”的操作步骤如下：

①选中要设为带圈的字符，如将“字”带圈。

②选择“格式”→“中文版式”→“带圈字符”命令，则打开“带圈字符”对话框，如图 3-1-26 所示。

③在“样式”区域选择一种样式，在“圈号”文本框中选择圈的样式。

④单击“确定”按钮即可。

（3）双行合一。将文本“我们”实现双行合一“我们”的操作步骤如下：

①选中要双行合一的文本，如“我们”。

②选择“格式”→“中文版式”→“双行合一”命令，则打开“双行合一”对话框，如图 3-1-27 所示。

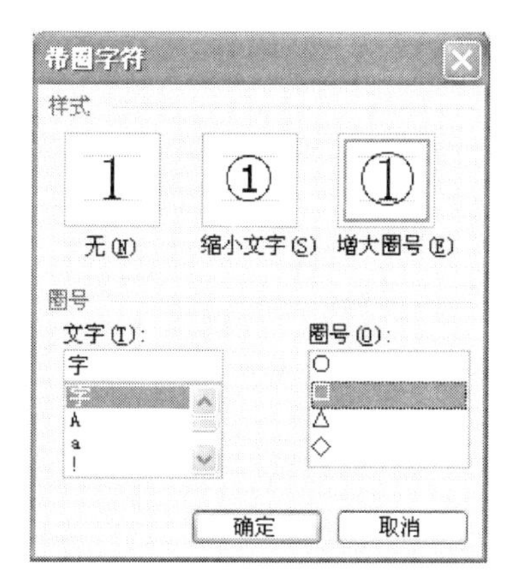

图 3-1-26　“带圈字符”对话框

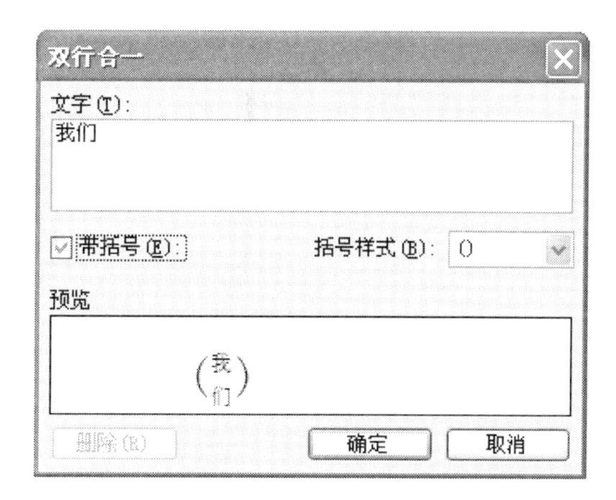

图 3-1-27　“双行合一”对话框

③选中“带括号”复选框，并在“括号样式”下拉列表中选择一种样式。

④单击“确定”按钮即可。

3. 插入脚注和尾注　脚注和尾注是文档中的引用、说明或备注等附加注释，脚注一般位于当前页面底端或文字下方，而尾注一般位于文档结尾处或节的结尾。

（1）脚注和尾注的组成。一个脚注和尾注由三部分组成，如图 3-1-1 所示：

①引用标记。该标记跟在需要注释的内容之后，一般为顺序编号。

②内容。

③分隔符。脚注或尾注内容与文档正文文本之间有分隔符。

（2）插入脚注和尾注。插入脚注或尾注的操作步骤如下：

①选中需要添加注释的文本，选择“插入”→“引用”→“脚注和尾注”命令，打开“脚注和尾注”对话框，如图 3-1-28 所示。

②在“位置”选项组中选中“脚注”或“尾注”单选按钮。若选中“尾注”单选按钮，则在其后的列表框中选择“文档结尾”或“节的结尾”；若选中“脚注”单选按钮，则在其后的列表框中选择“页面底端”或“文字下方”。

③在“格式”选项组中依次对编号格式、编号方式和起始编号进行设置。如果选择“编号方式”下拉列表框中的“自定义编号”选项，则“编号格式”和“起始编号”两个下拉列表框不可用。

④单击“插入”按钮，则在选中的文字后出现了编号，在页面底端（文字下方、文档结尾或节结尾）出现一条分割线，同时光标定位分割线下。

⑤用户在光标处输入注释文字后，在文档任意位置单击鼠标退出注释的编辑，完成插入工作。

⑥如果要删除脚注或尾注，只要选定脚注或尾注编号，按 Delete 键即可。

4. 首字下沉　在文档中，有时要对某段文本实现首字下沉的效果，操作步骤如下：

（1）选中要首字下沉的段落（该段落必须有文字）。

（2）选择“格式”→“首字下沉”命令，打开“首字下沉”对话框，如图 3-1-29 所示。

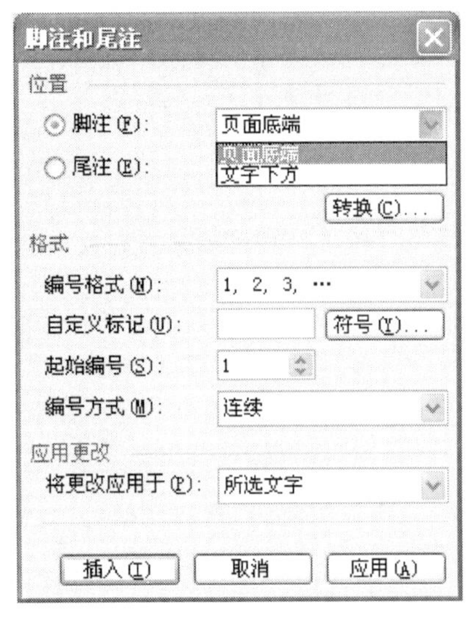

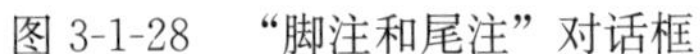

图 3-1-28　“脚注和尾注”对话框

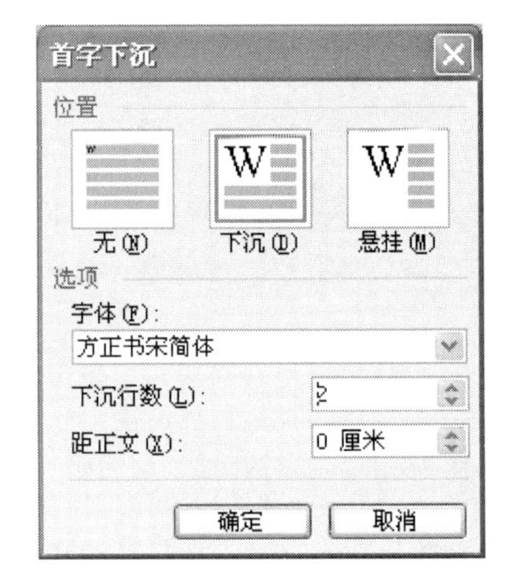

图 3-1-29　“首字下沉”对话框

（3）选择“下沉”或“悬挂”选项，再设置其他所需选项。

（4）单击“确定”按钮，即可完成操作。

3.1.7　情境实战

本学习情境要求按照样图制作文学小报，具体制作步骤如下。

🕮1. 新建并保存文档

（1）单击任务栏中的“开始”按钮，选择菜单中的“所有程序”→“Microsoft Office”→“Microsoft Office Word 2003”命令，打开 Word 2003 应用程序。

（2）单击“常用”工具栏中的“保存”按钮，将打开“另存为”对话框，在“保存位置”文本框中输入文件保存的位置，在“文件名”文本框中输入文件名，如“小报-荷叶母亲”，在“保存类型”下拉列表框中选择“Word 文档”，然后单击“保存”按钮。

🕮2. 输入文档的内容

（1）在文件“小报-荷叶母亲.doc”中输入文档内容。

（2）插入符号“🕮”。将光标移到文档开头位置，选择“插入”→“符号”命令，打开“符号”对话框，选择“符号”选项卡；在“字体”下拉列表框中选择“Wingdings”（图 3-1-30），双击要插入的符号“🕮”。

（3）插入日期。将光标移到文档的末尾，选择菜单“插入”→“日期和时间”命令，打开“日期和时间”对话框（图 3-1-31）；在“可用格式”列表框中选择需要的日期或时间格式，选中“自动更新”复选框。单击“确定”按钮，日期或时间就会插入，并且会自动更新。

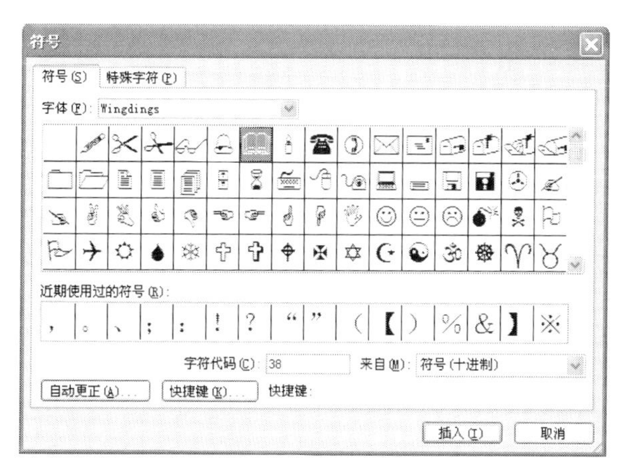

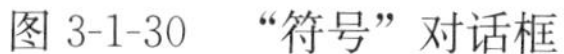
图 3-1-30　“符号”对话框

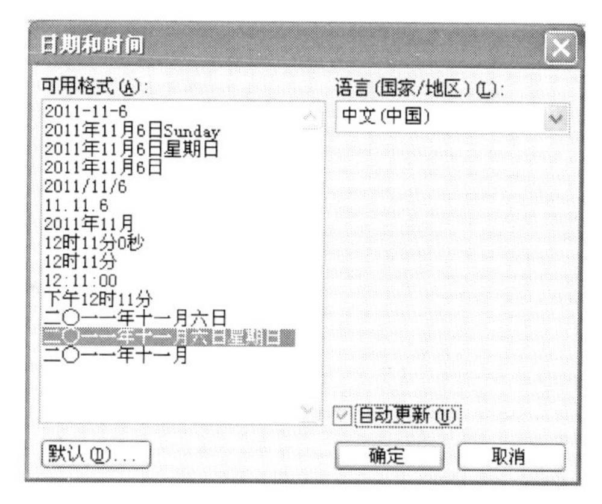

图 3-1-31　“日期和时间”对话框

提示： 如果文档的内容已经存在于另一个文件中（如文件“情境一 制作文学小报（一）.doc”），则单击“插入”→“文件”命令，出现“插入文件”对话框，在该对话框中找到文件“情境一 制作文学小报（一）.doc”，单击“插入”按钮即可将文件插入本文档中的当前光标处。

📖3. 设置标题格式

（1）设置标题“荷叶母亲”文字格式。选中标题“荷叶母亲”，单击工具栏中“字体”下拉列表框右侧的下拉按钮，在弹出的下拉列表中选择字体“楷体－GB2312”；同样单击“字号”下拉列表框右侧的下拉按钮，在弹出的下拉列表中选择“二号”。

（2）插入尾注。

①选中文本“荷叶母亲”，选择“插入”→“引用”→“脚注和尾注”命令，打开“脚注和尾注”对话框，如图 3-1-32 所示。

②在“位置”选项组中选中“尾注”，在其后的列表框中选择“文档结尾”，并选择“1，2，3，…”的编号格式。

③单击“插入”按钮，此时在文档结尾处出现分割线，光标在分割线下。

④选中文字“选自《冰心文集》第一卷”，按 Ctrl＋X 组合键剪切该文本，然后将光标移动到尾注分割线下的标号处，按 Ctrl＋V 组合键粘贴该文本。至此尾注插入完毕。

⑤设置该注释文字“选自《冰心文集》第一卷”的格式为隶书、小五号。

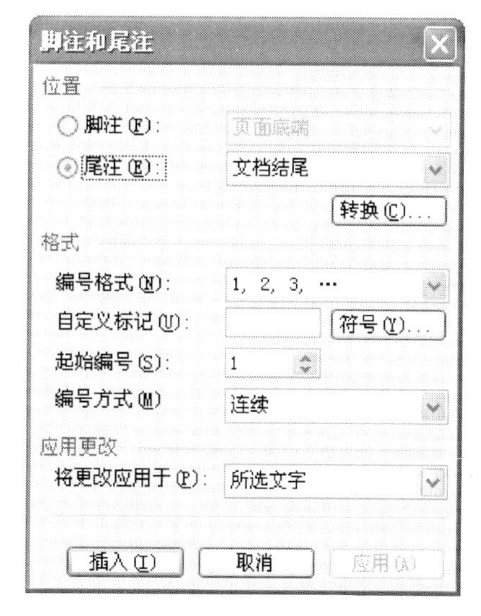

图 3-1-32　“脚注和尾注”对话框

（3）插入拼音。

①选中文本“荷叶母亲”，选择“格式”→“中文版式”→“拼音指南”命令，打开“拼音指南”对话框，如图 3-1-33 所示。

②选择字体为华文隶书，偏移量为1磅，字号为10磅。

③单击“确定按钮”即可。

（5）插入符号“·”并设置符号“📖”。

①将光标移动到标题“荷叶母亲”中间，插入符号“·”。

②设置符号“📖”字体为楷体-GB2312，字号为一号，字形为加粗。

（6）设置对齐方式。将光标定位在“荷叶母亲”前，增加空格使“荷叶母亲”在页面中间。

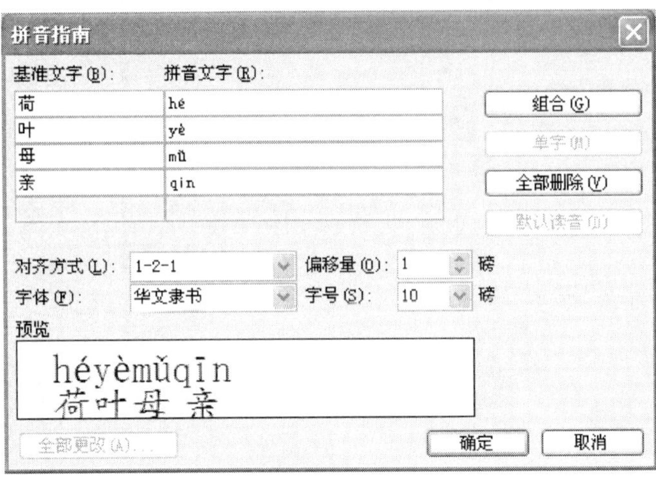

图 3-1-33 “拼音指南”对话框

📖**4. 设置正文格式**

（1）设置正文文字及段落格式。

①全选正文，单击工具栏中“字体”下拉列表框右侧的下拉按钮，在弹出的下拉列表中选择“隶书”；同样单击“字号”下拉列表框右侧的下拉按钮，在弹出的下拉列表中选择“小五”。

②全选正文，选择“格式”→“段落”命令，打开“段落”对话框。在该对话框中选择“左对齐”对齐方式，特殊格式设为“首行缩进”且为“2个字符”，段前间距为0.3行，行间距为16磅的固定值，如图3-1-34所示。

③选择段落“九年前的一个月夜……应了花瑞。”，单击工具栏中的“加粗”按钮**B**，然后单击“格式刷”按钮，此时光标呈刷子状，按住鼠标左键刷过文本“我心中深深地受了感动——”。

（2）设置正文文字对齐方式。光标放在文本“冰心”所在行，单击工具栏中的“居中对齐”按钮。选中正文最后两行文本，单击“右对齐”按钮。

（3）给文本加着重号。选中文本“我心中深深地受了感动——”，选择“格式”→“字体”命令，打开“字体”对话框，选择着重号“·”。

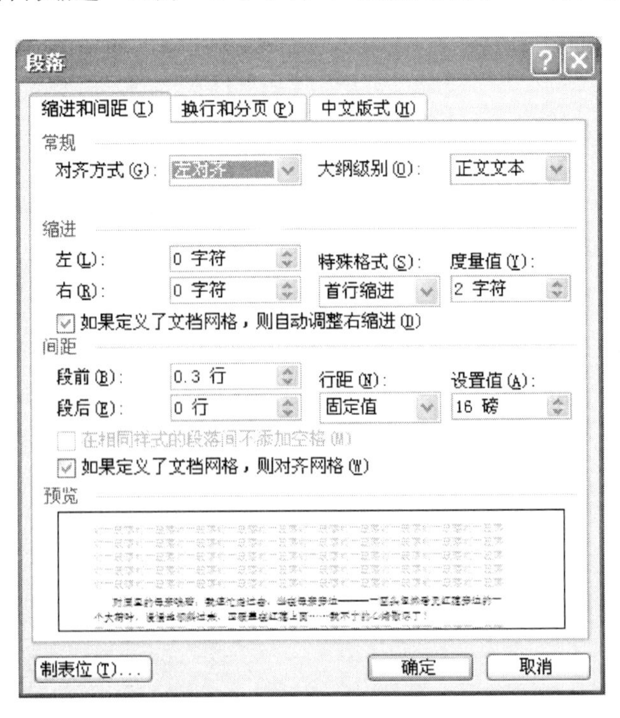

图 3-1-34 “段落”对话框

（4）替换文本。本例中要求将“红莲”二字修饰成“红色、带着重号与阴影效果”，具体操作步骤如下：

①选择“编辑”→“替换”命令，打开“查找和替换”对话框，选择“替换”选项卡。

②在“查找内容”文本框中输入文字“红莲”，在“替换为”文本框中输入“红莲”，单击“高级”按钮，展开“查找和替换”对话框的高级选项。

③将光标定位在“替换为”的下拉列表框中，单击“格式”按钮，在弹出的菜单中选择“字体”，则打开“字体”对话框，在“字体”对话框中选择“红色、带着重号与阴影效果”。设置完毕，则在“替换为”列表框的下方出现替换文本的格式。如图 3-1-35 所示。

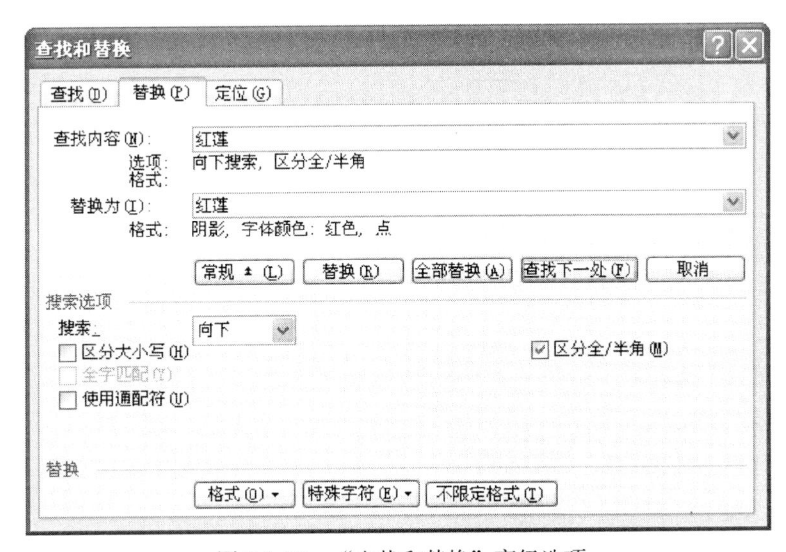

图 3-1-35　“查找和替换”高级选项

④单击“全部替换”按钮即可。

（5）分栏。

①选中段落“九年前的一个月夜……流转不力的水珠。”。

②选择“格式”→“分栏”命令，弹出“分栏”对话框，如图 3-1-36 所示；在“栏数”文本框中选择“2”，在“预设”选项组中选择“偏右”；选中“分割线”复选框，在“应用于”下拉列表框中选择“所选文字”。

③单击“确定”按钮即可。

（6）首字下沉。

①将光标放在段落“父亲的朋友……都摆在院子里。”的任意位置。

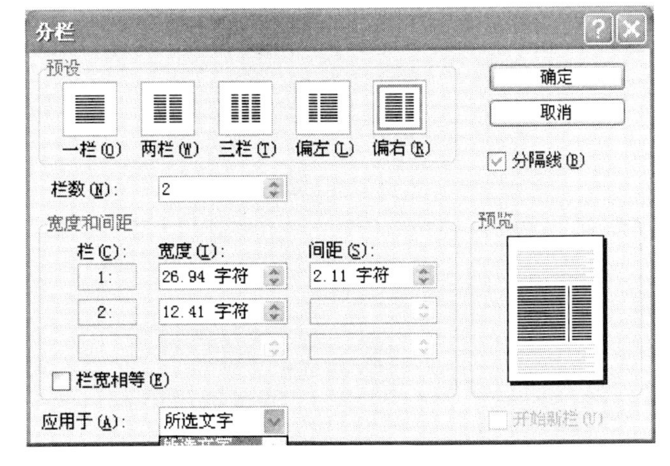

图 3-1-36　“分栏”对话框

②选择“格式”→“首字下沉”命令，打开“首字下沉”对话框，选择“下沉”选项，下沉行数为2行，如图3-1-37所示。

③单击“确定”按钮即可完成操作。

（7）设置边框和底纹。

①选中段落“半夜里听见……绿叶中间立着。”，选择“格式”→“边框和底纹”命令，打开“边框和底纹”对话框。

②边框设置。选择“边框”选项卡，在“设置”选项组中选择“自定义”，线型选择实线，颜色选择红色，宽度设为1.5磅，在“应用于”下拉列表中选择“段落”。鼠标左键单击“预览”区域中的左边框，然后将颜色更改为蓝色，单击“预览”区域中的右边框，此时就可查看所设置的边框效果，如图3-1-38所示。

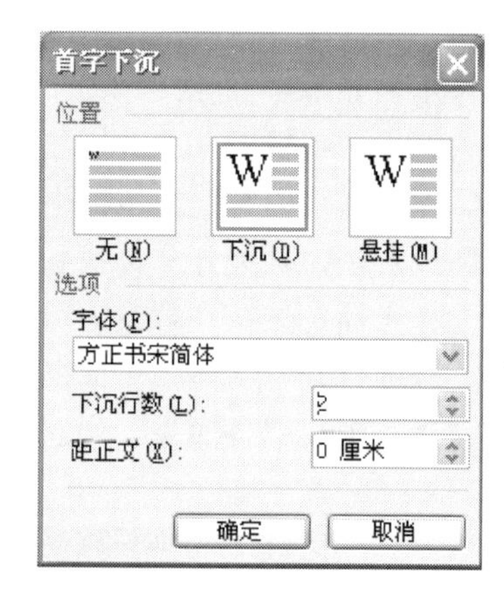

图3-1-37 “首字下沉”对话框

③设置底纹。选择“底纹”选项卡，在“填充”选项区的调色板中选择“黄色”，在“图案”选项区的“样式”下拉列表中选择“清除”，在“应用于”下拉列表中选择“段落”。

④单击“确定”按钮即可完成边框和底纹的设置。

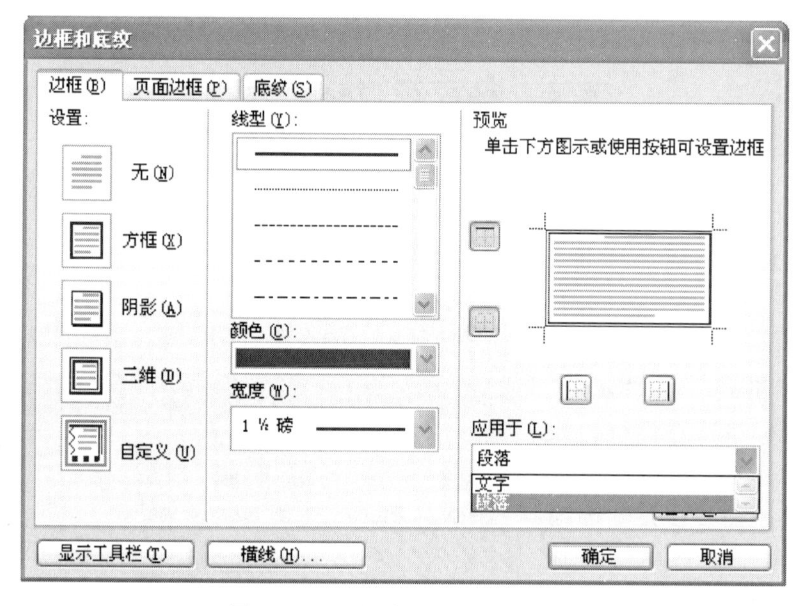

图3-1-38 “边框和底纹”对话框

情境二 制作文学小报（二）

❶情境描述

现要求张红按照范例制作一张文学小报，样图如图3-2-1所示。

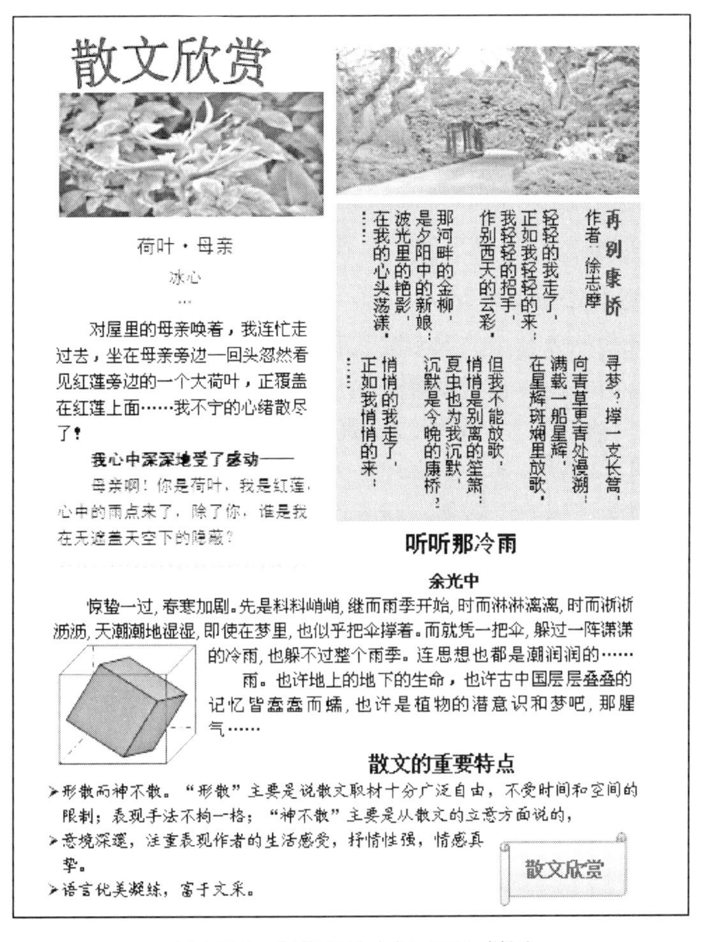

散文欣赏

荷叶・母亲

冰心

…

对屋里的母亲唤着，我连忙走过去，坐在母亲旁边一回头忽然看见红莲旁边的一个大荷叶，正覆盖在红莲上面……我不宁的心绪散尽了！

我心中深深地受了感动——

母亲啊！你是荷叶，我是红莲，心中的雨点来了，除了你，谁是我在无遮盖天空下的隐蔽？

再别康桥

作者：徐志摩

轻轻的我走了，
正如我轻轻的来；
我轻轻的招手，
作别西天的云彩。
那河畔的金柳，
是夕阳中的新娘；
波光里的艳影，
在我的心头荡漾。
……
寻梦？撑一支长篙，
向青草更青处漫溯；
满载一船星辉，
在星辉斑斓里放歌。
但我不能放歌，
悄悄是别离的笙箫；
夏虫也为我沉默，
沉默是今晚的康桥！
悄悄的我走了，
正如我悄悄的来；
……

听听那冷雨

余光中

惊蛰一过，春寒加剧。先是料料峭峭，继而雨季开始，时而淋淋漓漓，时而淅淅沥沥，天潮潮地湿湿，即使在梦里，也似乎把伞撑着。而就凭一把伞，躲过一阵潇潇的冷雨，也躲不过整个雨季。连思想也都是潮润润的……

雨。也许地上的地下的生命，也许古中国层层叠叠的记忆皆蠢蠢而蠕，也许是植物的潜意识和梦吧，那腥气……

散文的重要特点

➢形散而神不散。"形散"主要是说散文取材十分广泛自由，不受时间和空间的限制；表现手法不拘一格；"神不散"主要是从散文的立意方面说的，

➢意境深邃，注重表现作者的生活感受，抒情性强，情感真挚。

➢语言优美凝练，富于文采。

散文欣赏

图 3-2-1　制作文学小报（二）样图

❷情境分析

本样图是典型的图文混排，其中含有多种对象，如文本框、图片、图形、艺术字等。制作此样图主要掌握如下知识技能点：

➢艺术字的插入与编辑

➢项目符号和编号

➢新建并保存、保护文档

➢编辑和设置图片格式

➢对象组合

➢文本框操作

➢绘制图形

经分析，可按照下列步骤完成：

- 插入和编辑艺术字
- 编辑和设置图片格式
- 对象组合

- 插入与设置文本框
- 绘制图形
- 情境实战

❸具体实现

3.2.1　插入和编辑艺术字

利用 Word 2003 提供的创建艺术字工具，可以创建具有艺术效果的文字，使文档更加生动，也帮助用户理解文档内容。艺术字默认的插入形式是浮动式，它可以放在页面的任意位置，可以实现与文字的环绕，也可以置于文字之下，还可以与其他对象组合。

1. 插入艺术字　插入艺术字的操作步骤如下：

（1）单击要插入艺术字的位置，选择“插入”→“图片”→“艺术字”命令，或者在“绘图”工具栏中单击“插入艺术字”按钮，将弹出如图 3-2-2 所示的“艺术字库”对话框。

（2）双击要应用的艺术字格式样式，将弹出如图 3-2-3 所示的“编辑‘艺术字’文字”对话框。

图 3-2-2　“艺术字库”对话框

图 3-2-3　“编辑‘艺术字’文字”对话框

（3）在“文字”文本框中输入要应用“艺术字”的文字，如本例中“散文欣赏”。

（4）再分别对字体、字号及字形进行选择，单击“确定”按钮，则在光标所在位置插入所设置的艺术字。

2. 编辑艺术字　如果对插入的艺术字效果不满意，可以对其进行编辑和修改。单击插入的艺术字，则艺术字被选中，同时弹出如图 3-2-4 所示的“艺术字”工具栏，使用“艺术字”工具栏中的按钮可以对艺术字的文字内容、样式、形状、环绕方式、对齐方式、字符间距等进行全面的编辑。

图 3-2-4　“艺术字”工具栏

3.2.2　编辑和设置图片格式

Word 2003 中编辑的图片可以是其自带的剪辑库中的剪贴画，也可以是来自文件的图片，还可以是用户用屏幕抓图键 PrintScreen 抓取的图片。

1. 从剪辑库中插入图片　单击文档中要插入剪贴画的位置，选择“插入”→“图片”→“剪贴画”命令，文档窗口将打开如图 3-2-5 所示“剪贴画”任务窗格。用户可在“搜索文字”文本中输入查找的主题并单击“搜索”按钮，或者选择“搜索范围”下拉列表框和“结果类型”下拉列表框，则相关的剪贴画或文件就会显示出来。单击所需要的图片，即将其插入文档的光标所在处。

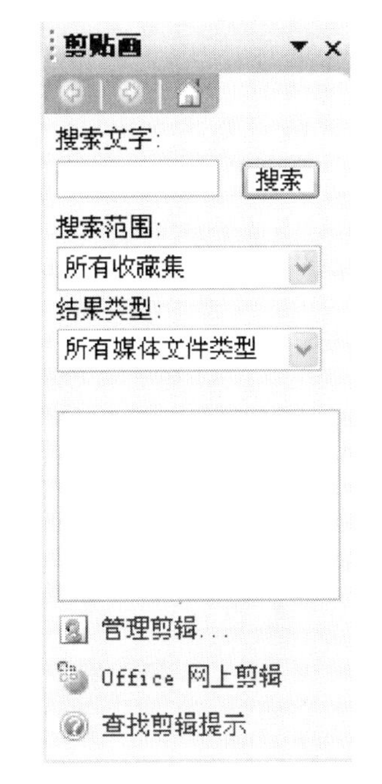

图 3-2-5　“剪贴画”任务窗格

2. 从文件中插入　单击要插入图片的位置，选择“插入”→“图片”→“来自文件”命令，则弹出“插入图片”对话框，查找并选中要插入的图片后单击“插入”按钮即可实现从文件中插入图片。

3. 设置图片格式　一般情况下，插入文件中的图片总是单独占一片空间，但在实际操作过程中，可能需要将图片放置在某段文字中间，或者图片太大需要裁剪等，这就需要调整图片大小并设置图片格式，调整图片与文字的关系。操作步骤如下：

(1) 双击要处理的图片，将弹出“设置图片格式”对话框，选择“版式”选项卡，如图 3-2-6 所示。

(2) 选择“环绕方式”选项组中的“四周型”或“衬于文字下方”选项。

(3) 单击“确定”按钮即可。

通常图片插入文档后，环绕方式默认为嵌入型，而通常用四周型环绕方式较为方便。如果要把图片放在没有文字的区域中，还可以用“浮于文字上方”环绕方式，这样就不受文字限制，可以任何摆放，但文字就在图片下面穿越而过了；如果要让文字在上面出现，就设为“衬于文字下方”环绕方式，不过，此时就不容易选图片，所以通常会重新在图片上叠加一个文本框，文本框的填充和线条颜色都设为无。

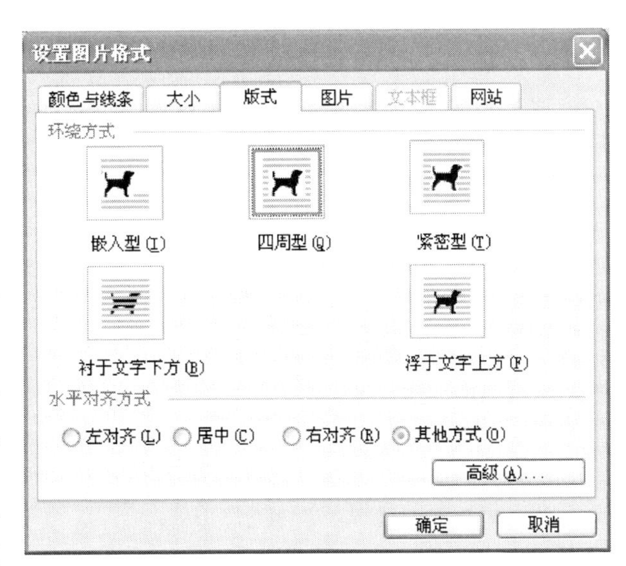

图 3-2-6　“设置图片格式”对话框

用户还可以利用“设置图片格式”对话框给图片添加边框，设置填充色，改变图片的大小，裁剪图片，为节约存储空间而压缩图片等。

3.2.3 文 本 框

文本框是一种可以在其中独立进行文字输入和编辑的图形框。在文档中适当地使用文本框，可以实现一些特殊的编辑功能，它就像一个盛放文字的容器，可以在页面上定位并调整。利用文本框可以重排文字和向图形添加文字。文本框有两种排版方式：横排和竖排。

1. 插入文本框 在文档中插入文本框的操作步骤如下：

（1）将光标置于需要插入文本框的位置。

（2）选择“插入”→“文本框”命令，在弹出的子菜单中选择一种排版方式（如横排），会在文档中弹出画布，在画布中有“在此处创建图形”字样。

（3）在画布中单击鼠标左键，即可创建一个文本框。拖动文本框四周的控制点，适当放大所创建的文本框，即可在其中输入文字。

还可以对已有文字添加文本框，方法是：选中需要添加文本框的文字，选择“插入”→“文本框”命令即为已有的文字添加文本框了。

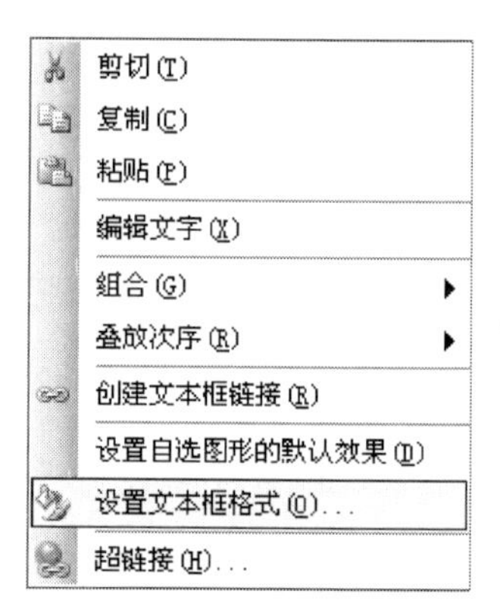

图 3-2-7 文本框快捷菜单

2. 改变文本框与文字的环绕方式 要改变文本框与周围文字的关系，需要设置文本框的格式，操作步骤如下：

（1）鼠标右键单击文本框边线，在弹出的快捷菜单中选择“设置文本框格式”命令，如图 3-2-7 所示。

（2）在打开的“设置文本框格式”对话框中选择“版式”选项，然后选择一种环绕方式，如“四周型”。

（3）单击“确定”按钮，即改变了文本框与周围文字的关系，如图 3-2-8 所示。

提示： *用户还可以在打开的“设置文本框格式”对话框中设置文本框的颜色与线条、背景填充色、文本框大小及内部边距等。*

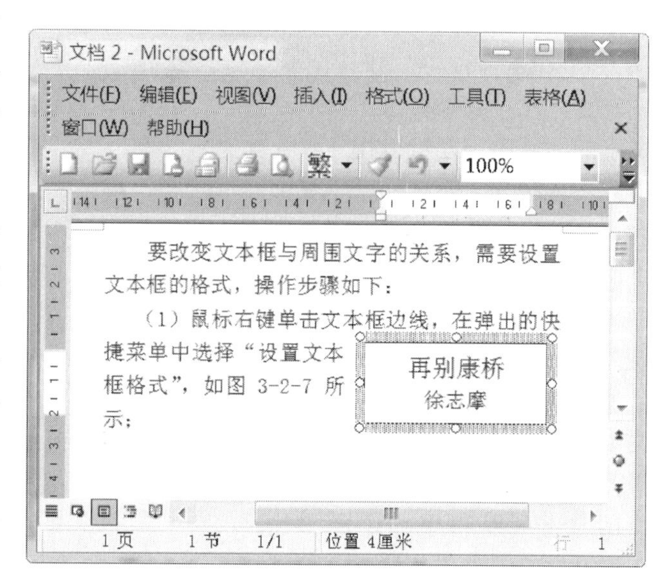

图 3-2-8 改变文字环绕方式后的效果

3. 文本框链接 在文档中若使用了多个文本框，向其中一个文本框输入字符，当内容超过该文本框的容量时，如果希望字符能自动转移到后面的文本框中，只要将文本框链接起来就可以了。具体操作步骤如下：

（1）选中前面一个文本框，将鼠标移至该文本框的边缘，当鼠标指针变成十字箭头（梅花状）后，单击鼠标右键，在随后弹出的快捷菜单中选择“创建文本框链接”命令。

（2）此时，鼠标变成一个茶杯状，将鼠标移至后面一个文本框中，单击一下鼠标左键，链接即创建完成。

此时，当向前面一个文本框中输入的字符超过其容量时，字符自动转换到后面一个文本框中。如果删除前面一个文本框中的部分字符，后面一个文本框中的字符会自动替补到前面一个文本框中，如图 3-2-9 所示。

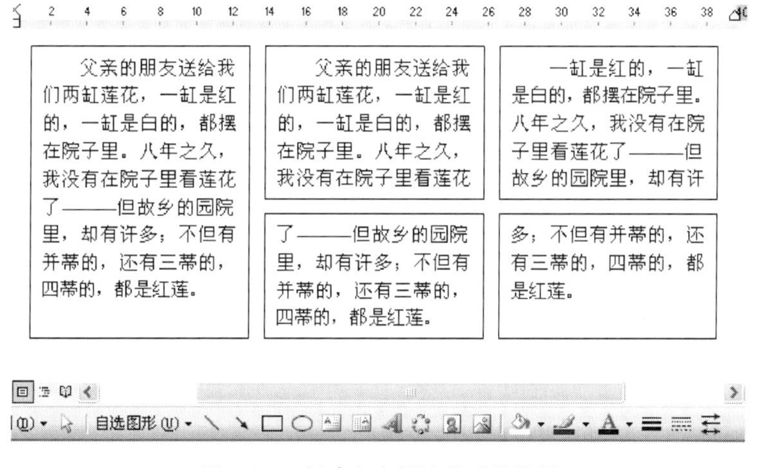

图 3-2-9　创建文本框链接后的效果

提示： 如果不需要这一链接，只要选中前面一个文本框，将鼠标移至该文本框的边缘成梅花状时，单击鼠标右键，在随后弹出的快捷菜单中选择“断开向前链接”命令即可。

3.2.4　绘制图形

在 Word 文档中，可以通过对各种对象的组合生成图形，这些对象包括自选图形、图表、剪贴画、曲线、直线、箭头、艺术字、文本框等。

1. 绘制新图形　在默认状态下，当生成一个图形时，这个图形是放置在一个画布上的。如果想显示一个新的画布，即绘制一个新图形，可以选择下列两种方式之一进行操作。

方式一：选择“插入”→“图片”→“自选图形”命令，出现“自选图形”工具栏，在其中选择需要的图形进行绘制即可。

方式二：在“绘图”工具栏（图 3-2-10）中单击“直线”、“箭头”、“矩形”、“椭圆形”、“文本框”等按钮，或者单击该工具栏中的“自选图形”按钮的下拉按钮，选择需要的图形，然后进行绘制即可。

图 3-2-10　“绘图”工具栏

如果希望在默认状态下插入一个绘制对象时不弹出画布，可以更改设置。操作步骤如下：选择“工具”→“选项”命令，在打开的“选项”对话框中选择“常规”选项卡，取消选择“插入‘自选图形’时自动创建画布”复选框，单击“确定”按钮即可。

📖**2. 绘制并编辑直线** 在实际工作中常常需要在文档中绘制一些直线，可单击“绘图”工具栏中的“直线”按钮，在屏幕上需要放置直线的地方按下鼠标左键并拖动至需要的长度，释放鼠标即可。直线两端会出现控点，通过拖曳控点可以更改直线的长度和角度。

若要移动直线或调整其长度或角度，首先选中该直线，当鼠标指针变成十字箭头后，按下鼠标左键并拖动直线到新的位置后释放鼠标即移动了直线，向上或下拖曳直线一端的控点则可以改变直线的角度或长度。

用户还可以利用如图 3-2-11 所示的“设置自选图形格式”对话框更改直线的颜色与线条、大小及版式等，还可以将直线更改为带有箭头的直线。

图 3-2-11 “设置自选图形”对话框

📖**3. 绘制并编辑曲线** 要创建曲线，选择“绘图”工具栏中的“自选图形”→“线条”→“曲线”命令，然后在页面中拖曳鼠标即可画出一条曲线。

在曲线上单击鼠标右键，从弹出的快捷菜单中选择“编辑顶点”命令，则激活了曲线的各个顶点，就可对其进行如下操作：

（1）删除顶点。用鼠标右键单击一个顶点，从弹出的快捷菜单中选择“删除顶点”命令即可。

（2）添加顶点。用鼠标右键单击曲线将放置的位置，从弹出的快捷菜单中选择“添加顶点”，并在线上拖曳该点即可添加曲线；也可以将光标放置在曲线上需要增加顶点的位置，待到鼠标变成十字形状时拖曳曲线到适当位置时松开鼠标即可。

（3）将曲线变成直线。在需要变成直线的两个顶点之间单击鼠标右键，从弹出的快捷菜单中选择“伸直弓形”命令即可。同样，要将直线变为曲线，则选择“曲线段”命令。

📖**4. 绘制立体几何图形** 利用 Word 2003 的绘图工具还可以快速绘制出精致的打印效果极佳的立体几何图形。“绘图”工具栏提供了 60 多种不同的图形和自选图形，极大地方便用户创建图形。

为了能按照任意长度绘制出图形，并且在用鼠标移动图形时能按最小间距单位移动到任意位置，避免出现图形大小、图形位置不易控制等问题，首先需要设置绘图网格。操作步骤如下：单击“绘图”工具栏按钮 绘图(D)▾，在弹出的快捷菜单中选择“绘图网格”命令，出现如图 3-2-12 所示的“绘图网格”对话框；将该对话框的“网格设置”选项组的“水平间距”选项和“垂直间距”选项都设置为 0.01（取这一设置的最小值）。

设置完毕，可以很方便地使用 Word 2003 的绘图工具来绘制如图 3-2-13 所示几何图形。

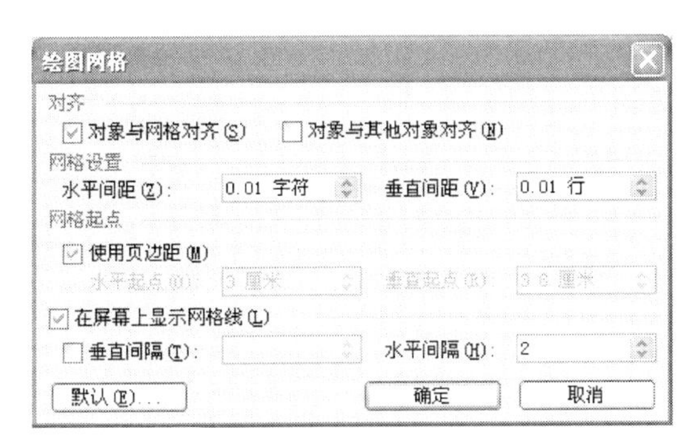

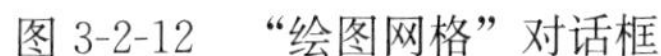
图 3-2-12　“绘图网格”对话框

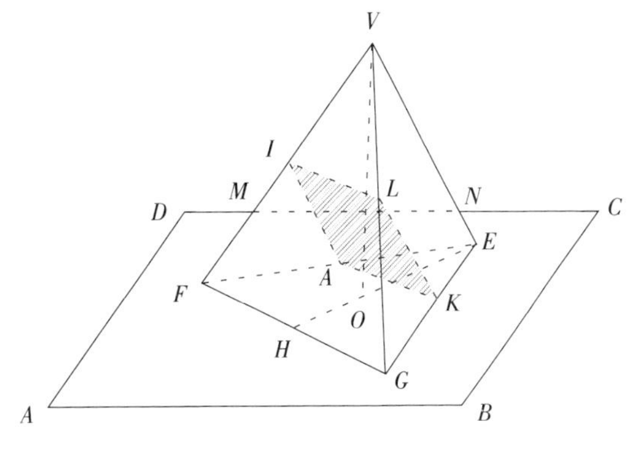

图 3-2-13　绘制的几何图

具体操作步骤如下：

(1) 单击“绘图”工具栏中的“自选图形”按钮，选择“基本形状”→“平行四边形”命令，在文档中适当位置画出平行四边形 $ABCD$。

(2) 单击“绘图”工具栏中的“自选图形”按钮，选择“线条”→“任意多边形”命令，在 F 点处单击，依次移动光标到 G 点、E 点、V 点并在各点单击鼠标，最后移动鼠标到起点 F 处，双击鼠标左键，即完成了四边形 $FGEV$。

(3) 选择“线条”→“直线”命令，分别画出线段 VG、FE、EH、VO、MN，用鼠标单击选择 EF 这条线段，单击“绘图”工具栏中的“虚线线型”按钮，选择合适的虚线线型。同样设置线段 EH、VO、MN 的虚线线型。

(4) 选择“线条”→“任意多边形”命令，应用与画四边形 $FGEV$ 类同的方法，画出四边形 $IAKL$。注意，如果画出的四边形顶点位置不当，可通过编辑顶点的方法调整所画图形的位置，具体的方法如下：用鼠标右击四边形 $IAKL$，在弹出的菜单中选择“编辑顶点”命令，在编辑顶点状态下，用鼠标调整好各顶点的位置。

(5) 选中四边形 $IAKL$，单击鼠标右键，在弹出的菜单中选择“设置自选图形格式”命令，打开“设置自选图形格式”对话框，选择“颜色与线型”选项卡，从“线条”选项组中“虚实”下拉列表框选择合适的虚线类型，在“填充”选项组中设置“透明度”为 50%左右；单击“填充”选项组中“颜色”下拉列表框，在弹出的列表中选择“填充效果”，打开“填充效果”对话框。

(6) 在“填充效果”对话框中选择“图案”选项卡，在“图案”列表中选择“浅色上对角线”图案，连续单击“确定”按钮即完成四边形 $IAKL$。

(7) 为图形标注字母。单击“绘图”工具栏中的“文本框”按钮，在页面上画出大小合适的文本框，输入字母 A；当这个文本框处于选中状态时，在“设置文本框格式”对话框中设置其为无填充颜色和无线条颜色。然后复制出多个文本框，将文本框移到其他需要标注字母的地方，并将文本框中的字母修改为所要标注的字母，这样就完成了字母的标注。

(8) 把所画的所有图形组合起来，是绘图要做的最后一项工作。单击“绘图”工具栏中的“选择对象”按钮，在画得的整个图形的左上角从上到下拉出一个矩形框，使之盖住所画的各个图形，然后单击鼠标右键，在弹出的菜单选择“组合”命令，这样所画出的图形便组合成一个整体了。如果还要对图形进行修改，则右键单击图形，选择“组合”→“取消组合”命令即可，修改后最好把图形再重新组合起来。

3.2.5 对象组合

在 Word 2003 中插入或绘制多个对象时，用户可以将多个对象进行组合。当用户需要同时移动多个对象且又要保持多个对象之间的距离时，把这些对象组合起来再移动，是一个很好的办法。当用户把多个对象组合起来后，这些对象就是一个整体，如果需要对其中的一个对象进行操作，需要先把已经组合的对象取消组合。

1. 对象组合与取消组合 组合多个对象的操作很简单，具体操作如下：

(1) 选择要组合的对象。可在按下 Shift 键的同时鼠标左键单击要组合的对象，或者单击“绘图”工具栏中的“选择对象”按钮，在画得的整个图形的左上角从上到下拉出一个矩形框，使之盖住所画的各个图形，即用出现的虚线方框圈住要组合的对象。

(2) 单击鼠标右键，在弹出的快捷菜单中选择“组合”命令即可。

如果要取消组合，则选中组合对象，单击鼠标右键，在弹出的快捷菜单中选择“取消组合”命令即可。

2. 设置叠放次序 在 Word 2003 中插入或绘制多个对象时，用户可以设置对象的叠放次序，以决定哪个对象在上层，哪个对象在下层。当多个对象放在同一位置时，上层的对象会把下层的对象遮住，因此无法看到下层对象中被挡住的部分。所以，用户有必要设置对象的叠放次序，以决定着重显示哪些对象，或可利用这一点把不希望浏览者看到的部分遮挡起来。

如果想设置对象的叠放次序，需先选中该对象，然后单击鼠标右键，在弹出的快捷菜单中选择“叠放次序”命令，在弹出的子菜单选择相应的操作：

(1)“上移一层”命令。将对象上移一层。

(2)“下移一层”命令。将对象下移一层。

(3)“置于顶层”命令。将对象置于最顶层。

(4)“置于底层”命令。将对象置于最底层，很可能会被上层的对象挡住。

(5)“浮于文字上方”命令。将对象置于文字的前面，挡住文字。

(6)“浮于文字下方”命令。将对象置于文字的后面。

3. 设置对象格式 对象组合后，既可以对组合对象进行格式设置，也可以对组合对象中的任意一个对象进行格式设置。

(1) 对整个组合对象进行格式设置。只需要双击该组合对象（或右键单击该组合对象，选择“设置对象格式”命令），打开“设置对象格式”对话框，在该对话框中可以设置对象的填充颜色、透明度和线条颜色、大小和版式等。

(2) 对组合对象中的某个对象进行格式设置。首先选中组合对象，然后再选中组合对象中要设置格式的对象（如文本框），单击鼠标右键，在弹出的快捷菜单中选择“设置文本框格式”命令（或其他对象格式），在该对话框中可以设置该对象的填充颜色、透明度和线条颜色，但无法设置该对象的大小和版式。

3.2.6　情境实战

本学习情境要求按照样图制作文学小报（二），具体制作步骤如下。

1. 插入“散文欣赏”艺术字和第一张图片

(1) 选择“插入”→“图片”→“艺术字”命令，出现“艺术字库”对话框，选择一种字库，单击“确定”按钮，出现“编辑艺术字文字”对话框，在该对话框中输入文字“散文欣赏”，并设置字体和字号。

(2) 选择“插入”→“图片”→“来自文件”命令，出现“插入图片”对话框，在该对话框中选择需要的图片文件，单击“插入”按钮则将该文件插入当前文档中。

(3) 设置图片格式。右键单击该图片，在弹出的菜单中选择“设置图片格式”命令，出现“设置图片格式”对话框。将图片版式设置为四周型，高度和宽度缩放到“20%”。

(4) 组合艺术字和图片。移动图片到合适的位置（紧靠“散文欣赏”艺术字的下方），选中该图片，并按住 Shift 键，选中“散文欣赏”艺术字，单击鼠标右键，在弹出的快捷菜单中选择“组合”命令，这样艺术字和图片就组合成一个对象了。

2. 插入文本框和虚线

(1) 单击“绘图”工具栏中的文本框按钮，在文档中合适位置拖画一个文本框。在文本框中输入短文，并设置短文文字的字体、字号、段落格式等。

(2) 文本框中文字输入完毕，单击鼠标右键，选择“设置文本框格式”命令，在弹出的“设置文本框格式”对话框中将该文本框边框线条设置为无色。

(3) 单击“绘图”工具栏中的直线按钮，在文本框的下方和右方分别画出一条适当长度的直线，选中这两条直线，单击右键，在弹出的快捷菜单中选择“设置自选图形格式”命令，在“设置自选图形格式”对话框中将这两条直线设置为青绿色、3 磅虚线。

(4) 按住 Shift 键，一次选中文本框、两条虚线，单击右键，选择“组合”命令，这样文本框和这两条虚线就组合成一个整体了。

(5) 选中组合好的对象，将其版式设置为四周型。

3. 插入第二张图片及右侧的两个文本框

(1) 选择“插入”→“图片”→“来自文件”命令，出现“插入图片”对话框，在该对话框中选择需要的图片文件，单击“插入”按钮则将该文件插入当前文档中。

(2) 插入一个适当大小的竖排的文本框，设置其填充色和边框颜色都为玫瑰红。然后复制一个同样大小格式的竖排文本框，并将这两个文本框按照样图要求紧密排列起来。

(3) 创建文本框链接。选中上面一个文本框，将鼠标移至该文本框的边缘，当鼠标指针变成十字箭头（梅花状）后，单击鼠标右键，在弹出的快捷菜单中选择“创建文本框链接”命令，此时，鼠标变成一个“茶杯”状，将鼠标移至下面一个文本框中，单击一下鼠标左键，链接创建完成。

(4) 输入并设置文本框中文字。将鼠标指针放置在上面一个文本框中，输入诗歌《再别，康桥》，当该文本框中输入的字符超过其容量时，字符自动转换到下面一个文本框中。

(5) 同时选中图片及这两个文本框，将它们组合起来，并设置组合后的对象的版式为四周型。

📖4. 插入项目符合和编号

（1）通过换行、增加空格等方法，使光标放置在前面几个组合对象的下方，并输入短文《听听那冷雨》及短文《散文的重要特点》的文字，并分别设置文字的字体、字号及段落格式等。

（2）插入项目符号。选中最后几个段落文字“形散而神不散……富于文采”，选择“格式”→“项目编号和符号”命令，弹出“项目符号和编号”对话框，选择“项目符号”选项卡，如图 3-2-14 所示。

（3）在该对话框中选中一种项目符号，单击“确定”按钮即为该段文字添加了项目符号。如果该对话框中没有需要的项目符号，则单击“自定义”按钮，出现如图 3-2-15 所示的“自定义项目符号列表”对话框。

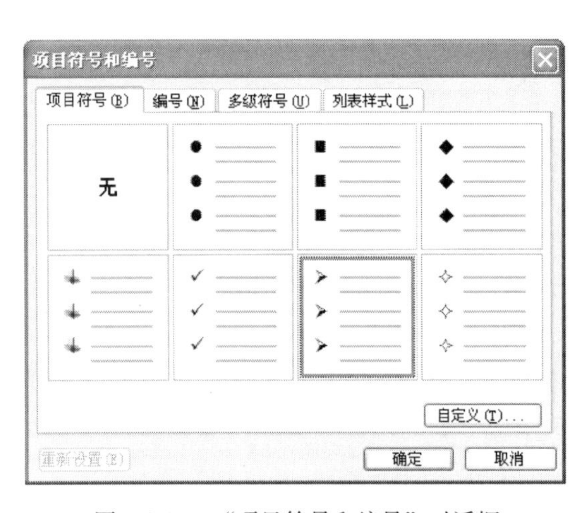

图 3-2-14　“项目符号和编号”对话框

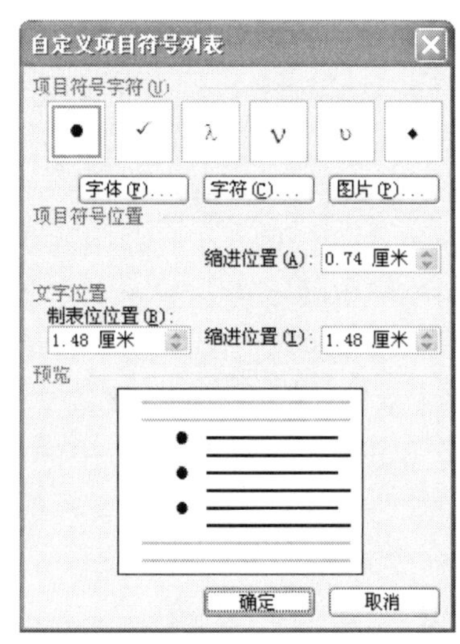

图 3-2-15　“自定义项目符号列表”对话框

（4）在该对话框中，可以单击“字符”或“图片”按钮，选择需要的字符或图片作为项目符号。

📖5. 绘制立体几何图形和自选图形

（1）单击“绘图”工具栏中的“自选图形”按钮，在弹出的快捷菜单中选择“星与旗帜”命令，在子菜单中选择“横卷形”图形，在文档中空白位置拖画出图形。

（2）选中该“横卷形”图形，单击右键，选择“添加文字”命令，光标就出现在该图形中。在光标处输入文字“散文欣赏”，并设置文字字体为华文新魏，四号字，颜色为红色。

（3）再次选中该“横卷形”图形，单击右键，选择“设置自选图形格式”命令，出现“自选图形格式”对话框，在该对话框中设置线条为粉红色，填充效果为红、黄双色渐变效果，版式设置为四周型。至此该自选图形绘制完成。

（4）单击“绘图”工具栏中的“自选图形”按钮，在弹出的快捷菜单中选择“基本形状”命令，在子菜单中选择“立方体”图形，在文档中空白位置拖画出两个大小不一致的立方体图形，这两个立方体图形都自动填充为有立体感的阴暗面，看上去就像一个实心体。

（5）选中稍大些的立方体，单击右键，选择“设置自选图形格式”命令，将它的填充颜色设置为无填充颜色，线条设置为红色、实线、1 磅。同理，将稍小的立方体填充颜色设置为浅蓝色，如图 3-2-16a 所示。

（6）在稍大立方体里面画出三条红色虚线，使该立方体看上去是透明中空的，如图 3-2-16b 所示。选中这三条虚线，单击右键，选择“组合”命令，使三条虚线成为一个对象。

（7）选中稍小的立方体，鼠标指向呈绿颜色的控点（翻转控点），这时鼠标箭头呈半圆形，拖动翻转控点，将该立方体进行一定角度的翻转，如图 3-2-16c 所示。

（8）将小立方体放置在大立方体内，选中大立方体，单击右键，选择“叠放次序”→“置于顶层”命令，如图 3-2-16d 所示。

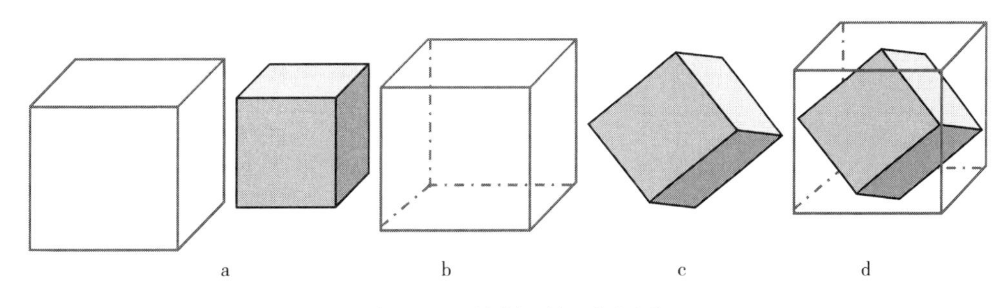

图 3-2-16　绘制立体几何图形

（9）单击“绘图”工具栏中的“选择对象”按钮，在画得的整个图形的左上角从上到下拉出一个矩形框，使之盖住所画的各个图形，单击右键，选择“组合”命令，至此该自选图形绘制完成。

（10）将刚绘制的两个自选图形的版式都设置成四周型，然后分别移动到文档的适当位置，至此该文学小报制作完成。

情境三　制作商品销售报表

❶情境描述

在日常工作中，经常会遇到各种各样的报表，如在人事管理方面，就有人事日报表、人事流动月报表、人事变动报告表、新员工试用表、人员考勤表等；在生产管理方面，有生产计划综合报表、生产进度计划表、生产状况记录表等；在会计管理方面，有财务日报表、资金日报表、费用支出月报表、现金收支月报表等。

张红假期进行实践锻炼，在一家超市负责日常管理工作。现要求她制作出超市某季度的商品销售报表，并且统计每类销售商品的季度销售总额和月平均销售额，分别计算出每个月最高和最低销售额的商品，最后按照季度销售总额进行销售排名。需要制作的表格如图 3-3-1a 所示，进行计算并统计排名之后的结果如图 3-3-1b 所示。

某超市第一季度销售情况表（元）							
时间：2012年2月21日							
月份 销售额 销售区间 类别		一月	二月	三月	季度销售总额	月平均销售额	销售排名
食品类	食用品区	70800	90450	70840			
日用品类	日用品区	61400	93200	44200			
针纺织品类	服装区	84100	87200	78900			
化妆品类	日用品区	75400	85500	88050			
饮料类	食用品区	68500	58050	40570			
体育器材	日用品区	50000	65800	43200			
服装、鞋帽类	服装区	90530	80460	64200			
烟酒类	食用品区	90410	86500	90650			
最高销售额							
最低销售额							

a

某超市第一季度销售情况表（元）							
时间：2012年2月21日							
月份 销售额 销售区间 类别		一月	二月	三月	季度销售总额	月平均销售额	销售排名
烟酒类	食用品区	90410	86500	90650	267560	89186.67	1
针纺织品类	服装区	84100	87200	78900	250200	83400.00	2
化妆品类	日用品区	75400	85500	88050	248950	82983.33	3
服装、鞋帽类	服装区	90530	80460	64200	235190	78396.67	4
食品类	食用品区	70800	90450	70840	232090	77363.33	5
日用品类	日用品区	61400	93200	44200	198800	66266.67	6
饮料类	食用品区	68500	58050	40570	167120	55706.67	7
体育器材	日用品区	50000	65800	43200	159000	53000.00	8
最高销售额		90530	93200	90650	267560	89186.67	
最低销售额		50000	58050	40570	159000	53000.00	

b

图 3-3-1　制作商品销售报表样图

❷情境分析

本情境不仅要制作一张表格，而且要通过公式自动计算来获得统计数据。在 Microsoft Word 中有一系列与表格相关的操作，通过这些操作，可以在文档中方便地进行表格的插入与修改、行列的删除与添加、表头的制作等，同时还有很多和表格相关的操作，如单元格的设置、边框与底纹的设置等。基于 Word 的表格操作功能，还可以对表格进行一系列的编辑和控制，包括单元格的插入、删除、合并、拆分等，也可以对表格进行格式套用、自动调整、排序等。在 Word 文档中的表格也具备计算功能，可通过在表格中定义书签和域并通过公式计算使表格具有自动计算的功能。

在本情境中几乎涉及了表格的所有相关操作，具体涉及如下知识技能点：

➢表格的创建和调整

➢表格中数据格式设置

➢表格和单元格属性的设置

➢表头的设置

➢Word 中公式的使用方法

➢域与书签

经分析，可按照下列步骤完成：

- 创建表格
- 编辑表格内容
- 调整表格
- 表格中的数学计算
- 情境实战

❸具体实现

3.3.1　创建表格

如何快速、高效地制作和处理表格是文档处理事务中经常要面对的一个重要问题，Word 2003 提供了强有力的表格处理功能，它的表格制作命令全部集中在“表格”菜单中。用户可以允许在文档的任何位置插入表格，插入表格的一般方法有如下几种。

1. 使用工具栏　使用“常用”工具栏中的“插入表格”按钮插入表格简单方便，但是表格的行数和列数受限（受显示器屏幕限制）。使用该按钮插入一个 3 行 4 列的表格，其操作步骤如下：

（1）将光标定位在要插入表格的位置。

（2）将鼠标指针指向“常用”工具栏中的“插入表格”按钮，按下鼠标左键，系统将弹出一个网格。

（3）在弹出的网格中拖动鼠标，系统示意性地显示所生成的表格的行数和列数，如图 3-3-2 所示。

（4）鼠标在拖动过程中，行数和列数也在发生变化。当达到所需要的行数列数后，单击鼠标左键，即在当前光标位置插入了一个表格。

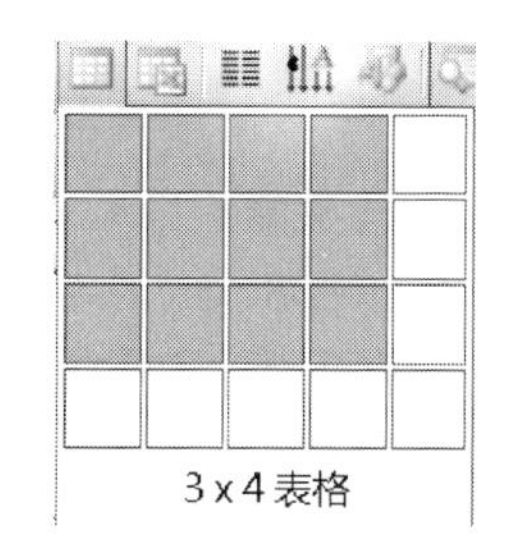

图 3-3-2　“插入表格”下拉菜单

2. 使用菜单命令　使用菜单命令可以生成更大的表格，其操作步骤如下：

（1）将光标定位在要插入表格的位置。

（2）选择“表格”→“插入”→“表格”命令，打开如图 3-3-3 所示的“插入表格”对话框。

（3）在该对话框中设定需要插入表格的行数和列数。

（4）如果只想生成默认的表格，则只需单击“确定”按钮，即插入了一个指定行、指定列的默认格式的表格。

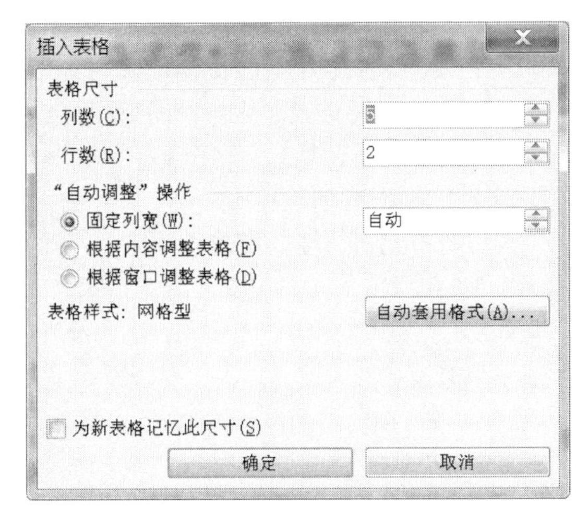

图 3-3-3 “插入表格”对话框

📖3. 手工绘制表格 在实际的工作生活中，经常要制作的表格的行数和列数不是均匀的，用户可配合使用 Word 2003 提供的手绘表格的方式，根据自己的需要创建表格。其操作步骤如下：

（1）单击“常用”工具栏中的“表格和边框”按钮，将弹出如图 3-3-4 所示的“表格和边框”工具栏，鼠标指针变成笔状，并打开绘制模式。

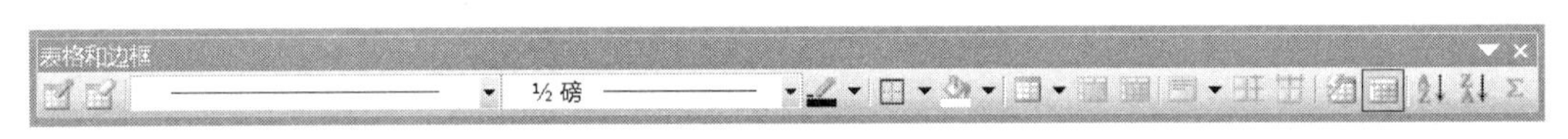

图 3-3-4 “表格和边框”工具栏

（2）按下鼠标左键并拖动鼠标，这时标尺上有条竖虚线也随着移动（代表当前鼠标指针在文档页面中的坐标），到适当位置松开左键，即绘制了表格的外边框。

（3）用相同方法可绘制表格的内边框。双击鼠标左键即结束表格创建工作，如要继续绘制单元格，只需单击“表格和边框”工具栏中的“绘制表格”按钮即可开始绘制；如果需要删除某条边框线，可单击工具栏中的“擦除”按钮，这时鼠标指针变成橡皮形状，然后在需要删除的线条上单击或拖动，则可清除选定的线条。

在绘制表格之前，用户可单击“线性”下拉列表框，在弹出的列表中选择要绘制的表格的边框线型；单击“粗细”下拉列表框，在弹出的列表中选择表格边框线的粗细；单击“边框颜色”下拉按钮，在弹出的调色板中选择需要的边框颜色，然后进行绘制，这样就绘制出粗细不同、样式不同、颜色不同的线条。

提示： *在手工绘制表格过程中，如果按住 Shift 键，则绘制表格的鼠标指针将切换成擦除表格的形状，相应的绘制表格操作也就变成了擦除操作；如果希望让指针很精确地移动，可按住 Alt 键，同时拖动指针进行绘制。*

📖4. 自动套用格式 如果希望迅速改变表格外观，可选用 Word 2003 提供的多种表格格式。通过自动套用表格格式可以事半功倍地创建出精美的表格。操作步骤如下：

（1）将光标放置在要套用格式的表格中，选择“表格”→“表格自动套用格式”命令，打开“表格自动套用格式”对话框，如图 3-3-5 所示。

（2）在“类别”下拉列表中选择“所有表格样式”、“用户自定义样式”或“使用中的表格样式”；在“表格样式”列表框中选择所需要的表格样式。Word 2003 提供了多种表格样式，如列表型、古典型、简明性、网格型等，可在“预览”区域中预览区域中表格样式的显示效果。

（3）在“特殊格式应用于”选项组中，可以选择是否将选中的格式应用于标题行、首行、首列或末行、末列，单击“应用”按钮，表格的自动套用格式设置完成。

用户如果想将选中的表格样式作为当前文档的默认表格样式，则可在“表格自动套用格式”对话框中单击“默认”按钮，将弹出“默认表格样式”对话框，在该对话框中用户可根据需要进行选择。

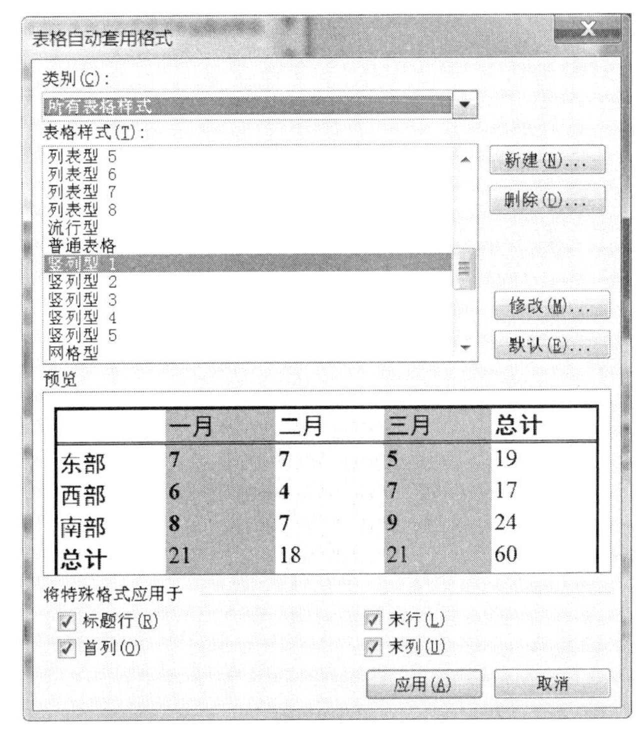

图 3-3-5　“表格自动套用格式”对话框

📖5. 将文本转换成表格

对于一些排列比较规则的文本内容，也可以按照一定的规则把这些文本自动转换成表格排列的形式。并不是所有有规则的文本内容都可以转换成表格，只有在文本中使用逗号、制表符、空格或其他分隔符标记新的列开始位置，并且前后标记符号一致的规则文本才可以转换成表格。将规则的文本转换成表格的操作步骤如下：

（1）整理好将要转换成表格的文本内容，要求文本中使用逗号、制表符、空格或其他分隔符标记新的列开始位置，并且要求前后的标记符号一致。如图 3-3-6 所示是经过添加制表符整理后的文本。

序号	学 号	姓 名	性别	籍 贯	成绩
1	98131	刘激扬	男	北 京	560
2	98164	衣春生	男	青 岛	480
3	98165	卢声凯	男	天 津	437
4	98182	袁秋慧	女	广 州	560
5	98203	林德康	男	上 海	490
6	98204	王析学	男	大 连	490
7	98205	陈志欣	女	长 沙	490

图 3-3-6　转换成表格前的文本整理

（2）选定上述所有文本，选择“表格”→“转换”→“文本转换成表格”命令，将弹出如图 3-3-7 所示的“将文字转换成表格”对话框。

（3）在“表格尺寸”区域的“列数”栏调整将要生成表格的列数，在“文字分割位置”区域选择与当前实际相符的分割状态（如制表符、空格等）。

（4）单击“确定”按钮，则选定的文本转换成如图 3-3-8 所示的表格。

提示：也可以将表格内容转换成文本。首先将光标放置在表格中的任意位置，选择“表格”→“转换”→“表格转换成文本”命令，在弹出的对话框中选择文本的分隔符（如制表符或空格等），确定后表格内容就会按照指定的分隔样式转换成文本了。

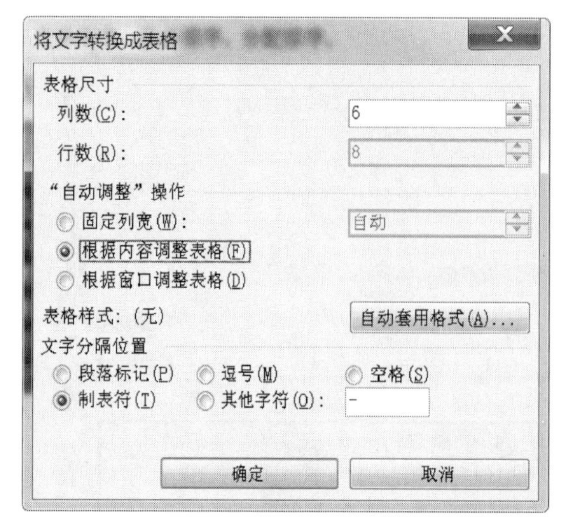

图 3-3-7 “将文字转换成表格”对话框

序号	学 号	姓 名	性别	籍 贯	成绩
1	98131	刘激扬	男	北 京	560
2	98164	衣春生	男	青 岛	480
3	98165	卢声凯	男	天 津	437
4	98182	袁秋慧	女	广 州	560
5	98203	林德康	男	上 海	490
6	98204	王析学	男	大 连	490
7	98205	陈志欣	女	长 沙	490

图 3-3-8 文本转换后的表格

3.3.2 调整表格和单元格

为了使表格更好地适应页面，并且使不同单元格的内容更加清晰明了，还需要对表格和单元格进行一些调整，下面介绍常用的表格调整方法。

1. 拆分、合并表格或单元格

（1）合并单元格。首先选中要合并的单元格，选择“表格”→“合并单元格”命令，或者单击“表格和边框”工具栏中的“合并单元格”按钮，则选定的单元格就合并成了一个。

（2）合并表格。如果两个表格的内容相互关联，则用户可根据需要将它们合并为一个表格。方法很简单，只需要删除两个表格间的空行、空格或文字等内容，两个表格将自动被合并。

（3）拆分表格。拆分表格只能从表格的第二行开始拆分。如果想将表格从第 3 行开始拆分成两个表格，则只需将光标放置在第 3 行的任意单元格中，选择“表格”→“拆分表格”命令即可。

（4）拆分单元格。任意一个或多个单元格都可以被拆分成任意行、任意列的单元格。

首先选中要拆分的单元格，选择“表格”→“拆分单元格”命令，或者单击“表格和边框”工具栏中的“拆分单元格”按钮，将弹出如图 3-3-9 所示的“拆分单元格”对话框，选择需要的行数和列数，单击“确定”按钮，对单元格的拆分就完成了。

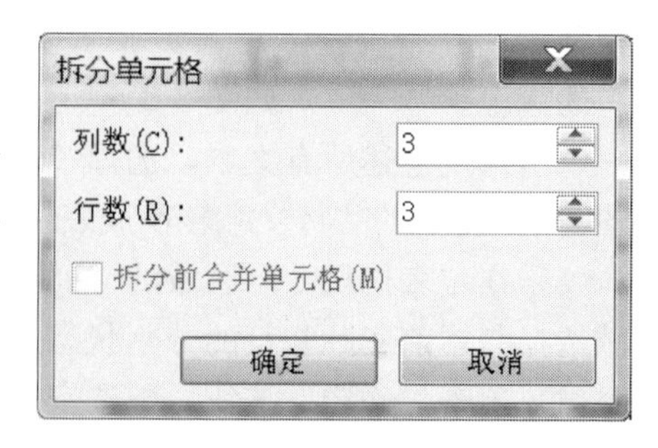

图 3-3-9 “拆分表格”对话框

需要说明的是，用户如果要拆分的是多个单元格，而且希望这些单元格合并后再进行拆分，则需要选中“拆分前合并单元格”复选框，这样这些单元格先合并然后作为一个单元格进行拆分。如果没有选中该复选框，则将对每个单元格分别进行拆分。

2. 调整表格大小　当插入的表格大小不合适时，可以对其进行调整，如修改行高或列宽，增减行或列等。

（1）缩放整张表格。将鼠标指针移动到表格上，表格的右下方将出现一个小方框，这个小方框就是表格尺寸的控制点。将鼠标指针指向尺寸控制点，这时鼠标指针变为斜向双箭头，按下鼠标左键，整个表格即被选定，且鼠标指针变为十字状，再拖动鼠标即可缩放整个表格。

（2）更改列宽或行高。要修改单元格的宽度或高度，只需要将鼠标指针悬停在要更改宽度的列（或要修改高度的行）的边框上，直到鼠标指针变为两个反向的箭头形状，按下鼠标左键并拖动边框，得到满意的列宽或行高即可。

当需要将行高或列宽修改为一个特定的值时，则需要通过菜单完成，具体操作步骤如下：

①选中要修改行高或列宽的单元格，选择"表格"→"表格属性"命令，或单击鼠标右键，在弹出的菜单中选择"表格属性"命令，出现"表格属性"对话框。

②如果是修改列宽，则单击"列"选项卡，如图 3-3-10a 所示。选中"指定宽度"复选框，然后在其右侧的数值框中输入列宽数值，并在"列宽单位"下拉列表中选择计量单位。

③如果修改行高，则单击"行"选项卡，如图 3-3-10b 所示。选中"指定高度"复选框，然后在其右侧的数值框中输入行高数值，再根据需要在"行高值是"下拉列表中选择"最小值"或"固定值"；选择"最小值"，则指定的数值为行高最小值，如果单元格内容过多，Word 会自动增加行高；如果选择"固定值"，则指定的数值是固定行高，Word 不会自动调整行高，当单元格内容过多时，只有在固定行高内的单元格内容才被显示或打印出来。

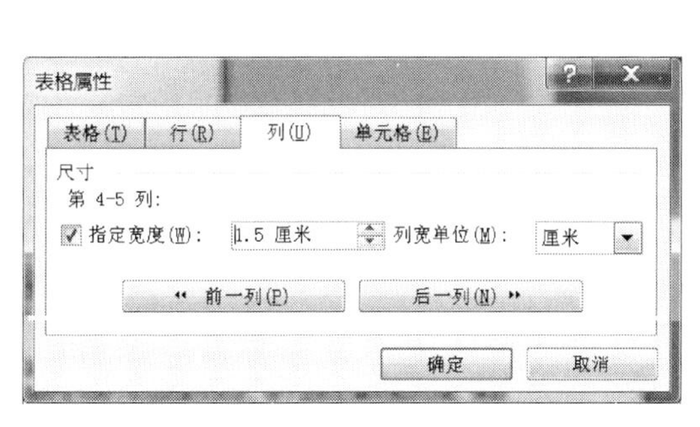

a

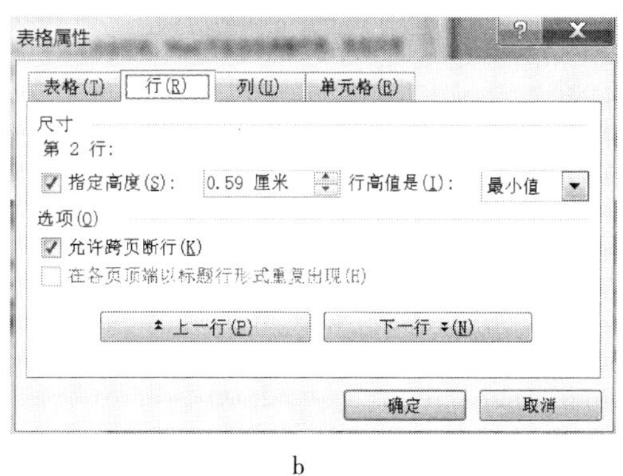

b

图 3-3-10　"表格属性"对话框

a."列"选项卡　b."行"选项卡

通过"表格属性"对话框可以更改单元格的行高和列宽，也可以精确地更改整个表格的宽度，只需要在该话框中选中"表格"选项卡并指定宽度即可。

（3）增（减）行或列。在表格中，用户可以根据实际需要插入行或列，也可以删除行或列。

将鼠标放置在准备插入行或者列的相邻单元格中，选择"表格"→"插入"命令，在打开的下一级菜单中选择“列（在左侧）”、“列（在右侧）”、“行（在上方）”或“行（在下方）”命令，即可实现插入行或者列。删除行或者列操作基本类似，只是选择“表格”→“删除”菜单项并根据需要选择“行”或“列”命令。

3. 设置表格属性 用户可以对表格的对齐方式、文字环绕方式、断行控制及表格的边框和底纹进行设置，使表格更加美观。

（1）表格对齐方式与表格中文本对齐方式。表格和表格中文本是两个不同的操作对象，表格对齐方式是指表格在文档页面的位置，而表格中文本对齐方式是指表格中的文本相对单元格的位置。

设置表格的对齐方式，首先选中整个表格，然后选择“表格”→“表格属性”命令或者单击鼠标右键并在弹出的菜单中选择“表格属性”命令，都将弹出“表格属性”对话框，选中“表格”选项卡，在“对齐方式”选项组中选择“左对齐”、“右对齐”或“居中”方式。选择“左（右）对齐”方式是使表格与文本的左（右）边界对齐；选择“居中”方式即在左右文本边界的中间放置表格。

设置表格中文本对齐方式，首先选中需要设置对齐方式的文本，然后单击“格式”工具栏上的“居中”对齐按钮、“右对齐”按钮等。

提示：选中表格的方式有三种，一种是将光标放置在表格中，单击“表格”→“选择”→“表格”命令；另一种方法是将光标放置在表格中，鼠标左键单击表格左上角的标记“⊞”；第三种方法是用鼠标左键拖动，即将光标放在表格中的左上角第一个单元格中，按下鼠标左键向表格右下角方向拖动（注意要包含每行后的回车符，否则就是选中表格中的文本）。

（2）控制文字环绕方式。在长文档中使用多个表格时，需要设置文字环绕方式（默认是无环绕方式）。在“表格属性”对话框的“表格”选项卡的“文字环绕”选项区中，可以选择“无”（文本不进行环绕，排列在表格的上方或下方）或者“环绕”（把文本环绕在表格周围）选项。

选择“环绕”选项后，“定位”按钮就可用了。单击“定位”按钮，将打开如图 3-3-11 所示的“表格定位”对话框，以控制表格在文档中的位置。可以进行如下设置：

在“水平”和“垂直”选项区的“位置”下拉列表中可以设置表格的水平和垂直位置为左侧或右侧（居中、内侧、外侧）；在“相对于”下拉列表中选择与定位表格相关的元素（水平定位选择“页边距”、“页面”、“栏”，垂直定位选择“页边距”、“页面”、“段落”）；在“距正文”选项组中设置表格和环绕文字之间的间距；在“选项”选项组中可以设置当重设文本格式时，是让表格固定在原来位置使文本交叠在表格边界，还是使表格随文本移动。

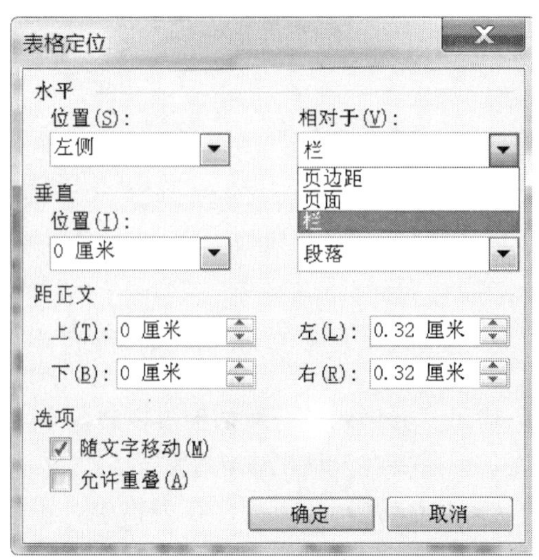

图 3-3-11 “表格定位”对话框

（3）控制表格断行。“表格属性”对话框的“行”选项卡（图 3-3-10b）中的两个复选框控制在分页或分节的情况下表格断开的方法。如果想在表格的特定位置分割表格，单击“下一行”或“上一行”按钮，以决定在哪一行之后分割表格，然后选择“允许跨页断行”复选框；如果想在断开表格的第二部分重复表头，则选中“在各页顶端以标题行形式重复出现”复选框，这将把表头复制到下一表格部分的开始处。

(4) 设置边框和底纹。在表格中有时为了使某些单元格的内容醒目一些，可以设置其边框和底纹。设置表格边框的方法和步骤如下：

①选中需要设置边框的单元格或整个表格，单击鼠标右键，在弹出的菜单中选择“边框和底纹”命令，即打开“边框和底纹”对话框，如图 3-3-12 所示。

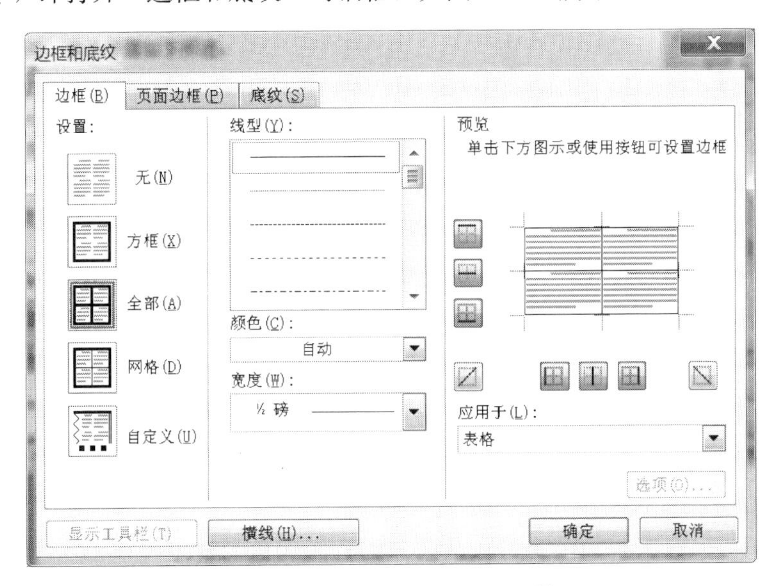

图 3-3-12　“边框和底纹”对话框

②在“边框和底纹”对话框中选择“边框”选项卡，在“设置”选项组中选择设置位置。用户可根据需要选择“无”(被选中的单元格或表格没有边框线)、“方框”(被选中的单元格或表格只有外框线，没有内框线)、“全部”(显示内外框线，且内外框线线型和粗细一致)、“网格”(显示内外框线，但外框线粗一些) 或“自定义”(指定线型和边框颜色后，在右侧的“预览”区域单击表格的任意一条边框线，则可把设定的线型和边框颜色应用到该边框线上)。

③用户根据需要可分别在“线型”、“颜色”和“宽度”列表中设定边框线的样式、颜色及粗细，在“预览”区域可以设定边框线后的表格的样式。

设置表格的底纹与为文字或段落设置底纹方法基本相同，这里不再赘述。

📖**4. 绘制斜线表头**　在制作的表格往往需要在左上角的单元格中画斜线表头，以便在斜线单元格中添加表格项目名称。在 Word 2003 表格中绘制斜线表头的操作步骤如下：

(1) 首先将光标置于准备画斜线表头的单元格中，然后选择“表格”→“绘制斜线表头”命令，将打开“插入斜线表头”对话框，如图 3-3-13 所示。

(2) 在“表头样式”下拉列表中选择样式，在“预览”选项组中浏览选择的表头样式，同时在“预览”选项组右侧显示行、列标题，用户可以输入各个标题的名称。

(3) 设置字体大小之后，单击“确定”按钮，系统可能会因为所选单元格太小而提示不能插入斜线表头，如果单击“继续”按钮则该单元格将自动调整大小并插入斜线表头。斜线表头其实是一些文本框和斜线组合在一起形成的一个组合对象，只不过 Word 代替用户做了些细微的调整工作。当然用户可以先将这个斜线表头对象取消组合，再调整斜线和各个文本框的位置，最后重新组合起来。

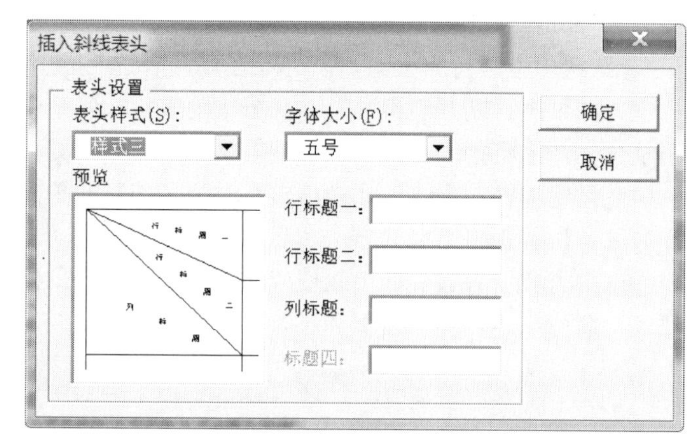

图 3-3-13 “插入斜线表头”对话框

斜线表头的生成比较简单，但生成后的结果往往不一定满意，要么是行列标题不能显示出来，要么是表头的斜线与文字位置不理想，所以斜线表头绘制后，还要根据出现的问题做一些有针对性的修改。

如果出现的问题是各行列标题没有显示出来，原因一方面可能是行列标题的字号大了或者字数过多，另一方面可能是正文文本的默认格式为首行向右缩进两字符，则此时的行列标题也会自动缩进相应的字符数，从而导致无法显示。解决这个问题的方法是减小行列标题字号的大小，以期能够显示更多的文本，或者单击斜线表头中可能有文字出现的位置，此时会显示一个虚线的粗框，观察该虚线粗框中文本是否向右缩进，如果有缩进，则选择“格式”→“段落”命令，在出现的“段落”对话框中将“首行缩进”设置为“无”，这样文本就能正常显示了。

如果出现的问题是表头的斜线与文字位置不理想，则可以鼠标右键单击这个斜线表头组合对象，在弹出的快捷菜单中选择“组合”→“取消组合”命令，然后分别拖动每一根表头斜线和文本框，修改其在表头单元格中的位置（可按住 Alt 键拖动鼠标进行精确定位）。位置修改满意后，按住 Shift 键选中这些斜线和文本框对象，单击右键并在弹出的快捷菜单中选择“组合”→“重新组合”命令，这样就绘制出了满意的斜线表头。

在一个长文档中如果有多个表格，则表格在其中排放一般需要遵循一定的规则，主要是为了阅读方便，同时也为了版面的规范和美观。一般来说，表格在文档中的主要排放规则如下：

(1) 表格要紧跟在相关的正文之后，并且尽量将表格与相关正文放在同一页中。

(2) 如果表格实在无法紧跟在相关的正文之后，也只能将表格移到相关正文之后，不要移到相关正文之前。

(3) 表格的宽度如果超过页面宽度的 2/3 就要居中对齐排放；如果不足页面宽度的 3/2，可以将表格的“文字环绕”方式设置为“环绕”。

3.3.3 表格中的数据计算与排序

Word 2003 提供了对文档或表格中的数据进行一些简单计算的功能，可以通过输入带有加、减、乘、除（+、−、*、/）等运算符的公式进行计算，也可以使用 Word 提供的数学函数进行稍复杂的计算，还可以对表格中的数字、文字和日期数据进行排序。

1. 使用"自动求和"按钮Σ对列进行求和计算　在"表格和边框"工具栏中有一个"自动求和"按钮Σ，可以快速计算出表格中某一列中的数据累加之和。首先将光标移至表格底部空白等待求和的单元格中，然后单击"自动求和"按钮，则该单元格中显示出这一列数据的总和；将光标移动到下一列，可单击"自动求和"按钮，或者按 F4 键快速复制公式。

提示：单击"自动求和"按钮只能对列求和，不能对行正确求和；对某单元格进行公式计算后，不要进行任何操作，立即进入需要复制公式的单元格，按 F4键即可快速复制公式。

2. 使用简单函数对行、列进行计算　Word 提供了一些函数，如求平均值函数 Average、求和函数 Sum、统计个数函数 Count、求最大值函数 Max、求最小值函数 Min 等。运用这些函数可以进行稍复杂一些的计算，其操作方法及步骤如下：

（1）将光标移至准备放置计算结果的单元格中，单击"表格"→"公式"命令，弹出"公式"对话框，如图 3-3-14 所示。

图 3-3-14　"公式"对话框

（2）在"公式"编辑框中将根据表格中的数据和当前单元格所在位置自动推荐一个公式，如 SUM (LEFT)。也可以在"粘贴函数"下拉列表中选择合适的函数，函数后的参数可选用 LEFT（左侧）、RIGHT（右侧）、ABOVE（上面）和 BELOW（下面）。

（3）完成公式的编辑后，单击"确定"按钮即可得到计算的结果。

提示：在对下一单元格使用函数进行计算时，可以重复步骤（1）、（2）、（3），也可以在对某单元格进行公式计算后，不要进行任何操作，立即进入需要复制公式的单元格，按 F4 键即可快速复制公式。

3. 引用单元格进行简单算术计算　在一般的计算公式中可用引用单元格的形式，表格中的列数可用 A、B、C、D 等来表示，行数用 1、2、3、4 等来表示，如某单元格＝(A4＋B3)＊2，即表示第一列的第四行加第二列的第三行然后乘 2。其操作方法与步骤如下：

（1）将光标移至准备放置计算结果的单元格中，单击"表格"→"公式"命令，弹出"公式"对话框。

（2）在"公式"编辑框中输入要计算的公式，如公式"＝(c2＋d2＋e2)/3"，将求 c2、d2、和 e2 三个单元格的平均值。

（3）选择数字格式，单击"确定"按钮即可得到计算的结果。

注意：在对下一单元格使用引用单元格进行计算时，只能重复步骤（1）、（2）、（3），不能按 F4 键快速复制公式。

4. 更新计算结果　有时候需要对表格中的数据进行修改，这样就要更新计算结果。不可能自己手动改动计算结果，可以选定需要更新数据的单元格，按 F9 键，或单击右键，在快捷菜单中选择"更新域"命令，可更新该单元格的计算结果。

5. 数据排序　在 Word 中除了可以对表格中的数据进行数学计算外，还可以对表格中的数字、文字和日期数据进行排序，使表格中某一列的数据按照一定规则重新排序，并且重新组织各行在表格中的次序。排序的方法有两种：

方法一：使用“表格和边框”工具栏中的“升序排序”按钮或“降序排序”按钮。其操作步骤如下：

（1）将光标放置在要排序表格的数据列中（该列的任一单元格中都可以）。

（2）单击“表格和边框”工具栏中的“升序排序”按钮，如果该列是数字则按从小到大排序，若该列是汉字则按拼音从 A 到 Z 排序，并且行记录顺序按排序结果自动进行调整。单击“降序排序”按钮，则该列的数字按从大到小排序，汉字按拼音从 Z 到 A 排序，行记录顺序按排序结果调整。

方法二：使用“表格”→“排序”命令，这种方法可以同时根据多个数据列进行排序。其操作步骤如下：

（1）将光标放置在要排序的表格中。

（2）选择“表格”→“排序”命令，弹出“排序”对话框；在“列表”选项组选择“有标题行”单选按钮或“无标题行”单选按钮。如果选择“无标题行”单钮按钮，则关键字显示为“列 1”、“列 2”等；如选择“有标题行”单选按钮，则关键字显示为表格中第一行的名称，如图 3-3-15 所示。

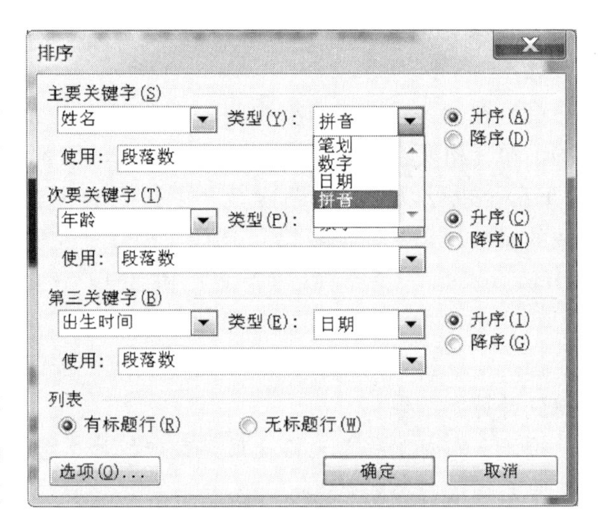

图 3-3-15 “排序”对话框

（3）选择主要关键字、类型（笔画、数字、日期、拼音）及排序方式（升序或降序）；一般情况下，Word 会根据选择的主要关键字自动确定其类型。如主要关键字是“姓名”，其类型自动确定为拼音，关键字为“年龄”，其类型自动确定为数字。

（4）如果记录行比较多，还可以设置次要关键字和第三关键字及其类型与排序方式，单击“确定”按钮，各行数据将按照排序列结果相应调整。

3.3.4 情境实战

本情境要求制作出超市某季度的商品销售报表，并且统计每类销售商品的季度销售总额和月平均销售额，还要分别计算出每个月最高和最低销售额的商品，最后按照季度销售总额进行销售排名。分析样图，可按下列操作步骤完成。

1. 制作表格并输入文本

（1）单击“表格和边框”工具栏中的“插入表格”按钮，弹出“插入表格”对话框。

（2）在“插入表格”对话框中的“表格尺寸”选项组中的“行数”文本框中输入 12，“列数”文本框中输入 8，单击“确定”按钮，即插入了一个 12 行 8 列的表格。

（3）选中第一行所有单元格，单击“表格和边框”工具栏中的“合并单元格”按钮，则第一行就只有一个单元格。

（4）在第一行单元格中输入文字“某超市第一季度销售情况表（元）时间:”，然后选择

“插入”→“日期和时间”命令，弹出“日期和时间”对话框，选择满意的日期和时间格式，并选中“自动更新”复选框，单击“确定”按钮，即插入了可自动更新的日期。

（5）选中第二行第一列和第二列单元格，单击“合并单元格”按钮使两个单元格合并，拖动第二行的下框线，使第二行宽度适当增加。

（6）输入表格中除了第一行第一列单元格（上一步中合并的）外的其他单元格中相应的数据和文本。操作后的结果如图 3-3-16 所示。

某超市第一季度销售情况表（元） 时间：2012 年 2 月 20 日							
		一月	二月	三月	季度销售总额	月平均销售额	销售排名
食品类	食用品区	70800	90450	70840			
日用品类	日用品区	61400	93200	44200			
针纺织品类	服装区	84100	87200	78900			
化妆品类	日用品区	75400	85500	88050			
饮料类	食用品区	68500	58050	40570			
体育器材	日用品区	50000	65800	43200			
服装、鞋帽类	服装区	90530	80460	64200			
烟酒类	食用品区	90410	86500	90650			
最高销售额							
最低销售额							

图 3-3-16　制作表格并输入文本后样图

2. 绘制斜线表头

（1）将光标放置在表格第二行任意单元格中，选择“表格”→“拆分表格”命令，这样表格就分成了两个表格，其中第一个表格只有一行。

（2）将光标放置在第二个表格的第一个单元格中，选择“表格”→“绘制斜线表头”命令，出现了“插入斜线表头”对话框。

（3）在该对话框中的“表头样式”列表框中选择“样式五”，在“字体大小”列表框中选择“小五”，然后分别输入行列标题，如图 3-3-17 所示。

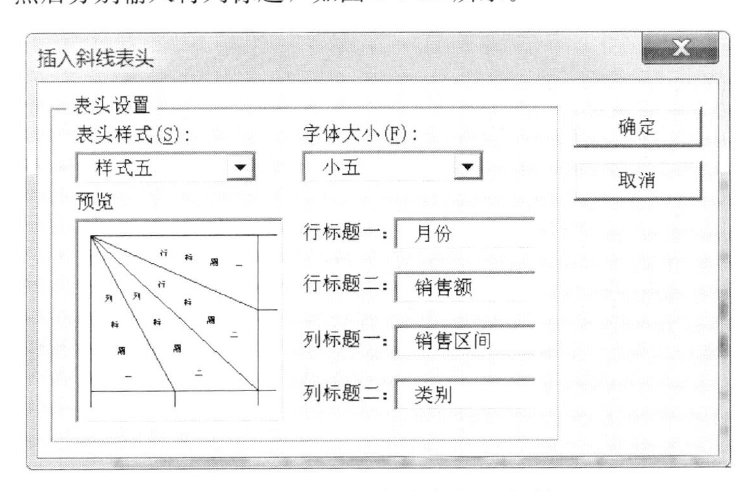

图 3-3-17　“插入斜线表头”对话框

（4）单击“确定”按钮，则生成了斜线表头，但生成的表头的斜线及文本的位置可能不理想，这时可以右键单击表头，在弹出的快捷菜单中选择“组合”→“取消组合”命令，然后按住 Alt 键，分别拖动每一根表头斜线和每个文本框，改变其在表头单元格中的位置和大小。

（5）斜线表头的斜线与文本框位置调整理想后，选定这些斜线与文本框，单击右键，在弹出的快捷菜单中选择“组合”→“重新组合”命令，满意的斜线表头生成了，生成后的样图如图 3-3-18 所示。

某超市第一季度销售情况表（元） 时间：2012 年 2 月 21 日

月份 销售额 销售区间 类别		一月	二月	三月	季度销售总额	月平均销售额	销售排名
食品类	食用品区	70800	90450	70840			
日用品类	日用品区	61400	93200	44200			
针纺织品类	服装区	84100	87200	78900			
化妆品类	日用品区	75400	85500	88050			
饮料类	食用品区	68500	58050	40570			
体育器材	日用品区	50000	65800	43200			
服装、鞋帽类	服装区	90530	80460	64200			
烟酒类	食用品区	90410	86500	90650			
最高销售额							
最低销售额							

图 3-3-18　斜线表头绘制完成后样图

3. 美化表格

（1）选中第一个表格中的文本“某超市……情况表（元）”，分别单击“格式”工具栏中的“字体”、“字号”下拉列表框，将该文本设置成黑体、三号，然后单击“格式”工具栏中的“居中”按钮，使该文本在单元格中居中对齐。

（2）选中第一个表格中的第二行文本“时间：……”，将其字体设置为宋体、字号为小四，然后单击“格式”工具栏中的“右对齐”按钮，使该行文本在单元格中右对齐。

（3）选中第二个表格中除表头外的第一行其他单元格，单击鼠标右键，在弹出的快捷菜单中选择“单元格对齐方式”→“水平垂直居中”命令，如图 3-3-19 所示。选中第二个表格的除第一行外的其他各行文本，将对齐方式同样设置成水平垂直居中。

图 3-3-19　“单元格对齐方式”快捷菜单

（4）将第二个表格中的除表头外的其他各个单元格文本设置成宋体、五号。

（5）选中第二个表格倒数第二行的第一列和第二列单元格，即第二个表格的 A11 和 B11 单元格（第一行第一列单元格记为 A1，第一行第二列单元格记为 B1，第二行第一列单元格记为 A2，第二行第二列单元格记为 B2，依次类推。即表格中的列数可用 A、B、C、D 等来表示，行数用 1、2、3、4 等来表示），单击“表格和边框”工具栏中的“合并单元格”按钮。同样，将第二个表格的 A12 和 B12 单元格也合并成一个单元格。

（6）设置底纹。选中第二个表格的第一行除表头外的其他单元格，单击右键，在弹出的快捷菜单中选择“边框和底纹”命令，则打开了“边框和底纹”对话框，选择“底纹”选项卡，如图 3-3-20 所示。选择填充颜色为黄色，图案样式为 12.5%，图案颜色为红色，应用于单元格，单击“确定”按钮，即将这几个单元格设置成了黄底、红点图案的底纹。

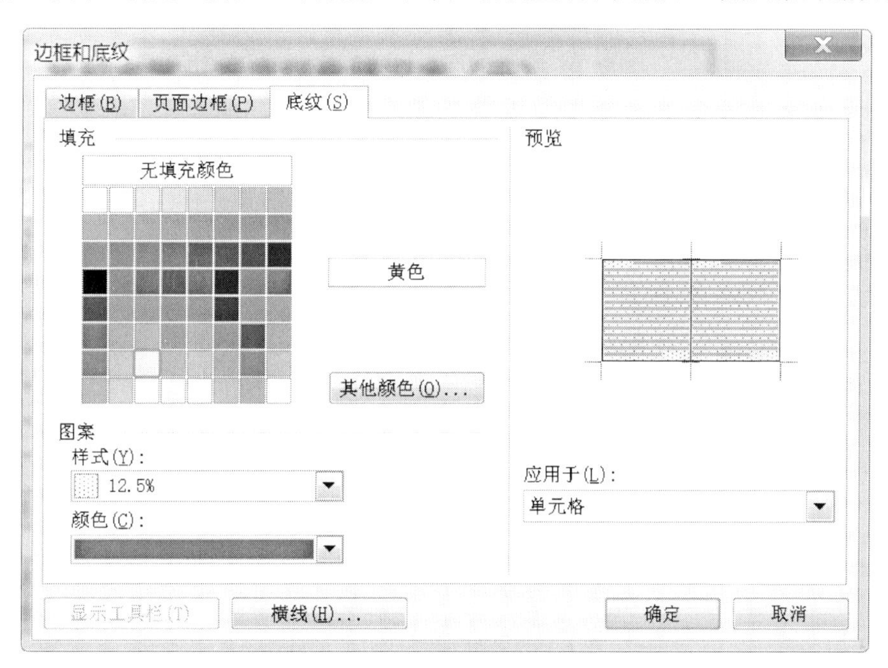

图 3-3-20　“底纹”选项卡

（7）设置边框。选中第二个表格的第一行单元格（斜线表头除外），单击右键，在弹出的快捷菜单中选择“边框和底纹”命令，打开“边框和底纹”对话框，选择“边框”选项卡，如图 3-3-21 所示；在“设置”选项组选择“自定义”，边框颜色设为红色，边框宽度设为 $2\frac{1}{4}$磅，应用于单元格，并在“预览”选项组中单击左边框按钮和下边框按钮，单击“确定”按钮，即设置了这些单元格的最左边边框和下方边框为红色的 $2\frac{1}{4}$磅实线。按照同样的方法设置其他单元格的边框。

表格文本的设置及单元格的边框和底纹设置完成后，操作效果如图 3-3-22 所示。

4. 表格中数学计算

（1）求季度销售总额。将光标放置在第二个表格的 F2 单元格中（即第 2 行第 6 列单元格），单击“表格和边框”工具栏中的“自动求和”按钮**Σ**，则求出了该行 C2、D2、E2 三个单元格数据的总和。重复该操作，可求出 F3～F9 单元格的值。

（2）求月平均销售额。将光标放置在第二个表格的 G2 单元格（即第 2 行第 7 列），选择“表格”→“公式”命令，弹出“公式”对话框，如图 3-3-23 所示，在“公式”文本框

图 3-3-21　“边框”选项卡

某超市第一季度销售情况表（元）

时间：2012 年 2 月 21 日

类别 \ 销售区间 \ 销售额 \ 月份		一月	二月	三月	季度销售总额	月平均销售额	销售排名
食品类	食用品区	70800	90450	70840			
日用品类	日用品区	61400	93200	44200			
针纺织品类	服装区	84100	87200	78900			
化妆品类	日用品区	75400	85500	88050			
饮料类	食用品区	68500	58050	40570			
体育器材	日用品区	50000	65800	43200			
服装、鞋帽类	服装区	90530	80460	64200			
烟酒类	食用品区	90410	86500	90650			
最高销售额							
最低销售额							

图 3-3-22　美化表格完成后样图

中输入公式“=(c3+d3+e3)/3”，在“数字格式”下拉列表中选择“0.00”，单击“确定”按钮，即求出了“食品类-食用品区”的前三个月的月平均销售额。将光标依次移到 F3～F9 单元格，重复该操作，可求出其他商品的月平均销售额。

需要注意的是，光标在 Fn 单元格，则输入的公式应为“=(cn+dn+en)/3”，而且运算符号（括号、加号+、等号=）都是在英文状态下输入的。

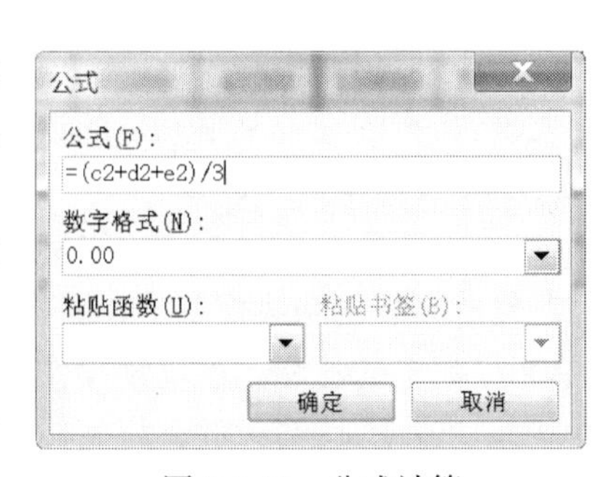

图 3-3-23　公式计算

（3）求最高销售额。将光标放置在第二个表格的 C10 单元格中（即第 10 行第 3 列单元格），选择菜单

“表格”→“公式”命令，弹出“公式”对话框，如图 3-3-24 所示，在“粘贴函数”下拉列表框中选择“MAX”，在“公式”文本框中输入公式“＝MAX(ABOVE)”，单击“确定”按钮，则求出了一月份的最高销售额；将光标移到下一列即 D10 单元格，按 F4 键，求出二月份的最高销售额；将光标移动到下一列后按 F4 键，可快速求出 E10～G10 单元格的数据。

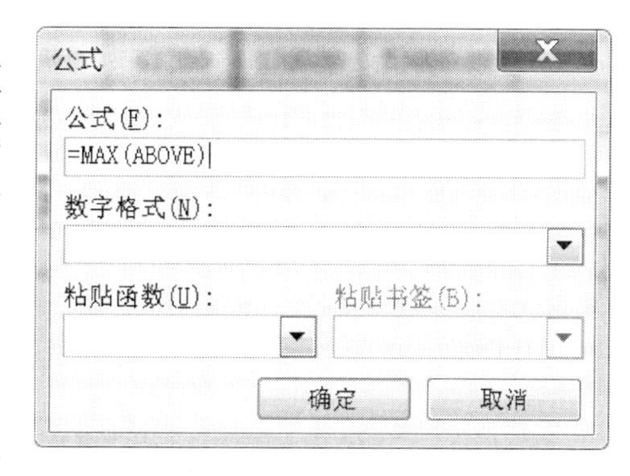

图 3-3-24　函数计算

需要注意的是，求出 C10 单元格的数据之后，不要进行其他操作，要立即进入需要复制公式的单元格，按 F4 键才能快速复制公式。

（4）求最低销售额。将光标放置在第二个表格的 C11 单元格中（即第 11 行第 3 列单元格），选择“表格”→“公式”命令，弹出“公式”对话框，在“粘贴函数”下拉列表框中选择“MIN”，在“公式”文本框中输入公式“＝MIN(C2:C9)”，单击“确定”按钮，则求出了一月份的最低销售额。将光标移到下一列即 D11 单元格，打开“公式”对话框，在“公式”文本框中输入公式“＝MIN(D2:D9)”，单击“确定”按钮，即求出了二月份的最低销售额。重复此操作，可依次求出 E11～G11 单元格的数据。

依次求出商品的季度销售总额、月平均销售额及最高、最低销售额后，操作结果如样图 3-3-25 所示。

说明：（1）因为在排序前表格中 C2：H9 区域的内外边框颜色和线型不一致，排序后不能保证该区域的外边框的颜色和线型一致，该区域内边框的颜色和线型也可能不一致，所以需要重新设置内外边框颜色和线型。

（2）如果某个单元格的数据发生改变，则与该单元格数据有关的其他单元格的数据需要更新，不需要重新计算，只需要选定需要更新计算结果的单元格，按 F9 键，或单击右键，在快捷菜单中选择“更新域”命令即可。

某超市第一季度销售情况表（元）

时间：2012 年 2 月 21 日

类别 \ 销售区间 \ 销售额 \ 月份		一月	二月	三月	季度销售总额	月平均销售额	销售排名
食品类	食用品区	70800	90450	70840	232090	77363.33	
日用品类	日用品区	61400	93200	44200	198800	66266.67	
针纺织品类	服装区	84100	87200	78900	250200	83400.00	
化妆品类	日用品区	75400	85500	88050	248950	82983.33	
饮料类	食用品区	68500	58050	40570	167120	55706.67	
体育器材	日用品区	50000	65800	43200	159000	53000.00	
服装、鞋帽类	服装区	90530	80460	64200	235190	78396.67	
烟酒类	食用品区	90410	86500	90650	267560	89186.67	
最高销售额		90530	93200	90650	267560	89186.67	
最低销售额		50000	58050	40570	159000	53000.00	

图 3-3-25　完成数学计算后的操作结果样图

5. 数据排序

要求按照季度销售总额从高到低的顺序进行排序，其操作步骤如下：

（1）排序。选中第二个表格的从 A2 开始到 H9 结束的连续矩形区域（可用 A2：H9 表示），选择“表格”→“排序”命令，弹出“排序”对话框，在“列表”选项组选中“无标题行”单选按钮，在“主要关键字”下拉列表中选择“列 7”（因为“季度销售总额”在第 7

列），其类型为数字，选中“降序”单选按钮（图 3-3-26），最后单击“确定”按钮，则第二个表格中的各行数据按照季度销售总额从高到低的顺序排列了。

（2）输入销售排名名次。在“销售排名”列单元格中依次输入数字 1、2、3、…、8。

（3）设置边框。选定第二个表格的 C2:H9 区域，单击右键，在弹出的快捷菜单中选择“边框和底纹”命令，弹出“边框和底纹”对话框，选择“边框”选项卡，在“设置”选项组中选择“自定义”，边框颜色设为红色，边框宽度设为 $2\frac{1}{4}$ 磅，应用于单元格，并在“预览”选项组中单击图示的左边框和上下边框；再次选择边框颜色为自动，边框宽度为 $\frac{1}{4}$ 磅，应用于单元格，并在“预览”选项组中单击内边框线；单击“确定”按钮，即设置了 C2:H9 矩形区域中外边框为红色的 $2\frac{1}{4}$ 磅实线，内边框为默认颜色的 $\frac{1}{4}$ 磅实线。

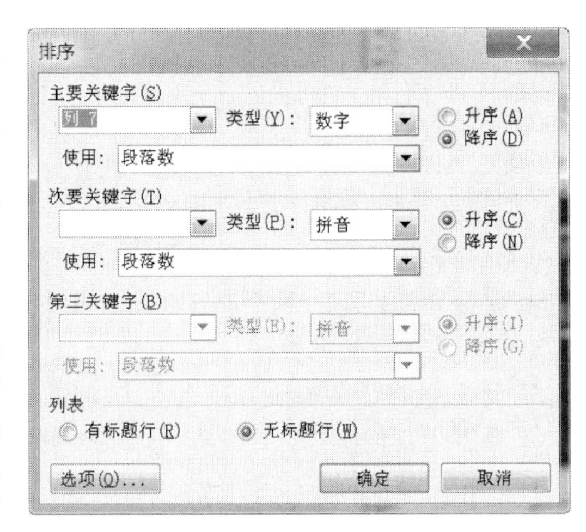

图 3-3-26　无标题行排序

说明： 因为在排序前表格中 C2:H9 区域的内外边框颜色和线型不一致，排序后不能保证该区域的外边框的颜色和线型一致，该区域内边框的颜色和线型也可能不一致，所以需要重新设置内外边框颜色和线型。

（4）合并表格。将光标移到第一个表格和第二个表格之间，按 Del 键删除两个表格之间

某超市第一季度销售情况表（元）							
							时间：2012 年 2 月 21 日
类别 \ 销售区间 \ 销售额 \ 月份		一月	二月	三月	季度销售总额	月平均销售额	销售排名
烟酒类	食用品区	90410	86500	90650	267560	89186.67	1
针纺织品类	服装区	84100	87200	78900	250200	83400.00	2
化妆品类	日用品区	75400	85500	88050	248950	82983.33	3
服装、鞋帽类	服装区	90530	80460	64200	235190	78396.67	4
食品类	食用品区	70800	90450	70840	232090	77363.33	5
日用品类	日用品区	61400	93200	44200	198800	66266.67	6
饮料类	食用品区	68500	58050	40570	167120	55706.67	7
体育器材	日用品区	50000	65800	43200	159000	53000.00	8
最高销售额		90530	93200	90650	267560	89186.67	
最低销售额		50000	58050	40570	159000	53000.00	

图 3-3-27　制作商品销售报表完成样图

的所有空格，这样两个就合并成一个表格了。操作完成后的效果如图 3-3-27 所示。

情境四 制作学生成绩报告单

❶情境描述

学期结束了，团委王老师请张红帮忙制作全院各系每个学生的学生成绩报告单，要求张红根据学生学期成绩制作格式相同、内容不同的成绩报告单，制作完成后的成绩报告单如图 3-4-1 所示（以刘雨轩同学的成绩单为例）。

2011-2012 学年第二学期

成绩报告单

院系名称：信息工程系

班级名称：计算机应用 112

学生姓名：刘雨轩

班主任姓名：朱刚

序号	课程名称	成绩
1	大学语文	74
2	大学英语	81
3	大学体育	87
4	法律基础	84
5	高等数学	89
6	计算机应用基础	85
7	C 语言程序设计	90
8	操行考核分	75
总评成绩		81.5
奖励		二等奖学金

图 3-4-1 学生成绩报告单

❷情境分析

在实际工作中，经常遇到这种情况：需要处理的文件主要内容基本相同，只是具体数据有变化，比如学生成绩报告单、录取通知书、电费水费催缴单、请柬、工资条、个人简历、准考证、信封等个人报表。如果一份一份地编辑打印，虽然每份文件只需要修改少量数据，但份数多了，就麻烦，效率低了，而且还容易出错。在 Word 中可以使用邮件合并功能来完成此类工作任务。

此样图主要涉及如下知识技能点：

➢邮件合并的基本概念和功能

➢邮件合并的适用范围

➢邮件合并功能的使用

经分析，可按照下列步骤完成：

- 邮件合并基本概念
- 邮件合并的一般过程
- 情境实战

❸具体实现

3.4.1 邮件合并基本概念

邮件合并是 Word 的一项高级功能，是办公自动化人员应该掌握的基本技术之一

📖**1. 邮件合并的基本概念和功能** 邮件合并最初是在批量处理邮件文档时提出来的。具体地说，就是在邮件文档（称为主文档）的固定内容中，合并与发送信息相关的一组通信资料（称为数据源，如 EXCEL 表、Access 数据表等），从而批量生成需要的邮件文档，因此大大提高了工作的效率。

邮件合并功能除了可以批量处理信函、信封等与邮件相关的文档外，还可以轻松地批量制作标签、工资条、成绩单等。

📖**2. 邮件合并的适用范围** 邮件合并往往用在需要制作数量比较大且文档内容可分为固定不变的部分和变化的部分（比如打印信封，寄信人信息是固定不变的，而收信人信息是变化的）的工作任务中，变化的内容来自数据表中含有标题行的数据记录表，该数据记录表即是数据源。

什么是含有标题行的数据记录表？通常是指这样的表：它由字段列和记录行构成，字段列规定该列存储的信息，每条记录行存储着一个对象的相应信息。比如，图 3-4-2 所示就是这样的表，其中包含的字段为“姓名”、“大学语文”、“总评”等，数据记录表中的每条记录存储着一位学生的相应信息。该表中第一行称为标题记录，从第二行起每一行就是一条数据记录。

	A	B	C	D	E	F	G	H	I	J	K	L	M	N	O
1	学号	姓名	大学语文	法律基础	大学英语	大学体育	计算机基础	高等数学	C语言	操行考核	总评	奖 励	所在院系	所在班级	班主任
2	1	尹春花	83	86	85	87	81	87	90	83	85	一等奖学金	信息工程系	计算机应用111	周强
3	2	刘雨轩	74	84	81	87	85	89	90	75	82	二等奖学金	信息工程系	计算机应用112	朱刚
4	3	李小露	81	85	80	82	74	84	70	77	79		园林科技系	园林技术11	陈坤
5	4	窦海涛	80	87	78	87	75	79	75	84	81	三等奖学金	动物科技学院	畜牧111	赵薇
6	5	黄晓明	75	85	74	80	86	79	90	76	80		动物医学院	兽医检验11	周迅
7	6	何晶	77	82	67	85	89	73	85	82	80		动物药学院	动物医药11	张默
8	7	杨千晔	83	85	77	87	69	83	68	80	79		食品科技学院	食品检测11	张柏芝
9	8	彭小文	82	84	70	83	63	88	63	77	76		宠物科技系	宠物医学11	程汗
10	9	宋佳佳	85	86	88	83	73	84	75	73	79		水产科技系	水产养殖11	董卿

图 3-4-2 含有标题行的数据记录表

3.4.2 邮件合并的基本过程

邮件合并的基本过程包括四个步骤：准备数据源，创建主文档，在主文档中插入合并域，将数据源中的数据合并到主文档中。只要理解了这些过程，就可以得心应手地利用邮件合并来完成批量作业。

📖**1. 准备数据源** 数据源就是数据记录表，是一个文件，其中包含着相关的字段和记录内容。如果把数据源看作一维表格，则其中的每一列对应一类信息，在邮件合并中称为合

并域，如图 3-4-2 中的“姓名”、“大学语文”等。其中的每一行对应合并文档某副本中需要修改的信息，如图 3-4-2 成绩表中某个学生的姓名、大学语文成绩、高等数学成绩等信息。完成合并后，该信息被映射到主文档对应的域名处。

一般情况下，考虑使用邮件合并来提高效率正是因为手上已经有了相关的数据源，如 Excel 表格、Outlook 联系人或 Access 数据库等。如果没有现成的，也可以重新建立一个数据源。

2. 创建主文档　主文档就是前面提到的固定不变的主体内容，比如信封中的落款、信函中的对每个收信人都不变的内容等，主文档的格式也就决定了合并后文档的格式。使用邮件合并之前先建立主文档，是一个很好的习惯。一方面可以考查预计中的工作是否适合使用邮件合并，另一方面主文档的建立，为数据源的建立、修改或选择提供了标准和思路。

建立主文档的过程与新建一个 Word 文档一样，在进行邮件合并之前它只是一个普通的文档。在输入文档内容的过程中，需要考虑的是该文档文本怎样布局才能与数据源完美地结合（比如，需要在合适的位置留下数据填充的空间），同时还要思考是否需要对数据源的信息进行必要的修改以符合要求。

主文档建立好后，需要打开“邮件合并”工具栏或“邮件合并”任务窗格。打开如图 3-4-3 所示的“邮件合并”工具栏可采用下列三种方法：

图 3-4-3　“邮件合并”工具栏

方法一：选择“工具”→“信函与邮件”→“邮件合并工具栏”命令。

方法二：选择“工具”→“信函与邮件”→“邮件合并”命令。

方法三：选择“视图”→“工具栏”→“邮件合并”命令。

3. 设置文档类型

（1）单击“邮件合并”工具栏中的“设置文档类型”按钮，打开“主文档类型”对话框，如图 3-4-4 所示。在此对话框中，显示文档的类型有信函、电子邮件、传真、信封、标签、目录、普通文档共 7 种。

（2）在该对话框中选择“信函”单选按钮，单击“确定”按钮使设置生效，同时关闭“主文档类型”对话框。

图 3-4-4　“主文档类型”对话框

4. 打开数据源

（1）单击“邮件合并”工具栏中的“打开数据源”按钮，打开如图 3-4-5 所示的“选取数据源”对话框，从中选取数据源文件。

（2）单击“打开”按钮，打开如图 3-4-6 所示的“选取表格”对话框，从中选择所需的工作表。如果该工作表中包含了列标题字段，则需要选中“数据首行包含列标题”复选框。

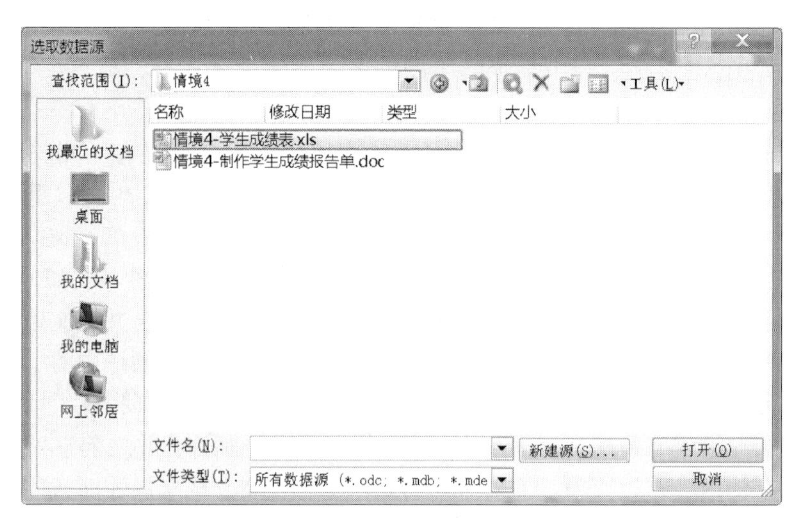

图 3-4-5 “选取数据源”对话框

（3）选择完毕后单击“确定”按钮。此时会发现，“邮件合并”工具栏中很多按钮都被激活了。

（4）单击“邮件合并”工具栏中的“收件人”按钮，打开“邮件合并收件人”对话框，其中显示的就是刚才选择的数据源列表，这里列出了邮件合并的数据源中的所有数据，可以通过该对话框对数据进行修改、排序、选择和删除操作，如图 3-4-7 所示。

图 3-4-6 “选取表格”对话框

邮件合并收件人

要对列表进行排序，请单击相应的列标题。要缩小满足某种条件的收件人范围，如某城市，请单击列标题旁的箭头。请使用复选框或按钮添加或删除邮件合并的收件人。

收件人列表(L):

姓名		大.	法.	大.	大.	计...	高.	
尹春花	1	83	86	85	87	81	87	9
刘雨轩	2	74	84	81	87	85	89	9
李小露	3	81	85	80	82	74	84	7
窦海涛	4	80	87	78	87	75	79	7
黄晓明	5	75	85	74	80	86	79	9

全选(S)　全部清除(A)　刷新(R)

查找(F)...　编辑(E)...　验证(V)　确定

图 3-4-7 “邮件合并收件人”对话框

（5）单击“确定”按钮即可将所选的数据源与主文档建立连接。

下面就要为主文档插入所需要的域，而这些域就是刚刚建立的数据源。

5. 在主文档中插入合并域

（1）把光标放置在主文档中要合并来自数据源的数据的位置上，如“院系名称：____________”（将光标放置在横线上），单击“邮件合并”工具栏中的“插入域”按钮，打开“插入合并域”对话框。

（2）在“插入”选项组中，选中“数据库域”单选按钮，并从“域”列表框中选择所需要的域进行插入。如这里选择“所在院系”域，如图 3-4-8 所示。

（3）单击“插入”按钮，即可在主文档的“院系名称”后的横线上出现“《所在院系》字样”。

（4）依次将光标定位在其他要合并来自数据源的数据的位置，使用“插入合并域”对话框在主文档相应位置插入相应域，这样数据源与主文档的各个域链接就完成了。

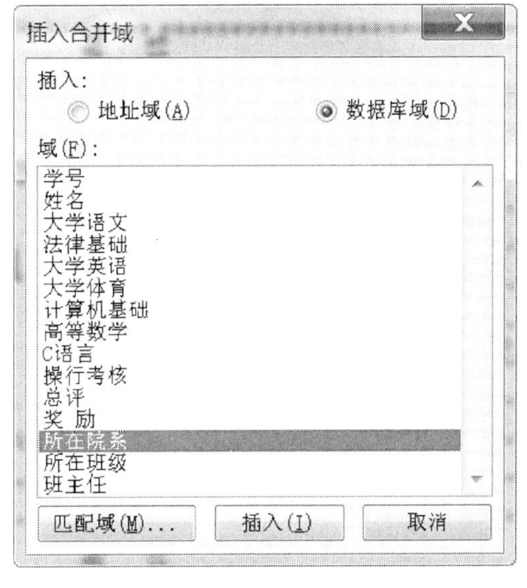

图 3-4-8　“插入合并域”对话框

（5）单击“邮件合并”工具栏中的“查看合并数据”按钮，查看合并到主文档中的数据，并且通过单击“邮件合并”工具栏中的“首记录”、“上一记录”、“下一记录”、“尾记录”按钮，可以查看每一个合并到主文档的数据。

合并到主文档的数据既可以保存到一个新的文档中，也可以通过打印机输出，还可以通过电子邮件发送给不同的人。

6. 将数据源中的数据合并到新文档

（1）单击“邮件合并”工具栏中的“合并到新文档”按钮，打开“合并到新文档”对话框，如图 3-4-9 所示。

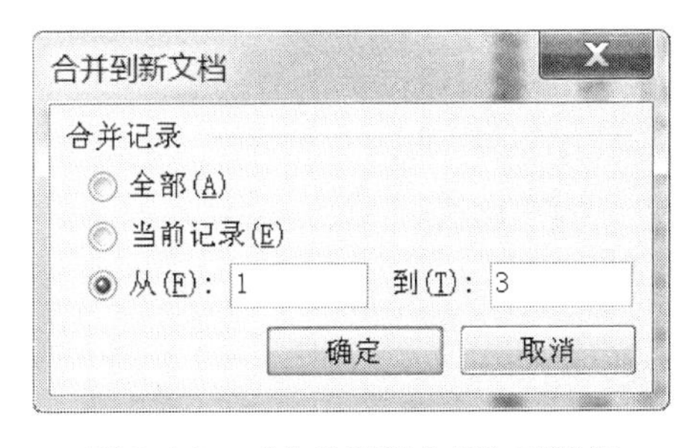

图 3-4-9　“合并到新文档”对话框

（2）用户可以根据需要选择将全部记录、当前记录或者从第几条到第几条记录合并到新文档，选择后单击“确定”按钮，就会出现一个新文档。这个新文档系统默认的名字为“字母 1. doc”。此时，就将数据源中的数据合并到新文档中了。需要说明的是，这个新文档是一个独立的文件，与主文档之间没有任何关系，也就是说修改了主文档或者数据源都不会影响这个新文档。

7. 将数据源中的数据合并到电子邮件

在网络高速发展的现代社会，将邮件合并后的数据合并到电子邮件，直接通过网络发送给收件人不仅方便快捷，而且成本也低。使用“邮件合并”工具栏实现合并邮件的传输，具体操作步骤如下：

（1）单击“邮件合并”工具栏中的“合并到电子邮件”按钮，打开“合并到电子邮件”对话框，如图 3-4-10 所示。

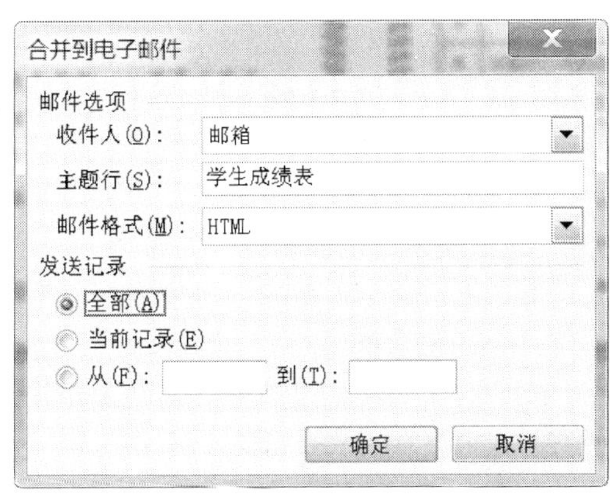

图 3-4-10　“合并到电子邮件”对话框

（2）在“邮件选项”选项组中的“收件人”下拉列表中选择“邮箱”字段；在“主

题行”文本框中输入电子邮件的主题，如“学生成绩表”；在“邮件格式”下拉列表中选择“HTML”；在“发送记录”选项区域中指定电子邮件的范围，如“全部”、“当前记录”等。

（3）单击“确定”按钮完成操作，即可启动 Outlook 进行电子邮件的发送了。

通过电子邮件的方式发送合并后的文档，每一位学生都会收到一封标记自己信息的电子邮件，并且除他之外的邮件信息和学生信息是看不到的。需要注意的是，OutLook 只有正常工作才能最终完成任务。

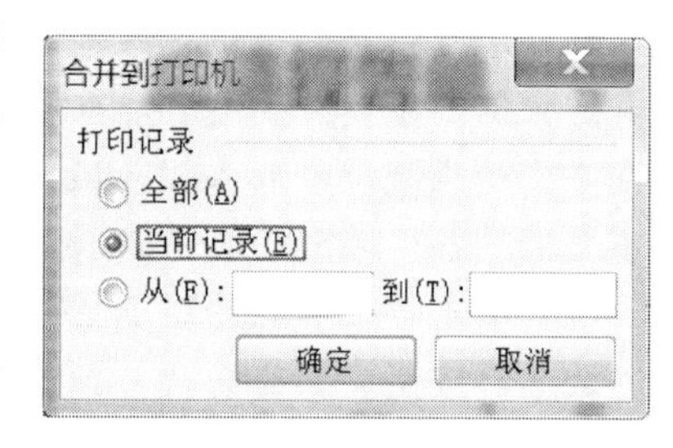

图 3-4-11 “合并到打印机”对话框

📖8. 将数据源中的数据合并到打印机 用户可以将合并后的文档打印出来观看效果。具体操作步骤如下：

（1）单击“邮件合并”工具栏中的“合并到打印机”按钮，打开“合并到打印机”对话框，如图 3-4-11 所示。

（2）选中“当前记录”单选按钮（只打印当前记录），单击“确定”按钮即打开“打印”对话框，如图 3-4-12 所示。

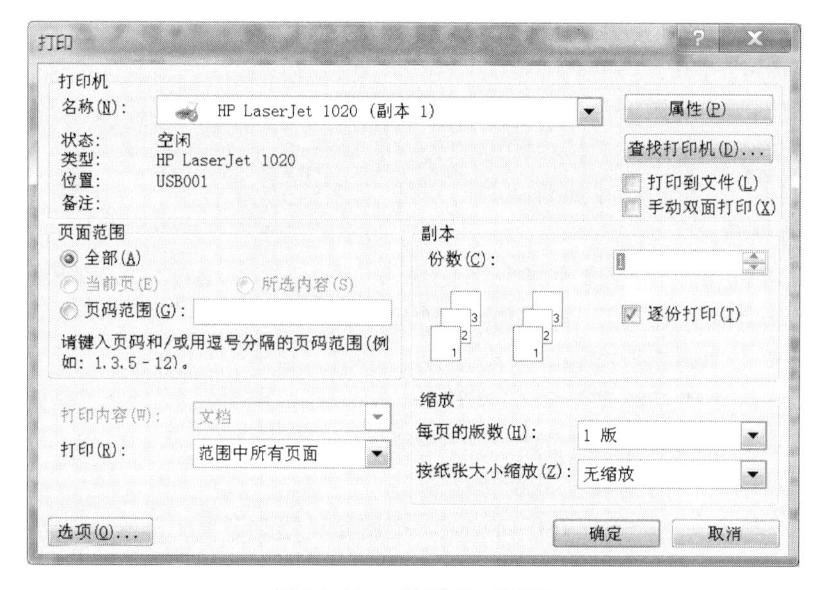

图 3-4-12 “打印”对话框

（3）在“名称”下拉列表中选择当前使用的打印机。如果计算机中安装了不止一个打印机驱动程序，需要选择当前使用的打印机。

（4）如果只想打印其中的一页，可以在“页面范围”文本框中填写所要打印的页码。在“副本”选项组中可以设置打印的份数。

（5）单击“确定”按钮即可完成打印工作。

邮件合并注意事项：

（1）合并域只能通过单击“邮件合并”工具栏中的“插入域”按钮来完成，不能输入合并域符号（《》）或选择“插入”→“符号”命令插入这对符号，否则没有办法获取来自数据源中的数据。

（2）为了正确显示合并的数据，请确认在合并域之间、合并域符号（《》）之外输入空格和标点，确保合并域的完整性，不要在合并域符号之间输入空格和标点。

3.4.3　情境实战

本情境要求制作出如图 3-4-1 所示的学生成绩报告单，首先要制作主文档，然后利用 Word 的“邮件合并”功能将数据源“学生成绩表 . xls”中的数据合并到一个新文档中，具体操作步骤如下。

1. 创建主文档

(1) 启动 Word 2003 并新建一个文档，文件名为“学生成绩报告单 . doc”。

(2) 设置页面。选择“文件”→“页面设置”命令，打开“页面设置”对话框，选择“页边距”选项卡，在“方向”选项组选择“横向”，单击“确定”按钮，页面的方向就变为横向了。

(3) 插入文本框。选择“插入”→“文本框”→“横排”命令，此时光标呈十字形，拖动左键在页面上画出一个文本框。

(4) 设置文本框。选中文本框，单击右键，在弹出的快捷菜单中选择“设置文本框格式”命令即出现了“设置文本框格式”对话框。在该对话框中，将填充颜色设置为无填充颜色，线条颜色设置为蓝色，线条虚实设置为虚线，线型设置为 6 磅的粗实线；单击“确定”按钮即出现了一个蓝色的虚线框。

(5) 增加 2 个文本框（共 3 个）。按 Ctrl 键的同时拖动第 4 步设置好的文本框，再重复一次，这样增加了 2 个文本框。参照样图调整三个文本框的大小和位置。

(6) 在左边文本框中输入并设置文本。首先按照样图输入文本。将“2011-2012……”所在行文本设置为黑体、二号，将文本“成绩报告单”设置为红色、华文琥珀、初号；将下面的四行文本设置为华文新魏、三号。设置完字体后，调整这些文本在文本框中的位置，使其合理美观。

(6) 在右边文本框中插入表格。选择“表格”→“插入”→“表格”命令，在弹出的“插入表格”对话框中的“列数”文本框中输入“3”、“行数”文本框中输入“11”，单击“确定”按钮即插入了一个 11 行 3 列的表格。

(7) 调整表格及设置表格。选中第 10 行第 1～2 列单元格，单击右键，在弹出的快捷菜单中选择“合并单元格”命令，同样，将第 11 行第 1～2 列单元格也合并成一个单元格。

(8) 设置表格中文本格式。参照样图在表格中输入文本。选中表格中文本，将其设置为宋体、四号，并单击右键，在弹出的快捷菜单中选择“单元格对齐方式”命令，并选择“水平垂直居中”方式。

(9) 设置背景。为了增加报告单的美观效果，还可以设置页面的背景。选择“格式”→“背景”→“水印”命令，打开“水印”对话框。选中“图片水印”单选按

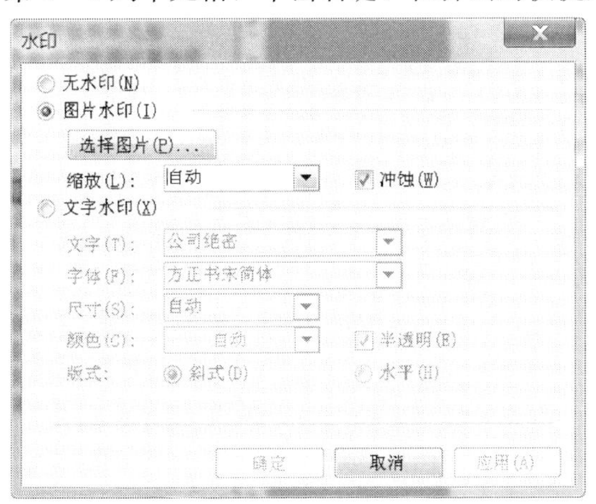

图 3-4-13　“水印”对话框

钮并单击“选择图片”按钮（图 3-4-13），打开“插入图片”对话框，在该对话框中选择合适的图片，单击“插入”按钮即可。

至此，主文档完全创建好了（注意在创建主文档的过程中经常保存文件）。完成后效果如图 3-4-14 所示。

图 3-4-14　主文档创建效果

📖2. 邮件合并

（1）选择“视图”→“工具栏”→“邮件合并”命令，打开“邮件合并”工具栏。

（2）单击“邮件合并”工具栏中的“设置文档类型”按钮，打开“主文档类型”对话框，如图 3-4-15 所示。在该对话框中选择“信函”单选按钮，单击“确定”按钮使设置生效。

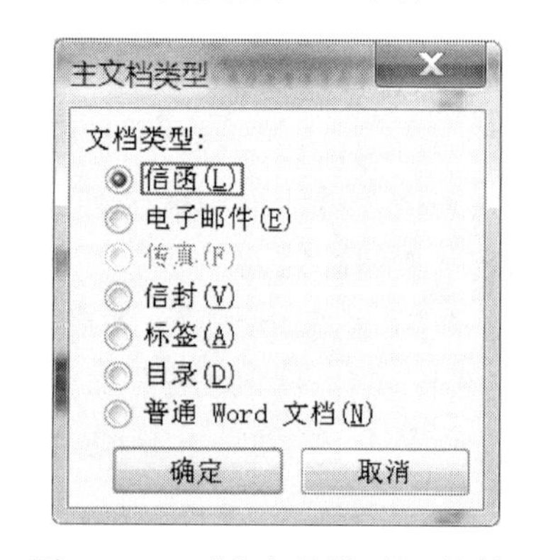

图 3-4-15　“主文档类型”对话框

（3）单击“邮件合并”工具栏中的“打开数据源”按钮，打开“选取数据源”对话框，从中选取数据源文件“情境 4-学生成绩表 . xls”。

（4）在“打开数据源”对话框中单击“打开”按钮，打开如图 3-4-16 所示的“选取表格”对话框，从中选择所需的工作表。由于该工作表中包含了列标题字段，则需要选中“数据首行包含列标题”复选框，选择完毕后单击“确定”按钮。

（5）把光标放置在主文档中要合并来自数据源的数据的位置上，如“院系名称：＿＿＿＿＿＿＿＿”（将光标放置在横线上），单击“邮件合并”工具栏中的“插入域”按钮，打开“插入合并域”对话框。

（6）在“插入”选项组中选中“数据库域”单选按钮，并从“域”列表框中选择所需要的域“所在院系”，如图 3-4-17 所示。单击“插入”按钮，即可在主文档的“院系名称：”后的横线上出现“《所在院系》”字样。

（7）同样，将光标放置在表格第 3 列第 2 行的单元格中，单击“邮件合并”工具栏中的“插入域”按钮，打开“插入合并域”对话框。选择“大学语文”域并选中“数据库域”单选按钮，单击“插入”即可在该单元格中出现“《大学语文》”，如图 3-4-17 所示。

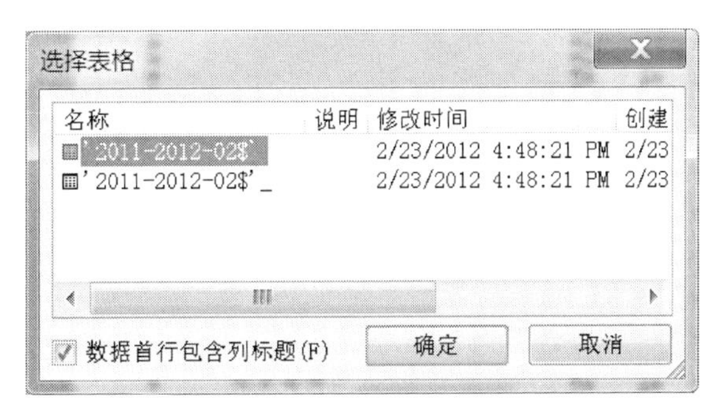

图 3-4-16　“选取表格”对话框

（8）依次将光标定位在其他要合并来自数据源的数据的位置，使用“插入合并域”对话框在主文档相应位置插入

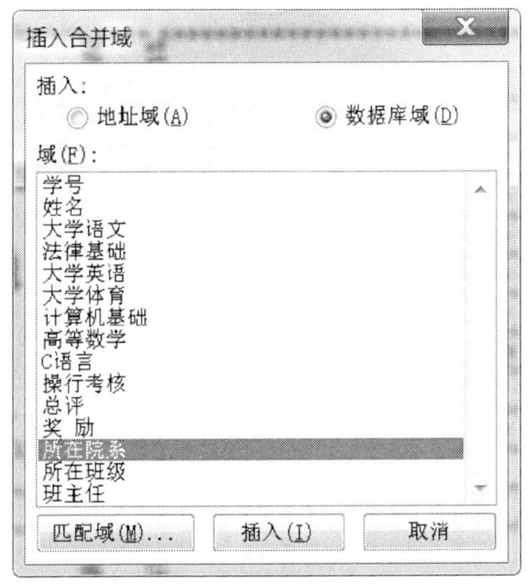

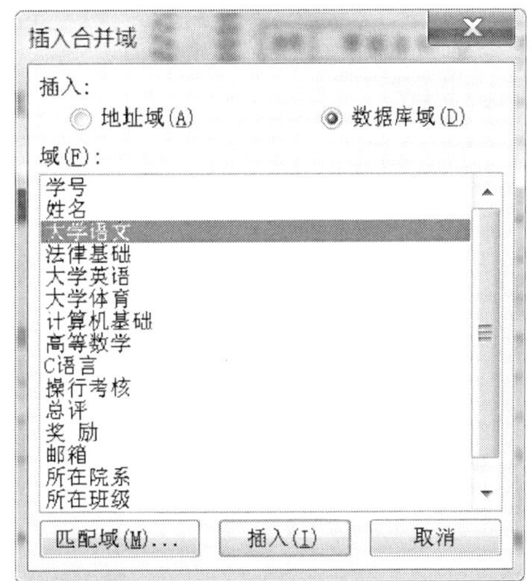

图 3-4-17　“插入合并域”对话框

相应域。数据源与主文档的各个域链接完成后，主文档的效果如图 3-4-18 所示。

2011-2012 学年第二学期

成绩报告单

院系名称：《所在院系》

班级名称：《所在班级》

学生姓名：《姓名》

班主任姓名：《班主任》

序号	课 程 名 称	成绩
1	大学语文	«大学语文»
2	大学英语	«大学英语»
3	大学体育	«大学体育»
4	法律基础	«法律基础»
5	高等数学	«高等数学»
6	计算机应用基础	«计算机基础»
7	C 语言程序设计	«C 语言»
8	操行考核分	«操行考核»
总评成绩		«总评»
奖 励		«奖_励»

图 3-4-18　插入合并域后主文档效果

📖3. 合并到新文档

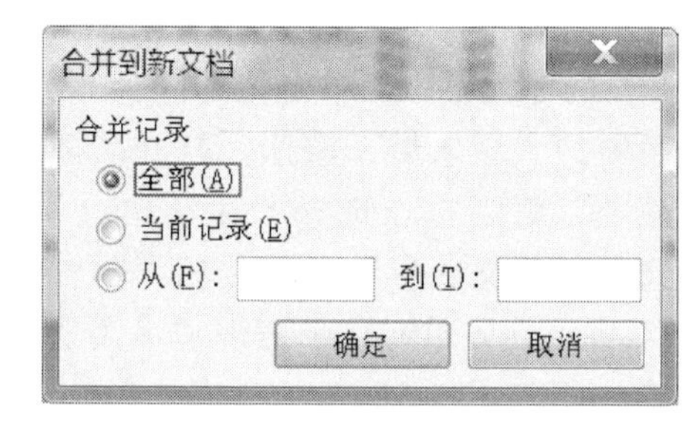

图 3-4-19 “合并到新文档”对话框

(1) 单击“邮件合并”工具栏中的“合并到新文档”按钮，打开“合并到新文档”对话框，如图 3-4-19 所示。

(2) 选择“全部”单选按钮后单击“确定”按钮，就会出现一个新文档。这个新文档系统默认的名字为“字母 1. doc”。此时，就将数据源中的数据合并到新文档“字母 1. doc”中了。

情境五 毕业论文排版成册

❶情境描述

张红还有半年就毕业了，她现在最主要的任务之一就是写毕业论文并将论文按照学校论文排版要求将其排版成册。张红已经写好了论文，论文题目是“网络拓扑发现模块的设计与实现”，现要求对此论文按照下面要求进行排版。排版完成后，还要求自动生成目录，目录样图如图 3-5-1 所示。

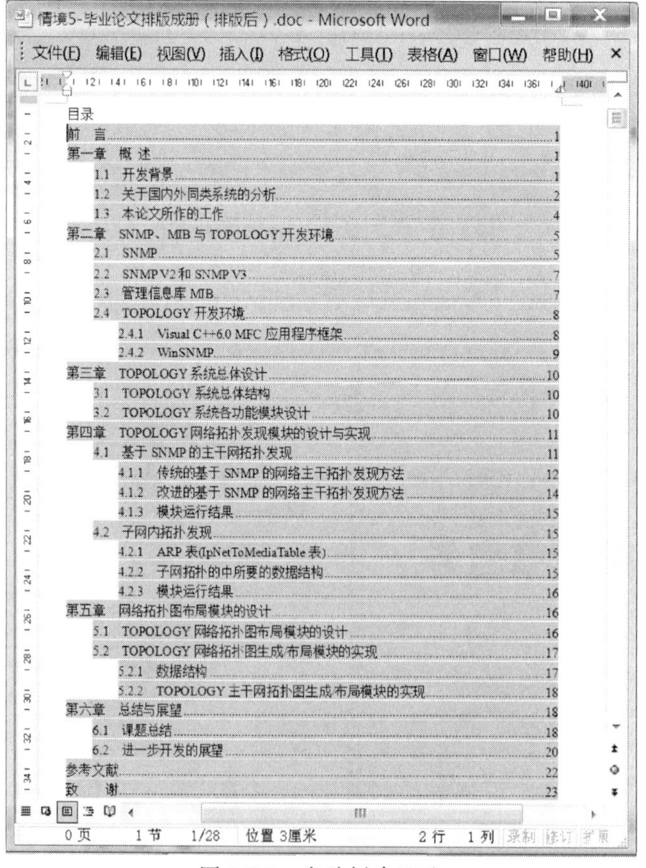

图 3-5-1 自动创建目录

现将张红所在学校的毕业论文的参考排版格式要求罗列如下。

1. 封面　论文的封面要求整体布局流畅、色彩搭配协调，应包含学院标记、学院名称、系部名称、学生信息、指导教师信息及论文完成时间等内容。

2. 正文（另起一页开始）

（1）论文题目。黑体、三号、居中。

（2）作者（宋体、小四、居中）与题目之间空一行。

（3）摘要。这两个字是小四、黑体，两字与摘要内容之间空两格，摘要内容为 100～200 字，字号为楷体小四。

（4）关键词。这三个字是小四、黑体，与具体关键词之间空两格。关键词是反映文章最主要内容的名词性术语，为 3～5 个，为楷体、小四。

（5）正文部分与中文关键词之间空两行或三行。

（6）正文字数不少于3 000字，字体为宋体，字号为小四号，行距为 22 磅。

（7）正文中的各级标题按从大到小的顺序设置，一级标题为“1”（小四、黑体，顶格书写），二级标题为“1.1”（小四、宋体、加粗、顶格），三级标题“1.1.1”（小四、宋体、顶格）。

（8）正文中的有关图表字体为宋体（与正文一致），字号为五号，表格用“表 1（表 2 等依次）”并放在表格上面（居中对齐），图用“图 1（图 2 等依次）”并放在图下面（居中）。

（9）正文页面设置。左、右边距为 3.17cm，上、下边距为 2.54cm，装订线为 0.5cm，纸型为 A4。

（10）正文文本奇数页页眉文字内容为“江苏畜牧兽医职业技术学院毕业论文（设计）”，偶数页页眉文字内容为“论文题目”。文字设置均为五号字，英文字体为 Times New Roman，居右对齐，页码在每页底端并居中对齐。

3. 参考文献　参考文献单独列一页。

（1）参考文献标题为四号字、黑体，居中对齐。

（2）参考文献内容为五号字、宋体，并与“参考文献”标题文字之间空一行。

4. 致谢　要求单独列一页。

（1）“致谢”标题为四号字、黑体，居中对齐。

（2）致谢内容字体为宋体，字号为小四号，行距为 22 磅，与标题之间空一行。

❷情境分析

对于在毕业论文排版的过程中可能涉及的知识点，做如下分析和说明。

毕业论文排版成册时一般由两大部分组成：论文封面和论文。论文封面在要求整体布局合理的基础上，要重点说明一些重要信息，如论文的出处、作者与指导老师、题目及日期等，各个学校一般都有自己的固定格式的封面，只要在这个封面上填写完整论文的相关信息就可以。论文主要由目录、摘要、关键词、正文、结论、参考文献（单独一页）、致谢（单独一页）七个部分组成，其中目录是自动创建的，论文全部是由用户自己来撰写的，所以本情境主要学习如何对论文进行编辑排版及在论文排版中常用的技术。在编辑排版论文时主要掌握如下知识技能点：

➢页面、页眉页脚的设置
➢利用大纲视图管理文档
➢文档样式的创建、修改、重命名和删除
➢题注的插入及修改
➢自动创建文档目录
➢文档检查

经分析，可按照下列步骤完成：

- 页面格式设置
- 大纲视图
- 文档样式
- 题注
- 目录
- 情境实战

❸具体实现

3.5.1 页面格式设置

页实际上就是文档的一个版面，一篇文档内容编辑得再好，如果没有进行恰当的页面设置和页面排版，打印出来的文档也将逊色不少。同时也为了在以后的编辑工作中真实地反映论文输出后的实际页面效果，因此在进行编辑操作之前，应该根据实际需要来设置页面的大小和方向、背景效果、页眉和页脚等。

📖**1. 页面、页边距设置** 页面设置主要包括页边距设置、纸张设置、板式设置等，其中页边距和纸张设置是最重要的，合适的纸张、合理的页边距将使文档显得更加美观。

页边距主要设置页面上（或下、左、右）边距、装订线、方向、装订线的位置，页面方向指页面是横向还是纵向。具体的操作如下：

选择“文件”→“页面设置”命令，打开“页面设置”对话框，切换到“页边距”选项卡，如图 3-5-2 所示，就可以进行相关的设置，然后单击“确定”按钮。

📖**2. 页面纸张设置** 纸张设置一般包括纸张大小、纸张来源等相关设置。具体步骤如下：在“页面设置”对话框中，切换到“纸张”选项卡（图 3-5-3），就可以设置纸张大小（如 A4）、纸张来源（如默认纸盒），然后单击“确定”按钮。

📖**3. 页面背景设置** 背景显示在页面最底层，合理地运用背景会使文档活泼、明快。选择“格式”→“背景”命令，打开其子菜单，如图 3-5-4 所示，在该子菜单中可以设置背景颜色、填充效果和水印。

（1）设置背景颜色。在“背景”子菜单的调色板中单击所需要的颜色块，即可为文档设置该颜色作为背景。如果要取消背景颜色，选择该子菜单中的“无填充颜色”命令即可。

（2）设置背景填充效果。选择“背景”子菜单中的“填充效果”命令，打开“填充效果”对话框，按照需要进行设置：

①使用“渐变”填充效果。选择“渐变”选项卡，在“颜色”选项组选择“单色”、“双色”或“预设”单选按钮，同时选择具体的颜色或预设效果，设置满意的透明度、底纹样式

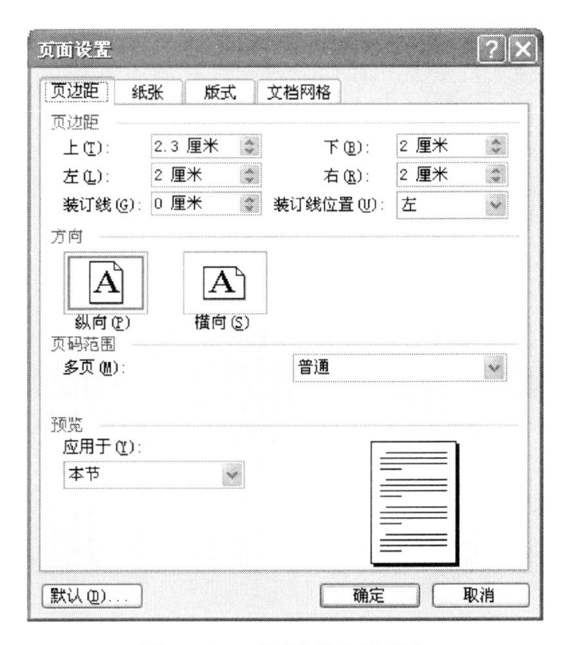

图 3-5-2　“页边距”选项卡

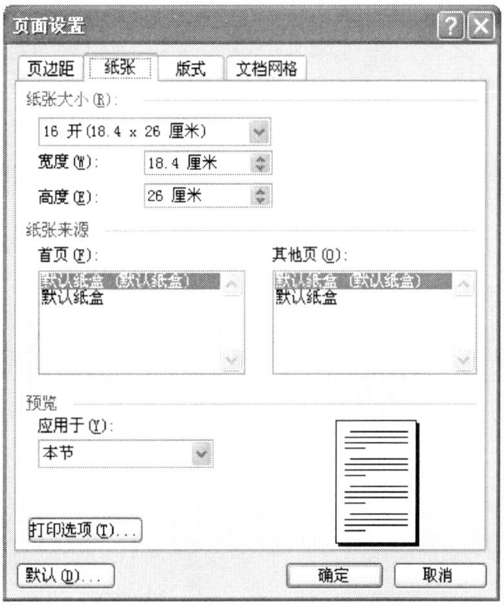

图 3-5-3　“纸张”选项卡

和变形效果。在“示例”区域可以预览效果，最后单击“确定”按钮，即给文档设置了所选择的渐变颜色，如图 3-5-5 所示。

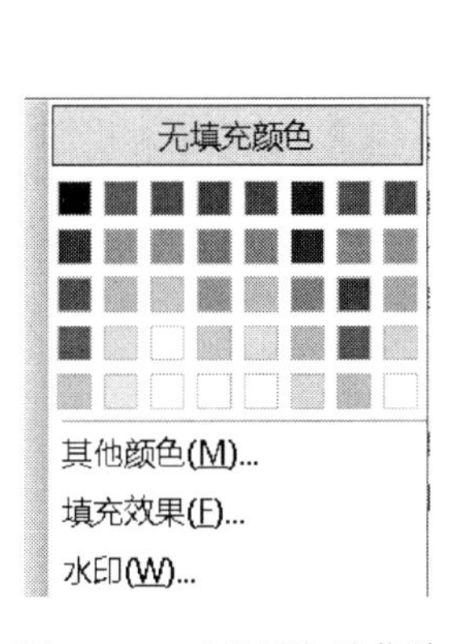

图 3-5-4　“背景”子菜单

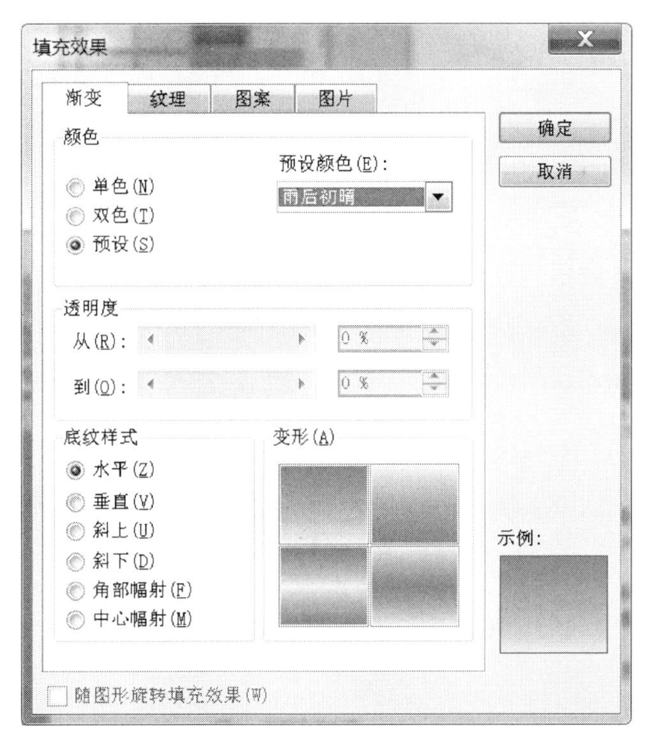

图 3-5-5　“渐变”填充效果

②使用“纹理”填充效果。选择“纹理”选项卡，在其中选择一种纹理样式，单击“确

定”按钮即可。

③使用“图案”填充效果。选择“图案”选项卡，在其中选择一种图案，单击“确定”按钮即为文档设置背景图案。

④使用“图片”填充效果。选择“图片”选项卡，单击“选择图片”按钮，打开“选择图片”对话框，选择需要的图片并单击“插入”按钮即可为文档设置图片背景。

（3）设置背景水印。在“背景”子菜单中选择“水印”命令，打开“水印”对话框，如图 3-5-6 所示，选择需要的水印效果，并设置相关的选项，单击“确定”按钮，即可完成操作。

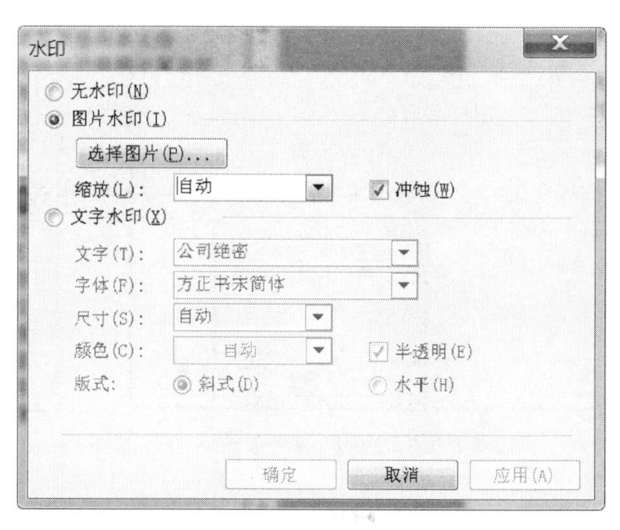

图 3-5-6　“水印”对话框

4. 页面版式设置　页面版式包括节的起始位置、页眉或页脚的位置以及文字的垂直对齐方式等排版元素。在“页面设置”对话框中选择“版式”选项卡，即可在其中设置页面版式，如图 3-5-7 所示。

（1）如果需要创建不同的偶数页与奇数页页眉，则选中“奇偶页不同”复选框，如果需要为文档或节的首页创建与后续页不同的页眉和页脚，则选中“首页不同”复选框。

（2）在“距边界”区域的“页眉”列表中选择或输入纸张上缘到页眉上缘的间距，在“页脚”列表中选择或输入纸张下缘到页脚下缘的间距。

（3）在“垂直对齐方式”列表中指定内容在上下页边距间的对齐方式。

（4）在“应用于”列表中选择设置的应用范围。如果选择“插入点之后”则 Word 将自动插入分节符。

（5）单击“行号”按钮将打开“行号”对话框，将以行为单位为文本添加序号，有效范围在“应用于”后列表框中选定。

（6）单击“边框”按钮将打开“边框和底纹”对话框，可为整个

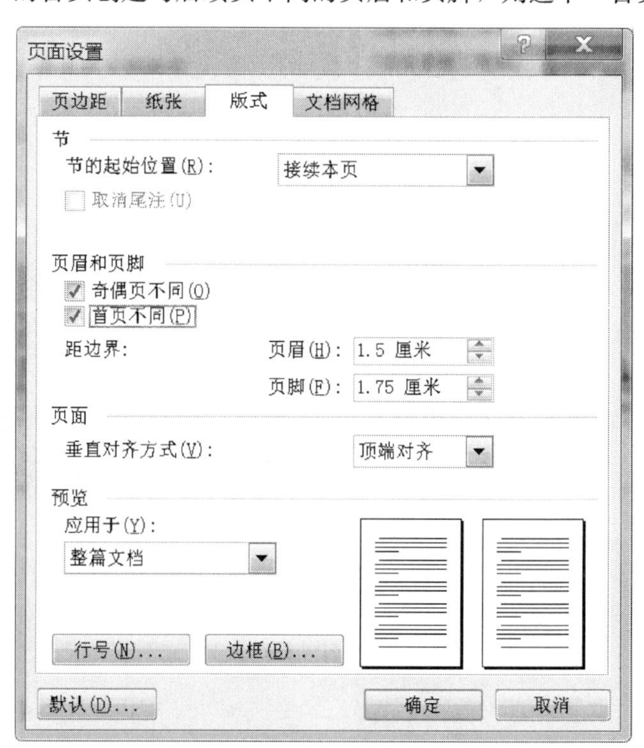

图 3-5-7　“页面设置”对话框的“版式”选项卡

页面设置边框。

（7）单击“确定”按钮即完成页面版式设置。

5. 页眉和页脚设置　页眉和页脚通常用于显示文档的附加信息，例如页码、日期、作者名称、单位名称、徽标或章节名称等。其中页眉位于页面顶部，页脚位于页面底部。Word 可以给文档的每一页建立相同的页眉和页脚，也可以交替更换页眉和页脚，即在奇数页和偶数页上建立不同的页眉和页脚，还可以给文档的第一页和其他页建立不同的页眉和页脚。

（1）“页眉和页脚”工具栏。要在文档中添加页眉和页脚，只需要执行“视图”→“页眉和页脚”命令，激活页眉和页脚，光标停留在页眉中，用户就可以在其中进行输入文本、插入图形对象、插入页码、插入页数、插入时间、设置边框和底纹等操作，同时打开“页眉和页脚”工具栏，如图 3-5-8 所示。

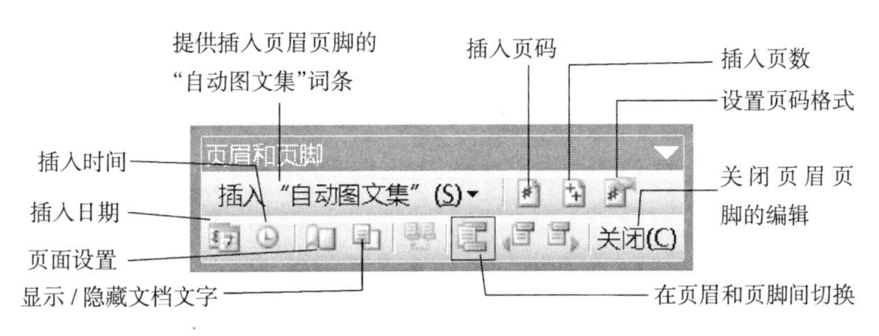

图 3-5-8　“页眉和页脚”工具栏

（2）页眉与页脚切换。在页眉编辑区进行操作时若要插入页脚，单击“页眉和页脚”工具栏中的“在页眉和页脚间切换”按钮，然后输入文本或图形。页眉页脚创建完成后，单击“页眉和页脚”工具栏中的“关闭”按钮即关闭了“页眉和页脚”工具栏，同时允许对文档正文进行编辑。

（3）修改页眉或页脚。若要修改页眉或页脚，只需要鼠标左键双击页眉或页脚即可进行，同时弹出了“页眉和页脚”工具栏。

（4）删除页眉或页脚。若要删除页眉或页脚，只需要在页眉或页脚编辑区中选择要删除的文字或图形，然后按 Delete 键删除。

（5）创建首页不同的页眉页脚。通常情况下，在书籍的章首页需要创建独特的页眉和页脚，这时需要打开“页面设置”对话框，选择“版式”选项卡（图 3-5-7），选中“首页不同”复选框，单击“确定”按钮后再打开“页眉和页脚”工具栏，对首页和其他页分别设置页眉和页脚。

（6）创建奇偶页不同的页眉和页脚。在书籍中，奇数页和偶数页的页眉和页脚也是不同的。同样需要在“版式”选项卡中选中“奇偶页不同”复选框，然后打开“页眉和页脚”对话框，对奇数页和偶数页分别设置页眉和页脚。

（7）插入页码。页码就是给文档每页所编的号码，以便于读者阅读和查找。页码一般添加在页眉或页脚中，当然也可以添加到其他地方。插入页码的方法有两种：

方法一：单击“页眉和页脚”工具栏中的“插入页码”按钮，即在页眉或页脚插入页码。

方法二：选择“插入”→“页码”命令，打开“页码”对话框，如图 3-5-9 所示。在“位置”下拉列表中选择页码出现的位置，并设置页码的对齐方式，单击“确定”按钮即可在选定的位置插入了页码。

（8）修改页码格式。在文档中，如果需要使用不同于默认格式的页码，就需要对页码的格式进行设置。对页码格式进行修改，可以在如图 3-5-9 所示的“页码”对话框中单击“格式”按钮，或者单击“页眉和页脚”工具栏上的“设置页码格式”按钮，都可打开“页码格式”对话框，如图 3-5-10 所示。在该对话框中选择“数字格式”列表中的选项，单击“确定”按钮即可。

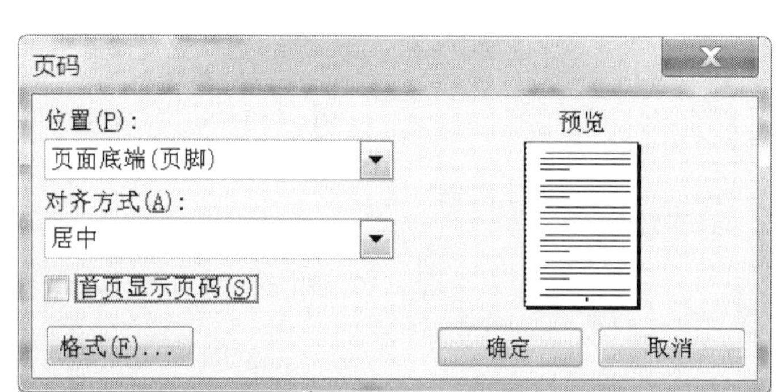

图 3-5-9 “页码”对话框

图 3-5-10 “页码格式”对话框

提示：可以为页眉页脚中的内容设置字体、字号、对齐方式等，与正文的字体和段落对齐方式设置一样。

3.5.2 大纲视图

对于书籍、手册、论文之类的较长文档，Word 2003 提供了许多便捷的操作方式及管理工具，其中可以通过大纲视图或文档结构图方式快速查看、组织文档结构，可以利用大纲视图快速建立文档大纲。

1. 文档结构图 选择“视图”→“文档结构图”命令，就会将文档编辑区分为左右两部分，左侧是大纲窗口，其中显示出该文档的大纲结构；右侧仍是编辑区，显示文档的内容。当单击左侧的大纲窗口中某个大纲标题时，右侧窗口中自动显示出该标题中的内容；在右侧窗口修改大纲结构，左侧窗口中立即进行大纲调整。

使用该功能可以快速浏览、编辑长文档。需要说明的是，在文档结构图中，左侧的大纲结构只能查看，不能在左侧的窗口中编辑文档大纲，需要在大纲视图下编辑文档大纲。

2. “大纲”工具栏 在不同的视图方式下，“大纲”工具栏中显示的按钮是不同的。执行“视图”→“工具栏”→“大纲”命令，可以出现“大纲”工具栏，其中有“提升”、“降低”、“上移”、“下移”、“折叠”、“展开”等多个功能按钮，如图 3-5-11 所示的是在“大纲视图”方式下显示的“大纲”工具栏。

3. 大纲视图 在“大纲视图”方式下可以清晰地看到这个文档的文档结构，并且可以通过拖动标题来移动、复制或者重新组织文档。例如要将一个段落移动到另一个位置，只

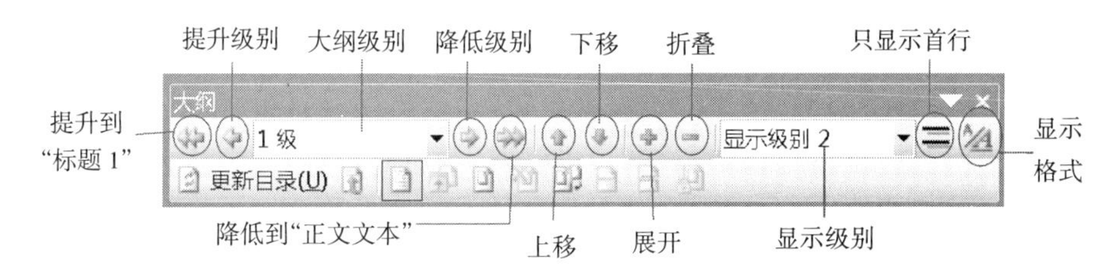

图 3-5-11　“大纲视图”方式下的“大纲”工具栏

要将该段落标题拖到目标位置即可。

大纲视图中的文档结构是根据段落的大纲级别按等级层次设置的。大纲视图中的文档在每一个段落的前面都有一个标记，如标记加号“✪”表示带有从属文本的标题，标题下的灰线代表折叠的从属文本，标记“▭”表示不带有从属文本的标题，标记“▫”表示正文。

（1）在大纲视图中选择段落。单击任意段落前面的标记，就可以选中这个段落和它下面所从属于这个段落的所有文本。

（2）在大纲视图中折叠与展开文档层次。

①选择需要折叠的标题，单击“大纲”工具栏中的“折叠”按钮即可。单击一次折叠按钮就折叠一层，再单击一次，又折叠一层。当这个层次的下面出现一条下划线时，就表示所有层次已经完全折叠起来了。

②选择需要展开的标题，单击“大纲”工具栏中的“展开”按钮即可。单击一次展开按钮就展开一层，再单击一次，又展开一层，可以部分或全部展开。

（3）提升或降低段落的大纲级别。单击需要提升或降低大纲级别的段落前面的标记，单击“大纲”工具栏中的“提升”或“降低”按钮，则该段落和它下面所从属于这个段落的所有文本都提升或降低一级。将光标定位在需要提升或降低大纲级别的段落中，单击“大纲”工具栏中的“提升”或“降低”按钮，则仅仅该段落提升或降低级别。

如果是正文被错误地提升了大纲级别，可在选择该正文后单击“大纲”工具栏中的“降为正文文本”按钮，就可以恢复为正文。此法可以用来调整文档的大纲级别。

（4）上移或下移文档段落的位置。选定需要移动位置的段落，单击“大纲”工具栏中的“上移”或“下移”按钮，或者上、下拖动段落的标记，这个段落和上面或下面段落就互换了位置。

对于已有的文档，可采用上述方法调整各个级别的顺序，达到重新组织文档的目的。

要从其他视图方式切换到大纲视图方式，可以执行“视图”→“大纲”命令，或者直接单击水平滚动条左侧的“大纲视图”按钮，即可打开大纲视图方式，同时会自动显示“大纲”工具栏。

提示：在大纲视图方式下查看文档时可以通过折叠文档来隐藏正文内容而只看主要标题，或者展开文档以查看所有的正文，但在大纲视图中不显示页边距、页眉和页脚、图片和背景等文档信息，即不显示段落格式，也不能使用标尺和段落格式命令。

📖**4. 利用大纲视图快速建立新文档大纲**　对于一篇新文档，可以通过“大纲视图”方式快速建立文档大纲。具体操作步骤如下：

（1）切换到大纲视图方式。

(2) 依次输入每一个标题，并在每个标题后按下 Enter 键。这时的标题全部应用 Word 2003 内置的“标题 1”样式，并且级别相同。

(3) 如果需要改变某个标题的样式或级别，或者移动标题到其他位置，只需要使用“大纲”工具栏中的“提升”、“降低”、“上移”、“下移”按钮或者拖动标题左侧的标记来实现。

5. 主控文档与子文档 在编辑长篇论文或者多章节的文章时，一般习惯把每个章节独立出来，作为一个文件以便管理和操作。但是，整篇论文或文章毕竟是一个整体，当文档某一部分发生变动时，整个文档的页码、格式等都要随之发生变化，而独立的文件之间缺乏必要的联系，一旦遇到这些变动，每个部分就都需要人工进行修改，非常麻烦，主控文档就可以解决这个问题。

主控文档是包含一系列相关文档的文档。外观上它集中显示了整个文档的标题结构，同时它又保存着各个标题的全部正文。它的主要优点如下：既可以把整个文档当做一个整体处理，例如为文档建立目录、索引、超链接、编排页码、添加页眉页脚等，又可以将其分成若干个部分，对每个部分单独编辑而不影响全局，使用户对整个文档的结构了如指掌，操作起来非常方便。

如果要新建主控文档，可以执行如下的操作步骤：

(1) 单击“常用”工具栏中的“新建空白文档”按钮，建立一个新的空白文档。

(2) 执行“视图”→“大纲”命令，切换到大纲视图方式，并为每个标题指定标题样式，如对章标题指定“标题 1”，节标题指定“标题 2”，小节标题指定“标题 3”。如图 3-5-12 所示为新建的一空白文档，在其中将后三段文字指定为“标题 1”。

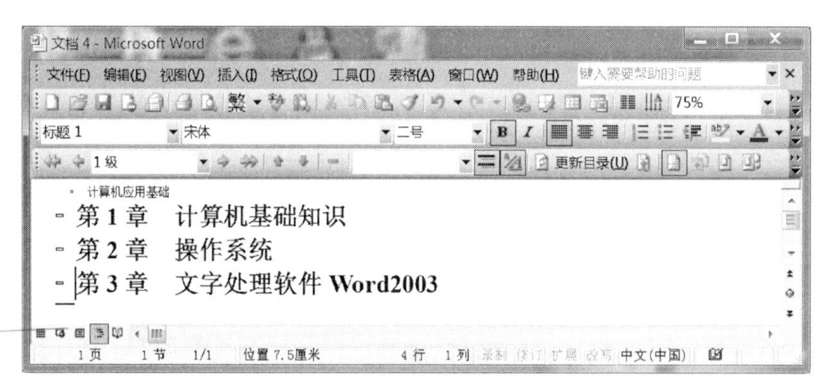

图 3-5-12 新建的主控文档

(3) 选定要拆分到子文档中的标题和文本。所选内容中第一个标题的格式就是每个子文档的起始标题样式和大纲级别。例如，如果所选内容以“标题 1”开始，那么 Word 2003 将要选定文本中的每个“标题 1”处创建一个新的子文档。

(4) 单击“大纲”工具栏中的“创建子文档”按钮。如图 3-5-13 所示的是分别选定第二段和第三段文字后单击了“大纲”工具栏中的“创建子文档”按钮后的效果。

(5) 执行“文件”→“另存为”命令，在打开的“另存为”对话框中，输入主控文档的文件名，然后单击“保存”按钮，即可保存新的主控文档和其子文档，子文档的命名由 Word 2003 根据子文档标题中的第一行字符自动命名。如图 3-5-14 所示的是保存后的主控文档“计算机应用基础 . doc”，同时 Word 2003 自动创建了子文档“第 1 章 计算机基础知

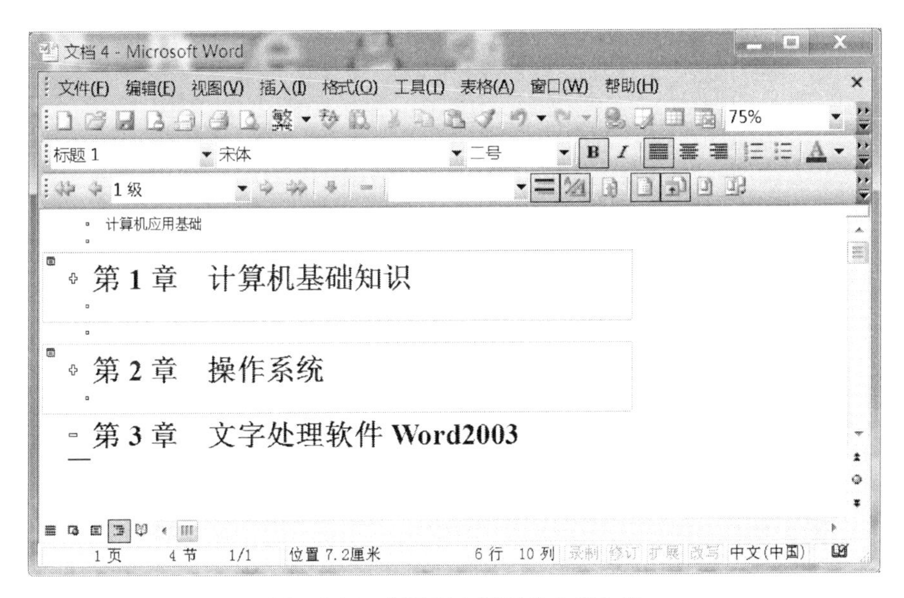

图 3-5-13　创建子文档后的主控文档

识.doc”和“第 2 章 操作系统.doc”，按住 Ctrl 键并单击其中的超链接即可打开对应的子文档。

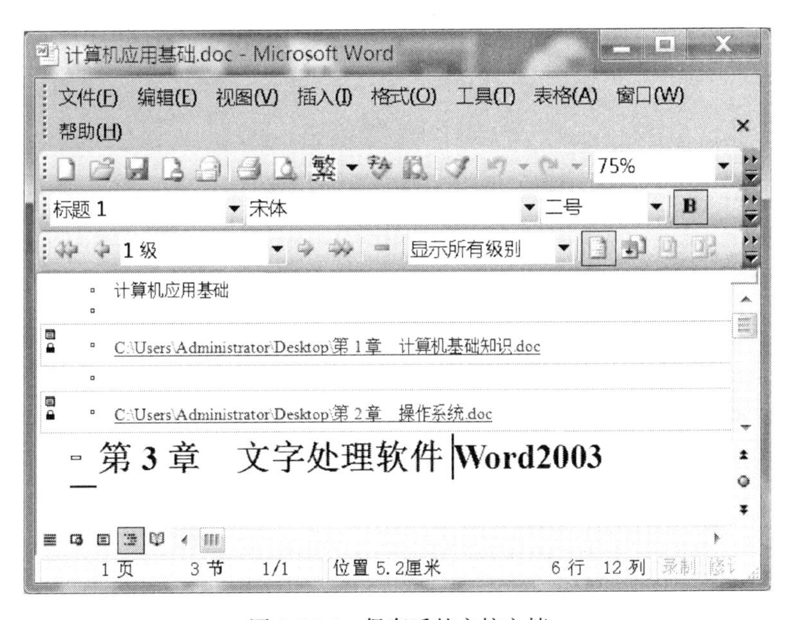

图 3-5-14　保存后的主控文档

若要将已有文档转换成主控文档，只需打开已有文档，再切换到大纲视图方式。然后使用标题样式建立主控文档的大纲。其余操作与新建主控文档的方法基本一致。最后执行“文件”→“另存为”命令即可保存主控文档。

若要插入子文档，也需打开主控文档并切换到大纲视图方式，然后把光标定位在大纲中子文档插入的位置处，再单击“大纲”工具栏中的“插入子文档”按钮，打开“插入子文档”对话框，从中选择需要插入的文档，单击“打开”按钮，即可在主控文档中出现了刚才所选的文档。

若要合并子文档，可以先打开主控文档并使所有子文档处于展开状态，将要合并的子文档移动到相邻的位置并选定这些子文档，单击“大纲”工具栏中的“合并子文档”按钮，即可将子文档进行合并。

3.5.3 文档样式

在论文排版过程中，许多文档对象都必须使用相同的字体、段落、边框等格式进行统一设置，如文章标题、章节标题、正文内容等。如果采用手工设置的方式，对论文或书籍中这些格式相同的文档对象进行重复操作的话，不仅非常麻烦，而且还容易出错，容易导致文档相同对象格式的不一致。利用 Word 2003 的样式功能，对这些相同的文档对象进行统一设置，就可以极大地提高文档的排版效率。

在 Word 2003 中，样式就是应用于文本的一系列字符格式和段落格式的组合体，利用它可以快速改变文本的外观。

1. 新建正文样式 在论文或书籍中有大量的正文，在 Word 2003 的内置样式中有“正文”、“正文首行缩进”等样式，但这种样式往往不符合我们的要求，可以新建正文样式。如新建样式“正文 1”的操作步骤如下：

(1) 执行“格式”→“样式和格式”命令，打开“样式和格式”任务窗格，如图 3-5-15 所示。单击“新样式”按钮，打开“新建样式”对话框，如图 3-5-16 所示。

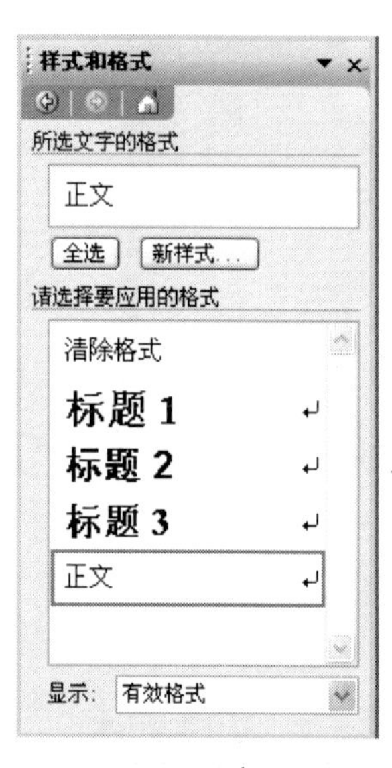

图 3-5-15 “样式和格式”任务窗格

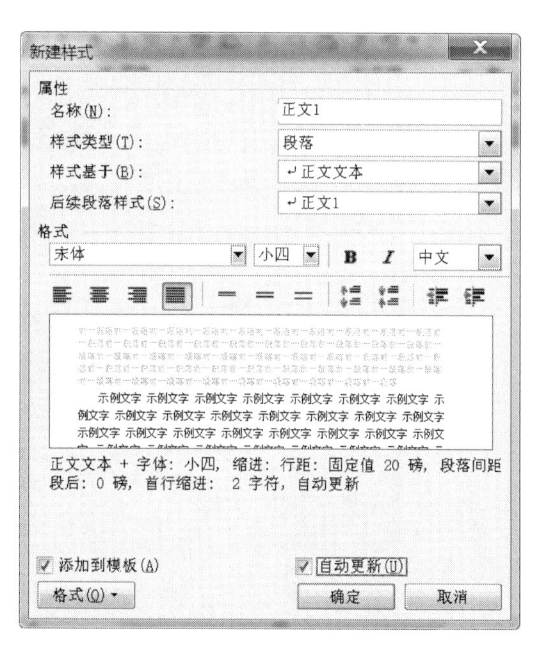

图 3-5-16 “新建样式”对话框

(2) 在“属性”选项组的“名称”输入框中输入要作为章标题的名称，如“正文 1”。

提示：

①一个文档中每一个样式都有唯一确定的名称，但可以为一个样式指定多个名称。

②样式的名称最多可以包含 253 个字符（包括别名和分隔符），并且其中可以包括反斜

杆“\”、分号“;”和大括号“{}”之外的字符和空格。

③样式明确区分大小写。

④在一个文档中样式的名称不能重复。

(3) 在“样式类型”下拉列表中选择“段落”或“字符”。“段落”表示确定将新样式应用于整个段落，“字符”表示将新样式应用于选定的字符。

(4) 在“样式基于”下拉列表中选择“正文”样式或“无样式”，在“后续段落样式”下拉列表中选择“正文 1”样式。

(5) 在“字体”选项卡中设置论文正文的字体、字号等。

(6) 单击“格式”按钮，从弹出的快捷菜单中选择“段落”命令，打开“段落”对话框，分别设置对齐方式、段前段后间距、行距，大纲级别（为“正文文本”），然后单击“确定”按钮返回“新建样式”对话框。

(7) 如果将“添加到模板”复选框选中，则可将新建的“正文 1”样式添到活动文档的模板，使样式可用于基于该模板新建的文档；如果没有选中此复选框，则只将该样式添至活动文档。如果选中“自动更新”复选框，则如果对该样式做了修改，而应用了该样式的正文将会自动更新成新的格式。

(8) 为了便于在今后的编辑操作中可以迅速应用新建的“正文 1”样式，可以为该样式指定一个快捷键。在“新建样式”对话框中单击“格式”按钮，从弹出的快捷菜单中选择“快捷键”命令，打开“自定义键盘”对话框，如图 3-5-17 所示。

图 3-5-17　“自定义键盘”对话框

(9) 此时光标移至“请按新快捷键”框中，按下为“正文 1”样式设定的快捷键，如 Ctrl+Shift+A；然后单击“指定”按钮，将 Ctrl+Shift+A 快捷键指定为“正文 1”样式。单击“关闭”按钮返回“新建样式”对话框。

(10) 所有的设置完成后，单击“确定”按钮，关闭“新建样式”对话框，即完成了对“正文 1”样式的设置工作。

📖**2. 新建标题样式**　在论文或书籍排版过程中，标题的作用是很重要的，不仅可以通过标题的文字方便快捷地了解文章内容的重点所在，更重要的作用在于标题是建立目录和索引的依据。

在 Word 2003 中，除了可以使用系统内置的标题样式之外，还可以方便地定制符合自己使用要求的标题样式。如在论文排版中，需要定制三种不同类型的标题样式，即标题一（章标题）、标题二（节标题如 2.1）、标题三（小节标题如 2.2.1）。下面将具体介绍标题一（章标题）样式的设置步骤：

（1）执行“格式”→“样式和格式”命令，打开“样式和格式”任务窗格，单击“新样式”按钮，打开“新建样式”对话框。

（2）在“属性”选项组中的“名称”输入框中输入要作为章标题的名称（如“标题一”），在“样式类型”下拉列表中选择“段落”或“字符”，在“样式基于”下拉列表中选择“正文”样式，在“后续段落样式”下拉列表中选择“正文首行缩进”样式，在“字体”选项卡中设置论文标题的字体、字号等。

（3）单击“格式”按钮，从弹出的快捷菜单中选择“段落”命令，打开“段落”对话框，分别设置对齐方式、段前段后间距、行距，大纲级别（为“1 级”）。

（4）在“段落”对话框中打开“换行与分页”选项卡，如图 3-5-18 所示。在“分页”选项组中选中“孤行控制”复选框，这样可以防止在页面顶端打印段落末行或者在页面底端打印段落首行；选中“与下段同页”复选框，可以使标题行与下一段文字在同一页面；选中“段中不分页”复选框，则每一章内容与上一章内容不在同一页面，当应用该样式后，Word 2003 就会自动在文章标题前加一个分页符。设置完成后，单击“确定”按钮，返回“新建样式”对话框。

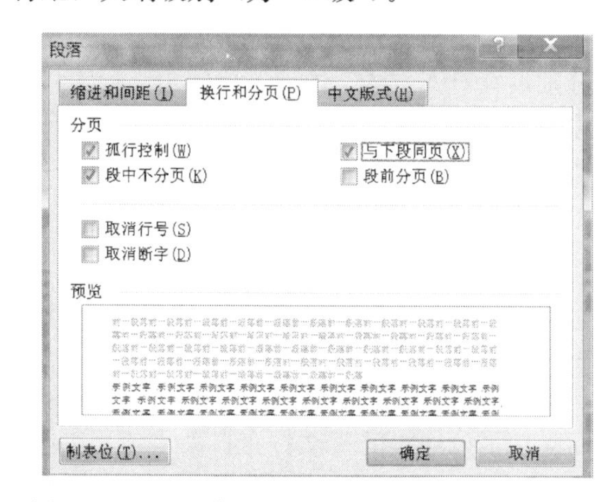

图 3-5-18　“段落”对话框之“换行和分页”选项卡

说明：为了使文章标题能够自动标号，即在文档中应用文章标题样式后，能够自动在标题文字前添加如“第一章”、“第二章”、“第三章”等编号内容，需要打开“项目符号和编号”对话框进行设置，即需要操作步骤（5）～（7）。

（5）在“新建样式”对话框中单击“格式”按钮，从弹出的快捷菜单中选择“编号”命令，打开“项目符号和编号”对话框中的“多级符号”选项卡，如图 3-5-19 所示。

（6）先从“多级符号”选项卡中选择一种样式，如图 3-5-19 所示，然后单击“自定义”按钮，打开“自定义多级符号列表”对话框，单击“高级”按钮展开高级设置选项。如图 3-5-20 所示。

（7）在“级别”列表框中选择“1”，在“编号样式”下拉列表中选择“1，2，3，…”样式，将“编号位置”设置为“左对齐”，将“对齐位置”设置为“0 厘米”，标题文字缩进位置也设置为“0 厘米”，在“将级别链接到样式”下拉列表中选择链接

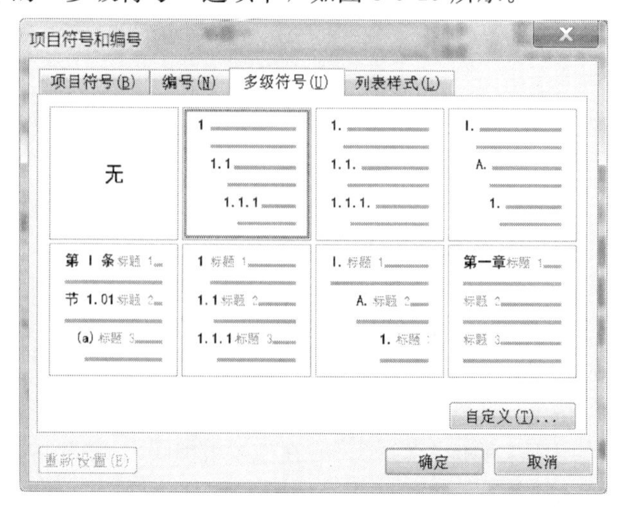

图 3-5-19　“项目符号和编号”对话框

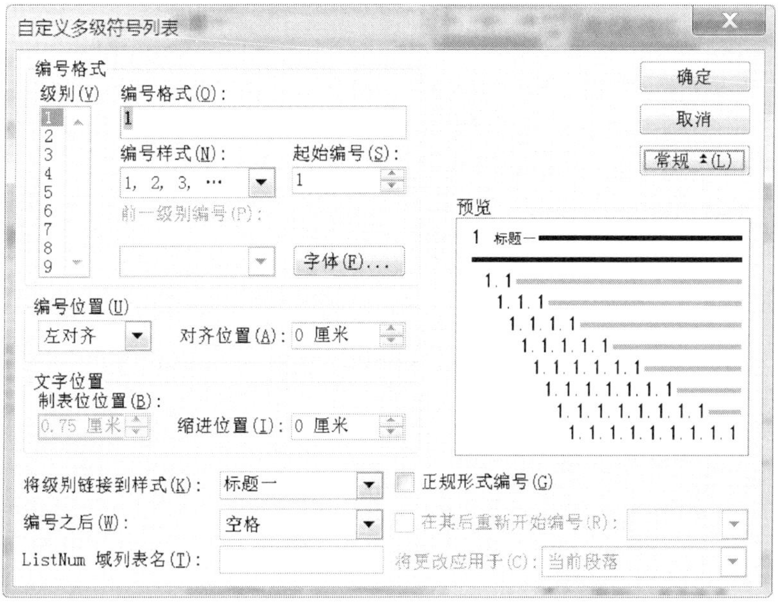

图 3-5-20　“自定义多级符号列表”对话框

到刚建的新样式“标题一”，在“编号之后”下拉列表中选择“空格”，即设置编号后加空格。这时在“预览”框中可以看到设置后的文章标题多级符号预览情况。如果对设置效果满意，则单击“确定”按钮返回到“新建样式”对话框。

（8）将“添加到模板”复选框选中，以便将新建的“标题一”样式添到活动文档的模板，使样式可用于基于该模板新建的文档。如果没有选中此复选框，则只将该样式添至活动文档。

（9）为了便于在今后的编辑操作中可以迅速应用新建的“标题一”样式，可以为该样式指定一个快捷键。在“新建样式”对话框中，单击“格式”按钮，从弹出的快捷菜单中选择“快捷键”命令，打开“自定义键盘”对话框，此时光标出现在“请按新快捷键”文本框中，按下为“标题一”样式设定的快捷键，如 Ctrl＋A，单击“指定”按钮，将 Ctrl＋A 快捷键指定为“标题一”样式。单击“关闭”按钮返回“新建样式”对话框。

（10）所有的设置完成后，单击“确定”按钮，关闭“新建样式”对话框关闭，即完成了对“标题一”样式的设置工作。

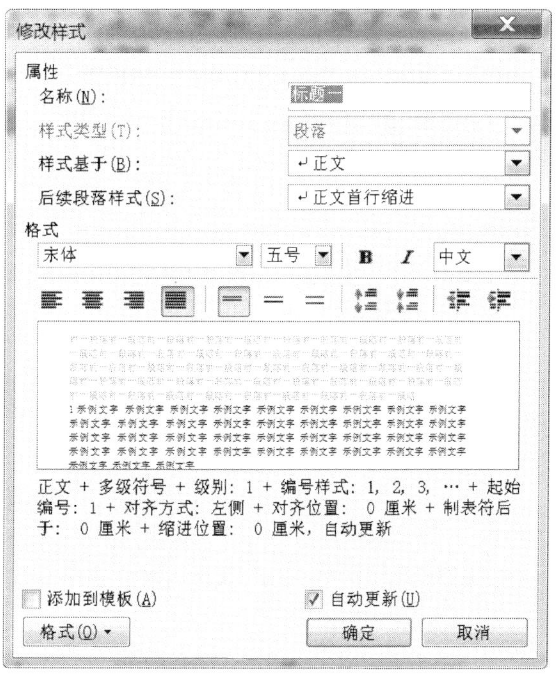

图 3-5-21　“修改样式”对话框

📖**3. 修改样式** 在编辑文档时，也可以对现有的样式稍作修改而不必创建新样式，其操作步骤如下：

(1) 执行“格式”→“样式和格式”命令，打开“样式和格式”任务窗格。

(2) 选择一个现有的样式，单击该样式右侧的下三角按钮，在弹出的菜单中执行“修改”命令，打开“修改样式”对话框，如图 3-5-21 所示。

“修改样式”对话框与“新建样式”对话框很相似，其使用方法也很相似，这里不再赘述。

📖**4. 删除样式** 删除样式的方法很简单。打开“样式和格式”任务窗格，鼠标右键单击要删除的样式，在弹出的菜单中选择“删除”命令，Word 将会给出提示要求确认，单击“确定”按钮即可。

如果选择了 Word 内置的样式，“删除”按钮将会变成灰色，表示不能删除此样式。

📖**5. 重命名样式** 如果需要对某个样式重新命名，可按照下列操作步骤完成：

(1) 执行“工具”→“模板和加载”命令，打开如图 3-5-22 所示的“模板和加载项”对话框。

(2) 在该对话框中，单击“管理器”按钮，打开“管理器”对话框中的“样式”选项卡。

(3) 选中要重新命名的样式名称，单击“重命名”按钮，打开“重命名”对话框，在“新名称”文本框中输入新的样式名（图 3-5-23），单击“确定”按钮返回“管理器”对话框，再单击“关闭”按钮，结束操作。

图 3-5-22 “模板和加载项”对话框

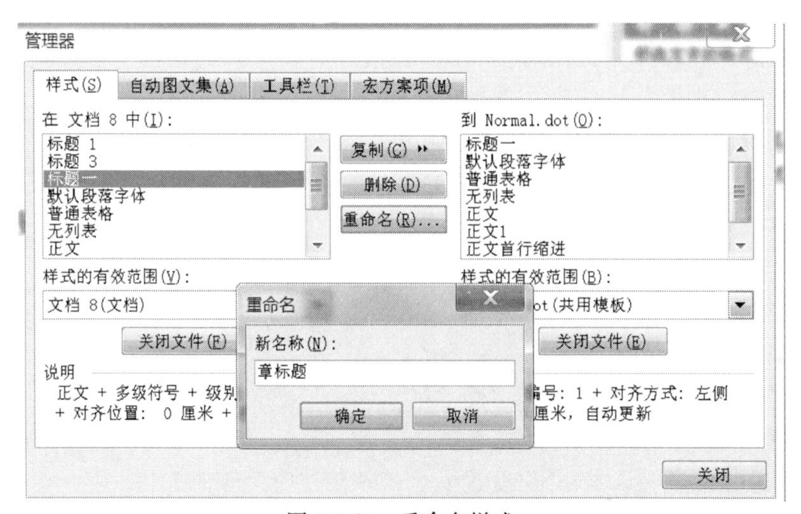

图 3-5-23 重命名样式

📖**6. 应用样式**　应用样式可采用下列方法：

方法一：打开“格式与样式”任务窗格，首先选定段落或文本，然后在任务窗格中单击要应用的样式名，即该选定的段落或文本都应用了选定的样式。

方法二：使用“格式刷”。首先选择样例段落或文本，然后单击“常用”工具栏中的“格式刷”按钮，对要应用样例格式的段落或文本进行刷涂。如果要应用到多个不连续的段落或文本，需要双击“格式刷”按钮，依次对要应用样例格式的段落或文本进行刷涂，按Esc键退出。

3.5.4　题　　注

在论文或书籍中经常要插入图形、表格等内容。为了利于编辑和阅读查找，通常需要在图形、表格的上方或下方添加一行诸如“图 1”、“表 1”之类的文字说明，这时可以使用Word 2003 的“题注”功能在插入这些图形、表格等内容时自动添加题注。

📖**1. 插入题注**　插入题注的操作步骤如下：

（1）单击要添加题注的项目（如图形、表格等），执行“插入”→“引用”→“题注”命令，打开如图 3-5-24 所示的“题注”对话框。

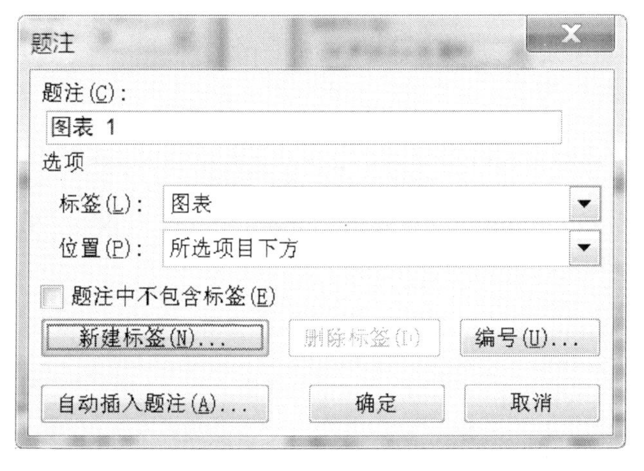

图 3-5-24　“题注”对话框

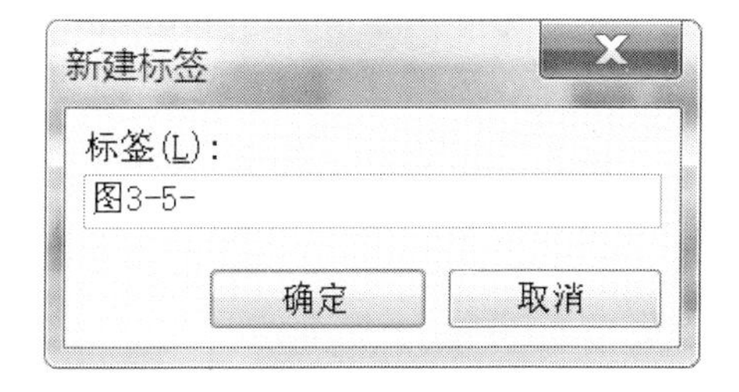

图 3-5-25　“新建标签”对话框

（2）从“标签”下拉列表中选择想要处理的项目类型，如公式、图标或表格等（假设选择的是“图表”），这时在“题注”文本框中就显示及处理的项目名称和编号，如“图表 1”。从“位置”下拉列表中选择把题注放在项目的上边还是下边。单击“确定”按钮即可完成插入操作。

用户如果想显示的标签是“图 3-5-”，则需要新建一个标签，操作步骤如下：

①在“题注”对话框中单击“新建标签”按钮，弹出如图 3-5-25 所示的“新建标签”对话框。

②在“标签”文本框中输入标签名，如“图 3-5-”，单击“确定”按钮返回到“题注”对话框中。此时“标签”下拉列表中会出现刚创建的标签名。

③在“标签”下拉列表中选择该标签名，则“题注”文本框中显示题注“图 3-5-1”。单击“确定”按钮即完成插入题注“图 3-5-1”的操作。

2. 改变题注编号方式 题注一般是使用数字进行标号，但也可以使用其他符号进行编号，操作步骤如下：

(1) 执行“插入”→“引用”→“题注”命令，打开“题注”对话框，单击“编号”按钮，弹出“题注编号”对话框，如图 3-5-26 所示。

(2) 根据需要进行设置：从“格式”下拉列表中选择一种新的标号方案；如果希望在题注编号中包括章节号，则选中“包含章节号”复选框，并且“标题 1”样式出现在“章节起始样式”下拉列表框中，然后在“使用分隔符”下拉列表中选择一个分隔符来将章节和题注标号分开。

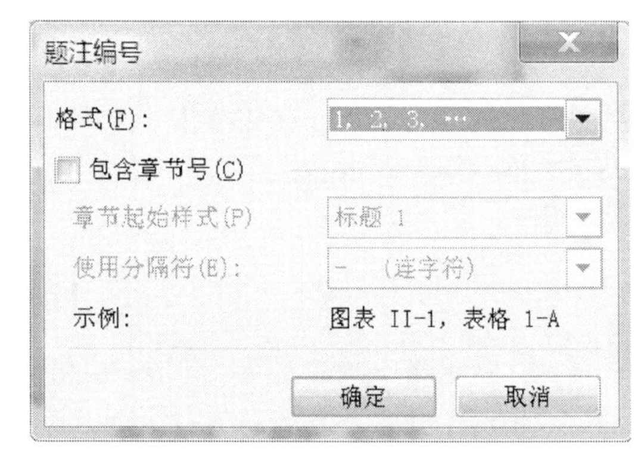

图 3-5-26 “题注编号”对话框

(3) 单击“确定”按钮，关闭“题注”对话框，完成修改操作。

3. 编辑题注 如果删除或移动了一个题注，Word 2003 会自动进行重新编号。若要更新单个题注的编号，可进行如下操作：选中要更新的题注编号，鼠标右键单击该编号，从弹出的快捷菜单中选择“更新域”命令即可实现更新。

Word 2003 使用默认的字体和样式来显示题注，用户可以根据需要修改题注的外观，操作步骤如下：

(1) 执行“格式”→“样式和格式”命令，打开“样式和格式”任务窗格。

(2) 选择要修改的题注样式，单击该样式右侧的下三角按钮，在弹出的菜单中执行“修改”命令，打开“修改样式”对话框，在该对话框中修改该样式。

(3) 修改完毕后单击“确定”按钮即可。

3.5.5 目　　录

在论文或文章排版过程中，目录是必不可少的重要内容。当在论文或文章中正确应用了标题、正文样式等样式后，就可以非常方便地应用 Word 2003 自动创建目录功能来创建论文或文章目录。

1. 编制目录 编制目录的具体操作步骤如下：

(1) 将光标定位在要插入目录的位置。

(2) 执行“插入”→“引用”→“索引和目录”命令，打开“索引和目录”对话框，选择“目录”选项卡，如图 3-5-27 所示。

(3) 在“格式”下拉列表中选择一种目录格式，如“来自模板”、“古典”等，在“打印预览”列表框中将出现此种格式的预览效果。在“显示级别”数值框中输入目录中要显示的标题级别或大纲级别数，Word 2003 默认的是 3 级。

(4) 在“制表符前导符”下拉列表中选择标题名和对应页码间的连接符号。

(5) 选中“显示页码”复选框，将在目录中显示各个标题部分的起始页码。选中“页码右对齐”复选框，则可以将页码设置为右对齐。

(6) 选中“使用超级链接而不使用页码”复选框，则在 Web 版式视图中的目录将以超

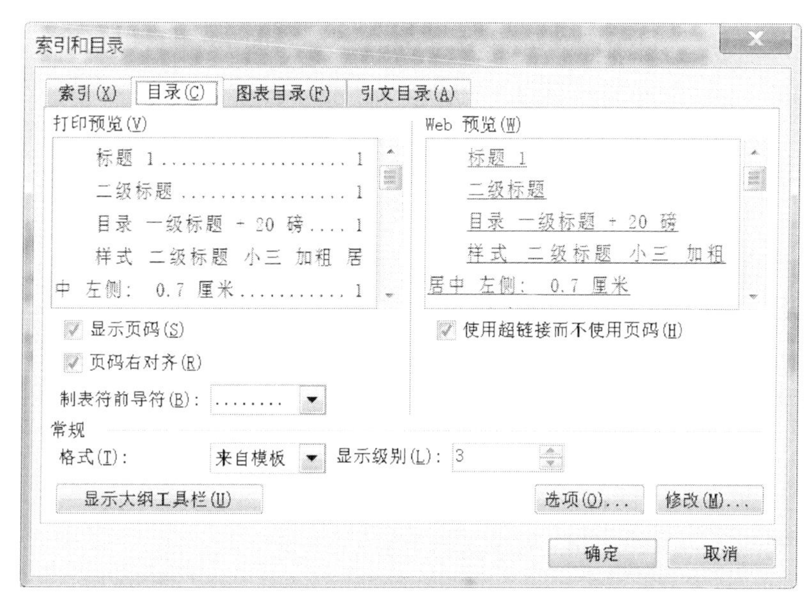

图 3-5-27　“索引和目录”对话框中的“目录”选项卡

级链接形式显示标题，并且不显示页码，单击这些超级链接可以直接跳转到相应的标题内容。

（7）设置完成后，单击“确定”按钮，Word 2003 就会根据上述设置自动创建论文目录，并插入文档的指定位置，如图 3-5-28 所示。

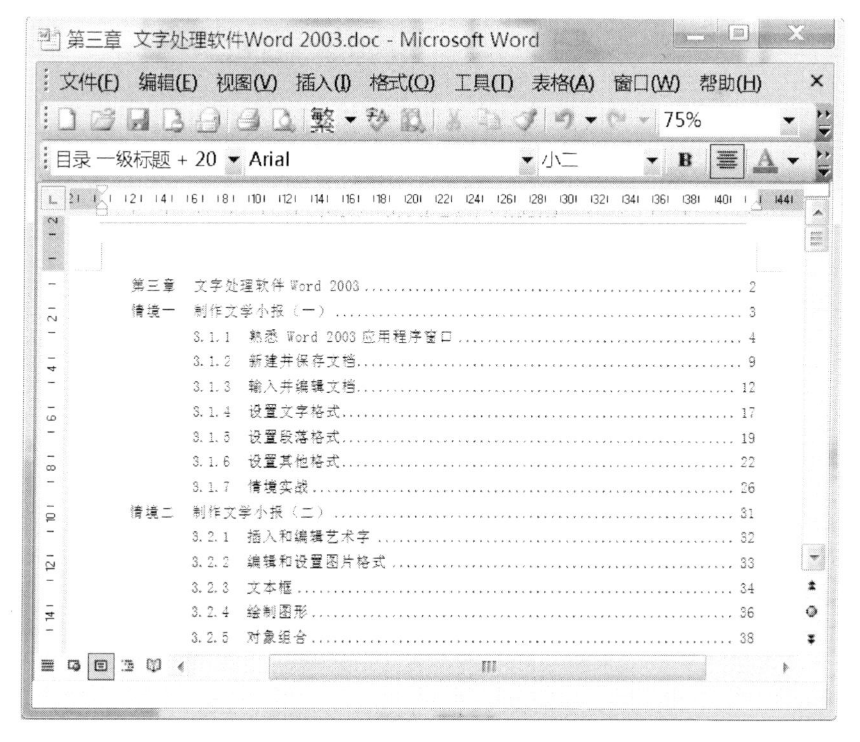

图 3-5-28　自动创建的目录样例

2. 更新目录　如果在编制目录后，某些内容又发生了变化，Word 2003 可以很方便地对目录进行更新，其操作步骤如下：

（1）在页面视图中，用鼠标右键单击目录中任意位置，从弹出的快捷菜单中执行“更新域”命令，即打开“更新目录”对话框，如图 3-5-29 所示。

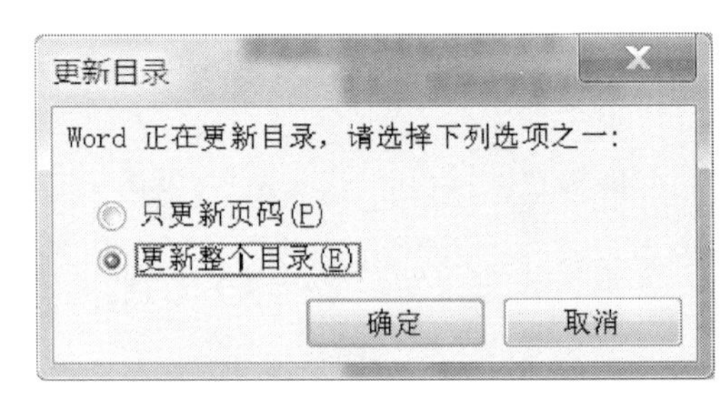

图 3-5-29　“更新目录”对话框

（2）在该对话框中选择更新类型。如果选中“只更新页码”单选按钮，则目录将只对标题对应页码的变化进行更新；如果选中“更新整个目录”单选按钮，目录将根据所有标题内容及页码的变化进行更新。

（3）单击“确定”按钮，目录即被更新。

3.5.6　情境实战

本情境要求对提供的毕业论文按照指定的论文格式进行排版，并且自动生成目录。操作步骤如下。

1. 设置页面

（1）执行“文件”→“页面设置”命令，打开“页面设置”对话框，切换到“页边距”选项卡，如图 3-5-30 所示。

图 3-5-30　“页边距”选项卡

图 3-5-31　“版式”选项卡

（2）设置页面方向为纵向，上下边距为 2.54 厘米，左右边距为 3.17 厘米，装订线为 0.5 厘米，装订线位置为左。

（3）选择“纸张”选项卡，设置纸张大小为 A4。

（4）选择“版式”选项卡，选中“奇偶页不同”和“首页不同”复选框，如图 3-5-31

所示。单击“确定”按钮即完成了页面设置。

2. 设置页眉与页脚

（1）执行“视图”→“页眉和页脚”命令，打开“页眉和页脚”工具栏（图 3-5-32），并将文档窗口切换为页眉页脚视图方式，此时文本编辑窗口变成灰色的不可编辑状态，光标定位在首页页眉编辑窗口中。

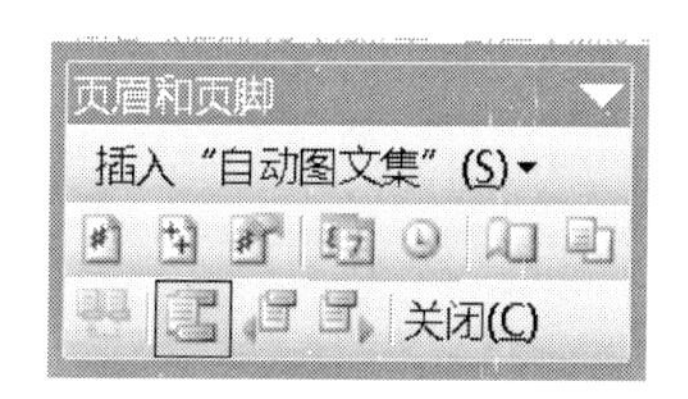

图 3-5-32　“页眉和页脚”工具栏

图 3-5-33　“页码格式”对话框

（2）设置首页页眉与页脚。由于首页是显示目录的，页眉中不显示什么文本，页脚中也不需要显示页码，但为了使下一页的页码显示为“1”，需要设置页码的格式。单击“页眉和页脚”工具栏中的“设置页码格式”按钮，打开“设置页码格式”对话框，如图 3-5-33 所示，在“页码编排”选项组中设置“起始页码”为“0”。这样首页页码为 0，下一页的页码自动为 1。

（3）设置偶数页页眉。将光标移至偶数页页眉位置，输入文字“网络拓扑发现模块的设计与实现”；选中偶数页页眉中的文字，单击“常用”工具栏中的“右对齐”按钮，并将字体设置为宋体，字号为 5 号。

（4）设置偶数页页脚。将光标移至偶数页页脚位置或者单击“页眉和页脚”工具栏中的“在页眉页脚间切换”按钮，然后单击“页眉页脚”工具栏中的“插入页码”按钮，则插入了该页的页码。选中该页码，单击“常用”工具栏中的“居中对齐”按钮，并将字体设置为宋体，字号为 5 号。

（5）设置奇数页页眉。将光标移至奇数页页眉位置，输入文字“江苏畜牧兽医职业技术学院毕业论文（设计）”；选中奇数页页眉中的文字，单击“常用”工具栏中的“右对齐”按钮，并将字体设置为宋体，字号为 5 号。

（6）设置奇数页页脚。将光标移至奇数页页脚位置或者单击“页眉和页脚”工具栏中的“在页眉页脚间切换”按钮，然后单击“页眉页脚”工具栏中的“插入页码”按钮，则插入了该页的页码。选中该页码，单击“常用”工具栏中的“居中对齐”按钮，并将字体设置为宋体，字号为 5 号。至此整篇文档的页眉和页脚都设置完毕。

3. 新建样式　本情境主要涉及正文、一级标题和二级标题的格式设置。二级标题、三级标题格式设置一样，故新建“一级标题”、“二级标题”和“正文 1”三个样式。

新建“一级标题”样式的操作步骤如下：

（1）执行“视图”→“页面”命令，切换到“页面视图”下。然后执行“格式”→“样式和格式”命令，打开“样式和格式”任务窗格，如图 3-5-34 所示。

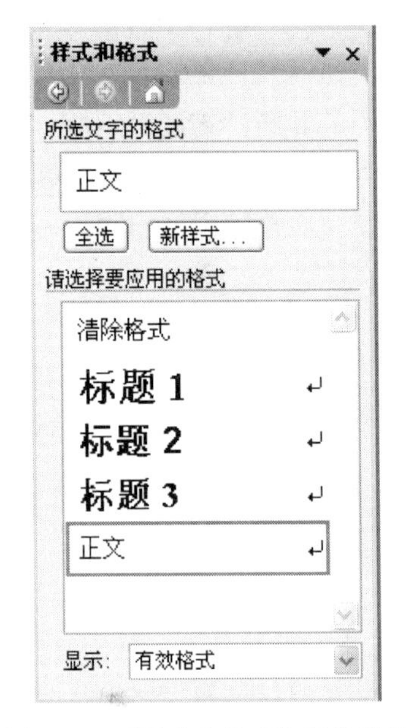

图 3-5-34 “样式和格式”任务窗格

（2）单击“新样式”按钮，打开“新建样式”对话框。

（3）在“属性”选项组中的“名称”文本框中输入一级标题的名称“一级标题”，在“样式类型”下拉列表中选择“段落”或“字符”，在“样式基于”下拉列表中选择“正文”样式，在“后续段落样式”下拉列表中选择“正文首行缩进”样式，在“字体”选项卡中设置论文一级标题的字体为黑体，字号为小四。

（4）单击“格式”按钮，从弹出的快捷菜单中选择“段落”命令，打开“段落”对话框，设置对齐方式为左对齐，段前段后间距为 0 行，行距为固定值 22 磅，大纲级别（为“1 级”）。

（5）在“段落”对话框中打开“换行与分页”选项卡，为了防止在页面顶端打印段落末行或者在页面底端打印段落首行，选中“孤行控制”复选框；为了使标题行与下一段文字在同一页面，选中“与下段同页”复选框。设置完成后，单击“确定”按钮，返回“新建样式”对话框，再次单击“确定”按钮，“一级标题”样式建好了，如图 3-5-35 所示。

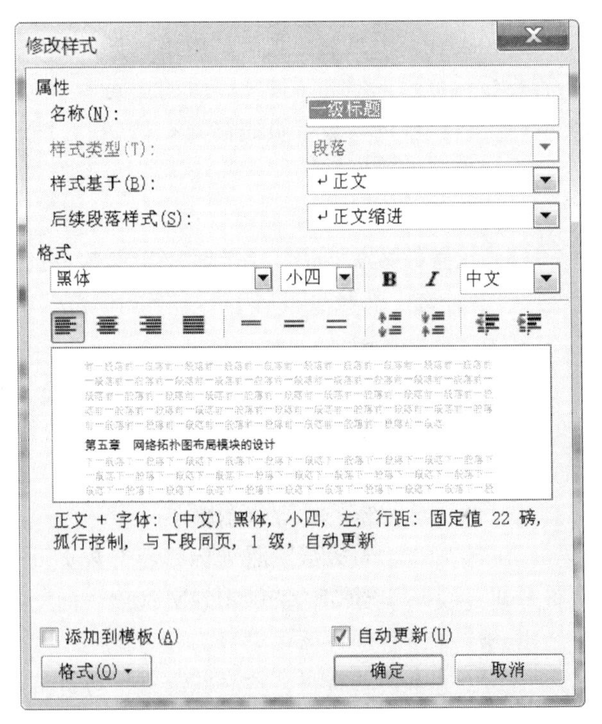

图 3-5-35　新建“一级标题”样式

提示：在新建样式的过程中，可能所有的设置没有一次性完成，可以使用“修改样式”对话框对样式进行修改。方法是：在“样式和格式”任务窗格中找到要修改的样式名称，鼠标右键单击该样式，在弹出的菜单中执行“修改”命令，弹出“修改样式”对话框，在其中可以进行未完成的设置。

新建“正文1”样式的操作步骤如下：

（1）执行“格式”→“样式和格式”命令，打开“样式和格式”任务窗格，单击“新样式”按钮，打开“新建样式”对话框。

（2）在“属性”选项组的“名称”文本框中输入样式的名称“正文 1”，在“样式类型”下拉列表中选择“段落”或“字符”，在“样式基于”下拉列表中选择“正文”样式或“无样式”；在“后续段落样式”下拉列表中选择“正文 1”样式。

（3）在“字体”选项卡中设置论文正文的字体为宋体，字号为小四。

（4）单击“格式”按钮，从弹出的快捷菜单中选择“段落”命令，打开“段落”对话框，分别设置对齐方式为左对齐，段前段后间距均为 0 行，行距为固定值 22 磅，大纲级别（为“正文文本”），特殊格式为首行缩进 2 字符，然后单击“确定”按钮返回“新建样式”对话框，如图 3-5-36 所示。

（5）所有的设置完成后，单击“确定”按钮，关闭“新建样式”对话框，即完成了对“正文 1”样式的设置工作。

“二级标题”样式创建与“正文 1”样式的创建步骤完全一样，只是“正文 1”样式比“二级标题”样式多设置了特殊格式“首行缩进 2 字符”。这里不再赘述。

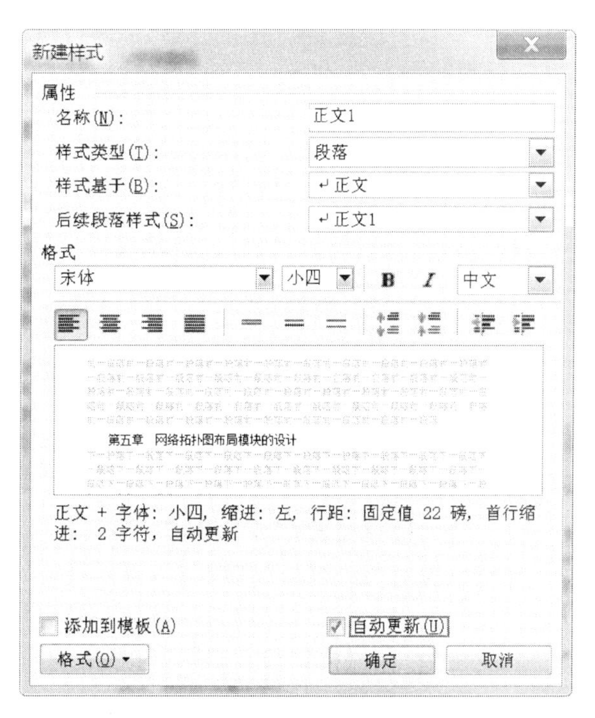

图 3-5-36　新建“正文 1”样式

4. 应用样式　样式都建立好后，下面开始设置各种类型文本的格式，包括字体、字号、对齐方式及行距（使“样式与格式”任务窗格始终保持打开状态）。

（1）应用正文样式。选择段落“课题概述……实用价值与意义等。”，在“样式与格式”任务窗格中的“请选择要应用的格式”列表中单击前面建立的样式“正文 1”，则该段文字应用了“正文 1”样式；同样，依次选择其他正文，按照此步骤进行，完成除摘要、关键词、参考文献及致谢四个部分的正文设置。

（2）应用一级标题样式。依次选择论文中的一级标题如“第一章　概述”等，在“样式与格式”任务窗格中的“请选择要应用的格式”列表中单击前面建立的样式“一级标题”。

（3）应用二级标题样式。依次选择论文中的二级标题如“1.1 开发背景”等、三级标题如“2.3.1 SNMP V2 协议”等，在“样式与格式”任务窗格中的“请选择要应用的格式”列表中单击前面建立的样式“二级标题”。

至此，论文除了摘要、关键词、参考文献及致谢四个部分内容没有设置格式外，其他部分全部设置完成。

5. 其他设置

（1）设置论文题目格式。

①选中论文题目、摘要、关键词三部分内容（即所给定论文文本“前言”前面的文字），执行“格式”→“段落”命令，打开“段落”对话框，将该部分文本的段前段后间距设置为 0 行、行距为固定值 22 磅，单击“确定”按钮完成段落的设置。

②将光标放置在第一行，设置该行文本字体为黑体，字号为三号，并单击“常用”工具栏中的“居中”对齐按钮。再按一 Enter 键，使论文题目与下面的“作者”之间空一行。

③选中“作者”所在段落，将其字体设置为宋体，字号为小四，对齐方式为居中。

（2）设置论文“摘要”部分与“关键词”部分格式。

①选中文本“【摘　要】”和“【关键词】”，将其字体设置为黑体，字号设为小四，并且在该文本后按两下空格键。

②选中摘要内容即文本“随着网络的高速发展……进行进一步开发的展望”及关键词内容即“拓扑发现……WinSNMP”，将其字体设置为楷体，字号设为小四。

（3）设置论文“参考文献”部分格式。

①将光标定位在“参考文献”文本前，执行“插入”→“分隔符”命令，打开“分隔符”对话框，如图 3-5-37 所示。在“分隔符类型”选项组中选择“分页符”单选按钮，单击“确定”按钮，即当前光标处及其后文本都在下一页显示。

图 3-5-37　“分隔符”对话框

②选中文本“参考文献”，单击“常用”工具栏中的“居中”对齐按钮，然后光标定位在该段文字末尾，按 Enter 键一次，使参考文献标题与其内容之间空一行。

③选中参考文献内容，将其字体设置为宋体，字号设为五号。

（4）设置论文“致谢”部分格式。

①将光标定位在“致谢”文本前，执行“插入”→“分隔符”命令，打开“分隔符”对话框。在“分隔符类型”选项组中单击“分页符”按钮，单击“确定”按钮，即当前光标处及其后文本都在下一页显示。

②选中文本“致谢”，单击“常用”工具栏中的“居中”对齐按钮；然后光标定位在该段文字末尾，按 Enter 键一次，使致谢标题与其内容之间空一行。

③选中致谢内容，将其字体设置为宋体，字号设为小四。

至此，整个论文的所有部分的格式设置完毕，下面要为自动生成目录做准备。

6. 设置段落的大纲级别　执行“视图”→“大纲”命令，切换到“大纲视图”方式下，并出现“大纲”工具栏，如图 3-5-38 所示。

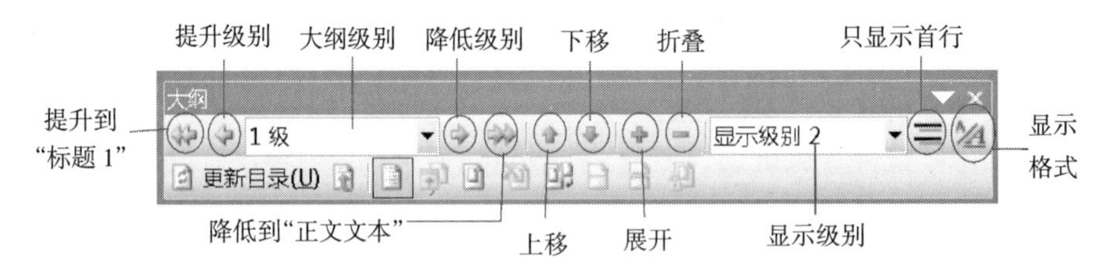

图 3-5-38　大纲视图方式下的“大纲”工具栏

（1）设置一级标题的大纲级别为“1 级”。明确文本“前言”、“第一章 概述”、“第二章 SNMP、MIB 与 TOPOLOGY 开发环境”……“第六章 总结与展望”、“参考文献”、“致谢”这些文本是一级标题。将光标定位在一级标题“前言”所在的段落，单击“大纲”工具栏中的“大纲级别”按钮，将其设置为“1 级”；同样将光标依次定位在其他一级标题所在的段落，将一级标题所在的段落大纲级别设置为“1 级”。

（2）设置二级标题的大纲级别为“2 级”。明确文本“1.1 开发背景”、“1.2 ”、“1.3”、“2.3”等带类似小节标号的文本都是二级标题。将光标定位在二级标题所在的段落，单击“大纲”工具栏中的“大纲级别”按钮，将其设置为“2 级”。

（3）设置三级标题的大纲级别为“3 级”。明确文本“2.3.1 SNMP 协议”、“2.3.2 ”、“2.5.1”、“4.2.1”等带类似小节标号的文本所在段落都是三级标题。将光标定位在三级标题文本所在的段落，单击“大纲”工具栏中的“大纲级别”按钮，将其设置为“3 级”。

（4）确定大纲级别为正文文本的段落。将其他未设置大纲级别的文本其大纲级别全部设置为正文文本。

7. 编制目录

（1）将光标移到文档的开始处，执行“插入”→“分隔符”命令，打开“分隔符”对话框，在“分隔符类型”选项组中选择“分页符”单选按钮，单击“确定”按钮，使首页放置目录。

（2）光标定位在首页，输入文字“目录”并按 Enter 键。

（3）执行“插入”→“引用”→“索引和目录”命令，打开“索引和目录”对话框，选择“目录”选项卡，如图 3-5-39 所示。

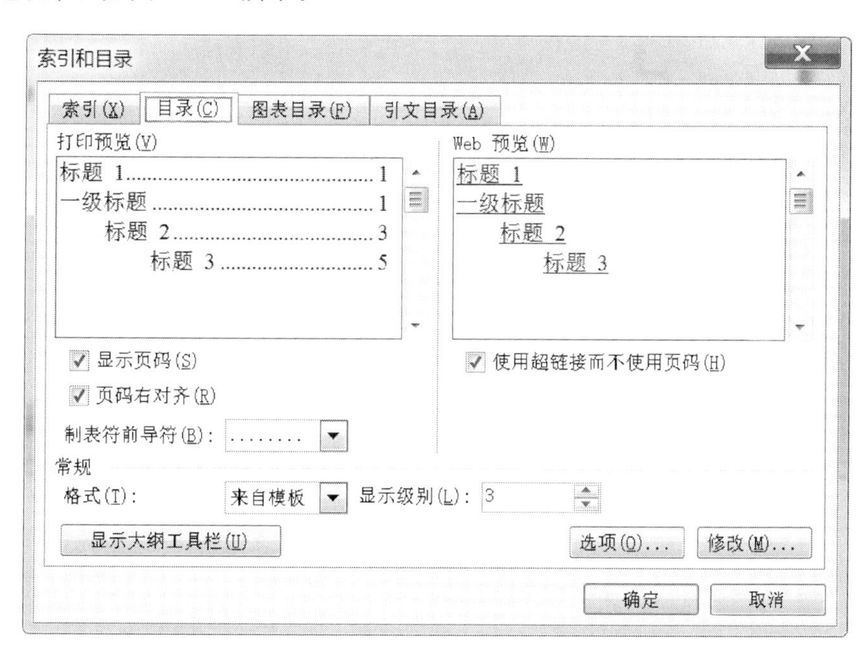

图 3-5-39　“索引和目录”对话框之“目录”选项卡

（4）在“格式”下拉列表中选择一种目录格式如“来自模板”、“古典”等，在“打印预览”列表框中将出现此种格式的预览效果；在“显示级别”数值框中输入目录中要显示的标题级别或大纲级别数，Word 2003 默认的是 3 级。

（5）在“制表符前导符”下拉列表中选择标题名和对应页码间的连接符号为省略号。

（6）选中“显示页码”、“页码右对齐”复选框，将在目录中显示各个标题部分的起始页码，并将页码设置为右对齐。

（7）设置完成后，单击“确定”按钮，Word 2003 就会根据上述设置自动创建论文目录，并插入文档的指定位置，如图 3-5-1 所示。

练　习　题

一、单项选择题

1. 下列叙述中错误的是（　　）。

A. 在 Word 2003 中，在一个表格可以插入另一个表格，形成嵌套表格等

B. “即点即输”功能可在文档的空白区域快速插入文字、图形、表格或其他项目

C. 可以利用 Word 2003 提供的图形工具在文件中插入图形、图片或艺术字

D. Word 2003 不可以直接用鼠标拖动来调整表格的大小

2. 下列关于脚注和尾注叙述正确的是（　　）。

A. 脚注可出现在文档中页面顶端，尾注一般位于文件的首部

B. 脚注可出现在文档中页面底端，尾注一般位于文档的末尾

C. 脚注可出现在文档中页面底端，尾注一般位于文档的首部

D. 脚注可出现在文档中页面顶端，尾注一般位于文档的末尾

3. 在 Word 下，可以显示分页效果的视图方式是（　　）。

A. 普通视图　　B. 页面视图　　C. 大纲视图　　D. 全屏显示

4. 在 Word 中，将选定的文本加上“短划线”作为下划线，正确的操作为（　　）。

A. 在“格式”菜单中选“字体”命令，再选“下划线”中的“短划线”

B. 在“格式”菜单中选“段落”命令，再选“下划线”中的“短划线”

C. 按 Ctrl+U 组合键

D. 按 Ctrl+U 组合键，再双击被选中的文本，在对话框中修改

5. 在 Word 中，对于一段两端对齐的文字，只选定其中的几个字符，用鼠标单击“居中”按钮，则（　　）。

A. 整个段落均变成居中格式　　B. 只有被选定的文字变成居中格式

C. 整个文档变成居中格式　　D. 格式不变，操作无效

6. 在 Word 编辑状态下，若光标位于表格外右侧的行尾处，按 Enter（回车）键，结果为（　　）。

A. 光标移到下一行　　B. 光标移到下一行，表格行数不变

C. 插入一行，表格行数改变　　D. 在本单元格内换行，表格行数不变

7. 在 Word 中，当前输入的文字显示在（　　）。

A. 鼠标指示处　B. 插入点　C. 文件的尾部　D. 段落的尾部

8. 在 Word 软件中，实现首字下沉的操作，应依次通过的菜单为（　　）。

A. “格式”→“字符”　　B. “格式”→“段落”

C. “格式”→“首字下沉”　　D. “格式”→“分栏”

9. 在 Word 中，某个窗口标题栏的右端的三个图标可以用来（　　）。

A. 使窗口最小化、最大化和改变显示方式　B. 改变窗口的颜色、大小和背景

C. 改变窗口的大小、形状和颜色　　D. 使窗口最小化、最大化和关闭

10. 在 Word 中，如果不用文件的“打开”对话框就能直接打开最近使用的 Word 文件的方法是（　　）。

A. 常用工具栏按钮　　B. 选择“文件”→“打开”命令

C. 文件菜单中的文件列表　　D. 快捷键

11. 在 Word 编辑状态下，若要调整光标所在的段落行距，首先进行的操作是（　　）。

A. 打开“编辑”下拉菜单　　B. 打开“视图”下拉菜单

C. 打开“格式”下拉菜单　　D. 打开“工具”下拉菜单

12. 在 Word 中，页眉和页脚的建立方法相似，都使用（　　）菜单中的“页眉和页脚”命令进行设置。

A. 编辑　　B. 工具　　C. 插入　　D. 视图

13. 在 Word 中，下列关于字符格式的说法中正确的是（　　）。

A. 字符格式化只能格式化字体的大小

B. 只能格式化字体、字体的大小

C. 字符格式化适用于从单个字母到整个文档中的任何内容

D. 加下划线，不属于字符格式化

14. 在 Word 2003 的编辑状态下，用 Enter 键设置的是（　　）。

A. 段落标记　　B. 分页符　　C. 节的结束标志　　D. 行的结束标志

15. 在 Word 中，当多个文档打开时，关于保存这些文档的说法中正确的是（　　）。

A. 用“文件”→“保存”命令只能保存活动文档

B. 用“文件”→“保存”命令可以重命名保存所有文档

C. 用“文件”→“保存”命令可一次性保存所有打开的文档

D. 用“文件”→“全部保存”命令保存所有打开的文档

16. 在 Word 2003 中，建立“文本框”命令，属于的菜单名是（　　）。

A. 编辑　　B. 插入　　C. 格式　　D. 工具

17. 在 Word 中，下列有关图形和图片的说法正确的是（　　）。

A. 图形只适用于非正式文档，如节日贺卡，对于业务相关的材料最好使用图片（　　）。

B. 创建图形对象需要一定的绘画技能，所以，如果想要插入图形，应当做好绘图准备

C. 可以用“插入”→“图片”命令中插入图形和图片

D. 要插入图形，只能使用“插入”→“图片”命令

18. 在 Word 文档的每一页都需要出现同一公司的徽标，应将公司徽标放到（　　）。

A. 图形中　　B. 页眉/页脚中　　C. 文本框中　　D. 图文框中

19. 在 Word 中，利用“绘图”工具栏中的“椭圆”工具按钮绘制圆形时需要同时按住（　　）。

A. Alt 键　　B. Space 键　　C. Ctrl 键　　D. Shift 键

20. 在 Word 中，不属于段落格式设置的是（　　）。

A. 首行缩进　　B. 居中　　C. 两端对齐　　D. 字符间距

21. 在 Word 中把彩色图片改成灰度图片，应选择“设置图片格式”对话框中的（　　）。

A. “颜色和线条”选项卡　　B. “环绕”选项卡

C. “图片”选项卡　　D. “大小”选项卡

22. 选定 Word 表格的某一列后，再按 Del 键，结果是（　　）。

A. 该列被删除，表格减少一列

B. 该列的内容被删除

C. 该列和左邻一列合并为一列

D. 该列被删除，原表拆分成左右两个表格

23. Word 中插入分页符的快捷键是（　　）。

A. Shift+Enter　　B. Ctrl+Enter　　C. Alt+Enter　　D. Alt+Shift+Enter

24. Word 中，欲删除表格中的斜线，正确的命令或操作是（　　）。

A. “表格”菜单中的“清除斜线”命令

B. “表格和边框”工具栏中的“擦除”图标

C. 按 BackSpace 键

D. 按 Del 键

二、填空题

1. 在编辑文本时，按____________键删除插入点前的字符，按____________键删除插入点后的字符。

2. 在 Word 中，按____________键将插入点移动到文档首部，按____________键将插入点移动到文档尾部。

3. 在 Word 文档中，要输入当前的日期和时间，可选择“____________”菜单中的“____________”命令。

4. 在 Word 中，快速选定整篇文档的快捷键是____________。

5. 在 Word 2003 水平滚动条最左边的视图按钮依次是____________、____________、____________、____________和____________。

6. 在 Word 2003 中，可以获取最大编辑空间的视图方式是____________。

7. Word 字体的默认颜色为____________，字体默认为____________。

8. 段落的缩进主要是指____________、左缩进、右缩进和____________等形式。

9. 在“格式”工具中的____________或____________按钮可缩进或增加段落的左边界。

10. 段落对齐方式有 5 种，分别是____________、____________、左对齐、____________和分散对齐。

11. 在 Word 中，默认的对齐方式是____________，若 4 种对齐方式按钮均未被选中则表示____________。

12. 两端对齐是指段落中各行均匀地沿____________对齐，最后一行为____________。

13. 在 Word 中，默认的行间距是____________，1.5 倍行距是指设置每行的高度为这行中最大的____________的 1.5 倍。

14. 在 Word 文档中插入页码，则选择“____________”菜单中的“____________”命令设置。

15. 在 Word 中，页眉和页脚的建立方法一样，都用“____________”菜单中的“____

________”命令进行设置。

16. Word 提供____________功能，查看实际打印的效果。

17. 在 Word 中，创建自动表格有两种方法：一是“____________”工具栏中的“插入表格”按钮；二是“____________”菜单中的“插入表格”命令。

18. Word 对表格中的数据既能进行____________也能进行____________。

19. 在文档中要插入艺术字，应单击“插入”菜单中的“____________”子菜单下的“____________”命令。

20、在 word 2003 的设置图片格式对话框的“版式”选项卡中有六种环绕方式，分别是____________、____________、____________、上下型、衬于文字上方、浮于文字上方。

模 块 四 目 录

模块四　电子表格软件 Excel 2003

学习情境

➤ 制作学生基本信息表
➤ 管理学生成绩表（一）
➤ 管理学生成绩表（二）
➤ 制作班级成绩分析图

技能目标

➤ 工作表的插入、编辑与保存操作
➤ 数值型、字符型等数据的录入方法
➤ 单元格数据的编辑及格式化操作
➤ 图表的创建、修饰及格式化操作
➤ 数据的管理，包括排序、筛选、分类汇总、合并计算等
➤ 常用函数的使用
➤ 工作表的设置与打印

情境一　制作学生基本信息表

❶情境描述

张红是班级干部，班主任请她收集全班学生的基本信息，制成电子表，并对表中的重要信息进行标识，制作效果如图 4-1-1 所示。

❷情境分析

Microsoft Excel 2003 是当今非常流行、功能强大、技术先进、使用灵活方便的一款电子表格处理软件，不仅可以用来制作电子表格，完成复杂的数据运算，而且还可以进行数据分析和预测。本情境中要制作学生基本信息表，可用电子表格软件 Excel 2003 来完成。要制作如图 4-1-1 所示的学生基本信息表，主要涉及如下知识技能点：

➢Excel 2003 软件的启动与退出
➢熟悉 Excel 2003 的应用程序窗口
➢熟悉工作簿、工作表、单元格的概念
➢新建并保存、保护文档

要求：在指定行指定列输入数据。数据格式要求与下表一致。

将年龄大于25岁的设置为天蓝色。

将籍贯是“江苏苏州”的用红色表示，江苏南京的用蓝色表示。

学生基本信息表

学号	姓名	性别	出生日期	年龄	民族	手机号码	班级	籍贯
1	尹春花	女	1987 11 20	24	汉	15951154316	网络111	江苏新沂
2	刘雨轩	男	1986 10 12	23	汉	13801432767	网络111	江苏苏州
3	李小露	女	1989 09 21	28	汉	15951151653	网络111	江苏南京
4	窦海涛	男	1989 08 05	22	回	15951156787	网络111	江苏泰兴
5	何晶	女	1987 12 03	26	汉	15951157131	网络111	江苏南京
6	宋丹丹	男	1986 07 02	25	汉	13641584512	网络111	江苏苏州
7	梁海涛	男	1988 08 03	27	汉	15951157505	网络111	江苏兴化
8	孙丽丽	男	1988 09 15	24	汉	15996021251	网络111	江苏新沂

网络111　网络112　Sheet2　Sheet3

图 4-1-1　学生基本信息表

- ➢输入文本型、数值型、日期和时间型数据等
- ➢工作表的选定、重命名、移动、复制、删除、标签颜色设置等操作
- ➢掌握不同类型数据自动填充操作
- ➢验证数据输入的有效性
- ➢使用记录单输入数据
- ➢行、列基本操作
- ➢查找和替换
- ➢设置数据和字符格式、对齐方式
- ➢设置边框、底纹和图案
- ➢按条件设置单元格格式
- ➢批注操作

经分析，可按照下列步骤完成：

- 熟悉电子表格处理软件 Excel 2003 的应用程序窗口
- 新建工作簿，并保护该工作簿
- 输入工作表中信息
- 验证数据输入的有效性
- 美化工作表
- 操作工作表
- 情境实战

❸具体实现

4.1.1　Excel 2003 应用程序

Microsoft Excel 2003 是 Office 2003 办公自动化套装软件中的组件之一，可以用来制作电子表格，完成复杂的数据运算，进行数据分析和预测，并且具有强大的制作图表的功能及

打印功能等，广泛应用于财务、统计及数据分析领域。

1. 启动、退出 Excel 2003　启动 Excel 2003 可以用以下方法：

方法一：从开始菜单启动。单击任务栏中的“开始”按钮，选择菜单中的“所有程序”→“Microsoft Office”→“Microsoft Office Excel 2003”命令即可。

方法二：用已有的文档启动。双击一个已有的 Excel 文档即可启动 Excel。

方法三：用桌面图标启动。双击桌面上的 Excel 2003 快捷方式图标。

退出 Excel 2003 的方法有多种，常用的有：

方法一：单击 Excel 2003 应用程序窗口右上角的 Excel 窗口“关闭”按钮。

方法二：单击“文件”菜单，选择“退出”命令。

方法三：单击 Excel 2003 应用程序窗口标题栏最左边的 Excel 控制菜单图标，选择“关闭”命令。

方法四：右击 Excel 2003 应用程序窗口标题栏，然后在弹出的快捷菜单中选择“关闭”命令。

退出时，对于没有存盘的文档，系统会给出存盘提示，用户根据需要选择“是”（存盘后退出）、“否”（不存盘退出）或“取消”（不作任何操作，重新返回编辑窗口）。

2. Excel 2003 应用程序窗口的组成

启动 Excel 2003 后，屏幕将出现 Excel 2003 的应用程序窗口，其主界面和 Word 2003 基本相同，主要由标题栏、菜单栏、各种工具栏、标尺、编辑区、状态栏和任务窗格等部分组成，如图 4-1-2 所示。

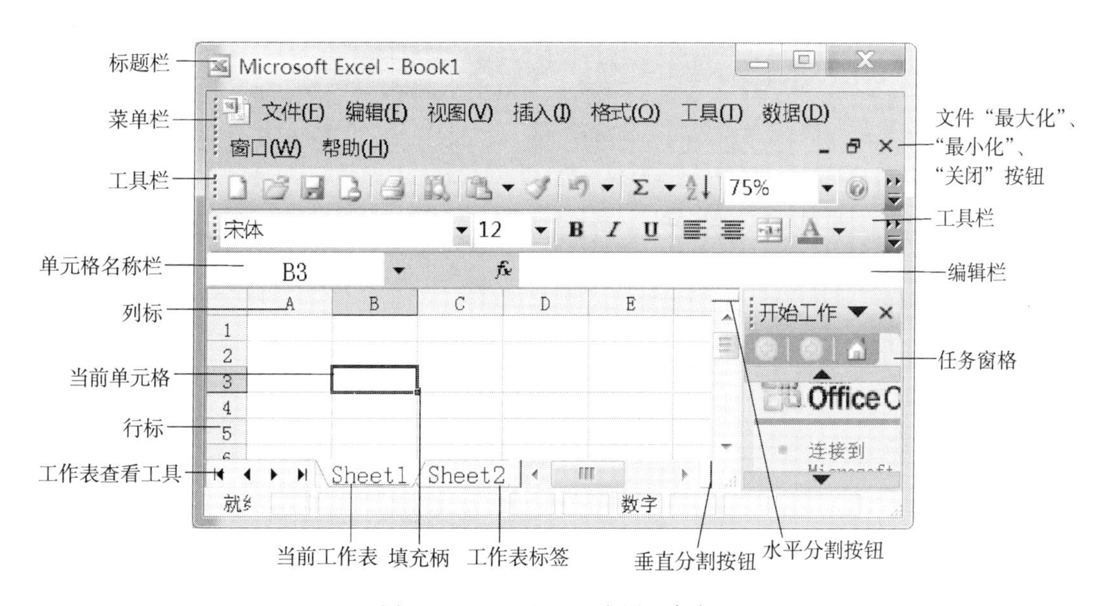

图 4-1-2　Excel 2003 应用程序窗口

从图 4-1-2 中可以看出，Excel 窗口除了拥有标准 Windows 窗口元素外，还有一些自己独特的元素。

（1）工作表及工作表标签。一个 Excel 2003 文档可以包含多个工作表，默认情况下 Excel 在新建一个工作簿后会自动创建三个空白的工作表，默认名称分别为 Sheet1、

Sheet2、Sheet3。单击“工作表标签”按钮，可以切换当前工作表。

（2）工作表行标签、列标签及单元格。工作表的行、列都有名称，这样便于对每个单元格命名。Excel 的行标签使用的是阿拉伯数字进行编号（支持 1～65 535），列标签使用英文字母按顺序表示（支持 A～Z、AA～AZ、……、IA～IV）。

一个单元格就是由列标签和行标签命名的，如 A5，表示第 1 列、第 5 行的单元格。

（3）单元格名称栏。名称栏中随时显示的是当前光标所在的单元格的名称，即活动单元格名称。

（4）编辑栏。编辑栏中可同步显示当前活动单元格中的具体内容。如果单元格中输入的是公式，则单元格中显示公式的计算结果，但编辑栏中显示的是具体的公式。有时单元格中的内容比较长，无法在单元格中以一行显示，编辑栏中可以看到比较完整的内容。

编辑栏编辑区与名称栏交接的地方，有一个按钮 fx，是用来插入函数的。当把光标定位在编辑栏中时，将会增加两个按钮，分别“确认”按钮✓和“取消”按钮✕。

（5）状态栏。状态栏位于窗口最下，与 Word 应用程序的状态栏外观一样。如果在 Excel 应用程序窗口的状态栏上右击，则会弹出如图 4-1-3 所示的快捷菜单，从中可选择快速计算的常用 Excel 函数。也就是当在单元格中输入一些数值后，并不需要总是输入公式才能得到结果，还可以先批量选中这些单元格，然后鼠标右击状态栏空白处，在弹出的快捷菜单中选择函数，则在状态栏中显示出计算结果，如图 4-1-4 所示。

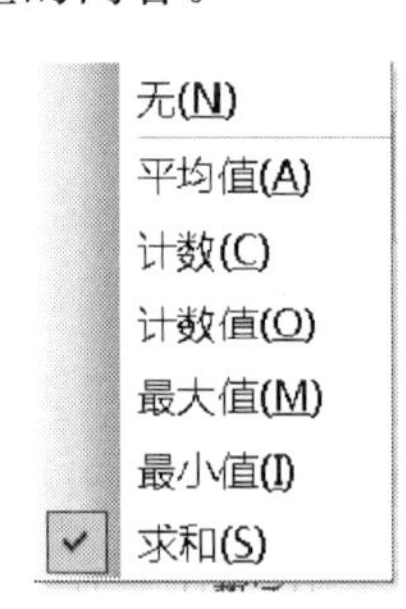

图4-1-3　快捷菜单

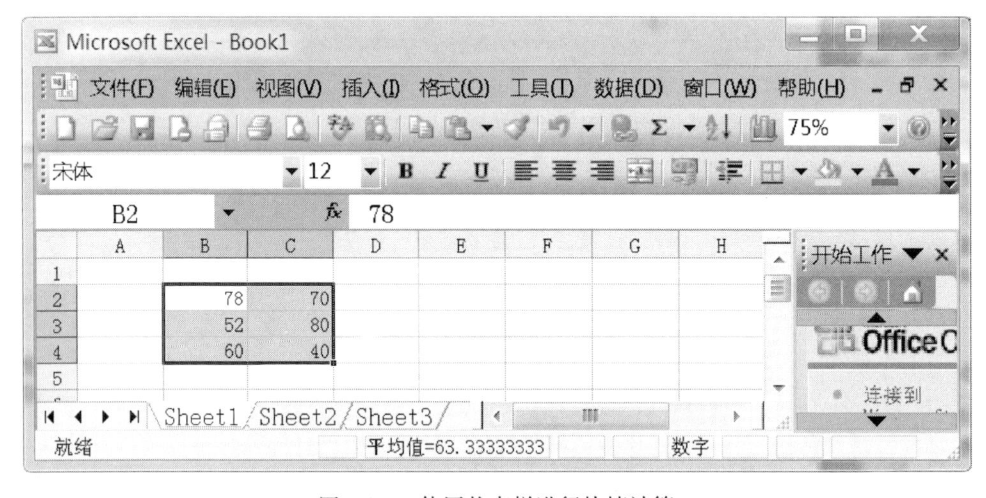

图 4-1-4　使用状态栏进行快捷计算

（6）“水平分割”按钮和“垂直分割”按钮。在垂直滚动条的上方是“水平分割”按钮，在水平滚动条的右侧是“垂直分割”按钮。用鼠标按住它们向下或向左拖动，会把当前活动窗口分割成两部分，如图 4-1-5 所示。被拆分的窗口都有各自独立的滚动条，都是对同一个工作表进行操作，这在操作内容较多的工作表时非常有用。

（7）文件“关闭”、“最大化”、“最小化”按钮。在 Word 应用程序窗口中，在文件菜单的右侧只有一个按钮即文件“关闭”按钮✕，单击该按钮不仅关闭该文件，而且该应用程序窗口也关闭；而在 Excel 中，在文件菜单的右侧有三个按钮即“最大化”\“还原”

“最小化”和“关闭”按钮。单击菜单右侧的“关闭”按钮×，只是关闭了当前文件，并没有关闭 Excel 应用程序窗口。

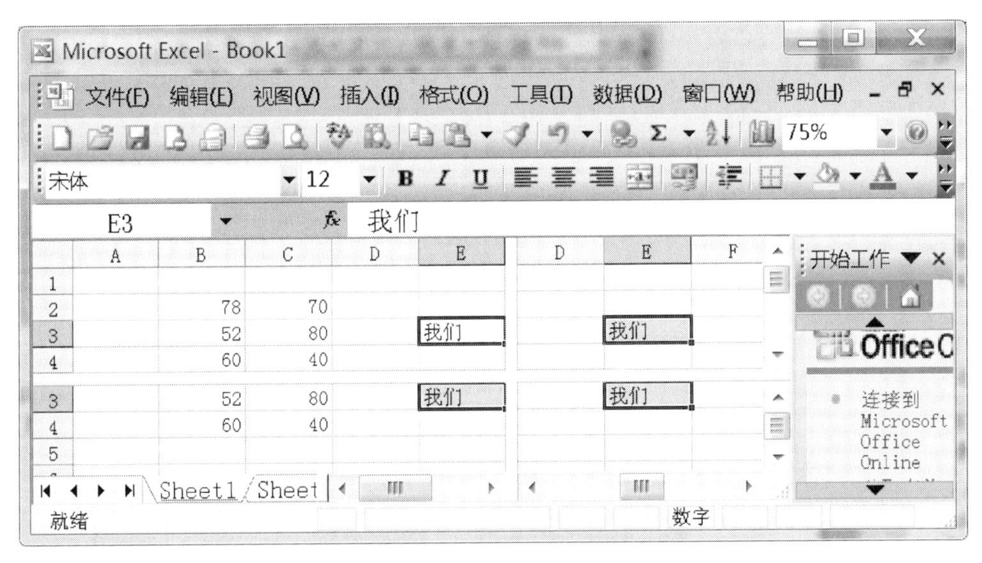

图 4-1-5　使用分割按钮将工作表分割

3. 工作簿与工作表　由于工作簿和工作表是 Excel 管理数据文件及数据集合的主要方式，因此必须弄清楚两者之间的区别与关系。工作簿与工作表虽然只有一字之差，但是区别很大。

（1）工作簿。工作簿就是 Excel 处理的文档，一个独立的 Excel 文档就是一个工作簿。工作簿的名称就是文档存盘后的文件名，Excel 文档的扩展名为 . xls。对于新建的工作簿，系统自动命名为 Book1、Book2……每个工作簿中可以包括多个工作表。简单地说，工作簿就好像一个活页夹，而工作表就好像活页夹中的活页纸。

（2）工作表。工作表是工作簿中具体的数据表格，它依赖于工作簿而存在。工作表是存储和处理数据的主要空间，是最基本的工作单位。工作表由行和列组成，各行、各列都包含若干个单元格。在工作表中，可以完成对数据的处理，也可以嵌入有关的图表。对 Excel 2003 来说，每个工作表最多可以有 256 列、65 536行。

“工作表标签”中突出、有下划线的为活动工作表。默认情况下，一个工作簿中包含 3 个工作表，用户可以插入和删除工作表，但一个工作簿中最多可以容纳 255 个工作表。由于工作表中可以存放的数据量大，一个工作簿中可以容纳的工作表的实际数目取决于机器的内存容量。

4. 单元格　单元格是指工作表中行与列交叉的部分，是基本的数据编辑单位。常用列标和行标合在一起表示单元格的位置。例如，“A3”就表示第 A 列、第 3 行的单元格。

由于一个工作簿文件可能会有多个工作表，为了区分不同工作表的单元格，要在其标识前面加上工作表的名称。例如，“Sheet2！ A6”表示该单元格是“Sheet2”工作表中的“A6”单元格。工作表和单元格之间必须用“！”号分隔。

当前正在使用的单元格为活动单元格（或称为当前单元格），用黑色边框围起，图 4-1-5 中，E3 单元格就是活动单元格。只能在活动单元格内输入和编辑数据。

单元格可以容纳以下六种类型的数据：数值（包括日期和时间）、文本（字符串）、计算公式、图片图像、音频、视频。通常使用最多的是前三种。

5. 单元格区域的命名 通常在进行数据计算时，需要用到多个单元格中的数据（单元格引用），一组连在一起的单元格所组成的矩形区域，称为单元格区域。

（1）连续区域的命名。连续区域的命名是使用半角冒号连接矩形区域的首尾两个单元格名称，即“左上角单元格名字:右下角单元格名字”。如图 4-1-6a 所示的区域就是一个从 B2 开始到 D4 结束的连续矩形区域，将其表示为 B2:D4。

（2）不连续区域的命名。表示方法是使用逗号作为分隔符，将各个连续的单元格区域连接起来。如图 4-1-6b 所示的就是三个矩形区域，用 B2:C4,D3:E4,F2:F5 表示这三个区域。

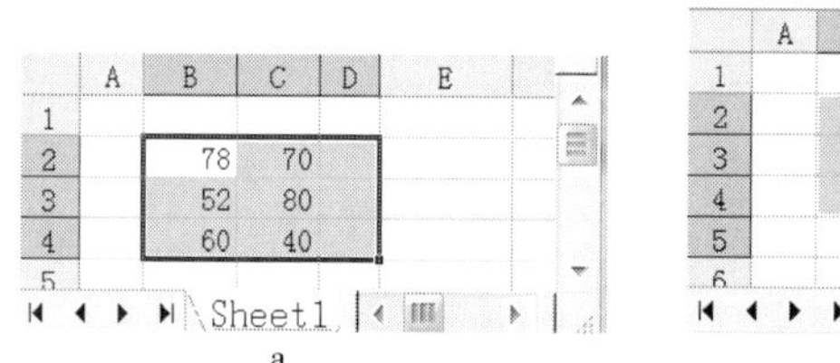

a

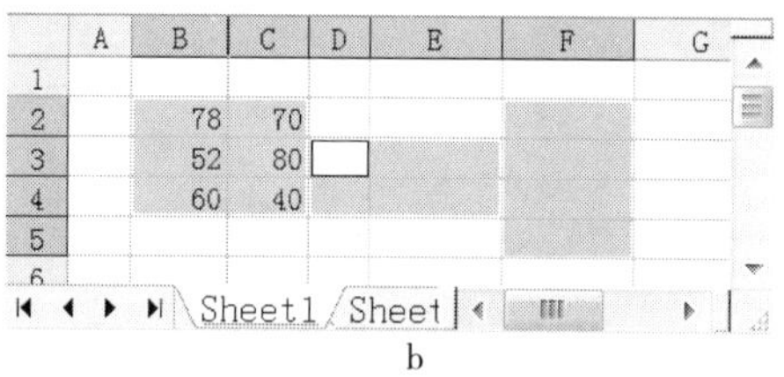

b

图 4-1-6 单元格区域

a. 单元格区域 B2:D4 b. 单元格区域 B2:C4,D3:E4,F2:F5

注意：单元格名字和单元格区域中的冒号与逗号均为英文半角符号。

6. 操作对象的选取

（1）选取单元格。单击要选定的单元格，此时该单元格会被加粗的黑线框住，同时被选定的单元格对应的行标和列标都会变成橘黄色。

（2）选取连续的区域。按住鼠标左键，直接在工作表中拖动，则鼠标经过的矩形区域都会被选中，并且呈蓝色。

（3）选取不连续的区域。按住 Ctrl 键的同时鼠标左键在工作表内拖动，拖出的每个矩形区域都被选中。

（4）选取整行或整列。单击工作表的行（列）标签即可选取对应的整行（列）；单击工作表的行（列）标签的同时拖动鼠标指针即可选取多行（列）。

（5）选定单个工作表。单击要选定的工作表标签，则该工作表标签变成白色，同时工作表切换到页面的最上层。

（6）选取多个工作表。按住 Ctrl 键的同时单击要选定的工作表标签即可同时选定多个工作表。

4.1.2 工作簿管理

工作簿的管理包括新建、保存、打开、保护和关闭工作簿。

1. 新建工作簿 应用下列新建工作簿方法之一新建一个工作簿。

方法一：启动 Excel 2003 出现应用程序窗口，即 Excel 自动给空白工作簿命名为“Book1”，扩展名为“.xls”，直到工作簿存盘时由用户确定具体的文件名。

方法二：单击菜单中的“文件”→“新建”命令，弹出如图 4-1-7 所示的“新建工作簿”任务窗格。在任务窗格中有多种灵活创建工作簿的方式，如新建空白工作簿、根据现有工作簿创建工作簿、使用 Office Online 模板创建工作簿等方式。如单击任务窗格中的“本机上的模板”链接，则弹出如图 4-1-8 所示的“模板”对话框，选择“电子方案”表格选项卡，任选一种模板，则可创建一个与模板类似的工作簿。

方法三：单击“常用”工具栏中的“新建”按钮，可创建一个空白工作簿。

方法四：在“资源管理器”窗口或“我的电脑”窗口的某个文件夹位置的空白处右键单击，在弹出的快捷菜单中执行“新建”→“Microsoft Excel 工作表”命令，也可新建一个工作簿。

图 4-1-7　“新建工作簿”任务窗格

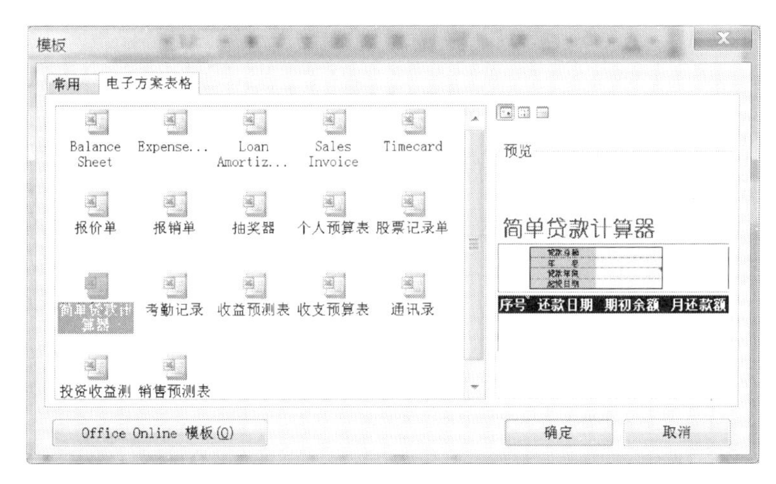

图 4-1-8　“模板”对话框

2. 保存工作簿　Excel 2003 在默认安装情况下没有自动保存功能，在操作中要随时注意文档的保存。一般情况下，新建一个 Excel 工作簿后，不要等到处理了很长时间才想到存盘，甚至在工作完毕、退出 Excel 时才由程序提示是否存盘，那样极有可能在死机、断电、误操作等意外情况下带来不必要的损失。正确的做法是创建一个新工作簿后立即保存，工作过程中保持不间断地对文件进行保存，特别是进行一些较为复杂的操作过程后，应立即存盘，最大限度地避免意外情况下带来的数据丢失。

保存 Excel 工作簿可以选用下面方法中的一种：

（1）按 Ctrl+S 组合键保存。

（2）单击“常用”工具栏中的“保存”按钮。

（3）执行“文件”→“保存”命令。如果是新建的文件，则会弹出如图 4-1-9 所示的“另存为”对话框，指定保存文件的路径和文件名，然后单击“保存”按钮即可。

（4）如果已经存在的文件需要更换名称，则可执行“文件”→“另存为”命令，同样弹出如图 4-1-9 所示的“另存为”对话框，指定文件保存的位置和新的文件名，然后单击“保存”按钮即可。在“另存为”命令后所做的各种操作都只会对另存后的新文件有效。

图 4-1-9 “另存为”对话框

提示：如果单击“另存为”对话框中的“保存类型”下拉列表，则可选择其他多种文件格式进行存盘，比如可将当前工作簿保存为模板文件等。

📖**3. 打开工作簿** 打开工作簿的方法有多种，用户可以根据习惯和方便性任意选择其中的一种。

方法一：从“资源管理器”窗口或“我的电脑”窗口中找到要打开的 Excel 文件后双击文件名即可打开。

方法二：启动 Excel 2003 应用软件后单击“常用”工具栏中的“打开”按钮，或者执行“文件”→“打开”命令，弹出如图 4-1-10 所示的“打开”对话框，在对话框中找到要打开的工作簿文件后单击“打开”按钮即可。

图 4-1-10 “打开”对话框

对不能确定位置和文件名的文件，可以单击“打开”对话框中的“工具”按钮，在打开的菜单中选择“查找”命令，打开“查找”对话框，输入查找条件，进行查找。

方法三：启动 Excel 2003 应用软件后，按 Ctrl＋O 组合键也可打开。

方法四：启动 Excel 2003 应用软件后，执行“视图”→“任务窗格”命令，弹出如图 4-1-11 所示的“开始工作”任务窗格，单击其中的“打开”链接也可打开“打开”对话框，找到指定的文件并打开。

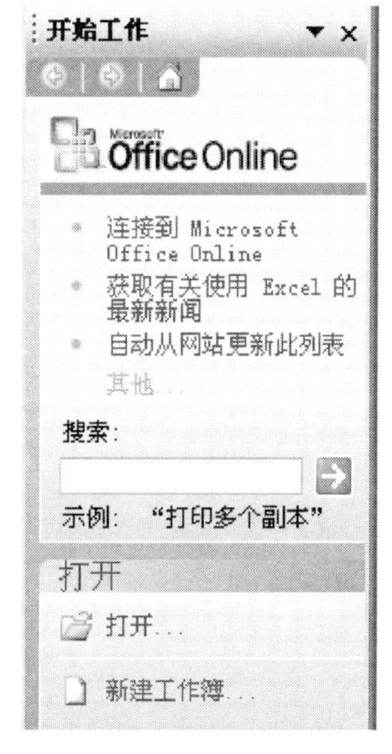

图 4-1-11　“开始工作”任务窗格

4. 关闭工作簿　关闭工作簿文件有以下几种方法：

方法一：执行“文件”→“退出”命令。

方法二：单击标题栏右端的“关闭”按钮或双击控制菜单图标。

这两种方法不仅关闭了 Excel 工作簿，而且同时退出了 Excel 应用程序。

若只关闭当前工作簿文件而不退出 Excel 应用程序，可采用以下方法：

方法三：单击当前工作簿文件窗口菜单栏右上角的“关闭”按钮或双击控制菜单图标。

方法四：执行“文件”→“关闭”命令。

方法五：按 Alt＋F4 组合键或 Ctrl＋F4 组合键。

如果文件已经修改但未存盘，系统会打开一个对话框，提示用户做存盘处理。

5. 工作簿的加密设置　对于重要的工作簿文件可以设置“打开权限密码”和“修改权限密码”，以防他人非法打开和修改。操作方法是：执行“工具”→“选项”命令，打开“选项”对话框，切换到“安全性”选项卡，如图 4-1-12 所示。

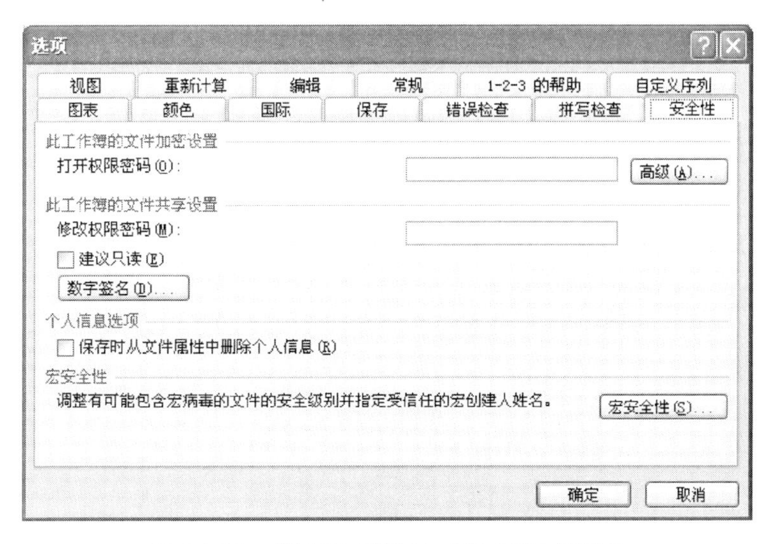

图 4-1-12　“打开”对话框：“安全性”选项卡

在“打开权限密码”文本框中可输入打开工作簿时必须输入的密码；在“修改权限密码”文本框中可输入修改工作簿时必须输入的密码；选中“建议只读”复选框，则用户所作的修改只能保存到其他工作簿中。

4.1.3 工作表信息的输入

在Excel工作表中输入数据看起来简单，其实有不少的技巧和方法，只有掌握正确的输入方法和技巧，才能正确、快速地输入数据。

输入数据只能在活动单元格内输入，故首先应先选择活动单元格，默认情况下从键盘输入信息后，按Enter键可直接转入下一行相同列的单元格的输入状态；如果输入信息后按光标移动键则可激活同行左列或右列、上一行或下一行的单元格。

📖**1. 输入文本型数据** 文本中可以包括汉字、字母、数字、空格及各种符号。默认状态下，文本型数据在单元格内左对齐显示。当数据宽度超过单元格的宽度时，若右侧单元格内没有数据，则单元格的内容会扩展到右边的单元格内；若右侧单元格内有数据，则结束输入后，单元格内的数据被截断显示，但内容没有丢失，选定该单元格则会在编辑栏内看到完整的内容。

（1）字符数据输入。对于汉字与字母等纯文本型的数据在选定单元格内直接输入即可。

（2）纯数字的数据作为文本输入。对于一些纯数字的信息如电话号码、邮政编码这样的纯数字符串，不参与算术运算，应作为字符串处理，输入时应先输入英文字符的单引号“’”，然后再输入数字。如输入邮政编码“071001”，应输入“’071001”。

📖**2. 输入时间和日期型数据** 对于日期型数据，需要使用“-”号或汉字分隔年、月、日。如输入“1998-1-1”或“1998年1月1日”。

输入时间需要使用“:”号或汉字分隔。如10:26:35pm、或下午10点26分35秒。

📖**3. 输入数值型数据** 数值型数据由数字0～9和小数点组成，还可以包括+、-、%、$、¥等符号，此外还可以含有字母e（科学计数法表示）和“’”（千分位分隔符）。默认状态下，数值型数据在单元格内右对齐显示，当小数点后位数超过设置位数时，系统自动作四舍五入处理；当数据宽度超过单元格的宽度时，结束输入后，单元格内会显示一串“#”号，表示列宽不够。此时，只要将单元格宽度加大，即可正确显示。

对于普通的数值型数据可在选定单元格后直接输入即可，如果输入的是一个分数如1/2，则应先输入一个空格，然后依次输入“1”、“/”、“2”。如果没有先输入一个空格，直接依次输入“1”、“/”、“2”，则Excel会自动将其转换成日期等其他格式。

📖**4. 自动填充数据** 在表格处理过程中，经常会遇到要输入大量、有规律、连续的数据，如序号、连续的日期或星期、连续的相同的数据等，如果人工输入，一方面这些机械操作很麻烦，另一方面还很容易出错，使用Excel的数据自动填充功能，可以大大提高工作效率。

数据的填充在行或列的方向上进行。填充数据需要使用填充柄，所谓填充柄，是指选定单元格区域后，右下角的小黑块（见图4-1-2）。鼠标移到填充柄时，指针变成黑实心的十字状“+”，此时按鼠标左键拖动进行简单填充，按鼠标右键拖动实现复杂填充。

在填充数据前，应先给第一个单元格输入数据（包括常数或公式），然后通过填充操作使与它相邻的多个单元格自动生成数据，从而快速输入数据。自动填充一般可使用鼠标左键拖动填充柄、鼠标右键拖动填充柄和执行“编辑”→“填充”命令三种，用户应根据自己的习惯及数据的特点选择填充方法。

（1）使用鼠标左键拖动填充柄输入序列。如果只在第一个单元格输入数据（称为源单元格），将鼠标指针指向源单元格的填充柄，待指针变成黑实心的十字状“+”后按下鼠标左键向下（上、下、左、右均可）拖动，则指针经过的单元格就会以源单元格中相同的数据或公式进行填充。如图 4-1-13a 所示。

如果先在两个单元格中输入了有规律的数据，当选定了这两个带有规律数据的单元格后，再按住鼠标左键进行拖动后松开，则鼠标经过的单元格中的数据也是具有相同的规律。如图 4-1-13b 所示。

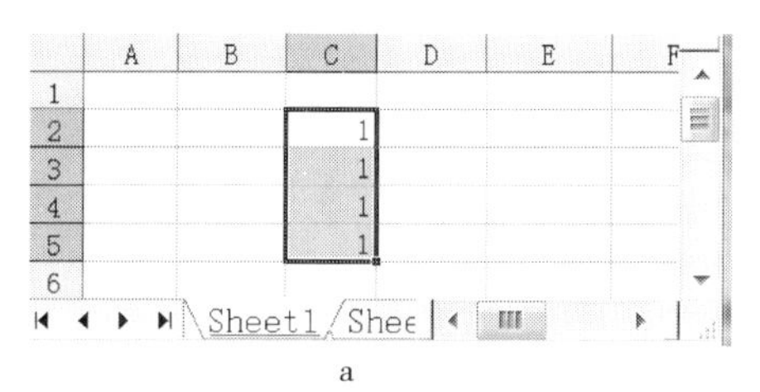

a

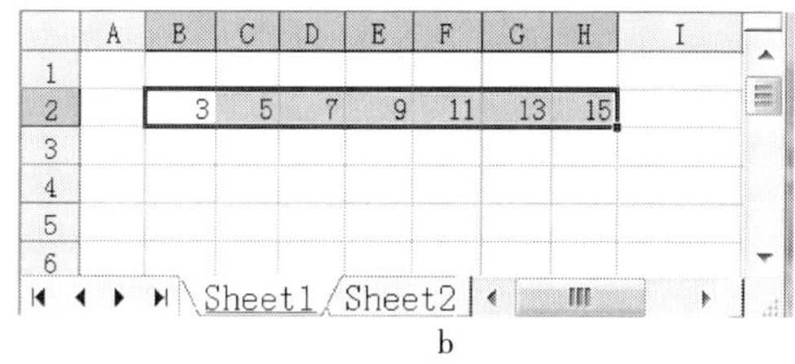

b

图 4-1-13　鼠标左键拖动输入序列

a. 输入相同数据　b. 输入有规律的数字序列

（2）使用鼠标右键拖动填充柄输入序列。将鼠标指针指向源单元格的填充柄，待指针变成黑实心的十字状“+”后按下鼠标右键向下（上、下、左、右均可）拖动若干单元格后松开，此时会弹出如图 4-1-14 所示的快捷菜单。该快捷菜单中其他各项填充方式说明如下：

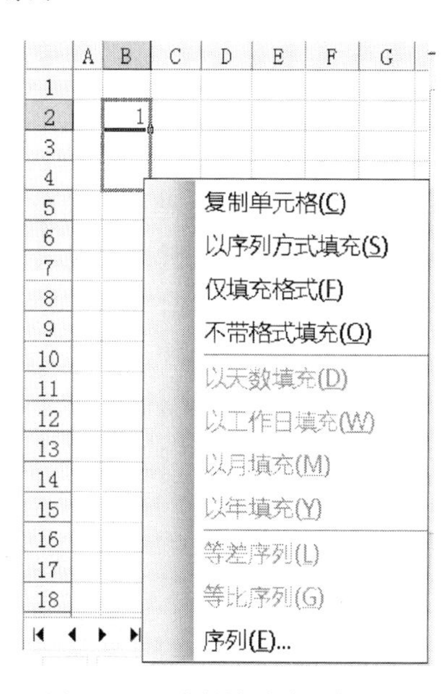

图 4-1-14　右键拖动输入序列

①“复制单元格”命令。简单地复制单元格内容，使目的单元格与源单元格内容一致。

②“以序列方式填充”命令。即按照一定的规律进行填充。如源单元格中是数字 1，则选中此方式后，图 4-1-14 所示的 B3 和 B4 单元格中分别是数字 2 和数字 3；如源单元格是汉字“二”，则填充的分别是汉字“三”和“四”；如源单元格中是无规律的普通文本，则该选项变成灰色的不可用状态。

③“仅填充格式”命令。此选项的功能类似于 Word 中的格式刷，即被填充的单元格中并不会出现序列数据，而是复制源单元格中的格式到目标单元格中。

④“不带格式填充”命令。即目标单元格中仅填充了数据，源单元格中的各种格式没有被复制。

⑤“以天数填充”、“以工作日填充”、“以月填充”、“以年填充”命令。可按日期天数、工作日、月份或年份进行填充。

⑥“等差数列”、“等比数列”命令。这种填充方式要求首先选中两个以上的带有规律的数据的单元格，否则呈灰色不可用状态。当选定了两个带有规律的数据的单元格后，再按住

鼠标右键进行拖动后松开，选择该项命令，则鼠标经过的单元格中的数据是等差数列或等比数列。

⑦“序列”命令。当源单元格中数据为数值时，用鼠标右键拖动后松开，执行“序列”命令，则打开如图 4-1-15 所示的“序列”对话框，应用此对话框可以灵活方便地选择多种序列填充方式。

(3) 执行“编辑”→“填充”命令进行填充。自动填充还可以执行菜单命令来实现，其操作步骤如下：首先在源单元格中输入数据，然后选中需要填充数据段的单元格，执行“编辑”→“填充”命令打开如图 4-1-16 所示的菜单，根据目的单元格相对源单元格的位置选择“向上填充”、“向下填充”、“向左填充”、“向右填充”，或选择“序列”命令打开“序列”对话框。

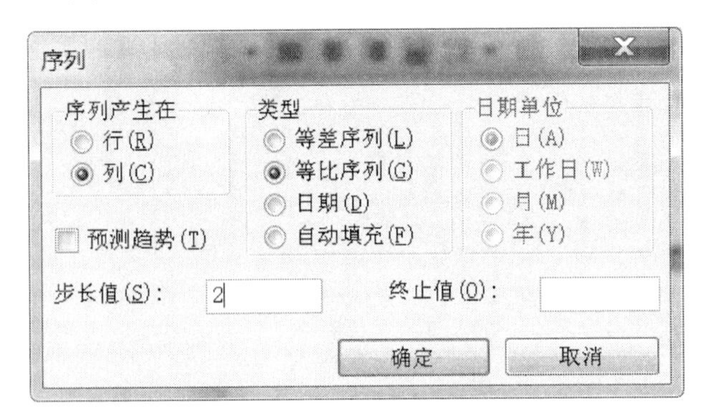

图 4-1-15 “序列”对话框

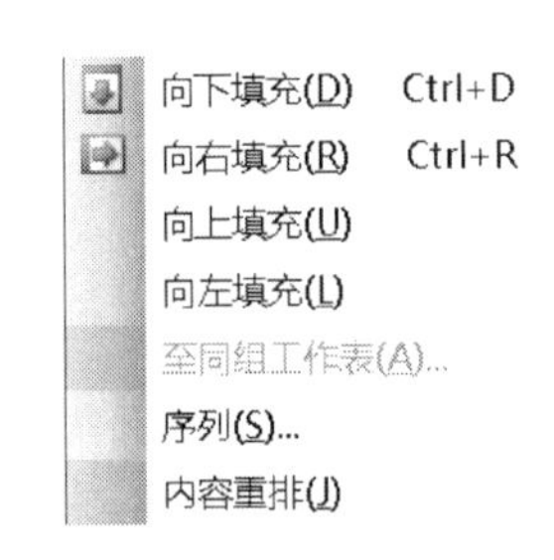

图 4-1-16 “填充”下一级菜单

5. 使用记录单输入数据 Excel 2003 工作表中每一行称为一个记录，记录中的每个信息都需要手工输入，如果数据清单比较多，那么直接在工作表中输入数据是一件很繁琐的事情。Excel 2003 为向数据清单中输入数据提供了一种专用窗口——记录单。记录单就是将一条记录的数据信息按信息段分成几项，分别存储在同一行的几个单元格中，在同一列中分别存储所有记录的相似信息段。具体的操作步骤如下：

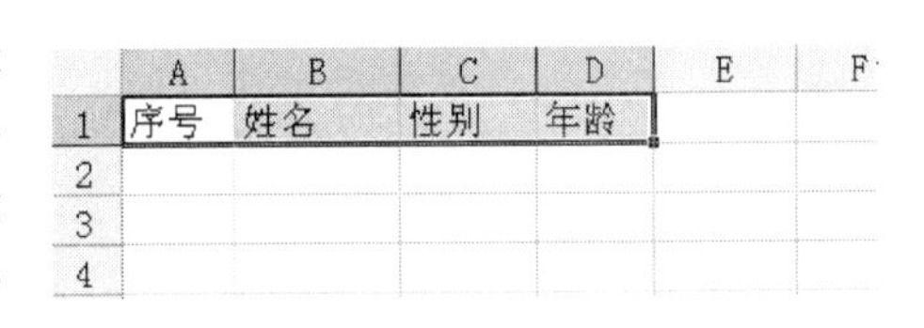

	A	B	C	D	E	F
1	序号	姓名	性别	年龄		
2						
3						
4						

图 4-1-17 记录单示例工作表

(1) 以图 4-1-17 所示的工作表为例。选中单元格区域 A1:D1，执行“数据”→“记录单”命令。

(2) 如果数据清单中还没有记录，就先弹出如图 4-1-18 所示的提示窗口。

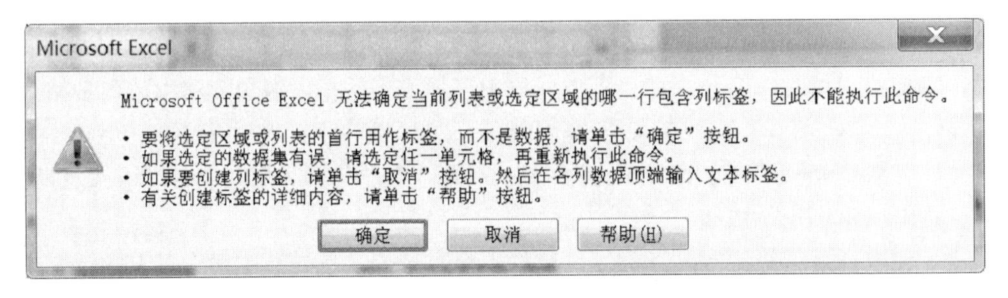

图 4-1-18 提示窗口

(3) 单击“确定”按钮，随即系统弹出如图 4-1-19 所示的记录单窗口，在该窗口中自动将数据清单的列标题作为字段名，可以逐项输入数据信息。

(4) 每输入完一条记录，单击一次“新建”按钮可将该记录写入工作表中。全部输入完成后单击“关闭”按钮，结束记录单的录入。

注意：需用公式计算的字段不需要手工输入。

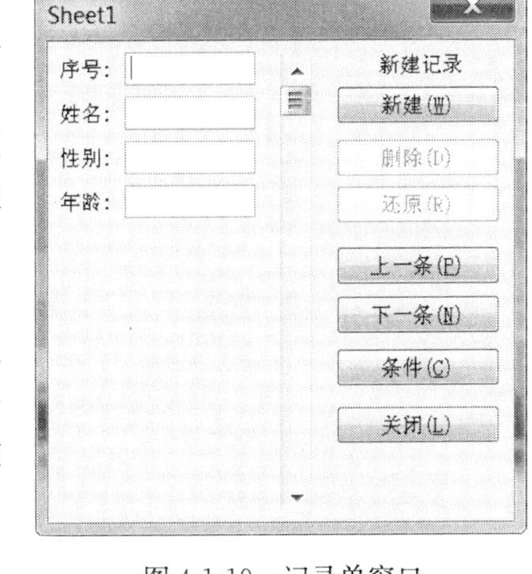

图 4-1-19　记录单窗口

📖6. 验证数据输入的有效性　向工作表中输入数据信息时，由于数据较多，有可能会出现错误，一旦数据有错就可能影响到其他单元格，因此要保证数据输入无误，Excel 2003 提供了建立验证数据内容的方法，防止数据输入时不必要的错误发生。

建立验证数据内容即设置有效数据。有效数据是用于规定某个单元格或单元格区域中的数据是否正确和能否满足要求的规则，并为不满足规则的数据设置报告的方法。这种规则通常是规定有效数据的取值范围、日期的范围、文本的长度等。假设规定学生的年龄在 16～25 周岁，则可以设置该列的数据有效性规则。具体的操作步骤如下：

(1) 选中“年龄”列中的单元格（图 4-1-17），执行“数据”→“有效性”命令，弹出“数据有效性”对话框，如图 4-1-20 所示。

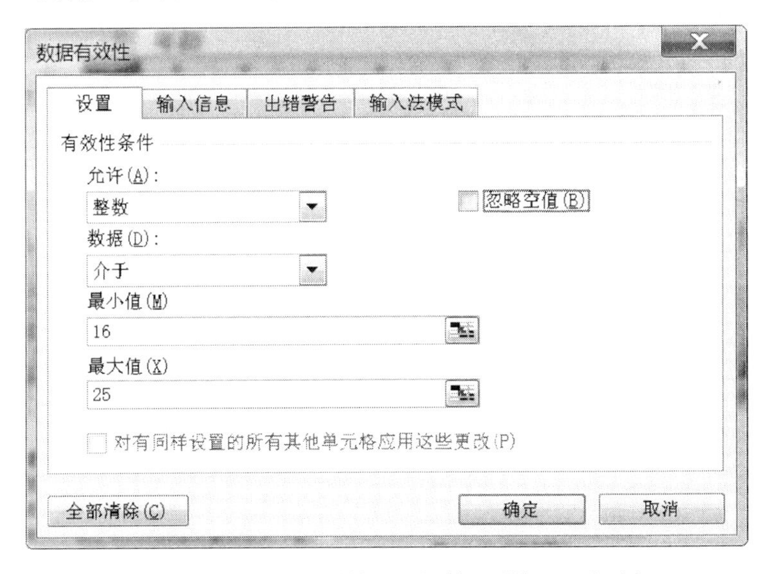

图 4-1-20　“数据有效性”对话框：“设置”选项卡

(2) 选择“设置”选项卡，分别在“允许”和“数据”下拉列表中选择相应的信息。

(3) 当鼠标指向该列的某个单元格时，如果希望显示提示信息，可选择“输入信息”选项卡，选中“选定单元格时显示输入信息”复选框，在“输入信息”文本框中输入要显示的提示信息。这样设置后，当鼠标指向“年龄”列的某个单元格时，就会显示提示信息，如图 4-1-21 所示。

（4）如果某个单元格数据输入错误，希望显示出错信息，可选择“出错警告”选项卡，在“样式”下拉列表中选择一种错误报警方式，在“错误信息”文本框中输入当出错时显示的信息，这样当某个单元格数据输入错误时，将弹出提示框，如图 4-1-22 所示。

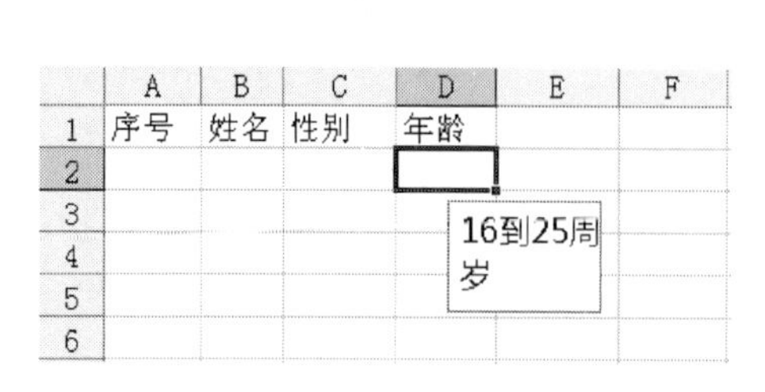

图 4-1-21　输入数据时显示信息

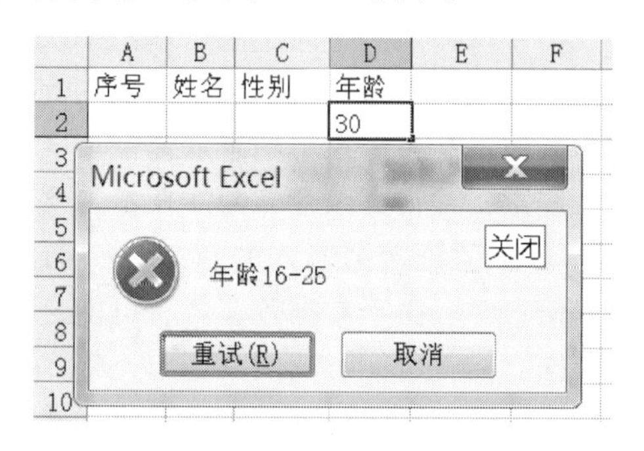

图 4-1-22　出错警告

（5）单击“确定”按钮，完成该列数据有效性规则设置。

7. 批注　在工作表中有时对重要的数据需添加注释内容，这就是批注。当给单元格进行注释后，只需将鼠标停留在单元格上，就可看到相应的批注。

（1）添加批注。单击要添加批注的单元格，执行“插入”→“批注”命令，或者单击右键，在弹出的菜单中选择“插入批注”命令，都弹出一个文本框，用户在其中输入注释的文本，输入完毕单击该文本框外的工作表区域即可完成插入。

在添加了批注后该单元格的右上角会出现一个红色的小三角形，提示该单元格已被添加了批注。

（2）修改批注。选中要修改批注的单元格，单击右键，在弹出的菜单中选择“修改批注”命令，则光标定位在弹出的文本框中，用户可以进行修改。

（3）删除批注。选中要删除批注的单元格，单击右键，在弹出的菜单中选择“删除批注”命令即可。

4.1.4　美化工作表

在工作表中输入数据后，还需要进行格式化处理，没有格式化过的工作表看起来很不舒服。

1. 调整行高和列宽

（1）用鼠标调整行高。将鼠标指向“行标签”的下分隔线，当鼠标指针变为一个十字状上下指向的箭头时，按住左键垂直拖动鼠标到合适的位置松开即可。在拖动鼠标的同时，屏幕上会同步显示该行的高度数值。如果要同时设置多行的行高，只需要选定要设置的这几行，然后按住鼠标左键在分割线处上下拖动即可。

（2）使用“行高”对话框调整行高。选定要设置行高的这一行任意单元格，执行“格式”→“行”→“行高”命令（图 4-1-23），打开“行高”对话框，在“行高”文本框中输入行高值（以磅为单位），单击“确定”按钮。另外，选择“格式”→“行”→“最适合的行高”命令，系统会根据单元格中内容自动调整到最合适的行高。

（3）调整列宽。列宽的调整方法和行高的调整方法基本相同，区别仅仅在于选定的对象是列。

📖**2. 单元格的合并与拆分**　合并单元格是将一组连续的单元格合并为一个大的单元格。拆分单元格则是将经过合并处理的大单元格恢复成原来的多个小单元格。

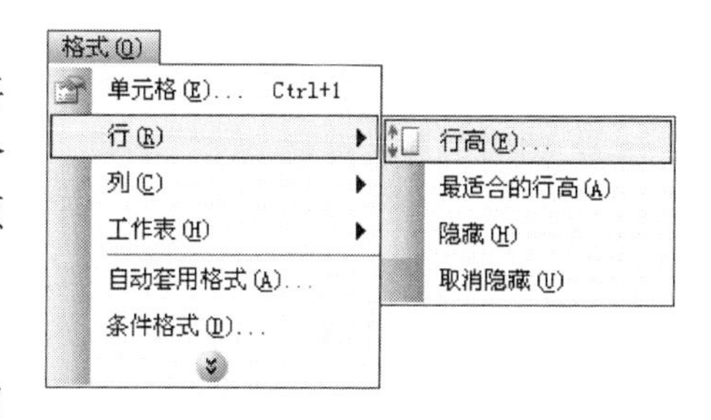

图 4-1-23　“行”级联菜单

（1）合并单元格。经常使用如下两种方法：

方法一：选定需要合并的一组单元格组成的矩形区域，单击“格式”工具栏中的“合并及居中”按钮“▣”，则这些选定的单元格在合并的同时将单元格的内容水平居中。

方法二：使用“单元格格式”对话框。对单元格格式的设置（如合并、拆分、边框、背景等）都要用到“单元格格式”对话框。操作方法如下：

①首先选择需要合并的一组单元格，选择“格式”→“单元格”命令；或选定区域右击，在弹出的快捷菜单中选择“单元格格式”命令，都会打开“单元格格式”对话框。

②选择“单元格格式”对话框的“对齐”选项卡（图 4-1-24），选中“合并单元格”复选框，单击“确定”按钮。若选中的多个单元格中都有数据，合并后，只会保留第一个单元格中的数据。

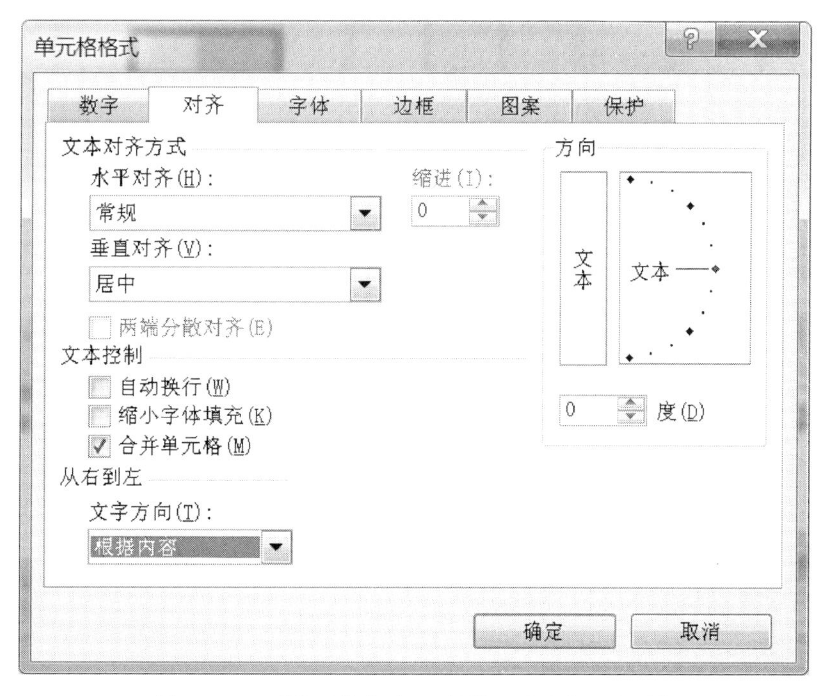

图 4-1-24　“单元格格式”对话框：“对齐”选项卡

注意：因为工作表很大，因此，不要对选择的整行或整列进行此操作。

（2）拆分单元格。一般按下面步骤操作：

选择需要拆分的单元格；按上述方法打开“单元格格式”对话框，并切换到“对齐”选项卡；取消选中“合并单元格”复选框；单击“确定”按钮，关闭对话框。

3. 单元格字体的设置 适当设置单元格字体格式，可以使工作表更加醒目、直观。用户可以通过使用工具栏和“单元格格式”对话框两种途径进行设置。

（1）利用工具栏设置字体、字号、前景色和背景色。先选中需要设置格式的单元格，再根据需要单击“常用”工具栏中的“字体”、“字号”、“颜色”、“填充颜色”及对齐方式等按钮，在弹出的选项卡中设置需要的格式，确定后，选定的单元格中的字体就会按照要求进行格式化。这种方法与 Word 中的操作类似。

（2）利用“单元格格式”对话框设置。利用工具栏设置字体虽然快捷方便，但如果希望进行较为复杂的设置，还是要使用“单元格格式”对话框来设置。具体操作步骤如下：

①首先选定要设置格式的单元格。

②执行“格式”→“单元格”命令，或者单击鼠标右键，在弹出的菜单中选择“设置单元格格式”命令。

③弹出如图 4-1-25 所示的“单元格格式”对话框，选择“字体”选项卡，然后根据需要进行设置。

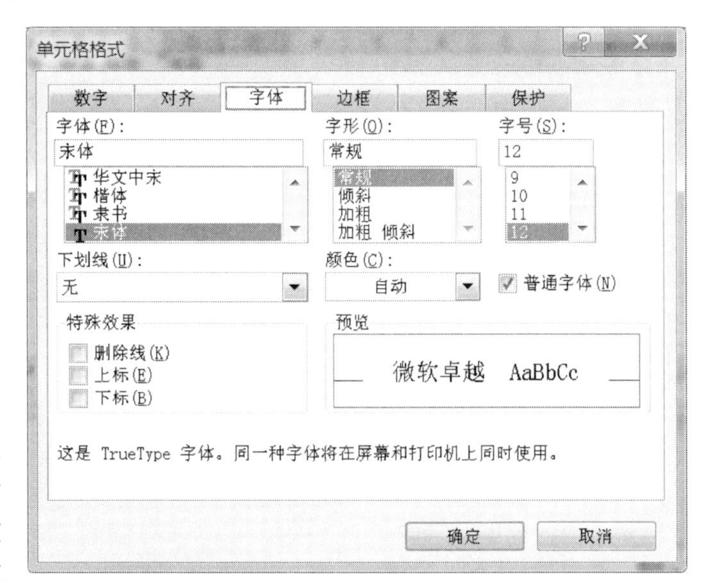

图 4-1-25 “单元格格式”对话框：“字体”选项卡

4. 数字型数据格式设置 数字型数据的数据格式包括两方面的内容：数据类型和数据属性。数据类型如文本、数值、货币、日期、时间等，数据属性如小数位数、负数的表示方法、是否使用千位分隔符、日期的表示方法等。

数字型数据格式的设置通过“单元格格式”对话框中的“数字”选项卡设置，其操作步骤如下：

（1）打开“单元格格式”对话框，选择“数字”选项卡，如图 4-1-26 所示。

（2）在“分类”列表框中选择数据类型，再设置数据属性。例如，数值型数据可以设置小数点位数、负数的显示方法，日期型数据设置“2001 年 3 月 14 日”显示方式等。

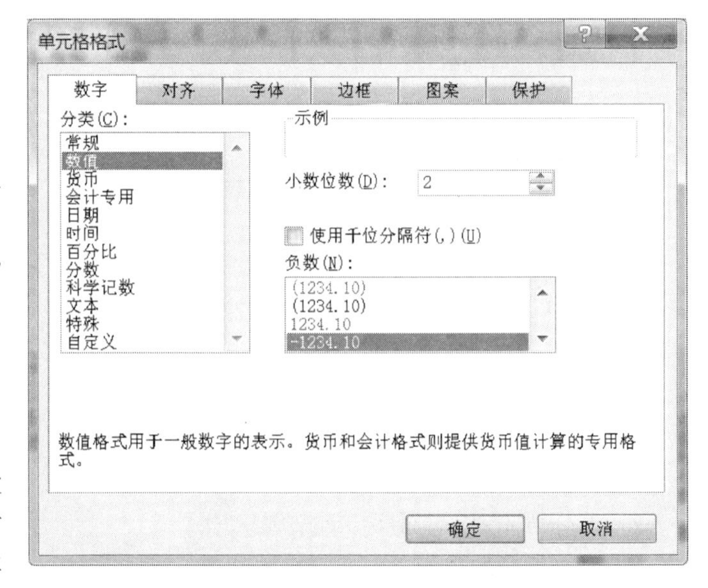

图 4-1-26 “单元格格式”对话框：“数字”选项卡

（3）单击“确定”按钮结束操作，或继续选择其他选项卡进行设置。

注意：如果在单元格中已经输入了数值但格式显示不正确，如输入一组身份证号码后按 Enter 键或移动光标到其他单元格时，Excel 会“自作聪明”地将这组比较长的数值以科学计数法显示出来。为了保证身份证号码格式的正确性，可以事先对单元格进行格式设置（在“数字”选项卡中选择“文本”类型），然后再输入数据。因为对于已经自动显示为不正确的格式的单元格，即使再进行格式上的修改，也可能无法再以正确的格式显示出来，必须重新输入。如输入“321082197805060658”，没有设置格式前显示“3.21082＋17”，即使再修改其格式为“文本”，也将以“3.21082＋17”显示。

📖**5. 单元格对齐方式设置** 默认情况下，Excel 可以自动区分输入内容中的普通文本与数字，并且自动采取不同的对齐方式。一般情况下，数字默认为右对齐，普通文本默认为左对齐。但很多情况下仍然需要手工对单元格的对齐方式进行特定设置，以满足版面的需要。

（1）使用“格式”工具栏快速设置对齐。先选中要设置对齐的单元格，再单击“格式”工具栏中的对应按钮即可。“格式”工具栏中的各个按钮的作用如图 4-1-27 所示。

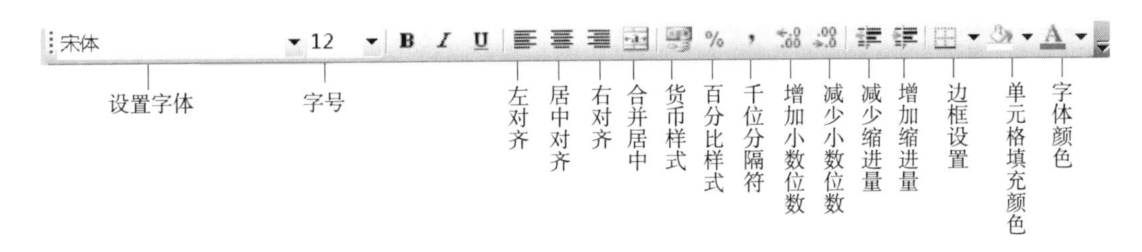

图 4-1-27 “格式“工具栏中各按钮作用

（2）使用“单元格格式”对话框设置对齐。先选中要设置格式的单元格，单击右键选择“设置单元格格式”命令，打开“单元格格式”对话框，再选择如图 4-1-28 所示的“对齐”选项卡。

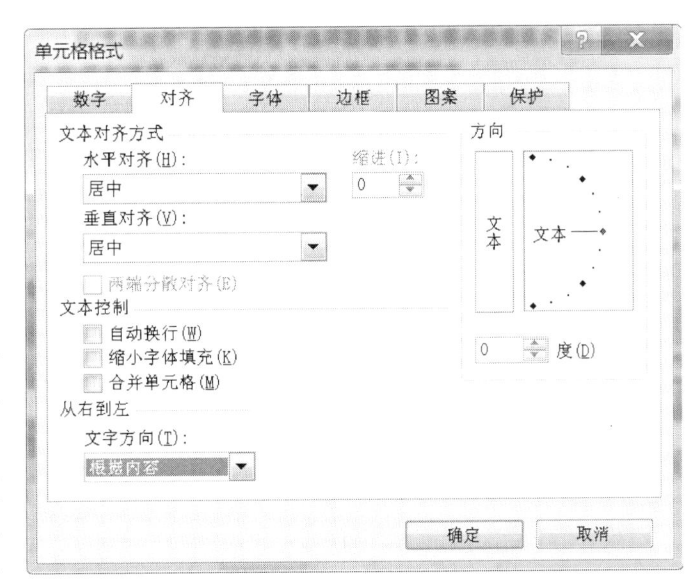

图 4-1-28 “单元格格式”对话框：“对齐”选项卡

在该选项卡中可以设置多种水平对齐方式和垂直对齐方式，还可以设置是否自动换行（当信息超出单元格宽度就自动显示换行）、是否缩小字体填充（当单元格内容较多时自动缩小字体来适应单元格大小）、是否合并单元格等。另外在选项卡的“文字方向”下拉列表中还允许选择多种不同的文字排列方向，在“方向”选项组拖动时钟状指针，则可以设置单元格内容的旋转角度。图 4-1-29 所示为设置了旋转 30°、水平垂直居中且自动换行后的显示效果。

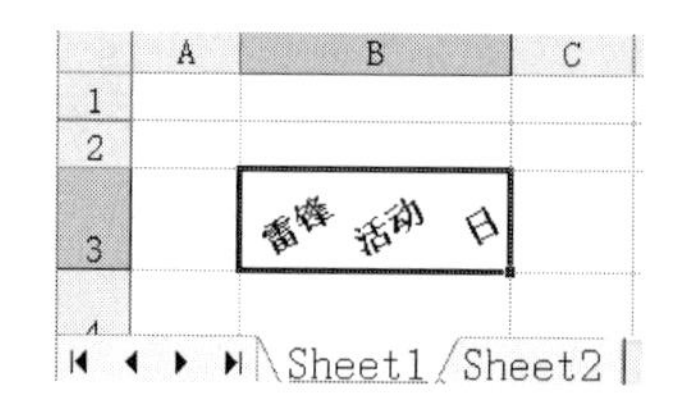

图 4-1-29 旋转 30°且水平垂直居中、自动换行

(3) 手动强行换行。单元格的内容都是向右延伸排列，按 Enter 键后不能换行，而是选定下一行单元格。实现换行有两种方法，一种是自动换行，即文本自动根据单元格的大小来进行换行（实现自动换行必须事先在“单元格格式”对话框的“对齐”选项卡中选中了“自动换行”复选框）。另一种方法是手动强行换行。在向单元格中输入内容过程中，如果需要强行换行，只需按 Alt＋Enter 组合键，然后继续输入内容，则后续内容就会在下一行显示，而不管是否到达单元格的最大宽度。

6. 边框线与网格线设置 默认情况下，Excel 主界面中会显示很多灰色表格线，但这些表格线是不会被打印的。要想让工作醒目大方，必须适当设置其表格边框线和内部网格线，可以通过“单元格格式”对话框来进行。也可以使用“格式”工具栏进行简单的设置。

(1) 使用工具栏快速设置表格线。首先拖动选中要设置表格网格线的范围，然后单击“格式”工具栏中的“边框”按钮右侧的下三角，打开如图 4-1-30 所示的表格边框线样式面板。根据选定范围内的网格线的需要，单击选择其中一种边框线样式，则被选定的范围内的所有单元格都会被设置为指定的边框线。

图 4-1-30 表格边框线样式面板

如果希望一个表格的不同部分用不同类型的边框线，可以分别选定不同的部分再分别选择各自的边框样式。

(2) 使用“单元格格式”对话框设置表格线。首先拖动选中要设置表格网格线的范围，单击鼠标右键，在弹出的菜单中选择“设置单元格格式”命令，弹出“单元格格式”对话框，选择“边框”选项卡，如图 4-1-31 所示。

图 4-1-31 “单元格格式”对话框之“边框”选项卡

在“线条”样式表中选择一种样式，需要时在“颜色”下拉列表中选择一种线条颜色，然后根据选定范围和实际需要设置。其操作与 Word 2003 中设置边框线过程类似。

7. 单元格底纹和图案设置 设置单元格底纹和图案可以使用工具栏快速设置，还可以使用对话框设置。

(1) 使用“格式”工具栏。先选中要设置底纹和图案的单元格，然后单击“格式”工具栏中的“填充颜色”按钮右侧的下三角按钮，在弹出的颜色面板中选择合适的颜色即可填充背景色，但不能填充图案。

（2）使用对话框。要同时设置单元格的底纹和图案必须在“单元格格式”对话框的“图案”选项卡中完成，如图 4-1-32 所示，在该选项卡中，不仅可以设置单元格底纹，还可以设置单元格的填充图案。

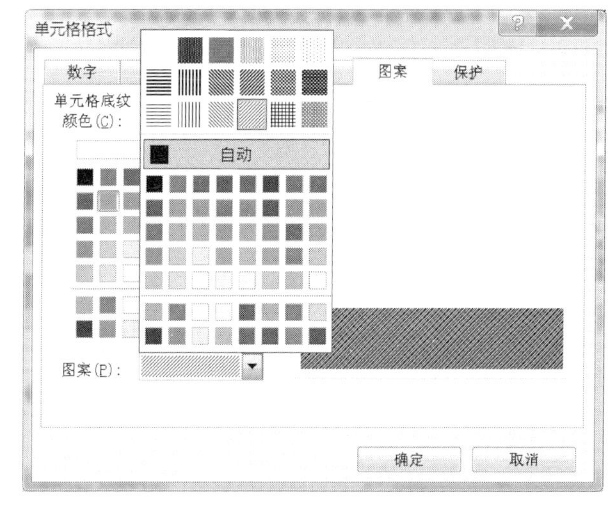

图 4-1-32　“单元格格式”对话框之“图案”选项卡

8. 按条件对单元格进行设置

Excel 工作表的外观除了可以按照前面所述的各种方式进行设置外，还可以由用户指定一定的条件，达到预定的条件后，单元格的格式就会自动按照预定的格式进行显示，这就是条件格式。条件格式设置的操作步骤如下：

（1）选定要设置条件格式的单元格；执行“格式”→“条件格式”命令，弹出如图 4-1-33 所示的“条件格式”对话框。

（2）在“条件”下拉列表中选择“单元格数值”或“公式”，在紧跟其后的列表框中选择条件，在后面的文本框中输入数值（如果单击文本框右侧的按钮，可以引用单元格的数据），这样条件就设置好了。

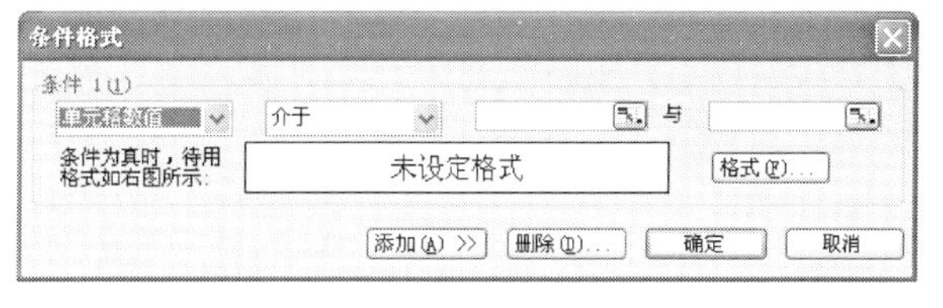

图 4-1-33　“条件格式”对话框

（3）单击“格式”按钮，弹出“单元格格式”对话框，按照需要对字体、边框等进行设置后返回“条件格式”对话框。

（4）如果条件只有一个，则单击“确定”按钮即完成条件格式的设置。如果条件有多个，则在“条件格式”对话框中单击“添加”按钮，打开多条件的“条件格式”对话框，如图 4-1-34 所示。

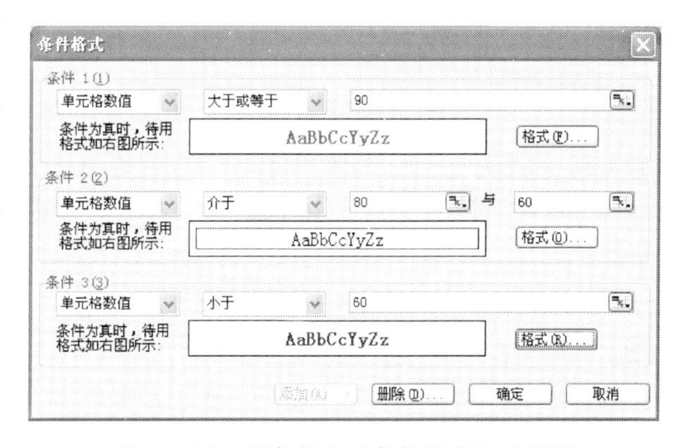

图 4-1-34　多条件的“条件格式”对话框

（5）对新增加的条件及格式分别设置（如图 4-1-34 中的条件是“如果单元格数值大于或等于 90，则将字体设置为红色；如果数值在 60～80，则给单元格加边框；如果数值小于 60，则给单元格字体设置为蓝色”），然后单击“确定”按钮就完成了条件格式的设置。

如果需要删除某个条件，则首先将光标定位在该条件输入框，单击“条件格式”对话框中的“删除”按钮即可删除该条件。

9. 格式的复制　在实际工作中，单元格的格式往往包括很多较为复杂的格式，如果有多处单元格的格式要求是一样的，可以复制其格式。

（1）使用格式刷复制格式。与 Word 一样，Excel 也提供了一个方便易用的格式刷，其使用方法也一样，所以这里不再赘述。

（2）使用“选择性粘贴”命令复制格式。操作步骤如下：

①先选定已经设置了某些格式的单元格，这些选定的单元格称为源单元格。

②然后按 Ctrl+C 组合键或者单击右键后执行弹出的菜单中的“复制”命令，就将源单元格内容及格式复制到剪贴板中。

③选定要应用这些格式的单元格（称为目标单元格），执行“编辑”→“选择性粘贴”命令或者单击右键后执行弹出的菜单中的“选择性粘贴”命令，将弹出如图 4-1-35 所示的“选择性粘贴”对话框。

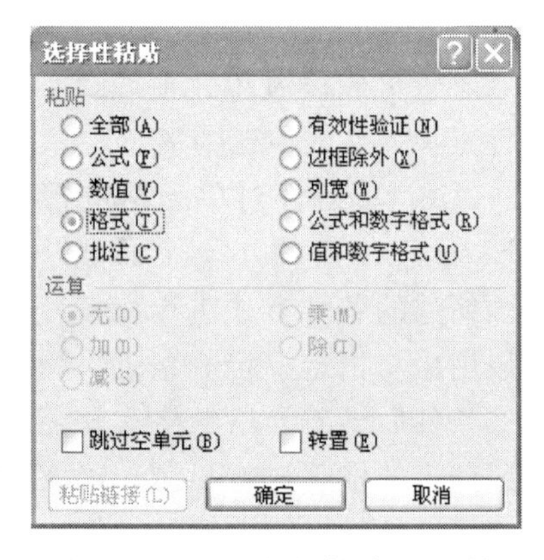

图 4-1-35　“选择性粘贴”对话框

④选中“格式”单选按钮，然后单击“确定”按钮，则目标单元格的格式与源单元格一致。

提示：使用“选择性粘贴”对话框还可以灵活进行其他方式的复制。比如选中“公式”单选按钮，则之粘贴公式而不粘贴具体数据；选中“数值”单选按钮，则只粘贴数值而不粘贴源单元格中相关的计算机公式等。

4.1.5　操作工作表

Excel 工作表操作涉及工作表的移动、复制、删除、插入等操作。在实际工作中，并不需要每个工作任务都要创建一个工作簿文件，而是在一个工作簿中创建多张工作表，因此管理这些工作表也是日常的重要内容。

1. 工作表的行/列操作

（1）插入整行或整列。

方法一：选定单元格区域（可连续或不连续）或者行（列）标签，执行“插入”→“行”（或“列”）命令，插入行（列）的个数与选定单元格区域占用的行（列）数相同。新插入的行在当前行的上方，并成为新的当前行；新插入的列处于当前列的左侧，并成为新的当前列。

方法二：选定单元格区域（可连续或不连续）或者行标签，然后单击右键，在弹出的菜单中执行“插入”命令，则弹出如图 4-1-36 所示的对话框，选中“整行”（或“整列”）单选按钮即可。

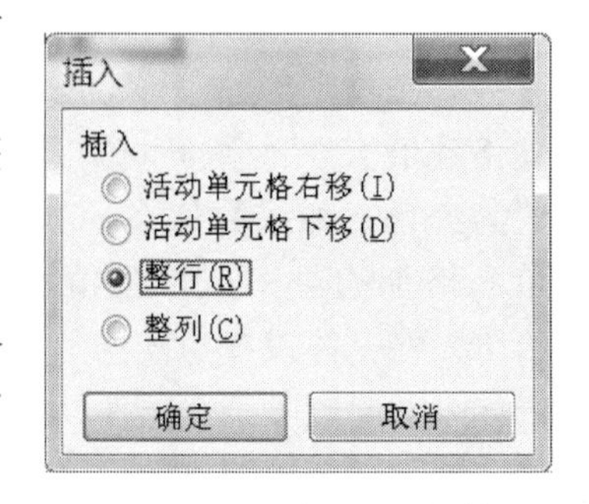

图 4-1-36　“插入”对话框

（2）删除整行或整列。

方法一：选定要删除的行（列）标签，执行“编辑”→“删除”命令，删除行（列）的个数与选定的行（列）数相同。

方法二：选定单元格区域（可连续或不连续），执行

“编辑”→“删除”命令或者单击右键，在弹出的菜单中执行“删除”命令，则弹出如图 4-1-37 所示的对话框，选中“整行”（或“整列”）单选按钮即可。

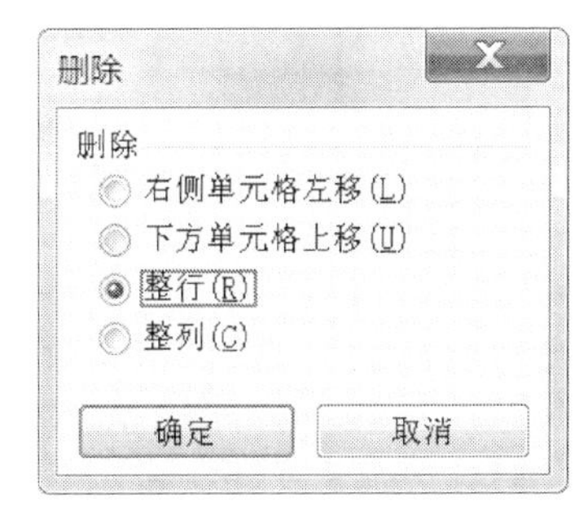

图 4-1-37　“删除”对话框

（3）插入单元格。插入单元格时，右侧或下方单元格会移动。选定单元格，执行“插入”→“单元格”命令，或者执行“编辑”→“插入”命令，或者单击鼠标右键并在弹出的菜单中选择“插入”命令，都会打开如图 4-1-36 所示的“插入”对话框。选择“活动单元格右移”单选按钮，则包括当前活动单元格在内的右侧所有单元格均向右移动；选择“活动单元格下移”单选按钮，则包括当前活动单元格在内的下方所有单元格均向下移动。

插入单元格的数目和选定单元格数目相同。

（4）删除单元格。删除单元格时，右侧或下方单元格会移动。

选定单元格，执行“编辑”→“删除”命令，或者单击鼠标右键并在弹出的菜单中选择“删除”命令，都会打开如图 4-1-37 所示的“删除”对话框。选择“右侧单元格左移”单选按钮，则当前活动单元格右侧所有单元格均向左移动；选择“下方单元格上移”单选按钮，则当前活动单元格下方所有单元格均向上移动。

注意：若被删除的单元格中的数据被其他单元格的公式引用，则存放公式的单元格内会显示警告信息“＃REF!”。

2. 活动工作表的选定与切换　对于出现在工作表中的工作表标签，用鼠标单击标签中的工作表名称即可成为活动工作表。若工作表标签中没有要显示的工作表，可通过“工作表查看工具”栏中的四个箭头形的滚动按钮，把要显示的工作表显示出来，再单击工作表名称。

3. 工作表的插入、删除与重命名

（1）插入工作表。从工作表标签上看，新插入的工作表总是处于活动工作表的左侧。

执行“插入”→“工作表”命令，或在活动工作表标签上右击，在弹出的快捷菜单中选择“插入”命令，如图 4-1-38 所示，即可在活动工作表的前面插入一个新的工作表，并成为活动工作表，新插入的工作表，系统自动命名为“Sheet*N*”（*N* 为一个自然数）。

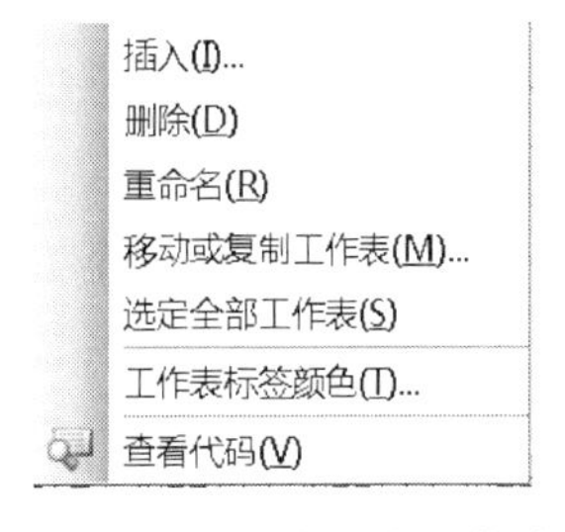

图 4-1-38　工作表快捷菜单

（2）删除工作表。首先使要删除的工作表成为活动工作表，执行“编辑”→“删除工作表”命令，或在活动工作表标签上右击，在弹出快捷菜单中选择“删除”命令。由于工作表被删除后不可恢复，因此，系统给出提示框，如图 4-1-39 所示，单击“删除”按钮即可删除工作表。

说明：一个工作簿文件至少要有一张可用的工作表，所以不能将工作簿中的工作表全部删除。

（3）重命名工作表。

方法一：选定要重新命名的工作表，单击鼠标右键，在弹出快捷菜单中选择“重命名”

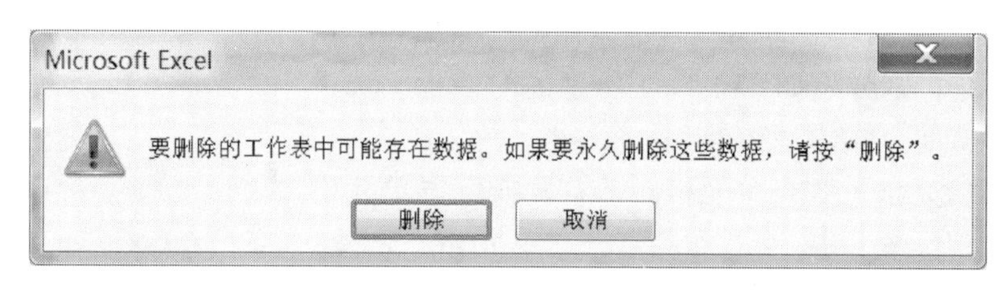

图 4-1-39　删除工作表提示框

命令，然后输入新的名称。

方法二：双击要改名的工作表标签，则标签变成可编辑状态，此时直接输入新的工作表标签名即可。

📖4. 工作表的移动和复制

（1）拖动法移动或复制。单击要被移动或复制的工作表标签，将它拖动到其他的工作表标签中间的间隙位置后松开鼠标，则选定工作表就被移动到了指定的位置。如果在拖动标签的同时按住 Ctrl 键，则复制选中的工作表到指定位置。

（2）使用“移动或复制工作表”对话框。单击要被移动或复制的工作表标签（源工作表），单击鼠标右键在弹出的菜单中选择“移动或复制工作表”命令，弹出如图 4-1-40 所示的“移动或复制工作表”对话框，在“下列指定工作表之前”下拉列表中选择源工作表复制或移动的目标位置（如果是复制工作表，要选中“建立副本”复选框），最后单击“确定”按钮即可。

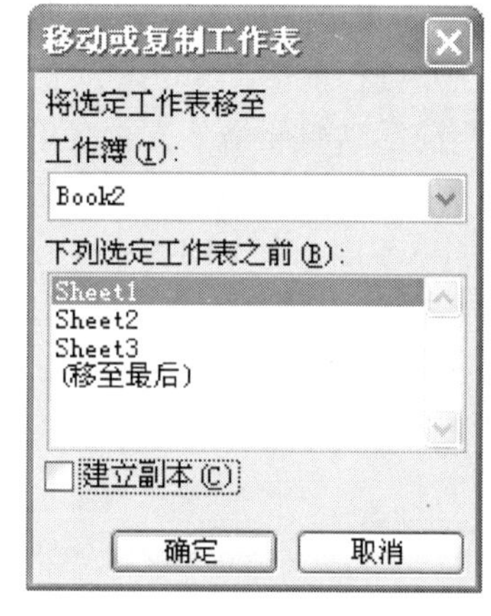

图 4-1-40　“移动或复制”对话框

📖5. 工作表中行、列的隐藏与取消　有些时候不希望工作表中的某些行或列显示、打印出来，但是也不能删除，这时可将它们隐藏起来。方法很简单：首先选中要隐藏的行或列，单击鼠标右键，在弹出的菜单中选择“隐藏”命令即可。隐藏后工作表的行、列标签的分界处会显示较粗的线，同时标签的顺序也会变成为不连续显示。

要取消被隐藏的行或列，首先选定包含被隐藏的行的一块区域，单击鼠标右键，在弹出的菜单中选择“取消隐藏”命令即可。取消列的隐藏操作类似。

📖6. 工作表标签颜色的设置　适当设置工作表标签颜色可以更方便地区分不同的工作表。鼠标右键单击要设置颜色的工作表标签，在弹出的菜单中选择“工作表标签颜色”命令，然后在弹出的“设置工作表标签颜色”对话框中选择一种合适的颜色，单击“确定”按钮即可。

📖7. 工作表窗格的拆分与冻结　当 Excel 工作表的内容比较多时，一个屏幕往往无法完全显示；在处理表格数据过程中，也经常会遇到距离跨度较大的范围内的操作。此时如果仅仅依靠滚动工作表窗口来显示内容，非常不方便，这可以通过拆分工作表窗格来实现；若需要使工作表的顶端标题或左端标题固定，可采用冻结窗格的方法。

拆分和冻结只是对数据显示方式的改变，不会影响工作表内的数据。

（1）工作表窗格的拆分。Excel 支持水平和垂直拆分工作表窗格。拆分后的子窗格中显示的仍然是同一张工作表中的内容，只不过显示的部分可能不同。拆分的方法有两种：

方法一：使用“窗口”菜单拆分。选择“窗口”→“拆分”命令，可以让 Excel 智能化地拆分窗格。如果在选择“拆分”命令前先选定了若干单元格，则 Excel 会按照当前区域及选择区域的情况，自动确定拆分比例。

方法二：使用分割按钮拆分。如果是想垂直拆分窗格，则单击水平滚动条右侧的“垂直分割”按钮，并按住鼠标左键，然后向左拖动鼠标，此时指针经过处会显示一条虚线，当虚线到达合适位置后，松开鼠标，则工作表被拆分成左右两部分显示。

如果要水平拆分窗格，则向下拖动垂直滚动条上侧的“水平分割”按钮，会把当前活动窗口分割成上下两部分。被拆分的窗口都有各自独立的滚动条，而都是对同一个工作表进行操作。

（2）工作表窗格的取消拆分。要取消拆分窗格，选择“窗口”→“取消拆分”命令即可。或者双击分割线取消拆分；或双击水平分割线与垂直分割线的交叉处可同时取消水平和垂直分割状态；将水平分割线向上方向、垂直分割线向右侧方向拖动，到达工作区域的边缘后，也可隐藏分割线。

（3）调整拆分窗格的大小。要调整已经拆分的窗格，只需拖动水平分割线和垂直分割线到合适的位置即可。

（4）冻结工作表窗格。经过拆分的工作表由于存在拆分的分割线而不美观，且分割线很容易无意中被移动而降低效率。Excel 还提供了冻结工作表窗格的功能。

如图 4-1-41 所示工作表中的数据很多，第 1 行到第 3 行作为顶端标题行，第 1 列到第 3 列作为左侧标题行，除顶端标题行和左侧标题行外的单元格都是数据区域。

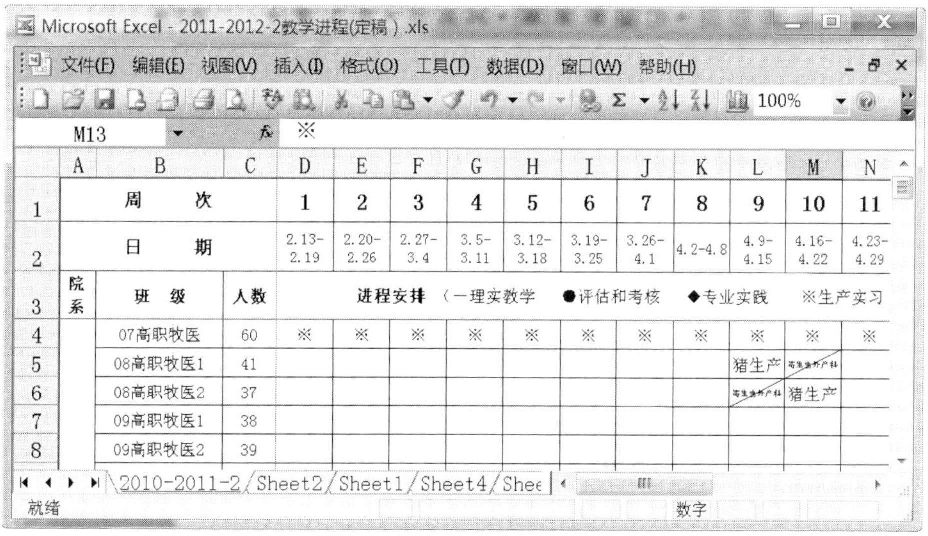

图 4-1-41　冻结工作表窗格

如果要使第 1～3 行在上下移动光标或翻页时保持不动，且第 1 列到第 3 列在左右移动光标时也保持不动，可做如下操作：首先选定数据区的第一个单元格（如图 4-1-41 中的 D4 单元格），然后选择“窗口”→“冻结窗格”命令即冻结了窗格。工作表冻结后就不显示水平和垂直分割按钮了。

要取消冻结，只需选择“窗口”→“撤销冻结窗口”命令即可。

📖**8. 保护工作表** 为了禁止在打开工作表后对工作表做修改，可以对工作表设置保护措施。其操作步骤如下：单击要保护的工作表标签，然后选择“工具”→“保护”→“保护工作表”命令，弹出如图 4-1-42 所示的“保护工作表”对话框，选择需要保护的选项并输入取消保护时使用的密码，单击“确定”按钮，这样该工作表中被选定的项目就不允许修改了。如果用户故意修改，则会弹出如图 4-1-43 所示的提示框。

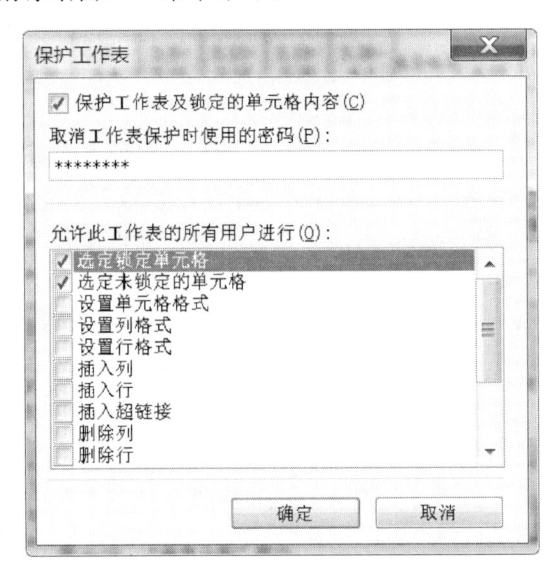

图 4-1-42 “保护工作表”对话框

如果要保护工作簿的结构和窗口，可以打开工作簿，但是不允许进行插入、删除、移动或复制、隐藏、重命名工作表及不允许窗口被进行移动、缩放等操作，可以设置保护工作簿。其操作步骤如下：使要保护的工作簿成为当前活动工作簿，然后选择“工具”→“保护”→“保护工作簿”命令，弹出如图 4-1-44 所示的“保护工作簿”对话框，选择需要保护的选项并输入密码，单击“确定”按钮。

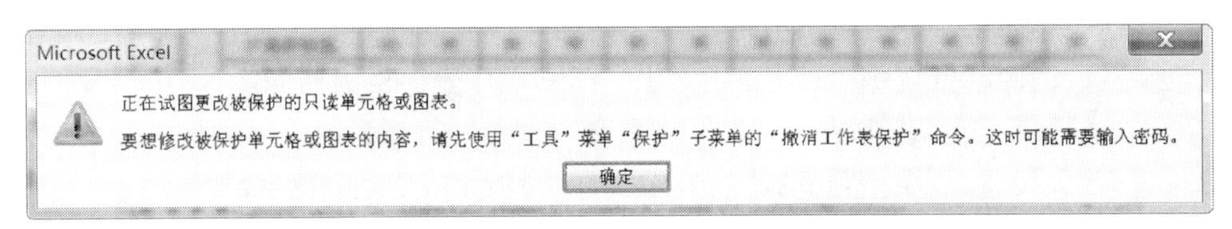

图 4-1-43 修改被保护的工作表时弹出的提示框

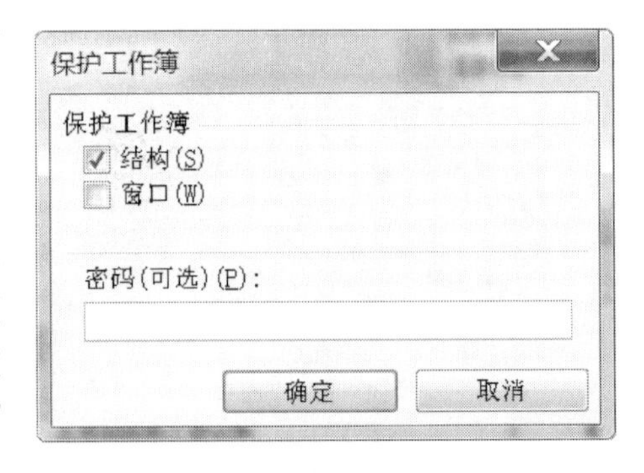

图 4-1-44 “保护工作簿”对话框

要取消对工作表或工作簿的保护，只需要选择“工具”→“保护”→“撤销工作表保护”或“撤销工作簿保护”命令，如果设置了密码，则在弹出的“撤销工作表保护”或“撤销工作簿保护”对话框中输入密码，单击“确定”按钮即可取消保护。

说明：工作簿设置保护功能后工作簿文件是可以打开的，只是禁止部分修改；而如果为了防止他人打开自己的工作簿，则需要给工作簿加密，方法是执行“工具”→“选项”命令，打开“选项”对话框，选择“安全性”选项卡，然后设置打开和修改工作簿的密码。

4.1.6 打印工作表

Excel 每个工作簿可能包含多个工作表，每个工作表对打印的要求也不一致，而如果按照默认的方法打印，一方面不能确保打印效果，另一方面可能有部分工作表内容没有打印出来，所以必须掌握一定的打印技巧。

1. 打印区域的设置　设置打印区域的目的是指定工作表中被打印的范围，当用户希望只打印工作表中部分内容时，设置打印区域就很方便解决问题。

首先选定要打印的区域，然后执行“文件”→“打印区域”→“设置打印区域”命令，则被选定的范围会被一个虚线框围起来，被围起来的部分就能够被打印出来。

要取消打印区域的设置，只需要执行“文件”→“打印区域”→“取消打印区域”命令；如果要修改打印区域，只需要重新选定打印区域，然后再次执行“设置打印区域”命令即可。

2. 打印预览　打印预览的目的是预览打印的效果，满意后再打印输出。单击“常用”工具栏中的“打印预览”按钮或选择“文件”→“打印预览”命令，打开“打印预览”窗口，如图 4-1-45 所示。

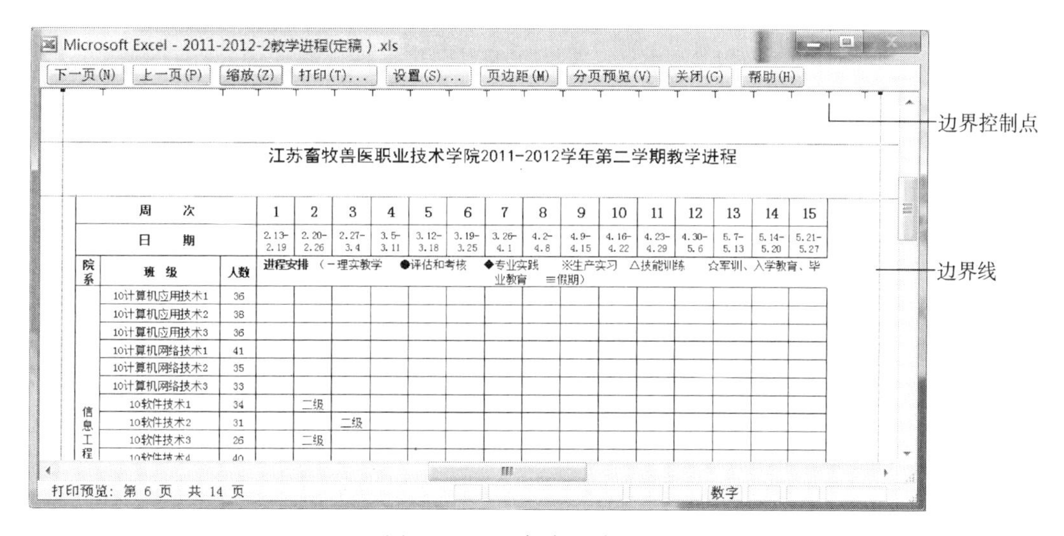

图 4-1-45　“打印预览”窗口

预览窗口中各按钮功能如下：

（1）“上一页”、“下一页”按钮。在预览窗口内上下翻页，也可以使用滚动条上下翻页。

（2）“缩放”按钮。“放大/还原”显示的工作表。缩放功能并不影响实际打印时的大小。

（3）“打印”按钮。打开“打印”对话框，准备打印。

（4）“设置”按钮。打开“页面设置”对话框，重新调整各有关参数。

（5）“页边距”按钮。显示边界“控制点”和“边界线”，拖动这些控制点可以直观地调整表格的行高和列宽；拖动边界线可以调整页眉和页脚，以及页边距。

（6）“分页预览”按钮。可进入多页预览状态。拖动分页线可以调整分页符的位置。

（7）“关闭”按钮。返回普通视图。

3. 页面、页边距及缩放比例设置

（1）在图 4-1-45 所示的窗口中单击“设置”按钮（或选择“文件”→“页面设置”命令），弹出“页面设置”对话框，选择“页面”选项卡，如图 4-1-46 所示。

（2）在“纸张大小”下拉列表框中选择纸张大小；在“方向”选项组中选择纸张“纵

向”或“横向”单选按钮。

（3）在“缩放”选项组中如果选中“缩放比例”单选按钮，选择相对于正常尺寸的缩放比例，如输入“80”，表示按正常尺寸的80%进行整体缩放后打印；如果选择“调整为”单选按钮，设置新的页宽、页高为正常页宽、页高的倍数。

（4）在“起始页码”文本框内输入起始打印页码，系统默认为1。

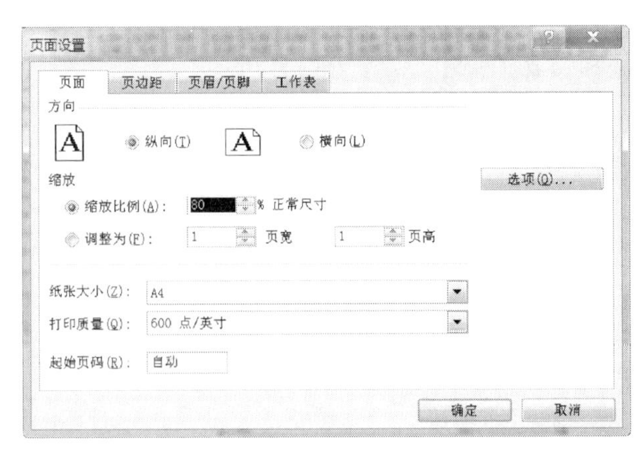

图 4-1-46　“页面设置”对话框：“页面”选项卡

（5）选择“页边距”选项卡，如图4-1-47所示，设置页面的上、下、左、右、页眉、页脚距页面边界的距离，以厘米为单位；在“居中方式”选项组中选中“水平”复选框，打印内容在页面水平居中；选择“垂直”复选框，打印内容在页面垂直居中。

（6）单击“确定”按钮则页面、页边距设置完成。

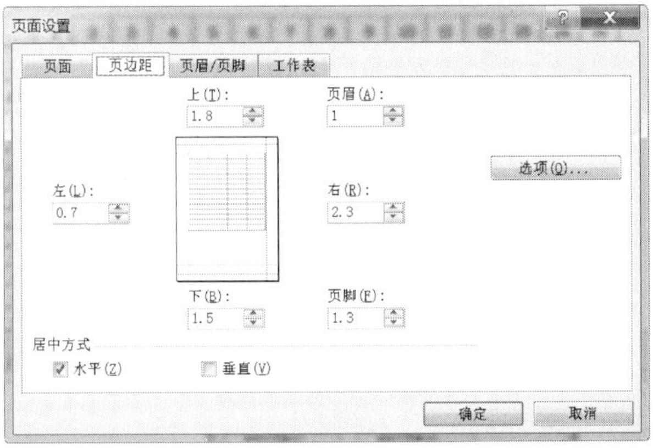

图 4-1-47　“页面设置”对话框：“页边距”选项卡

📖**4. 页眉、页脚的设置**　选择“页面设置”对话框中的“页眉/页脚”选项卡，如图4-1-48所示。在“页眉”、“页脚”下拉列表中选择一种系统已定义的页眉、页脚表达格式，如“第1页，共？页”。

用户也可以自定义页眉、页脚。单击“自定义页眉”按钮，打开“页眉”对话框，如图4-1-49所示。在“左”、“中”、“右”文本框中可以输入显示在页眉相应位置上的文本，也可以利用文本框上方的工具按钮插入其他内容。自定义页脚的方法与此相同。

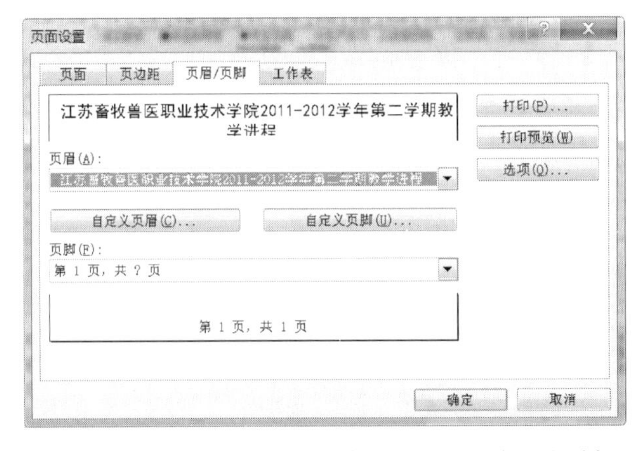

图 4-1-48　“页面设置”对话框：“页眉/页脚”选项卡

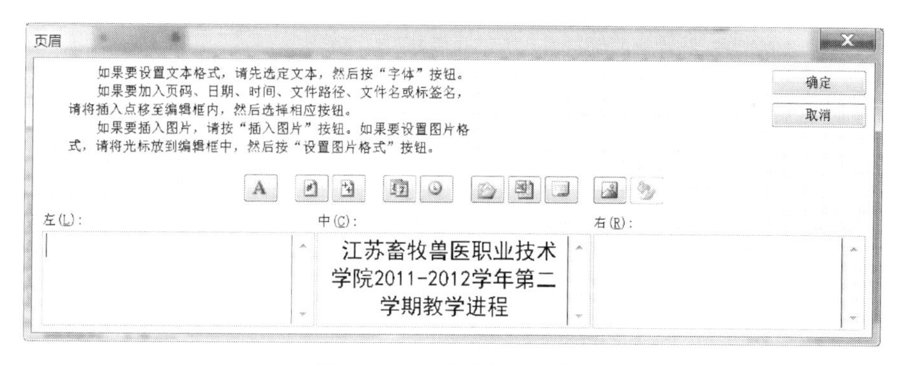

图 4-1-49　“页眉”对话框

5. 工作表标题的设置

（1）在“页面设置”对话框中选择“工作表”选项卡，如图 4-1-50 所示。

（2）根据需要，单击“顶端标题行”或“左端标题列”文本框右侧的按钮，然后回到工作表中选择作为标题行或标题列的工作表内容。

（3）单击“确定”按钮即可。

在“工作表”选项卡中，还可以设置打印区域，默认为整个工作表。在“打印”选项组中选择相应的打印项目，在“打印顺序”选项组中选择页面打印顺序，从右侧的示例图片中可以预览打印的顺序。

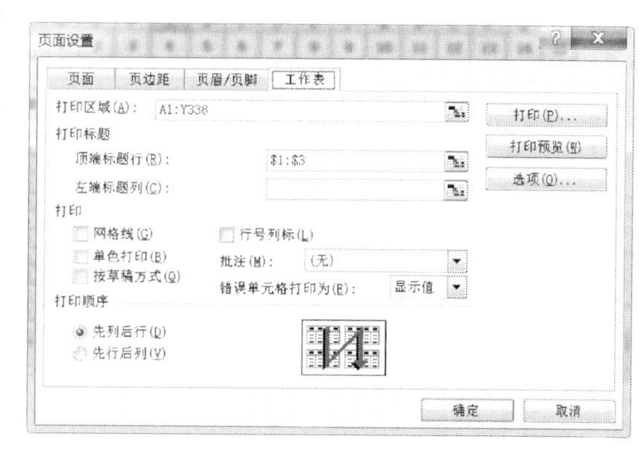

图 4-1-50　“页面设置”对话框：“工作表”选项卡

6. 打印输出　对工作表进行打印预览和必要的调整后，就可以正式打印了。打印的方法有多种：单击“常用”工具栏中的“打印”按钮，或者选择“文件”→“打印”命令，或者在打印预览窗口直接单击“打印”按钮 打印(T)... ，都将打开“打印内容”对话框，如图 4-1-51 所示。

选择可用的打印机、需要打印的内容和打印范围、打印份数等参数，最后单击“确定”即可打印。

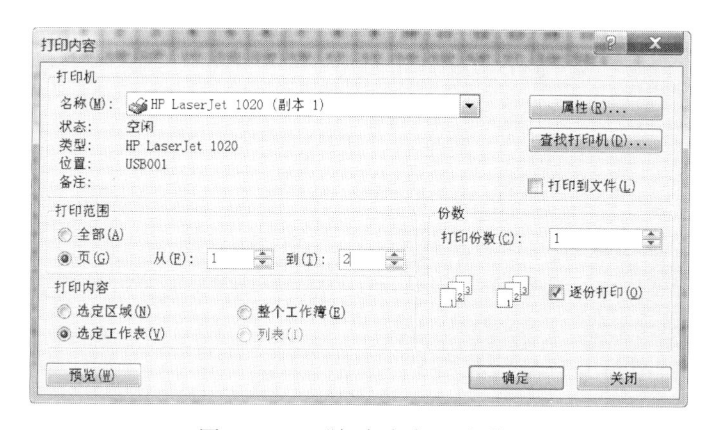

图 4-1-51　“打印内容”对话框

4.1.7 情境实战

本学习情境要求按照样图制作学生基本信息表，具体制作步骤如下。

📖1. 新建并保存工作簿

（1）单击任务栏中的“开始”按钮，选择菜单中的“所有程序”→“Microsoft Office”→“Microsoft Office Excel 2003”命令，打开 Excel 2003 应用程序。

（2）单击“常用”工具栏中的“保存”按钮，将打开“另存为”对话框，在“保存位置”文本框中输入文件保存的位置，在“文件名”文本框中输入文件名，如“学生基本信息表”，然后单击“保存”按钮。

📖2. 输入工作簿的内容

（1）输入标题文本。选中 A1 单元格，输入工作表标题“学生基本信息表”；选中 A2 单元格，输入行标题“学号”。然后向右移动光标，依次输入“姓名”、“性别”、“籍贯”等文字。

（2）填充“学号”列内容。分别选中 A3、A4 单元格，分别输入数字 1 和 2；然后选中单元格区域 A3:A4，鼠标移到填充柄，待指针变成黑实心的十字状“+”时，按鼠标左键向下拖动到合适位置松开鼠标左键。

（3）填充“班级”列内容。选中文本“班级”下的单元格即 H3，输入文本“网络 111”，然后鼠标右键向下拖动其填充柄到合适的位置松开右键，此时弹出菜单如图 4-1-52 所示，选择“复制单元格”命令即可。

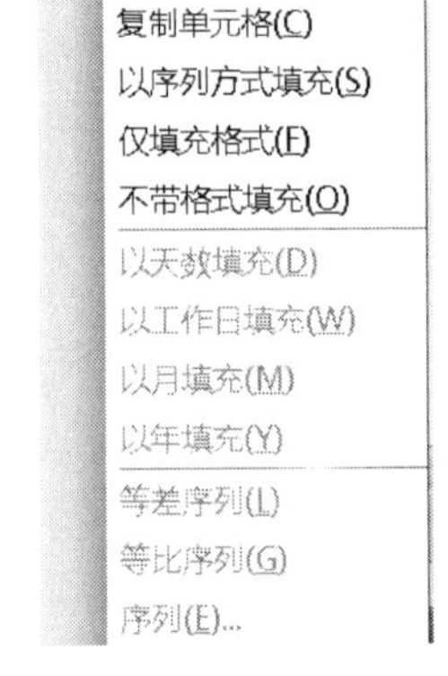

图 4-1-52　填充快捷菜单

（4）依次输入“姓名”列、“性别”列、“年龄”列、“民族”列和“籍贯”列文本。

（5）输入“出生日期”列数据。选中“出生日期”文本下的单元格 D3，输入“1987-11-20”后按 Enter 键，光标移到下一行，继续输入数据。需要注意的是，一定要输入年月日之间的分隔符“-”。

（6）输入“手机号码”列内容。选中“手机号码”文本下的单元格 G3，先输入半角字符单引号“'”，然后输入数字“15951154316”后按 Enter 键，光标移到下一行，继续输入数据。需要注意的是，在输入数字之前，一定要先将键盘切换英文状态，然后输入半角单引号“'”，然后再输入数字。

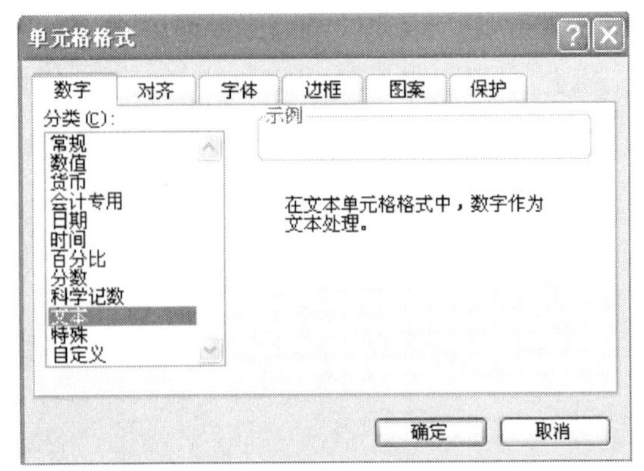

图 4-1-53　“数字”选项卡

为了避免每次都要输入半角单引号“'”，更方便的方法是先设置该列单元格的格式：先选中“手机号码”文本所在的列，单击鼠标右键，在弹出的菜单中选择“设置单元格格式”命令，则打开“单元格格式”对话框，如图 4-1-53 所示。单击“数字”选项卡，在“分类”列表框中选择类别“文本”，单击“确定”按钮。这样就不需要输入单引号，直接输入数字即可。

输入数据也可以选择“数据”→“记录单”命令，逐条输入记录。

3. 设置标题行格式　选定单元格区域 A1:I1，单击“格式”工具栏中的“合并及居中”按钮；再次单击“格式”工具栏中的“加粗”按钮 **B**，并将该行文本设置成黑体、16 号字。

4. 设置数据区域基本格式　数据区域的基本格式包括设置字体及字号、对齐方式、数据显示形式、边框。

（1）选中整个数据区域即单元格区域 A2:I10，单击“格式”工具栏中的“居中”按钮，在“字体”下拉列表中选择“宋体”，在“字号”下拉列表中选择“12”。

（2）选中“出生日期”文本所在的列，单击鼠标右键，在弹出的菜单中选择“设置单元格格式”命令，则打开“单元格格式”对话框，如图 4-1-54 所示。单击“数字”选项卡，在“分类”列表框中选择类别“日期”，在“区域设置”下拉列表中选择“中文（澳门特别行政区）”，在“类型”下拉列表中选择“2001 03 14”，单击“确定”按钮。

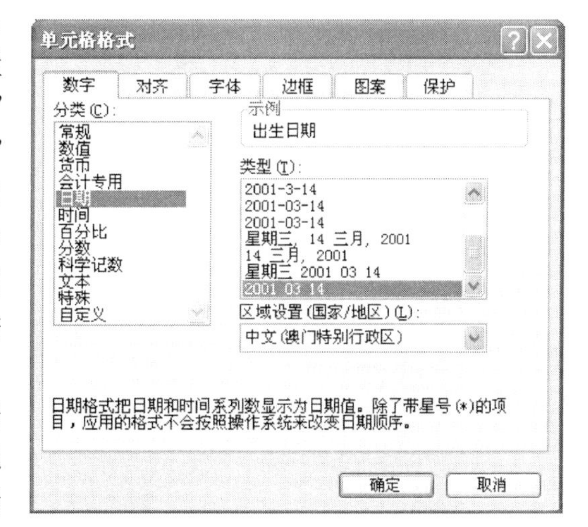

图 4-1-54　“单元格格式”对话框

（3）选中“年龄”文本所在的列，单击鼠标右键，在弹出的菜单中选择“设置单元格格式”命令，则打开“单元格格式”对话框；单击“数字”选项卡，在“分类”列表框中选择类别“数值”，在“小数位数”文本框中输入“0”。

（4）再次选中单元格区域 A2:I10，单击鼠标右键，在弹出的菜单中选择“设置单元格格式”命令，则打开“单元格格式”对话框，选择“边框”选项卡，单击“预置”选项组中的选项、“边框”选项组中的按钮及预览草图，选择合适的边框样式和颜色给数据区域添加边框。

5. 行/列操作

（1）插入行/列。

①单击第 1 行的行标签，单击右键，在弹出的菜单中选择“插入”命令，即插入了一行。继续此操作，需要插入 4 行，使标题文本“学生基本信息表”在第 5 行。

②单击第 10 行的行标签，单击右键，在弹出的菜单中选择“插入”命令，即插入了一行。继续此操作，需要插入 2 行，使数字“4”在第 12 行。

③单击第 A 列的行标签，单击右键，在弹出的菜单中选择“插入”命令，即插入了一列。继续此操作，需要插入 3 列，使标题文本“学生基本信息表”在区域 D5:L5。

④单击第 J 列的行标签即文本“手机号码”所在的这一列，单击右键，在弹出的菜单中选择“插入”命令，即插入了一列。

完成此操作后，整个表格（包括标题）所在的区域是 D6:M16。

（2）调整行高及列宽。选中整个数据区域所在行的行标签即第6～16行，执行“格式”→“行”→“行高”命令，弹出“行高”对话框，如图4-1-55所示，输入数字18，单击“确定”按钮。

图4-1-55 “行高”对话框

还可以用鼠标左键左右拖动各列的网格线，适当调整各列的宽度。

（3）隐藏行/列。

①选中第10～11行的行标签即两个空白行，单击鼠标右键，在弹出的菜单中选择“隐藏”命令。

②选中B、C两列的列标签，单击鼠标右键，在弹出的菜单中选择“隐藏”命令。

③选中第J列的列标签即文本“民族”和“手机号码”之间的空白列，单击鼠标右键，在弹出的菜单中选择“隐藏”命令。

📖6. 按条件设置单元格格式

（1）设置“年龄”列特殊格式。

①选定“年龄”列的数据单元格区域H7:H16，执行“格式”→“条件格式”命令，打开“条件格式”对话框，如图4-1-56所示。

图4-1-56 “条件格式”对话框

②在“条件1”下的列表中依次选择“单元格数值”、“大于”，并输入“25”。

③单击“格式”按钮，弹出“单元格格式”对话框，如图4-1-57所示，设置字形为加粗，颜色为蓝色。然后单击“图案”选项卡，选择合适的单元格底纹颜色及图案，单击“确定”按钮返回到“条件格式”对话框，再次单击“确定”按钮。

（2）设置“籍贯”列数据特殊格式。

①选定“籍贯”列的数据单元格区域M7:M16，执行“格式”→“条件格式”命令，打开“条件格式”对话框。

②在“条件1”下的列表中依次选择“单元格数值”、“等于”，并输入“江苏苏州”。单击“格式”按钮，弹出“单元格格式”对话框，设置字形为加粗，颜色为红色。然后单击“图案”选项卡，选择合适的

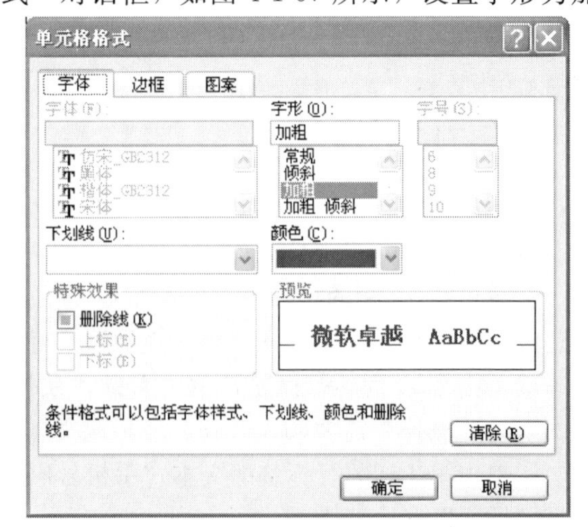

图4-1-57 “单元格格式”对话框

单元格底纹颜色及图案，单击“确定”按钮返回到“条件格式”对话框。

③单击“添加”按钮，将展开如图 4-1-58 所示的“条件格式”对话框，在“条件 2”下的列表中依次选择“单元格数值”、“等于”，并输入“江苏南京”。单击“格式”按钮，弹出“单元格格式”对话框，设置字形为加粗，颜色为蓝色。然后单击“图案”选项卡，选择合适的单元格底纹颜色及图案。两次单击“确定”按钮即完成设置。

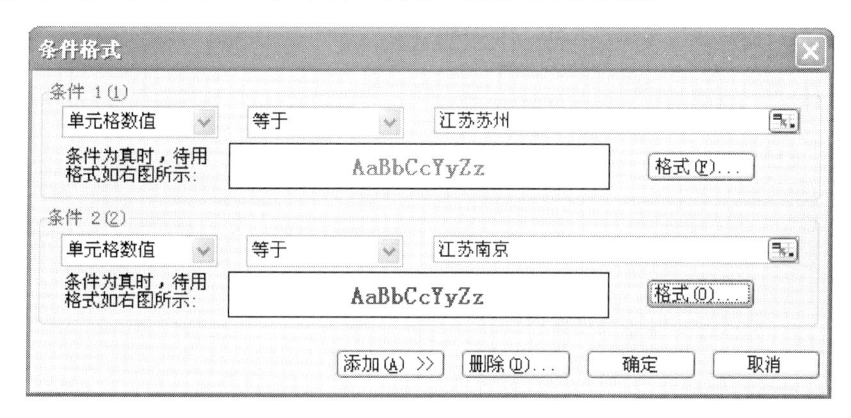

图 4-1-58　“条件格式”对话框

7. 插入并编辑批注

(1) 选中文本“年龄”所在的单元格，单击鼠标右键，在弹出的菜单中选择“插入批注”命令，这时光标出现在该单元格旁的文本框内，输入批注内容。鼠标单击任意单元格，则该文本框可能消失，并且在文本“年龄”所在的单元格右上角出现红色的小三角形。

(2) 再次单击文本“年龄”所在的单元格，单击鼠标右键，在弹出的菜单中选择“显示\隐藏批注”命令，则批注文本框一直显示。如果不想显示，则选择“隐藏”命令。

(3) 选中文本“籍贯”所在的单元格，按照前述步骤插入批注。

8. 操作工作表

(1) 选中“Sheet1”工作表标签，单击鼠标右键，在弹出的菜单中选择“移动或复制工作表”命令，则出现如图 4-1-59 所示的“移动或复制工作表”对话框。选中“建立副本”复选框，单击“确定”按钮，则在“Sheet1”工作表前插入了新工作表“Sheet1 (2)”，此时共有四张工作表，它们是 \Sheet1 (2)/Sheet1/Sheet2/Sheet3/。

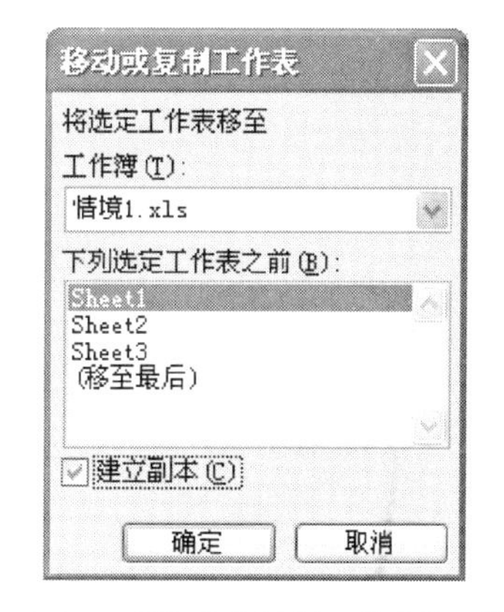

图 4-1-59　“移动或复制工作表”对话框

(2) 选中“Sheet1 (2)”工作表标签，单击鼠标右键，在弹出的菜单中选择“重命名”命令，输入文字“网络 111”。鼠标双击“Sheet1”工作表标签，输入文本“网络 112”，这样四张工作表的标签是 \网络111\网络112/Sheet2/Sheet3/。

(3) 选中“网络 112”工作表标签，单击鼠标右键，在弹出的菜单中选择“工作表标签颜色”命令，弹出“设置工作表标签颜色”对话框，选择一种颜色如红色，单击“确定”按钮，即设置完毕。单击其他任意工作表标签，“网络 112”工作表标签颜色为红色。

情境二　管理学生成绩表（一）

❶情境描述

期末考试结束了，为了了解信息工程系 2011 级新生的学习情况，现要求完善如图 4-2-1、图 4-2-2 所示的两张表中的内容，即要对他们的成绩统计表做如下处理：

信息工程系新生成绩表

序号	姓名	专业	大学语文	大学英语	计算机基础	高等数学	操行考核	总分	总评成绩	等级	排名
1	尹春花	应用	92	90	90	95	90				
2	李小露	网络	66	52	60	64	70				
3	窦海涛	软件	81	78	85	85	85				
4	黄晓明	应用	76	74	86	79	76				
5	杨千晔	网络	52	50	50	35	50				
6	彭小文	应用	78	80	63	88	77				
7	宋佳佳	软件	86	88	73	84	73				
8	许文强	应用	60	65	56	66	76				
9	梁海涛	应用	76	67	90	95	74				

操作要求　Sheet1　Sheet2

图 4-2-1　完善表格（1）

（1）计算出每位学生的总分和总评成绩，其中总评成绩的计算方法是：总评成绩＝学业成绩×70%＋操行考核成绩×30%。

（2）计算出每门课程的平均分、最高分和最低分，按照专业计算出每门课程的平均分。

（3）计算出每位学生的总评成绩的排名名次，并根据总评成绩给出相应的等级（优秀≥90，良好≥80 且<90，中等≥70 且<80，及格≥60 且<70，其他为不及格）。

（4）分别统计出等级为优秀、良好、中等、及格和不及格学生的人数。

（5）统计出每个专业的学生人数。

（6）计算出不同专业学生的每门课程的总和及平均值。

（7）按照班级打印输出学生的成绩清单，包括每门课程成绩、总评成绩、班级排名及成绩等级。

信息工程系新生成绩统计表

序号	范围	人数	项目	大学语文	大学英语	计算机基础	高等数学	操行考核	总分	总评成绩
1	所有学生		课程平均分							
2			课程最高分							
3			课程最低分							
4	应用专业		课程平均分							
5	软件专业		课程平均分							
6	网络专业		课程平均分							

操作要求　Sheet1　Sheet2

图 4-2-2　完善表格（2）

❷情境分析

本情境是对一份学生成绩表进行处理，完成情境描述中的各项任务，需要掌握下面的知识技能点：

➢Excel 工作表的基本操作

➢公式及公式的使用

➢常用函数的使用

➢单元格的引用

经分析，可按照下列顺序来学习知识点进而完成任务：

- 公式
- 函数
- 常用函数的使用
- 单元格引用
- 情境实战

❸具体实现

4.2.1　公　　式

函数和公式是 Excel 中十分重要的概念，Excel 的数据处理离不开函数和公式。公式是 Excel 中由用户自定义的计算过程，是一个由数值和运算符号组成的序列，是进行数值计算的等式，其形式如“＝A2＋C2”、“＝3＊5”。在公式中可以进行具体数值的各种数学运算，也可以使用引用将工作表中的数据引入各种计算中来。

Excel 中公式的基本特性如下：

（1）公式必须以“＝”开头。

（2）输入公式后，其计算结果显示在单元格中；改变工作表中与公式有关的数据，Excel 会自动更新计算结果。

（3）当选定一个含有公式的单元格，该单元格的公式就显示在编辑栏中。

📖1. 公式的一般输入方法

（1）选择输入公式的单元格，使其成为活动单元格。

（2）输入等号“＝”。

（3）输入数据序列。输入时可以直接输入公式，也可用鼠标单击数据所在的单元格，单元格名称之间用运算符连接。

（4）数据序列输入完成后按 Enter 键，此时计算结果就显示在该单元格中。

如图 4-2-3 所示，要计算张三的应发工资，可使用两种方法：

方法一：选定 F3 单元格，输入“＝C3＋D3”，然后按 Enter 键。

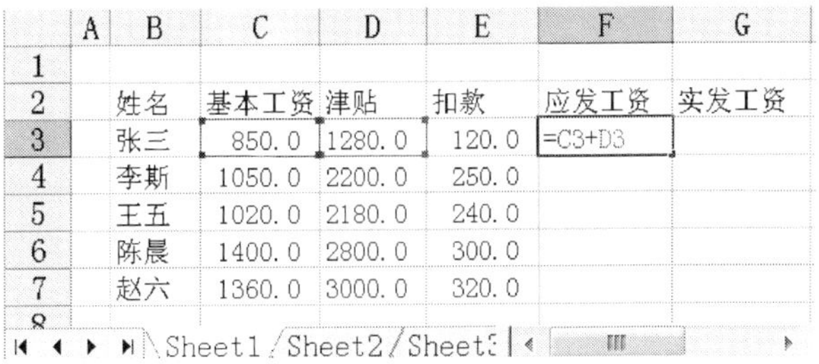

	A	B	C	D	E	F	G
1							
2		姓名	基本工资	津贴	扣款	应发工资	实发工资
3		张三	850.0	1280.0	120.0	=C3+D3	
4		李斯	1050.0	2200.0	250.0		
5		王五	1020.0	2180.0	240.0		
6		陈晨	1400.0	2800.0	300.0		
7		赵六	1360.0	3000.0	320.0		

Sheet1 / Sheet2 / Sheet3

图 4-2-3　输入公式示例

方法二：选定 F3 单元格，输入等号“＝”，鼠标左键单击 C3 单元格，输入“＋”，左键单击 D3 单元格，最后按 Enter 键。编辑栏内显示公式“＝C3＋D3”，F3 单元格中显示计算的结果。

又如，要计算张三的实发工资，先选定 G3 单元格，然后输入“＝C3＋D3－E3”，然后按 Enter 键；或者选定 G3 单元格后，先输入等号“＝”，然后左键单击 C3 单元格，输入“＋”，再左键单击 D3 单元格，输入“－”，再左键单击 E3 单元格，最后按 Enter 键。编辑栏内显示公式“＝C3＋D3－E3”，G3 单元格中显示计算的结果。

2. 公式中的运算符 Excel 中的运算符有四种类型：算术运算符、关系运算符、文本运算符和引用运算符。

（1）算术运算符。算术运算符可完成基本的数学运算，包括加（＋）、减（－）、乘（*）、除（/）、乘方（∧）、百分比（%）、负号（－）、小括号“()”等。其优先级从高到低依次是小括号 ()、负号－、百分比%、乘方∧、乘 * 和除/、加＋和减－。

（2）关系运算符。关系运算符比较两个数值的大小并产生两个逻辑值“真”和“假”。包括等于（＝）、大于（＞）、小于（＜）、大于或等于（＞＝）、小于或等于（＜＝）、不等于（＜＞）。

（3）文本运算符 &。文本运算符可以使用 & 将一个或多个文本（字符串）连接为一个连续的字符串。例如，“Micro” & “soft” 将产生“Microsoft”。

（4）引用运算符。引用运算符可以表示工作表中的一个或一组单元格，通知公式使用哪些单元格的值。常用的引用运算符号有冒号（:）、逗号（,）等。

①冒号（:）为区域运算符，可以对两个引用之间的所有单元格进行引用。例如，A3:A7是引用 A3、A4、A5、A6、A7 单元格。

②逗号（,）为联合运算符，可以将多个引用合并为一个引用，例如，A3:A7,C2:D5 是将 A3 到 A7 区域和 C2 到 D5 的矩形区域合并为一个区域。

3. 公式的编辑与修改 含有公式的单元格，其显示形式有两种：当正在输入或编辑公式，或左键双击该单元格时，单元格中显示的与编辑栏中显示的一样，都是公式的表达式内容；当公式输入结束并按 Enter 键后，单元格中显示的是最终的计算结果。要对已经输入的公式进行编辑修改，可采用下面的两种方法：

方法一：双击要修改公式的单元格，此时单元格中显示的是公式本身。

方法二：选中要修改公式的单元格后，直接单击 Excel 编辑栏，在编辑栏中直接编辑公式。

4. 公式的自动复制 一个工作表中，需要计算的往往是整个列，而不是某一个单元格，这时使用公式的自动复制功能既方便又快捷。

当输入完第一个公式，并按 Enter 键后，单元格中出现自动计算后的数值。单击该单元格，将鼠标指针移动到填充柄上，当指针变成黑色“＋”的十字形状时，按住左键不放并向下拖动，经过该列所有需要计算数值的单元格，所有拖动鼠标填充的单元格都会被自动填入公式，而且它们的单元格引用的相对位置也会自动更改。

如图 4-2-4，首先在 F3 单元格中输入公式“＝C3＋D3”并按 Enter 键后，向下拖动 F3 单元格的填充柄，这样 F4:F7 单元格中都计算出了结果。单击 F5 单元格，发现其公式是“＝C5＋D5”，显然是自动复制了 F3 单元格的公式，并且引用了 C5 和 D5 单元格的数据，这种引用是相对引用。

5. 公式的复制与选择性粘贴　对含有公式的单元格进行复制与粘贴时，经常会遇到一些问题。以图 4-2-4 为例，选中 F3 单元格，按 Ctrl＋C 组合键进行复制，然后选中 F9 单元格，按 Ctrl＋V 组合键进行粘贴，发现结果为“0.0”，与 F3 单元格的数据不一致。这是因为 F3 单元格含有公式，按照常规的复制、粘贴操作会同时粘贴公式，而 C9 和 D9 单元格无数据，所以结果为“0.0”。如果只想复制某个单元格的数值，可用“选择性粘贴”命令。

F5　=C5+D5

	A	B	C	D	E	F	G
2		姓名	基本工资	津贴	扣款	应发工资	实发工资
3		张三	850.0	1280.0	120.0	2130.0	
4		李斯	1050.0	2200.0	250.0	3250.0	
5		王五	1020.0	2180.0	240.0	3200.0	
6		陈晨	1400.0	2800.0	300.0	4200.0	
7		赵六	1360.0	3000.0	320.0	4360.0	
8							

Sheet1 / Sheet2 / Sheet:

图 4-2-4　拖动填充柄复制公式

具体操作步骤如下：

（1）选中要复制的单元格或单元格区域。

（2）按 Ctrl＋C 组合键或单击右键执行“复制”命令进行复制。

（3）选中目标单元格或目标单元格区域左上方的开始单元格，右键单击，在弹出的快捷菜单中执行“选择性粘贴”命令，弹出如图 4-2-5 所示的“选择性粘贴”对话框。

图 4-2-5　“选择性粘贴”对话框

（4）在“选择性粘贴”对话框中，可选择“全部”、“公式”、“数值”等，根据需要选择，然后单击“确定”按钮即可。

4.2.2　函　　数

函数是 Excel 中预定义的一些公式，它将一些特定的计算过程通过程序固定下来，使用一些称为参数的特定数值按特定的顺序或结构进行计算，将其命名后供用户调用。用户可以直接用它们对某个区域中的数值进行一系列运算，而不必关心具体的计算过程。

1. 函数的组成　一个函数包括两个部分：函数名和参数。其一般格式如下：

函数名(参数，参数 2，…)

函数名：用来描述函数的功能，如函数名 SUM，其功能是就和；函数名 MAX，其功能是求最大值。

参数：可以是数字、字符、单元格名称、单元格区域、公式、函数等。参数要用括号括起来（即使没有参数，括号也必不可少）；如果有多个参数，参数之间要用逗号“,”分隔开来；如果参数是字符串，则需要用双引号（“”）前后括起来。

2. 函数的通用输入方法

（1）选定要输入函数的单元格。

（2）单击编辑栏中的“插入函数”按钮 f_x；或者先输入等号“=”后在编辑栏左侧的“函数”下拉列表中选择函数；或者执行“插入”→“函数”命令，弹出“插入函数”对话框，如图 4-2-6 所示。

（3）在“选择类别”下拉列表中选择函数的类型，在“选择函数”列表中选择需要的函数，则在下方会显示该函数的功能。

（4）单击“确定”按钮，根据函数的类型不同，有时会弹出“函数参数”对话框，如图 4-2-7 所示。

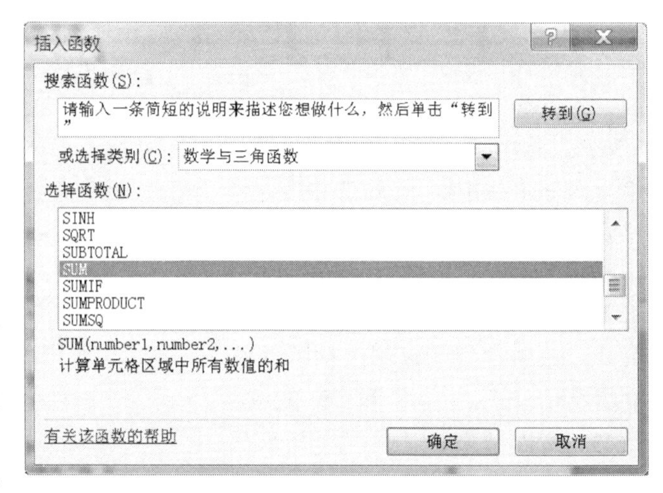

图 4-2-6　“插入函数”对话框

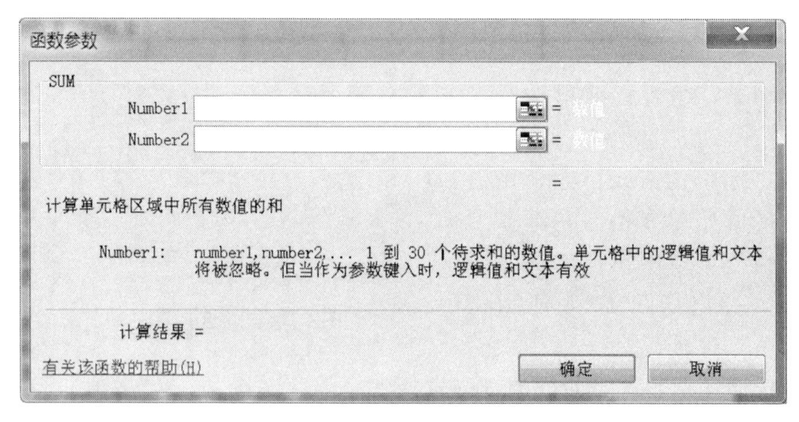

图 4-2-7　“函数参数”对话框

（5）在函数的参数文本框中输入参数值，也可单击参数文本框右侧的按钮，这时“函数参数”对话框会自动缩小为图 4-2-8 所示的一行，用户在工作表中选择单元格区域。按 Enter 键则切回到标准的“函数参数”对话框。

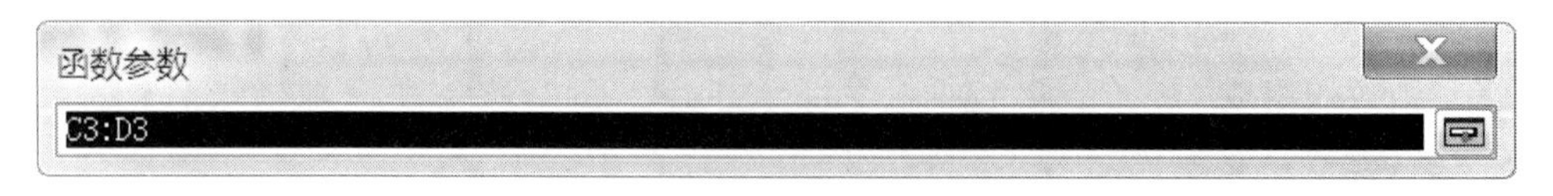

图 4-2-8　函数参数区域选择框

（6）参数设置好后，单击“确定”按钮，则公式中的相关函数及相关参数就设置完成了。

3. 常用函数的快捷输入　对于比较常用的函数，Excel 还提供了更加简便快捷的方法，那就是使用“常用”工具栏中的按钮进行计算。

其操作步骤如下：

（1）单击需要进行计算的单元格。

（2）单击“常用”工具栏中的Σ按钮，或者单击该按钮右侧的下三角形按钮，将弹出如图 4-2-9 所示的下拉菜单。

（3）根据需要选择一种计算函数类型。此时，要计算的单元格中自动生成对应的公式，并且自动选择一个最可能的计算范围。一般情况下，Excel 会自动将相邻的含有数据的单元格设置为计算范围。

（4）根据需要确定是否要调整计算范围，如果需要调整计算范围，则进行调整后，按 Enter 键或单击公式编辑栏中的✓按钮，则生成的公式就会自动以具体的数据填充这个单元格。

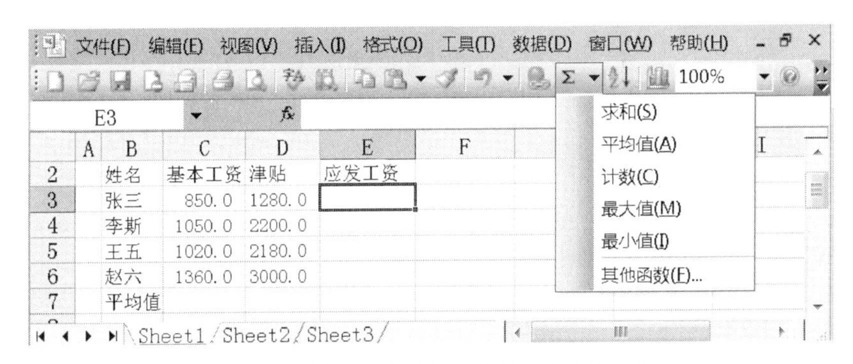

图 4-2-9　使用“常用”工具栏中的按钮计算

如图 4-2-9 所示，选中 E3 单元格后，单击“常用”工具栏中的Σ按钮，或者单击该按钮右侧的下三角，在弹出的下拉菜单中选择“求和”命令，则 E3 单元格中自动生成了一个公式“=SUM(C3:D3)”，如图 4-2-10 所示，同时从 C3 到 D3 的单元格处于临时选定状态，该范围的单元格上显示动态的边框线；按 Enter 键后 E3 单元格中就有了计算结果。

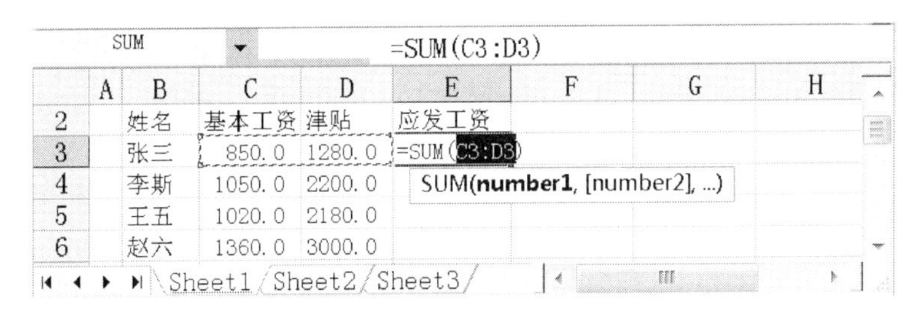

图 4-2-10　自动生成公式

4.2.3　常用函数的使用

Excel 中有一些内置函数经常用到，下面举例讲解。

1. 条件函数 IF　IF 函数是用来进行逻辑判断与推理的函数，根据判断结果的真假完成不同的操作。IF 函数用途很广，不管是在 Excel 中还是在其他语言程序设计中都是最常用的函数之一。

语法格式：IF（Logic _ test，value _ if _ true，value _ if _ false）

其中参数：

- Logic _ test 表示逻辑判断表达式。
- value _ if _ true 表示 Logic _ test 为 TRUE 时的返回值。
- value _ if _ false 表示 Logic _ test 为 FALSE 时的返回值。

如图 4-2-11 中，假设要求在“是否缴税”列显示“需要”或“不需要”，条件是“应发工资大于或等于3 000的需要缴税，否则不缴税”。可使用 Excel 的条件函数 IF 来实现。

F3 =IF(E3>=3000,"需要","不需要")

	A	B	C	D	E	F	G	H
2		姓名	基本工资	津贴	应发工资	是否缴税		
3		张三	850.0	1280.0	2130.0	不需要		
4		李斯	1050.0	2200.0	3250.0	需要		
5		王五	780.0	2100.0	2880.0	不需要		
6		赵六	1360.0	3000.0	4360.0	需要		
7								

Sheet1 / Sheet2 / Sheet3

图 4-2-11　IF 函数使用

操作步骤如下：

（1）选定需要根据条件判断而显示信息或计算的单元格，如 F3。

（2）执行“插入”→“函数”命令，打开“插入函数”对话框，在该对话框中选中函数 IF，则打开如图 4-2-12 所示的“函数参数”对话框。

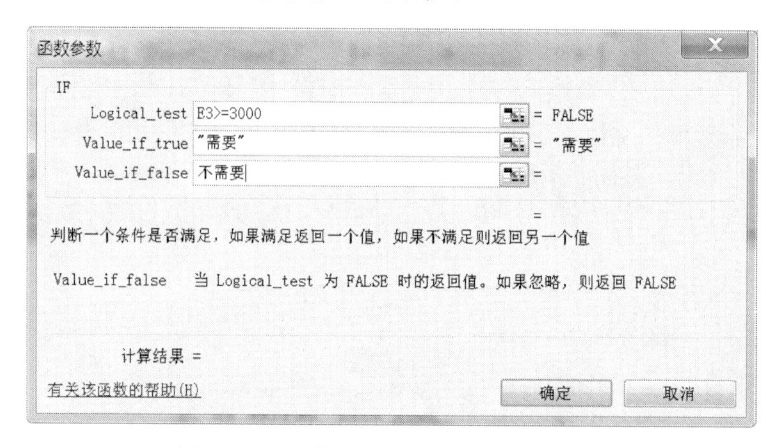

图 4-2-12　函数 IF 的“函数参数”对话框

（3）依次输入判断的条件和条件为真假时返回的结果，这时，编辑栏中显示出公式。这个公式的含义如图 4-2-13 所示。

（4）单击“确定”按钮，选定的单元格就有了结果。向下拖动该单元格的填充柄，该列其他单元格的结果也计算出来了。

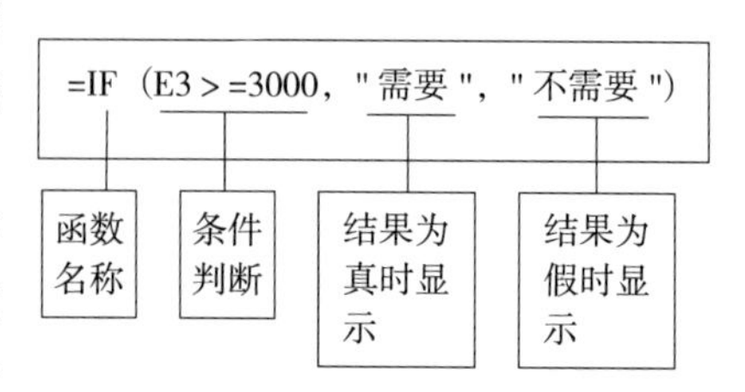

图 4-2-13　条件表达式的含义

条件函数还可以进行比较复杂的判断，可以根据多个不同的条件分别得到对应的结果，可以灵活运用函数的嵌套来实现。函数嵌套就是在某个函数中再套用另外一个函数。

例如，如图 4-2-14 所示，需要根据“总评”字段的值确定出字段“等级”的值。可以先选定需要计算结果的单元格（如 I3），然后在编辑栏中输入公式：

=IF（I3>=90，" 优秀"，IF（I3>=80，" 良好"，IF（I3>=70，" 中等"，IF（I3>=60，" 及格"，" 不及格"））））

该公式的含义是：如果 I3 单元格的值大于或等于 90，则显示出“优秀”；如果 I3 单元格的值大于或等于 80，则显示出“良好”；如果 I3 单元格的值大于或等于 70，则显示出“中等”；如果 I3 单元格的值大于或等于 60，则显示出“及格”，否则显示“不及格”。

即当 I3 单元格的值>=90 时显示“优秀”，80<=I3 单元格的值<90 时显示“良好”，70<=I3 单元格的值<80 时显示“中等”，60<=I3 单元格的值<70 时显示“及格”，I3 单元格的值<60 时显示“不及格”。

J3 =IF(I3>=90,"优秀",IF(I3>=80,"良好",IF(I3>=70,"中等",IF(I3>=60,"及格","不及格"))))

学生各科目成绩表

学号	姓名	专业	大学语文	大学英语	计算机基础	高等数学	操行考核	总评	等级	名次
1	尹春花	应用	92	90	90	95	90	91.4	优秀	
2	李小露	网络	66	52	60	64	70	62.4	及格	
3	窦海涛	软件	81	78	85	85	85	82.8	良好	
4	黄晓明	应用	76	74	86	79	76	78.2	中等	
5	杨千晔	网络	52	50	50	35	50	47.4	不及格	
6	彭小文	应用	78	80	63	88	77	77.2	中等	
7	宋佳佳	软件	86	88	73	84	73	80.7	良好	
8	许文强	应用	60	65	56	66	76	64.7	及格	

Sheet1 / Sheet2 / Sheet3

图 4-2-14　IF 函数的嵌套使用

2. 条件求和函数 SUMLF　SUMIF 函数的功能是对满足条件的单元格进行求和计算。其有三个参数，第一个参数是要进行计算的单元格区域，第二个参数是条件，第三个参数是用于实际计算的单元格区域。以图 4-2-15 为例，要求在 I11 单元格中输出所有应用专业的学生的总评成绩之和。

I11 =SUMIF(C3:C10,"应用",I3:I10)

学生各科目成绩表

学号	姓名	专业	大学语文	大学英语	计算机基础	高等数学	操行考核	总评	等级	名次
1	尹春花	应用	92	90	90	95	90	91.4	优秀	
2	李小露	网络	66	52	60	64	70	62.4	及格	
3	窦海涛	软件	81	78	85	85	85	82.8	良好	
4	黄晓明	应用	76	74	86	79	76	78.2	中等	
5	杨千晔	网络	52	50	50	35	50	47.4	不及格	
6	彭小文	应用	78	80	63	88	77	77.2	中等	
7	宋佳佳	软件	86	88	73	84	73	80.7	良好	
8	许文强	应用	60	65	56	66	76	64.7	及格	
	应用专业的学生成绩之和							311.4		

Sheet1 / Sheet2 / Sheet3

图 4-2-15　SUMIF 函数使用

操作步骤如下：

（1）选定放置计算结果的单元格（如 I11）。

（2）执行“插入”→“函数”命令，打开“插入函数”对话框，找到SUMIF函数，单击“确定”按钮，打开该函数的“函数参数”对话框，如图4-2-16所示。

（3）分别在三个参数的文本框中输入或选定单元格区域。

（4）单击“确定”按钮，结果如图4-2-15所示。

在公式“=SUMIF(C3:C10,"应用",I3:I10)”中，“C3:C10”是提供判断依据的单元格区域，“应用”为判断条件，“I3:I10”为实际求和的单元格区域。

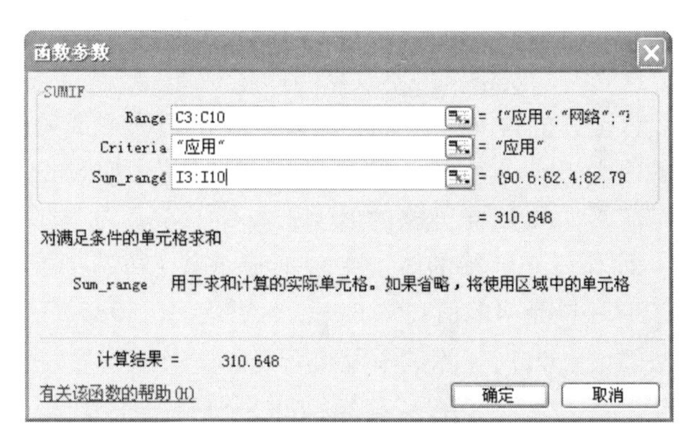

图4-2-16 SUMIF“函数参数”对话框

3. 条件统计函数COUNTIF COUNTIF函数的功能是计算某个区域中满足给定条件的单元格数目。其有两个参数，第一个参数是要计算其中非空单元格数目的区域，第二个参数是条件。

如图4-2-17所示，要在K11单元格中统计出应用专业的学生人数。其操作步骤如下：先选定K11单元格，然后在编辑栏中输入公式“=COUNTIF(C3:C10," 应用")”（C3:10是统计的范围，“应用”是条件），按Enter键即可。

K11 =COUNTIF(C3:C10,"应用")

	A	B	C	D	E	F	G	H	I	J	K
1	学生各科目成绩表										
2	学号	姓名	专业	大学语文	大学英语	计算机基础	高等数学	操行考核	总评	等级	名次
3	1	尹春花	应用	92	90	90	95	90	91.4	优秀	
4	2	李小露	网络	66	52	60	64	70	62.4	及格	
5	3	窦海涛	软件	81	78	85	85	85	82.8	良好	
6	4	黄晓明	应用	76	74	86	79	76	78.2	中等	
7	5	杨千晔	网络	52	50	50	35	50	47.4	不及格	
8	6	彭小文	应用	78	80	63	88	77	77.2	中等	
9	7	宋佳佳	软件	86	88	73	84	73	80.7	良好	
10	8	许文强	应用	60	65	56	66	76	64.7	及格	
11		应用专业的学生成绩之和							311.4	应用专业人数	4
12											

Sheet1 / Sheet2 / Sheet3

图4-2-17 COUNTIF函数使用

思考：怎样较方便地求出软件专业和网络专业的学生数？

4. 排位处理函数RANK RANK函数的功能是返回某数字在一列数字中相对于其他数值的大小排位。共有三个参数，第一个参数是需要计算排位的一个数字；第二个参数是包含这个需要排位的数字在内的一组数字或引用；第三个参数是一个数字，指明排位的方式（非0数字表示升序排位，数字0或省略第三个参数则按照降序排位）。

如图4-2-18中，根据“总评”字段的值确定每位同学的名次。在K3单元格中输入公式“=RANK(I3,$I$3:$I$10,0)”，确认后即可得出第一位同学的总评成绩在这8位同学总评成绩中的排位。鼠标左键拖动K3单元格的填充柄，即可得出其他同学的名次。

在这里需要注意的是第二个参数。发现第K列的单元格的公式中，第一个参数都发生了变化（相对引用），而第二个参数都没有改变（绝对引用）。这是因为需要排位的数字是变化的，而这些需要排位的数字列表是不变的。

K5　=RANK(I5,$I$3:$I$10,0)

	A	B	C	D	E	F	G	H	I	J	K
1	学生各科目成绩表										
2	学号	姓名	专业	大学语文	大学英语	计算机基础	高等数学	操行考核	总评	等级	名次
3	1	尹春花	应用	92	90	90	95	90	91.4	优秀	1
4	2	李小露	网络	66	52	60	64	70	62.4	及格	7
5	3	窦海涛	软件	81	78	85	85	85	82.8	良好	2
6	4	黄晓明	应用	76	74	86	79	76	78.2	中等	4
7	5	杨千晔	网络	52	50	50	35	50	47.4	不及格	8
8	6	彭小文	应用	78	80	63	88	77	77.2	中等	5
9	7	宋佳佳	软件	86	88	73	84	73	80.7	良好	3
10	8	许文强	应用	60	65	56	66	76	64.7	及格	6
11		应用专业的学生成绩之和							311.4	应用专业人数	4

Sheet1/Sheet2/Sheet3/

图 4-2-18　RANK 函数使用

K3 单元格的公式：=RANK(I3,$I$3:$I$10,0)

K5 单元格的公式：=RANK(I5,$I$3:$I$10,0)

Excel 中还有一些常用函数，见表 4-2-1。

表 4-2-1　Excel 的常用函数

函数名	功　能	语　法
SUM	返回一个或多个单元格区域中所有数字之和	SUM（Number1，Number2，…）
AVERAGE	计算所有参数的算术平均值	AVERAGE（Number1，Number2，…）
COUNT	统计列表或单元格区域中含有数字的单元格的个数	COUNT（value1，value2，…）
MAX	返回一组数据中的最大值	MAX（Number1，Number2，…）
MIN	返回一组数据中的最小值	MIN（Number1，Number2，…）
ROUND	按指定位数四舍五入数字	ROUND（数字，小数位数）

4.2.4　单元格引用

同一工作表中不同单元格之间、同一工作簿中的不同的工作表之间都是可以交换数据的，其数据交换可采用地址引用的方式。通俗地说，就是让 A 工作表中的某单元格（源单元格）的数据与 B 工作表中的某单元格（目的单元格）的数据相关联，当源单元格中的数据发生变化时，目的单元格的数据也会同步发生变化。

不同工作簿之间也可以相互引用，引用不同工作簿中的单元格的方式称为链接。

一般地说，用单元格（或单元格区域）的名称或地址来获取该单元格（或单元格区域）中数据的方法就称为单元格引用。通过单元格的引用，用户既可以取出当前工作表中单元格的数据，也可以取出其他工作表中单元格的数据。

Excel 提供了三种不同的引用类型：相对引用、绝对引用和混合引用。

1. 相对引用　相对引用（如 A1、C3:D7）是基于包含公式和单元格引用的单元格的相对位置，直接引用单元格名称或单元格区域名称。当编制的公式被复制到其他单元格中时，Excel 能够根据移动的位置自动调节引用的单元格。相对引用单元格无需在单元格行标签或列标签前加符号“＄”。如前面的公式“＝SUM(C3:D3)”中，C3:D3 就是相对引用，还如公式“＝RANK(I3，＄I＄3:＄I＄10，0)”中，I3 也是相对引用。

默认情况下，新公式使用相对引用。

2. 绝对引用 绝对引用（如＄A＄1、＄C＄3:＄D＄8）总是在指定位置引用单元格或单元格区域。如果公式所在单元格的位置改变，绝对引用的单元格或单元格区域也不会改变。设置绝对引用需要在行标签和列标签前加符号“＄”。如图 4-2-16 中 K3 单元格公式“＝RANK(I3,＄I＄3:＄I＄10,0)”，＄I＄3:＄I＄10 就是绝对引用，当把公式复制到 K5 单元格中，公式自动更新为“＝RANK（I5，＄I＄3:＄I＄10，0)”。

在图 4-2-19 中，要求计算“所占比例”列的内容（所占比例＝维修件数/总计）。很显然，在 C3 到 C5 单元格的公式中，分子是改变的，而分母是始终不变的，故分子用相对引用，而分母用绝对引用。

C3 fx =B3/$B$6

	A	B	C
1	企业产品售后服务情况表		
2	产品名称	维修件数	所占比例
3	电话机	160	24.24%
4	电子台历	190	28.79%
5	录音机	310	46.97%
6	总计	660	

图 4-2-19　绝对引用

3. 混合引用 混合引用（如＄A1、A＄1）具有绝对列和相对行或者是绝对行和相对列，即在单元格地址或单元格区域中既有绝对引用也有相对引用。如果公式所在单元格的位置改变，则相对引用改变，而绝对引用不变。

4. 引用同一工作簿中其他工作表的单元格 在同一个工作簿中，可以引用其他工作表的数据。如：

- Sheet1！A4：相对引用工作表 Sheet1 的 A4 单元格。
- Sheet1！A4:D8：相对引用工作表 Sheet1 的 A4 到 D8 的一个矩形区域。
- Sheet1！＄A＄4：绝对引用工作表 Sheet1 的 A4 单元格。
- Sheet1！＄A＄4：＄D＄8：绝对引用工作表 Sheet1 的 A4 到 D8 的一个矩形区域。

5. 引用其他工作簿的单元格 在 Excel 计算中也可以引用其他工作簿中单元格的数据或公式，只需要用中括号“[]”将被引用的工作簿名括起来。如：

- [ABC. XLS] Sheet1！A4：相对引用 ABC. XLS 工作簿中工作表 Sheet1 的 A4 单元格。
- [ABC. XLS] Sheet1！A4：D8：相对引用 ABC. XLS 工作簿中工作表 Sheet1 的 A4 到 D8 的一个矩形区域。
- [ABC. XLS] Sheet1！＄A＄4：绝对引用 ABC. XLS 工作簿中工作表 Sheet1 的 A4 单元格。
- [ABC. XLS] Sheet1！＄A＄4：＄D＄8：绝对引用 ABC. XLS 工作簿中工作表 Sheet1 的 A4 到 D8 的一个矩形区域。

4.2.5　情境实战

本学习情境要求完善两张表格，可按下列步骤来完成。

1. 计算每位学生的总分、总评成绩、排名及成绩等级 本部分操作全部是针对 Sheet1 工作表。

（1）计算总分——使用“自动求和”按钮Σ。

①单击需要进行计算的单元格，即选定 J4 单元格。

②单击“常用”工具栏中的Σ按钮，此时 J4 单元格中自动生成对应的公式，并且自动选择一个最可能的计算范围。

③按 Enter 键或单击公式编辑栏中的✓按钮即得出了一个学生的总分。

④再次选中 J4 单元格，按住鼠标左键向下拖动其填充柄，直到最后一行记录，松开鼠标，可以看到得出了所有学生的总分。

(2) 计算总评成绩——使用函数 AVERAGE。

①单击需要进行计算的单元格，即选定 K4 单元格。

②在编辑栏中输入公式“=AVERAGE(E4:H4) * 0.7+I4 * 0.3”，然后按 Enter 键即得出了第一个学生的总评成绩。

③再次选中 K4 单元格，按住鼠标左键向下拖动其填充柄，直到最后一行记录，松开鼠标，可以看到得出了所有学生的总评成绩。

(3) 给出每位学生的等级——使用函数 IF。

①选定 L4 单元格，在编辑栏中输入公式“=IF(K4>=90," 优秀", IF (K4>=80," 良好", IF(K4>=70," 中等", IF(K4>=60," 及格"," 不及格")))”。

②按 Enter 键即得出了第一个学生的成绩等级。

③再次选中 L4 单元格，按住鼠标左键向下拖动其填充柄，直到最后一行记录，松开鼠标，可以看到得出了所有学生的成绩等级。

(4) 给出每位学生的名次即排位——使用函数 RANK。

①选中 M4 单元格，单击编辑栏中“插入函数”按钮f_x，弹出“插入函数”对话框，找到函数 RANK，单击“确定”按钮即打开“函数参数”对话框。

②单击 Number 文本框后的按钮，这时在工作表中选中 K4 单元格，按 Enter 键返回。

③单击 Ref 文本框后的按钮，在工作表中选定单元格区域 K4:K25，按 Enter 键返回到“函数参数”对话框，此时该文本框中显示“K4:K25”，按 F4 键，则文本中显示“$K$4:$K$25”，在 Order 文本框中指定排位的方式。这里输入“1”，表示升序排序。

④函数参数设置完毕，如图 4-2-20 所示，单击“确定”按钮，则 M4 单元格得出结果。

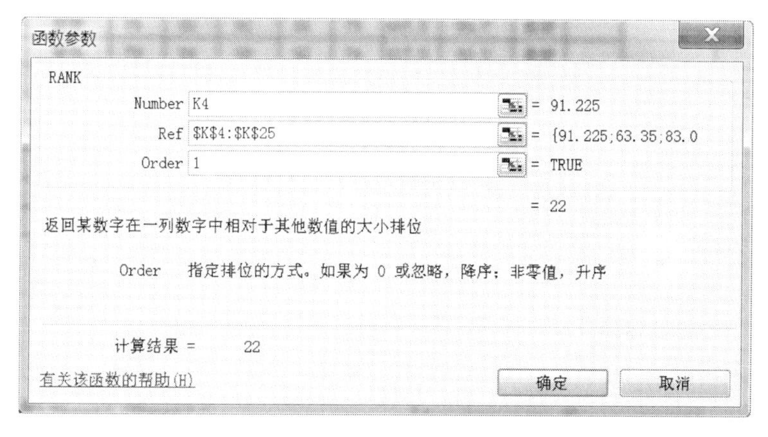

图 4-2-20　“函数参数”对话框

⑤再次选中 M4 单元格，按住鼠标左键向下拖动其填充柄，直到最后一行记录，松开鼠

标，可以看到得出了所有学生的排位。

操作完成后 Sheet1 工作表的结果如图 4-2-21 所示。

信息工程系新生成绩表

序号	姓名	专业	大学语文	大学英语	计算机基础	高等数学	操行考核	总分	总评成绩	等级	排名
1	尹春花	应用	92	90	90	95	90	457.0	91.2	优秀	22
2	李小露	网络	66	52	60	64	70	312.0	63.4	及格	5
3	窦海涛	软件	81	78	85	85	85	414.0	83.1	良好	20
4	黄晓明	应用	76	74	86	79	76	390.8	77.9	中等	10
5	杨千晔	网络	52	50	50	35	50	237.0	47.7	不及格	3
6	彭小文	应用	78	80	63	88	77	386.2	77.2	中等	8
7	宋佳佳	软件	86	88	73	84	73	403.7	79.8	中等	14
8	许文强	应用	60	65	56	66	76	323.3	66.1	及格	6
9	梁海涛	应用	76	67	90	95	74	401.7	79.5	[illegible]	13

图 4-2-21　Sheet1 工作表操作结果（部分显示）

2. 统计总人数及各个专业人数　本部分操作全部是针对 Sheet2 工作表。

（1）统计总人数——使用函数 COUNT。

①单击需要进行计算的单元格，即选定 Sheet2 工作表的 D3 单元格。

②单击编辑栏中的“插入函数”按钮，弹出“插入函数”对话框，找到函数 COUNT，单击“确定”按钮即打开“函数参数”对话框。

③单击 Value 文本框后的按钮，单击 Sheet1 工作表标签，在 Sheet1 工作表中选取单元格区域 K4:K25（由于 COUNT 函数只对数值型数据进行计数，可任选其他数值型数据，如“大学语文”列等），则引用的地址自动显示在“函数参数”对话框中，按 Enter 键返回，如图 4-2-22 所示。

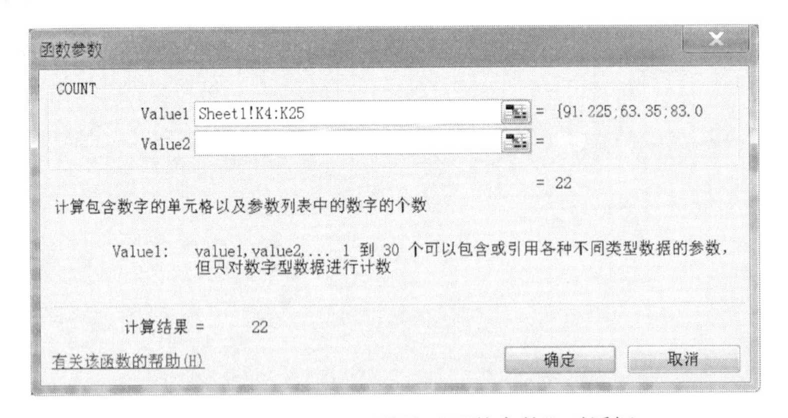

图 4-2-22　COUNT 函数的“函数参数”对话框

④单击“确定”按钮完成操作。

（2）统计各专业人数——使用函数 COUNTIF。

①单击需要进行计算的单元格，即选定 Sheet2 工作表的 D6 单元格。

②单击编辑栏中的“插入函数”按钮，弹出“插入函数”对话框，找到函数

COUNTIF，单击“确定”按钮即打开“函数参数”对话框。

③单击 Range 文本框后的按钮，然后单击 Sheet1 工作表标签，在其中选定单元格区域 D4：D25，按 Enter 键返回到“函数参数”对话框，此时该文本框中显示“Sheet11！D4：D25”，按 F4 键，则文本中显示“Sheet11！$D$4:$D$25”。

④在 Criteria 文本框中输入文本“应用”，至此函数参数设置完毕，如图 4-2-23 所示，单击“确定”按钮，则 D6 单元格得出结果。

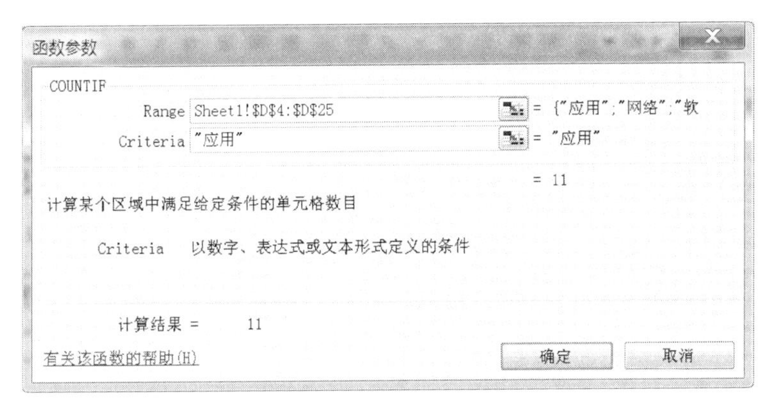

图 4-2-23　COUNTIF 函数的“函数参数”对话框

⑤再次选定 Sheet2 工作表的 D6 单元格，向下拖动其填充柄，分别填充 D7 和 D8 单元格，发现三个单元格数值是一样的。

⑥选定 Sheet2 工作表的 D7 单元格，在编辑栏中将公式“=COUNTIF(Sheet1！$D$4:$D$25," 应用")”中的文本“应用”修改成“软件”，然后按 Enter 键即求出了软件专业的人数。

⑦选定 Sheet2 工作表的 D8 单元格，在编辑栏中将公式“=COUNTIF(Sheet1！$D$4:$D$25," 应用")”中的文本“应用”修改成“网络”，然后按 Enter 键即求出了网络专业的人数。

至此，所有学生的人数及各个专业的学生人数全部统计完毕。

3. 计算每门课程的平均分、最高分和最低分

（1）求每门课程的平均分。

①单击需要进行计算的单元格，即选定 Sheet2 工作表的 F3 单元格。

②单击“常用”工具栏中的Σ按钮右侧的下三角，在弹出的菜单中选择“平均值”命令，此时 F3 单元格中自动生成对应的公式，并且自动选择一个最可能的计算范围，很显然该范围需要修改。

③修改计算范围。单击 Sheet1 工作表标签，在其中选定单元格区域 E4:E25，然后按 Enter 键或单击公式编辑栏上的✓按钮即得出了课程“大学语文”的平均分。

④再次选中 F3 单元格，按住鼠标左键向右拖动其填充柄直到最后一列，松开鼠标，可以看到得出了所有课程的平均分。

（2）求每门课程的最高分。

①单击需要进行计算的单元格，即选定 Sheet2 工作表的 F4 单元格。

②单击“常用”工具栏中的Σ按钮右侧的下三角，在弹出的菜单中选择“最大值”命

令。

③修改计算范围。单击 Sheet1 工作表标签，在其中选定单元格区域 E4:E25，然后按 Enter 键或单击公式编辑栏中的✓按钮即得出了课程“大学语文”的最高分。

④再次选中 F4 单元格，按住鼠标左键向右拖动其填充柄直到最后一列，松开鼠标，可以看到得出了所有课程的最高分。

同样步骤可求出每门课程的最低分，只是在单击“常用”工具栏中的Σ按钮右侧的下三角时，在弹出的菜单中选择“最小值”命令，其他操作一致。

当然，在进行计算时，也可以直接在编辑栏中输入带有函数的公式。如求最低分，在选中 F5 单元格后，在编辑栏中直接输入公式“=MIN(Sheet1! E4: E25)”，按 Enter 键后也可以得出课程“大学语文”的最低分。

4. 按专业计算每门课程的平均分 按专业计算每门课程的平均分，可先按专业计算出每门课程的总分和每个专业的人数，平均分=总分/人数。

(1) 选定要计算数据的单元格，即选定 Sheet2 工作表的 F6 单元格。

(2) 单击编辑栏中的“插入函数”按钮 f_x，弹出“插入函数”对话框，找到函数 SUMIF，单击“确定”按钮即打开“函数参数”对话框。

(3) 单击 Range 文本框后的按钮，然后单击 Sheet1 工作表标签，在其中选定单元格区域 D4:D25，按 Enter 键返回到“函数参数”对话框，此时该文本框中显示“Sheet11! D4: D25”，按 F4 键，则文本中显示“Sheet11! $D$4:$D$25”。

(4) 在 Criteria 文本框中输入文本“应用”。

(5) 单击 Sum _ range 文本框后的按钮，然后单击 Sheet1 工作表标签，在其中选定单元格区域 E4:E25，按 Enter 键返回到“函数参数”对话框，此时该文本框中显示“Sheet1! E4: E25”(注意，此处不能用绝对引用)。

(6) SUMIF 函数参数设置完毕，如图 4-2-24 所示，单击“确定”按钮，则 F6 单元格得出结果。很显然这只是计算出了“应用”专业的学生“大学语文”课程成绩的总和。

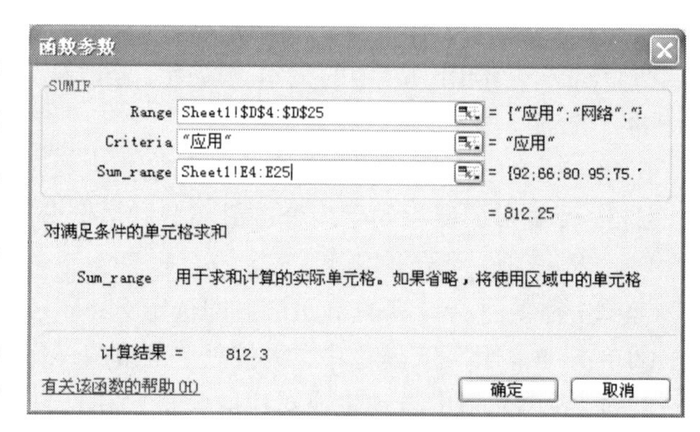

图 4-2-24 SUMIF 函数的“函数参数”对话框

(7) 再次选定 Sheet2 工作表的 F6 单元格，在编辑栏中的公式“=SUMIF(Sheet1! $D$4: $D$25," 应用", Sheet1! E4: E25)”的后面先输入除号“/”，然后单击 D6 单元格并按 F4 键，则此时公式变为“=SUMIF (Sheet1! $D$4:$D$25," 应用", Sheet1! E4:E25) /$D$6”。

注意：除号“/”是在英文状态下输入的。为了能够自动计算出其他课程的平均分，这里的引用“$D$6”必须是绝对引用，“Sheet1! E4:E25”必须是相对引用；如果事先没有计算出“应用”专业的人数，则编辑栏中的公式应该变为“=SUMIF(Sheet1!$D$4:$D$25," 应用", Sheet1! E4:E25)/COUNTIF(Sheet1! $D$4:$D$25," 应用")”。

该公式的含义如图 4-2-25 所示。

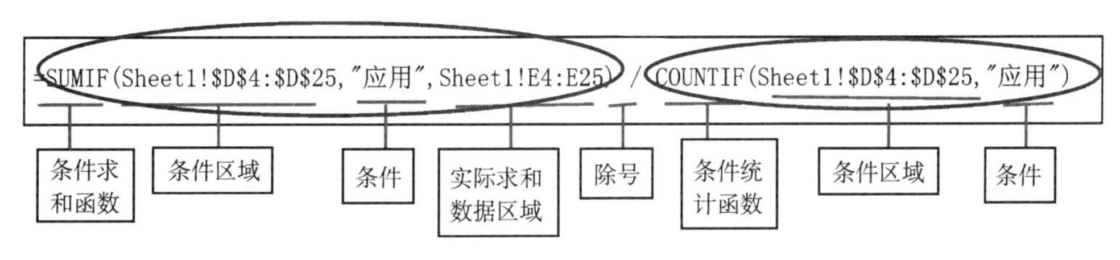

图 4-2-25　公式的含义

(8) 单击“确定”按钮即计算出了“应用”专业学生课程“大学语文”的平均分。

(9) 再次选中 F6 单元格，按住鼠标左键向右拖动其填充柄，直到最后一列，松开鼠标，可以看到得出了所有“应用”专业学生的所有课程的平均分。

(10) 求软件专业学生的每门课程的平均分。选中 F7 单元格，在编辑栏中输入公式“=SUMIF(Sheet1! $D$4:$D$25," 软件", Sheet1! E4:E25)/COUNTIF(Sheet1! $D$4:$D$25," 软件")”，然后按 Enter 键，即得出了软件专业学生“大学语文”课程的平均分。再次选中 F7 单元格，按住鼠标左键向右拖动其填充柄，直到最后一列，松开鼠标，可以看到得出了所有“软件”专业学生的所有课程的平均分。

(11) 求网络专业学生的每门课程的平均分。选中 F8 单元格，在编辑栏中输入公式“=SUMIF(Sheet1! $D$4:$D$25," 网络", Sheet1! E4:E25)/COUNTIF(Sheet1! $D$4:$D$25," 网络")”，然后按 Enter 键，即得出了网络专业学生“大学语文”课程的平均分；再次选中 F8 单元格，按住鼠标左键向右拖动其填充柄，直到最后一列，松开鼠标，可以看到得出了所有“网络”专业学生的所有课程的平均分。

至此，Sheet2 工作表数据计算完毕，操作结果如图 4-2-26 所示。

信息工程系新生成绩统计表

序号	范围	人数	项目	大学语文	大学英语	计算机基础	高等数学	操行考核	总分	总评成绩
1	所有学生	22	课程平均分	73.3	73.7	72.0	75.0	70.4	364.4	72.6
2			课程最高分	92.0	91.0	92.0	95.0	90.0	457.0	91.2
3			课程最低分	20.0	40.0	30.0	30.0	25.0	145.0	28.5
4	应用专业	11	课程平均分	73.8	76.2	74.0	78.6	72.6	375.3	74.7
5	软件专业	7	课程平均分	81.7	80.9	79.6	82.3	75.5	400.0	79.4
6	网络专业	4	课程平均分	57.3	54.3	53.5	52.3	55.2	272.5	54.6

操作要求 / Sheet1 / Sheet2

图 4-2-26　完善后的 Sheet2 工作表

情境三　管理学生成绩表（二）

❶情境描述

现要求对学生成绩表中的数据做如下处理：

(1) 以“大学英语”为主要关键字，“高等数学”为次要关键字升序排序。

(2) 以“专业”为分类字段，将各科成绩分别进行“最大值”分类汇总。

(3) 分别筛选出“大学语文高于 70 且低于 85，且大学英语高于 80”的学生信息、“大学语文高于 80 且低于 85，或者大学英语高于 85”的学生信息、“大学语文高于 70 且大学英语低于 80，或者大学语文低于 90 且大学英语不小于 80”的学生信息、“大学语文高于 70 且大学英语低于 80，或者大学语文低于 90 且大学英语不小于 80，或者高等数学低于 60”的学生信息，并分别复制到新工作表中。

（4）合并计算出每个专业的学生每门课程的平均值及合并计算出每位学生的平均成绩。

（5）按专业计算各个班级课程“大学语文”的平均分及“大学英语”的最高分和“高等数学”的最低分，并建立数据透视表。

❷情境分析

本情境是对一份学生成绩表进行处理，完成情境描述中的各项任务，需要掌握下面的知识技能点：

➢Excel 工作表的基本操作
➢数据的排序
➢数据的自动筛选和高级筛选
➢数据的分类汇总
➢数据的合并计算
➢创建数据透视表

经分析，可按照下列顺序来学习知识点，进而完成任务：

- 数据排序
- 数据筛选
- 分类汇总
- 合并计算
- 数据透视表
- 情境实战

❸具体实现

Excel 中的工作表有时候也称为数据清单。对于数据清单，可能并不仅仅满足于计算，实际工作中往往还需要对这些数据进行动态、按某种规则分析处理，如将数据按照某种规则进行排序、从众多数据中挑选满足某种条件的数据等。Excel 2003 就提供了非常强大的数据管理和分析功能。

4.3.1 数据排序

Excel 的排序分升序和降序两大类型。对于字母，升序是从 A 到 Z 排列；对于日期，升序是从最早到最近；对于中文文本，一般是按照汉语拼音字母的顺序排序，也可指定由文字的笔画来排序。

排序是按照某一字段的值进行排序，用来排序的字段称为关键字。如果有多个关键字，则首先按照第一关键字进行排序，第一关键字相同的数据再按第二关键字排序，以此类推。

📖**1. 使用“常用”工具栏中的排序按钮** 这种方法简单快捷，但只适合按照单关键字进行排序。操作步骤如下：

（1）选定排序的字段列中的任一个非空单元格。

（2）单击“常用”工具栏中的“升序”或“降序”排序按钮，即可完成排序。

比如，按照“总分”进行排序，则首先单击“总分”列的任一个非空单元格，然后单击“常用”工具栏中的“升序”或“降序”排序按钮即可。

🕮2. 使用“排序”对话框 具体操作步骤如下：

（1）选定要进行排序的单元格区域，注意一般要同时包含表头字段以及各列的数据，否则排序后可能会破坏各条记录中的数据的对应关系；或者选中数据清单中的任意一个单元格，Excel 会自动选定整个数据清单。

（2）执行“数据”→“排序”命令，弹出如图 4-3-1 所示的“排序”对话框。

（3）在该对话框中指定排序的关键字及排序的方式（升序或降序），允许同时指定 3 个。如果在指定的“主要关键字”下拉列表框中出现相同值，系统将根据次要关键字段进行排序，以此类推。

（4）选中“有标题行”或“无标题行”单选按钮，单击“确定”按钮即排序完成。

如图 4-3-2 所示，按照“总评”升序和“操行考核”降序排序。

图 4-3-1 “排序”对话框

操作步骤如下：

	A	B	C	D	E	F	G	H	I	J	K
1	学生各科目成绩表										
2	学号	姓名	专业	大学语文	大学英语	计算机基础	高等数学	操行考核	总评	等级	名次
3	5	杨千晔	网络	52	50	50	35	50	47.4	不及格	8
4	2	李小露	网络	66	52	60	64	70	62.4	及格	7
5	8	许文强	应用	60	65	56	66	76	64.7	及格	6
6	6	彭小文	应用	78	80	63	88	77	77.2	中等	5
7	4	黄晓明	应用	76	74	86	79	76	78.2	中等	4
8	7	宋佳佳	软件	86	88	73	84	73	80.7	良好	3
9	3	宾海涛	软件	81	78	85	85	85	82.8	良好	2
10	1	尹春花	应用	92	90	90	95	90	91.4	优秀	1

图 4-3-2 排序效果

（1）选中数据清单中的任意一个单元格。

（2）执行“数据”→“排序”命令，弹出如图 4-3-1 所示的“排序”对话框。

（3）在“主要关键字”下拉列表中选择“总分”并选中“升序”单选按钮；在“次要关键字”下拉列表中选择“操行考核”并选中“降序”单选按钮。

（4）选中“有标题行”单选按钮，单击“确定”按钮即看到排序结果。

4.3.2 数据筛选

数据筛选是将数据清单中符合某种条件的记录显示出来，并将不符合条件的记录隐藏起来。Excel 提供了自动筛选和高级筛选两种方式。

1. 自动筛选和高级筛选适合的范围 自动筛选是按简单条件进行筛选，条件可以是Excel自动确定的，也可以是用户自定义的条件。自动选筛用于同一字段中的两个条件的“与”或“或”，不同字段的条件间只能是“与”的关系，即在多字段都有条件的情况下，筛选出来的是同时满足多个字段条件的记录。

例如图4-3-2所示的工作表中，若筛选条件为：大学语文大于80且大学英语小于80的记录。其中大学语文和大学英语是两个不同的字段，它们之间是“与”的关系，就可以用“自动筛选”。

若筛选条件改为：大学语文大于80或者大学英语小于80的记录。其中大学语文和大学英语是两个不同的字段，它们之间是“或”的关系，就必须用高级筛选。

自动筛选操作简单，但筛选条件受限。相对来说，高级筛选操作较为复杂，但任何条件的筛选都可以用高级筛选实现。

2. 自动筛选 其操作步骤如下：

(1) 将鼠标指针定位需要筛选的数据清单中的任一个单元格。

(2) 选择“数据”→“筛选”→“自动筛选”命令，此时每个列标题右侧都出现了一个带三角形的按钮，单击它出现一个下拉选择框，如图4-3-3所示，其中列出了当前字段所有可能会使用的取值方法。

(3) 从选择框中选择一种筛选方法，则数据清单中的内容就会按照指定的条件进行筛选过滤，其他不符合条件的记录就会被隐藏起来。

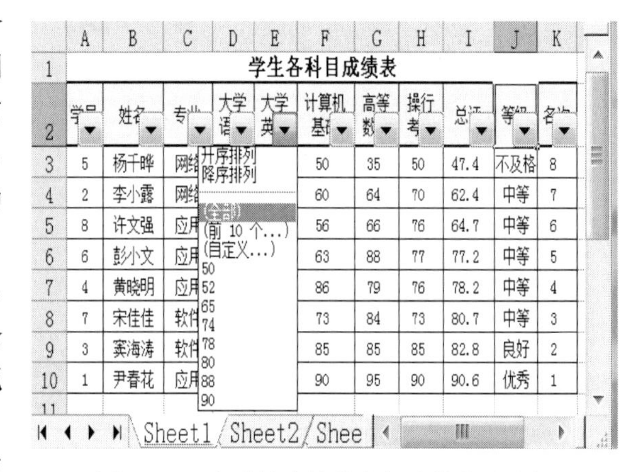

图4-3-3 自动筛选的状态与取值方法选择

自动筛选下拉选择框中有几个固定的条件项目：

- 全部：显示所有的记录。
- 前10个：显示数据清单中的前10条记录。
- 其他数值：当前数据清单中存在的值。
- 自定义：如果现有的自动筛选条件下拉列表中没有希望的筛选条件，则选择“自定义”命令，此时会弹出如图4-3-4所示的“自定义自动筛选方式”对话框，在这里可以设置一个或两个筛选条件，如有两个条件，则这两个条件只能是“与”或“或”的关系。选择条件并输入条件参数值（图4-3-4中，筛选条件是“大学语文大于或等于90或者小于60”），单击“确定”按钮即可得到符合自定义条件的筛选结果。

3. 高级筛选的条件输入 高级筛选支持由用户自己设定更加复杂条件的筛选方式，但是高级筛选必须首先定义好筛选条件并建立条件区域。

条件区域一般放在数据清单范围正上方或正下方，防止条件区域的内容受到数据清单插入或删除记录行的影响。条件区域的第一行是筛选条件中的字段名（一般采用单元格复制的方式将字段名复制到条件区域中），其他行为条件行；同一条件行不同单元格中的条件之间是互为“与”的关系，不同条件行的单元格中的条件，它们之间是互为“或”的逻辑关系。

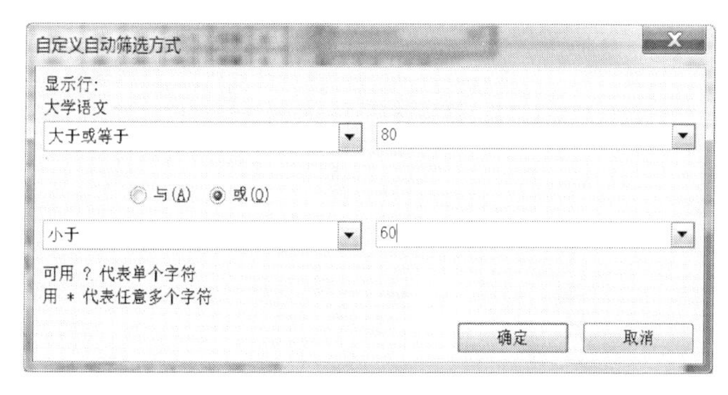

图 4-3-4　“自定义自动筛选方式”对话框

如图 4-3-5 中所示的几种条件区域的输入方式。

a

大学语文	大学语文	大学英语
>70	<85	>80

b

大学语文	大学语文	大学英语
>70	<80	
		>80

c

大学语文	大学英语
>70	<80
	>80

d

大学语文	大学英语
>70	<80
<90	>=80

e

大学语文	大学英语	高等数学
>70	<80	
<90	>=80	
		<60

图 4-3-5　高级筛选的条件输入示例

条件“大学语文高于 70 且低于 85，且大学英语高于 80”的输入方法见图 4-3-5a 所示，对于这种多个条件的“与”也可以用“自动筛选”完成。

条件“大学语文高于 70 且低于 85，或者大学英语高于 80”的输入方法见图 4-3-5b。

条件“大学语文高于 70 且大学英语低于 80，或者大学英语高于 80”的输入方法见图 4-3-5c。

条件“大学语文高于 70 且大学英语低于 80，或者大学语文低于 90 且大学英语不小于 80”的输入方法见图 4-3-5d。

条件“大学语文高于 70 且大学英语低于 80，或者大学语文低于 90 且大学英语不小于 80，或者高等数学低于 60”的输入方法见图 4-3-5e。

4. 高级筛选的操作过程　高级筛选的具体操作步骤如下：

(1) 根据筛选条件建立条件区域。

(2) 单击数据清单中的任一个单元格，执行“数据”→“筛选”→“高级筛选”命令，打开“高级筛选”对话框，如图 4-3-6 所示。

(3) 在“方式”选项组中选择筛选结果存放的位置（在原有区域显示或复制到其他位置显示）。

(4)“列表区域”文本框中已经出现有效的数据清单范围，如果范围不合适则单击“列表区域”文本框右侧的按钮，然后拖动鼠标选择正确的范围。

(5) 单击“条件区域”文本框右侧的按钮，然后在前面建立的条件区域中拖动鼠标选中区域，此时被选中的区域会自动填充到 4-3-7 所示的条件文本框中。随后按 Enter 键返回到“高级筛选”对话框中。

(6) 单击“确定”按钮，则数据清单中符合条件区域中所设置的条件的记录就会被显示

图 4-3-6 “高级筛选”对话框

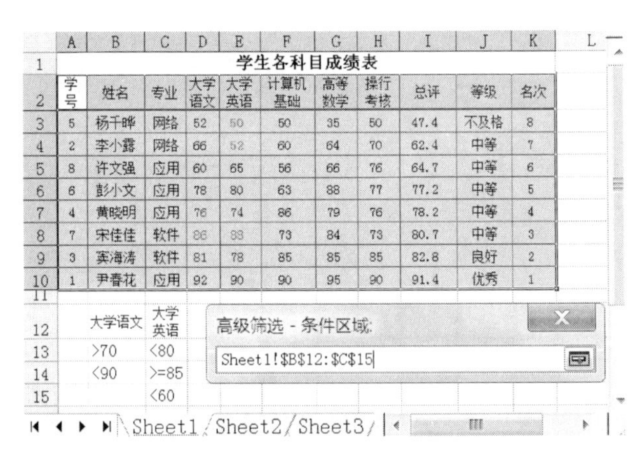

	A	B	C	D	E	F	G	H	I	J	K
1	学生各科目成绩表										
2	学号	姓名	专业	大学语文	大学英语	计算机基础	高等数学	操行考核	总评	等级	名次
3	5	杨千晔	网络	52	50	50	35	50	47.4	不及格	8
4	2	李小露	网络	66	52	60	64	70	62.4	中等	7
5	8	许文强	应用	60	65	56	66	76	64.7	中等	6
6	6	彭小文	应用	78	80	63	88	77	77.2	中等	5
7	4	黄晓明	应用	76	74	86	79	76	78.2	中等	4
8	7	宋佳佳	软件	86	88	73	84	73	80.7	中等	3
9	3	宾海涛	软件	81	78	85	85	85	82.8	良好	2
10	1	尹春花	应用	92	90	90	95	90	91.4	优秀	1
11											
12		大学语文	大学英语								
13		>70	<80								
14		<90	>=85								
15			<60								

图 4-3-7 条件区域的选择

出来，如图 4-3-8 所示。

	A	B	C	D	E	F	G	H	I	J	K
1	学生各科目成绩表										
2	学号	姓名	专业	大学语文	大学英语	计算机基础	高等数学	操行考核	总评	等级	名次
3	5	杨千晔	网络	52	50	50	35	50	47.4	不及格	8
4	2	李小露	网络	66	52	60	64	70	62.4	中等	7
7	4	黄晓明	应用	76	74	86	79	76	78.2	中等	4
8	7	宋佳佳	软件	86	88	73	84	73	80.7	中等	3
9	3	宾海涛	软件	81	78	85	85	85	82.8	良好	2
11											
12		大学语文	大学英语								
13		>70	<80								
14		<90	>=85								
15			<60								

图 4-3-8 高级筛选后的结果

说明： 取消自动筛选或高级筛选，只要执行“数据”→“筛选”→“全部显示”命令即可。

4.3.3 分类汇总

分类汇总就是将数据清单中的每类数据进行汇总，它是建立在已排序的基础上。因此，进行分类汇总前必须先将数据清单进行排序且排序的关键字是汇总的字段。比如在图 4-3-7 所示的 Sheet1 工作表中，若按“等级”统计数据，则应先按“等级”字段排序，再进行分类汇总，汇总的方式有计数、求和、求平均值、最大值、最小值等。

📖**1. 分类汇总** 具体操作步骤如下：

（1）单击数据清单中的任一个单元格。

（2）按分类字段排序。执行“数据”→“排序”命令，弹出“排序”对话框，选定排序关键字为分类的字段（如“等级”字段），单击“确定”按钮完成排序。

（3）执行“数据”→“分类汇总”命令，弹出如图 4-3-9 所示的“分类汇总”对话框。有关选项的说明如下：

- “分类字段”下拉列表：进行分类汇总的字段，如“等级”。

●“汇总方式”下拉列表：对汇总结果的处理方法。如“求和”指参与汇总的各类数据的总和。

●“选定汇总项”列表框：将要参与汇总的字段。如分类字段是“等级”，选择了“高等数学”汇总项，选择了“平均值”汇总方式，则对“等级”列中每种类别要汇总出其“高等数学”的平均值。

●“替换当前分类汇总”复选框：新的分类汇总替换数据清单中原有的分类汇总。

●“每组数据分页”复选框：在分类汇总的各组数据之间自动插入一个分页符。

●“汇总结果显示在数据下方”复选框：将分类汇总结果行和统计行插入数据下方。

图 4-3-9　“分类汇总”对话框

（4）单击“确定”按钮，结果如图 4-3-10 所示。

	A	B	C	D	E	F	G	H	I	J	K
1	学生各科目成绩表										
2	学号	姓名	专业	大学语文	大学英语	计算机基础	高等数学	操行考核	总评	等级	名次
3	5	杨千晔	网络	52	50	50	35	50	47.4	不及格	11
4				52	50	50	35	50	47.4	**不及格 平均值**	
5	8	许文强	应用	60	65	56	66	76	64.7	及格	8
6	2	李小露	网络	66	52	60	64	70	62.4	及格	10
7				63	59	58	65	73	63.5	**及格 平均值**	
8	3	宾海涛	软件	81	78	85	85	85	82.8	良好	3
9	7	宋佳佳	软件	86	88	73	84	73	80.7	良好	5
10				83	83	79	85	79	81.8	**良好 平均值**	
11	1	尹春花	应用	92	90	90	95	90	91.4	优秀	1
12				92	90	90	95	90	91.4	**优秀 平均值**	
13	6	彭小文	应用	78	80	63	88	77	77.2	中等	7
14	4	黄晓明	应用	76	74	86	79	76	78.2	中等	6
15				77	77	75	84	77	77.7	**中等 平均值**	
16				74	72	70	75	75	73.1	**总计平均值**	
17											

Sheet1 / Sheet2 / Sheet3

图 4-3-10　按照“等级”字段分类汇总结果

2. 设置分级显示　分类汇总完成后，在工作表的左端自动产生分级显示按钮。

1 2 3 为分级编号显示按钮，单击其中的编号可选择分级显示。单击分级编号“1”则只显示第一级数据，即总计汇总结果；单击分级编号“2”将显示包含第二级以上的汇总数据，即显示分类汇总和总计汇总结果；单击分级编号“3”，将显示第三级以上的数据，即全部明细数据和汇总结果，图 4-3-10 中所示就是单击分级编号“3”的结果。

+ 和 - 为分级分组显示按钮，俗称“展开”、“折叠”按钮。单击 + 和 - 按钮可以隐藏或显示明细记录。

3. 删除分类汇总　执行“数据”→“分类汇总”命令，打开“分类汇总”对话框，单击“全部删除”按钮。

4.3.4　合并计算

所谓合并计算，是指通过合并计算的方式来汇总一个或多个源数据区中的数据，并将汇总的结果放置在目标区域中。源数据区和目标区、多个源数据区可以在一个工作表中，也可以在不同的工作表中，还可以在不同的工作簿中。

📖1. 对单个源数据区进行合并计算 我们以图 4-3-11 所示数据为例，合并计算出每个班级每门课程的平均值。具体操作过程如下：

	A	B	C	D	E	F	G	H	I	J	K	L
1		某中学高二考试成绩表										
2	姓名	班级	语文	数学	英语	政治						
3	李平	高二（一）班	72	75	69	80						
4	麦孜	高二（二）班	85	88	73	83						
5	张江	高二（一）班	97	83	89	88		各班各科平均成绩表				
6	王硕	高二（三）班	76	88	84	82		班级	语文	数学	英语	政治
7	刘梅	高二（三）班	72	75	69	63						
8	江海	高二（一）班	92	86	74	84						
9	李朝	高二（三）班	76	85	84	83						
10	许如润	高二（一）班	87	83	90	88						
11	张玲铃	高二（三）班	89	67	92	87						
12	赵丽娟	高二（二）班	76	67	78	97						
13	高峰	高二（二）班	92	87	74	84						
14	刘小丽	高二（三）班	76	67	90	95						
15												

Sheet1

图 4-3-11 合并计算的源数据

(1) 选定目标区最左上方的第一个单元格（如图 4-3-11 中 H7 单元格）。

(2) 执行“数据”→“合并计算”命令，弹出如图 4-3-12 所示的“合并计算”对话框。

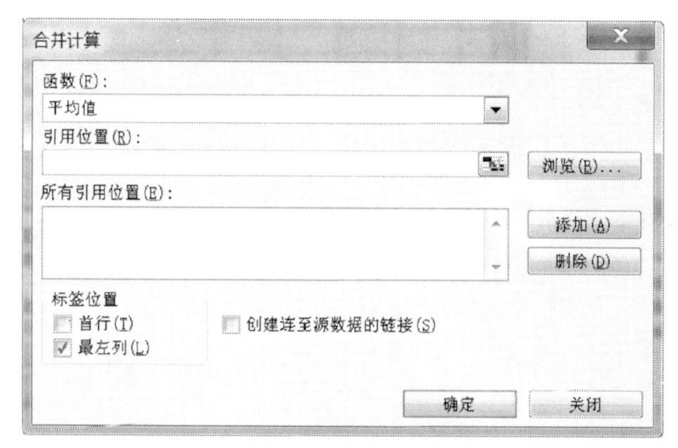

图 4-3-12 “合并计算”对话框

(3) 在“函数”下拉列表中选择合并计算数据的汇总函数（如求平均值）。

(4) 单击“引用位置”文本框右侧的按钮，弹出“合并计算-引用位置”文本框，如图 4-3-13 所示。选定源数据区，则源数据区的地址出现在“合并计算-引用位置”文本框中。按 Enter 键返回到“合并计算”对话框，则在“引用位置”后的文本框中显示源数据区的地址。

图 4-3-13 “合并计算-引用位置”对话框

(5) 根据合并后数据的标签的位置选择“首行”或“最左列”复选框。如果目标区域与源数据区在不同的工作簿中，并且想让源数据改变时，合并计算的结果能够自动更新，则选中“创建连至源数据的链接”复选框。

(6) 单击“确定”按钮，即完成了合并计算。合并结果如图 4-3-14 所示。

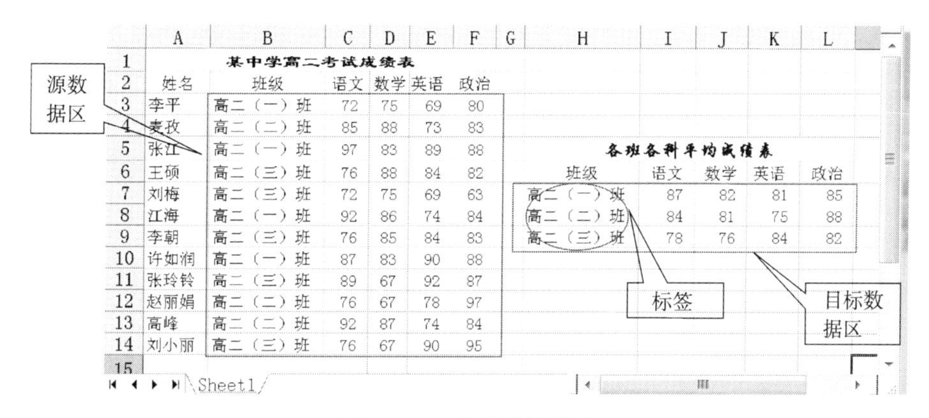

某中学高二考试成绩表

姓名	班级	语文	数学	英语	政治
李平	高二（一）班	72	75	69	80
麦孜	高二（二）班	85	88	73	83
张江	高二（一）班	97	83	89	88
王硕	高二（三）班	76	88	84	82
刘梅	高二（三）班	72	75	69	63
江海	高二（一）班	92	86	74	84
李朝	高二（三）班	76	85	84	83
许如润	高二（一）班	87	83	90	88
张玲铃	高二（三）班	89	67	92	87
赵丽娟	高二（二）班	76	67	78	97
高峰	高二（二）班	92	87	74	84
刘小丽	高二（三）班	76	67	90	95

各班各科平均成绩表

班级	语文	数学	英语	政治
高二（一）班	87	82	81	85
高二（二）班	84	81	75	88
高二（三）班	78	76	84	82

图 4-3-14　合并计算结果

2. 对多个源数据区进行合并计算　对多个源数据区的数据进行合并计算必须确保：

某公司一月份所付工程原料款（元）

原料	市政工程	城市污水工程	商业大厦工程	剧院工程
细沙	8000	3000	4000	10000
大沙	10000	1000	6000	15000
水泥	60000	8000	50000	90000
钢筋	100000	10000	80000	120000
木材	1000	500	2000	10000

某公司二月份所付工程原料款（元）

原料	市政工程	城市污水工程	商业大厦工程	剧院工程
空心砖	10000	2000	20000	15000
木材	3000	500	5000	8000
水泥	20000	4000	30000	40000
钢筋	40000	500	30000	70000
细沙	3000	1000	2000	8000
大沙	8000	800	7000	10000

某公司前两个月所付工程原料款（元）

原料	市政工程	城市污水工程	商业大厦工程	剧院工程

图 4-3-15　合并计算源数据

（1）所有源数据区域中的数据都被相同地排列，也就是说，想从每一个源数据区域中合并计算的数值必须在相同的位置上。如图 4-3-15，源数据区的上一行即标题行的顺序排列相同，分别是“原料”、“市政工程”、“城市污水工程”、“商业大厦工程”、“剧院工程”。

（2）源数据区中没有空行或空列。这种方式非常适合处理相同表格的合并工作。如图 4-3-15 所示数据，要求合并计算该公司前两个月所付工程原料款总和。

多个源数据合并计算的具体操作步骤如下：

（1）单击目标区域的最左上方的单元格（如图 4-3-15 中的 B20 单元格），执行“数据”→“合并计算”命令，弹出“合并计算”对话框。

（2）在“函数”下拉列表中选择合并计算数据的汇总函数，如求和、求平均值等。

（3）单击“引用位置”文本框右侧的按钮，弹出“合并计算-引用位置”文本框。选定第一个源数据区，则源数据区的地址出现在“合并计算-引用位置”文本框中。按 Enter 键返回到“合并计算”对话框，则在“引用位置”后的文本框中显示第一个源数据区的地址。

（4）单击“添加”按钮，则在“引用位置”文本框中的区域地址移动到了“所有引用位置”列表中，如图 4-3-16 所示。单击“引用位置”文本框后的按钮，选定第二个源数据区，按 Enter 键返回到“合并计算”对话框。如果还有源数据，则继续此操作，直到所有的源数据都添加进来。

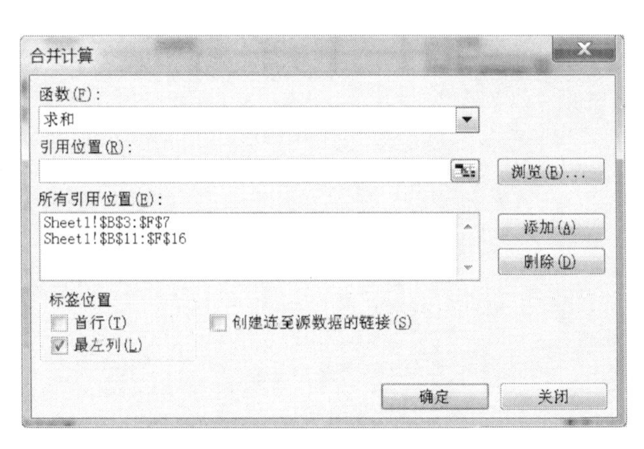

图 4-3-16　“合并计算”对话框

（5）根据合并后数据的标签的位置选择“首行”或“最左列”复选框。如果目标区域与源数据区在不同的工作簿中，并且想让源数据改变，合并计算的结果能够自动更新，则选中“创建连至源数据的链接”复选框。单击“确定”按钮，即完成了合并计算。如图 4-3-17 所示。

	A	B	C	D	E	F	G
17							
18		某公司前两个月所付工程原料款（元）					
19		原料	市政工程	城市污水工程	商业大厦工程	剧院工程	
20		细沙	11000	4000	6000	18000	
21		大沙	18000	1800	13000	25000	
22		水泥	80000	12000	80000	130000	
23		钢筋	140000	10500	110000	190000	
24		空心砖	10000	2000	20000	15000	
25		木材	4000	1000	7000	18000	
26							

标签

Sheet1

图 4-3-17　合并计算后的结果

说明： 在“合并计算”对话框中，如果引用位置有误，可以在“所有引用位置”列表中选中不需要的引用，然后单击“删除”按钮。

4.3.5　数据透视表

分类汇总只能按一个字段分类，如果要按照多个字段进行分类，如在如图 4-3-18 所示的工作表中，要计算各个项目工程所付工程原料款的总额，可采用数据透视表来分类汇总。

	A	B	C	D
1	某公司一月份所付工程原料款			
2	日期	项目工程	原料	金额（元）
3	2012/1/15	市政工程	细沙	8000
4	2012/1/15	市政工程	钢筋	100000
5	2012/1/15	污水工程	钢筋	10000
6	2012/1/15	大厦工程	钢筋	80000
7	2012/1/15	剧院工程	钢筋	120000
8	2012/1/20	市政工程	大沙	10000
9	2012/1/20	污水工程	水泥	8000
10	2012/1/20	大厦工程	水泥	50000
11	2012/1/20	剧院工程	水泥	90000
12	2012/1/25	市政工程	水泥	60000

图 4-3-18　源数据表（部分显示）

1. 数据透视表的创建　基本操作步骤如下：

（1）单击数据区中的任意一个单元格，执行“数据”→“数据透视表和数据透视图”命令，打开“数据透视表和数据透视图向导—3 步骤之 1”对话框，如图 4-3-19 所示。

（2）默认情况下，“数据透视表”的“数据源”来自 Excel 工作表。本例中选择默认选项，单击“下一步”按钮，打开“数据透视表和数据透视图向导—3 步

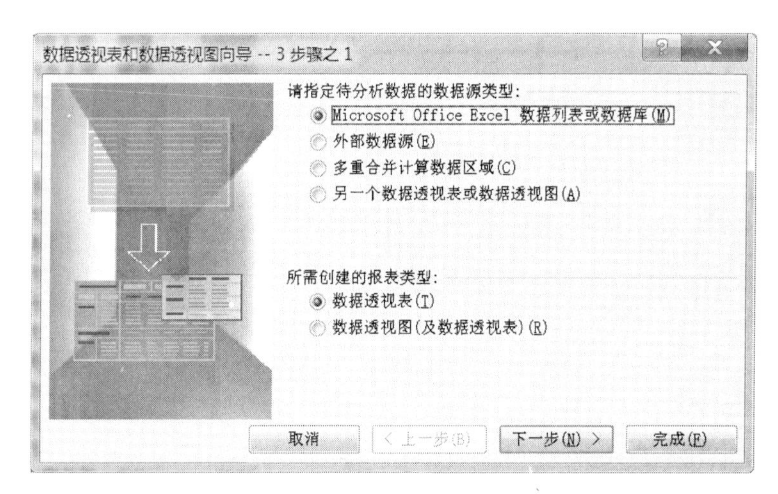

图 4-3-19　“数据透视表和数据透视图向导—3 步骤之 1”对话框

骤之 2”对话框，如图 4-3-20 所示，Excel 会自动选定区域。若“选定区域”文本框中预选的区域不正确，可以重新选择或输入。

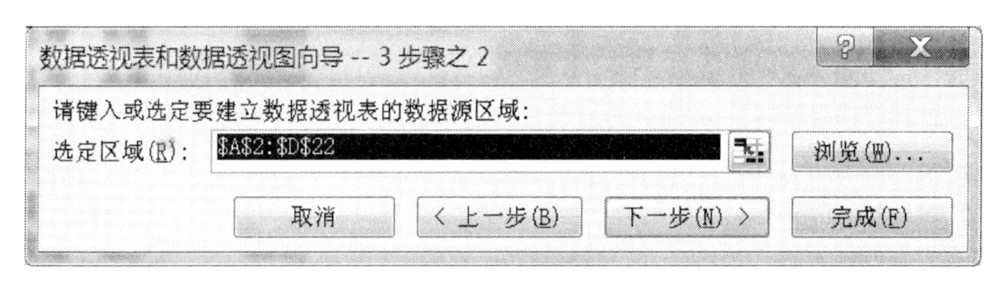

图 4-3-20　“数据透视表和数据透视图向导—3 步骤之 2”对话框

（3）单击“下一步”按钮，打开“数据透视表和数据透视图向导—3 步骤之 3”对话框，如图 4-3-21 所示。如果选择“新建工作表”单选按钮，则在新工作表中放置数据透视表；如果选择“现有工作表”单选按钮，则单击文本框后的按钮，在现工作表中选中放置透视表的起始单元格。

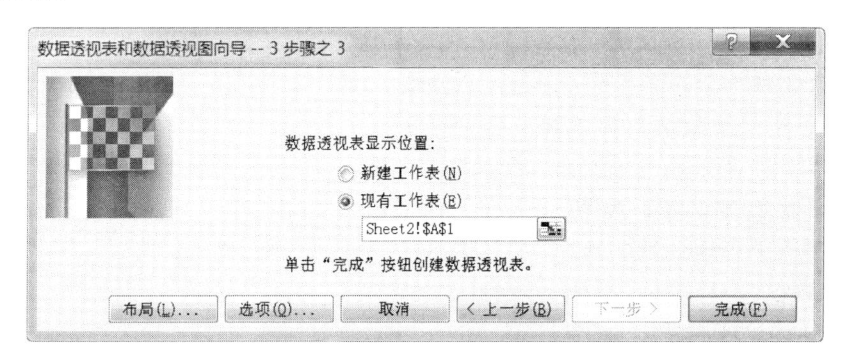

图 4-3-21　“数据透视表和数据透视图向导—3 步骤之 3”对话框

（4）选择好数据透视表的放置位置，但此时不能单击“完成”按钮，应先安排透视表的布局，单击“布局”按钮，打开“数据透视表和数据透视图向导—布局”对话框进行设置，如图 4-3-22 所示。

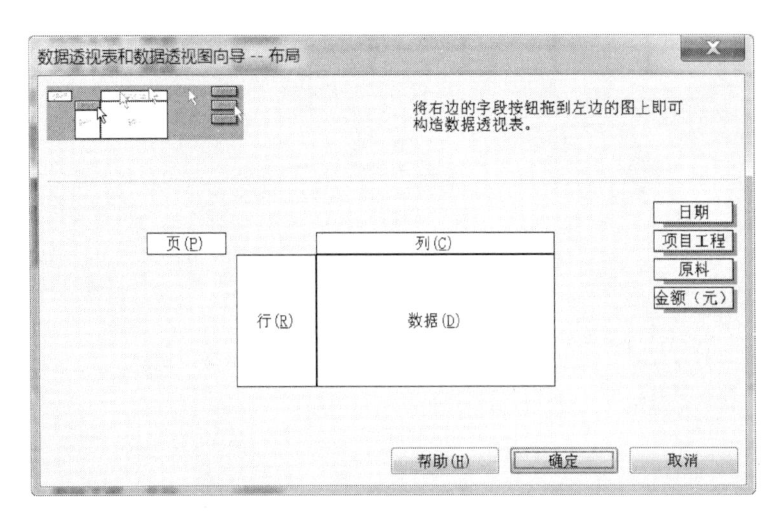

图 4-3-22 “数据透视表和数据透视图向导—布局”对话框

（5）在本例中，要求计算各个项目工程所付工程原料款的总额，则在透视表中应以“项目工程”为分页字段，“原料”为行字段，“日期”为列字段，按照项目工程分别计算不同原料所付款的总额。

（6）在“布局”对话框中，将“项目工程”字段名拖到“页”区域中，将“原料”字段名拖到“行”区域中，将“日期”字段名拖到“列”区域中，将“金额（元）”字段名拖到“数据”区域中。

（7）在“数据”区域中的字段如果是数字，则系统默认为汇总方式为求和；如果是字符型字段，则系统默认为计数。

（8）如果要修改其汇总方式，双击“数据”区域中的字段，打开“数据透视表字段”对话框，如图 4-3-23 所示。在“汇总方式”列表中选择汇总方式，单击“确定”按钮，返回“布局”对话框。

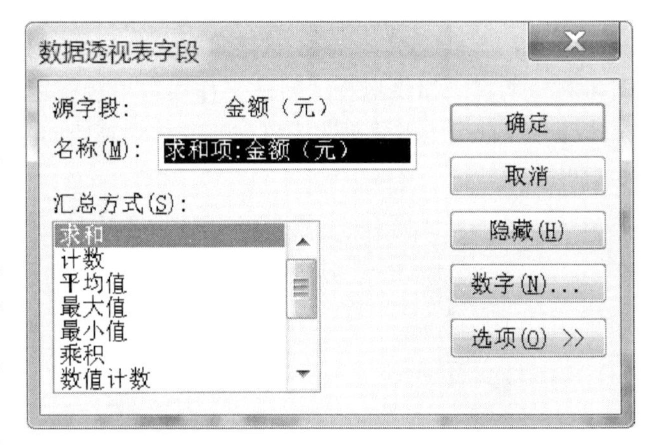

图 4-3-23 “数据透视表字段”对话框

（9）设置完毕的“布局”对话框如图 4-3-24 所示。单击“确定”按钮返回图 4-3-21 所示的“步骤之 3”对话框，单击“完成”按钮，工作簿指定工作表中指定单元格处就出现数据透视表，如图 4-3-25 所示。单击透视表中的“全部”按钮，可弹出如图 4-3-26 所示的下拉列表框，单击其中的一个分页字段名，则显示出该字段的统计信息。

2. 数据透视表布局的修改 数据透视表中页、行、列、数据区域中字段的修改可借助于“数据透视表字段列表”对话框。具体操作步骤如下：

（1）选中透视表中的任一单元格，单击鼠标右键，在弹出的菜单中选择“显示字段列

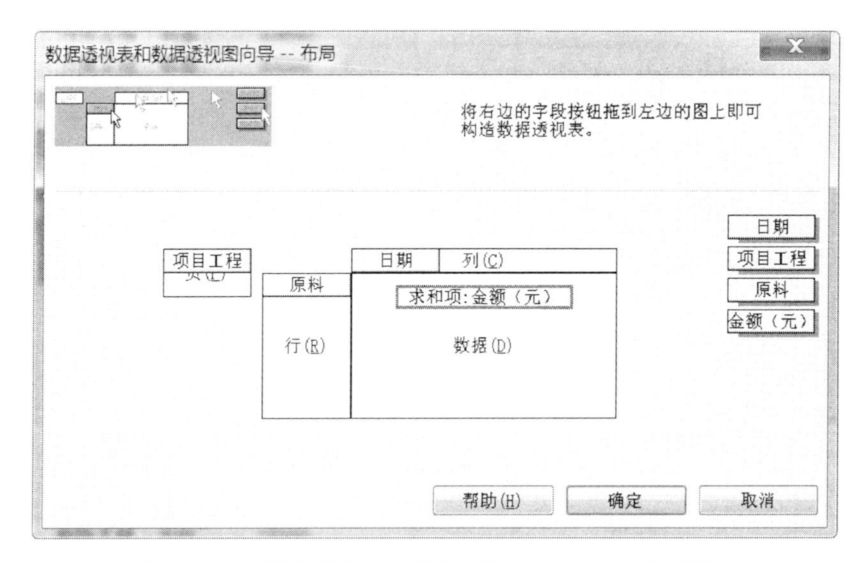

图 4-3-24　“数据透视表和数据透视图向导—布局”对话框

	A	B	C	D	E	F
1	项目工程	(全部)				
2						
3	求和项:金额（元）	日期				
4	原料	2012/1/15	2012/1/20	2012/1/25	2012/1/30	总计
5	大沙		10000		22000	32000
6	钢筋	310000				310000
7	木材				13500	13500
8	水泥		148000	60000		208000
9	细沙	8000		17000		25000
10	总计	318000	158000	77000	35500	588500
11						

Sheet1　Sheet2

图 4-3-25　完成的数据透视表——显示全部汇总结果

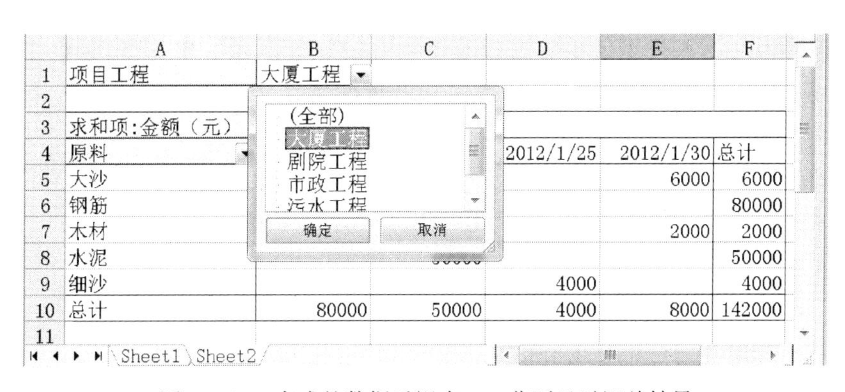

	A	B	C	D	E	F
1	项目工程	大厦工程				
2						
3	求和项:金额（元）					
4	原料			2012/1/25	2012/1/30	总计
5	大沙				6000	6000
6	钢筋					80000
7	木材				2000	2000
8	水泥					50000
9	细沙			4000		4000
10	总计	80000	50000	4000	8000	142000
11						

图 4-3-26　完成的数据透视表——分页显示汇总结果

表”命令，则打开“数据透视表字段列表”对话框，如图 4-3-27 所示。

（2）在“将项目拖至数据透视表”下拉列表中选中需要修改的字段（如“日期”字段），选定目标位置（如“行区域”），然后单击“添加到”按钮，则数据透视表的字段布局发生了变化。

3. 使用“数据透视表”工具栏编辑数据透视表 对数据透视表的修改还可以使用“数据透视表”工具栏。执行“视图”→“工具栏”→“数据透视表”命令，可打开“数据透视表”工具栏，如图 4-3-28 所示。

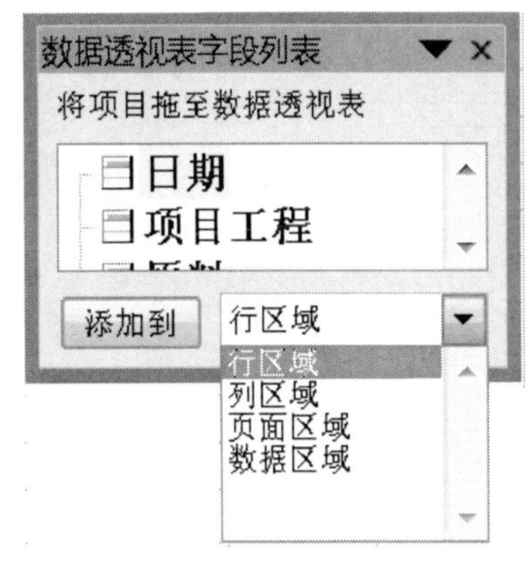

图 4-3-27 “数据透视表字段列表”对话框

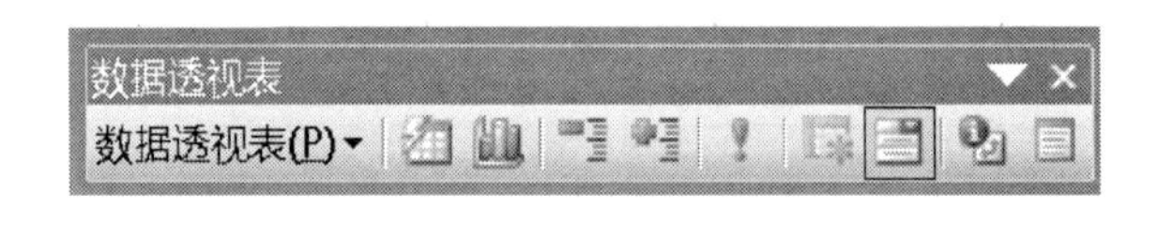

图 4-3-28 “数据透视表”工具栏

单击“数据透视表”工具栏中的“数据透视表”按钮，弹出下拉菜单，使用这个下拉菜单可完成数据透视表的所有工作，其中选择“透视表向导”命令是修改数据透视表最直接的方法，即重新返回创建过程，进行修改。

数据透视表中的各下拉列表按钮、数据项的快捷菜单，也可以用于修改数据透视图。

4.3.6 情境实战

本学习情境要求对学生成绩表进行处理，可按照下列操作步骤进行处理。

1. 数据排序 本部分操作全部针对 Sheet1 工作表。

(1) 计算每位学生的平均分。

①单击需要进行计算的单元格，即选定 Sheet1 工作表的 J3 单元格。

②单击“常用”工具栏中的Σ按钮右侧的下三角，在弹出的菜单中选择“平均值”命令，此时 J3 单元格中自动生成对应的公式，并且自动选择一个最可能的计算范围，很显然该范围不需要修改。

③按 Enter 键或单击公式编辑栏中的✔按钮即得出了第一位学生成绩的平均分。

④再次选中 J3 单元格，按住鼠标左键向下拖动其填充柄，直到最后一行，松开鼠标，可以看到得出了所有学生的平均分。

(2) 给出每位学生的成绩等级。

①选定 K3 单元格，在编辑栏中输入公式“=IF(J3＞=90,"优秀",IF(J3＞=80,"良好",IF(J3＞=70,"中等",IF(J3＞=60,"及格","不及格"))))”，然后按 Enter 键即得出了第一个学生的成绩等级。

②再次选中 K3 单元格，按住鼠标左键向下拖动其填充柄直到最后一行记录，松开鼠标，可以看到得出了所有学生的成绩等级。

(3) 排序。

①选中数据清单中的任一个单元格。

②执行“数据”→“排序”命令，弹出“排序”对话框，同时数据清单被选中。在“主要关键字”下拉列表中选择“大学英语”并选中“升序”单选按钮，在“次要关键字”下拉列表中选择“高等数学”并选中“升序”单选按钮。

③选中“有标题行”单选按钮，单击“确定”按钮即看到排序结果，如图 4-3-29 所示。

信息工程系新生成绩表

序号	姓名	专业	大学语文	大学英语	计算机基础	高等数学	操行考核	平均分	等级
14	赵文龙	网络	20	40	30	30	25	29	不及格
5	杨千晔	网络	52	50	50	35	50	47	不及格
2	李小露	网络	66	52	60	64	70	62	及格
21	戚小梅	应用	60	62	50	40	34	49	不及格
8	许文强	应用	60	65	56	66	76	65	及格
12	张嫱	应用	89	67	92	87	77	82	良好
9	梁海涛	应用	76	67	90	95	74	80	良好

操作要求 Sheet1 Sheet2 Sheet3

图 4-3-29　排序后操作结果（部分显示）

2. 数据分类汇总

（1）按分类字段排序。

①选中数据清单中的任一个单元格。

②执行“数据”→“排序”命令，弹出“排序”对话框，同时数据清单被选中。在“主要关键字”下拉列表中选择“专业”，选中“有标题行”单选按钮，单击“确定”按钮即排序结束。

（2）分类汇总。

①单击数据清单中的任一个单元格。

②执行“数据”→“分类汇总”命令，弹出“分类汇总”对话框。

③在“分类字段”下拉列表中选择“专业”，在“汇总方式”下拉列表中选择“最大值”，在“选定列表项”列表中选中“大学语文”、“大学英语”、“计算机基础”、“高等数学”、“操行考核”、“平均分”复选框。

④选中“替换当前分类汇总”和“汇总结果显示在数据下方”复选框。设置完毕后，“分类汇总”对话框如图 4-3-30 所示，单击“确定”按钮，即完成分类汇总。

⑤单击分级编号 1 2 3 按钮中的“2”，则显示结果如图 4-3-31 所示。

提示：要删除分类汇总，则选定数据清单中的任一单元格，打开“分类汇总”对话框，单击“全部删除”按钮即可。

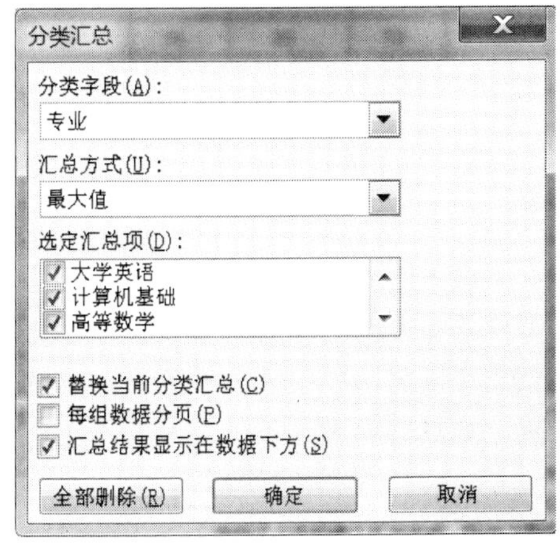

图 4-3-30　“分类汇总”对话框

分别筛选出“大学语文高于 70 且低于 85，且大学英语高于 80”的学生信息、“大学语文高

	A	B	C	D	E	F	G	H	I	J	K
1		信息工程系新生成绩表									
2		序号	姓名	专业	大学语文	大学英语	计算机基础	高等数学	操行考核	平均分	等级
10				软件 最大值	87	84	90	92	90	88	
15				网络 最大值	91	75	74	80	76	79	
27				应用 最大值	92	91	92	95	90	91	
28				总计最大值	92	91	92	95	90	91	
29											

操作要求 Sheet1 Sheet2 Sheet3

图 4-3-31　分类汇总后分级显示结果

于 70 且低于 85，或者大学英语高于 80”的学生信息、“大学语文高于 70 且大学英语低于 80，或者大学语文低于 90 且大学英语不小于 80”的学生信息、“大学语文高于 70 且大学英语低于 80，或者大学语文低于 90 且大学英语不小于 80，或者高等数学低于 60”的学生信息，并分别复制到新工作表中。

3. 数据筛选　本部分都是对 Sheet2 工作表进行操作的。

（1）筛选出“大学语文高于 70 且低于 85，且大学英语高于 80”的学生信息。

①选中数据清单（Sheet2 工作表）中的任一单元格，选择“数据”→“筛选”→“自动筛选”命令，此时每个列标题右侧都出现了一个带三角形的按钮。

②单击“大学语文”列标题右侧按钮，在下拉列表中选择“自定义”命令，则弹出“自定义自动筛选方式”对话框。

③在该对话框中做如图 4-3-32 所示设置，单击“确定”按钮，此时数据清单中只显示满足条件“大学语文高于 70 且低于 85”的记录。

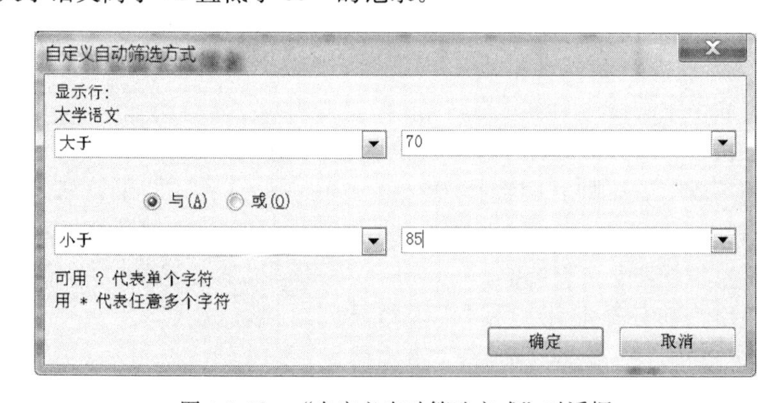

图 4-3-32　“自定义自动筛选方式”对话框

④再单击“大学英语”列标题右侧按钮，在下拉列表中选择“自定义”命令，弹出“自定义自动筛选方式”对话框。

⑤在该对话框中“大学英语”下拉列表中选择“大于”并设置参数为 80，单击“确定”按钮，则只显示满足条件“大学语文高于 70 且低于 85，且大学英语高于 80”的记录。如图 4-3-33 所示。

（2）筛选出“大学语文高于 80 且低于 85，或者大学英语高于 85”的学生信息并复制到 Sheet5 工作表的 A1 单元格处。

	A	B	C	D	E	F	G	H	I	J	K
1		信息工程系新生成绩表									
2		序号	姓名	专业	大学语文	大学英语	计算机基础	高等数学	操行考评	平均分	等级
17		15	戴强	应用	76	85	91	80	75	81	良好
18		16	刘蓓	软件	79	84	88	92	74	84	良好
20		18	张敏敏	应用	81	91	73	92	75	82	良好
22		20	马艺伟	软件	85	82	72	77	78	79	中等

操作要求 / Sheet1 / Sheet2 / Sheet3

图 4-3-33　自动筛选后显示结果

①在 Sheet2 工作表中建立条件区域。将字段名“大学语文”、“大学英语”分别复制到 D26、F26 单元格中（可以自选，一般在数据清单的上方或下方），并且在下面行中列出条件，如图 4-3-34 所示。

②单击 Sheet5 工作表标签，使其成为当前活动工作表。选中 A1 单元格，执行“数据”→“筛选”→“高级筛选”命令，打开“高级筛选”对话框。

③在“方式”选择区选中“将筛选结果复制到其他位置”单选按钮，单击在“列表区域”文本框右侧的按钮，然后选中 Sheet2 工作表的 B2:K24 单元格区域，按 Enter 键返回到“高级筛选”对话框中。

④单击“条件区域”文本框右侧的按钮，选中 Sheet2 工作表中所设置的条件区域 D26:F28，按 Enter 键返回。单击“复制到”文本框右侧的按钮，选中 Sheet5 工作表中 A1 单元格，按 Enter 键返回，此时的“高级筛选”对话框如图 4-3-35 所示。

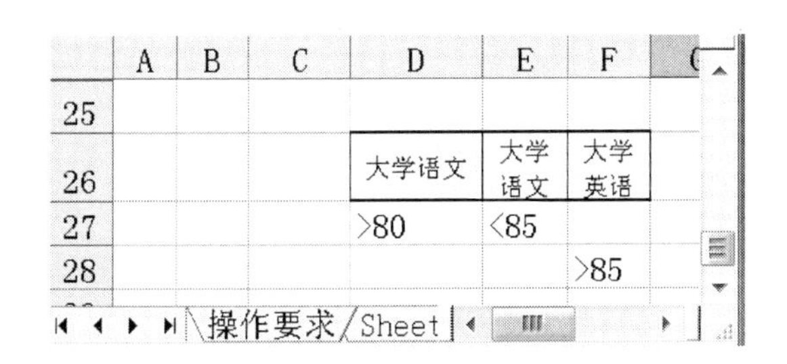

	A	B	C	D	E	F
25						
26				大学语文	大学语文	大学英语
27				>80	<85	
28						>85

操作要求 / Sheet

图 4-3-34　高级筛选条件区域

图 4-3-35　“高级筛选”对话框

⑤单击“确定”按钮，则在 Sheet5 工作表的 A1 单元格处显示出筛选结果。筛选结果如图 4-3-36 所示。

注意：由于只能复制筛选过的数据到活动工作表，所以首先要将 Sheet5 工作表作为当前活动工作表。

(3) 筛选出“大学语文高于 80 且大学英语低于 80，或者大学语文低于 90 且大学英语不小于 85”的学生信息，并复制到 Sheet5 工作表中。

①在 Sheet2 工作表中建立条件区域。将字段名“大学语文”、“大学英语”分别复制到

	A	B	C	D	E	F	G	H	I	J
1	序号	姓名	专业	大学语文	大学英语	计算机基础	高等数学	操行考核	平均分	等级
2	1	尹春花	应用	92	90	90	95	90	91	优秀
3	3	窦海涛	软件	81	78	85	85	85	83	良好
4	7	宋佳佳	应用	86	88	73	84	73	81	良好
5	17	张亚东	软件	83	76	80	70	78	77	中等
6	18	张敏敏	应用	81	91	73	92	75	82	良好
7	20	马艺伟	软件	85	82	72	77	78	79	中等
8										

Sheet2 / Sheet3 / Sheet4 / Sheet5 / Sheet6

图 4-3-36 “80＜大学语文＜85，或者大学英语＞80”的筛选结果

E26、F26 单元格中，并且在下面行中列出条件，如图 4-3-37 所示。

②单击 Sheet5 工作表标签，使其成为当前活动工作表。选中某一空单元格如 A9，执行“数据”→“筛选”→“高级筛选”命令，打开“高级筛选”对话框。

③在“方式”选项组中选中“将筛选结果复制到其他位置”单选按钮，单击在“列表区域”文本框右侧的按钮，然后选中 Sheet2 工作表的 B2:K24 单元格区域，按 Enter 键返回到“高级筛选”对话框中。

④单击“条件区域”文本框右侧的按钮，选中 Sheet2 工作表中所设置的条件区域 E26:F28，按 Enter 键返回。单击“复制到”文本框右侧的按钮，选中 Sheet5 工作表中 A9 单元格，按 Enter 键返回，此时的“高级筛选”对话框如图 4-3-38 所示。

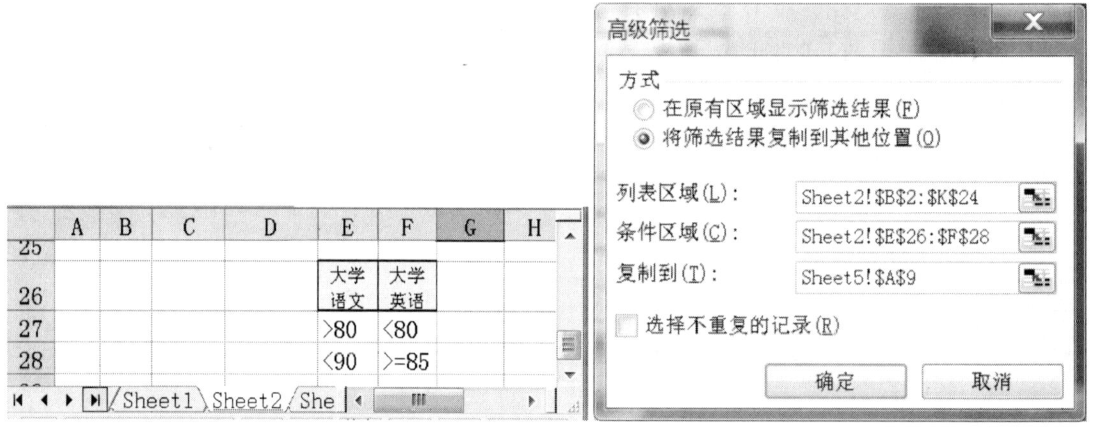

图 4-3-37 高级筛选条件区域　　图 4-3-38 “高级筛选”对话框

⑤单击“确定”按钮，则在 Sheet5 工作表的 A9 单元格处显示出筛选结果。筛选结果如图 4-3-39 所示。

（4）在 Sheet2 工作表中筛选出“大学语文高于 80 且大学英语低于 80，或者大学语文低于 90 且大学英语不小于 85，或者高等数学低于 60”的学生信息。

①在 Sheet2 工作表中建立条件区域。将字段名“大学语文”、“大学英语”、“高等数学”分别复制到 E26、F26、G26 单元格中，并且在下面行中列出条件，如图 4-3-40 所示。

②选中 Sheet2 工作表中任一单元格，执行“数据”→“筛选”→“高级筛选”命令，打开“高级筛选”对话框。

	A	B	C	D	E	F	G	H	I	J
9	序号	姓名	专业	大学语文	大学英语	计算机基础	高等数学	操行考核	平均分	等级
10	3	窦海涛	软件	81	78	85	85	85	83	良好
11	7	宋佳佳	应用	86	88	73	84	73	81	良好
12	12	张嫱	应用	89	67	92	87	77	82	良好
13	13	陈坤	网络	91	75	74	80	76	79	中等
14	15	戴强	应用	76	85	91	80	75	81	良好
15	17	张亚东	软件	83	76	80	70	78	77	中等
16	18	张敏敏	应用	81	91	73	92	75	82	良好
17										

Sheet1 / Sheet2 / Sheet3 / Sheet4 / Sheet5 / Sl

图 4-3-39　“大学语文>80 且大学英语<80，或者大学语文<90 且大学英语≥85”筛选结果

③在“方式”选项组中选中“在原有区域显示筛选结果”单选按钮，单击在“列表区域”文本框右侧的按钮，然后选中 B2:K24 单元格区域，按 Enter 键返回到“高级筛选”对话框中。

④单击“条件区域”文本框右侧的按钮，选中条件区域 E26:G29，按 Enter 键返回。此时的“高级筛选”对话框如图 4-3-41 所示。

	A	B	C	D	E	F	G	H
25								
26					大学语文	大学英语	高等数学	
27					>80	<80		
28					<90	>=85		
29							<60	

Sheet2 / Sheet

图 4-3-40　高级筛选条件区域

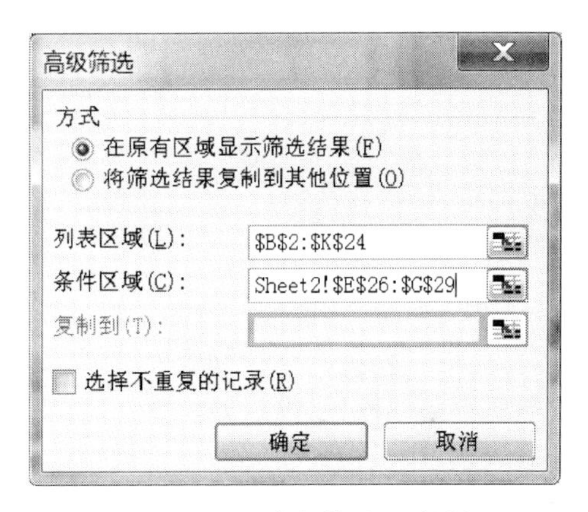

图 4-3-41　“高级筛选”对话框

⑤单击“确定”按钮即可。筛选结果如图 4-3-42 所示。

	A	B	C	D	E	F	G	H	I	J	K
1		信息工程系新生成绩表									
2		序号	姓名	专业	大学语文	大学英语	计算机基础	高等数学	操行考核	平均分	等级
5		3	窦海涛	软件	81	78	85	85	85	83	良好
7		5	杨千畔	网络	52	50	50	35	50	47	不及格
9		7	宋佳佳	应用	86	88	73	84	73	81	良好
14		12	张嫱	应用	89	67	92	87	77	82	良好
15		13	陈坤	网络	91	75	74	80	76	79	中等
16		14	赵文龙	网络	20	40	30	30	25	29	不及格
17		15	戴强	应用	76	85	91	80	75	81	良好
19		17	张亚东	软件	83	76	80	70	78	77	中等
20		18	张敏敏	应用	81	91	73	92	75	82	良好
23		21	咸小梅	应用	60	62	50	40	34	49	不及格
25											
26					大学语文	大学英语	高等数学				

Sheet2 / Sheet3 / Sheet4 / Sheet5 / Sheet6

在 22 条记录中找到 10 个　　数字

图 4-3-42　筛选结果

📖4. 数据合并计算

（1）按专业计算每门课程的平均分。

①选定目标区最左上方的第一个单元格，即 Sheet3 工作表中 K3 单元格。

②执行“数据”→“合并计算”命令，弹出“合并计算”对话框，在“函数”下拉列表中选择合并计算数据的汇总函数“平均值”。

③单击“引用位置”文本框右侧的按钮，弹出“合并计算-引用位置”文本框。然后在 Sheet3 工作表中选中单元格区域 D3:I24，按 Enter 键返回“合并计算”对话框。

④在“标签位置”区项组中选中“最左列”复选框，单击“确定”按钮，即完成了合并计算，合并后的结果如图 4 3-43 所示。

	A	B	C	D	E	F	G	H	I	J	K	L	M	N	O	P
1		信息工程系新生成绩表（期中）														
2		序号	姓名	专业	大学语文	大学英语	计算机基础	高等数学	操行考核		专业	大学语文	大学英语	计算机基础	高等数学	操行考核
3		1	尹春花	应用	88	65	90	95	90		应用	74	69	72	78	72
4		2	李小露	网络	78	92	60	64	70		网络	72	82	70	66	70
5		3	窦海涛	软件	81	48	85	85	85		软件	80	78	82	87	83
6		4	黄晓明	软件	65	74	86	79	76							

操作要求 / Sheet1 / Sheet2 / Sheet3 / Sheet4 / Sheet

图 4-3-43 “合并计算”结果

（2）根据期中和期末成绩合并计算出每个学生每门课程的总成绩（总成绩为期中期末成绩的平均值）。

①单击目标区域的最左上方的单元格即 Sheet3 工作表中的 E27 单元格，执行“数据”→“合并计算”命令，弹出“合并计算”对话框。

②在“函数”下拉列表中选择“平均值”，单击“引用位置”文本框右侧的按钮，弹出“合并计算-引用位置”文本框。

③选定第一个源数据区，即选定 Sheet3 工作表的 E3:I24 单元格区域，然后按 Enter 键返回到“合并计算”对话框，则在“引用位置”后的文本框中显示第一个源数据区的地址。

④单击“添加”按钮，再次单击“引用位置”文本框后的按钮，选定第二个源数据区，即先单击 Sheet1 工作表标签，然后选中 E3:I24 单元格区域，按 Enter 键返回到“合并计算”对话框。参数设置完毕后的“合并计算”对话框如图 4-3-44 所示。

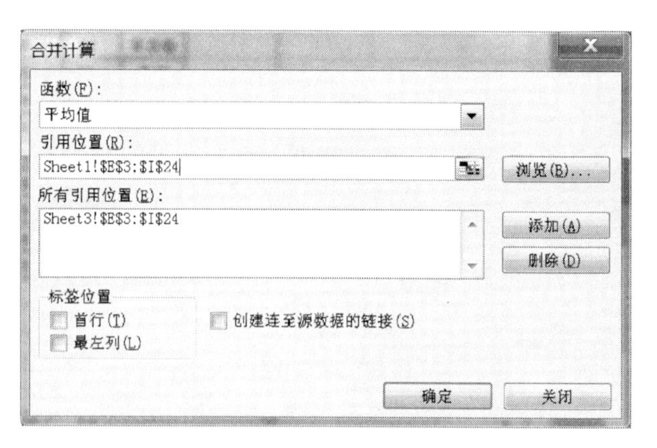

图 4-3-44 “合并计算”对话框

⑤单击“确定”按钮，即完成了合并计算。合计计算后的结果如图 4-3-45 所示。

📖5. 建立数据透视表 按专业计算各个班级课程成绩的平均分、最高分或最低分。

本部分是针对 Sheet4 工作表操作的。

（1）单击 Sheet4 工作表中的任意一个单元格，执行“数据”→“数据透视表和数据透

	A	B	C	D	E	F	G	H	I	J
25										
26		序号	姓名	专业	大学语文	大学英语	计算机基础	高等数学	操行考核	
27		1	尹春花	应用	90	78	90	95	90	
28		2	李小露	网络	72	72	60	64	70	
29		3	窦海涛	软件	81	63	85	85	85	
30		4	黄晓明	软件	70	74	86	79	76	
31		5	杨千晔	网络	52	66	50	35	50	
32		6	彭小文	应用	80	79	63	88	77	
33		7	宋佳佳	应用	81	88	73	84	73	

Sheet1 / Sheet2 / Sheet3 / Sheet4 / She

图 4-3-45　合并计算后结果（部分显示）

视图”命令，打开“数据透视表和数据透视图向导—3 步骤之 1”对话框。

（2）选中“Microsoft Office Excel 数据列表或数据库”单选按钮，并确定需要创建的报表类型，即选中“数据透视表”单选按钮，然后单击“下一步”按钮，打开“数据透视表和数据透视图向导—3 步骤之 2”对话框，Excel 会自动选定区域。

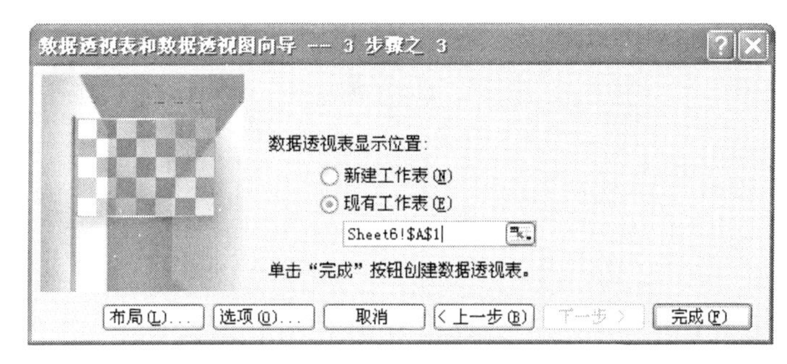

图 4-3-46　“数据透视表和数据透视图向导—3 步骤之 3”对话框

（3）单击“下一步”按钮，打开“数据透视表和数据透视图向导—3 步骤之 3”对话框，如图 4-3-46 所示。选中“现有工作表”单选按钮并单击文本框后的按钮，然后单击 Sheet6 工作表标签并选中其 A1 单元格。

（4）在“数据透视表和数据透视图向导—3 步骤之 3”对话框中单击“布局”按钮，打开“数据透视表和数据透视图向导—布局”对话框进行设置，如图 4-3-47 所示。

（5）按专业计算各个班级课程“大学语文”的平均分及“大学英语”的最高分和“高等数学”的最低分，则在透视表中应以“专业”为分页字段，“班级”为行字段，按照专业分别计算“大学语文”的平均分及“大学英语”的最高分和“高等数学”的最低分。

（6）在“布局”对话框中，将“专业”字段名拖到“页”区域中，将“班级”字段名拖到“行”区域中，将“大学英语”、“大学语文”、“计算机基础”、“高等数学”、“操行考核”字段名拖到“数据”区域中。

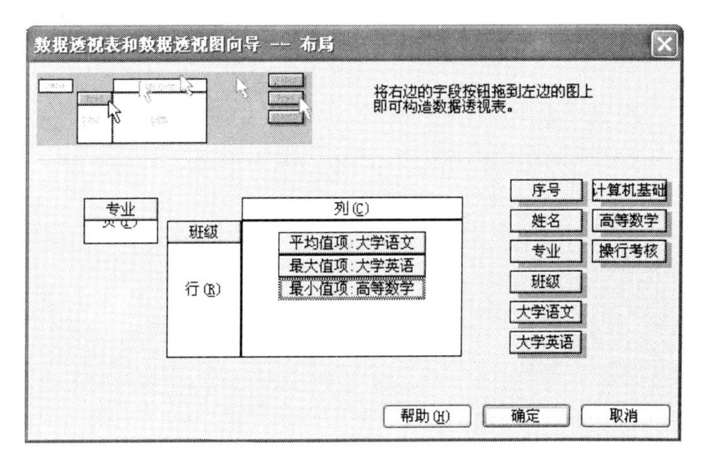

图 4-3-47　“数据透视表和数据透视图向导—布局”对话框

（7）在“数据”区域中系统默认的汇总方式为求和。双击“数据”区域中的“大学语文”字段，打开“数据透视表字段”对话框，在“汇总方式”列表中选择“平均值”，单击“确定”按钮，返回“布局”对话框，继续修改其他字段的汇总方式。

(9) 设置完毕的“布局”对话框如图 4-3-47 所示。单击“确定”按钮返回如图 4-3-47 所示的“步骤之 3”对话框。单击“完成”按钮，在 Sheet6 工作表中 A1 单元格处出现数据透视表，如图 4-3-48 所示。

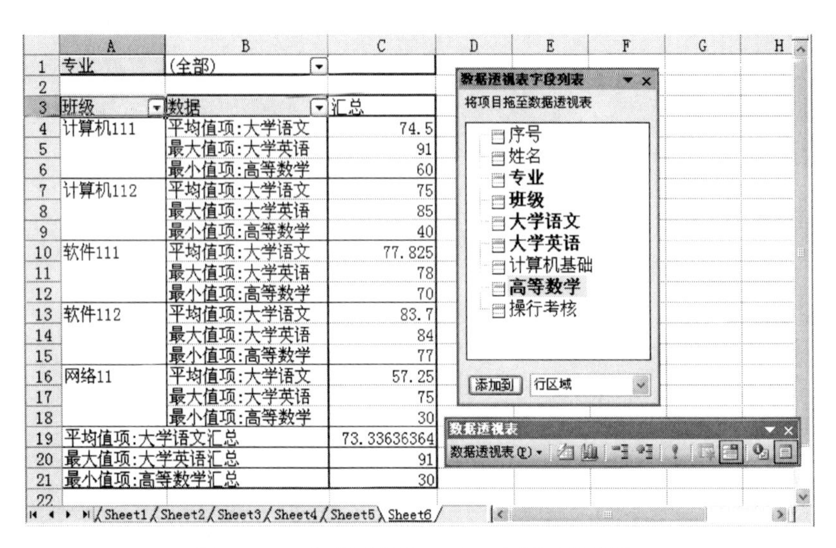

	A	B	C
1	专业	(全部)	
2			
3	班级	数据	汇总
4	计算机111	平均值项:大学语文	74.5
5		最大值项:大学英语	91
6		最小值项:高等数学	60
7	计算机112	平均值项:大学语文	75
8		最大值项:大学英语	85
9		最小值项:高等数学	40
10	软件111	平均值项:大学语文	77.825
11		最大值项:大学英语	78
12		最小值项:高等数学	70
13	软件112	平均值项:大学语文	83.7
14		最大值项:大学英语	84
15		最小值项:高等数学	77
16	网络11	平均值项:大学语文	57.25
17		最大值项:大学英语	75
18		最小值项:高等数学	30
19	平均值项:大学语文汇总		73.33636364
20	最大值项:大学英语汇总		91
21	最小值项:高等数学汇总		30

图 4-3-48　数据透视表（显示全部汇总数据）

情境四　制作班级成绩分析图

❶情境描述

现要求张红根据所提供的学生成绩表制作班级成绩分析图，样图如图 4-4-1 所示。

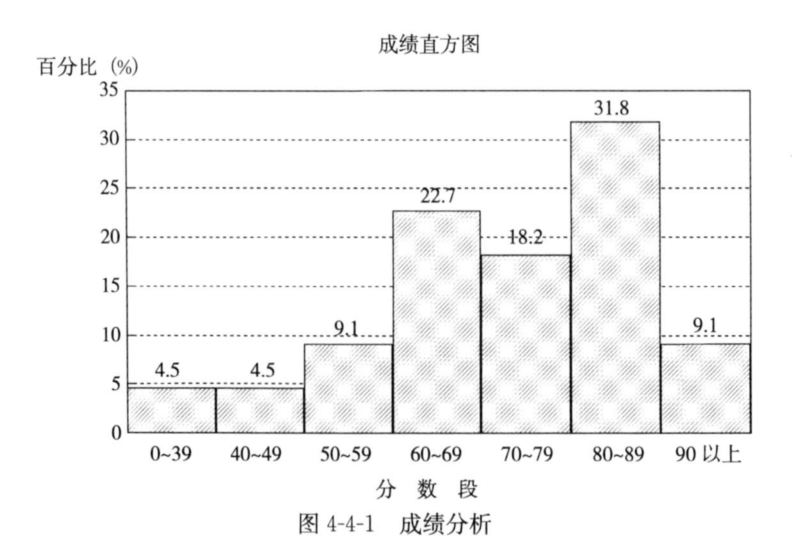

图 4-4-1　成绩分析

❷情境分析

制作成绩分析图主要涉及如下知识技能点：

➢图表的创建

➢图表的编辑与修改

经分析，可按照下列步骤完成：

- 图表的创建
- 图表的编辑与修改
- 情境实战

❸具体实现

4.4.1 图表的创建

将工作表中的数据制成图表，可以更加直观地表达数据间的关系，并且当工作表中的数据变化时，图表中的数据也自动变化。

📖**1. 图表的类型** 根据图表存放的位置不同，图表分两种类型：嵌入式图表和独立图表。嵌入式图表：图表和数据源工作表在同一张工作表中；独立图表：图表自身占用一张工作表。

📖**2. 图表中的数据元素** 图表中涉及的元素有图表标题、数据系列、分类轴、分类轴标题、数值轴、数值轴标题、数据标志、图例、图表区和绘图区，如图 4-4-2 所示。

当鼠标指向图表中的不同部位时，会显示各相应的名称。若不显示，可以执行“工具”→“选项”命令，选择“选项”对话框中的“图表”选项卡进行更改相应的设置。

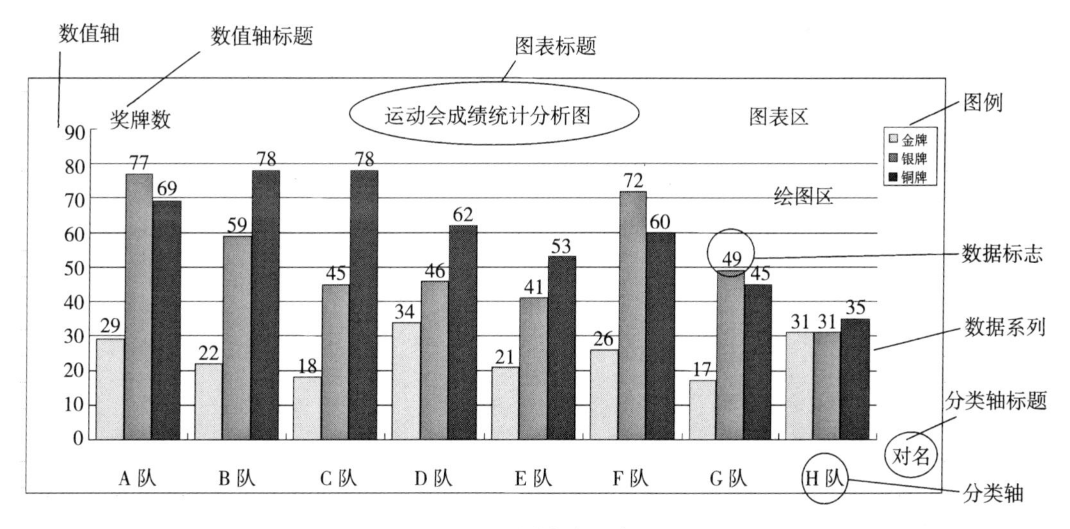

图 4-4-2 图表中元素

📖**3. 理解数据系列** 数据系列是指出现在图表中相关的数据标志。系列可以产生在“行”，也可以产生在“列”。“系列产生在行”是指同一行中的数据构成一个数据系列，“系列产生在列”是指同一列中的数据构成一个数据系列。

4. 创建图表

(1) 选中数据清单中的任一单元格。

(2) 单击“常用”工具栏中的“图表向导”按钮或者执行“插入”→“图表”命令，打开“图表向导-4 步骤之 1-图表类型”对话框，如图 4-4-3 所示。在“图表类型”列表中选择需要的图表类型，在“子图表类型”列表中选择一种类型。

(3) 单击“下一步”按钮，打开“图表向导-4 步骤之 2-图表源数据”对话框，如图 4-4-4 所示。

图 4-4-3 “图表类型”对话框

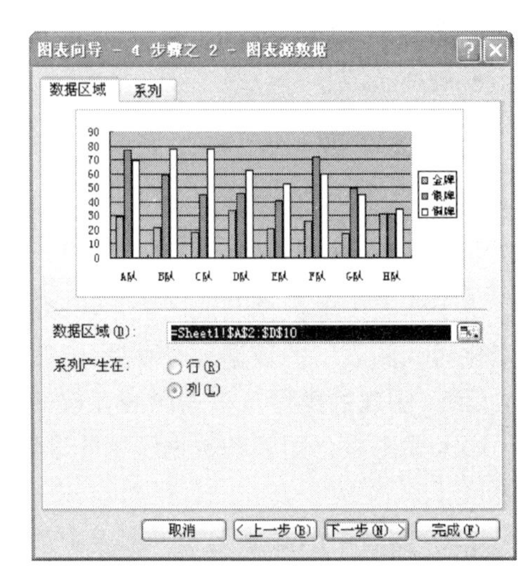

图 4-4-4 “图表源数据”对话框

(4) 选定数据源。如果事先没有选定数据源，则在图表预览框内看不到图表。或者数据区域需要重新修改，可以有两种选定方法进行：选择“数据区域”选项卡，或选择“系列”选项卡。

方法一：使用“数据区域”选项卡选定数据源。

①在“图表向导-4 步骤之 2-数据源”对话框中单击“数据区域”文本框右侧的按钮，则返回工作表窗口，同时出现“图表源数据-数据区域”对话框；用鼠标在要生成图表的工作表单元格上拖动，凡是拖动选中的区域都会被自动填入该对话框中，效果如图 4-4-5 所示。

图 4-4-5 “图表源数据-数据区域”对话框

注意：标题行要包含在选定区域内。如果要生成图表的区域不连续，可按 Ctrl 或 Shift 键拖动鼠标，即可选中不连续或指定的连续区域。

②拖动选定区域完毕，按 Enter 键或者再次单击文本框右侧的按钮返回“图表向导-4 步骤之 2-图表源数据”对话框，此时图表预览窗口内显示图表。

方法二：使用“系列”选项卡选定数据源。

①在“图表向导-4 步骤之 2-图表源数据”对话框中切换到“系列”选项卡。如果事先没有选中源数据中的任意一个单元格，则图表预览框中没有图表，如图 4-4-6 所示。

②单击“添加”按钮，这时“系列”列表中显示出“系列 1”。

③单击“名称”文本框后的按钮，选中源数据的一个标题行，如图 4-4-7 中的“金牌”所在的单元格 B2，按 Enter 键返回后再单击“值”文本框后的按钮，选中该列数据（不包括标题），如图 4-4-7 中的 B3:B10 单元格区域。按 Enter 键返回后单击“分类轴标记”文本框后的按钮，选中分类轴所在行或列的数据，如图 4-4-7 所示的 A3:A10 单元格区域。按 Enter 键返回后如果还有数据源没选中，则单击“添加”按钮继续追加系列。数据源全部选中后，结果如图 4-4-7 所示。

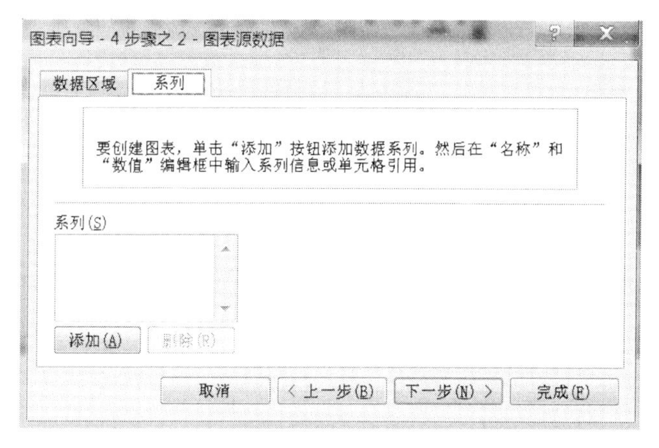

图 4-4-6　“图表源数据”之“系列”选项卡

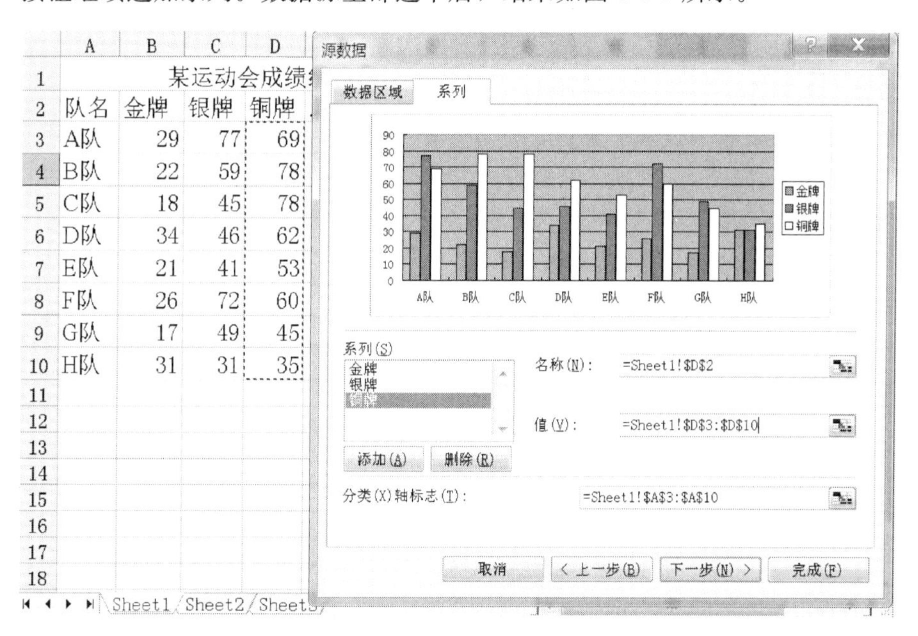

图 4-4-7　“系列”选项卡

（5）数据源选定后，单击“下一步”按钮，打开“图表向导-4 步骤之 3-图表选项”对话框，如图 4-4-8 所示。该对话框有“标题”、“坐标轴”、“网格线”、“图例”、“数据标志”、“数据表”选项卡，用户根据需要进行设置。各个选项卡含义如下：

● “标题”选项卡：设置图表标题、分类轴标题、数值轴标题。

● “坐标轴”选项卡：设置是否显示分类轴、数值轴。若显示分类轴，还可以确定分类轴的显示方式。

● “网格线”选项卡：设置是否显示分类轴、数值轴的网格线。

● “图例”选项卡：设置是否显示“图例”。若显示图例，则可进一步选择图例的显示位置。

● “数据标志”选项卡：设置数据系列上是否显示数据标志。若显示数据标志，进一步

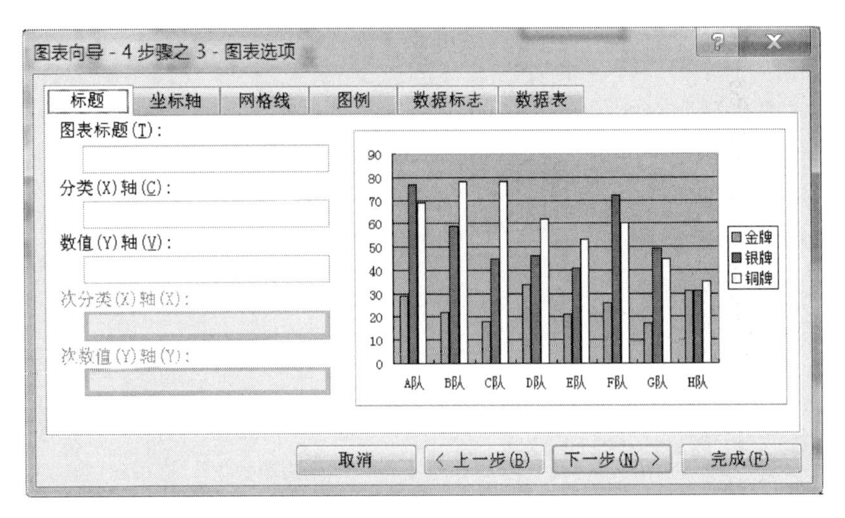

图 4-4-8 “图表选项”对话框

确定是显示“数据”还是显示“分类标志”。

- “数据表”选项卡：设置是否在图表下方的网格中显示每个数据系列的值。

（6）图 4-4-8 中各选项设置完成后，单击“下一步”按钮，打开“图表向导-4 步骤之 4-图表位置”对话框，如图 4-4-9 所示。选中“作为其中的对象插入”单选按钮，并在右边的下拉列表框中选择存放图表的工作表，生成嵌入式图表；若选中“作为新工作表插入”单选按钮，生成独立图表，系统为图表工作表命名为“图表 1”，也可以在文本框中输入图表工作表的名称。

图 4-4-9 “图表位置”对话框

（7）单击“确定”按钮，完成图表的创建。

4.4.2 图表的编辑修改

很多情况下，按照 Excel 默认的设置就可生成比较满意的图表，但有些特殊情况仍然需要进行部分修改。如图表的移动、复制、缩放和删除，改变图表类型，添加、删除、数据系列，调整数据系列的顺序，编辑图表元素，或者调整某些显示效果等。

图表的移动、复制和删除操作，可以像操作普通文本一样进行，这里不再赘述。

1. 图表大小及位置的更改

（1）更改图表大小。单击图表的图表区的空白区域（最好是接近边框线的空白区域），此时图表边框四周中间分别出现一些控制点，拖动这些控制点就可以随意缩放图表大小。

（2）更改图表位置。单击图表的空白位置，按住左键向其他位置拖动，即可更改图表在工作表中的位置。如果想将图表移动到其他工作表中，则在图表空白位置（最好靠近边框，该区域是图表区）单击右键，则弹出快捷菜单，如图 4-4-10 所示，执行命令“位置”命令，则弹出如图 4-4-9 所示的“图表位置”对话框，用户根据情况进行选择即可。

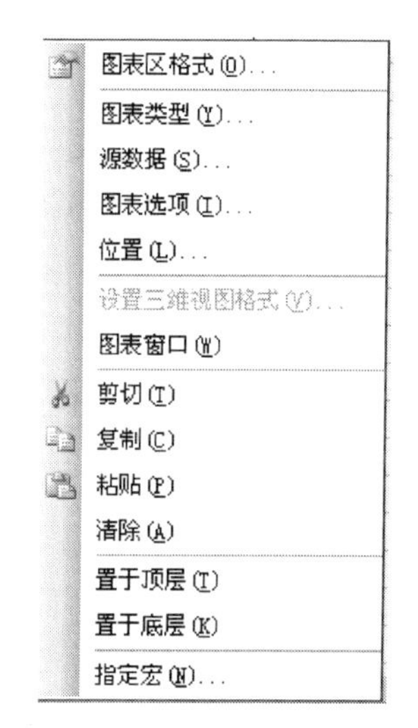

图 4-4-10　图表区右键快捷菜单

注意：如果按住图表中的某些对象拖动，移动的只是选定的图表内部对象，并非整个图表。

2. 图表元素的选取与修改

（1）图表元素的选取。移动鼠标指针到需要选取的对象上，当光标位置出现一个名称提示时，就表示鼠标指针已经到达了该对象所在的区域，单击即可选中该对象。

（2）图表元素的修改。双击要修改的图表元素即可弹出相应的设置对话框窗口，然后就可以对图表元素进行更详细的设置了。

注意：对于某些图表元素对象，双击不同的位置会有不同的结果。比如图表标题区，双击标题内容本身，可进入编辑状态，此时可修改标题文本；如果选定后再双击标题区的边框，则会弹出“图表标题格式”对话框。

3. 图表类型的修改　修改图表的类型有多种方法：

方法一：在图表区单击鼠标右键，则弹出快捷菜单，如图 4-4-10 所示，选择其中的“图表类型”命令，即打开“图表类型”对话框。

方法二：在绘图区单击鼠标右键，则弹出快捷菜单，如图 4-4-11 所示，选择其中的“图表类型”命令，即打开“图表类型”对话框。

方法三：单击现有图表的空白位置，使之处于选定状态，此时会自动出现“图表”工具栏，或者执行“视图”→“工具栏”→“图表”命令，也出现“图表”工具栏。然后单击其中的“图表类型”按钮右下方的三角形按钮，即打开如图 4-4-12 所示的“图表类型”选择面板，单击合适的类型示意图按钮，则当前图表会立即更改为选定的类型。

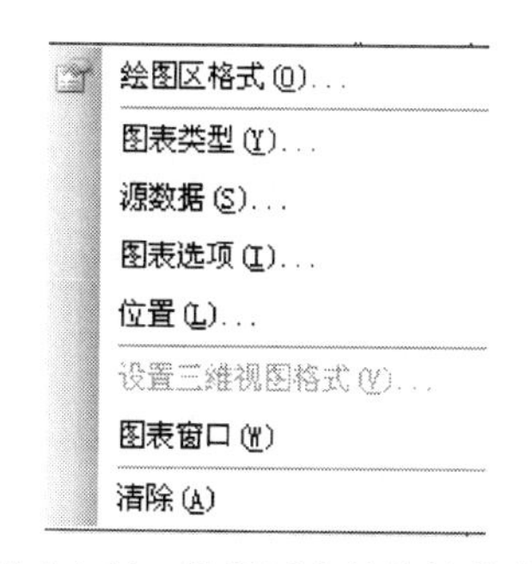

图 4-4-11　绘图区右键快捷菜单

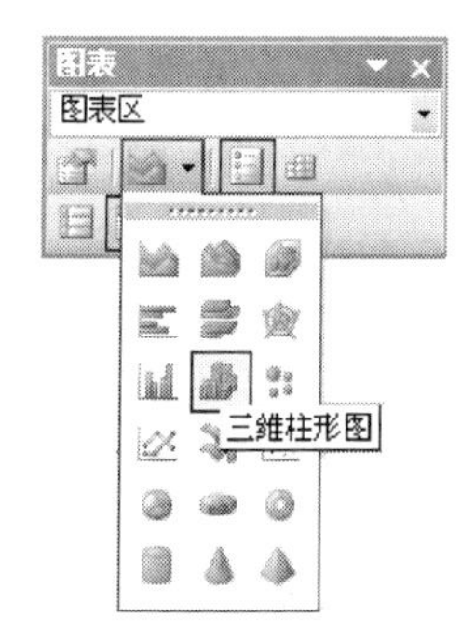

图 4-4-12　“图表类型”选择面板

提示：使用“图表”工具栏或者绘图区、图标区快捷菜单，都可以对图表区格式、绘图区格式、图表位置、图表类型、图表选项、源数据等进行修改。

📖**4. 数据系列的修改** 前面提到双击要修改的图表元素即可弹出相应的设置对话框窗口，然后就可以对图表元素进行更详细的设置了。这里仅介绍数据系列的修改，其他修改参照进行。

双击图表中任一“数据系列”图表元素或者右键单击任一“数据系列”图表元素，在弹出的菜单中选择“数据系列格式”命令，都会打开如图 4-4-13 所示的“数据系列格式”对话框，该对话框中有多个选项卡，如“图案”、“坐标轴”、“数据标志”、“系列次序”等选项卡；其中在“图案”选项卡中可以设置图案的颜色、边框和填充效果；在“系列次序”选项卡中可以设置数据系列显示的次序。

📖**5. 图表行列的转置** 图表中行、列的表示方式会影响到图表的表达效果。如果要更改行列表示方式可采用两种方法：

方法一：单击“图表”工具栏中“按行”按钮或“按列”按钮，则图表的分类轴会分别显示行或列的内容。

如图 4-4-2 中，X 轴采用的是按列的显示方式，反映的是各个队的不同奖牌数量；如果单击“图表”工具栏中的“按行”按钮，则反映的是每种奖牌各个队获得情况。按行产生系列的图表的显示效果如图 4-4-14 预览区域所示。

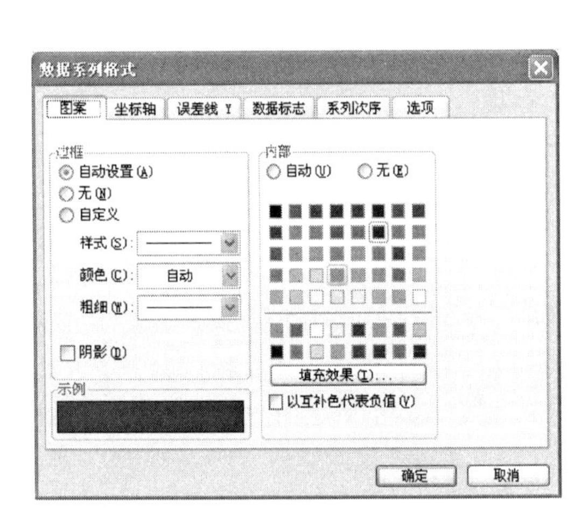

图 4-4-13 “数据系列格式”对话框

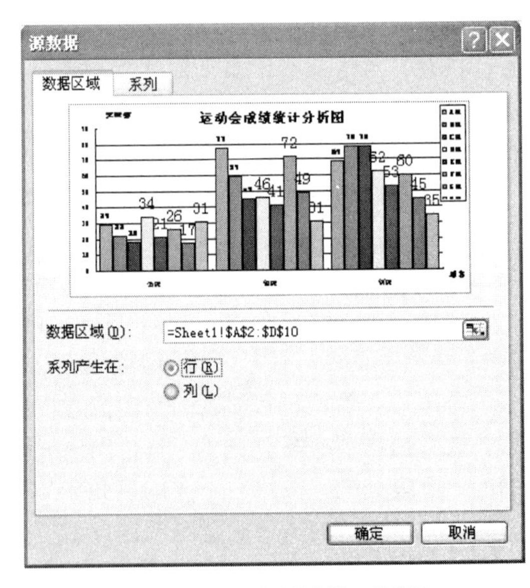

图 4-4-14 “源数据”对话框

方法二：在图表区或在绘图区右键单击空白区域，在弹出的菜单中选择“源数据”命令，则打开“源数据”对话框；在“系列产生在”选项组中选中“行”或“列”单选按钮，则在预览区域中显示行列转置后的效果。

4.4.3 情境实战

本学习情境要求制作如样图所示的课程“大学语文”成绩分析图。在该图中需要提供如下数据：班级人数、各个分数段的人数以及占总人数的百分比。而本情境只提供了一份学生成绩表，没有提供分析图中需要的数据，故在制作图表前需要根据成绩表计算出图表中需要的数据。具体制作步骤如下：

1. 根据成绩表完善考试成绩分布表中的数据　本部分是以 Sheet2 工作表为活动工作表。根据图表中需要的数据和排版要求制作了如图 4-4-15 所示的考试成绩分布表，现将表中数据填写完整。操作步骤如下：

图 4-4-15　考试成绩分布表

（1）求平均成绩。选中 B10 单元格，单击“常用”工具栏中的Σ按钮右侧的下三角按钮，在弹出的菜单中选择“平均值”命令；然后单击 Sheet1 工作表标签，选中 D3:D24 单元格区域，按 Enter 键或单击公式编辑栏中的✔按钮即得出全班同学大学语文的平均分。

（2）求最高分及最低分。操作过程与步骤（1）相同，只是选择的命令分别是“最大值”和“最小值”。

（3）求不及格人数。选中 E10 单元格，在编辑栏中输入公式“=COUNTIF(Sheet1! D3:D24," ＜60")”，按 Enter 键即可。

（4）求不及格人数百分比。选中 F10 单元格，在编辑栏中输入公式“E10/COUNT (Sheet1! D3:D24)”，按 Enter 键即可。

（5）求 0～39 分数段人数。选中 H9 单元格，在编辑栏中输入公式“=COUNTIF (Sheet1!$D$3:$D$24," ＜40")”，按 Enter 键即可。

（6）求其他分数段人数。选中 I9 单元格，在编辑栏中输入公式“=COUNTIF(Sheet1! $D$3:$D$24," ＜50")-COUNTIF(Sheet1! $D$3:$D$24," ＜40")”，按 Enter 键即可。求其他分数段的人数与此步骤类似。

（7）求各分数段百分比。

①选中 H10:N10 单元格区域，单击右键，在弹出的快捷菜单中执行“设置单元格格式”命令，打开“单元格格式”对话框，选择“数字”选项卡，在“分类”下拉列表中选择“百分比”，然后将小数位数设置为 1，单击“确定”按钮即设置好这几个单元格的格式。

②选中 H10 单元格，在编辑栏中输入公式“=H9/COUNT(Sheet1!$D$3:$D$24)”，按 Enter 键即可得出 0～39 分数段的百分比。

③选中 H10 单元格，按住鼠标左键向右拖动其填充柄至最后一个单元格松开。至此，考试成绩分布表填写完整。如图 4-4-16 所示。

2. 创建图表

（1）选中 Sheet2 工作表中的任一单元格。

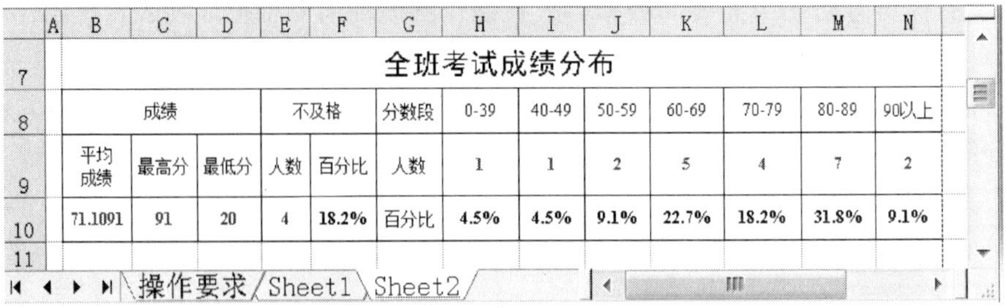

全班考试成绩分布												
成绩			不及格		分数段	0-39	40-49	50-59	60-69	70-79	80-89	90以上
平均成绩	最高分	最低分	人数	百分比	人数	1	1	2	5	4	7	2
71.1091	91	20	4	18.2%	百分比	4.5%	4.5%	9.1%	22.7%	18.2%	31.8%	9.1%

操作要求 / Sheet1 / Sheet2

图 4-4-16　填写完全的考试成绩分布表

(2) 执行“插入”→“图表”命令，打开“图表向导-4 步骤之 1-图表类型”对话框，在“图表类型”列表中选择“柱形图”，在“子图表类型”列表中选择“簇状柱形图”。

(3) 单击“下一步”按钮，打开“图表向导-4 步骤之 2-图表源数据”对话框，单击“数据区域”文本框右侧按钮，按住 Ctrl 键选中单元格区域 H9:N9 和 H10:N10，按 Enter 键返回。此时图表的“源数据”对话框如图 4-4-17 所示。

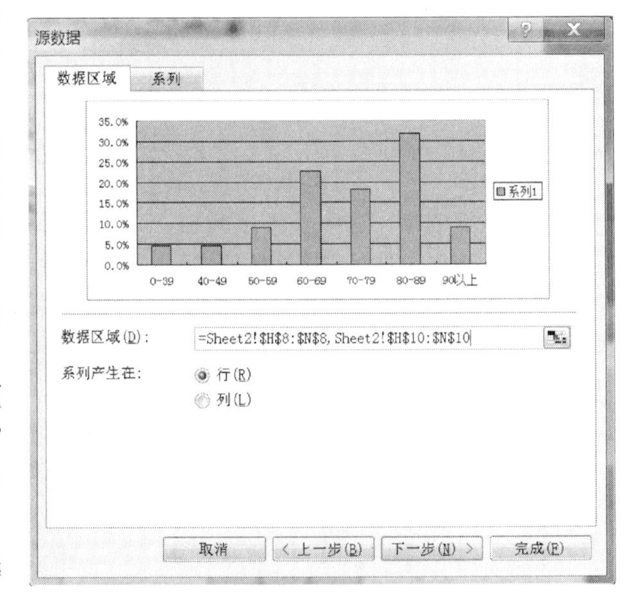

图 4-4-17　“源数据”对话框

(4) 单击“下一步”按钮，弹出“图表选项”对话框。

①在该对话框中输入图表标题“成绩直方图”，在“分类（X）轴”输入文本“分数段”，在“分类（Y）轴”输入文本“百分比（%）”。

②单击“图例”选项卡，取消选中“显示图例”复选框。

③单击“数据标志”选项卡，如图 4-4-18 所示，在“数据标签包括”选项组中选中“值”复选框。

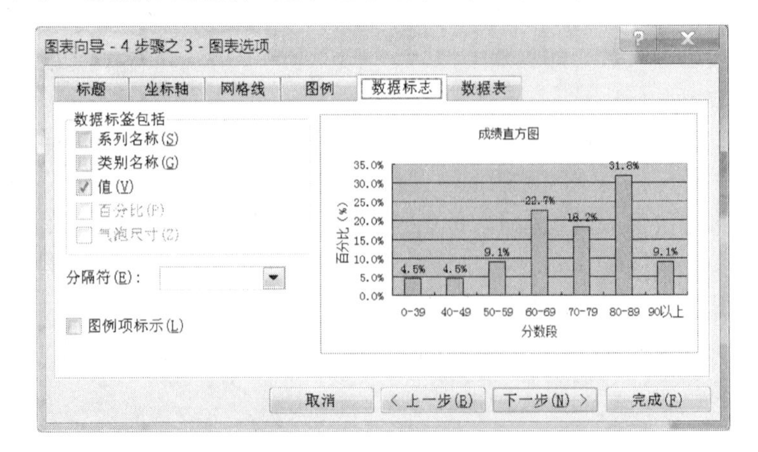

图 4-4-18　“图表选项”对话框：“数据标志”选项卡

（5）单击“下一步”按钮，弹出“图表位置”对话框，选中“作为其中的对象插入”单选按钮。

（6）单击“完成”按钮，即成绩分布图创建完成了。很显然，该图表与样图还是有很大的区别，下面就要调整该图标的各个元素。

📖3. 编辑修改图表

（1）调整图表大小。单击图表的图表区的空白区域，拖动控制点缩放图表合适的大小。

（2）设置图表边框。双击图表边框，弹出“图标区格式”对话框，打开“图案”选项卡，在“边框”选项组中选中“无”单选按钮，单击“确定”按钮即可。

（3）设置数值轴格式。双击数值轴，弹出“坐标轴格式”对话框，选中“数字”选项卡，如图 4-4-19 所示。在“分类”下拉列表中选择“百分比”，并将小数位数设置为 0，单击“确定”按钮即可。

（4）设置绘图区格式。双击绘图区空白区域，打开“绘图区格式”对话框，在“区域”选项组中选中“无”单选按钮，即取消了绘图区的填充效果，单击“确定”按钮即可。

（5）设置网格线格式。双击绘图区的网格线，弹出“网格线格式”对话框，如图 4-4-20 所示，在“样式”下拉列表中选择一种线条样式，单击“确定”按钮即可。

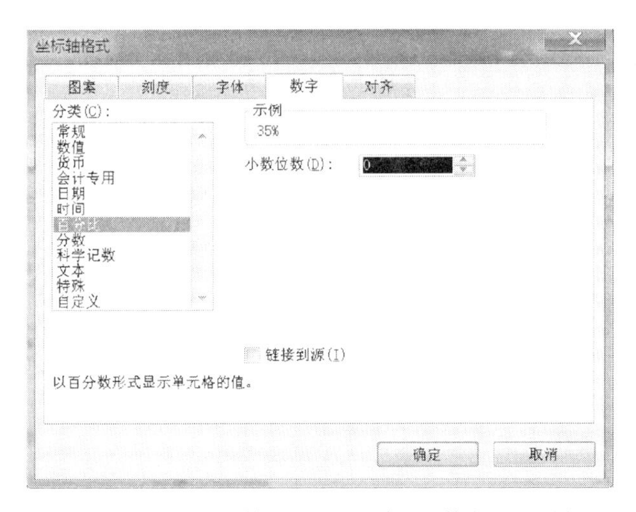

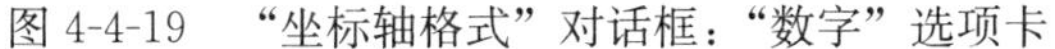
图 4-4-19　“坐标轴格式”对话框：“数字”选项卡

图 4-4-20　“网格线格式”对话框

（6）设置“分类（Y）轴”文字方向。双击“分类（Y）轴”标题文本“百分比（%）”，弹出“坐标轴标题格式”对话框，选择“对齐”选项卡，在“文字方向”下拉列表中选择“总是从左向右”，并且在“方向”选项组中的文本框中输入“0”。这样改标题就呈从左向右方向显示，如图 4-4-21 所示。

（7）设置图表标题格式。选中图表标题文本“成绩直方图”，将其字体设置为黑体，字号为 16。

（8）设置数据系列格式。

①双击任意数据系列，则弹出“数据系列格式”对话框，选择“图案”选项卡，如图 4-4-22 所示。

②单击“填充效果”按钮，打开“填充效果”对话框，选择“图案”选项卡，在“图

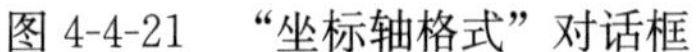
图 4-4-21 “坐标轴格式”对话框

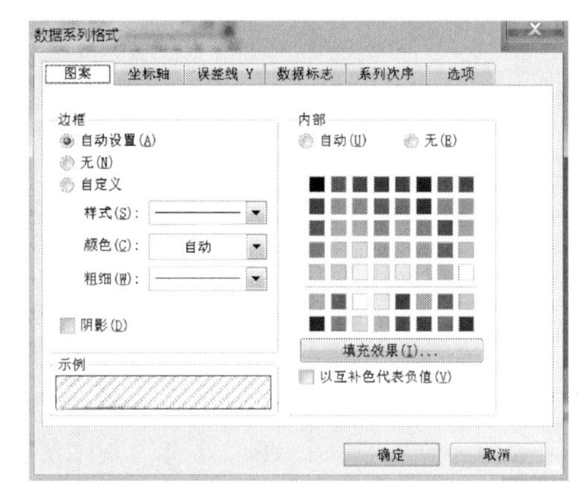

图 4-4-22 “数据系列格式”对话框

案”列表中选择一种图案，单击“确定”按钮返回到“数据系列格式”对话框中。

③选择“选项”选项卡，在“分类间距”文本框中输入数字“0”，效果如图 4-4-23 所示。

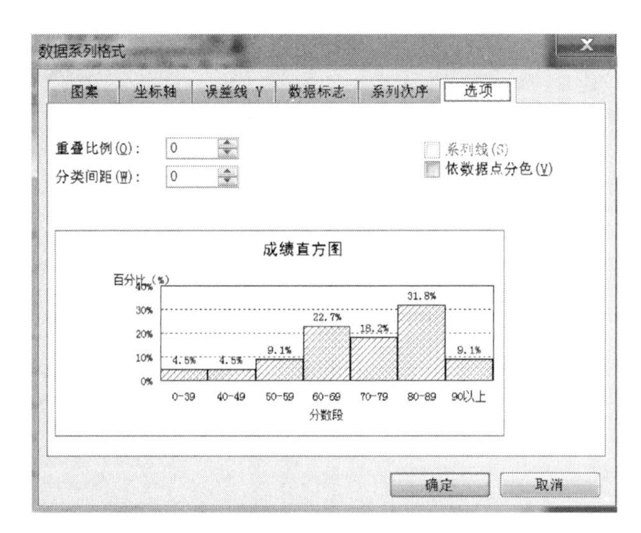

图 4-4-23 “数据系列格式”：“选项”选项卡

④单击“确定”按钮即完成了数据系列格式的修改。

练 习 题

一、单项选择题

1. 在 Excel 中，下列选项中，属于单元格的绝对引用的表示方式是（　　）。

   A. B2　　B. ￥B￥2　　C. ＄B＃2　　D. ＄B＄2

2. 在 Excel 中，引用非当前工作表 sheet2 的 A4 单元格地址应表示成（　　）。

   A. Sheet2. A4　　B. Sheet2 \ A4　　C. A4！Sheet2　　D. Sheet2！A4

3. 在选定的 Excel 2003 工作表区域 A2：C4 中，所包含的单元格个数是（　　）。

A. 3　　B. 6　　C. 9　　D. 12

4. 在 Excel 表格中，当按下 Enter 键结束对一个单元格数据输入时，下一个活动单元格在原活动单元格的（　　）。

A. 上面　　B. 下面　　C. 左面　　D. 右面

5. 在 Excel 2003 中，给当前单元格输入数值型数据时，默认为（　　）。

A. 居中　　B. 左对齐　　C. 右对齐　　D. 随机

6. Excel 2003 工作簿文件的默认扩展名为（　　）。

A. . doc　　B. . xls　　C. . ppt　　D. . mdb

7. 在 Excel 2003 的一个单元格中，若要输入文字串“2008－4－5”，则正确的输入为（　　）。

A. 2008－4－5　　B. ’2008－4－5　　C. ＝2008－4－5　　D. “2008－4－5”

8. 在 Excel 2003 中，数据源发生变化时，相应的图表（　　）。

A. 自动跟随变化　　B. 手动跟随变化

C. 不跟随变化　　D. 没有任何影响

9. 在 Excel 2003 的工作表中最小操作单元是（　　）。

A. 单元格　　B. 一行　　C. 一列　　D. 一张表

10. 在 Excel 2003 中，求一组数值中的平均值函数为（　　）。

A. AVERAGE　B. MAX　　C. MIN　　D. SUM

11. 在 Excel 2003 中，假定 B2 单元格的内容为数值 15，C3 单元格的内容是 10，则＝$B$2－$C$3 的值为（　　）。

A. 25　　B. 250　　C. 30　　D. 5

12. 在 Excel 2003 中，单元格 B2 的列相对行绝对的混合引用地址为（　　）。

A. $B$2　　B. $B2　　C. B$2　　D. B2

13. Excel 2003 主界面窗口中编辑栏上的“fx”按钮用来向单元格插入（　　）。

A. 文字　　B. 数字　　C. 公式　　D. 函数

14. 在 Excel 2003 中，对电子工作表的选择区域不能进行的设置是（　　）。

A. 行高尺寸　　B. 列宽尺寸　　C. 条件格式　　D. 保存

15. Excel 2003 工作簿中，要同时选择多个不相邻的工作表，需要依次单击各个工作表的标签前应先按住（　　）键。

A. TAB　　B. Alt　　C. Shift　　D. Ctrl

16. Excel 2003 系统中，下列叙述正确的是（　　）。

A. 只能打开一个文件

B. 最多能打开 4 个文件

C. 能打开多个文件，但不能同时将它们打开

D. 能打开多个文件，并能同时将它们打开

17. Excel 2003 中，如果 B2、B3、B4、B5 单元格的内容分别是 4、2、5、＝B2＊B3－B4，则 B2、B3、B4、B5 单元格实际显示的内容分别是（　　）。

A. 4 2 5 2　　B. 2 3 4 5　　C. 5 4 3 2　　D. 4 2 5 3

18. 在 Excel 默认格式状态下，向 A1 单元格中输入“00001”后，该单元格中显示

(　　)。

A. 00001　　B. 0　　C. 1　　D. #NULL

19. 在 Excel 中，B1 单元格内容是数值 9，B2 单元格的内容是数值 10，在 B3 单元格输入公式“=B1<B2”后，B3 单元格中显示(　　)。

A. TRUE　　B. . T.　　C. FALSE　　D. . F.

20. 在 Excel 2003 的数据库中，自动筛选是对(　　)。

A. 记录进行条件选择的筛选　　B. 字段进行条件选择的筛选

C. 行号进行条件选择的筛选　　D. 列号进行条件选择的筛选

21. 在 Excel 2003 的工作表中，在数据清单中的行代表的是一个(　　)。

A. 域　　B. 记录　　C. 字段　　D. 表

22. 在 Excel 2003 中，要统计满足条件的数值的总和，可以使用的函数是(　　)。

A. COUNTIF　　B. AVERAGE　　C. SUM　　D. SUMIF

23. 在 Excel 2003 中，以下公式中正确的是(　　)。

A. =A1+B1　　B. ='计算机'&'应用'

C. =“计算机”&“应用”　　D. =(计算机)&(应用)

24. 下列不属于 Excel 2003 表达式中的算术运算符是(　　)。

A. %　　B. /　　C. <>　　D. ^

25. Excel 2003 中，在单元格中输入公式，应首先输入的是(　　)。

A. :　　B. =　　C. ?　　D. ="

二、填空题

1. 在 Excel 中，当创建一个新工作簿文件后会自动建立__________张工作表。

2. 在 Excel 2003 中，工作簿文件的扩展名为__________。

3. 在 Excel 中，已知某工作表的 E4 单元格中已输入公式“=B4*C4/(1+$F$2)-$D4”，若将此单元格公式复制到 G3 单元格后(同一工作表)，则 G3 中的公式应为____________。

4. 在 Excel 中，如果单元格 D3 的内容是“=A3+C3”，选择单元格 D3，然后向下拖曳数据填充柄，这样单元格 D4 的内容是__________。

5. 在 Excel 中，拖动单元格的__________可以进行数据填充。

6. 在 Excel 2003 工作表中依次执行下列命令：选定区域 A1:A3，执行“编辑”菜单下的“复制”命令，然后选定区域 D1:F1，执行“编辑”菜单下的“粘贴”命令，则实际目标区域坐标是__________。

7. 在 Excel 中，每个工作簿最多可包含的工作表为__________。

8. 在 Excel 2003 工作表中，除了可以直接在单元格中输入函数外，还可以单击常用工具栏上__________按钮来输入函数。

9. 在 Excel 中，单元格 E5 中有公式“=SUM(C5:D5)*Sheet3! B5”，在公式中“Sheet3! B5”表示______________________。

10. Excel 2003 工作表中，单元格 C1 至 C10 中分别存放的数据为 1、3、5、7、9、11、13、15、17、19，在单元格 C12 中输入了 AVERAGE(C1:C10)函数，则该单元中的值是

____________。

11. 在 Excel 的数据库中，数据的筛选方式有两种，分别是____________和____________。

12. 在 Excel 2003 工作表中，对数据库进行分类汇总之前，必须先对作为分类依据的字段进行____________操作。

13. 通常情况下，如果在一张工作表上没有创建数据清单，则默认的数据清单就是____________本身。

14. 在数据清单中，除标题行以外的清单行被看成数据库的____________。

15. 在 Excel 中多关键字的排序是按主要关键字、次要关键字和____________关键字进行排序的。

16. Excel 2003 常用的运算符有引用运算、____________、字符连接和关系运算四类。

模 块 五 目 录

模块五　演示文稿制作软件 PowerPoint 2003

学习情境

- 制作相册集
- 制作学院宣传片
- 制作贺卡

技能目标

- 掌握 PowerPoint 2003 基本操作
- 掌握演示文稿的制作、修饰
- 掌握演示文稿中对象的插入及设置
- 掌握演示文稿的切换及动画的设置
- 掌握演示文稿的放映和打包

情境一　制作相册集

❶情境描述

请制作一本电子相册，把自己喜欢的照片或图片用扫描仪保存到计算机，或用数码相机中的相片直接导入计算机中。在电子相册集中包含一个目录页，目录页中包含每张图片的缩略图，单击目录中的缩略图可跳转到相应的幻灯片中观看图片放大后的效果，在每张幻灯片中有相关的按钮，用来实现幻灯片之间的切换功能。

制作好的电子相册集如图 5-1-1 所示。

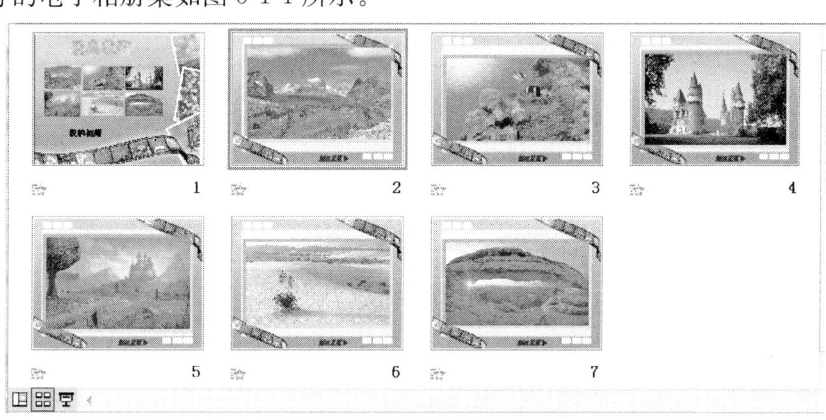

图 5-1-1　相册集效果

❷情境分析

在本情境中，需要先利用 PowerPoint 2003 的相册功能，建立相册集的大致框架，然后利用 PowerPoint 的艺术字功能，为相册集的目录页插入几个不同样式的艺术字效果，还通过“绘图”工具栏插入自选图形，并在演示文稿中添加特殊形状的按钮，最后利用动作设置功能为演示文稿中相关的部分添加链接，将其链接到相册集这个演示文稿中的其他幻灯片上，以实现不同幻灯片之间的切换。

要完成本情境中要求的相册集，需要掌握如下知识技能点：

➢创建 PowerPoint 演示文稿
➢使用电子相册功能
➢设计模板的应用
➢在幻灯片中插入图片等元素
➢添加并使用超级链接功能
➢设置幻灯片切换效果
➢保存与发布演示文档

经分析，可按照下列步骤完成：

- PowerPoint 2003 基本操作
- 电子相册集的创建
- 设计模板的应用
- 对象的插入与编辑
- 演示文档的放映和发布
- 情境实战

❸具体实现

5.1.1 PowerPoint 2003 基本操作

随着办公自动化的广泛应用以及多媒体教学的迅速发展，PowerPoint 2003（以下简称 PowerPoint）已经越来越多地为人们熟知。在很多场合，例如产品概述、项目总结、论文答辩、课堂教学等，陈述与文稿演示相结合能使报告主题鲜明，重点突出。因此，熟练掌握 PowerPoint 软件的各种使用方法及技巧显得尤为重要。

🕮1. 启动、退出 PowerPoint 2003

（1）启动 PowerPoint 2003 可以用以下方法：

方法一：利用“开始”菜单。执行“开始”→“程序”→“Microsoft Office”→“Microsoft Office PowerPoint 2003”命令。

方法二：利用快捷方式。如果桌面上有 Microsoft PowerPoint 2003 的快捷方式图标，双击该图标启动 PowerPoint。

启动 PowerPoint 2003 后进入如图 5-1-2 所示的应用程序窗口。

（2）当完成演示文稿的编辑时，需要存盘退出。常用下面几种方法退出：

方法一：选择“文件”→“退出”命令。

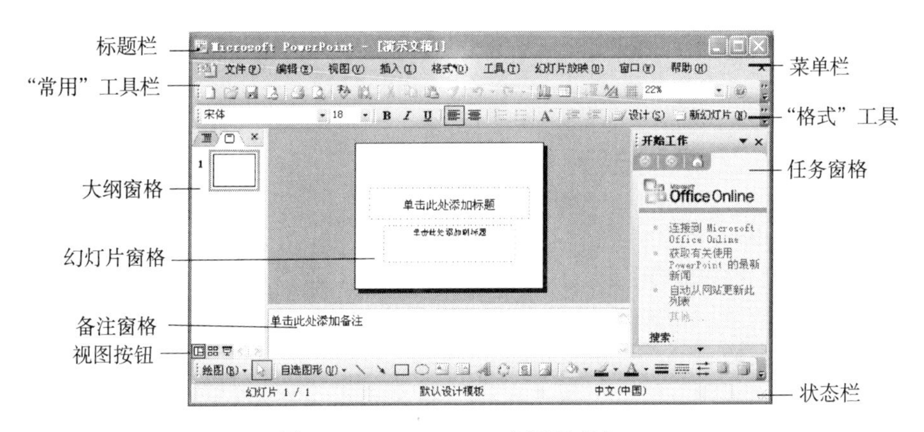

图 5-1-2　PowerPoint 应用程序窗口

方法二：直接单击 PowerPoint 窗口标题栏中的“关闭”按钮。

2. PowerPoint 窗口组成　启动 PowerPoint 后可以发现，和微软的其他软件一样，PowerPoint 拥有典型的 Windows 应用程序窗口。如图 5-1-2 所示：整个窗口由标题栏、菜单栏、“常用”工具栏、“格式”工具栏、任务窗格、工作区、备注区、大纲区、绘图和状态栏组成。

（1）标题栏。显示出软件的名称（Microsoft PowerPoint）和当前文档的名称（演示文稿 1），在其右侧是常见的“最小化”、“最大化/还原”、“关闭”按钮。

（2）菜单栏。通过展开其中的每一条菜单，选择相应的命令，完成演示文稿的所有编辑操作。其右侧也有“最小化”、“最大化/还原”、“关闭”三个按钮，不过它们是用来控制当前文档的。

（3）“常用”工具栏。将一些最为常用的命令按钮都集中在“常用”工具栏中，方便用户使用。

（4）“格式”工具栏。集中了设置演示文稿中相应对象格式的常用命令按钮，方便使用。

（5）任务窗格。这是 PowerPoint 2003 新增的一个功能，利用这个窗口，可以完成编辑“演示文稿”一些主要工作任务。

（6）工作区。编辑幻灯片的工作区，可以对幻灯片进行全面的编辑加工，制作出一张张图文并茂的幻灯片。

（7）备注区。用来编辑幻灯片的一些“备注”文本，可以输入编辑者的备注信息等。

（8）大纲区。在本区中，通过“大纲视图”或“幻灯片视图”可以快速查看整个演示文稿中的任意一张幻灯片。

（9）“绘图”工具栏。可以利用上面相应按钮，在幻灯片中快速绘制出相应的图形。

（10）状态栏。在此处显示出当前文档相应的某些状态要素。

3. 演示文稿与幻灯片

（1）演示文稿。使用 PowerPoint 创建的文档称为演示文稿，文件扩展名为 .ppt。一个 PowerPoint 演示文稿由一系列幻灯片组成，就如同在 Word 中文档由一至多页组成一样，在 Excel 中工作簿由一至多个工作表组成。

（2）幻灯片。演示文稿由幻灯片组成，它们大小统一，风格一致，可以通过页面设置和母版的设计来确定。

(3) 幻灯片组成。幻灯片一般由编号、标题、占位符、文本、图片、声音、表格等元素组成。

- 编号：顺序号，决定各幻灯片的排列次序和播放顺序。
- 标题：通常每一张幻灯片都需加入一个标题。
- 占位符：幻灯片上的标题、文本、图形等对象在幻灯片上所占的位置称为占位符。一般由幻灯片版式确定，以虚线框出。单击它即可以选定，双击它时可以插入相应的对象。

(4) 板式。版式是幻灯片上的标题、文本、图片等内容的布局形式。

4. PowerPoint 的视图 视图是指 PowerPoint 中处理演示文稿时的工作环境。PowerPoint 能够以不同的视图方式显示演示文稿的内容，使演示文稿更易于浏览和编辑。PowerPoint 提供了多种视图方式：普通视图、幻灯片视图、大纲视图、幻灯片浏览视图、备注页视图和幻灯片放映视图。另外，为了便于输出成为黑白幻灯片，还可以切换到幻灯片的黑白视图。每种视图都包含特定的工作区、菜单命令、按钮和工具栏等组件。下面介绍 PowerPoint 的几种视图方式：

(1) 普通视图。普通视图是 PowerPoint 默认的视图，如图 5-1-3 所示。它集大纲、幻灯片、备注页三种视图为一体，使用户既能全面考虑演示文稿的结构，又能方便地编辑幻灯片的细节。

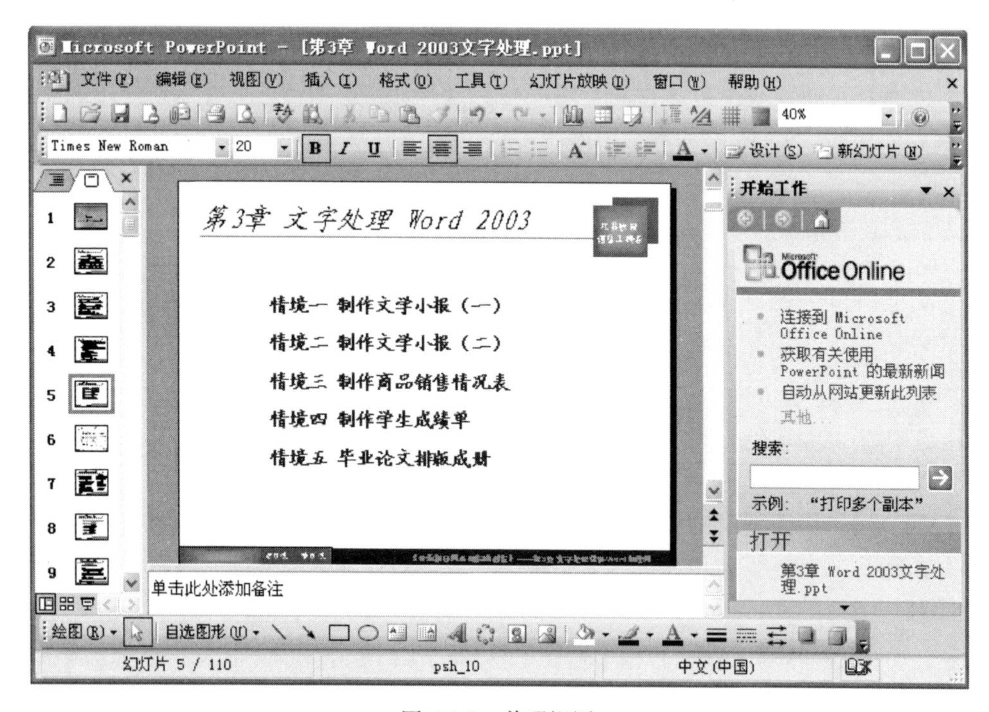

图 5-1-3 普通视图

普通视图的左侧是大纲窗口或幻灯片窗口（通过单击“常用”工具栏下方的 大纲 按钮或 幻灯片 按钮进行切换）。如果是大纲窗口，则其中按顺序显示了演示文稿中每张幻灯片的标题文字和段落纲要，幻灯片序号后面是幻灯片图标，当前幻灯片的图标以灰色或黑色显示；如果左侧是幻灯片窗口，则顺序显示当前演示文稿中的所有幻灯片及其编号，若要切换到另一张幻灯片，只需要单击幻灯片窗口中的指定幻灯片即可。

在普通视图的中间部分是幻灯片视图和备注页视图，幻灯片视图主要用于对演示文稿中当前幻灯片的内容进行详细的编码和设计。

在普通视图的右边是任务窗格。选择“视图”→“普通”命令或单击屏幕下方的“普通视图”按钮⊟就可以切换成普通视图。

(2) 幻灯片浏览视图。幻灯片浏览视图是显示演示文稿中各幻灯片的缩略图，如图 5-1-4 所示。此视图方式支持用户方便地观察多张幻灯片，进而可以从整体调整幻灯片先后顺序，可以进行幻灯片的插入、删除、移动等操作，把握演示文稿的整体效果。要切换到浏览视图只需选择“视图”→“幻灯片浏览”命令或者单击“幻灯片浏览视图”按钮⊞即可。

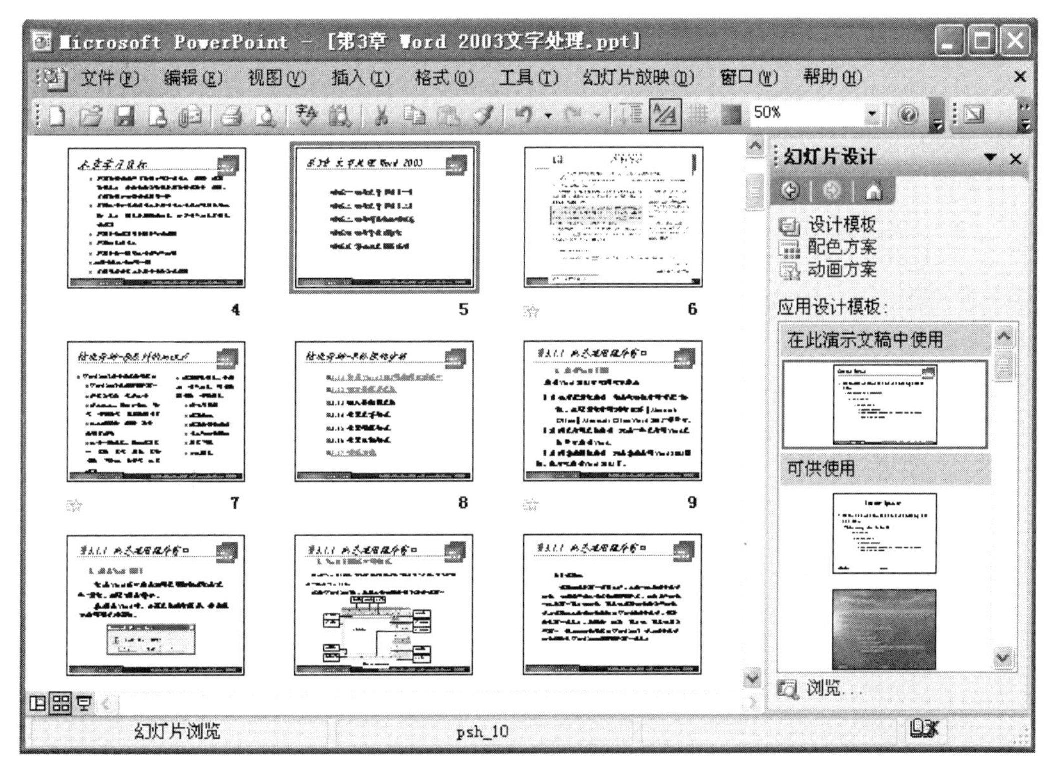

图 5-1-4　幻灯片浏览视图

(3) 幻灯片放映视图。在幻灯片放映视图中，屏幕上的标题栏、菜单栏、工具栏和状态栏均被隐藏起来，整张幻灯片的内容占满屏幕，其实就是在计算机上观看幻灯片的演示效果，便于修改。

在幻灯片放映视图中，单击一次鼠标，可放映下一张幻灯片，直至显示最后一张幻灯片。当所有的幻灯片放映结束时，再次单击鼠标，返回到普通编辑窗口中。如果在放映过程中，要返回首张幻灯片，则单击右键，在弹出的菜单中，选择相应的命令即可。

(4) 备注页视图。在 PowerPoint 中没有备注页视图按钮，所以要想从其他视图方式切换到备注页视图，只能选择“视图”→“备注页”命令。

备注页视图中，编辑窗口的上半部分显示幻灯片，下半部分带有备注页方框，可以通过单击该方框输入备注文字。用户也可以在普通视图中输入备注文字。在幻灯片中加入备注，可帮助用户理解演讲内容，也可给演讲者提供演讲提示。

5.1.2 电子相册集的创建

PowerPoint 2003 提供多种方法建立新的演示文稿，选择“文件”→“新建”命令，或单击如图 5-1-2 所示的应用程序窗口“开始工作”任务窗格中的“新建演示文稿”按钮，打开“新建演示文稿”的任务窗格，如图 5-1-5 所示，可根据该任务窗格中提供的方法之一来建立新的演示文稿。

1. 新建空白演示文稿 空白的演示文稿中不包含任何颜色和形式，用户可充分发挥自己的想象去设计幻灯片。在“新建演示文稿”任务窗格中单击“新建”选项组中的“空演示文稿”超链接，打开“幻灯片版式”任务窗格，如图 5-1-6 所示。在当前幻灯片中用户需要哪种版式，只要单击该版式即可。

2. 根据“设计模板”创建演示文稿 利用设计模板创建模示文稿时，可以根据模板决定演示文稿的风格。具体操作步骤如下：

（1）在“新建演示文稿”任务窗格中单击“新建”选项组中的“根据设计模板”超链接，打开“幻灯片设计”任务窗格，如图 5-1-7 所示。

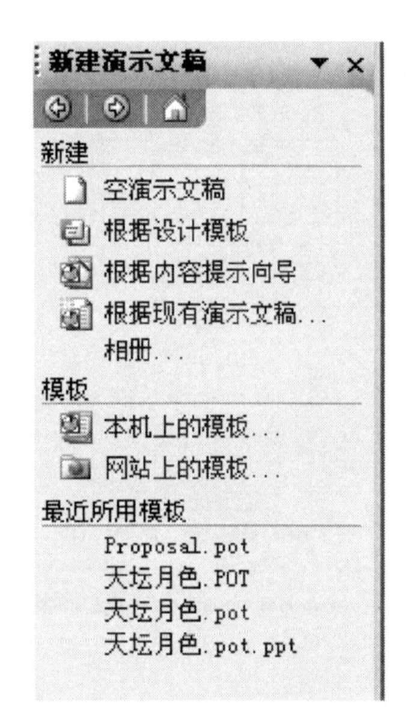

图 5-1-5 “新建演示文稿”窗格

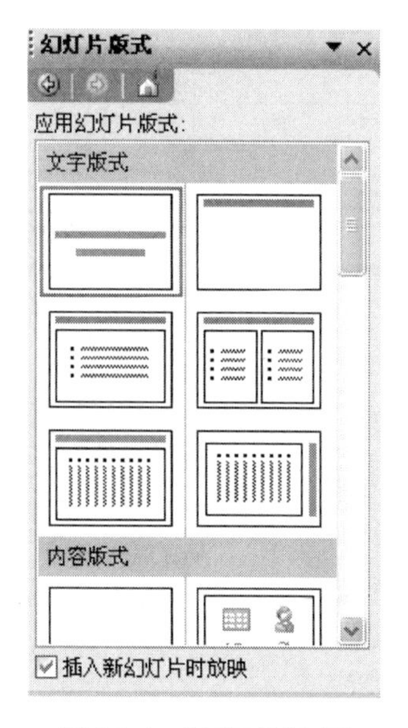

图 5-1-6 “幻灯片版式”窗格

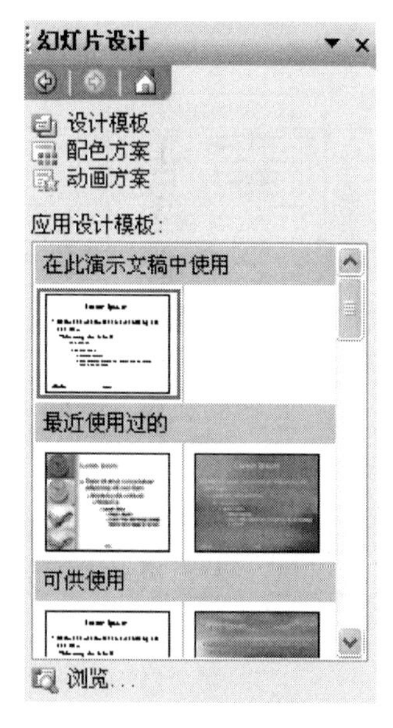

图 5-1-7 “幻灯片设计”窗格

（2）在“幻灯片设计”任务窗格中显示当前演示文稿中使用的模板、最近使用过的模板以及可供用户使用的模板。用户双击其中的任一个模板，则当前演示文稿就应用了该模板。

3. 根据内容提示向导创建演示文稿 内容提示向导是一种通过一系列对话框就可以方便快捷地建立演示文稿的方法，它包含各种不同主题的演示文稿示范，并且带有建议性内容和设计，用户对各个幻灯片内容稍加修改就可以作出适合需要的演示文稿。具体操作步骤如下：

（1）在“新建演示文稿”任务窗格中单击“新建”选项组中的“根据内容提示向导”超

链接，打开“内容提示向导”对话框，如图 5-1-8 所示。该对话框的左边是内容提示向导的步骤栏，右边是相应步骤的内容选项。

（2）单击“下一步”按钮，在打开的对话框中提供了多种演示文稿示范。在“选择将使用的演示文稿类型”选项中选择一个需要的类型，如选择“论文”，则标题栏变为“内容提示向导-［论文］”，如图 5-1-9 所示。

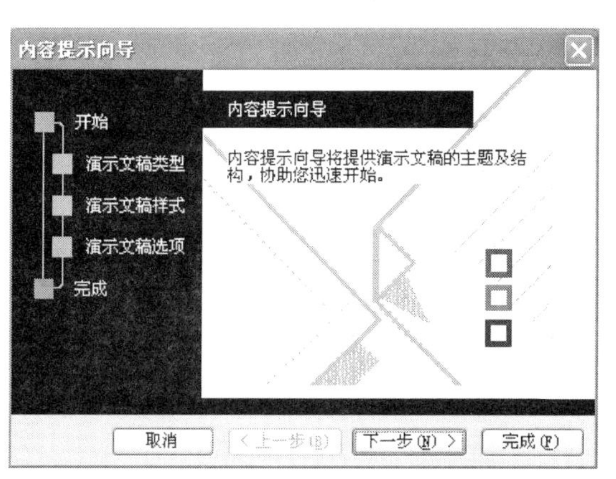

图 5-1-8　“内容提示向导”对话框

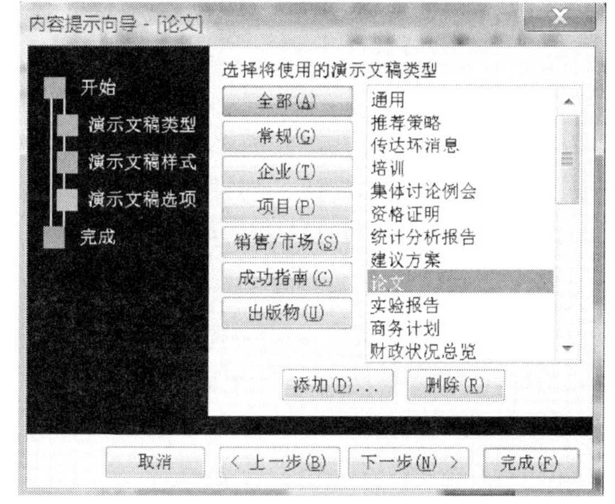

图 5-1-9　“内容提示向导-［论文］”对话框

（3）单击“下一步”按钮，选择输出类型，以便向导为演示文稿选择最佳的配色方案，以后还可以更改演示文稿的外观。这里有多个选项可供选择，通常如果是在电脑上使用，只需选默认的“屏幕演示文稿”即可。如图 5-1-10 所示。

（4）单击“下一步”按钮，根据具体情况设置演示文稿标题、页脚、页号、更新时间等，如图 5-1-11 所示。

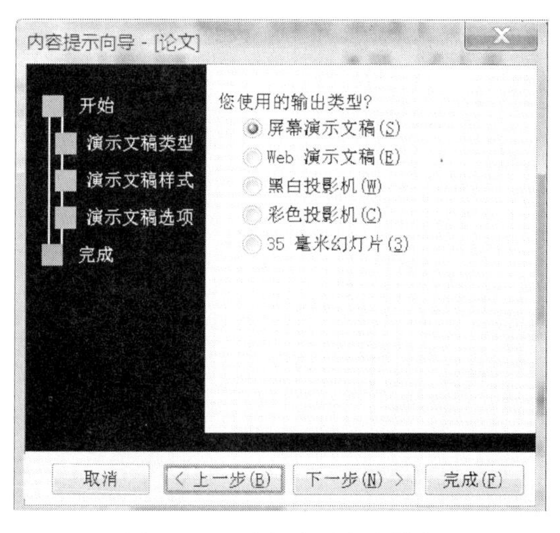

图 5-1-10　选择演示文稿样式

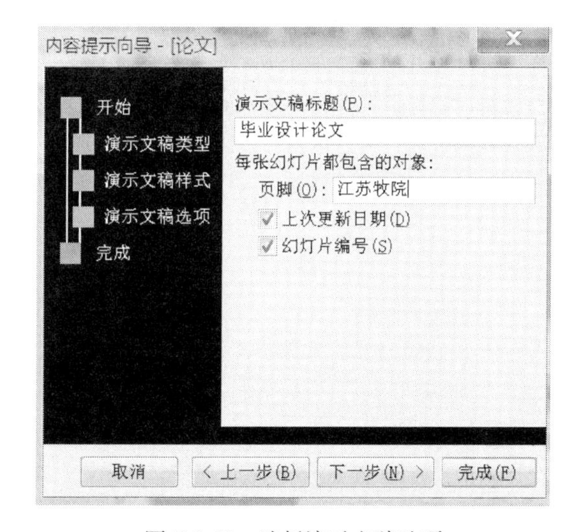

图 5-1-11　选择演示文稿选项

（5）单击“下一步”按钮，在打开的对话框中单击“完成”按钮，即建立了具有虚拟文本的演示文稿，通过用自己的文本替换虚拟文本可得到适合自己需要的演示文稿。

📖4. 根据现有演示文稿创建新演示文稿 其实，并不是每次制作演示文稿时都需从头开始，如果花费很多时间制作了一个非常满意的演示文稿，以后再要制作其他内容的演示文稿，就可以以这个现有的文稿为模板进行创建，这样所要做的仅仅是修改原演示文稿中的具体内容，如版式设计、配色方案、动态效果及插入的其他通用对象等都不必修改，从而节省大量时间。

根据现有演示文稿创建新演示文稿的步骤如下：

（1）启动 PowerPoint，打开“新建演示文稿”任务窗格后，选择“根据现有演示文稿”命令。

（2）弹出“根据现有演示文稿新建”对话框，找到用于创建新演示文稿的现有文稿，选中后单击“创建”按钮，则现有演示文稿中的所有内容就会被打开在 PowerPoint 的主窗口中，可以对其中的幻灯片内容根据需要进行更改了。

注意：这种情况下的修改与直接打开该演示文稿进行的修改有所不同，单击“根据现有演示文稿新建”链接打开的演示文稿，其中的修改一般不会被保存到原来的演示文稿中。

📖5. 创建特殊的演示文稿——电子相册集 PowerPoint 是制作幻灯片的专业软件，它自带了许多模板，其中包括创建电子相册的模板，使用这些模板可以轻松地制作出具有专业水准的作品。具体操作步骤如下：

（1）启动 PowerPoint，打开“新建演示文稿”任务窗格，单击“相册”链接，打开如图 5-1-12 所示的“相册”对话框。

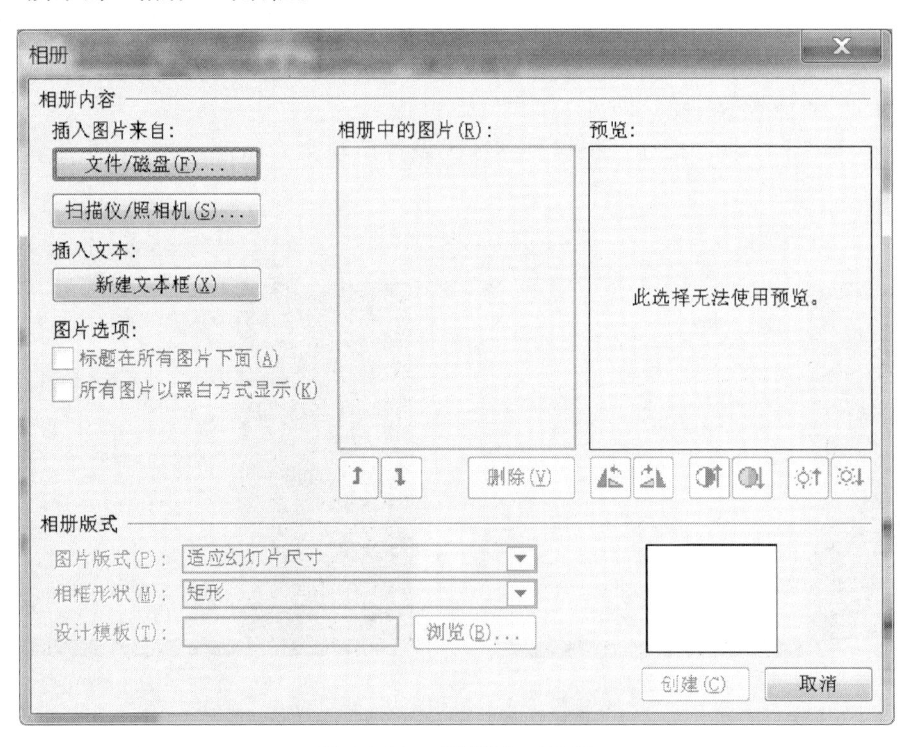

图 5-1-12 “相册”对话框

（2）如果所需图片都已经事先保存在计算机中了，则只需单击“文件/磁盘”按钮；如果所需的图片还没有保存在计算机中，则可单击“扫描仪/照相机”按钮，用扫描仪或数码相机将所需的图片导入计算机中。假设所需的图片都已经保存在计算机中了，单击“文件/磁盘”按钮，打开“插入新图片”对话框。

（3）在“查找范围”下拉列表中找到图片存放的位置，从中选择所需的图片，可以配合 Shift 和 Ctrl 键一次选择多张图片，然后单击“插入”按钮。插入了图片的“相册”对话框，如图 5-1-13 所示。

图 5-1-13 设置完成的“相册”对话框

（4）调整插入图片的顺序。选择一张或多张图片，然后再单击图片列表下面的“上移”按钮↑或“下移”按钮↓即可调整。使用此方法可以改变图片在相册中的播放顺序。

（5）在“相册版式”选项组中的“图片版式”下拉列表中选择在一张幻灯片上显示图片的数量，在“相框形状”下拉列表中选择相框的形状，单击“浏览”按钮可以打开“选择设计模板”对话框，从中选择模板的名称。

（6）单击“创建”按钮，图片即被一一插入演示文稿中，并在第一张幻灯片中留出相册的标题。

📖**6. 演示文稿的打开** 如果要打开一个已经建立好的演示文稿，通常可以通过下面的几种方法来实现：

方法一：首先选择“文件”→“打开”命令，弹出“打开”对话框，在“打开”对话框中确定文件的位置，选择要打开的演示文稿，最后单击“打开”按钮即可。

方法二：除了菜单命令以外，PowerPoint 还提供了方便的按钮操作方式，可以单击“常用”工具栏中的“打开”按钮，同样会弹出“打开”对话框，接着选择要打开的演示文稿，单击“打开”按钮即可。

方法三：通过程序关联的方法，在“我的电脑”窗口或“资源管理器”窗口中选择需要打开的演示文稿，然后双击该文件，就会打开与这个文件关联的 PowerPoint 程序，并且这个文件也会随即打开。

📖7. 演示文稿的保存 演示文稿制作完成后需要保存，下次可以方便地打开使用。在保存时要注意记住保存的路径，这样在打开时可以很快地找到这个文件。另外在制作演示文稿的过程中，也要注意随时保存，以免信息丢失。通常可以用以下几种方法实现文稿的保存操作：

方法一：选择“文件”→“保存”命令，如果是第一次保存，会弹出“另存为”对话框，在对话框中输入演示文稿的文件名和确定文稿的保存路径，单击“确定”按钮即可。如果是在现有演示文稿中作了修改而保存的，就不再弹出对话框。

方法二：只需单击“常用”工具栏中的“保存”按钮，同样如果是第一次保存也会弹出“另存为”对话框，否则就不再弹出对话框。

方法三：选择“文件”→“另存为”命令，在弹出的“另存为”对话框中输入新的文件名和保存路径，这种方法一般用来创建一个相同内容、不同文件名的副本。

📖8. 幻灯片的基本操作

(1) 插入幻灯片。在新建的演示文稿中只有一张幻灯片，其他的则可以通过插入幻灯片来获得。选择一张幻灯片（或第一张），选择“插入”→“新幻灯片”命令，然后在窗口右边的“幻灯片版式”窗格中选择一种版式，单击“确定”按钮，就会在选择的那张幻灯片后插入一张新的幻灯片。

(2) 幻灯片的选定。如果要对幻灯片进行移动、复制等操作，就要先选定幻灯片。所以对幻灯片的选定是其他操作的前提。选定幻灯片可以在普通视图下的大纲窗口中或者在幻灯片浏览视图中选定。

选择一张幻灯片，只要单击这张幻灯片；选择一组连续的幻灯片，先单击第一张幻灯片，按住 Shift 键，单击最后一张幻灯片；选择多张不连续的幻灯片，只需在按 Ctrl 键的同时分别单击需要选择的幻灯片。

(3) 幻灯片的移动、复制与删除。幻灯片的移动、复制、删除操作一般来说在幻灯片浏览视图中操作比较方便。

①幻灯片的复制一般可以用下面两种方法实现：

方法一：选择要复制的幻灯片，单击“常用”工具栏中的“复制”按钮，或选择“编辑”→“复制”命令；然后将插入点置于想要插入的幻灯片位置，单击“常用”工具栏中的“粘贴”按钮或选择“编辑”→“粘贴”命令。

方法二：在幻灯片浏览视图中，选择要复制的幻灯片，按 Ctrl 键的同时用鼠标拖动幻灯片到新位置。

②幻灯片的移动。首选选择要移动的幻灯片，按住鼠标左键，直接拖动到目标位置，或者单击“常用”工具栏中的“剪切”和“粘贴”按钮实现。

③幻灯片的删除。选择要删除的幻灯片，直接按 Delete 键删除。

5.1.3 设计模板的应用

设计模板可以帮助用户为一整套幻灯片应用相同的设计及配色方案。这些模板将背景颜色和设计与八种互补颜色结合起来，这些颜色组应用于标题、背景、幻灯片文本、阴影效果等元素中。

📖1. 幻灯片板式　幻灯片版式实际就是幻灯片的布局，调整幻灯片的版式就可以改变幻灯片的布局。具体操作方法如下：先选择要调整布局的幻灯片，再选择“格式”→“幻灯片版式”命令，在右面的窗格中弹出“幻灯片版式”任务窗格，如图 5-1-14 所示。单击需要的版式，则当前幻灯片应用了该版式；右键单击所需要的版式，在弹出的菜单中选择“重新应用样式”或“应用所选幻灯片”命令。

📖2. 应用设计模板　设计模板可以统一演示文稿所有幻灯片的风格。在创建新的演示文稿时就可以选择从设计模板创建。而在创建过程中也随时可以应用设计模板来重新编辑。具体的操作方法如下：打开演示文稿，选择“格式”→“幻灯片设计”命令，在右边任务窗格中选择“设计模板”超链接，随即就会显示各种应用设计模板版式，如图 5-1-15 所示。

单击选择其中的一种，则该演示文稿所有幻灯片都应用了该设计；如果右键单击所需要的设计模板，则弹出菜单，用户根据需要可以选择指定幻灯片应用该模板，也可以使所有新演示文稿应用该模板，如图 5-1-16 所示。

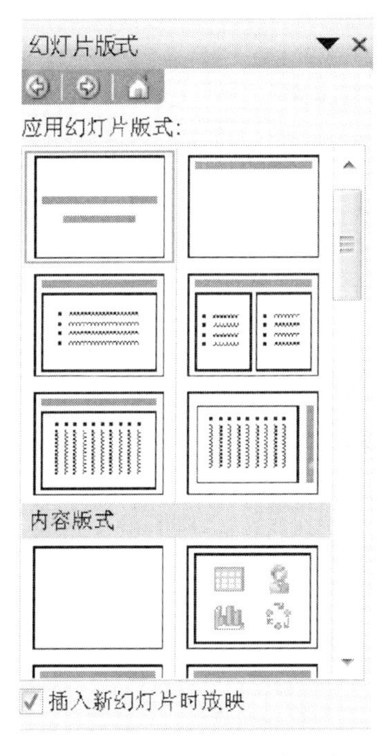

图 5-1-14　应用幻灯片版式

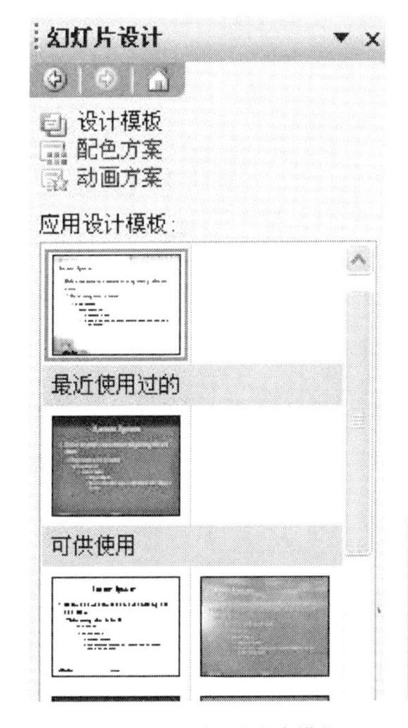

图 5-1-15　应用设计模板

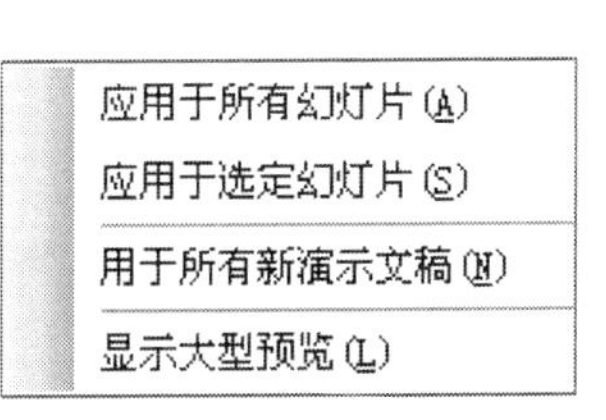

图 5-1-16　应用设计模板快捷菜单

📖3. 母版的使用　母版是一张特别的幻灯片，可以对它进行包括背景颜色、文本颜色、字体大小等的预定义。对母版的修改会直接应用到使用该母版的所有的幻灯片上。因此修改母版其实就是创建新的模板。PowerPoint 有三种模板类型：幻灯片模板、讲义模板和备注模板。

(1) 幻灯片母版。选择“视图”→“母版”→“幻灯片母版”命令，转至母版编辑样式并打开“幻灯片母版视图”工具栏，如图 5-1-17 所示。

自动版式的标题区用来编辑标题文本的样式；自动版式的对象区用来编辑幻灯片段落文本的样式；日期区、页脚区和数字区用来标注幻灯片的序号等各种母版占位符的位置。

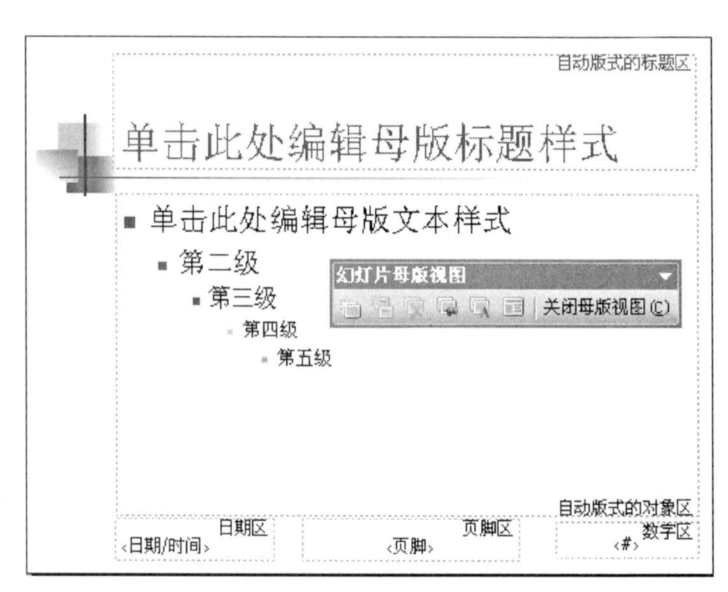

图 5-1-17 幻灯片模板及其工具栏

单击“幻灯片母版视图”工具栏中的“关闭母版视图”按钮，则切换到当前幻灯片视图，与幻灯片母版相应的对象格式已经更换为幻灯片母版所设置的格式。

(2) 讲义母版。讲义母版用于控制幻灯片以讲义形式打印的格式，可增加页码(非幻灯片编号)、页眉和页脚等。讲义母版的修改只能在打印出的讲义中得到体现，一般情况下系统默认的格式为在一张纸上打印 6 页幻灯片。在讲义母版的上边分别为页眉区、日期区、页脚区和数字区。

选择“视图”→“母版”→“讲义母版”命令，可以对新的幻灯片设置打印布局，或者对页眉、日期等区域进行修改。

(3) 备注母版。选择“视图”→“母版”→“备注母版”命令，弹出“备注母版视图”工具栏，可以设置备注页的版式和格式。

5.1.4 对象的插入与编辑

PowerPoint 中的内容与 Word 或 Excel 中的内容相比，有很多不同，其内容除了可以是文本之外，还可以运用大量的图形图片图表、声音甚至视频等多媒体数据。另外，在 PowerPoint 中为了达到动态效果，在输入时有一些特殊要求。

📖1. 文本的输入与编辑

(1) 输入文本。在幻灯片中输入文本对象有两种情况，一种是在文本占位符中直接输入文本；第二种是可以在没有文本占位符的时候，先插入一个文本框，然后在文本框中输入文本。

文本占位符就是显示“单击此处添加文本”或“单击此处添加标题”等这样类似标志的区域。在文本占位符中输入文本的时候只要单击该文本占位符，就可以直接输入文本了。例如，单击“单击此处添加标题”占位符，即可输入标题文本。

在文本框中添加文本，首先要选择“插入”→“文本框”命令或者单击“绘图”工具栏中的“文本框”按钮，然后在需要添加文本的位置上单击，即出现一个文本框，就可以在里面输入文本。

(2) 文本格式化。要对输入的文本进行格式设置，首先选择需要设置的文本，然后选择“格式”→“字体”命令，打开“字体”对话框，如图 5-1-18 所示。修改字体、字形、字号、颜色以及效果等都可以在这个对话框中完成，设置结束后单击“确定”

按钮。

（3）段落格式化。设置文本的段落格式主要包括对齐方式、行间距、段落间距的设置及添加项目符号和编号。

①文本对齐。文本对齐方式包括水平方向的对齐和垂直方向的对齐。两种对齐方法操作步骤相似：先选择需要对齐的文本，选择“格式”→“对齐方式”命令，在级联菜单中选择相应的对齐命令。水平方向有左对齐、居中、右对齐、两端对齐和分散对齐，如图 5-1-19a 所示；垂直方向有顶端对齐、居中对齐、底端对齐和罗马方式对齐，如图 5-1-19b 所示。

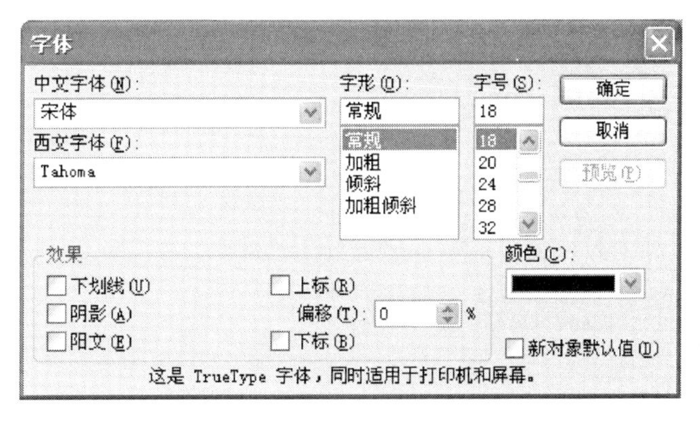

图 5-1-18　“字体”对话框

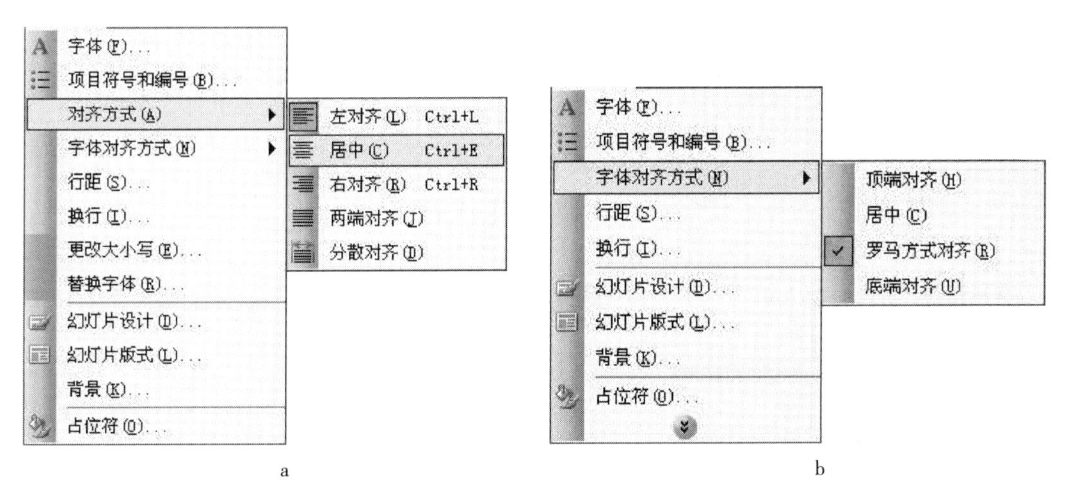

图 5-1-19　对齐方式

a. 水平方向对齐方式　b. 垂直方向对齐方式

②调整行和段落间距。选择要设置的段落文本，再选择“格式”→“行距”命令，打开“行距”对话框，如图 5-1-20 所示。在相应的文本框中输入行距和段前段后值，最后单击“确定”按钮。

③添加项目符号和编号。选择要添加项目符号和编号的段落，选择“格式”→“项目符号和编号”命令，打开“项目符号和编号”对话框，如图 5-1-21 所示。在对话框中选取所需的项目符号或编号类型（用户可以单击“自定义”按钮，打开“符号”对话框；或者单击“图片”按钮打开“图片项目符号”对话框，实现自定义项目符号和编号），最后单击“确定”按钮。

📖**2. 图片的插入与编辑**　可以通过“插入”菜单实现图片的插入。首先选择要插入图片的幻灯片，然后选择“插入”→“图片”命令。在“图片”联级菜单中看到，不仅可以插

图 5-1-20 “行距”对话框

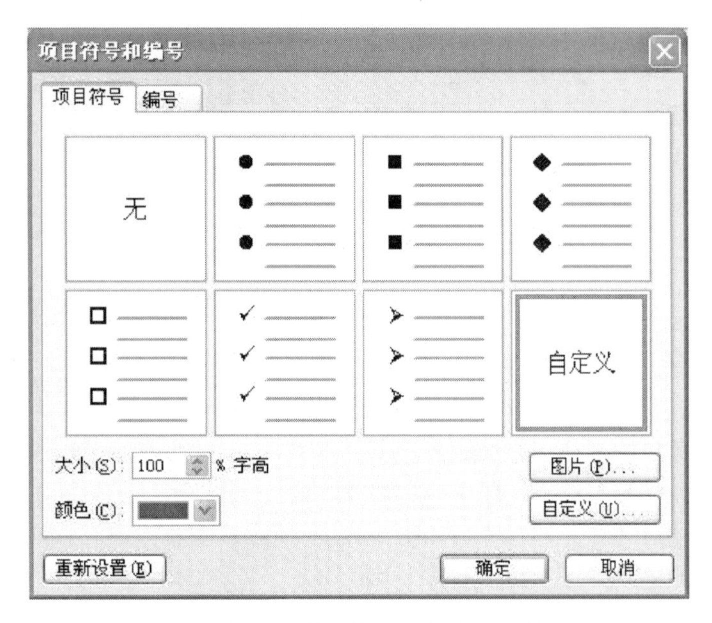

图 5-1-21 “项目符号和编号”对话框

入剪贴画和图片，还可以插入自选图形、艺术字和组织结构图。

插入剪贴画是指从 PowerPoint 自带的剪辑库中选取合适的图片插入。具体操作方法如下：选择“插入”→“图片”→“剪贴画”命令，在弹出的“剪贴画”任务窗格中选择一个图片即可，如图 5-1-22 所示。

图 5-1-22 “剪贴画”任务窗格

自选图形是 PowerPoint 提供的方便用户进一步操作的预编辑图片，选择“插入”→“图片”→“自选图形”命令就会弹出“自选图形”工具栏，如图 5-1-23 所示，在这个工具栏中选择合适的形状，就可以在幻灯片上创建一个形状图形。

插入艺术字可以让用户省去编辑特殊效果字的麻烦，PowerPoint 提供了多种艺术字的样式，只要选择想要的一种样式并单击“确定”按钮，就可以在打开的“编辑艺术字文字”对话框中输入用户需要的文字，并且可以设置艺术字的字体、字号、粗体和斜体。

有时在幻灯片中需要描述一定的组织结构关系，这时仅仅采用文字描述就显得很苍白，PowerPoint 提供了一种特殊的图片可以清晰地显示各种组织结构关系，这就是组织结构图。需要插入的时候，首先选择“插入”→“图片”→“组织结构图”命令，弹出“组织结构图”工具栏，如图 5-1-24 所示，用户可以根据需要很方便地更改结构图的形状和版式。

在插入图片时，如果剪贴画中没有合适的图片可用，还能从文件、新建相册、扫描仪或照相机这些地方获得图片。下面就以常用的“来自文件”为例说明插入图片的操作：首先选

图 5-1-23　“自选图形”工具栏

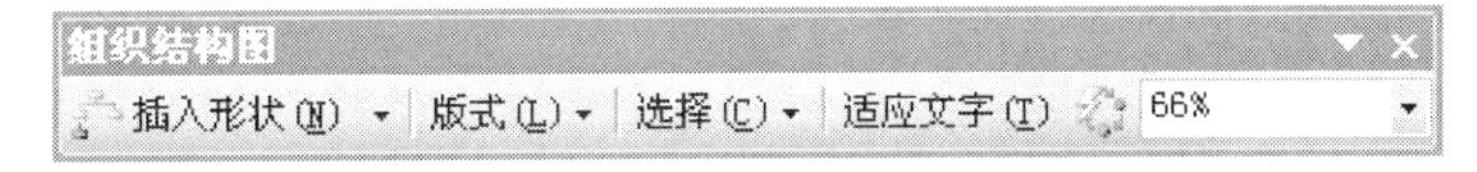

图 5-1-24　“组织结构图”工具栏

择“插入”→“图片”→“来自文件”命令，最后在弹出的“插入图片”对话框中选择图片所在的位置，单击“插入”按钮就可以完成一幅图片的插入。

如果在一个演示文稿中插入了很多图片，而图片会占用大量的存储空间，这时可以减小带有图片的演示文稿的大小，而对演示文稿的质量不会有太大的影响。操作步骤如下：

(1) 执行“视图”→“工具栏”→“图片”命令，打开如图 5-1-25 所示的“图片”工具栏。

图 5-1-25　“图片”工具栏

(2) 单击“图片”工具栏中的“压缩图片”按钮，将出现如图 5-1-26 所示的“压缩图片”对话框，在“更改分辨率”选项组中选中“Web 屏幕”单选按钮。

(3) 单击“确定”按钮，在随后出现的警示对话框中单击“应用”按钮，PowerPoint 会对该演示文稿中所有的图片进行压缩。

3. 图表的插入与编辑　图表把图示与表格数据有效地结合起来，PowerPoint 中的图表也类似于 Excel 中的图表，不过插入的方法不同。

在插入图表前，同样要先选择需要插入图表的幻灯片，然后选择“插入”→“图表”命令，就会看到一个默认的柱形图表和数据表，接着用自己需要的数据去替换数据表中的原始数据，此时柱形图会随着数据的变化而变化，如图 5-1-27 所示。

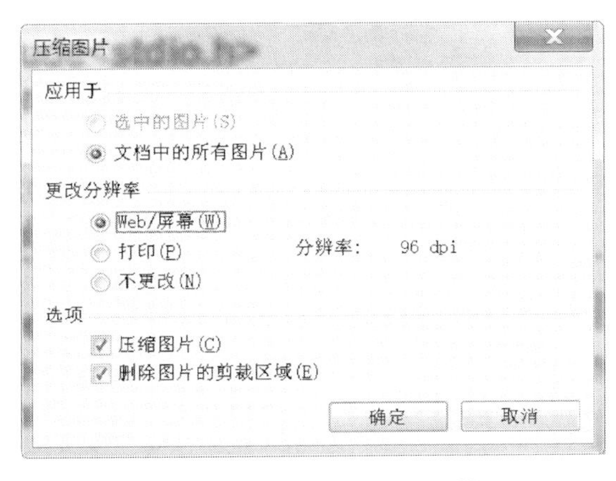

图 5-1-26　“压缩图片”对话框

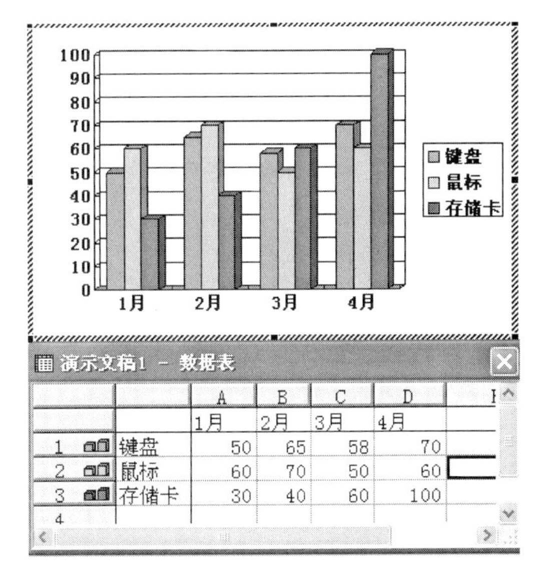

		A	B	C	D
		1月	2月	3月	4月
1	键盘	50	65	58	70
2	鼠标	60	70	50	60
3	存储卡	30	40	60	100
4					

图 5-1-27　插入图表

图表数据在编辑的过程中，“常用”工具栏中也增加了很多关于图表的按钮，如图 5-1-28 所示。如果要改变图表的类型，只需单击“常用”工具栏中“图表类型”按钮右侧的下三角按钮，就可以选择其他的图表类型，如面积图、条形图等；如果要改变数据序列的显示方式，可以单击“常用”工具栏中的“按行”按钮或“按列”按钮。数据输入完毕，单击幻灯片任意位置，数据表消失，图表就生成了。

图 5-1-28 编辑图表数据时的“常用”工具栏

图表生成以后如果要修改，只要双击该图表，然后选择“常用”工具栏中按钮进行相应修改即可。

📖4. 表格的插入与编辑 表格也是应用较多的元素，在 PowerPoint 中表格的操作一般都可以通过“表格和边框”工具栏来实现。

插入表格的方法如下：首先选择“插入”→“表格”命令，在打开的“插入表格”对话框中输入要插入表格的行数和列数，单击“确定”按钮即可。

在插入表格的同时打开了“表格和边框”工具栏，如图 5-1-32 所示，通过工具栏可对表格进行完善与美化。

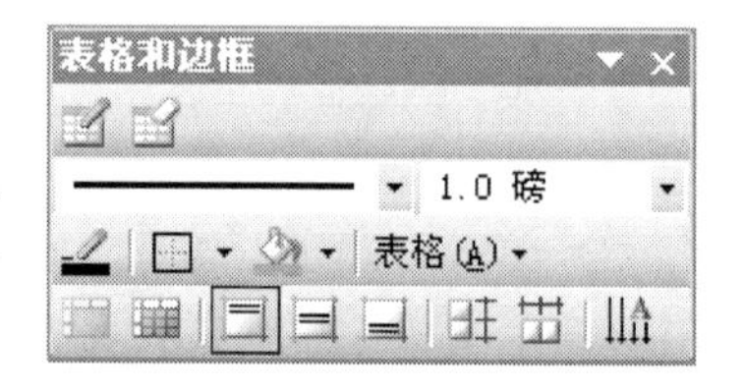

图 5-1-29 “表格和边框”工具栏

📖5. 插入声音 在幻灯片中插入声音可从剪辑管理器中插入，但剪辑库中的声音文件毕竟有限，通常情况下声音文件还可以从硬盘、光盘中添加至幻灯片。

从剪辑库中插入声音的操作步骤如下：

(1) 在普通视图或幻灯片视图中，选择要插入声音的幻灯片，选择“插入”→“影片和声音”→“剪辑管理器中的声音”命令，在应用程序窗口右边的窗格中会出现剪辑管理器中的声音文件。

(2) 鼠标指向要插入的声音文件，单击“声音”图标右边的下三角按钮，打开下拉列表，如图 5-1-30 所示，选择“插入”命令的同时会弹出对话框询问用户需要在什么情况下播放这个声音文件，这时可以选择“自动”或“在单击时”单选按钮播放该段声音文件。

要从文件中插入声音首先选择“插入”→“影片和声音”→“文件中的声音”命令，在弹出存放声音的路径的对话框中选择需要的声音文件，单击“确定”按钮即完成声音的插入。

图 5-1-30 插入声音

📖6. 插入动画 Flash 动画是现在比较流行的二维动画，它的影片文件体积较小，所以在网络上传播很广，如果觉得 PowerPoint 的动画效果不够炫、不够酷，也可以在演示文稿中插入一些 Flash 动画来增加效果。常用的插入 Flash 动画的方法有两种。

方法一：使用“插入对象”对话框插入。操作步骤如下：

(1) 打开演示文稿，把光标移到要插入 Flash 文件的地方，然后选择“插入”→“对象”命令，打开“插入对象”对话框，在“插入对象”对话框中选择“由文件创建”单选按钮，如图 5-1-31 所示。

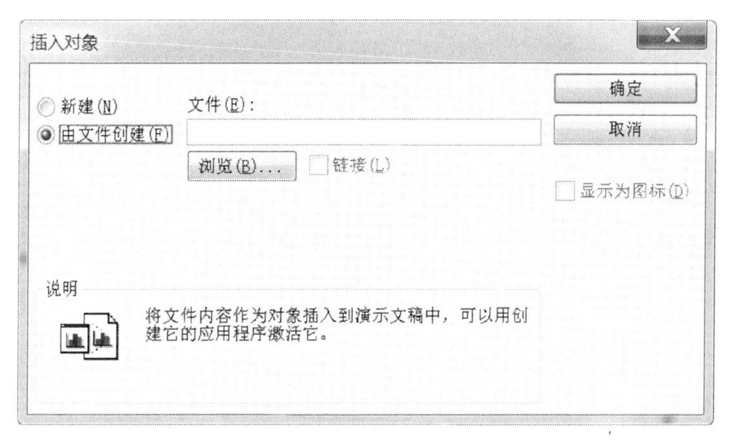

图 5-1-31　“插入对象”对话框

（2）单击“浏览”按钮，打开“浏览”对话框，在“浏览”对话框中选择要插入的文件.swf，单击“确定”按钮，这时在 PowerPoint 编辑区出现一个 Flash 图标。

（3）用鼠标右击该图标，在弹出的快捷菜单中选择“动作设置”命令，打开“动作设置”对话框，切换到“单击鼠标”选项卡，选择“对象动作”单选按钮，单击相应的下拉列表框，从中选择“激活内容”选项，如图 5-1-32 所示，单击“确定”按钮即可。

图 5-1-32　“动作设置”对话框

方法二：使用“控件工具箱”工具栏。操作步骤如下：

（1）在 PowerPoint 中选择“视图”→“工具栏”→“控件工具箱”命令，打开“控件工具箱”工具栏。

（2）在“控件工具箱”工具栏中单击“其他控件”按钮，弹出一个下拉列表，在列表中选择“Shockwave Flash Object”选项，如图 5-1-33 所示，这时鼠标指针变成十字形。

（3）在 PowerPoint 编辑区按鼠标左键拖动鼠标，拉出一个有交叉线的方形区域，选择它并右击，在弹出的快捷菜单中选择“属性”命令，打开“属性”对话框。

（4）在“属性”对话框中单击“自定义”按钮，选择其右边的按钮，弹出“属性页”窗口。在该窗口的“影片 URL”中输入要插入影片的路径，其他设为默认。单击“确定”按钮即可。

📖7. 插入影片　插入影片和插入声音类似，只要选择“插入”→“影片和声音”→“文件中的影片”或“剪辑管理器中的影片”命令，在打开的“插入影片”对话框中选择要

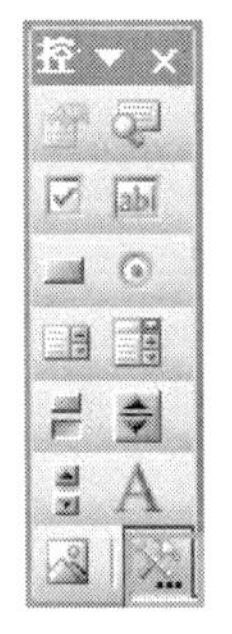

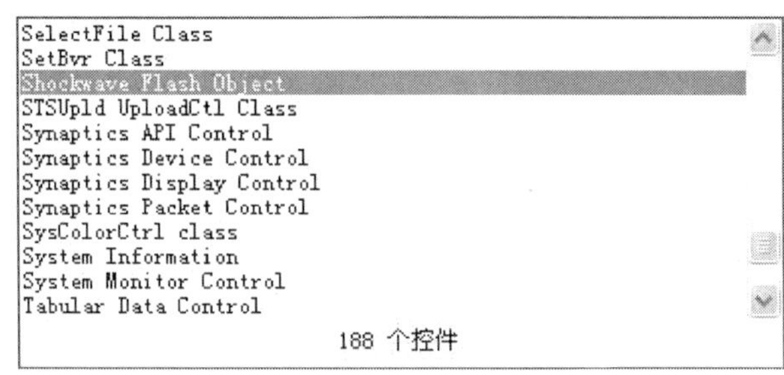

图 5-1-33　“控件工具箱”工具栏

插入的影片文件后，单击“确定”按钮，则在幻灯片放映时就会自动播放影片。

📖**8. 插入动作按钮**　为了便于在播放时控制幻灯片，可以在幻灯片中添加动作控制按钮。其操作步骤如下：

（1）选择“幻灯片放映”→“动作按钮”命令，弹出如图 5-1-34 所示的按钮类型面板，单击选择一种按钮类型。

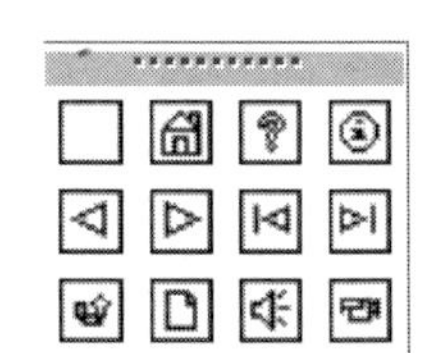

图 5-1-34　按钮类型面板

（2）在幻灯片中需要放置该动作按钮的位置拖动鼠标，在认为大小合适时松开，就会弹出“动作设置”对话框，设置好单击或移动鼠标时的动作（比如设置链接到上一张幻灯片等）后，单击“确定”按钮即可。

如果要修改该动作按钮的动作，只要右击该按钮，在弹出的快捷菜单中选择“编辑超链接”或者“动作设置”命令，再次弹出“动作设置”对话框，从中就可以修改单击或鼠标移动时的动作了。

如果要修改按钮的外观，可双击已插入的按钮，弹出如图 5-1-35 所示的“设置自选图形格式”对话框，可对按钮的颜色等进行详细设置。

图 5-1-35　“设置自选图形格式”对话框

5.1.5　演示文稿的放映和发布

放映演示文稿是演示文稿制作过程中一个非常重要的环节，可以根据放映效果来修改完善演示文稿。

1. 放映幻灯片　放映幻灯片可以由两种方法：

方法一：选择“幻灯片放映”→“观看放映”命令，或者按 F5 键从第一张幻灯片开始放映。

方法二：单击窗口左下角的“放映”按钮，或者按 Shift+F5 组合键从当前幻灯片开始放映。

要退出放映，可按 Esc 键或是单击播放画面左下角的默认控制按钮，然后在弹出的菜单中选择“结束放映”命令，也可在播放画面过程中右键单击，在弹出的快捷菜单中选择“结束放映”命令。

图 5-1-36　放映快捷菜单

2. 幻灯片放映控制　在放映幻灯片过程中，除了可以在幻灯片动作设置中指定一些自动播放的动作外，还有几种灵活方便的控制方法。

方法一：使用屏幕左下角的播放控制按钮控制。开始幻灯片播放后，屏幕左下角会显示、、、几个播放控制按钮。单击向左按钮，返回上一张幻灯片；单击向右按钮，进入下一张幻灯片；单击绘图笔按钮，可将鼠标指针设置为一个彩色画笔，演示时可以在屏幕上做注释。

方法二：开始放映后，在幻灯片上单击鼠标右键或者单击屏幕左下角的按钮，都可弹出一个快捷控制菜单，如图 5-1-36 所示，可选择其中的命令跳转到当前演示文稿的特定幻灯片中。

方法三：在幻灯片放映时前后滚动鼠标，可以快速切换到上一张或下一张幻灯片。

3. 设置幻灯片的切换效果　所谓幻灯片切换，就是幻灯片放映时进入和离开屏幕的方式，既可以为一组幻灯片设置一种切换效果，又能够设置每一张幻灯片都有不同的切换效果。

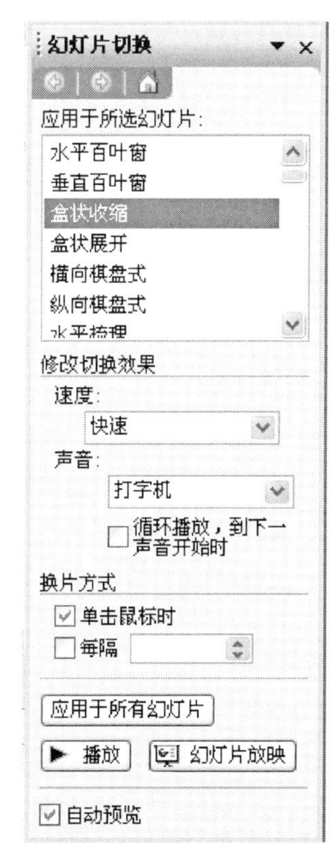

图 5-1-37　“幻灯片切换”任务窗格

切换是一种特殊效果，可用于在幻灯片放映中引入幻灯片，可以选择各种不同的切换效果并改变其速度，也可以改变切换效果以引出演示文稿新的部分或强调某张幻灯片。

具体的设置可以通过下面的操作步骤实现：

(1) 选择一张需要设置切换效果的幻灯片，然后选择“幻灯片放映”→“幻灯片切换”命令，打开的“幻灯片切换”任务窗格如图 5-1-37 所示。

(2) 在“幻灯片切换”任务窗格中设置切换效果（比如水

平百叶窗、垂直百叶窗、盒状收缩等)、速度(快速、慢速、中速)、声音(爆炸、抽气、打字机等)、换片方式(单击鼠标时或间隔几秒)等。

(3) 如果要应用所有幻灯片,只需单击“应用所用幻灯片”按钮即可。用户可以单击“播放”按钮浏览放映效果,也可以选中“自动预览”复选框,在修改过程中就预览了放映效果。

📖**4. 超链接幻灯片** 幻灯片在放映时一般放映了一张后,单击鼠标或间隔一定时间后将播放下一张幻灯片。用户可以在演示文稿中添加超链接,利用它来实现幻灯片播放顺序的跳转。利用超链接功能可以使当前幻灯片跳转到同一演示文稿的任一幻灯片,或不同演示文稿的某张幻灯片,甚至也可以链接到其他文件或 Internet 地址等。因此利用超链接功能,可以使演示文稿更加灵活,内容更加丰富。具体设置超链接的方法如下:

方法一:首先选择需要建立链接的对象(比如某段文字或图像),然后选择“插入”→“超链接”命令,打开“插入超链接”对话框,如图 5-1-38 所示。

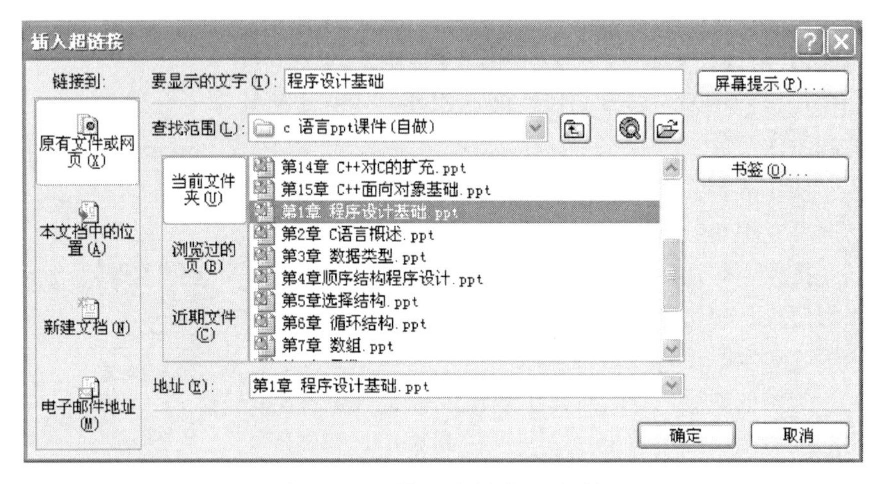

图 5-1-38 “插入超链接”对话框

在对话框中“链接到”选项组中提供四个选项:“原有文件或网页”、“本文档中的位置”、“新建文档”和“电子邮件地址”,根据需要选择一种,如选择“本文档中的位置”就会在中间的列表中列出当前演示文稿中的所有幻灯片,选择需要链接到的目标幻灯片,最后单击“确定”按钮,完成链接设置。此时设置完超链接的文字的颜色将改变,并且还带了下划线。当鼠标移到带下画线的文本时,会变成手的形状。演示文稿在放映时单击这些文字,幻灯片会跳转到设定的目标幻灯片。

方法二:利用动作设置功能创建超链接。操作步骤如下:

(1) 选择要设置超链接的对象,再选择“幻灯片放映”→“动作设置”命令,打开“动作设置”对话框,如图 5-1-39 所示。

图 5-1-39 “动作设置”对话框

（2）选择“超链接到”单选按钮，会列出各种链接目标，确定链接的目标，单击“确定”按钮即可。

方法三：插入动作按钮实现跳转放映幻灯片。超链接设置的对象除上述所介绍的以外，还可以针对动作按钮。PowerPoint 提供了一组动作按钮，用户可以将这些按钮插入幻灯片中，以实现幻灯片之间的跳转。具体操作步骤如下：

（1）选择“幻灯片放映”→“动作按钮”命令，打开“动作按钮”面板，如图 5-1-40 所示。这组按钮包括“后退或前一页”、“上一张”、“第一张”、“声音”和“影片”等。

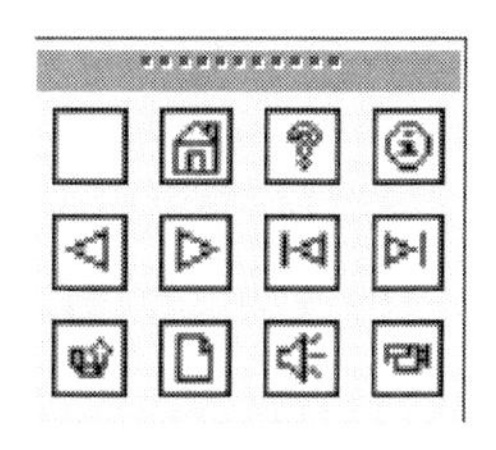
图 5-1-40　按钮类型面板

（2）选择所需的按钮，将光标移到幻灯片中，按住鼠标左键并在窗口中拖动鼠标，生成一个动作按钮，这时会自动弹出“动作设置”对话框。

（3）在“超链接到”列表中选择链接目标对象，单击“确定”按钮。当幻灯片播放时，单击此按钮就会跳转到所链接到的目标。

设置完成的超链接如果要重新编辑或删除，只要右击选择的链接对象，在弹出的快捷菜单中选择“超链接”、“编辑超链接”或“删除超链接”命令即可。

📖**5. 演示文稿的打包**　在 PowerPoint 2003 中支持两种打包方式，可以把幻灯片打包成光盘和文件夹。使用刻录机将幻灯片打包成光盘，这样只要把光盘放入光驱就可以在没有安装 PowerPoint 的电脑上直接播放幻灯片。也可以通过 PowerPoint 的另一个打包功能，把幻灯片文件打包到文件夹中，这样就可以把文件夹复制到 U 盘中，使用也很方便。其操作步骤如下：

（1）打开一个要进行刻录的幻灯片演示文件，选择“文件”→“打包成 CD”命令，打开“打包成 CD”对话框，如图 5-1-41 所示。

图 5-1-41　“打包成 CD”对话框

（2）如果还有相关的演示文稿也要一起打包，可以单击“添加文件”按钮来选择其他要打包的幻灯片文件。添加好幻灯片文件后可单击“选项”按钮来设置一下播放的参数。如果幻灯片文件内容比较重要，那还可以来设置密码，保护光盘里面幻灯片文件的安全。

（3）设置好后，如果想复制为 CD，则在“将 CD 命名为”文本框中输入 CD 光盘的名称，准备一台刻录机并把一张空白的刻录光盘放入刻录机中。最后单击“复制到 CD”按钮就可以把这些幻灯片直接刻录到光盘上了。

（4）设置好后，如果想复制到文件夹中，则单击“复制到文件夹”按钮，这时会弹出一个“复制到文件夹”对话框，如图 5-1-42 所示，在里面输入文件夹的名称和保存目录，再单击“确定”按钮就可以把幻灯片文件复制到指定的文件夹中。

刻录好的幻灯片光盘，一般都是可以自动播放的，如果电脑中光驱不支持自动播放功能，那只要打开光盘里面的文件夹，双击里面的 play. bat 文件就可以进行播放了。幻灯片文件夹复制完成后，就可以把它复制到 U 盘中，这样就可以带在身边随时使用，要想运行文件夹里面的幻灯片文件，同样只要双击文件夹里面的 play. bat 文件就可以了。

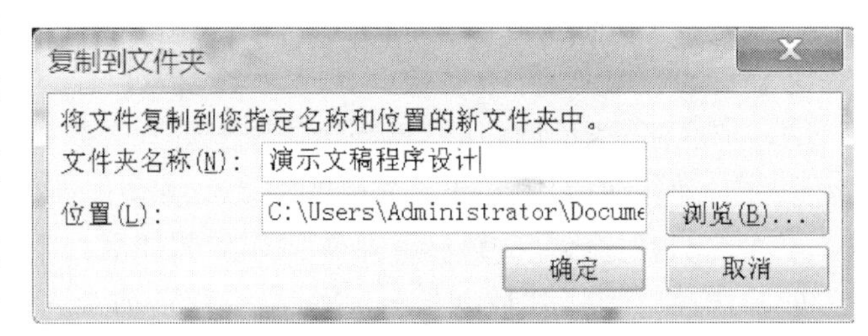

图 5-1-42 “复制到文件夹”对话框

6. 演示文稿的发布 演示文稿除打包以外，还支持用户直接把演示文稿发布到互联网上。具体操作步骤如下：

（1）打开要发布的演示文稿，执行菜单栏中的“文件”→“另存为网页”命令，打开“另存为”对话框，如图 5-1-43 所示。

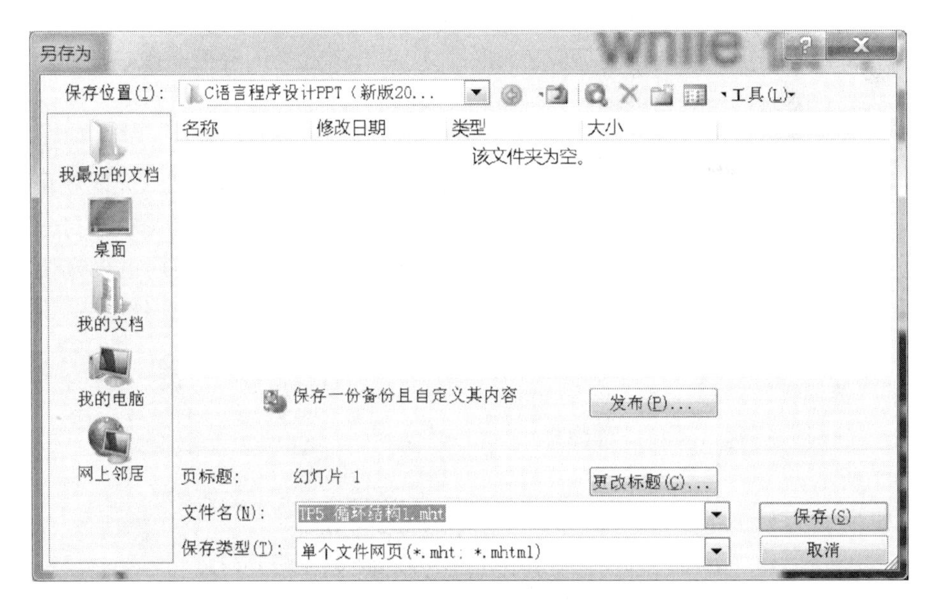

图 5-1-43 “另存为”对话框

（2）单击“更改标题”按钮，打开如图 5-1-44 所示的“设置页标题”对话框，在“页标题”文本框中输入要在浏览器标题栏中显示的标题，单击“确定”按钮返回“另存为”对话框。

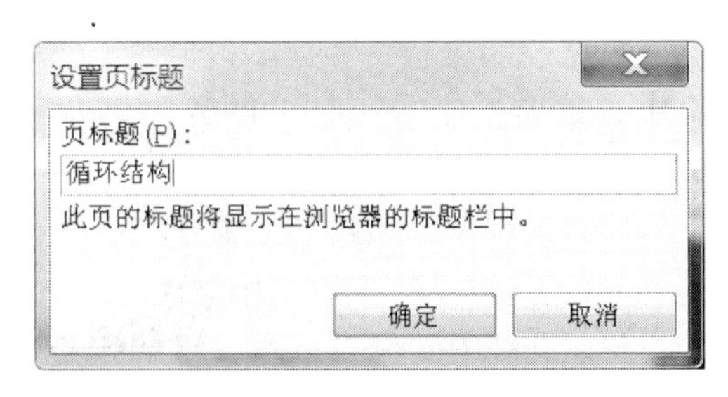

图 5-1-44 “设置页标题”对话框

（3）在“文件名”和“保存类型”下拉列表中进行相关设置后，单击“发布”按钮，打开“发布为网页”对话框，如图 5-1-45 所示。

（4）在“发布内容”选项组中，选中“整个演示文稿”单选按钮。单击“Web 选项”按钮，打开“Web 选项”对话框，在“常规”选项卡中的“颜色”下拉列表中选择“浏览

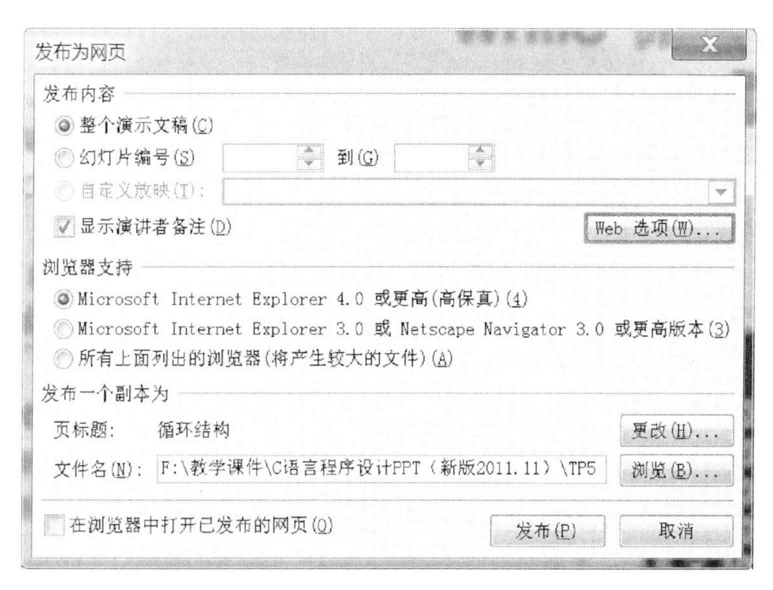

图 5-1-45　“发布为网页”对话框

器颜色”选项，如图 5-1-46 所示。

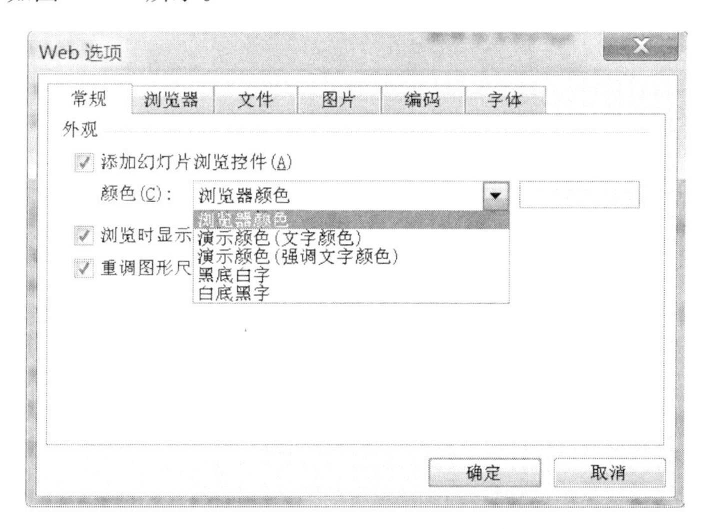

图 5-1-46　“Web 选项”对话框

(5) 设置完毕后，单击“发布”按钮就可以将演示文稿发布到网上了。

5.1.6　情境实战

本情境首先创建一个电子相册集，建立相册集的大致框架，然后修饰目录页、添加超级链接及设置幻灯片的切换效果，最后发布相册。

🕮1. 创建电子相册集

(1) 启动 PowerPoint 2003，新建一个空白演示文档。执行“插入”→“图片”→“新建相册”命令，打开“相册”对话框。

(2) 由于所需图片都已经事先保存在计算机中了，所以只需单击“文件/磁盘”按钮打开“插入新图片”对话框，在“查找范围”下拉列表中找到图片存放的位置，从中选择所需的图片，可以配合 Shift 或 Ctrl 键一次选择多张图片，然后单击“插入”按钮。

（3）调整插入图片的顺序。选择一张或多张图片，然后再单击图片列表下面的“上移”按钮 或“下移”按钮 即可调整。使用此方法可以改变图片在相册中的播放顺序。

（4）在“相册版式”选项组的“图片版式”下拉列表中选择“1 张图片”；在“相框形状”下拉列表中选择相框的形状“边缘凹凸形”。本情境中共插入了 6 张图片，插入完图片的“相册”对话框如图 5-1-47 所示。

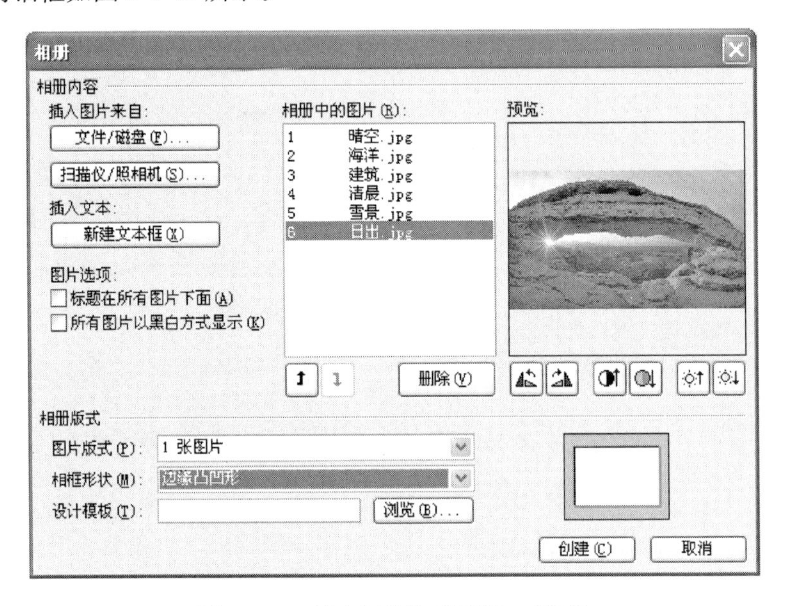

图 5-1-47　插入图片的“相册”对话框

（5）单击“创建”按钮，图片即被一一插入演示文稿中，并在第一张幻灯片中留出相册的标题。

（6）执行“文件”→“保存”命令，打开“另存为”对话框，然后在“保存位置”下拉列表中选择保存路径，在“文件名”文本框中输入文件名，单击“保存”按钮，完成文件的保存。

2. 应用设计模板

（1）执行“格式”→“幻灯片设计”命令，打开“幻灯片设计”任务窗格，在“应用设计模板”列表中浏览所有的模板类型，或者单击“浏览”链接，打开“应用设计模板”对话框，在该对话框中选择一种模板文件，如 Edge. dot。

（2）单击“应用”按钮后，演示文稿自动套用该模板。然后在第一张幻灯片中分别选中“单击此处添加标题”和“单击此处添加副标题”占位符，并按 Delete 键删除。此时，应用设计模板后的幻灯片界面如图 5-1-48 所示。

（3）设置幻灯片母版背景。执行“视图”→“母版”→“幻灯片母版”命令，打开幻灯片母版视图，如图 5-1-49 所示。

（4）选中母版视图中的第一张幻灯片母版，选中母版中的两条黄线并删除，并删除“单击此处编辑母版文本样式”等占位符。然后执行“格式”→“背景”命令，打开如图 5-1-50

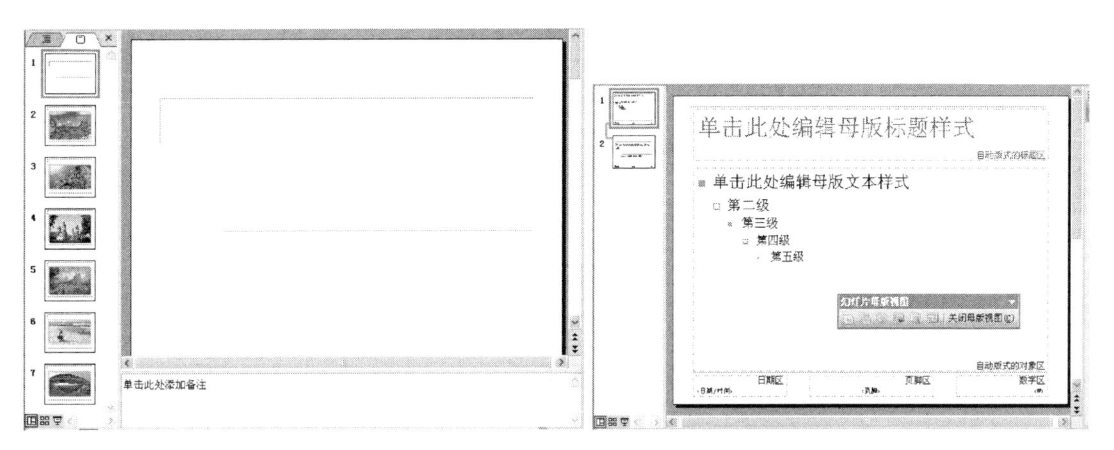

图 5-1-48　应用设计模板　　　　图 5-1-49　幻灯片母版视图

所示的“背景”对话框，在“背景填充”下拉列表中执行“填充效果”命令，打开“填充效果”对话框，在“图片”选项卡中单击“选择图片”按钮，打开“选择图片”对话框，选择图片文件 photo. png，然后单击“插入”按钮，返回到“填充效果”对话框，如图 5-1-51 所示。单击“确定”按钮，返回“背景”对话框，单击“全部应用”按钮，将“背景”应用到全部幻灯片中。

图 5-1-50　“背景”对话框

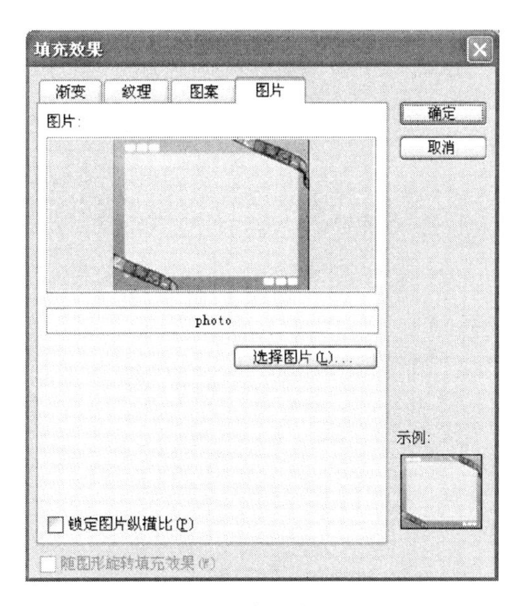

图 5-1-51　“填充效果”对话框

（5）选中母版视图中的第 2 张幻灯片母版，即标题母版，选中母版中的两条黄线并删除，还删除“单击此处编辑母版标题样式”等占位符。然后执行中的“格式”→“背景”命令，打开“背景”对话框，在“背景填充”下拉列表中执行“填充效果”命令，打开“填充效果”对话框，在“图片”选项卡中单击“选择图片”按钮，打开“选择图片”对话框，选择图片文件 photo2. png，然后单击“插入”按钮，返回到“填充效果”对话框，单击“确定”按钮，返回“背景”对话框。单击“应用”按钮，将“背景”应用到标题幻灯片中。

（6）此时幻灯片母版效果如图 5-1-52 所示。单击“幻灯片母版视图”工具栏中的“关闭母版视图”按钮，返回到普通视图。

3. 在相册集封面上插入并设置艺术字 要使作品吸引人，外部包装是必不可少的。基本思路如下：首先在目录页添加艺术字，然后设置该艺术字的格式及其效果，最后在目录页中插入图片并设置图片的格式。具体的操作步骤如下：

（1）选中第一张幻灯片，执行“插入”→“图片”→“艺术字”命令，打开“艺术字库”对话框（图 5-1-53），然后选择第 3 行第 1 列的艺术字样式。

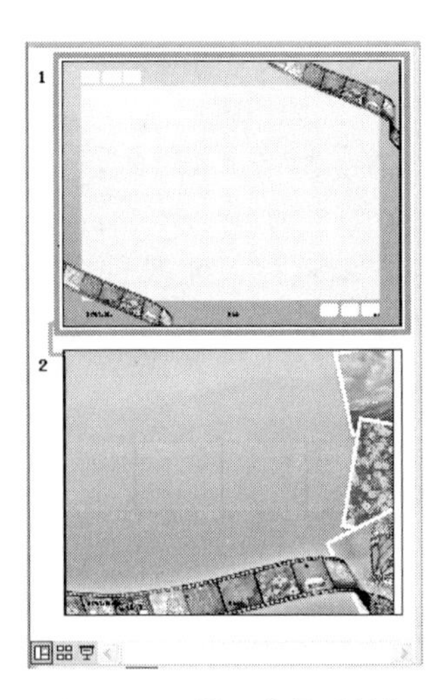

图 5-1-52 设置背景后的幻灯片母版视图

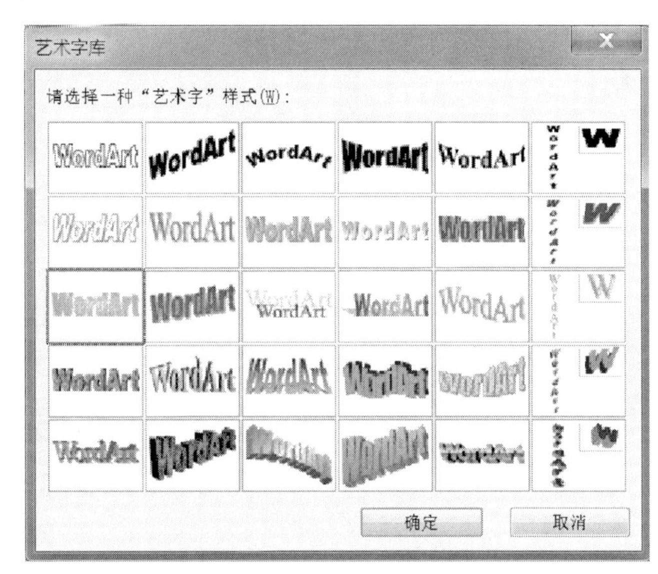

图 5-1-53 “艺术字库”对话框

（2）单击“确定”按钮，打开“编辑‘艺术字’文字”对话框，在文字编辑区中输入文字“经典收藏”，字体为宋体，字号为 48 号，单击“加粗”按钮。单击“确定”按钮，在幻灯片中插入艺术字“经典收藏”。

（3）在幻灯片中选中插入的艺术字“经典收藏”，单击右键，在弹出的菜单中选择“设置艺术字格式”命令，打开“设置艺术字格式”对话框，打开“颜色和线条”选项卡。在“填充”选项组中的“颜色”下拉列表中选择“填充效果”命令（图 5-1-54），打开“填充效果”对话框中的“渐变”选项卡。

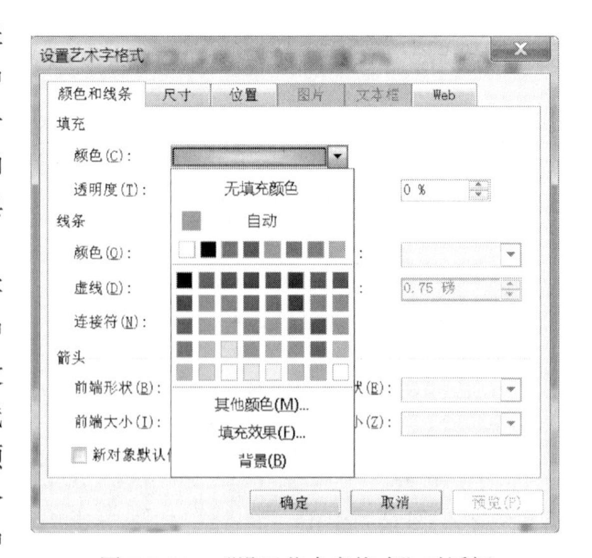

图 5-1-54 “设置艺术字格式”对话框

（4）在“填充效果”对话框中的“底纹样式”选项组中选中“中心辐射”单选按钮，在“变形”选项组中选择第二个样式，如图 5-1-55 所示。单击“确定”按钮，返回到“设置艺术字格式”对话框。再单击“确定”按钮，完成对艺术字的设置。

（5）在幻灯片中选中艺术字“经典收藏”，单击“绘图”工具栏中的“阴影效果”按钮，在弹出的阴影样式中选择“阴影样式 6”，如图 5-1-56 所示。

图 5-1-55　“填充效果”对话框

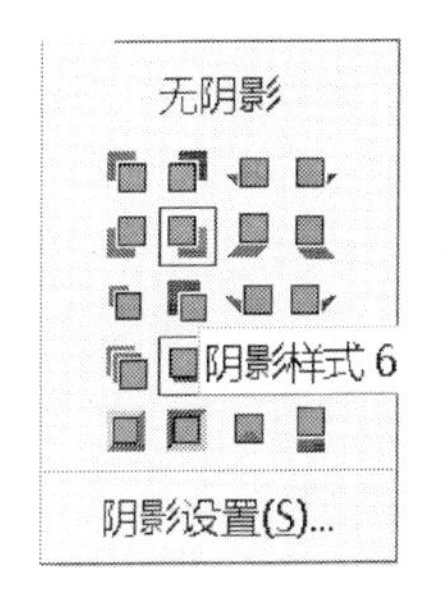

图 5-1-56　阴影样式列表

（6）再次单击“绘图”工具栏中的“阴影效果”按钮，在弹出的子菜单中选择“阴影设置”命令，打开“阴影设置”工具栏，如图 5-1-57 所示。分别使用“略向上移”按钮和“略向左移”按钮调整阴影的效果。

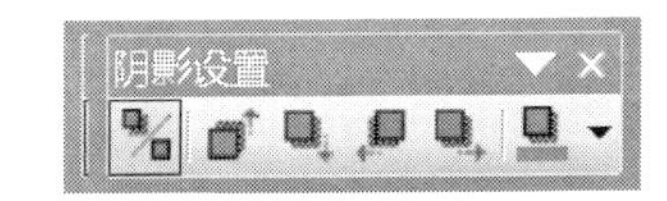

图 5-1-57　“阴影设置”工具栏

（7）单击“绘图”工具栏中的“三维效果样式”按钮，在打开的下拉列表中选择“三维样式 7”，如图 5-1-58 所示，并选择“三维设置”命令，打开“三维设置”工具栏，然后单击“照明角度”按钮，在打开的下拉列表中选择如图 5-1-59 所示的照明角度。

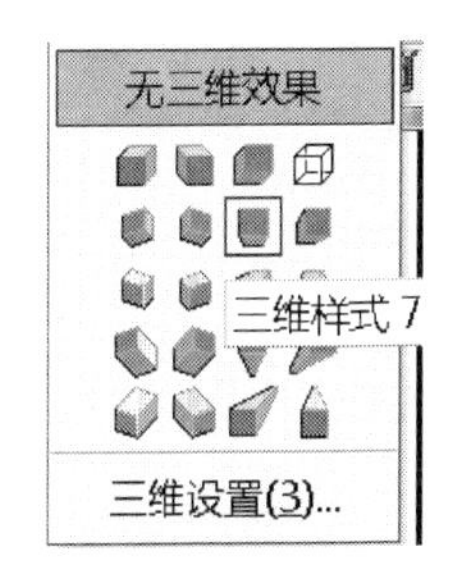

图 5-1-58　三维效果样式列表

（8）拖曳艺术字周围的白色圆点，调整艺术字的大小。在“艺术字”工具栏中单击“艺术字形状”按钮，在打开的艺术字形状列表中选择“两端近”，如图 5-1-60 所示。

（9）单击“三维设置”工具栏中的“下俯”按钮，调整艺术字的三维效果。

📖**4. 在封面上插入图片**　在相册封面中添加图片的缩略图，可以使欣赏者能够一目了

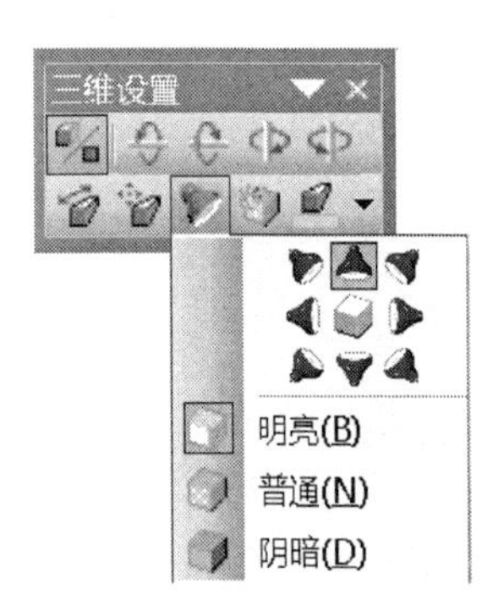

图 5-1-59　选择照明角度

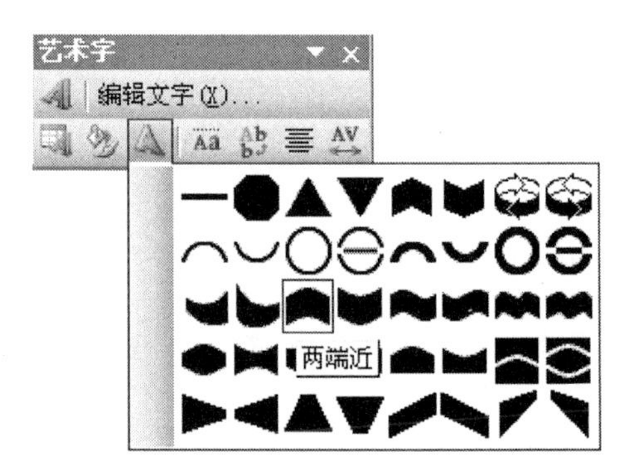

图 5-1-60　选择艺术字形状

然地知道相册中的内容。具体的操作步骤如下：

（1）选中第一张幻灯片，执行“插入”→“图片”→“来自文件”命令，打开“插入图片”对话框，选中第一张图片“晴空 .jpg”，单击“插入”按钮，即可在封面上插入该图片。

（2）执行“格式”→“图片”命令，打开“设置图片格式”对话框中的“尺寸”选项卡，在“缩放比例”选项组中选中“锁定纵横比”和“相对于图片的原始尺寸”复选框，然后将高度设置为 35%，宽度则自动设置，如图 5-1-61 所示。

（3）单击“确定”按钮，完成对插入图片尺寸的设置。使用同样的方法，将其他图片插入幻灯片中，并适当调整其大小和位置。

（4）单击“绘图”工具栏中的“文本框”按钮，插入一个文本框，并输入文本“我的相册”，并将其文字的格式设置为楷体、36 号字、黑色。插入图片及文本框后的效果如图 5-1-62 所示。

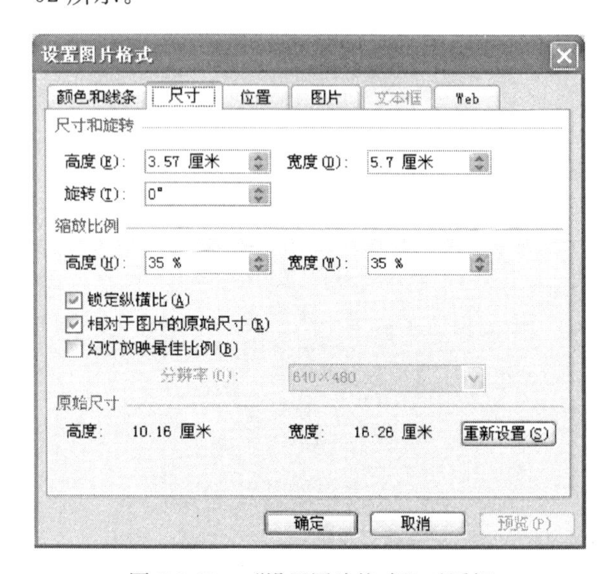

图 5-1-61　“设置图片格式”对话框

图 5-1-62　制作完成的相册封面

5. 添加超级链接　在本情境中要求能够利用封面中的各个图片切换到其他幻灯片中，因此需要为封面中的相关内容添加链接。具体的操作步骤如下：

（1）选中封面缩略图中的第 1 张图片，单击右键，在弹出的菜单中执行“动作设置”命令，打开“动作设置”对话框，选择“单击鼠标”选项卡。在“单击鼠标时的动作”选项组中选中“超级链接”单选按钮，然后在其下拉列表中选择“幻灯片”选项，如图 5-1-63 所示。

（2）单击“确定”按钮，打开“超链接到幻灯片”对话框。从“幻灯片标题”列表中选择相应的幻灯片，在右边的预览区中可以看到幻灯片的预览效果，如图 5-1-64 所示，单击“确定”按钮返回“动作设置”对话框，再单击“确定”按钮，即可完成链接。

图 5-1-63　“动作设置”对话框

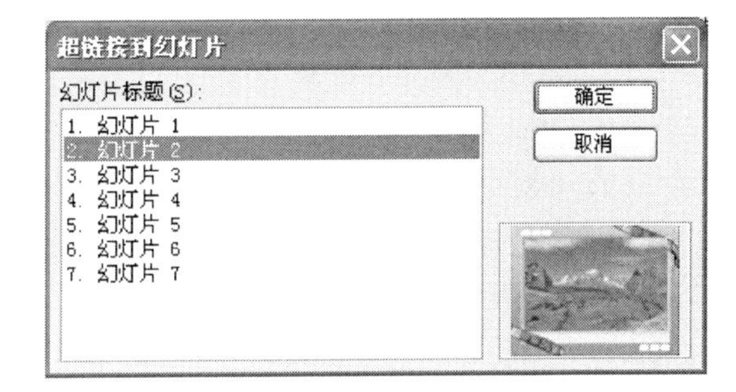

图 5-1-64　“超链接到幻灯片”对话框

（3）用同样的方法为封面中其他缩略图设置超链接，分别链接到对象的幻灯片。

（4）选中第 2 张幻灯片，在幻灯片的底部添加一个文本框，并将其填充颜色和线条颜色均设置为无。在该文本框中输入文字“回目录页”，并将其字体格式设置为宋体、24 号、倾斜、下划线，字体颜色为蓝色。

（5）单击“绘图”工具栏中的“自选图形”→“基本形状”→“等腰三角形”命令，在文字“回目录页”右侧绘制一个等腰三角形，并设置该三角形的填充颜色为蓝色，然后将其调整到合适的大小，单击“绘图”工具栏中的“绘图”→“旋转或翻转”→“向右旋转 90°”命令。

（6）同时选中文本“回目录页”和等腰三角形，单击鼠标右键，在弹出的快捷菜单中执行“组合”→“组合”命令，将其组合在一起。

（7）选中组合后的“回目录页”文本框，执行“插入”→“超链接”命令，打开“插入超链接”对话框，在“链接到”选项组中选中“在本文档中的位置”选项，然后在“请选择文档中的位置”列表中选择“幻灯片 1”，如图 5-1-65 所示。

（8）单击“确定”按钮完成超链接的设置。选中设置了超链接的“回目录页”文本框，并将其复制到第 3 张到第 7 张幻灯片的同一位置。

🕮6. 给相册集中图片进行压缩　由于相册集中用到了很多图片，而图片会占用大量的磁盘空间，有必要减小带有图片的演示文稿的大小。操作步骤如下：

图 5-1-65　“插入超链接”对话框

（1）执行“视图”→“工具栏”→“图片”命令，打开“图片”工具栏。

（2）单击“图片”工具栏中的“压缩图片”按钮，将出现如图 5-1-66 所示的“压缩图片”对话框，在“更改分辨率”选项组中选中“Web 屏幕”单选按钮。

（3）单击“确定”按钮，在随后出现的警示对话框中单击“应用”按钮，PowerPoint 会对该演示文稿中所有的图片进行压缩。

7. 设置幻灯片的切换效果

（1）执行“幻灯片放映”→“幻灯片切换”命令，打开“幻灯片切换”任务窗格，在“应用于所选幻灯片”列表中选择“阶梯状向右下展开”选项，单击“应用于所有幻灯片”按钮，使相册中的所有幻灯片都具有相同的切换效果，如图 5-1-67 所示。

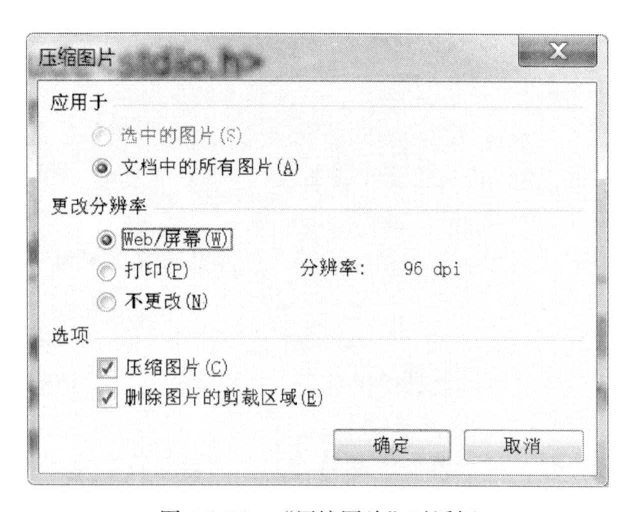

图 5-1-66　“压缩图片”对话框

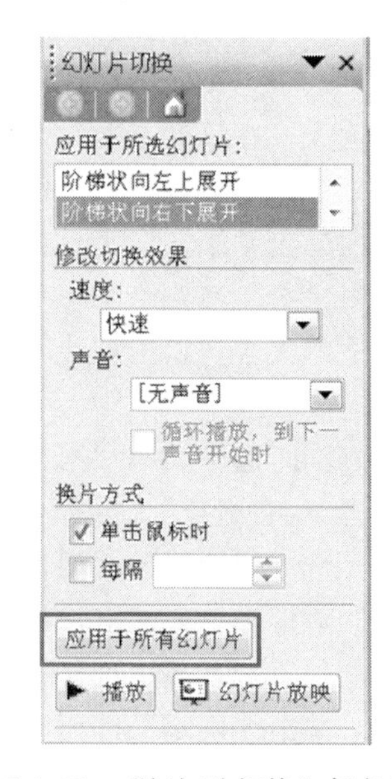

图 5-1-67　“幻灯片切换”任务窗格

（2）单击“常用”工具栏中的“保存”按钮，将制作完成的电子相册进行保存。

至此，电子相册就全部制作完成了，按下 F5 键，可欣赏电子相册播放效果。

8. 发布相册　将制作完成的电子相册发布到互联网上，具体操作步骤如下：

(1) 打开电子相册集，执行“文件”→“另存为网页”命令，打开“另存为”对话框，单击“更改标题”按钮，打开如图 5-1-68 所示的“设置页标题”对话框，在“页标题”文本框中输入要在浏览器标题栏中显示的标题，如“我的相册”。单击“确定”按钮，返回“另存为”对话框。

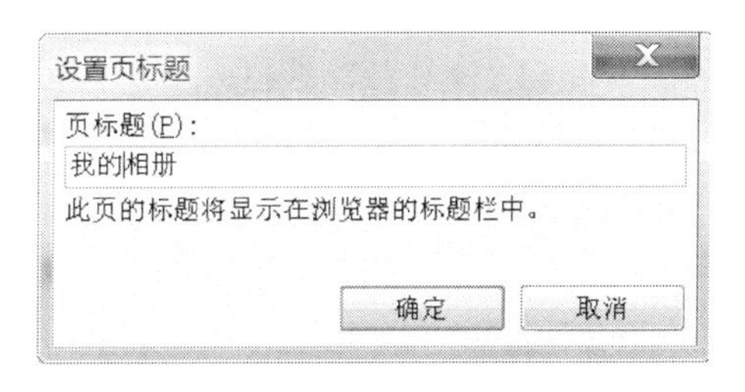

图 5-1-68　“设置页标题”对话框

(2) 在“文件名”和“保存类型”下拉列表中进行相关设置后，单击“发布”按钮，打开“发布为网页”对话框；在“发布内容”选项组中选中“整个演示文稿”单选按钮。单击“Web 选项”按钮，打开“Web 选项”对话框中的“常规”选项卡，在“颜色”下拉列表中选择“浏览器颜色”选项，如图 5-1-69 所示。

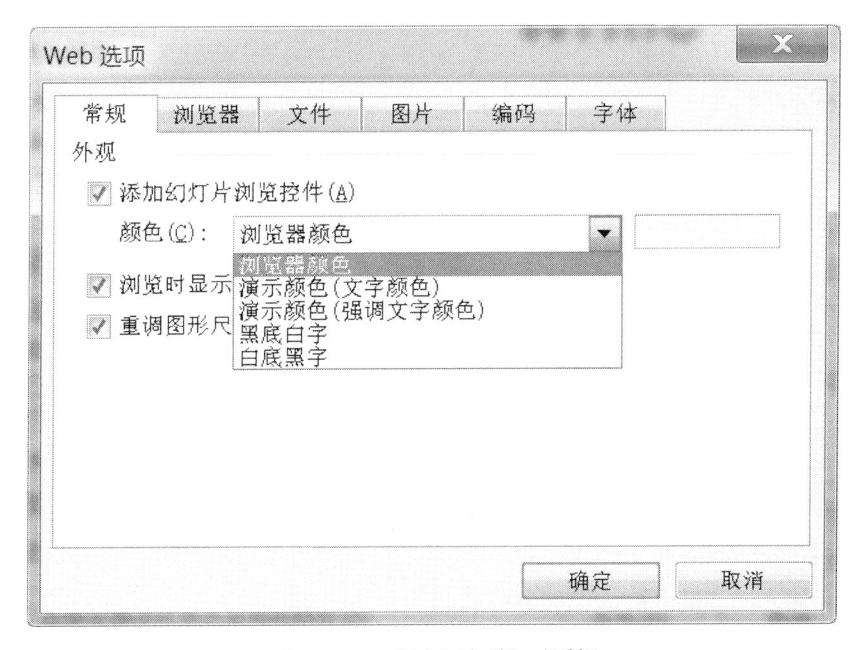

图 5-1-69　“Web 选项”对话框

(3) 设置完毕后，单击“发布”按钮就可以将演示文稿发布到网上了。

情境二　制作学院宣传片

❶情境描述

根据提供的照片及相关材料制作有关学院的宣传片，并添加音乐效果和动画效果，使制作出的宣传片不仅图文并茂，而且声色俱佳。该宣传片的效果图如图 5-2-1 所示。

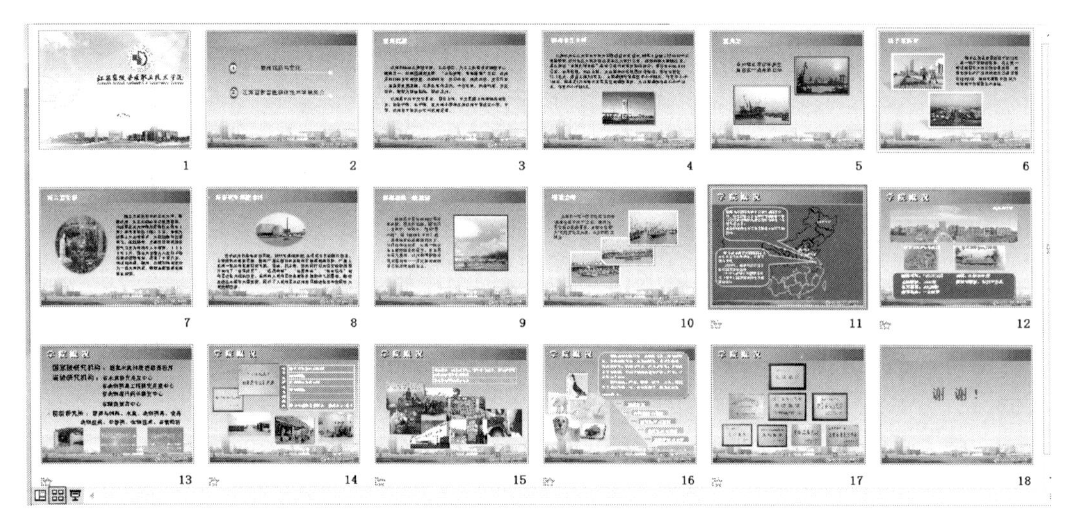

图 5-2-1　宣传片效果

❷情境分析

制作本宣传片需要导入大量的图片，也需利用自选图形绘制图形，并完成这些图片的效果处理，包括图片的组合效果、对齐或分布、图片优化等。然后通过自定义动画为导入的图片添加合适的动画效果，再为该幻灯片加上背景音乐。

在本情境中，大部分的知识在前面都有所涉及，本情境重点在于如何进行图片的效果处理，如何添加自定义动画以及如何设置幻灯片的放映方式。在制作过程中，首先应用幻灯片的设计模板及提供的图片创建幻灯片的背景，然后导入文本和图形图片，并对该图片进行效果处理，使之编排好之后，再利用自定义动画添加各种各样的动画方式，同时导入声音元素、设置幻灯片的切换效果，最后设置幻灯片的放映方式。

故完成本情境任务可按照如下基本步骤完成：

- 幻灯片的背景及配色方案设置
- 对象的插入与编辑（情境一已介绍）
- 对象的动画效果设置
- 幻灯片的切换效果（情境一已介绍）
- 幻灯片的放映设置
- 情境实战

❸具体实现

5.2.1　幻灯片的背景及配色方案设置

在制作宣传片的过程中，背景及配色方案是最难确定的。背景色一定要庄重、大方，切忌使用太多的颜色，因为太多的颜色比颜色不足更糟。在设计背景颜色时，要与图片、图形相互协调、搭配。

1. 背景设计　通过“背景”命令可以让用户方便地更改幻灯片背景。具体操作步骤如下：

（1）选择要改变背景颜色的幻灯片，选择“格式”→“背景”命令，打开“背景”对话框。单击“背景填充”下拉列表框的下三角按钮，将弹出颜色面板，如图 5-2-2 所示。

（2）在弹出的颜色面板中选择所需的一种颜色；如果在背景颜色面板中没有找到所需要的颜色，可以选择“其他颜色”命令，在弹出的“颜色”对话框中选择所需要的颜色。

（3）用户也可以单击“填充效果”命令，打开“填充效果”对话框。在其中选择合适的纹理、图案、图片等，如图 5-2-3 所示。设置完填充效果后单击“确定”按钮，返回到“背景”对话框。

图 5-2-2　“背景”对话框

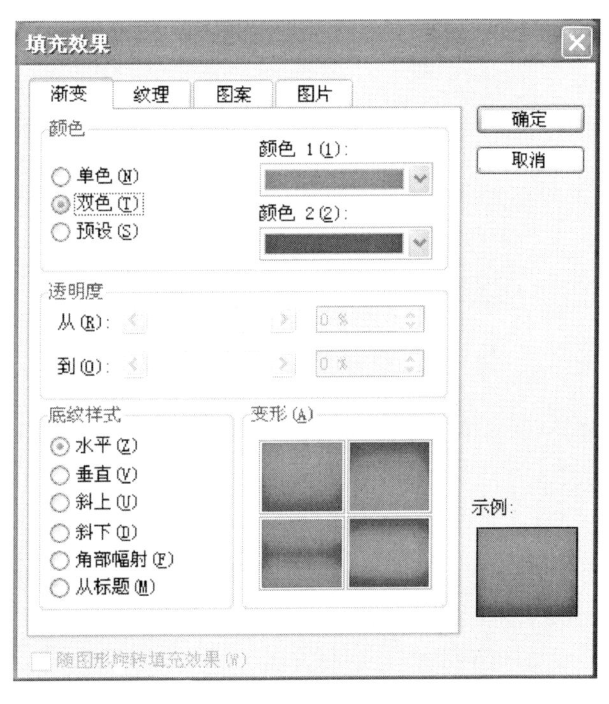

图 5-2-3　“填充效果”对话框

（4）背景颜色或填充效果设置完毕单击“应用”按钮，则当前这张幻灯片就应用了所设置的背景。如果单击“全部应用”按钮，那么选择的背景颜色或填充效果将应用到演示文稿中的所有幻灯片中。

📖**2. 配色方案**　配色方案是指为幻灯片统一调整文本、线条、阴影、超链接等各种对象的颜色。设置的具体操作步骤如下：

（1）选择要调整配色方案的幻灯片，选择“格式”→“幻灯片设计”命令，则出现“幻灯片设计”任务窗格，其中有三个选项：“设计模板”、“配色方案”和“动画方案”。

（2）单击“配色方案”选项，在“应用配色方案”列表中列出了一些 PowerPoint 自带的一些配色方案。

（3）用户可以选择一种适合的配色方案，然后单击选中的配色方案右侧的按钮，在弹出的菜单中可选择“应用于所选幻灯片”、“应用于所有幻灯片”等命令，如图 5-2-4 所示。

（4）如果用户对列表中的配色方案都不满意，则可单击最下端的“编辑配色方案”链接，弹出“编辑配色方案”对话框，可以编辑配色方案中的背景、文本和线条、标题文本等的颜色，如图 5-2-5 所示。设置完毕单击“应用”按钮则本演示文稿的所有幻灯片都应用了该配色方案。

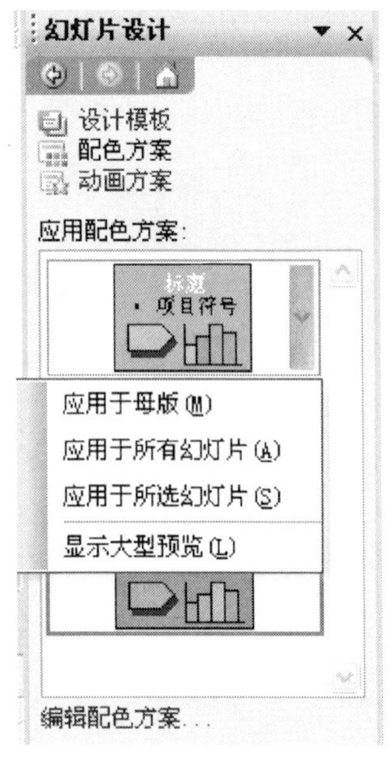

图 5-2-4 “配色方案”窗格

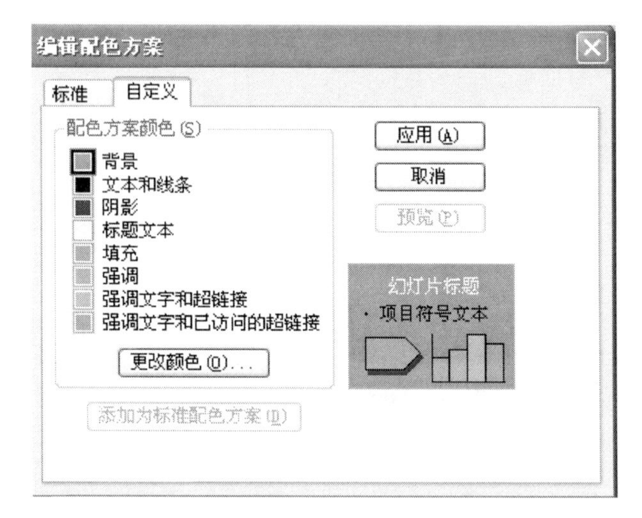

图 5-2-5 “编辑配色方案”对话框

5.2.2 对象的动画效果

给幻灯片中的对象添加动画可以产生很好的视觉效果，但是动画效果只能在幻灯片放映时体现出来。

1. 设置幻灯片动画方案

(1) 选择一张要设置动画方案的幻灯片，单击“格式”工具栏中的“设计”按钮，或者选择“幻灯片放映”→“动画方案”命令，或者选择“格式”→“幻灯片版式”命令，保证显示“幻灯片设计”任务窗格。

(2) 单击“幻灯片设计”任务窗格中的“动画方案”链接，在如图 5-2-6 所示的“应用于所选幻灯片”列表中显示出所有的动画方案。选中“自动预览”复选框，单击列表中的任一方案，在幻灯片编辑区域会同步显示选定动画方案的实际效果。

(3) 选择合适的动画方案后，如果单击“应用于所有幻灯片”按钮，则所有幻灯片都将出现所设置的动画效果。

2. 设置单个对象的自定义动画 动画方案只能为对象设置简单的动画效果，如果要进行复杂的动画设置，需要用“自定义动画”来完成。操作步骤如下：

(1) 在幻灯片普通视图中，选择要设置动画的幻灯片。

(2) 选择“幻灯片放映”→“自定义动画”命令，出现“自定义动画”任务窗格，如图 5-2-7 所示。

(3) 在幻灯片中选中要设置动画的对象，然后单击“添加效果”按钮，出现一个下拉菜单，有“进入”、“退出”、“强调”和“动作路径”四个菜单项，而在每一个子菜单中，分别

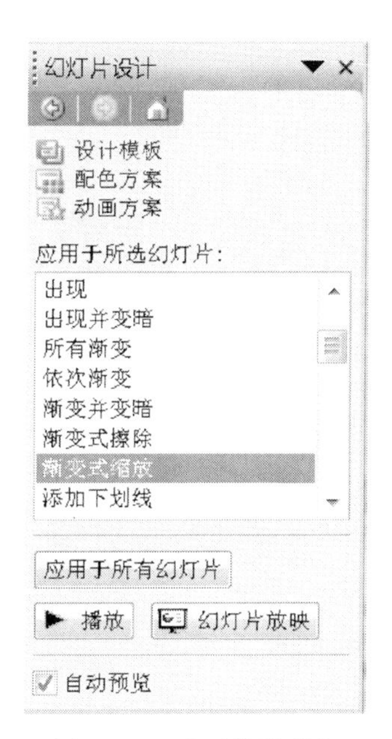

图 5-2-6　动画效果列表

图 5-2-7　“自定义动画”任务窗格

有对应该命令的各种动画类型。如在“进入”子菜单中，有“飞入”、“菱形”等效果，如图 5-2-8 所示；如在“强调”子菜单中，有“放大/缩小”、“更改字号”等，如图 5-2-9 所示。同时用户还可以选择各个子菜单中的“其他效果”命令，如执行了“进入”子菜单中的“其他效果”命令，则弹出“添加进入效果”对话框，如图 5-2-10 所示，用户可以选择其中一种效果，单击“确定”按钮即可。

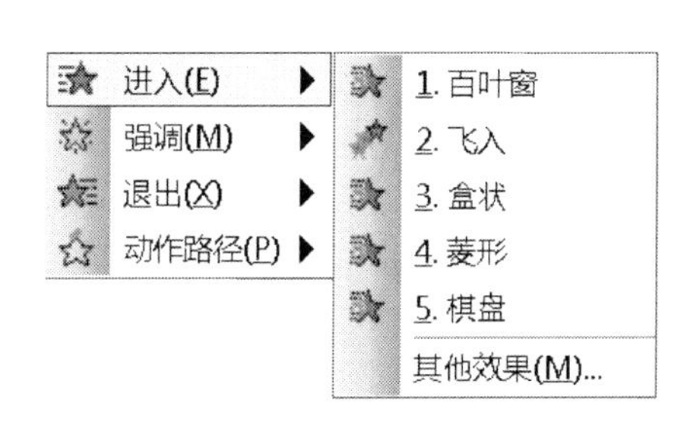

图 5-2-8　效果“进入”级联菜单

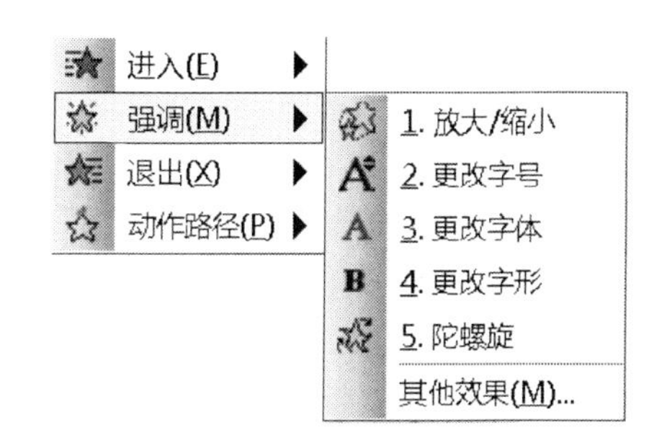

图 5-2-9　效果“强调”级联菜单

提示： 可以给对象设置多个动画效果。选择“进入”子菜单中的命令可以设置对象进入屏幕时的动画效果；选择“强调”子菜单中的命令可以设置对象进入屏幕后的动画效果，如闪烁、更改字体等；选择“退出”子菜单中的命令可以设置对象退出屏幕时的动画效果；选择“动作路径”子菜单中的命令可以设置对象沿着指定的路径移动（“动作路径”在下一情境中专门介绍）。

（4）当选择了某种效果之后，“自定义动画”任务窗格上的各设置选项被激活，如图 5-2-11 所示。

（5）在“开始”下拉列表中设置动画播放的条件。如果让其单击鼠标时播放则选“单击

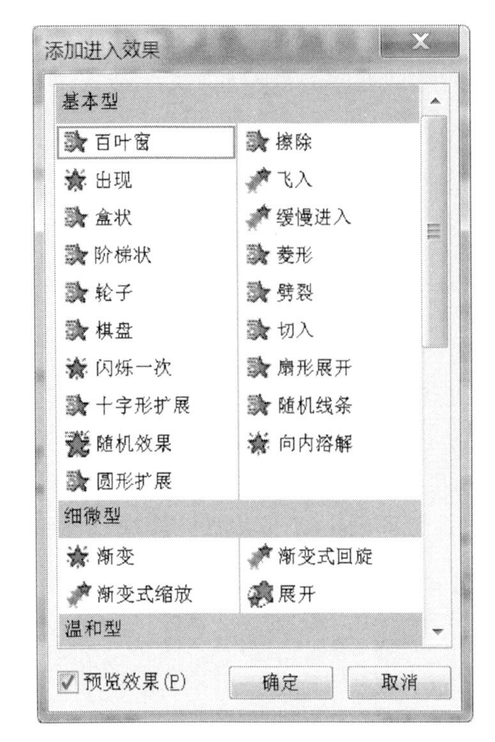

图 5-2-10 “添加进入效果”对话框

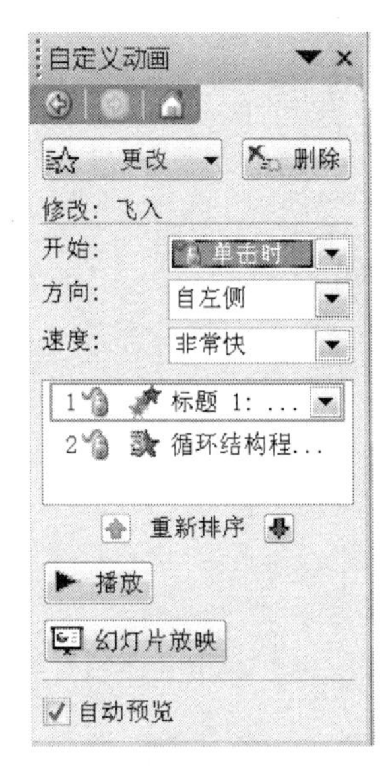

图 5-2-11 添加效果后的“自定义动画”任务窗格

时”，如果让其上一动作结束之后自动播放则选择“之后”，如果让其在上一动作开始之前播放则选“之前”。在“方向”下拉列表中设置动画出现的方向，如“自左侧”、“自右侧”、“自底部”等，或者是“内”、“外”方向等；在“速度”下拉列表中设置动画播放的速度；可以单击“重排顺序”两边的向上箭头和向下箭头调整对象播放的顺序。

(6) 用户还可以为对象设置动画在播放时的增强效果。选中动画对象列表中的要添加增加效果的对象（假设该对象的动画效果为“飞入”），单击其右侧的下拉按钮，出现“对象”菜单，如图 5-2-12 所示，在此菜单中选择“效果选项”命令，打开“飞入”对话框，如图 5-2-13 所示。在“声音”下拉列表中可以设置对象“飞入”时伴随的声音；在“动画播放后”下拉列表中设置对象“飞入”后是否隐藏或者文本变为其他颜色；在“动画文本”下拉列表中设置文本的出现方式，可以选择“整批发送”、“按字词”或“按字母”。设置完毕，单击“确定”按钮返回到“自定义动画”任务窗格。

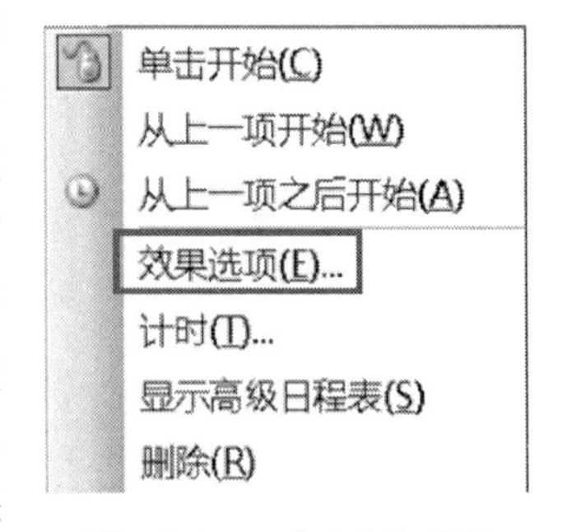

图 5-2-12 “对象”菜单

(7) 单击“播放”按钮，可以预览幻灯片的动画效果。若要按实际播放效果预览播放，则单击“幻灯片放映”按钮。

对于已经设置了动画的对象，在幻灯片中选定该对象，则“重排顺序”按钮上方的“对象动画”列表中该对象所具有的动画效果全被选中，用户可以选择其效果，然后单击“更改”按钮修改动画效果，也可以单击“删除”按钮删除该动画效果。

图 5-2-13　“飞入”对话框

5.2.3　幻灯片的放映设置

1. 设置幻灯片放映方式　幻灯片的放映方式有三种：演讲者放映（全屏幕）、观众自行浏览（窗口）和展台浏览三种，如图 5-2-14 所示的“设置放映方式”对话框中的“放映类型”选项组中的选项（选择“幻灯片放映”→“设置放映方式”命令打开“设置放映方式”对话框）。

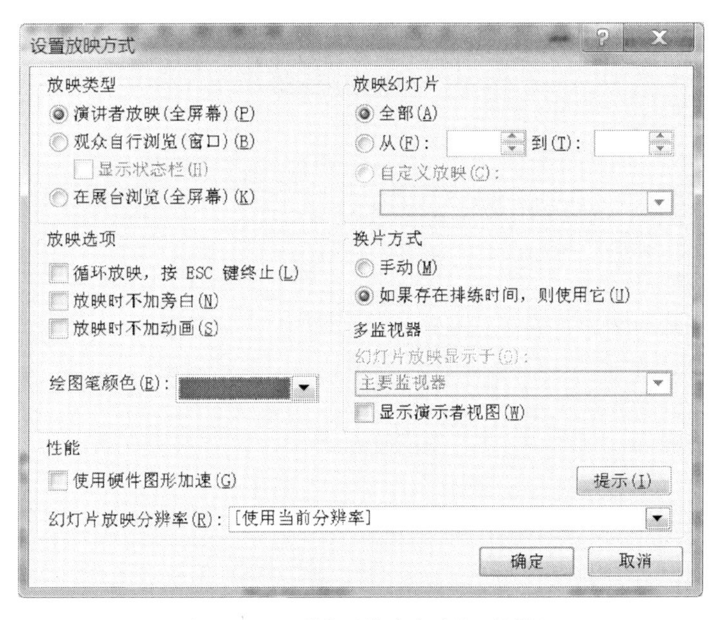

图 5-2-14　“设置放映方式”对话框

在演讲者放映方式下，演示文稿是全屏幕放映的，演讲者可以一边演讲一边控制幻灯片的放映，这是最常用的方式，也是默认的方式；在观众自行浏览方式下，观众可以自己动手移动、编辑、复制和打印幻灯片，但不能单击鼠标进行放映，只能自动放映或利用滚动条进行放映，还可以使用 PageUp 和 PageDown 键来上下切换幻灯片；在在展台浏览方式下，可以自动运行演示文稿，不需要人工切换幻灯片，事先已设置好了放映时间，根据排练计时自动放映，如要停止放映，按 Esc 键即可。

2. 设置放映时间即排练计时 为了配合演讲者的陈述，使得幻灯片的切换速度与演讲者的陈述速度保持同步，可以使用 PowerPoint 提供的排练计时功能，预先设置每张幻灯片的播放时间。具体操作步骤如下：

(1) 选择“幻灯片放映”→“排练计时”命令，出现第一张幻灯片，同时屏幕左上角出现“预演”对话框，如图 5-2-15 所示。

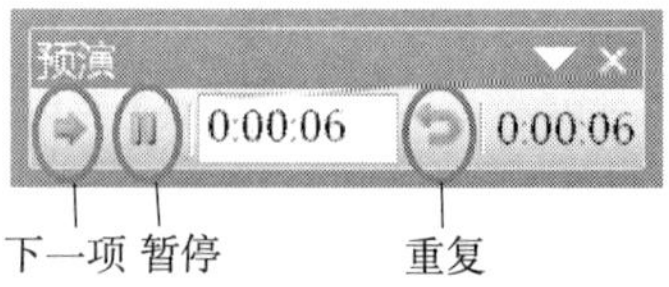

(2) “预演”对话框中的计时器开始计时，演讲者可以对自己要讲述的内容进行排练，确定当前幻灯片的停留时间。如果在排练中出现了问题，可以单击“重复”按钮，重新开始。

图 5-2-15 “预演”对话框

(3) 第一张幻灯片的放映时间设置好后，单击鼠标，将出现第二张幻灯片，同样的操作，设置第二张幻灯片的排练时间，直到最后一张幻灯片设置完毕。此时屏幕上会弹出如图 5-2-16 所示的提示对话框，单击“是”按钮保存设置。

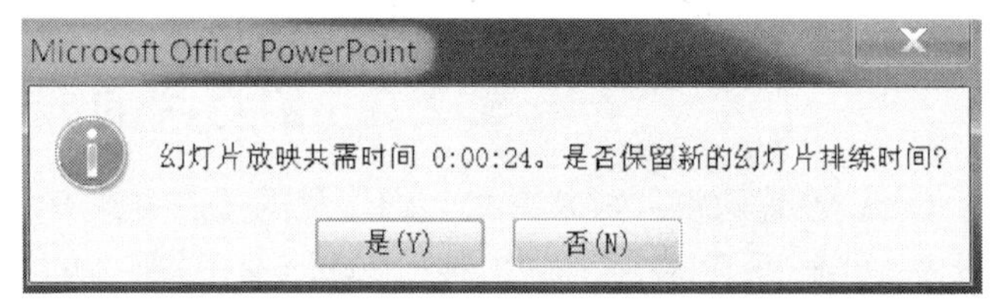

图 5-2-16 保存排练计时提示框

3. 录制旁白 PowerPoint 还支持将解说预先录制好，使幻灯片在放映时有配音的效果。录制旁白就可以实现这个功能，但前提是已经安装了麦克风等设备。具体操作步骤如下：

(1) 打开或新建一个演示文稿，选择“幻灯片放映”→“录制旁白”命令，打开“录制旁白”对话框，如图 5-2-17 所示。

(2) 单击“确定”按钮，演示文稿进行播放，解说者可以对着麦克风录制解说词，同时系统记录下每张幻灯片所用的时间。

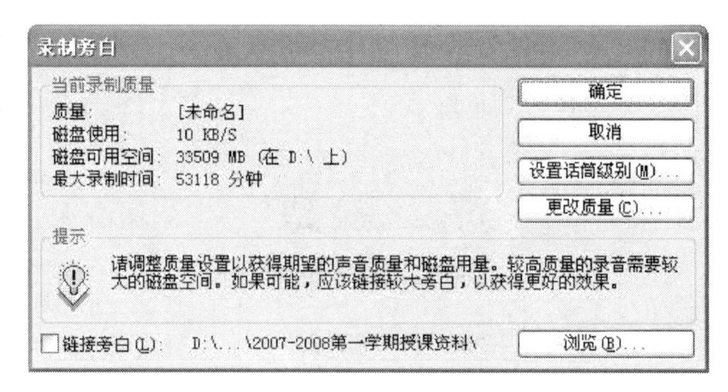

图 5-2-17 “录制旁白”对话框

(3) 录制结束后，系统会给出提示“旁白已经与相应幻灯片共同保存，需要保存幻灯片的排练时间吗”，单击“是”按钮保存排练时间及旁白，单击“否”按钮则只保存旁白。另外，如果选中“链接旁白”复选框，则旁白以链接对象插入，也就是说，声音文件和幻灯片文件分别存放。

4. 使用屏幕注释工具加强放映效果 在幻灯片放映过程中，如果需要在屏幕上指出幻灯片中的重点内容，临时添加手工标记，可以使用注释工具进行注释，从而实现更加醒目的效果。

给幻灯片添加注释的操作步骤如下：

（1）幻灯片在放映过程中单击鼠标右键，在弹出的快捷菜单中选择“指针选项”命令，或者在屏幕的下方单击“绘图笔”按钮，弹出如图 5-2-18 所示的“绘图笔”菜单。

（2）选择一种绘图笔类型，如圆珠笔、荧光笔等。单击“墨迹颜色”菜单项，在弹出的菜单中选择一种与背景搭配比较醒目的颜色。

（3）按住鼠标左键，在要提醒或强调的内容上随意拖动，就像平时在纸上涂鸦一样，此时幻灯片上就会叠加这些涂鸦的标记。

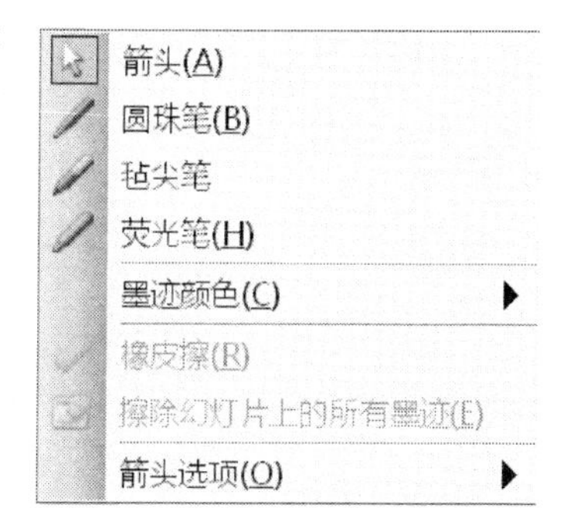

图 5-2-18　“绘图笔”菜单

如果在幻灯片上手绘了一些标记，则图 5-2-18 所示的“绘图笔”菜单中“橡皮擦”命令和“擦除幻灯片上的所有墨迹”命令就变为可用了。此时选择“橡皮擦”命令，然后在所画的墨迹上单击鼠标就可擦除不想要的标记；如果想擦除所有的标记内容，可选择“擦除幻灯片上的所有墨迹”命令，即可擦除所有墨迹。

当不需要进行绘图操作时，选择“绘图笔”菜单中的“箭头”命令，或者按 ESC 键则取消绘图笔，此时鼠标指针恢复为箭头形状。

这些标记只是注释，不会使幻灯片的内容改变。在放映结束时，将弹出一个询问“是否保留墨迹注释”的提示框，用户根据需要进行单击“保留”或“放弃”按钮。

5. 自定义放映　自定义放映是将演示文稿中的部分幻灯片进行命名，实现在放映过程中更改默认的幻灯片放映顺序或者有选择性地放映部分幻灯片。操作步骤如下：

（1）选择“幻灯片放映”→“自定义放映”命令，打开如图 5-2-19 所示的“自定义放映”对话框。

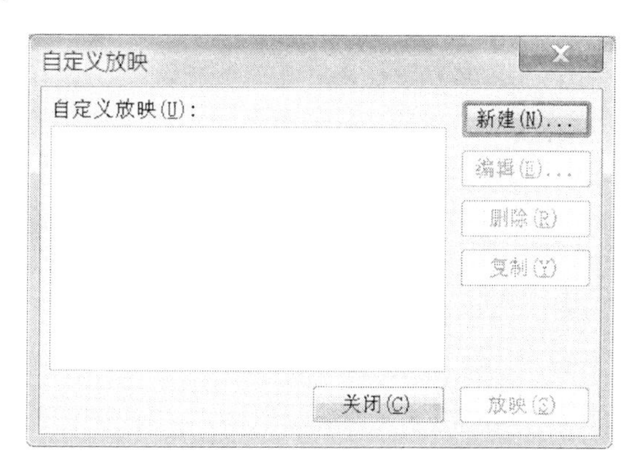

图 5-2-19　“自定义放映”对话框

（2）在“自定义放映”对话框中单击“新建”按钮，进入“定义自定义放映”对话框，如图 5-2-20 所示。

（3）在“幻灯片放映名称”文本框中输入自定义放映的名称，在“在演示文稿中的幻灯片”列表中选中需要独立放映的幻灯片，单击“添加”按钮，即将选中的幻灯片加入“在自定义放映中的幻灯片”列表中。

（4）如果想删除“在自定义放映中的幻灯片”列表中的某张幻灯片，可先选中要删除的幻灯片，然后单击“删除”按钮即可；如果想调整“在自定义放映中的幻灯片”列表中的幻灯片的顺序，可单击右侧的向上和向下箭头按钮进行调整。

（5）添加完毕，单击“确定”按钮返回到“自定义放映”对话框，新建的自定义放映的名称出现在“自定义放映”列表中，如图 5-2-21 所示。

（6）在“自定义放映”对话框中单击“编辑”按钮可修改已自定义的放映；单击“复

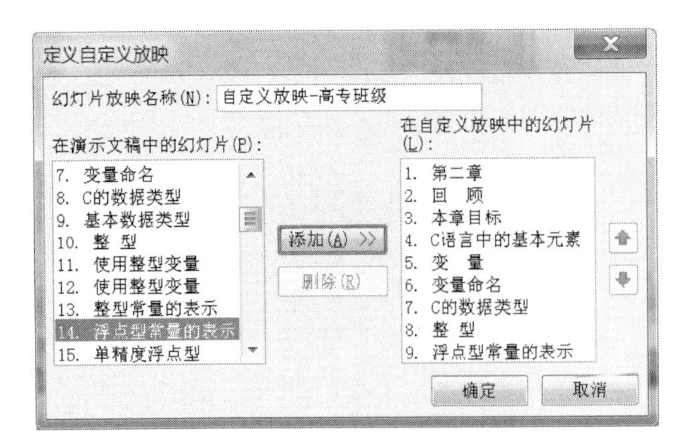

图 5-2-20 “定义自定义放映”对话框

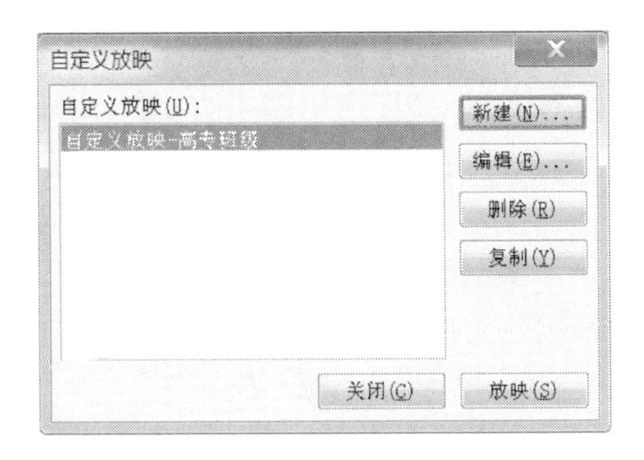

图 5-2-21 “自定义放映”列表中出现自定义放映的名称

制”或“删除”按钮可复制或删除当前自定义的放映项目；单击“放映”按钮，将放映选定的自定义放映的幻灯片。

5.2.4 情境实战

本情境的任务是制作一个典型的演示文稿，而制作演示文稿一般经历以下几个步骤：

（1）准备素材。主要是准备演示文稿中所需要的一些图片、声音、动画等文件。

（2）确定方案。对演示文稿的整个构架作一个设计。

（3）初步制作。将文本、图片等对象输入或插入相应的幻灯片中。

（4）装饰处理。设置幻灯片中的相关对象的要素（包括字体、大小、动画等），对幻灯片进行装饰处理。

（5）预演播放。设置播放过程中的一些要素，然后查看播放效果，不满意再修改。事实上后面三步是反复交叉进行的。

在本情境中，需要的素材已经准备完毕，所以首先要根据提供的文字资料和图片资料设计整个演示文稿的框架，确定每张幻灯片的标题，然后将文字内容及图片等插入各个幻灯片中。紧接着为各张幻灯片设置动画效果、切换效果及设置放映方式，最后打包幻灯片。

🕮1. 设置宣传片背景

（1）打开 PowerPoint 2003，打开“新建演示文稿”任务窗格，单击“空演示文稿”链接，即新建一空白演示文稿。选择“视图”→“母版”→“幻灯片母版”命令，打开幻灯片母版视图。

（2）选择“格式”→“背景”命令，打开“背景”对话框。单击“背景填充”下拉列表框的下三角按钮，选择“填充效果”命令，打开“填充效果”对话框的“渐变”选项卡。

（3）将颜色设置为双色，其中“颜色 1”为自定义颜色（图 5-2-22），“颜色 2”也为自定义颜色（图 5-2-23），“底纹样式”为“水平”。单击“确定”按钮，返回“背景”对话框。

（4）在“背景”对话框中单击“全部应用”按钮，则所有幻灯片都将应用该背景色。

（5）单击“绘图”工具栏中的“矩形”按钮，在幻灯片母版的上方绘制一个矩形，调整其大小，并设置其填充颜色为渐变双色，分别是浅绿色和浅蓝色。

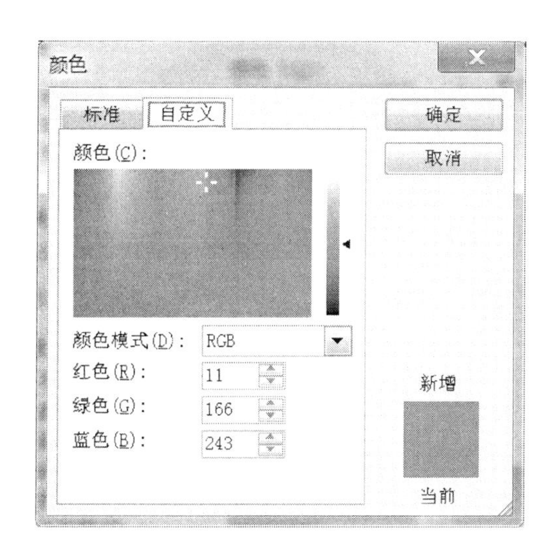

图 5-2-22　自定义颜色 1

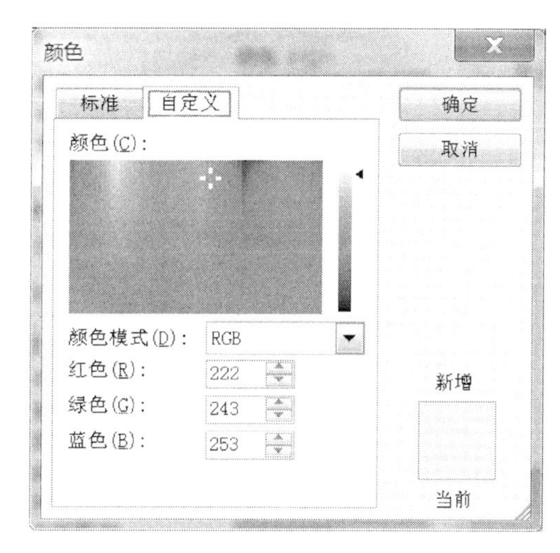

图 5-2-23　自定义颜色 2

（6）执行“插入”→“图片”→“来自文件”命令，打开“插入图片”对话框，选择合适的图片（如提供的牧院图片），单击“插入”按钮即完成插入，调整图片大小及位置。制作完后后效果如图 5-1-24 所示。

（7）单击“幻灯片母版视图”工具栏中的“关闭母版视图”按钮，返回到普通视图。

图 5-2-24　幻灯片母版视图

📖2. 制作宣传幻灯片

（1）制作第一张幻灯片。

①选择“格式”→“背景”命令，打开“背景”对话框，单击“背景填充”下拉列表框，选择“填充效果”命令，打开“填充效果”对话框的“图片”选项卡。

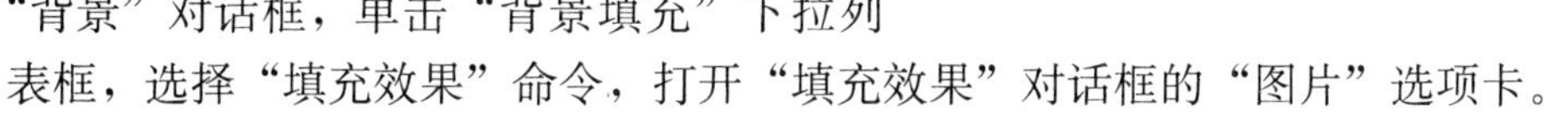

②单击“选择图片”按钮，打开“选择图片”对话框，选择提供的“牧院图片 1. png”，单击“插入”按钮返回到“填充效果”对话框。

③单击“确定”按钮返回到“背景”对话框，选中“忽略母版的背景图形”单选按钮，如图 5-1-25 所示。

④单击“应用”按钮即只有本张幻灯片的背景应用了该图片。

⑤删除此幻灯片中的上下两个文本框占位符。单击“绘图”工具栏中的“文本框”按钮，插入一个文本框，并在文本框中输入制作人的姓名（如周华健）；设置该文本的字体为华文行楷，字号为 24 磅，字体颜色为蓝色，字形为加粗。

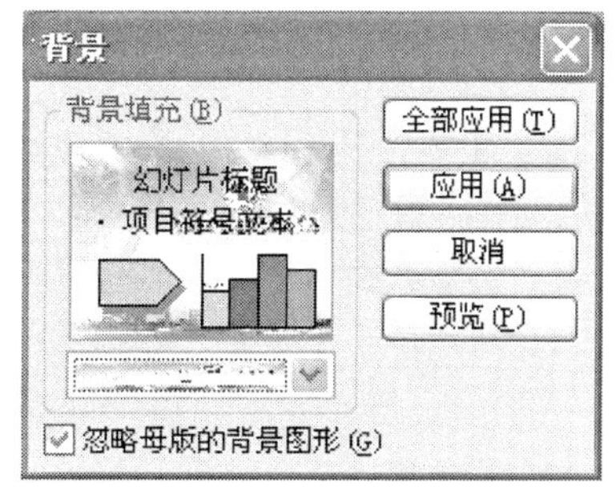

图 5-2-25　“背景”对话框

⑥调整该文本框的位置（在“制作人”的右侧）；双

击该文本框，在弹出的“设置文本框格式”对话框中设置填充颜色为无填充颜色，线条颜色为无线条颜色，单击“确定”按钮即可。

（2）制作第2张幻灯片。

①在普通视图下，执行“插入”→“新幻灯片”命令，即第2张幻灯片。

②单击“绘图”工具栏中的“椭圆”按钮，绘制出一个椭圆形。双击该椭圆形，在弹出的“设置自选图形格式”对话框中设置其高度为1.83厘米，宽度为0.47厘米，线条颜色为无线条颜色，并在“设置自选图形格式”对话框中单击“填充”选项组中的“颜色”下拉按钮，在弹出的菜单中选择“填充效果”命令，打开“填充效果”对话框的“渐变”选项卡。在“颜色”选项组中选中“双色”单选按钮，单击“颜色1”下拉列表并选择“其他颜色”命令，打开“颜色”对话框。选中“自定义”选项卡，设置红色值为238，绿色值为193，单击“确定”按钮返回到“填充效果”对话框。继续设置“颜色2”（自定义为红色值为110，绿色值为89），单击“确定”按钮返回，再两次单击“确定”按钮即设置好了第一个椭圆形。

③再次单击“绘图”工具栏中的“椭圆”按钮依次绘制出8个椭圆形，并按照步骤②的操作以及表5-2-1中所示参数设置各个自选图形（为了更好地说明各个自选图形的参数，分别给这些图形编了序号）。设置完成后的效果如图5-2-26所示。

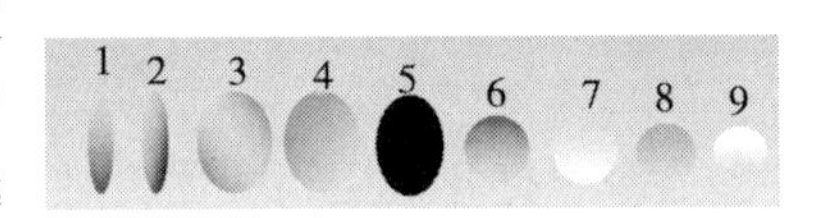

图5-2-26　不同填充色的椭圆

表5-2-1　各个椭圆的大小及填充颜色

椭圆的编号	高度	宽度	颜色1			颜色2		
			红色	绿色	蓝色	红色	绿色	蓝色
1	1.83	0.47	238	193		110	89	
2	1.81	0.45	208	188		黑色		
3	1.89	1.4	129	104		238	193	
4	1.86	1.35	151	123		238	193	
5	1.9	1.28	灰色-80%					
6	1.22	1.28	89	89	89	192	192	192
7	1.2	1.26	192	192	192	255	255	255
8	1.14	1.2	152	152	152	192	192	192
9	0.96	1	255	255	255	192	192	192

④将编号为1和2的椭圆水平靠近在一起，同时选中它们（按Shift键选择多个对象），单击右键，在弹出的菜单中均选择“组合”命令。然后把编号为3的椭圆覆盖住刚才组合的对象，调整好位置后同样将它们组合成一个对象；然后将第4个椭圆覆盖住刚组合的对象，依照此步骤操作，将9个椭圆均组合在一起。

⑤单击“绘图”工具栏中的“文本框”按钮，插入一个文本框，并输入文字“1”，将其格式设置为黑体、28磅、黑色，文本框无边框、无颜色，将文本框移动到刚组合的对象上，并且将它们也组合起来，效果如图5-2-27中的①所示。

⑥单击“绘图”工具栏中的“直线”按钮，在幻灯片上画一条直线。双击该直线，弹出“设置自选图形格式”对话框，在“线条”区域设置颜色为浅青绿，虚线为方点，粗细为2磅，在“箭头”区域设置后端形状为━●，单击“确定”按钮设置完成，将该虚线与对象组合在一起。

⑦插入一文本框，输入文字“泰州旅游与文化”。设置文本框无线条颜色，文字格式为黑体、28磅、深蓝色；调整文本框与前面已组合的对象的位置，然后将它们组合在一起，成为一个对象。

⑧选中并复制组合对象，将文本“1”改成“2”、文本“泰州旅游文化”改为“江苏畜牧兽医职业技术学院简介”，其效果如图5-2-27所示。至此第2张幻灯片的内容全部插入结束，其中共有两个组合对象。

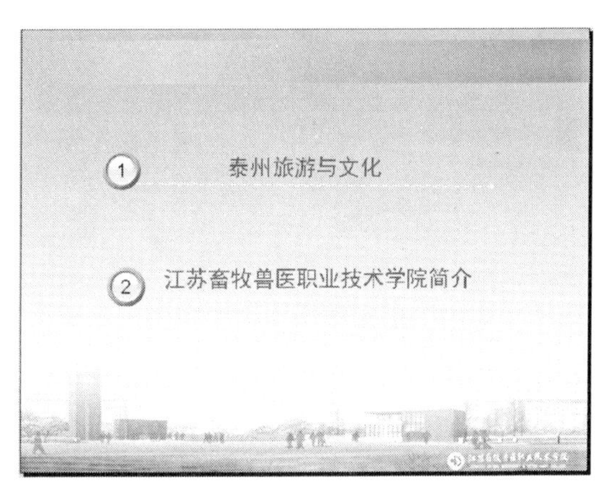

图5-2-27　第2张幻灯片

(3) 制作第3张到第10张幻灯片。

①执行“插入”→“新幻灯片”命令，插入第3张幻灯片；在“单击此处添加标题”占位符处输入文本“泰州概况”，并设置格式为黑体、32磅、白色；在“单击此处添加文本”占位符处输入文字“泰州市地处江苏省中部……时代的足迹”，设置其字体格式为楷体、22磅、蓝色。选中该文本框，执行“格式”→“行距”命令，打开“行距”对话框，如图5-2-28所示设置。设置完毕单击“确定”按钮，第3张幻灯片内容输入完毕。

图5-2-28　“行距”对话框

②插入第4张幻灯片，输入标题“泰州长江大桥”及文本“江苏长江大桥……净宽不小于100米。”；执行“插入”→“图片”→“来自文件”命令，打开“插入图片”对话框，找到有关泰州长江大桥的图片文件，单击“插入”按钮即完成图片的插入；选中该图片，拖动控点调整其大小，并且调整其在整个幻灯片中的位置，直到满意。

③参照第3张和第4张幻灯片制作的方法，依次完成其他几张幻灯片。

(4) 制作第11张幻灯片。插入第11张幻灯片，输入标题“学院概况”。执行“插入”→“图片”→“来自文件”命令，打开“插入图片”对话框，找到学院地理位置的图片，单击“插入”按钮即完成图片的插入；选中该图片，拖动控点调整其大小，并且调整其在整个幻灯片中的位置；单击“绘图”工具栏中的“自选图形”按钮，依次选择“标注”→“圆角矩形标注”，绘制一个图形，并在图形中输入文本“面向全国招生……专业齐全的院校。”，设置文本格式为楷体、20磅、黑色。复制该自选图形，更改其中文字。调整两个自选图形的大小和位置，效果如图5-2-29所示。

图 5-2-29　第 3～11 张幻灯片效果

（5）参照第 2 张到第 11 张幻灯片制作的方法，依次完成后面的 7 张幻灯片制作，完成后的效果如图 5-2-30 所示。

图 5-2-30　第 12～17 张幻灯片效果

📖3. 设置幻灯片放映方式及切换效果

（1）设置放映方式。执行“幻灯片放映”→“设置放映方式”命令，打开“设置放映方式”对话框，在“放映类型”选项组中选中“演讲者放映”单选按钮，单击“确定”按钮即可。

（2）设置幻灯片切换效果。执行“幻灯片放映”→“幻灯片切换”命令，打开“幻灯片切换”任务窗格，如图 5-2-31 所示。依次选中每一张幻灯片，在“幻灯片切换”任务窗格中的“应用于所选幻灯片”列表中选择一种切换方式，如“向右擦除”、“水平百叶窗”等。可随时单击“播放”按钮查看幻灯片的切换效果，不满意再修改。

图 5-2-31　“幻灯片切换”任务窗格

📖4. 添加动画效果　执行“幻灯片放映”→“自定义动画”命令，打开“自定义动画”任务窗格。在给各张幻灯片中的对象添加动画效果的过程中，该任务窗格一直处于打开状态，故本节中不再提示打开“自定义动画”任务窗格。

（1）设置第 1 张幻灯片的动画效果。

①选定文字为“周华健”的文本框，在“自定义动画”任务窗格中单击“添加效果”按钮，在弹出的菜单中依次选择“强调”→“其他效果”命令，打开“其他效果”对话框，选择“闪烁”效果，单击“确定”按钮返回。

②再次选中该文本框，在“自定义动画”任务窗格中的“开始”下拉列表中选择“之前”、“速度”下拉列表中选择“快速”；然后单击“重排顺序”按钮上方的对象效果列表中的该对象右侧的按钮，将弹出一个菜单，如图 5-2-32 所示。

③选择“计时”命令，打开“闪烁”对话框，如图 5-2-33 所示；设置延迟为 1 秒，重复 3 次，单击“确定”按钮即可。

④单击“播放”按钮（或按 F5 键），观看动画效果。当放映时，“制作人:”后的文本会重复闪动 3 次。

（2）设置第 2 张幻灯片的动画效果。选中第一个组合对象（即文本为“1”的组合对象），单击“添加效果”按钮，在弹出的菜单中依次选择“进入”→“百叶窗”命令，并在“开始”下拉列表中选择“之后”，“方向”下拉列表中选择“水平”，“速度”下拉列表中选择“快速”；选中第 2 个组合对象，设置与第 1 个组合对象相同的动画效果。

（3）设置第 3 张幻灯片的动画效果。选中文本框“泰州市地处……”，单击“添加效果”按钮，在弹出的菜单中依次选择“进入”→“伸展”命令，并在“开始”下拉列表中选择“之前”，“方向”列表中选择“跨越”，“速度”列表中选择“中速”。

（4）设置第 4 张幻灯片的动画效果。选中文本框“江苏泰州长江……”，单击“添加效果”按钮，在弹出的菜单中依次选择“进入”→“菱形”命令，并在“开始”下拉列表中选择“之后”，“方向”下拉列表中选择“内”，“速度”下拉列表中选择“中速”。选中有关长江大桥的图片，单击“添加效果”按钮，在弹出的菜单中依次选择“进入”→“螺

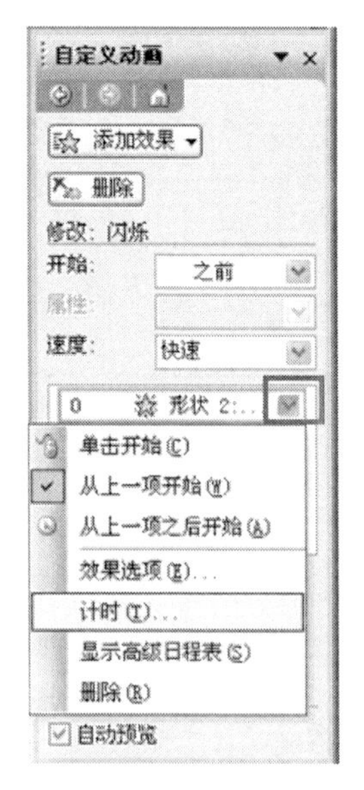

图 5-2-32　对象效果下拉菜单

图 5-2-33　“闪动”对话框

旋飞入”命令，并在“开始”下拉列表中选择“之前”，“速度”下拉列表中选择“中速”。

（5）设置第 5 张幻灯片的动画效果。选中文本框“泰州港已有……”，单击“添加效果”按钮，在弹出的菜单中依次选择“进入”→“其他效果”→“轮子”命令，并在“开始”下拉列表中选择“之后”，“辐射状”下拉列表中选择“4”，“速度”下拉列表中选择“中速”。选中有关泰州港的图片，单击“添加效果”按钮，在弹出的菜单中依次选择“进入”→“飞入”命令，并在“开始”下拉列表中选择“之前”，“方向”下拉列表中选择“自底部”，“速度”下拉列表中选择“中速”。选中另一张图片，将其效果设置与前一张相同，只是在“方向”下拉列表中选择“自右侧”。

（6）参照前面几张含有文本框对象和图片对象的幻灯片，给后面几张幻灯片设置合适的动画效果，这里不再赘述。在设置动画的过程中，可经常单击“播放”按钮或按 F5 键播放幻灯片，查看设置效果，不满意再继续修改。

5. 打包演示文稿

（1）打开本宣传片，执行“文件”→“打包成 CD”命令，打开“打包成 CD”对话框，在“将 CD 命名为”文本框中输入文件名“学院宣传片”。如果还要刻录其他演示文稿，可单击“添加文件”按钮，然后选择演示文稿。

（2）单击“选项”按钮，打开“选项”对话框。在“包含这些文件”选项组中选中“PowerPoint 播放器”复选框，这样就可以在没安装 PowerPoint 的计算机上放映此宣传片。再分别选中“链接的文件”和“嵌入的 TrueType 字体”复选框，如图 5-2-34 所示。

（3）还可以输入密码对宣传片进行保护。如果设置了“打开文件的密码”和“修改文件的密码”，则只有输入正确的密码后才可以打开或修改宣传片，加强了幻灯片的安全性。

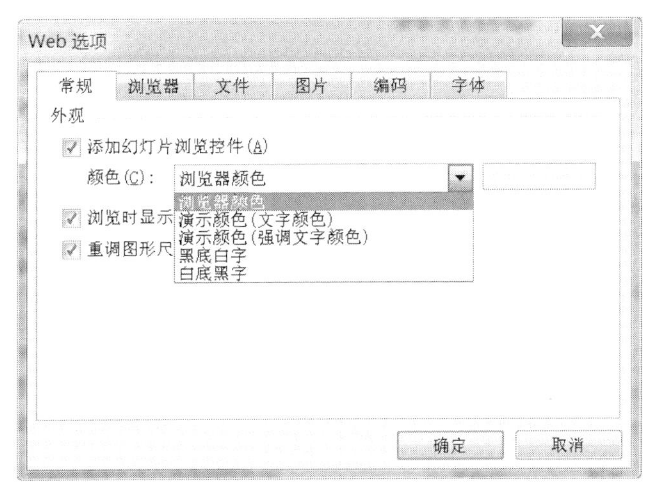

图 5-2-34　“选项”对话框

(4) 单击“确定”按钮，返回“打包成 CD”对话框，单击“复制到 CD”按钮，就可以把宣传片通过刻录机复制到 CD 上了。

情境三　制作贺卡

❶情境描述

在互联网不断发展的今天，使用电子贺卡已经成为大家逢年过节时相互祝福的一种形式，以往在网络中使用的电子贺卡主要是由 Flash 制作的，事实上通过使用 PowerPoint 也可制作出极具个性、动感十足的电子贺卡。本情境使用 PowerPoint 2003 制作一个新春贺卡。整体效果图如图 5-3-1 所示。

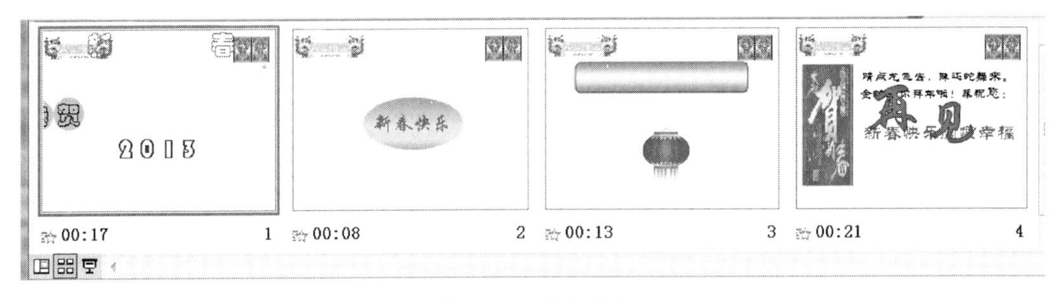

图 5-3-1　新春贺卡

❷情境分析

新春贺卡除了表达祝贺的心愿外，还应该表现出自己的特点，关键在于创意。有了好的创意，还需要配上五彩缤纷的图案及动感十足的动画。故制作贺卡需要导入一些关于恭贺新春的图片，也会利用自选图形绘制图形，并完成这些图片的效果处理，包括图片的组合效果、对齐或分布、图片优化等。然后通过自定义动画为导入的图片添加合适的动画效果，再为该幻灯片加上背景音乐。

在本情境中，大部分的知识在前面都有所涉及，本情境重点在于如何为同一个对象添加多个动画效果并且绘制对象运动的路径。在制作过程中，首先应用幻灯片的设计模板及提供的图片创建幻灯片的背景，然后一张一张地建立幻灯片，并为每张幻灯片中的每个对象设置各种各样的动画方式，最后导入声音元素并对放映进行排练计时。

经分析，可按照下列步骤完成：

- 设置对象的动作路径
- 情境实战

❸具体实现

5.3.1 设置对象的动作路径

PowerPoint 2003 是一款功能强大的演示工具，它不仅以简单、快捷的制作方法赢得了计算机初级用户的青睐，而且内嵌的许多高级功能也为计算机高手提供了发挥的平台，其中“动作路径”就是极其典型的一种，它指文本或指定对象运动的路径，是幻灯片动画序列的一部分。

🕮**1. 使用已有的动作路径** PowerPoint 本身共有 64 种自带的动作路径，用户可以直接使用这些动作路径。操作步骤如下：

（1）在幻灯片普通视图中，选择要设置动画的幻灯片，选择“幻灯片放映”→“自定义动画”命令，出现“自定义动画”任务窗格。

（2）在幻灯片中选中要设置动画的对象，然后单击“添加效果”按钮，出现一个下拉菜单，其中有“进入”、“退出”、“强调”和“动作路径”4 个菜单命令，用户选择“动作路径”命令，则弹出如图 5-3-2 所示的“动作路径”子菜单。

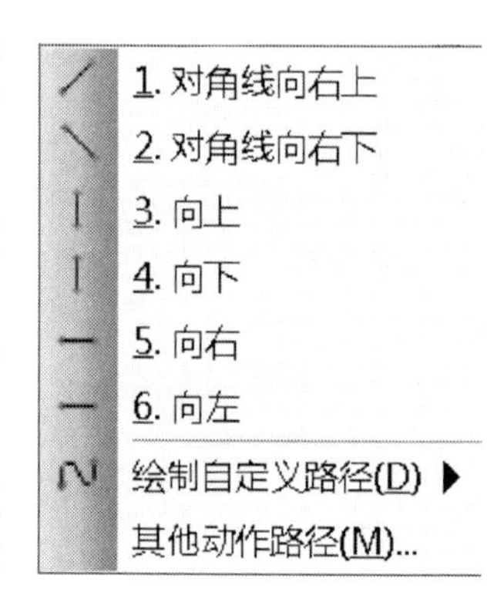

图 5-3-2 “动作路径”子菜单

（3）在此子菜单中，可以选择对象沿着 6 个方向运动。默认情况下，将移动至幻灯片页面的边缘。用户还可以选择“其他动作路径”命令，则出现如图 5-3-3 所示的“添加动作路径”对话框，其中共有三大类 64 种设定好的动作路径，用户根据需要选择适宜的动作路径。

（4）在“自定义动画”任务窗格中设置“开始”、“路径”和“速度”三个参数，如图 5-3-4 所示。可以单击“重排顺序”两边的向上箭头和向下箭头按钮调整对象播放的顺序。

（5）单击“播放”按钮预览幻灯片的动画效果。若要按实际播放效果预览播放，则单击“幻灯片放映”按钮。

🕮**2. 自定义动作路径** 也可以通过设想设置“个性化”的动作路径。操作步骤如下：

（1）在幻灯片普通视图中，选择要设置动画的幻灯片。选择“幻灯片放映”→“自定义动画”命令，出现“自定义动画”任务窗格。在幻灯片中选中要设置动画的对象，然后单击“添加效果”按钮，在出现的下拉菜单中选择“动作路径”命令，弹出如图 5-3-1 所示的“动作路径”子菜单；在此子菜单中选择“绘制自定义路径”命令，弹出如图 5-3-5 所示菜单。

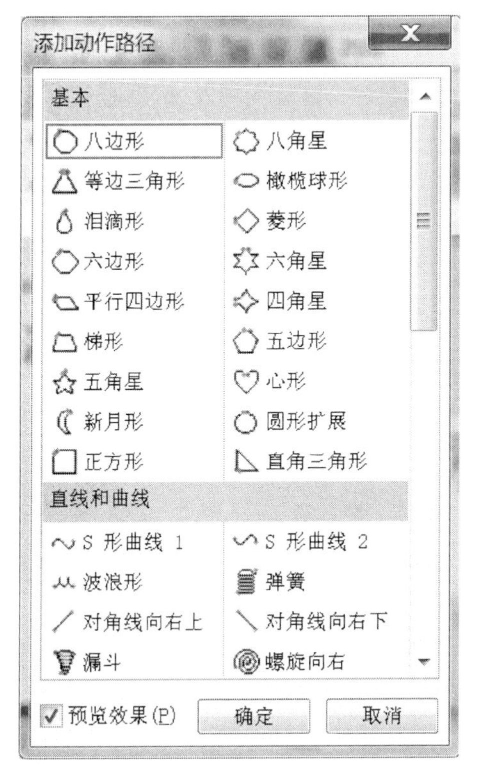

图 5-3-3　“添加动作路径”对话框

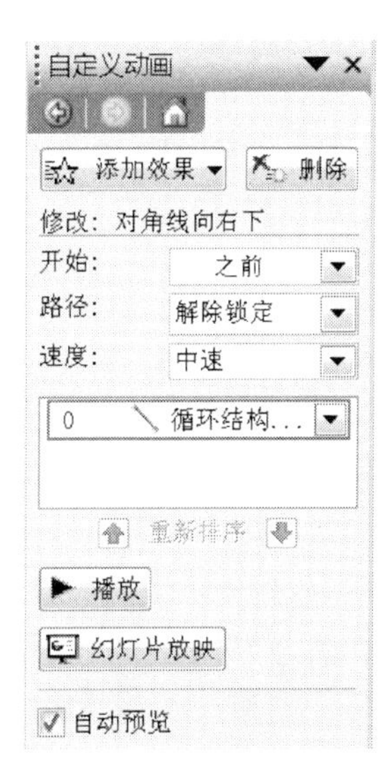

图 5-3-4　“自定义动画”任务窗格

（2）在此子菜单中，用户选择一种绘制路径的线型，如直线、曲线、任意多边形或自由曲线，此时鼠标变成十字形状或铅笔形状，然后用户就在幻灯片上绘制运动的路径。

提示： *如果选择的是“曲线”命令，在绘制路径的过程中，单击鼠标设置曲线的各个顶点，绿色三角表示起点，红色三角表示终点，如图 5-3-6 所示。选中所绘制的动作路径，可以对动作路径进行移动、旋转以及纵向和横向的缩放。*

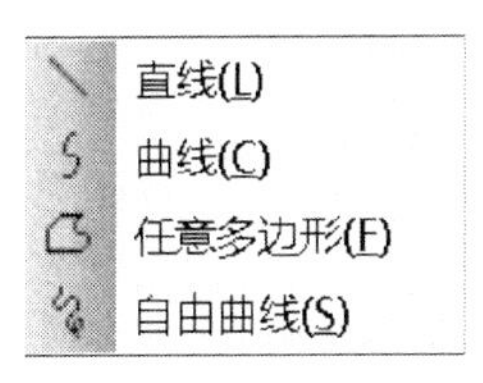

图 5-3-5　“绘制自定义路径”子菜单

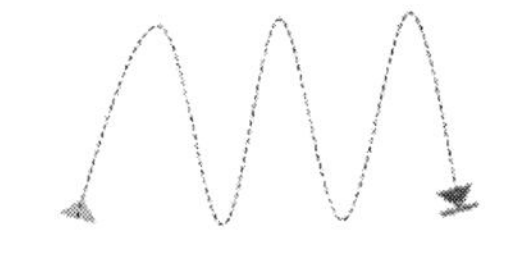

图 5-3-6　所绘制的曲线动作路径

（3）动作路径绘制完毕，用户就可以浏览放映效果。

3. 修改动作路径　动作路径绘制完成后，动画效果也可能不太理想，这时可以修改动作路径。修改动作路径一般是在普通视图下进行，因为在普通视图下幻灯片中不仅显示文本等对象，而且还显示对象的动作路径。修改动作路径的方法有两种：

方法一：用新的动作路径代替旧的动作路径。在幻灯片中选中旧的动作路径，此时“自定义动画”对话框中的“添加效果”按钮显示为“更改”按钮，单击“更改”按钮，在弹出菜单中选择“动作路径”子菜单，在弹出的诸多选项中进行相应的选择即可。

方法二：调整原有动作路径中的个别节点。操作步骤如下：

（1）在幻灯片上，用鼠标右键单击要修改的动作路径，在弹出的快捷菜单中选择“编辑顶点”命令，如图 5-3-7 所示。

（2）此时动作路径上出现一些节点，如图 5-3-8 所示。将鼠标放在需要调整的个别节点（也可以是起点和终点）上，鼠标指针变为带有箭头的十字形，此时按住鼠标可将节点移动到新的位置。在非节点的动作路径上，按下鼠标左键并拖动，可以增加新的节点，并将新节点移动到新的位置。

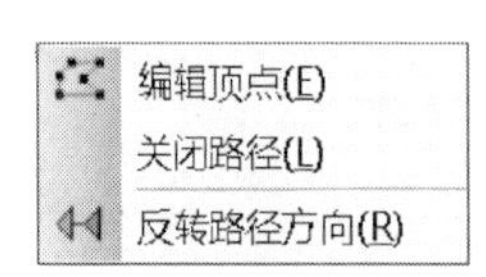

图 5-3-7 “动作路径”快捷菜单

图 5-3-8 正在进行顶点编辑的动作路径

5.3.2 情境实战

本情境涉及的知识点主要有幻灯片母版的应用、自定义动画的设置、自选图形的应用、插入多媒体对象、设置放映时间等。

📖1. 幻灯片模板的创建

（1）启动 PowerPoint 2003，打开“幻灯片版式”任务窗格，选择其中的“空白”版式；选择“视图”→“母版”→“幻灯片母版”命令，打开幻灯片母版视图。

（2）将此页面的上下两个文本框占位符删除，然后执行“插入”→“图片”→“来自文件”命令，打开“插入图片”对话框，选择有关贺新春的图片，单击“插入”按钮即完成插入。

（3）选中刚插入的图片，拖动其控点调整其到合适的大小，然后移动到幻灯片的左上角。用同样方法插入另一张有关贺新春的图片，调整其大小并移动到幻灯片的右上角。

（4）单击“幻灯片母版视图”工具栏中的“关闭母版视图”按钮，返回到普通视图状态。

📖2. 建立第一张幻灯片并设置其动画效果

（1）插入两个圆形并输入文本“恭”和“贺”。

①单击“绘图”工具栏中的“椭圆”按钮，在页面上画一个大小合适的圆形。双击该圆形，在弹出的“设置自选图形格式”对话框中设置填充颜色为玫瑰红，线条颜色为无线条颜色，单击“确定”按钮。

②再次选中该圆形，单击右键，在弹出的快捷菜单中选择“添加文本”命令并输入文字“恭”。选中该文字，将其字体格式设置为华文彩云、72 磅。

③选中并复制该圆形，将上面上的文字改成“贺”，适当调整两个图形位置，将其移动到幻灯片的左侧边缘处。

（2）单击“绘图”工具栏中的“文本框”按钮，在页面上画一文本框，并添加文字“新”，将该文字格设置为华文彩云、80 磅、红色、加粗。双击该文本框，在弹出的“设置文本框格式”对话框中设置填充颜色为无填充颜色，线条颜色为无线条颜色。选中并复制该文本框，将上面上的文字改成“春”，适当调整位置，将两个文本框分别移动到幻灯片上方左右边缘处。

(3) 选中并复制文本为“新”文本框，将文字修改为“2013”，并将文字颜色更改为浅蓝色，字号更改为 88 磅，适当调整文字之间的空格及文本框的大小，将其移动到幻灯片的中部靠下放置。第一张幻灯片中的各个对象添加完毕，效果如图 5-3-9 所示。下面为各个对象设置动画。

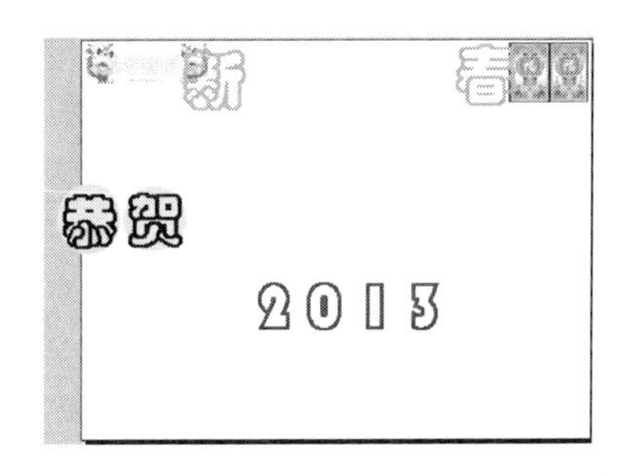

图 5-3-9　第一张幻灯片插入各个对象后效果

(4) 选中“贺”字图形对象，执行“幻灯片放映”→“自定义动画”命令，打开“自定义动画”任务窗格，单击“添加效果”按钮，在弹出的菜单中依次选择“进入”→“弹跳”命令；在“开始”下拉列表中选择“之前”，在“速度”下拉列表中选择“中速”。选中对象列表中的刚设置动画的对象，单击其右侧的下拉按钮，出现“对象”菜单，如图 5-3-10 所示，选择“计时”命令，出现“弹跳”对话框，在其中设置延迟为 2 秒，单击“确定”按钮返回。再选中“恭”字图形对象，并设置与“贺”字同样的动画效果。

图 5-3-10　“自定义动画”任务窗格

(5) 选中“贺”字图形对象，单击“添加效果”按钮，在弹出的菜单中依次选择“强调”→“陀螺旋”命令；在“开始”下拉列表中选择“之后”，在“数量”下拉列表中选择“720 顺时针”；在“速度”下拉列表中选择“慢速”，再选中“恭”字图形对象，将其强调效果设置成与“贺”字图形相同，只是在“开始”下拉列表中选择“之前”。

(6) 选中“贺”字图形对象，单击“添加效果”按钮，在弹出的菜单中依次选择“强调”→“陀螺旋”命令；在“开始”下拉列表中选择“之前”，在“数量”下拉列表中选择“720 顺时针”，在“速度”下拉列表中选择“慢速”。再选中“恭”字图形对象，将其强调效果设置成与“贺”字图形完全相同。

(7) 重复步骤 (6) 再做一遍；单击“播放”按钮（或按 F5 键），观看动画效果。如果动画先后顺序不对，可单击“重新排序”按钮进行调整。

(8) 选中“贺”字图形对象，单击“添加效果”按钮，在弹出的菜单中依次选择“动作路径”→“向右”命令，适当调整路径的长度（参考图 5-3-11 所示）。在“开始”下拉列表中选择“之前”，在“速度”下拉列表中选择“慢速”。再选中“恭”字图形对象，动画路径的设置与“贺”字相同。

(9) 选中“贺”字图形对象，单击“添加效果”按钮，在弹出的菜单中依次选择“强调”→“其它效果”→“更改字号”命令；在“开始”下拉列表中选择“之后”，在“速度”

下拉列表中选择“中速”。双击动画对象列表中的该对象，在弹出的“更改字号”对话框中设置字号为150%。再选中“恭”字图形对象，除在“开始”下拉列表中选择“之前”外，其他效果的设置与“贺”字相同。到此“恭”、“贺”两字的动画效果设置完成。

（10）选中“新”字文本框对象，单击“添加效果”按钮，在弹出的菜单中依次选择“进入”→“其它效果”→“下降”命令。在“开始”下拉列表中选择“之后”，在“速度”下拉列表中选择“非常快”。再选中“春”字文本框对象，除在“开始”下拉列表中选择“之前”外，其他效果的设置与“新”字相同。

（11）选中“新”字文本框对象，单击“添加效果”按钮，在弹出的菜单中依次选择“动作路径”→“向下”命令，适当调整路径的长度（参考图5-3-11所示）。在“开始”下拉列表中选择“之后”，在“速度”下拉列表中选择“快速”。再选中“春”字图形对象，除在“开始”下拉列表中选择“之前”外，其他效果的设置与“新”字相同。

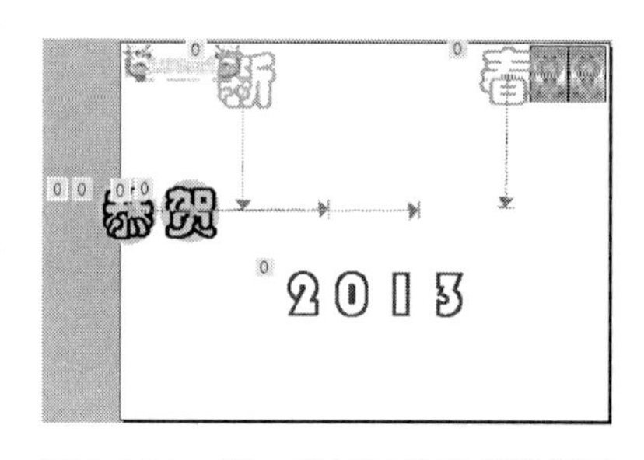

图5-3-11　第一张幻灯片设置效果图

（12）选中“新”字文本框对象，单击“添加效果”按钮，在弹出的菜单中依次选择“强调”→“放大/缩小”命令。在“开始”下拉列表中选择“之后”，在“尺寸”下拉列表中选择“150%”，在“速度”下拉列表中选择“中速”。再选中“春”字文本框对象，除在“开始”下拉列表中选择“之前”外，其他效果的设置与“新”字相同。

（13）选中“新”字文本框对象，单击“添加效果”按钮，在弹出的菜单中依次选择“强调”→“其它效果”→“更改字号”命令。在“开始”下拉列表中选择“之后”，在“字号”下拉列表中选择“150%”，在“速度”下拉列表中选择“中速”。再选中“春”字文本框对象，除在“开始”下拉列表中选择“之前”外，其他效果的设置与“新”字相同。到此“新”、“春”两字的动画效果设置完成。

（14）选中“2013”文本框对象，单击“添加效果”按钮，在弹出的菜单中依次选择“进入”→“螺旋飞入”命令。在“开始”下拉列表中选择“之后”，在“速度”下拉列表中选择“快速”。第一张幻灯片的设置效果图如图5-3-10所示。

（15）单击“播放”按钮（或按F5键），观看动画效果。当放映时，“恭”、“贺”两字同时从左面旋转进入，“新”、“春”两字随后从上面同时向下切入。

📖3. 建立第二张幻灯片并设置其动画效果

（1）插入一张“空白”版式的新幻灯片。

（2）依次选择“绘图”工具栏中“自选图形”→“星与旗帜”→“爆炸形1”命令，然后在页面上画一个图形，给图形填充任一种颜色并调整其到合适合理大小。

（3）选中该“爆炸形1”图形对象，打开“自定义动画”任务窗格，依次选择“添加效果”→“动作路径”→“绘制自定义路径”→“曲线”命令，从“爆炸形1”图形对象上开始画一曲线路径（曲线的走向如图5-3-12所示）；在“开始”下拉列表中选择“之后”，在“速度”下拉列表中选择“中速”。再复制出三个“爆炸形”图形，对复制出的三个图形分别各填充一种颜色，再将三个图形的曲线路径走向进行一下修改（可右击路径线，选择“编辑顶点”命令进行修改）。然后分别选中三个图形，并都在“开始”下拉列表中选择“之前”。

(4) 依次选择“绘图”工具栏中的“自选图形”→“星与旗帜”→“十字星”命令，同样按照步骤 (2) 和步骤 (3) 的做法，制作出 4 个“十字星”图形并设置不同颜色的填充效果，添加与“爆炸形 1”图形对象相同的动画效果，并在“开始”下拉列表中选择“之前”，在“速度”下拉列表中选择“中速”。适当调整八个图形的位置，最好将“爆炸形”与“十字星”图形交叉放置。这八个自选图形设置动作路径后其效果如图 5-3-13 所示。

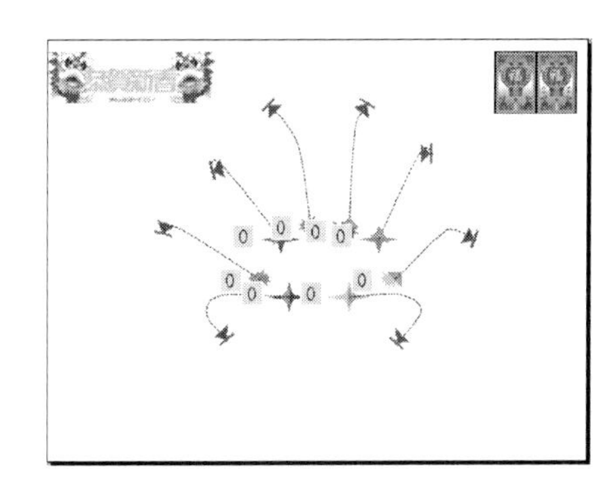

图 5-3-12　8 个自选图形的动作路径走向效果

(5) 选中“爆炸形 1”图形对象，单击“添加效果”按钮，在弹出的菜单中依次选择“强调”→“闪动”命令。在“开始”下拉列表中选择“之前”，在“速度”下拉列表中选择“非常快”。单击“重排顺序”按钮上方的“对象列表”中该对象右侧按钮，在弹出的菜单中选择“计时”命令，打开“闪动”对话框，在“重复”列表中选择“5”，单击“确定”按钮返回。再分别选中其他三个“爆炸形”和四个“十字星”图形对象，设置与“爆炸形 1”图形对象相同的动画效果。

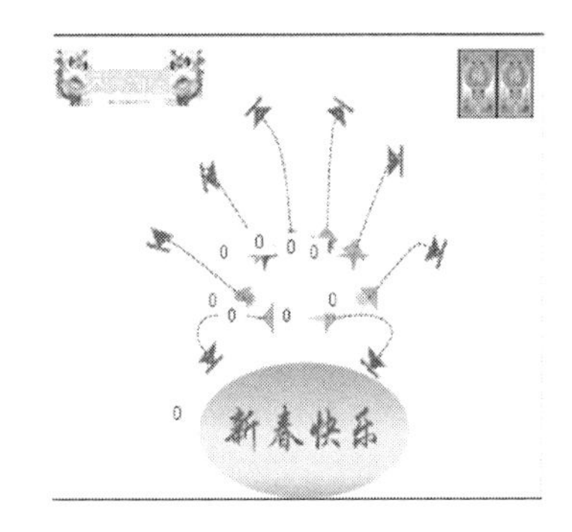

图 5-3-13　第 2 张幻灯片效果

(6) 选择“绘图”工具栏中的“椭圆”按钮，在页面上画一个“椭圆”图形，并添加文字“新春快乐”，设置文字字体为华文行楷，字号 60 磅，字体颜色为红色，再为“椭圆”图形填充“预设”中“薄雾浓云”的背景效果。再选中“新春快乐”图形对象，单击“添加效果”按钮，依次选择“进入”→“向内溶解”命令，并在“开始”下拉列表中选择“之前”，“速度”下拉列表中选择“快速”。效果如图 5-3-12 所示。

(7) 再选中“爆炸形 1”图形对象，单击“添加效果”按钮，依次选择“退出”→“向外溶解”命令，并在“开始”下拉列表中选择“之后”，“速度”下拉列表中选择“非常快”。单击“重排顺序”按钮上方的“对象列表”中该对象右侧按钮，在弹出的菜单中选择“计时”命令，打开“向外溶解”对话框，在“重复”列表中选择“2”，单击“确定”按钮返回。再分别选中其他三个“爆炸形”和四个“十字星”图形对象，将它们分别设置与“爆炸形 1”图形对象相同的“退出”动画效果，只是要在“开始”列表中选择“之前”。

(8) 选中“新春快乐”图形对象，单击“添加效果”按钮，依次选择“进入”→“颜色打字机”命令，并在“开始”下拉列表中选择“之后”，“速度”下拉列表中选择“快速”。

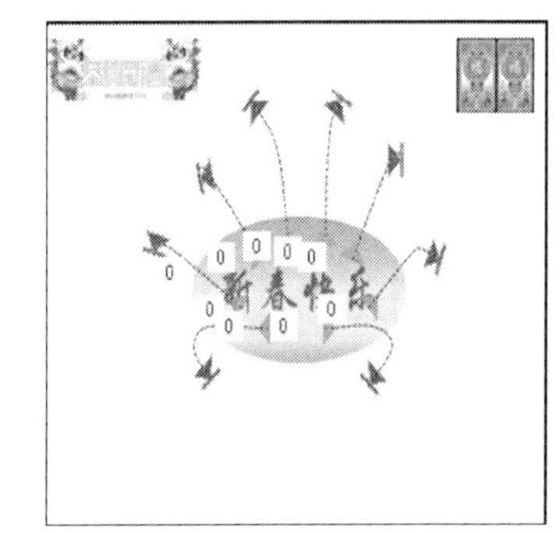

图 5-3-14　第 2 张幻灯片最终效果

(9) 再将"新春快乐"图形对象移动到中间的位置覆盖住前面的八个图形对象。效果图如图 5-3-14 所示。

(10) 单击"播放"按钮（或按 F5 键）观看动画效果。当放映时"新春快乐"图形对象周围模拟礼花绽放的动画效果。

4. 建立第三张幻灯片并设置其动画效果

(1) 插入一张"空白"版式的新幻灯片。

(2) 依次选择单击"绘图"工具栏中的"自选图形"→"基本形状"→"圆角矩形"命令，在页面上端画一个"圆角矩形"图形，并为"圆角矩形"图形填充黄色的渐变效果，适当调整其大小和位置。选中"圆角矩形"图形对象，打开"自定义动画"任务窗格，单击"添加效果"按钮，依次选择"进入"→"伸展"效果，并在"开始"下拉列表中选择"之后"，"方向"下拉列表中选择"跨越"，"速度"下拉列表中选择"中速"。

(3) 在页面上画四个文本框，并分别添加文字"万"、"事"、"如"、"意"，设置文字的字体为华文行楷，字号为 72 磅，字体颜色为红色。

(4) 将"万"字图形对象移到中间位置，选中"万"字对象，单击"添加效果"按钮，依次选择"动作路径"→"绘制自定义路径"→"直线"命令，从"万"字对象上开始画一斜向上的直线路径到上面的文本框上，并在"开始"下拉列表中选择"之后"，"速度"下拉列表中选择"快速"。同理将其他三个字做同样的效果设置。效果图如图 5-3-15 所示。

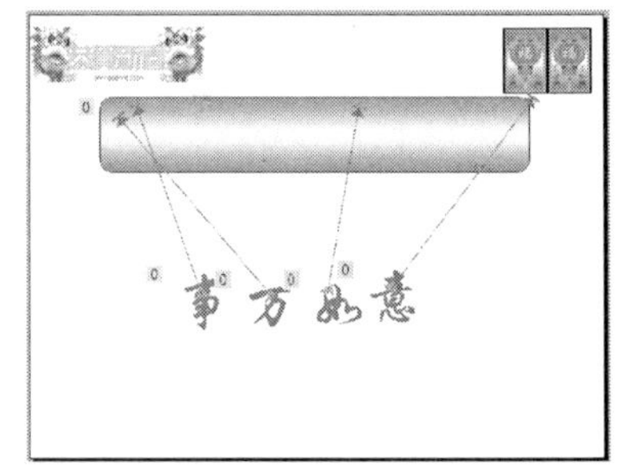

图 5-3-15　第 3 张幻灯片效果

(5) 选中"万"字对象，单击"添加效果"按钮，依次选择"进入"→"旋转"命令，并在"开始"下拉列表中选择"之后"，"方向"下拉列表中选择"垂直"，"速度"下拉列表中选择"慢速"。同理将其他三个字做同样的效果设置，只是在"开始"下拉列表中选择"之前"。

(6) 选中"圆角矩形"图形对象，单击"添加效果"按钮，依次选择"强调"→"补色 2"效果，并在"开始"下拉列表中选择"之前"，"速度"下拉列表中选择"中速"。

(7) 再选中"万"字对象，单击"添加效果"按钮，依次选择"强调"→"补色 2"命令，并在"开始"下拉列表中选择"之后"，"速度"下拉列表中选择"慢速"。同理将其他三个字做同样的效果设置，只是在"开始"下拉列表中选择"之前"。

(8) 调整"万"、"事"、"如"、"意"四个文本框的位置，将它们重叠在一起，最里面的是"万"文本框，最外面的是"意"文本框，如图 5-3-16 所示。

(9) 插入一张有灯笼图案的图片，适当调整图片的大小，将图片移动到四个文本框的上面，覆盖住四个文本框。第三张幻灯片的整体效果图如图 5-3-17 所示。

5. 建立第四张幻灯片并设置其动画效果

(1) 插入一张"空白"版式的新幻灯片。

(2) 在幻灯片的左侧插入一张"贺春"的图片，适当调整图片的大小。选中图片，打开"自定义动画"任务窗格，单击"添加效果"按钮，依次选择"进入"→"向内溶解"命令，并在"开始"下拉列表中选择"之后"，"速度"下拉列表中选择"中速"。

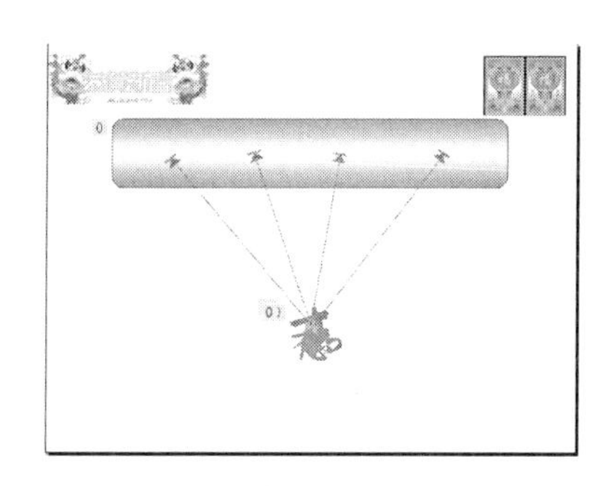

图 5-3-16　第 3 张幻灯片效果

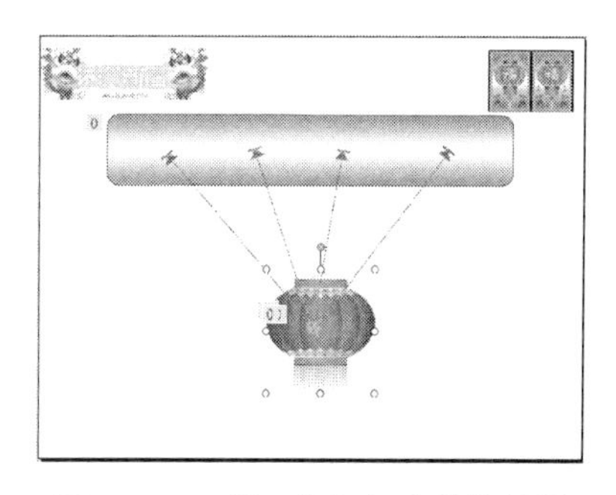

图 5-3-17　第 3 张幻灯片最终效果

(3) 在页面右上端插入一个文本框，添加文字“晴点龙飞去，珠还蛇舞来。金蛇给你拜年啦！恭祝您:”，设置文字字体为华文隶书，字号为 40 磅，适当调整该文本框的位置。选中该文本框，单击“添加效果”按钮，依次选择“进入”→“颜色打字机”命令，并在“开始”下拉列表中选择“之后”，“速度”下拉列表中选择“非常快”。

(4) 在上一文本框的下面再插入一个文本框，并添加文字“新春快乐阖家幸福”，设置文字字体为华文隶书，字号为 60 磅，字体颜色为红色，适当调整该文本框位置。选中该文本框，单击“添加效果”按钮，依次选择“进入”→“挥舞”命令，并在“开始”下拉列表中选择“之后”，“速度”下拉列表中选择“快速”。

(5) 选中“晴点飞龙去……”文本框，单击“添加效果”按钮，依次选择“退出”→“玩具风车”命令，并在“开始”下拉列表中选择“之后”，“速度”下拉列表中选择“中速”。

(6) 选中“新春快乐阖家幸福”文本框，单击“添加效果”按钮，依次选择“退出”→“玩具风车”命令，并在“开始”下拉列表中选择“之前”，“速度”下拉列表中选择“中速”。

(7) 选中“图片”对象，单击“添加效果”按钮，依次选择“退出”→“向外溶解”命令，并在“开始”列表中选择“之后”，“速度”列表中选择“非常快”。

(8) 再插入艺术字“再见”，字体为华文行楷，字号为 60 磅，字体颜色为红色，艺术字形状为“波形 1”，适当调整该艺术字位置。

(9) 选中“再见”艺术字，单击“添加效果”按钮，依次选择“进入”→“螺旋飞入”命令，并在“开始”下拉列表中选择“之后”，“速度”下拉列表中选择“快速”。

(10) 再选中“再见”艺术字，单击“添加效果”按钮，依次选择“退出”→“玩具风车”命令，并在“开始”下拉列表中选择“之后”，“速度”下拉列表中选择“中速”。

至此，第四张幻灯片制作完成，其整体效果图如图 5-3-18 所示。

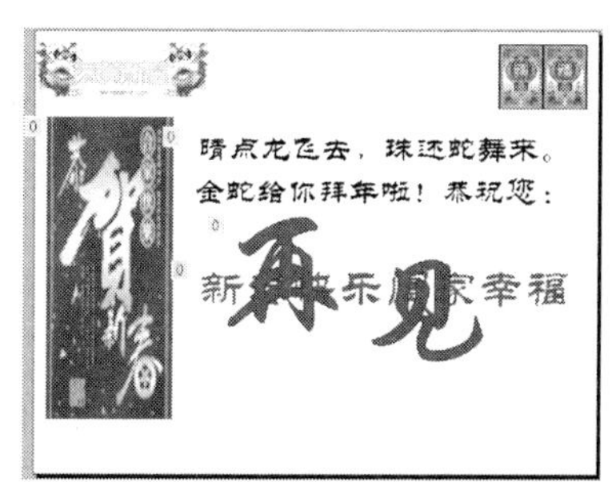

图 5-3-18　第四张幻灯片最终效果

📖6. 向幻灯片中插入声音

(1) 返回第一张幻灯片，执行“插入”→“影片和声音”→“文件中的声音”命令，在打开的“插入声音”对话框中选择一声音文件（有关贺新春的声音文件，如随本教材提供的“喜洋洋 .mp3”），单击“确定”按钮，弹出如图 5-3-19 所示的提示框，单击“自动”按钮即可。

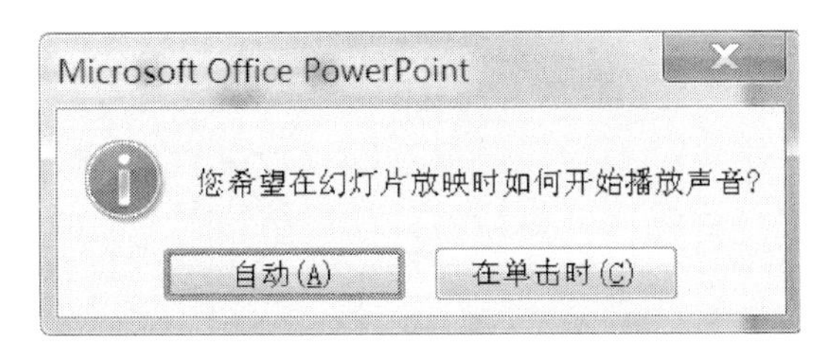

图 5-3-19　播放声音提示框

（2）选中“声音”图标，将其移动到幻灯片的右上角，然后打开“自定义动画”任务窗格，在“开始”下拉列表中选择“之前”。

（3）单击“重排顺序”按钮上方的对象效果列表中该声音对象右侧的按钮，在弹出的菜单中选择“效果”命令，打开“播放声音”对话框的“效果”选项卡。在“停止播放”选项组中选择“在第 4 张幻灯片后”，如图 5-3-20 所示。

图 5-3-20　“播放声音”对话框

（4）在对象效果列表中选中该声音对象，单击“重排顺序”按钮，使其移动到对象效果列表的最前面，这样可以调整声音播放的顺序。

7. 设置排练计时

（1）返回第一张幻灯片，执行“幻灯片放映”→“排列计时”命令，即从第一张幻灯片开始放映幻灯片，并且屏幕上出现“预演”对话框。

（2）当一张幻灯片上的效果播放完成后，即可点击鼠标左键放映下一张幻灯片，直到全部的幻灯片放映完毕，此时出现如图 5-3-21 所示的提示框，单击“是”按钮，就可保存排练计时时间，以后再放映幻灯片时即可自动播放，就不需要人工干预了。

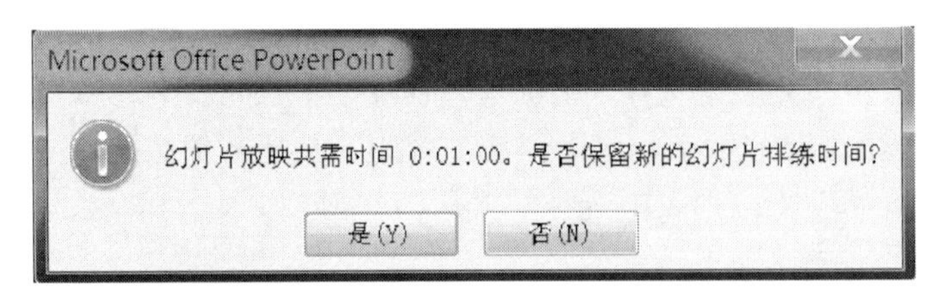

图 5-2-21　保存幻灯片排练时间提示框

8. 设置幻灯片背景

（1）执行“格式”→“背景”命令，打开“填充效果”对话框中的“渐变”选项卡。

（2）在“颜色”区域选择“双色”且“颜色 1”为黄色，“颜色 2”为“自定义颜色”(图 5-3-22)，“底纹样式”为“水平”，单击“确定”按钮返回“填充效果”对话框。

（3）单击“填充效果”对话框中的“全部应用”按钮即完成了背景设置。

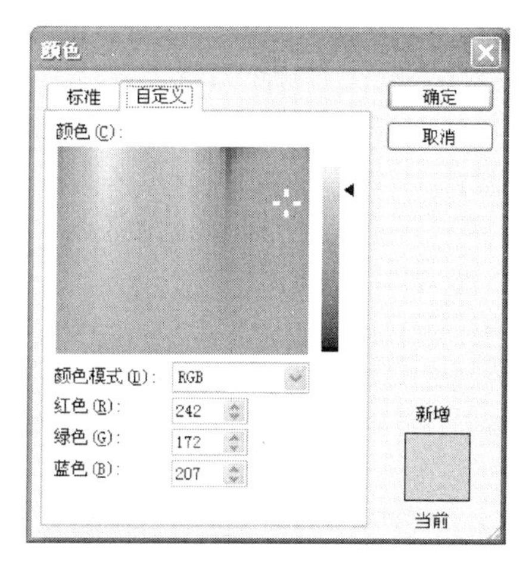

图 5-3-22　“颜色”对话框

提示：在制作幻灯片的过程中，要经常保存文档，可单击“常用”工具栏中的“保存”按钮或者执行“文件”→“保存”命令。

练　习　题

一、不定项选择题

1. 幻灯片的切换方式是指（　　）。

A. 在编辑幻灯片时切换不同视图

B. 在编辑新幻灯片时的过渡形式

C. 在幻灯片放映时两张幻灯片之间的过渡形式

D. 在编辑幻灯片时两个文本框间过渡形式

2. 在 PowerPoint 环境中，插入新幻灯片的快捷键是（　　）。

A. Ctrl+N　　B. Ctrl+M　　C. Alt+N　　D. Alt+M

3. 在 PowerPoint 2003 的浏览视图下，按住 Ctrl 键并拖动某张幻灯片，可以完成的操作是（　　）。

A. 移动幻灯片　　B. 复制幻灯片　　C. 删除幻灯片　　D. 选定幻灯片

4. 幻灯片的切换方式是指（　　）。

A. 在编辑幻灯片时切换不同视图

B. 在编辑新幻灯片时的过渡形式

C. 在幻灯片放映时两张幻灯片之间的过渡形式

D. 在编辑幻灯片时两个文本框间过渡形式

5. 在空白幻灯片中不可以直接插入（　　）。

A. 艺术字　　B. 公式　　C. 文字　　D. 文本框

6. 新建一个演示文稿时第一张幻灯片的默认版式是（　　）。

A. 项目清单　　B. 两栏文本　　C. 标题幻灯片　　D. 空白

7. 幻灯片母版包含（　　）个占位符，用来确定幻灯片母版的版式。

A. 4　　B. 5　　C. 8　　D. 7

8. 在 PowerPoint 2000 中，若为幻灯片中的对象设置“驶入效果”，应选择（　　）对话框。

A. 自定义动画　　B. 幻灯片放映　　C. 自定义　　D. 幻灯片版式

9. 下列有关幻灯片和演示文稿的说法中不正确的是（　　）。

A. 一个演示文稿文件可以不包含任何幻灯片

B. 一个演示文稿文件可以包含一张或多张幻灯片

C. 幻灯片可以单独以文件的形式存盘

D. 幻灯片是 PowerPoint 中包含文字、图形、图表、声音等多媒体信息的图片

10. 关于自定义动画，说法正确的是（　　）（有多个答案）。

A. 可以带声音　　B. 可以添加效果

C. 不可以进行预览　　D. 不可以添加效果

E. 可以调整顺序

11. 以下元素可以添加动画效果的是（　　）（有多个答案）。

A. 图片　　B. 剪贴画　　C. 文本框

D. 图示　　E. 自选图形

12. 幻灯片中母版文本格式的改动（　　）。

A. 会影响设计模板　　B. 不影响标题母版

C. 会影响标题母版　　D. 不会影响幻灯片

13. 作者名字出现在所有的幻灯片中，应将其加入（　　）中。

A. 幻灯片母版　　B. 标题母版　　C. 备注母版　　D. 讲义母版

14. 绘制图形时按（　　）键图形为正方形。

A. Shift　　B. Ctrl　　C. Delete　　D. Alt

15. Powerpoint 2003 中，使用（　　）菜单中的“幻灯片母版”命令，进入幻灯片母版设计窗口，更改幻灯片的母版。

A. 编辑　　B. 工具　　C. 视图　　D. 格式

16. 选择不连续的多张幻灯片，借助（　　）键。

A. Shift　　B. Ctrl　　C. Tab

D. Alt　　E. CCED

17. PowerPoint 中，插入幻灯片的操作可以在（　　）下进行。

A. 列举的三种视图方式　　B. 普通视图

C. 幻灯片视图　　D. 大纲视图

18. 幻灯片母版中一般都包含（　　）占位符，其他的占位符可根据版式而不同。

A. 文本　　B. 页脚　　C. 图标　　D. 标题

19. 在 PowerPoint 中绘制图形时如果画的是椭圆，想变成圆时应按住键盘上的（　　）。

A. Ctrl　　B. Shift　　C. Tab　　D. Caps Lock

20. PowerPoint 2003 中，艺术字具有（　　）。

A. 文件属性　　B. 图形属性　　C. 字符属性　　D. 文本属性

21. 在 PowerPoint 2003 窗口中制作幻灯片时，需要使用“绘图”工具栏，使用（　　）

菜单中的命令可以显示该工具栏。

A. 窗口　　B. 视图　　C. 格式　　D. 插入

22. Powerpoint 2003 允许设置幻灯片的方向，使用（　　）对话框完成此设置。

A. 选项　　B. 页面设置　　C. 自定义　　D. 版式

23. 在“幻灯片浏览视图”模式下，不允许进行的操作是（　　）。

A. 幻灯片移动和复制　　B. 幻灯片切换

C. 幻灯片删除　　D. 设置动画效果

二、判断题

1. PowerPoint 2003 中的空演示文稿模板是不允许用户修改的。（　　）

2. 利用 PowerPoint 可以制作出交互式幻灯片。（　　）

3. 幻灯机放映视图中，可以看到对幻灯机演示设置的各种放映效果。（　　）

4. 在 PowerPoint 2003 中，不能插入 Word 表格。（　　）

5. 设置幻灯片的“水平百叶窗”、“盒状展开”等切换效果时，不能设置切换的速度。（　　）

6. 在 PowerPoint 2003 中，占位符和文本框一样，也是一种可插入的对象。（　　）

7. 在 PowerPoint 2003 中，不能插入 Word 表格。（　　）

8. 对演示文稿应用设计模板后，原有的幻灯片母版、标题母版、配色方案不会因此而发生改变。（　　）

9. 在 PowerPoint 2003 中，系统提供的幻灯片自动版式共 12 种。（　　）

10. PowerPoint 2003 只有在文本占位符中输入的文字才可以在大纲视图中显示出来。（　　）

模块六目录

模块六　网络基础知识及 Internet

学习情境

➤ 配置 IP 地址并浏览网页
➤ 配置 Outlook 收发电子邮件

技能目标

➤ 掌握计算机网络的基本概念、组成和分类
➤ 熟练因特网的基本知识：TCP/IP 协议、IP 地址接入方式
➤ 熟练掌握在因特网上浏览网页、搜索信息
➤ 熟练掌握电子邮件的收发操作
➤ 熟悉 Internet 提供的其他服务

情境一　配置 IP 地址并浏览网页

❶情境描述

今天，大家对“网虫”、“网友”、“网上冲浪”、“网上银行”等名词并不陌生，因为互联网已经渗透到生活的方方面面，可以说如果没有了计算机网络，世界将陷入瘫痪。的确，我们生活在一个便捷的“网络时代”，但是网络到底是什么？它是如何组建并为我们提供服务的呢？本情境将请读者回答这些问题并配置自己的电脑的 IP 地址，将其加入你所在单位的局域网，实现网上漫游及收发电子邮件。

❷情境分析

网络是什么？它是如何为我们提供服务的？回答这些问题首先要谈谈计算机网络，包括其组成、分类及软硬件情况；要实现网上漫游，计算机必须接入网络并配置了正确的 IP 地址。在本情境中，主要掌握如下知识技能点：

➢计算机网络的基础知识：概念、组成、软硬件需求
➢Internet 网络、TCP/IP 通信协议
➢域名解析及 IP 地址的表示与分类
➢网络的检测与诊断

经分析，可按照下列步骤完成：

- 计算机网络基本知识
- Internet 基础知识

- IP 地址及域名解析
- 网络配置与检测
- 浏览并保存网页信息

❸具体实现

6.1.1 计算机网络基础知识

1. 计算机网络的产生与发展 所谓计算机网络，是指分布在不同地理位置、具有独立功能的多个计算机系统，通过通信设备和通信线路相互连接起来，在网络软件（即网络通信协议、信息交换方式及网络操作系统等）的管理下实现数据传输和资源共享的系统。它综合应用了几乎所有的现代信息处理技术、计算机技术、通信技术的研究成果，把分散在广泛领域的许多信息处理系统连接在一起，组成一个规模更大、功能更强、可靠性更高的信息综合处理系统。

计算机网络从产生到发展，总体来说可以分成四个阶段。

（1）第一阶段。20 世纪 60 年代末到 70 年代初为计算机网络发展的萌芽阶段。其主要特征是：为了增加系统的计算能力和资源共享，把小型计算机连成实验性的网络。第一个远程分组交换网称为 ARPANET，是由美国国防部于 1969 年建成的，第一次实现了由通信网络和资源网络复合构成计算机网络系统，标志计算机网络的真正产生，ARPANET 是这一阶段的典型代表。

（2）第二阶段。20 世纪 70 年代中后期是局域网络（LAN）发展的重要阶段，其主要特征为：局域网络作为一种新型的计算机体系结构开始进入产业部门。局域网技术是从远程分组交换通信网络和 I/O 总线结构计算机系统派生出来的。1976 年，美国 Xerox 公司的 Palo Alto 研究中心推出以太网（ethernet），它成功地采用了夏威夷大学 ALOHA 无线电网络系统的基本原理，使之发展成为第一个总线竞争式局域网络。1974 年，英国剑桥大学计算机研究所开发了著名的剑桥环局域网（Cambridge Ring）。这些网络的成功实现，一方面标志着局域网络的产生，另一方面，它们形成的以太网及环网对以后局域网络的发展起到导航的作用。

（3）第三阶段整。整个 20 世纪 80 年代是计算机局域网络的发展时期。其主要特征是：局域网络完全从硬件上实现了 ISO 的开放系统互连通信模式协议的能力。计算机局域网及其互连产品的集成，使得局域网与局域互连、局域网与各类主机互连，以及局域网与广域网互连的技术越来越成熟。综合业务数据通信网络（ISDN）和智能化网络（IN）的发展，标志着局域网络的飞速发展。1980 年 2 月，IEEE（美国电气和电子工程师学会）下属的 802 局域网络标准委员会宣告成立，并相继提出 IEEE801.5～802.6 等局域网络标准草案，其中的绝大部分内容已被国际标准化组织（ISO）正式认可。作为局域网络的国际标准，它标志着局域网协议及其标准化的确定，为局域网的进一步发展奠定了基础。

（4）第四阶段。20 世纪 90 年代初至现在是计算机网络飞速发展的阶段，其主要特征是：计算机网络化，协同计算能力发展以及全球互连网络（Internet）的盛行。计算机的发展已经完全与网络融为一体，体现了“网络就是计算机”的口号。目前，计算机网络已经真正进入社会各行各业，为社会各行各业所采用。另外，虚拟网络 FDDI 及 ATM 技术的应用，使网络技术蓬勃发展并迅速走向市场，走进平民百姓的生活。

2. 计算机网络的主要功能　计算机网络系统具有丰富的功能，其中最主要的是资源共享、数据通信和分布式处理。

（1）资源共享。资源共享是基于网络的资源分享，网络中的资源包括软件资源和硬件资源。软件资源包括各类软件文档和数据库，硬件资源主要包括存储设备如磁盘、输出设备如打印机等，一般由服务器支持共享功能和管理资源外设。一台计算机通过软件配置，可以充当文件服务器、打印服务器、邮件服务器和数据库服务器等多种角色。

（2）数据通信。这是计算机网络最基本的功能。它用来快速传递计算机与终端、计算机与计算机之间的各种信息，包括文字信件、新闻消息、咨询信息、图片资料、报纸版面等。利用这一特点，可以将分散在各个地区的单位或部门用计算机网络联系起来，进行统一的调配、控制和管理。

（3）分布式处理。对于大型综合问题，可将问题各部分交给不同的计算机分头处理，充分利用网络资源，扩大计算机的处理能力即增强实用性。对解决复杂问题来讲，多台计算机联合使用并构成高性能的计算机体系，这种协同工作、并行处理要比单独购置单性能的大型计算机便宜得多。

3. 计算机网络的分类　计算机网络的分类标准很多，比如按网络覆盖面积、网络拓扑结构、传输介质、数据传输技术以及数据传输率等，这些分类标准给出了网络某一方面的特征，下面介绍几种重要的网络分类标准。

（1）按拓扑结构分类。网络拓扑结构是指网络连线及工作站的分布方式。将连接在网络上的计算机和互连设备可看作一个结点（即工作站），将设备之间的通信线路看作线即网络连线，那么构成一个网络的点和线的连接形式称为网络的拓扑结构。计算机网络中常见的拓扑结构有总线型、星型、环型、树型、网状型五种，如图 6-1-1 所示。总线型、环型、星型拓扑结构常用于局域网，树型、网状型拓扑结构常用于广域网。

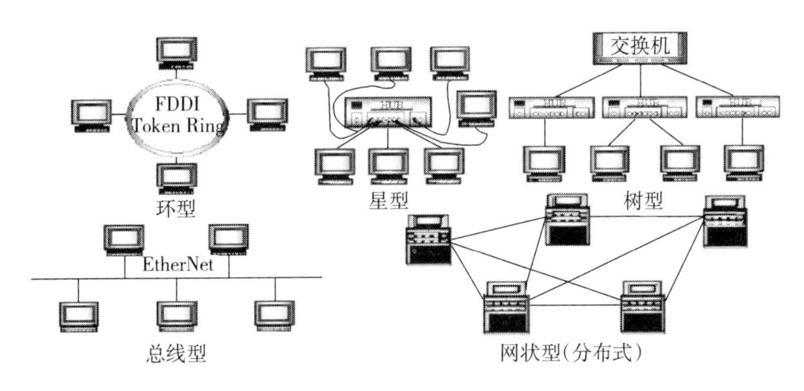

图 6-1-1　网络拓扑结构

①星型结构。这是最早的通用网络拓扑结构。在这种结构中，每个工作站都通过电缆与交换机或服务器连接，相邻工作站之间所有通信都通过交换机或服务器进行。这种结构采用的是集中控制方式，要求交换机或服务器有极高的可靠性，一旦其出现故障，将导致整个系统全部瘫痪。优点是连接方便，容易检验和隔离故障。

②环型结构。每一个工作站都连接在一个封闭的环路中。当一个工作站发出信息时，该

信息会依次通过所有的工作站；每个工作站在接到该信息时，会对该信息的目标地址和本地地址进行比较，若相同则接受信息，若不同则不接收并继续向下发送，直到再次发送到起始工作站。其优点是信号强度不变，缺点是网络可靠性差、不易管理且不易增加新用户。

③总线型结构。是指采用单根传输线作为总线，所有工作站都共用这条总线。当其中一个工作站发送信息时，所有工作站都接到该信息并判断是否接收。总线型拓扑结构的优点是电缆长度短，布线容易，便于扩充；缺点是总线中任一处发生故障将导致整个网络的瘫痪，且故障诊断也困难。

④树型结构。树型结构是分级的集中控制网络，是星型结构的变形，与星型相比，各节点发送的信息首先被根节点接收，然后以广播方式发送到全网，根节点起到中心的作用。它的通信线路总长度短，成本较低，结点易于扩充，寻找路径比较方便，但除了叶结点及其相连的线路外，任一结点或其相连的线路故障都会使系统受到影响。

⑤网状型结构。每个节点至少有两条链路与其他节点相连，任何一条线路出现故障时，数据报文可由其他链路传输，可靠性高。大型广域网均属于这种类型。

（2）按网络覆盖范围的大小分类。

①局域网（local area network，LAN）。局域网是指范围在几百米到十几千米内办公楼群或校园内的计算机相互连接所构成的计算机网络。计算机局域网被广泛应用于连接校园、工厂以及机关的个人计算机或工作站，以利于个人计算机或工作站之间共享资源（如打印机）和数据通信。

②城域网（metropolitan area network，MAN）。城域网所采用的技术基本上与局域网相类似，只是规模上要大一些。城域网既可以覆盖相距不远的几栋办公楼，也可以覆盖一个城市；MAN 连接着多个 LAN，每一个 LAN 可以属于同一组织，也可以属于多个不同的组织。城域网既可以支持数据和话音传输，也可以与有线电视相连。城域网一般只包含一到两根电缆，没有交换设备，因而其设计就比较简单。

③广域网（wide area network，WAN）。广域网通常跨接很大的物理范围，如一个国家和地区。广域网中的主机通过通信子网互连在一起。与局域网不同，广域网通常采用点到点式传输链路，使用的传输技术主要有电路交换、分组交换和信元交换。它常借助一些电信部门的公用网络系统作为它的通信子网，如：公用交换电话网（PSTN）、数字专线（DDN）、宽带综合业务数字网络（ISDN）等以及微波、卫星、无线电波等无线传输系统。

（3）按照传输介质分类。可分为三类：

①有线网。有线网采用同轴电缆和双绞线连接的计算机网络。

②光纤网。光纤网也是有线网的一种，其采用光导纤维作为传输介质，传输距离远，传输率高，抗干扰性强，不会受到电子设备的监听，是高安全性网络的理想选择。但是其成本高，且需要高水平的安装技术。

③无线网。无线网用电磁波作为载体来传输数据，其连网成本高，但连网方式灵活方便。

传统局域网通常采用单一的传输介质，而城域网和广域网采用多种传输介质。

📖**4. 计算机网络的组成**　一般而论，计算机网络有三个主要组成部分：①若干个主机，它们各为用户提供服务；②一个通信子网，它主要由结点交换机和连接这些结点的通信链路组成；③一系列的协议，这些协议是为在主机和主机之间或主机和子网中各结点之间的通信而用的，它是通信双方事先约定好的和必须遵守的规则。

为了便于分析，按照数据通信和数据处理的功能，一般从逻辑上将网络分为通信子网和资源子网两个部分。如图 6-1-2 所示给出了典型的计算机网络结构。

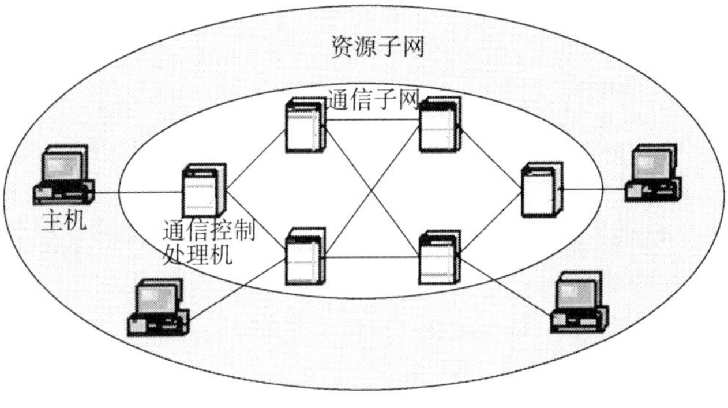

(1) 通信子网。通信子网由通信控制处理机（CCP）、通信线路与其他通信设备组成，负责完成网络数据传输、转发等通信处理任务。

图 6-1-2　计算机网络的基本结构

(2) 资源子网。资源子网由主机系统、终端、终端控制器、连网外设、各种软件资源与信息资源组成。资源子网实现全网的面向应用的数据处理和网络资源共享，它由各种硬件和软件组成。

📖**5. 网络传输介质和网络硬件设备**　网络传输介质指的是用来传输信息的通信线路，网络硬件设备指单机连入网络以及网络与网络连接时必须使用的设备。

(1) 传输介质。作为计算机互连通信介质可以是有线的，如双绞线、同轴电缆、光缆、电话线等，也可以是无线的，如微波、卫星、红外线等。如图 6-1-3 所示为部分传输介质。

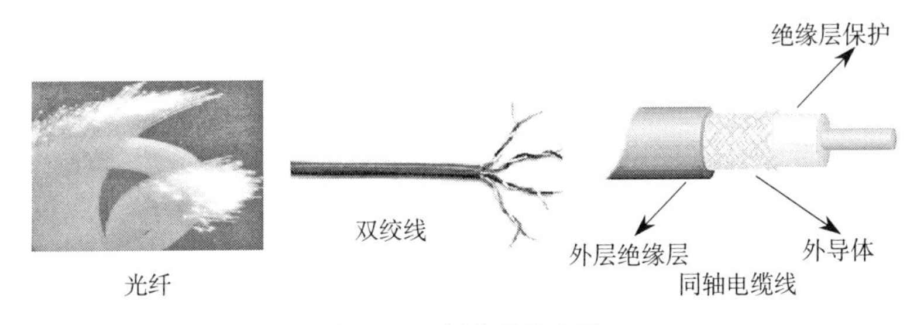

图 6-1-3　部分传输介质

(2) 网络服务器。网络服务器是连在局域网上的一台计算机，即一个网络结点。该结点为网络用户提供各种网络服务和共享资源。服务器可以是一台高档个人计算机或是一台大、中、小型计算机，也可以是一台专用网络服务器。

(3) 工作站。网络工作站是指用户能够在网络环境中工作、访问网络共享资源的计算机系统，通常又被称为客户机（client）。它的主要作用是为网络用户提供一个访问网络服务器、共享网络资源、与网上的其他结点交流信息的操作台和前端窗口，使用户能够在网上工作。

(4) 网络连接（互连）设备。网络连接设备包括用于网内连接的网络适配器、中继器、集线器和网间连接的网桥、路由器、调制解调器、网关等。

①调制解调器。它是一种能将数字信号调制成模拟信号，又能将模拟信号解调成数字信号的装置。个人用户通过电话线拨号上网，调制解调器是不可缺少的设备。

②网络适配器（network interface adapter，NIA）。简称网卡，它是插入主板总线插槽上的一个硬件设备，用于实现连网计算机和网络电缆之间的物理连接。

③集线器（hub）。属于网络物理层互联设备，集线器的主要功能是提供多个双绞线或其他传输介质的连接端口，每个端口可通过传输介质和计算机中的网卡相连。

④路由器（router）。用于连接多个独立的网络，当需要从一个网络传送数据到另一个网络时，可通过路由器完成。

🕮**6. 网络软件** 网络软件可大致分为网络系统软件和网络应用软件。网络系统软件主要包括网络操作系统（NOS）和网络协议软件。

（1）网络操作系统（NOS）。一个计算机网络拥有丰富的软硬件资源，为了能使网络用户共享网络资源、实现通信，需要对网络资源和用户通信过程进行有效管理，完成这一功能的软件系统称为网络操作系统。常见的网络操作系统有 Novell 公司的 Netware，Microsoft 公司的 LAN Manager、Windows NT Server，Sun 公司的 UNIX 和 Linux 等。

（2）网络通信协议计。算机网络是由多个互连的结点组成的，结点之间要做到有条不紊地交换数据，必须遵守一些事先约定好的规则。这些规则明确地规定了所交换数据的格式和时序。这些为网络数据交换而制定的关于信息顺序、信息格式和信息内容的规则、约定与标准被称为网络协议（protocol）。目前常见的通信协议有 TCP/IP、SPX/IPX、OSI 和 IEEE802。其中 TCP/IP 是任何要连接到 Internet 上进行通信的计算机必须使用的。

（3）网络应用软件。网络应用软件是指为某一个应用目的而开发的网络软件，它为用户提供一些实际的应用。

6.1.2　Internet 基础知识

🕮**1. 什么是 Internet** Internet 是一个全球性计算机网络的网络，它的前身可以追溯到 1969 年，美国国防部高级研究工程组织（defense advanced research projects agency，DARPA）创办的一项计算机工程 ARPANet，当时国际上冷战形势严峻，ARPANet 的指导思想是要研制一个能经得起故障考验（战争破坏）而且能维持正常工作的计算机网络。经过 4 年的研究，1972 年 ARPANet 正式亮相，该网络建立在 TCP/IP 协议之上，1983 年以后，人们把 ARPANet 称为 Internet。1986 年美国国家科学基金会 NSF 把建立在 TCP/IP 协议集上的 NSFNet 向全社会开放。1990 年 NSFNet 取代 ARPANet 称为 Internet。20 世纪 90 年代以来，特别是 1991 年，WWW 技术及其服务在 Internet 确立，Internet 被国际企业界普遍接受。

Internet 是众多网络间的互联网，即计算机网络互相连接组成的一个大的网络。现在，这个网络已经覆盖了全球。在其形成初期，每个网络都使用不同的方法来进行互连或传输数据，因而有必要采用一个通用的协议使这些网络可以互相通信。TCP/IP（传输控制协议/互联网协议）就是 Internet 上的通信协议。

🕮**2. Internet 提供的服务** Internet 是一个巨大的网络集合，提供各种服务，例如远程登录、文件传输、电子邮件、万维网服务等。

使用远程登录，人们可以在家里使用远程登录程序进入办公室的计算机系统工作；通过网络将文件从一台计算机传至另一台计算机，可以快捷地获得想要的资料；电子邮件更是快速地拉近了全球各个角落、不同国家人们的距离；而我们平时上网浏览网页的过程就是在使用万维网服务。

万维网（world wide web，WWW）是目前 Internet 上应用最多的服务之一。WWW 通

过网络可访问各种信息，用户可使用称为浏览器的交互程序进行信息搜索，从网页上获取各种形式的信息。用户输入网址，就是请求获得相应网页，而看到结果就是获得的响应，所以这就是个“请求”和“响应”的过程。

3. 客户端与服务器交流方式　用户发出浏览网页的请求，而网页存储在远程一台 Web 服务器上。服务器（server）是为其他计算机的请求提供服务的计算机，通常是一台强大的计算机，内存大，硬盘存有数以万计的文档。向服务器请求某种服务的计算机就是客户端（client）。

要实现客户端和服务器的交流，需要软件的支持。目前程序员开发的程序中，多数采用两种工作方式，它们也被称为两种应用程序模型：浏览器/服务器模型和客户端/服务器模型。

（1）浏览器/服务器模型（browser/server，B/S）。通过 IE 浏览网页就是浏览器/服务器模型，它是基于网页浏览器的一种模型。在该模型中，客户端的计算机仅仅安装可以浏览网页的浏览器就可以了。服务器需要安装特定的软件，用于响应并处理从客户端提交的请求。如图 6-1-4 所示，浏览器通过 Internet 将一个请求发给 Web 服务器；该请求在 Web 服务器经过处理后，将其响应通过 Internet 送回给浏览器。

浏览器　网页文件　Internet　网页文件　Web 服务器
请求网页　请求网页

图 6-1-4　浏览器/服务器模型

（2）客户端/服务器模型（client/server，C/S）。该模型描述网络中的计算机在工作时，不同计算机完成不同任务，其中一台计算机（客户端）中的某个特定软件向另一台计算机（服务器）中的对应特定软件发出请求，服务器上的软件处理请求并向客户端发送响应。如聊天工具 QQ 就是采用这种模型。如图 6-1-5 描述了一个客户端/服务器模型。

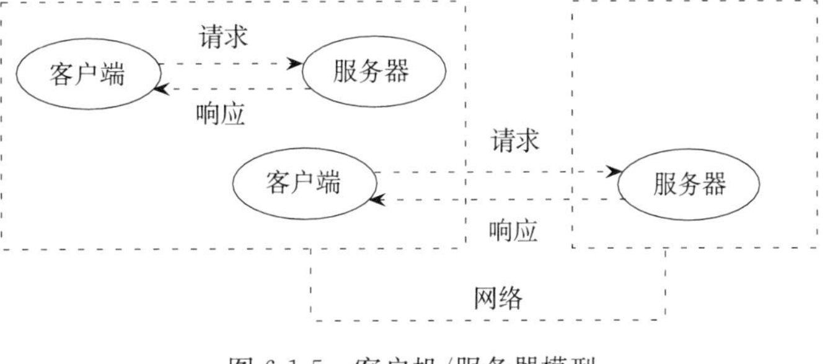

图 6-1-5　客户机/服务器模型

从图 6-1-5 中可以看到，客户端/服务器模型也可被用在同一台计算机上，此时该计算机既是客户端也是服务器。例如 Counter-Strike（简称 CS）游戏采用的就是这种模型。

6.1.3　IP 地址及域名解析

网络将计算机互连，使信息获得共享。如何在网络中找到目标计算机？网络中的各台计算机究竟是如何通信的呢？

1. 网络通信原理　要实现两台计算机间的通信，双方都要有地址。在网络中使用一种具有层次结构的逻辑地址来标识一台主机，这个地址就是 IP 地址。IP 地址唯一地标识网络中的每一台计算机。

有了标识位置的 IP 地址，两台计算机要实现通信，还必须达成一种协议，即网络中计算机之间相互通信的一组规则和标准。有了这个协议，计算机之间就像拥有了可以相互沟通的语言，能够互相理解对方的意图，可以互相传递信息。在网络的发展过程中，协议出现了很多种，所以计算机上的协议也需要相互一致，通信才能成功。不同的协议具有不同的功能，完成不同的任务。其中 TCP/IP（传输控制/网际协议）是用于计算机和大型网络之间相互通信的行业标准协议，也是我们使用最多的协议，它是 Internet 的基础。

🕮**2. TCP/IP 协议** TCP/IP 协议（传输控制/网际协议），在 1978 年研制成功，很快 TCP/IP 成为 Internet 上的通信协议。那么什么是 TCP/IP 呢？它是一组数据传输协议，其中 TCP 和 IP 本身就是不同的协议。在协议组中还有其他几种协议，每一个组件都有其不同的规则。TCP/IP 协议组包括：

（1）传输控制协议（TCP）。实现主机间的可靠的连接。同时负责数据包按正确的顺序发送。如果数据丢失了，TCP 负责自动重新传输丢失的数据。

（2）网际协议（IP）。提供数据流服务。IP 数据包是一个独立的信息包，由路由器通过包中的地址信息传输。互联网协议是提供这种数据包服务的通信协议。数据包可能通过不同的路径到达目的地。由于他们可能通过不同的路由器，他们可能不会按顺序到达，而在接收端这些数据包被重新排序。

（3）UDP（用户数据流协议）。负责传输不同主机间任意的数据流。

（4）ICMP（Internet 控制信息协议）。用于主机间携带不同的错误和状态信息。

TCP 和 IP 协同工作，IP 协议用来给传输信息包编址并将它们以可能最佳的路由路径发送到目的地址，而 TCP 协议负责数据包的正确到达。

🕮**3. IP 地址** 在 Internet 上，所有的计算机都必须有一个 Internet 上唯一的编号作为其在 Internet 的标识，这个编号称为 IP 地址。每个数据报中包含发送方的 IP 地址和接收方的 IP 地址。IP 地址确定了采用 TCP/IP 网络上的计算机或网络设备。IP 地址包含两个重要的标识符：网络地址和主机地址。

网络地址：网络地址标识了计算机或网络设备所在的网络段。在同一个网络段中的所有的计算机有同样的网络地址。在 IP 地址中网络地址的长度可变。

主机地址：主机地址标识了特定的主机或网络设备。在同一网络段中的每个计算机有一个唯一的主机地址。

IP 地址用 32 位二进制数码表示，每 8 位用圆点分割，这种地址形式适于计算机存储、运算。为了适于人的读写，常常用 4 个圆点隔开的十进制数表示 IP 地址。

例如，某台机器的 IP 地址为 11001010.011100010.01000000.00000010（其加点十进制形式为 202.114.64.2），如图 6-1-6所示是一个 IP 地址的结构。

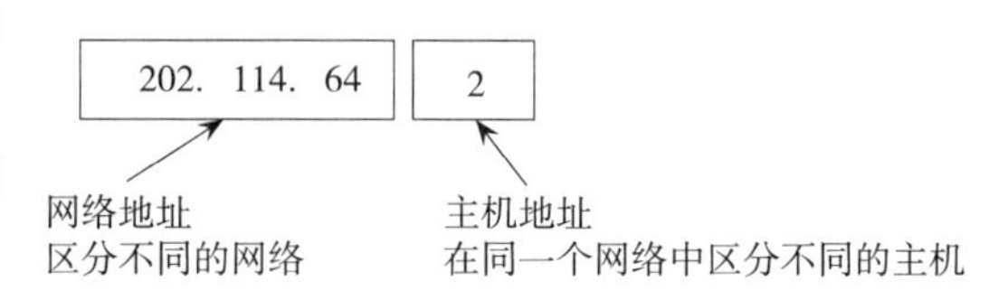

图 6-1-6 IP 地址的结构

🕮**4. IP 地址的分类** IP 地址中的网络地址由 IANA（网络地址分配机）统一分配，以保证 IP 地址的唯一性。IANA 将 IP 地址分为 A、B、C、D、E 五类，规定每个类别网络地址和主机地址的长度以及规定 IP 地址中的前 5 位用于标识 IP 地址的类别。A 类地址的最高位为“0”，B 类地址的前两位为“10”，C 类地址的前三位为“110”，D 类地址的前四位为“1110”，E 类地址的前五位为“11110”。如图 6-1-7 所示。

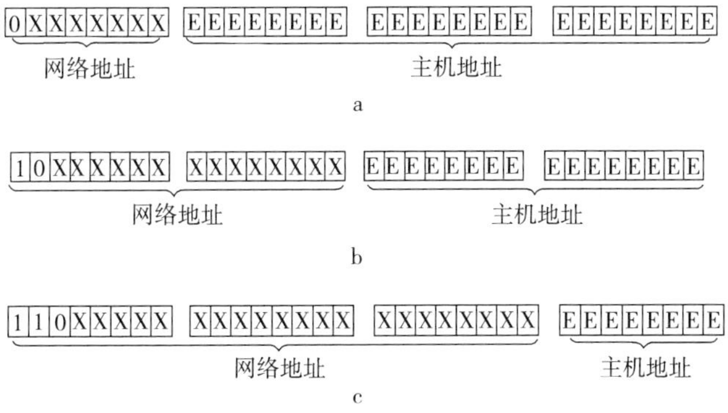

0XXXXXXX EEEEEEEE EEEEEEEE EEEEEEEE

网络地址　主机地址

a

10XXXXXX XXXXXXXX EEEEEEEE EEEEEEEE

网络地址　主机地址

b

110XXXXX XXXXXXXX XXXXXXXX EEEEEEEE

网络地址　主机地址

c

图 6-1-7　基本 IP 地址的分类

a. A 类 IP 地址　b. B 类 IP 地址　c. C 类 IP 地址

其中 A 类、B 类与 C 类为基本的 IP 地址，IANA 根据组织的具体需求为其分配 A、B、C 类网络地址，具体的主机地址由机构或组织自行决定如何分配。

(1) A 类地址。A 类 IP 地址规定 1 个 8 位标识网络 ID，其余 3 个 8 位标识主机 ID。A 类地址的有效网络 ID 范围为 1～126，即 A 类地址范围是 1.0.0.0～127.255.255.255。全世界只有 126 个 A 类网络，每个 A 类网络中可以容纳的主机数可达 2^{24}（约1 600）万台。因此，A 类 IP 地址结构适用于有大量主机的大型网络。

(2) B 类地址。B 类 IP 地址规定使用 2 个 8 位标识网络 ID，后两个 8 位标识主机 ID。B类地址的有效网络 ID 范围为 128～191，即 B 类 IP 地址范围是 128.0.0.0～191.255.255.255。由于网络地址空间长度为 14 位，因此允许有16 384（2^{14}）个不同的 B 类网络。同时，由于主机地址空间长度为 16 位，因此每个 B 类网络中可以容纳的主机数为 65 534（$2^{16}-2$）个，B 类 IP 地址适用于一些国际性大公司与政府机构等中型规模的网络。

(3) C 类地址。C 类 IP 地址规定前 3 个 8 位标识网络 ID，后 1 个 8 位标识主机 ID。C 类地址的有效网络范围是 192～223，即 C 类 IP 地址范围是 192.0.0.0～223.255.255.255。由于网络地址空间长度为 21 位，因此允许有 2^{21}（约2 000 000）个不同的 C 类网络。同时，由于主机地址空间长度为 8 位，因此每个 C 类网络拥有的最多主机数为 256 个。C 类 IP 地址特别适用于小型公司和普通的研究机构等小规模的网络。

(4) D 类地址。D 类地址用于组播通信，不能在互联网上作为节点地址使用。它的第 1 个 8 位的范围是 224～239。

(5) E 类地址。E 类地址是用于科学研究的地址，也不能在互联网上作为节点地址使用。它的第 1 个 8 位的范围是 240～254。

除此之外，还有一些特殊的 IP 地址。如 0.0.0.0 表示本机；127.0.0.1 表示本机回环地址，通常利用本机上 ping 命令来检查 TCP/IP 协议安装是否正确；255.255.255.255 表示当前子网，一般用于向当前子网广播信息。

📖**5. 子网掩码**　在网络中，不同主机通信可分为以下两种情况：一种情况是同一网段的两台主机进行通信，即两台网络 ID 相同而主机 ID 不同的计算机通信；另一种情况是不同网段的两台主机进行通信，即它们的网络 ID 不同。进行通信的计算机需要获取远程主机 IP 地址的网络部分以区分主机通信的不同情况，由此选择数据传输的不同路径，这就需要子网掩码了。在同一个网络段中，所有主机的子网掩码是一样的。

与 IP 地址一样，子网掩码也是由 32 个二进制位组成的，使用点分十进制表示。子网掩码中值为非 0 的位标识 IP 地址的相应位为网络 ID，值为 0 的位标识 IP 地址的相应位为主机 ID。如某台计算机的 IP 地址是 210.29.233.6，其子网掩码为 255.255.255.0，则该主机的网络 ID 是 210.29.233.0，很显然这是一个标准的 C 类地址。

在给一个主机分配 IP 地址时，也一并给出它使用的子网掩码。对于 A、B、C 这三类地址来说，通常使用默认的子网掩码。

A 类地址的子网掩码是 255.0.0.0，B 类地址的子网掩码是 255.255.0.0，C 类地址的子网掩码是 255.255.255.0。

📖**6. 域名系统**（DNS） IP 地址唯一地定位一台计算机，也就是说只有通过 IP 地址才能找到一个网络中的主机。但是 IP 地址用数字标识，不方便记忆。因此需要一个系统将一个名称映射为它的 IP 地址。DNS（domain name system，域名系统）用于将域名（如 sohu.com）映射成 IP 地址。

DNS 采用树形结构。比如在邮政系统中，每一个目标地址都包括国家、省、市、地区和街道，通过这种分层次的地址结构，邮局能够比较容易找到收件人，并且可以避免冲突。DNS 采用的就是类似的方式。如 .com 是顶级域名，类似于邮局系统中的国家。找不同级别的 DNS 服务器可以依次查询获取目标主机的 IP 地址。

（1）主机域名。任何一个连接在 Internet 上的主机或服务器，都有一个唯一的层次结构的名字，即主机域名（domain name）。如主机 IP 地址为 210.29.233.2 的域名地址是 www.jsahvc.edu.cn。由于域名中的符号串通常是用户或其单位名称的缩写，具有清晰的逻辑含义，因此域名便于记忆。

（2）域名地址。一个完整的域名地址由若干部分组成，各部分之间由小数点隔开，每部分有一定的含义，且从右到左各部分之间大致上是上层与下层的包含关系。组织结构像树状结构，如图 6-1-8 所示，最上层为最高级域名。

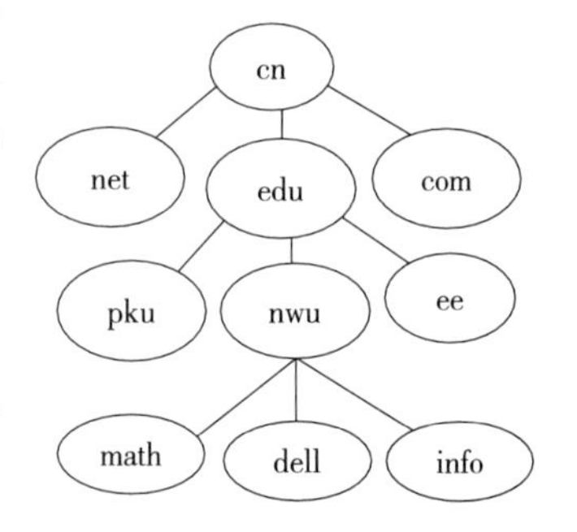

图 6-1-8　域名系统的树型结构

域名的层次结构：计算机主机名 . 组织机构名 . 网络名（机构的类别）. 顶级域名或一级域名。

例如：江苏牧医学院的一台主机的域名为 www.jsahvc.edu.cn。

其中 jsahvc.edu.cn 代表中国（cn）教育科研网（edu）江苏牧医学院校园网（jsahvc），www 代表主机名，表示该主机提供 www 服务。

顶级域名为两个字母时，表示代表国家或地区，如 cn 表示中国，us 表示美国，jp 表示日本，hk 表示中国香港等；顶级域名为三个字母时则代表机构，如 com 表示商业组织，edu 表示教育机构，gov 表示政府部门，net 表示网络技术组织，org 表示各种非盈利性组织等。

（3）IP 地址与域名地址之间的对应关系。Internet 上 IP 地址是唯一的，一个 IP 地址对应着唯一的一台主机。相应地，给定一个域名地址也能找到一个唯一对应的 IP 地址。这是域名地址与 IP 地址之间的一对一的关系。有些情况下，往往用一台计算机提供多个服务，比如既作 WWW 服务器又作邮件服务器。这时计算机的 IP 地址当然还是唯一的，但可以根据计算机所提供的多个服务给予不同的多个域名，这是 IP 地址与域名间可能的一对多关系。

（4）DNS 服务器的域名解析原理。DNS 服务器就是域名服务器，即提供域名解析的服务器。DNS 如何解析域名呢？如图 6-1-9 所示，DNS 域名解析步骤如下：

①假设在客户机的 IE 浏览器中输入域名 www. sohu. com，即向本地的 DNS 服务器发出域名解析请求，请求获得 www. sohu. com 的 IP 地址。

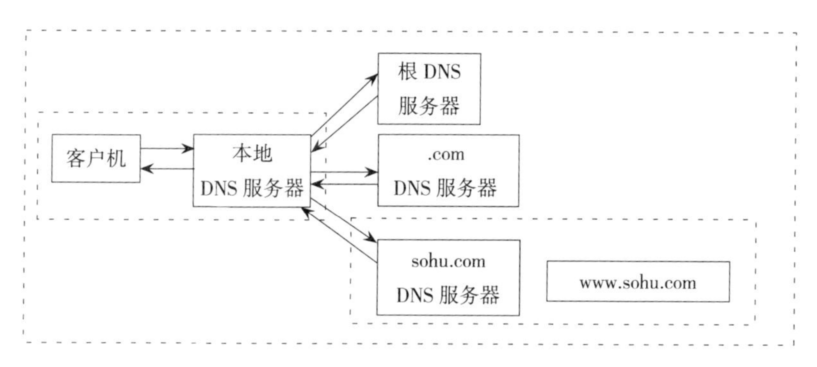

图 6-1-9　DNS 域名解析过程

②本地 DNS 服务器接收到请求，先查询本地缓存，如果有其 IP 地址，则直接将查询的结果返回给客户机；如果没有，就发送请求到根 DNS 服务器。

③根 DNS 服务器将其下一级的域名服务器（. com DNS 服务器）的 IP 地址返回给本地 DNS 服务器。

④本地 DNS 服务器向 . com DNS 服务器发送查询请求，. com DNS 服务器先查询本地缓存是否有其 IP 地址，如果没有将其下一级的域名服务器（sohu. com DNS 服务器）的 IP 地址返回给本地 DNS 服务器。

⑤本地 DNS 服务器向 sohu. com DNS 服务器发送查询请求，sohu. com DNS 服务器查询本地缓存，如果没有该记录，将给出提示信息；如果有则返回 www. sohu. com 主机的 IP 地址。

📖7. 统一资源定位符（URL）　统一资源定位符（URL）也称为网页地址，是 Internet 上标准的资源的地址，是对可以从 Internet 上得到的资源的位置和访问方法的一种简洁的表示。只要能够对资源定位，系统就可以对资源进行各种操作，如存取、更新、替换和查找其属性等操作。

URL 的一般形式是：URL 的访问方式：//信息资源地址/文件路径

其中 URL 的访问方式表示采用何种方式或协议访问资源，常见的访问方式有 ftp（采用文件传送协议）、http（采用超文本传送协议，访问 WWW 服务器）、telnet（采用远程登录协议 Telnet）等；信息资源地址表示存放资源的主机在 Internet 中的域名。下面给出的都是 URL，如 http：//www. sohu. com、ftp：//ftp. puk. edu. cn、news：//news. microsoft. com。

6.1.4　网络的配置与检测

为了使一台计算机接入网络，除了必备的网络设备外，还要进行相应的网络设置，即给主机设置 IP 地址。

📖1. 网络的设置　给主机设置 IP 地址，也就是设置 TCP/IP。TCP/IP 用于为计算机指定数字标识，以便其能够在网络中通信。具体设置操作步骤如下：

（1）打开“控制面板”窗口，双击“网络连接”图标。

（2）双击“本地连接”图标，打开“本地连接状态”对话框，如图 6-1-10 所示。

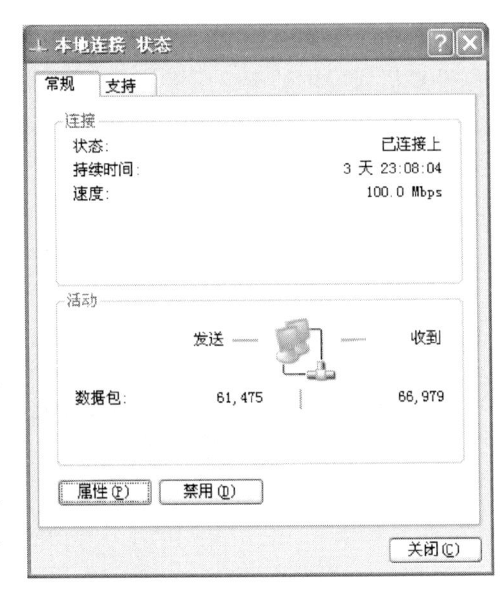

图 6-1-10 “本地连接状态”对话框

（3）单击“属性”按钮，打开其属性对话框，如图 6-1-11 所示。

（4）选中“Internet 协议（TCP/IP）”复选框并单击“属性”按钮，打开其“属性”对话框，如图 6-1-12 所示。

（5）选中“使用下面的 IP 地址”单选按钮并输入 IP 地址、子网掩码和默认网关（即你的网络中连接到其他网络的计算机或路由器）。

（6）单击“使用下面的 DNS 服务器地址”单选按钮并输入 DNS 地址，如图 6-1-12 所示。

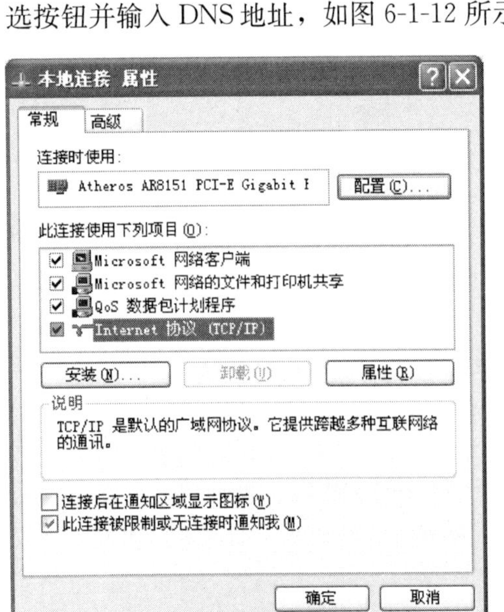

图 6-1-11 “本地连接属性”对话框

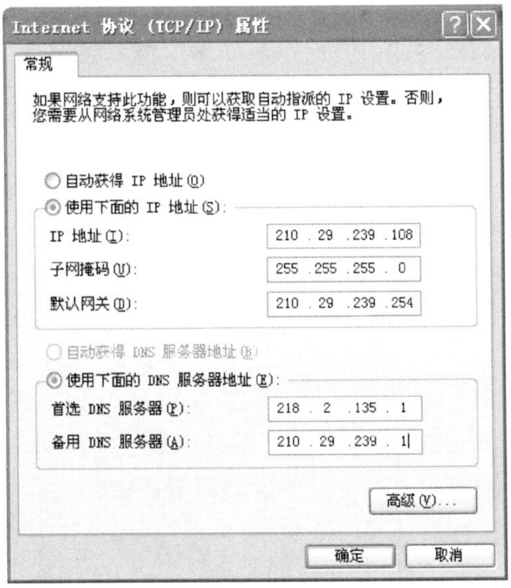

图 6-1-12 TCP/IP 属性

（7）单击“确定”按钮即完成设置。

提示： 网关是网络中某一台计算机想访问其他网段的计算机或互联网时的出口，某一台计算机或路由器都可充当网关。另外在实际应用中，在配置局域网（支持 DHCP 服务）中的计算机的 IP 地址时，为了避免人为输入产生地址冲突的错误，通常选中“自动获得 IP 地址”单选按钮。

2. 网络的检测和诊断 设置了 IP 地址后，可能会出现网络连接不通的故障，这时需要使用 DOS 命令进行测试了。操作步骤如下：

（1）首先执行开始→附件→命令提示符命令，使用 ipconfig 命令查看本机的 IP 地址、子网掩码、默认网关等信息，判断 TCP/IP 属性是否设置正确。如图 6-1-13 所示。

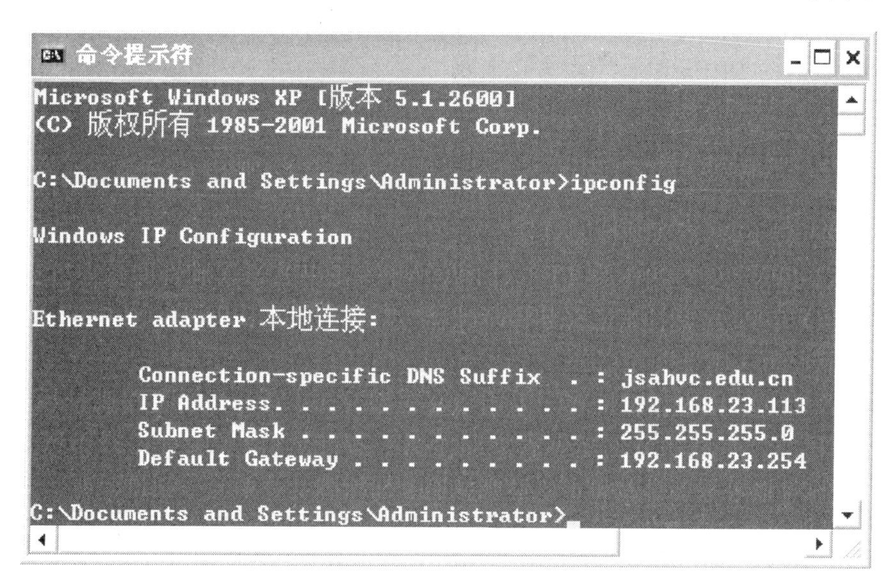

图 6-1-13　显示 TCP/IP 属性

（2）使用 ping 命令测试网络是否通畅，检测故障原因。可以测试本机的 IP 地址、默认网关的 IP 地址来检验连接是否通畅，也可以 ping 某一远程计算机来测试是否可以与远程主机正常通信。如图 6-1-14 是 ping 本机 IP 地址的输出结果。

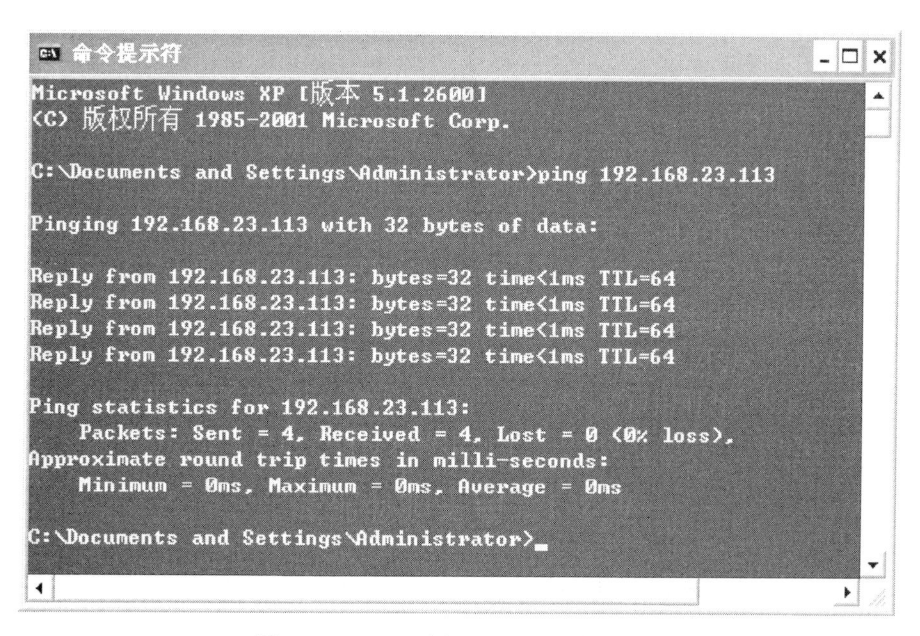

图 6-1-14　ping 本机 IP 地址的输出结果

（3）根据检查结果排除故障。如修改 IP 地址、检查网线、网卡是否松动或接触不良等。

3. 设置网络共享　网络实现了资源共享，利用共享文件夹可以将文件资源发布到网络中，提供给其他用户使用。另外，可以对该共享文件夹进行权限设置来控制用户的访问权限。

如果要共享一个文件夹，操作步骤如下：

（1）选中要共享的文件夹，单击鼠标右键，在弹出的快捷菜单中选择“属性”命令，打开其“属性”对话框；选择“共享”选项卡，如图 6-1-15 所示。

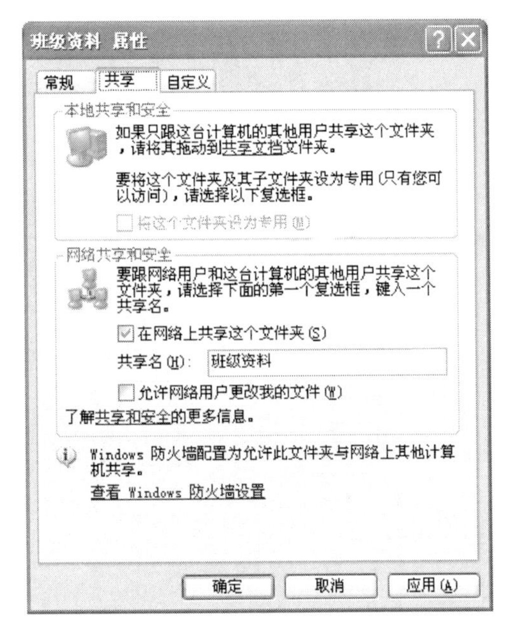

图 6-1-15 设置共享文件夹

（2）选中“在网络上共享这个文件夹”复选框，输入共享文件夹的名称。默认情况下，共享名与文件夹名称相同。

（3）如果允许网络用户更改文件夹中的文件，则选中“允许网络用户更改我的文件”复选框，单击“确定”按钮结束设置。这时可以从另一台计算机上访问该文件夹了。

6.1.5 浏览与保存网页信息

万维网（world wide web，WWW，亦称 3W，环球信息网）是目前 Internet 上应用最多的服务之一。用户可使用称为浏览器的交互程序进行信息搜索，从网页上获取各种形式的信息。本节以使用 IE 浏览器为例，要求打开某网站主页“http：//sk. neea. edu. cn/jsjdj”（全国计算机等级考试网站），浏览“大纲教材”的页面，查找“全国计算机等级考试大纲目录”中的页面内容，并将它以文本文件“大纲目录 . txt”保存起来。

（1）在地址栏中输入主页地址“http：//sk. neea. edu. cn/jsjdj”，打开全国计算机等级考试的主页。

（2）依次单击“大纲教材”和“全国计算机等级考试大纲目录”超链接，打开相应的页面，如图 6-1-16 所示。可保存整个页面，也可以保存网页中的图片，还可以将页面添加到收藏夹中。

图 6-1-16 全国计算机等级考试网站

（3）如果保存 Web 页面，执行“文件”→“另存为”命令，打开如图 6-1-17 所示的对话框。单击“保存类型”下拉列表框右侧的下三角按钮，在弹出的下拉列表中选择合适的类型，如本例中应选择“文本文件（. txt）”，然后输入保存的文件名，最后单击“保存”按钮即可。

（4）如果想保存网页中的图片，只需要右键单击该图片，在弹出的快捷菜单中选择

“图片另存为”命令，然后在打开的对话框中指定文件名和保存位置后单击“保存”按钮即可。

(5) 将页面添加到收藏夹。执行“收藏”→“添加到收藏夹”命令，打开如图 6-1-18 所示的“添加到收藏夹”对话框。若选中“允许脱机使用”复选框，则当计算机未连接到 Internet 时，也可以阅读该网页中的内容。当网页被指定允许脱机使用时，最好选择“工具”→“同步”命令，将其保存到本地计算机的 Internet 临时文件中。单击“创建到”按钮，可以在对话框中将选择对象收藏到指定的文件夹中，单击“确定”按钮即添加完成。

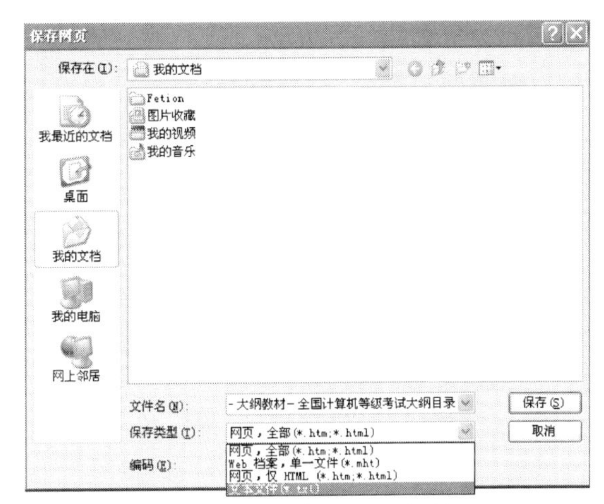

图 6-1-17　“保存网页”对话框

图 6-1-18　“添加到收藏夹”对话框

情境二　配置 Outlook 收发电子邮件

❶情境描述

收发电子邮件（E-mail）是 Internet 上使用最广的应用程序之一。可以通过内部计算机网络向本机构的成员发送电子邮件，或者通过 Internet 给世界各地的人发送电子邮件，这与邮箱、邮局、信封、地址的传统邮政系统很类似。请配置邮件客户端程序 Microsoft Outlook 2003，实现电子邮件的收发。

❷情境分析

要能够使用 Outlook 实现电子邮件的收发，需要配置 Outlook 邮件客户端程序点。本情境主要掌握如下技能点：

➢熟悉 E-mail 的功能、特点及地址格式

➢掌握配置 Outlook 的操作步骤及方法

➢掌握使用 Outlook 收发电子邮件的方法

经分析，可按照下列步骤完成：

- 电子邮件服务
- 配置 Outlook 2003

- 收发电子邮件

❸具体实现

6.2.1 电子邮件服务

电子邮件（E-mail）已成为Internet上使用最多和最受用户欢迎的信息服务之一，它是一种通过计算机网络与其他用户进行快速、简便、高效、价廉的现代通信手段。只要接入了Internet的计算机都能传送和接收邮件。

1. E-mail的功能和特点 目前，电子邮件系统越来越完善，功能也越来越强，并已提供了多种复杂通信和交互式的服务，其主要功能和特点是快速、简单、方便、便宜，并且可以一信多发，特别吸引人的是通过附件可以传送除文本以外的声音、图形、图像、动画等各种多媒体信息。此外，它还具有较强的邮件管理和监控功能，并向用户提供一些高级选项，如支持多种语言文本，设置邮件优先权、自动转发、邮件回执、短信到达通知、加密信件以及进行信息查询等。

2. E-mail地址 要发E-mail，首先需要知道E-mail地址。E-mail地址的一般格式如下：

username@hostname. domainname

其中username指用户在申请时所得到的账户名，@即“at”，意为“在”，hostname指账户所在的主机，有时可省略，domainname是指主机的Internet域名。例如，xxgcx@jsahvc. edu. cn是江苏牧医学院信息工程系的E-mail地址。其中xxgcx是信息工程系的账户名，这一账户在域名为jsahvc. edu. cn的主机上。

3. 邮件服务器如何工作 将邮件从一台计算机发送到另一台计算机，要将其数字化并发送至用作邮件服务器的计算机上，此邮件服务器将邮件分类并送到目的地。

邮件的发送和接收遵守以下两个基本的协议：SMTP（简单邮件传输协议）和POP3（邮局协议3）。STMP用来将邮件从一个用户发送到另一个用户，是发送邮件使用的协议；POP3是用来接收电子邮件的协议。

通常使用Outlook等软件来发送和接收邮件，它是怎样工作的呢？图6-2-1中实线部分展示了John（John@sina. com）给Lisa（Lisa@yahoo. com）发送邮件的整个过程，虚线部分展示的是Lisa给John发送邮件的过程。

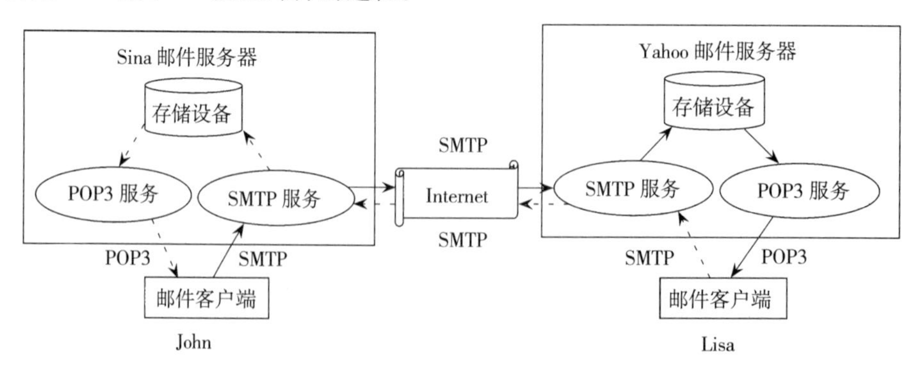

图6-2-1 邮件交换过程

（1）John 使用电子邮件的客户端程序编写了一封电子邮件，他使用的客户端程序是 Microsoft Outlook 2003。

（2）Outlook 与 Sina 的 SMTP 邮件服务器建立连接，并以 John 的用户名和密码进行登录后，使用 SMTP 协议把邮件发送到 Sina 的 SMTP 服务器。

（3）Sina 的 SMTP 服务器根据收件人的地址后缀（yahoo. com）与 Yahoo 的 STMP 服务器建立连接并采用 SMTP 协议把邮件发送给 Yahoo 的 SMTP 服务器。

（4）Yahoo 的 SMTP 服务器收到 Sina 的 SMTP 服务器发来的电子邮件后，直接把邮件储存在收件人的邮箱中。

（5）Lisa 使用它的客户端程序（如 Outlook 等）与 Yahoo 的 POP3 服务器建立连接，以 Lisa 的用户名和密码进行登录后，就可以通过 POP3 协议查看 Lisa@Yahoo. com 邮箱中的是否有邮件，如果有，则使用 POP3 读取邮箱中的邮件。

6.2.2　配置 Outlook 2003

Microsoft Office Outlook 2003 是个人信息管理器和通信程序，帮助管理电子邮件、日历、联系人以及有关其他人和工作组的信息。下面以设置阳光灿烂的 QQ 邮箱 451685908@qq. com 为例，讲解设置步骤。

（1）选择“开始”→“所有程序”→“Microsoft Office”→“Microsoft Outlook 2003”命令，打开 Outlook 2003 应用程序窗口。

（2）执行“工具”→“电子邮件账户”命令，打开如图 6-2-2 所示的“电子邮件账户”对话框，选中“添加新电子邮件账户”单选按钮，单击“下一步”按钮。

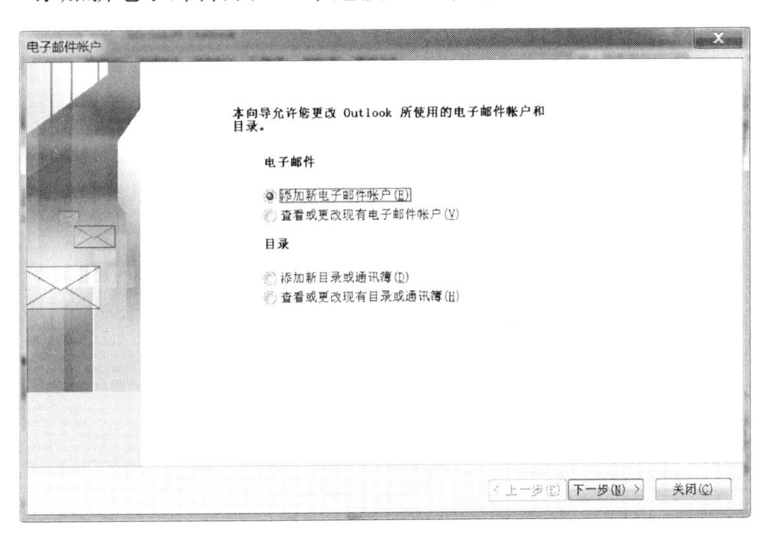

图 6-2-2　“电子邮件账户”对话框

（3）选择“POP3”作为服务器类型，单击“下一步”按钮，出现如图 6-2-3 所示的对话框，在其中填写必填字段，包括用户信息（姓名如阳光灿烂、电子邮件地址如 451685908@qq. com）、登录信息（邮箱用户名 451685908、登录邮箱的密码）、服务器信息（接收邮件服务器 pop. qq. com、发送邮箱服务器 SMTP. qq. com）。

（4）单击“其他设置”按钮，打开“Internet 电子邮件设置”对话框，然后选择“发送

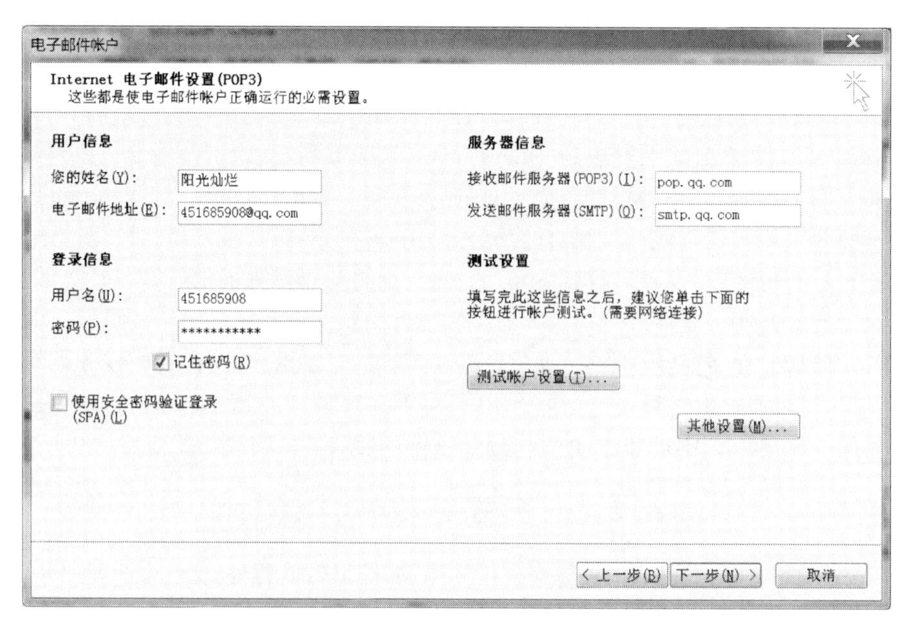

图 6-2-3　Internet 电子邮件设置

服务器”选项卡，选中“我的发送服务器（SMTP）要求验证”复选框，然后选中“使用与接收邮件服务器相同的设置”单选按钮，如图 6-2-4 所示。

（5）选择“高级”选项卡，选中“在服务器上保留邮件的副本”复选框以确保邮件不会出现丢失的情况，如图 6-2-5 所示，单击“确定”按钮返回到图 6-2-3 所示的对话框。

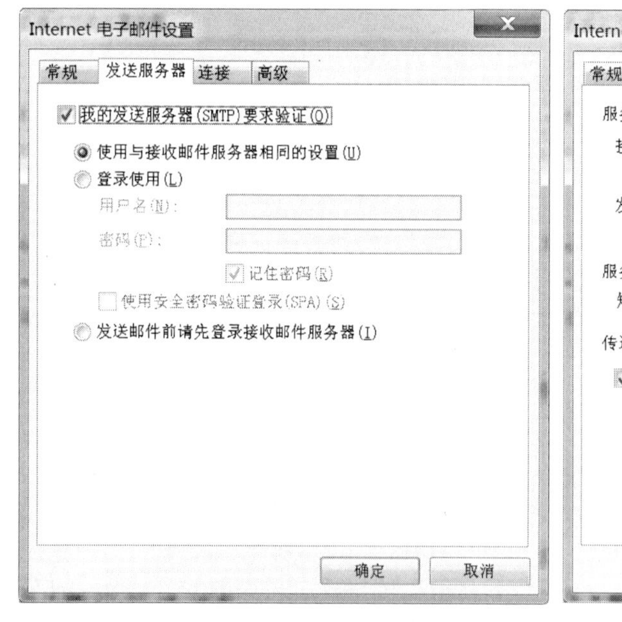

图 6-2-4　“发送服务器”选项卡设置

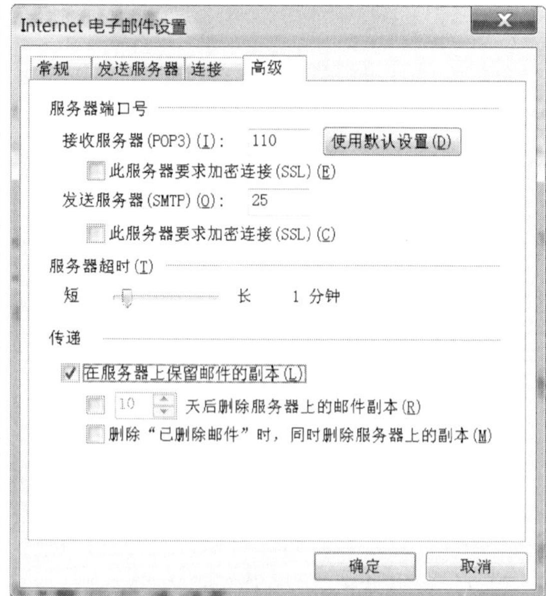

图 6-2-5　“高级”选项卡设置

（6）单击“测试账户设置”按钮，则出现如图 6-2-6 所示的“测试账户设置”对话框。单击“关闭”按钮返回到图 6-2-3 所示的对话框。

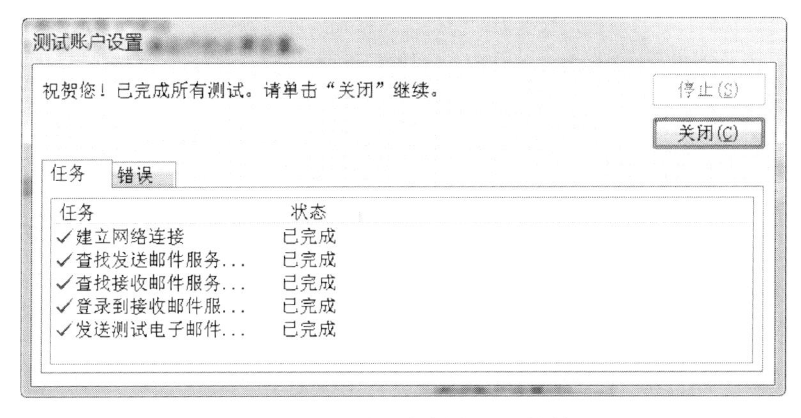

图 6-2-6　“测试账户设置”对话框

（7）单击“下一步”按钮，弹出的对话框提示配置完成。单击“完成”按钮，可以开始用 Outlook 软件收发电子邮件了。

6.2.3　收发电子邮件

1. 发送和接收全部邮件　最简单的方法就是单击工具栏中的“发送/接收”按钮右侧的下三角按钮，在弹出的菜单中选择“全部发送/接收”命令，此时系统会检查是否有保存在“发件箱”中未发的邮件，如果有，将按照电子邮件地址使用设置的邮件服务器将其发送出去；同时系统会检查所有电子邮件账户中是否有新到达的邮件，如果有，将其下载并显示在 Outlook 窗口中。

2. 创建新邮件　单击工具栏中的“新建”按钮，打开如图 6-2-7 所示的“邮件”窗口。依次填写收件人邮箱、抄送地址邮箱（如果需要）、主题及信件正文。如果有文件要随着信件一起发出，则执行“插入”→“文件”命令，找到要插入的文件并插入，此时“附加”文本框中显示出文件的名称；还可以设置邮件格式，单击工具栏中的“邮件格式”右侧下三角按钮，在弹出的菜单中选择“HTML”、“RTF”或“纯文本”格式。邮件编辑完毕，单

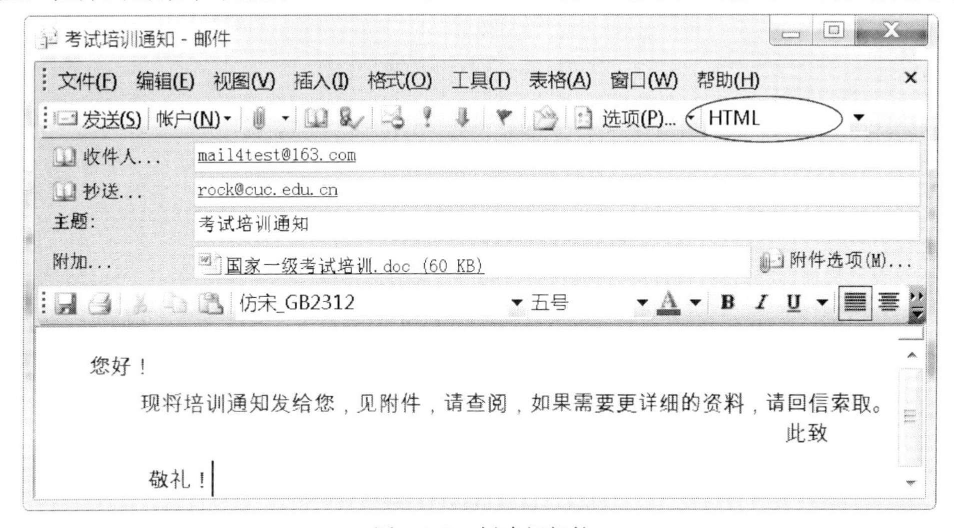

图 6-2-7　创建新邮件

击工具栏中的“发送”按钮，则系统开始发送邮件。

🕮**3. 接收电子邮件** 接收电子邮件仅需单击工具栏中的“发送/接收”按钮即可。收到的邮件被显示在“收件箱”窗口中。如图 6-2-8 所示。

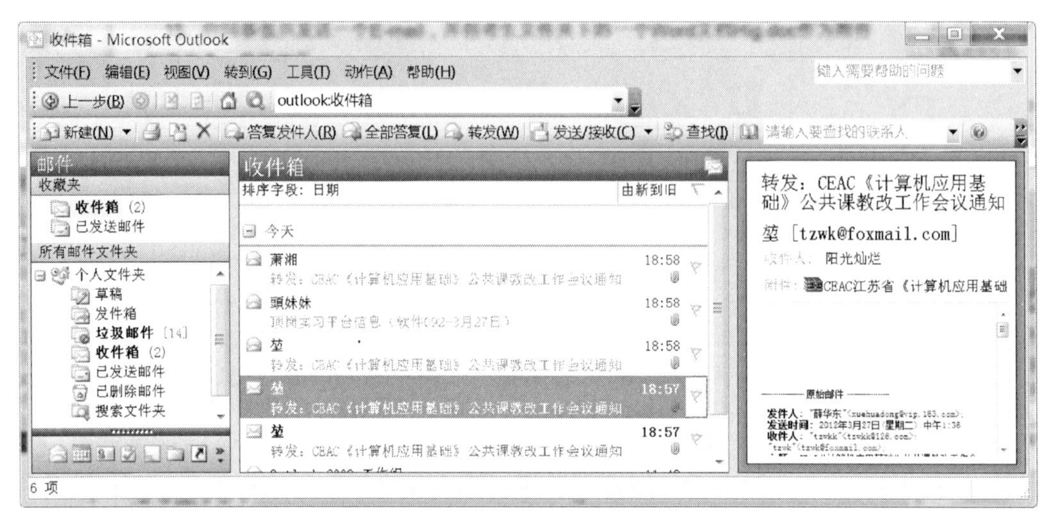

图 6-2-8 收件箱

打开带附件的邮件，用户可以右键单击附件，在弹出的菜单中选择“另存为”命令，将附件保存到本地计算机上，也可以双击附件，直接打开该附件文件。

🕮**4. 转发电子邮件** 若希望将收到的邮件转发给他人，可在收件箱窗口中右键单击要转发的邮件，在弹出的菜单中选择“转发”命令，然后在打开的转发窗口中输入相应的内容。

🕮**5. 答复收件人** 在收件箱窗口中右键单击要回复的邮件，在弹出的快捷菜单中选择“答复发件人”命令。在“答复”窗口中系统自动将原发件人的地址变为收件人地址，用户只需填入答复文本后即可发送。当然，在答复收件人的同时，依然可以使用抄送将邮件同时转发给其他人，也可以插入文件附件发送。

练　习　题

一、单项选择题

1. 计算机网络的应用越来越普遍，它的最大好处在于（　　）。
   A. 节省人力　　B. 存储容量大
   C. 可实现资源共享　　D. 信息存取速度提高
2. 在计算机网络中，英文缩写 WAN 的中文名是（　　）。
   A. 局域网　　B. 无线网　　C. 广域网　　D. 城域网
3. 计算机与局域网互连，需要有（　　）。
   A. 网桥　　B. 网关　　C. 网卡　　D. 路由器
4. 调制解调器（modem）的作用是（　　）。
   A. 将数字脉冲信号转换成模拟信号　　B. 将模拟信号转换成数字脉冲信号

C. 将数字脉冲信号与模拟信号互相转换　　D. 为了上网与打电话两不误

5. Internet 中，主机的域名和主机的 IP 地址两者之间的关系是（　　）。

A. 完全相同，毫无区别　　B. 一一对应

C. 一个 IP 地址对应多个域名　　D. 一个域名对应多个 IP 地址

6. Internet 实现了分布在世界各地的各类网络的互联，其最基础和核心的协议是（　　）。

A. HTTP　　B. FTP　　C. HTML　　D. TCP/IP

7. TCP 协议的主要功能是（　　）。

A. 进行数据分组　　B. 保证可靠的数据传输

C. 确定数据传输路径　　D. 提高数据传输速度

8. 根据 Internet 的域名代码规定，域名中的（　　）表示商业组织的网站。

A. . net　　B. . com　　C. . gov　　D. . org

9. 用综合业务数字网（又称“一线通”）接入因特网的优点是上网通话两不误，它的英文缩写是（　　）。

A. ADSL　　B. ISDN　　C. ISP　　D. TCP

10. 在因特网上，一台计算机可以作为另一台主机的远程终端，从而使用该主机的资源，该项服务称为（　　）。

A. Telnet　　B. BBS　　C. FTP　　D. Gopher

11. 用户在 ISP 注册拨号入网后，其电子邮箱建在（　　）。

A. 用户的计算机上　　B. 发信人的计算机上

C. ISP 的主机上　　D. 收信人的计算机上

12. 下列关于因特网上收/发电子邮件优点的描述中，错误的是（　　）。

A. 不受时间和地域的限制，只要能接入因特网，就能收发电子邮件

B. 方便、快速

C. 费用低廉

D. 收件人必须在原电子邮箱申请地接收电子邮件

13. 下列关于电子邮件的说法，正确的是（　　）。

A. 收件人必须有 E-mail 账号，发件人可以没有 E-mail 账号

B. 发件人必须有 E-mail 账号，收件人可以没有 E-mail 账号

C. 发件人和收件人均必须有 E-mail 账号

D. 发件人必须知道收件人的邮政编码

14. 假设 ISP 提供的邮件服务器为 bj163. com，用户名为 XUEJY 的正确电子邮件地址是（　　）。

A. XUEJY@bj163. com　　B. XUEJY&bj163. com

C. XUEJY＃bj163. com　　D. XUEJY@bj163. com

15. 以下（　　）主机在地理位置上肯定是属于中国的。

A. microsoft. au　　B. ibm. il

C. b. ta. cn　　D. eeec. com

16. 下列各项中，（　　）不能作为 Internet 的 IP 地址。

A. 202. 96. 12. 14　　B. 202. 196. 72. 140

C. 112.256.23.8　　D. 201.124.38.79

17. 正确的 IP 地址是（　　）。

A. 202.202.1　　B. 202.2.2.2.2

C. 202.112.111.1　　D. 202.257.14.13

18. 下面（　　）是路由器的主要功能。

A. 选择转发到目标地址所用的最佳路径

B. 重新产生衰减了的信号

C. 把各组网络设备归并进一个单独的广播域

D. 向所有网段广播信号

19. A 类地址的默认子网掩码为（　　）。

A. 255.0.0.0　　B. 255.255.0.0

C. 255.255.255.0　　D. 255.255.255.255

20. IP 地址是由（　　）个小于 256 的十进制组成。

A. 4　　B. 16　　C. 6　　D. 32

二、简答题

1. 计算机网络按拓扑结构可以分为哪几种？按通信距离又可以分为哪几种？

2. 局域网、广域网和 Internet 三者之间有什么区别和联系？如果有机会的话，观察一下机房的网络，了解它是与 Internet 的连接方法。

3. IP 地址与域名有必然联系吗？

4. 精确计算一下，可以有多少个 A 类、B 类、C 类网络地址存在？

5. 说出下面这几个 IP 地址的类型和作用：

202.112.1.4；127.0.0.1；172.2.0.0；38.255.255.255。

6. 计算 A 类、B 类和 C 类子网中实际可以容纳的主机数。估算一下全国的家庭数量，若给每一个家庭分配一个 IP 地址，可用的 IP 地址足够吗？

模 块 七 目 录

模块七　常用工具软件的使用

学习情境

- 压缩与解压缩文件
- 下载资源
- 系统维护
- 系统安装
- 网络交流

技能目标

- 如何将单个或多个文件压缩和解压
- 将网络资源下载到本地
- 如何安全优化系统
- 如何快速安装操作系统
- 利用网络进行交流

情境一　压缩与解压缩文件

❶情境描述

张红今天在网络上遇到一个朋友，朋友想要他们一起郊游的照片。照片共有上百张，怎样才能更快、更方便地将这些照片发送给朋友呢？

❷情境分析

在计算机中，一张照片就是一个文件。要发送大量文件，通常是将这些文件放置在一个文件夹中，然后压缩这个文件夹，使其成为一个压缩文件。压缩文件是一个文件和目录的集合，且这个集合被储存在一个文件中，它的存储模式使其所占用的磁盘空间比其中所有文件和目录的总和要少。

被压缩的文件在使用前必须解压缩。WinRAR 是目前网上非常流行和通用的压缩软件，它全面支持 ZIP 和 RAR 格式，支持多种格式的压缩文件。不仅界面友好、使用方便，而且可以创建固定压缩、分卷压缩、自释放压缩等多种方式，还可以选择不同的压缩比例，实现最大限度地减小文件的存储空间。经分析，可按照下列步骤完成

- WinRAR 的下载与安装
- 使用 WinRAR 压缩文件

- 使用 WinRAR 解压缩文件

❸具体实现

7.1.1　下载并安装 WinRAR 4.01

📖**1. 下载**　在浏览器的地址栏中输入 www.winrar.com.cn，进入 WinRAR 中文版主页，免费下载 WinRAR 4.10 简体中文版。

📖**2. 安装**

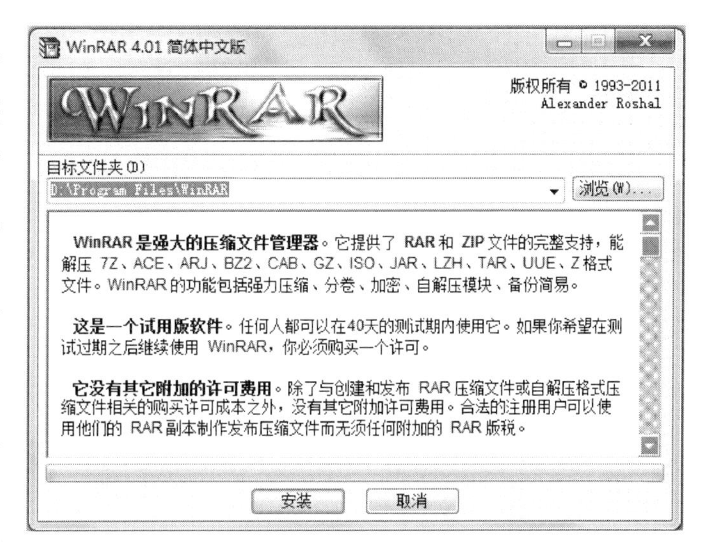

图 7-1-1　设定目标文件夹

(1) WinRAR 的安装十分简单，双击下载后的 WinRAR 安装程序，打开如图 7-1-1 的安装界面，在“目标文件夹”列表框中选择目标文件夹或者单击“浏览”按钮选择安装路径。

(2) 单击“安装”按钮后打开如图 7-1-2 所示的对话框，可以看出，WinRAR 这款软件支持的文件格式有 RAR、ZIP、ARJ 等 14 种。在此界面上，如果选中“在邮件关联菜单中显示图标”复选框，则当鼠标右键单击文件或文件夹时，在弹出的菜单中将增加有关压缩文件的菜单项。

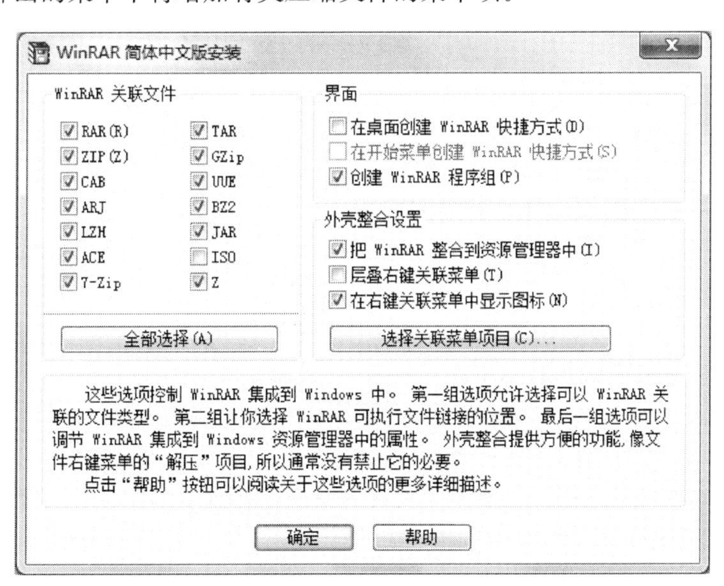

图 7-1-2　WinRAR 设置

(3) 单击“确定”按钮，即打开提示安装成功的对话框，单击“完成”按钮安装结束。

7.1.2　压缩文件和文件夹

1. 压缩单个文件或文件夹

（1）首先右键单击需要压缩的单个文件或文件夹，如图 7-1-3 所示的文件夹“专接本资料”，在弹出的快捷菜单中选择“添加到‘专接本资料 .rar’”命令，可在当前路径下生成同名的压缩文件。

（2）如果选择“添加到压缩文件”命令，则弹出如图 7-1-4 所示的“压缩文件名和参数”对话框，在“常规”选项卡中可设置压缩文件的名字及压缩格式等，单击“确定”按钮即完成压缩。

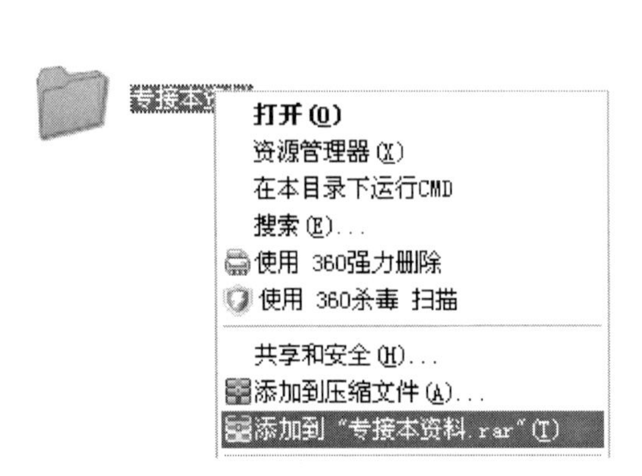

图 7-1-3　快速压缩单个文件或文件夹

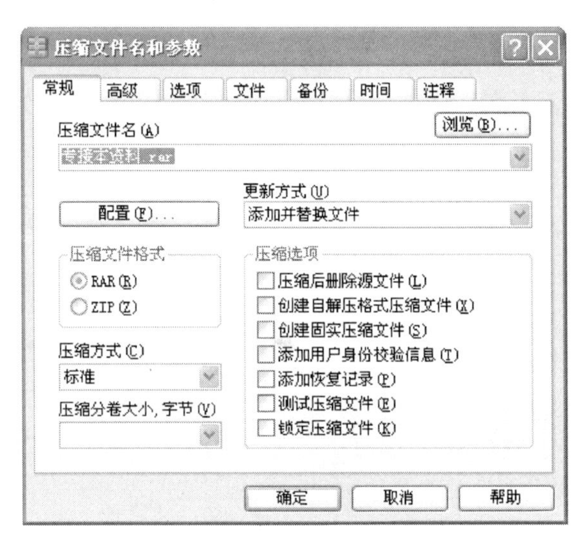

图 7-1-4　“压缩文件名和参数”对话框之“常规”选项卡

2. 压缩多个文件或文件夹　压缩多个文件或文件夹通常使用两种方式：

方法一：使用右键快捷菜单。

（1）打开“资源管理器”或“我的电脑”窗口，找到需要压缩的文件或文件夹并选中它们。

（2）单击右键，在弹出的菜单中选择“添加到压缩文件”命令，弹出如图 7-1-4 所示的“压缩文件名和参数”对话框。

（3）在“常规”选项卡中设置压缩文件名及压缩文件格式等参数；如果还需要添加文件，则选中“文件”选项卡，如图 7-1-5 所示。

（4）单击“要添加的文件”文本框后的“追加”按钮，按照提示追加文件，单击“确定”即可。

方法二：使用菜单进行。

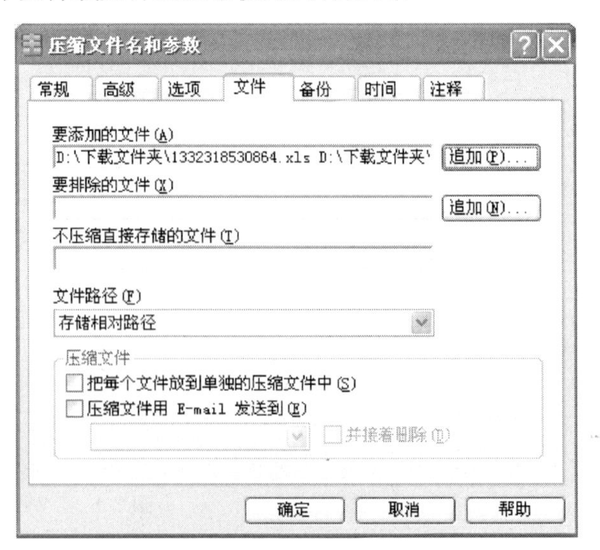

图 7-1-5　“压缩文件名和参数”对话框—“文件”选项卡

（1）执行“开始”→“所有程序”→“WinRAR”命令，打开 WinRAR 窗口，单击编辑栏右侧的按钮，找到需要压缩的文件所在的路径，如图 7-1-6a 所示。

（2）选择要压缩的文件。即按住 Ctrl 键选择多个不连续的文件，按住 Shift 键选择多个连续的文件，如图 7-1-6b 所示。

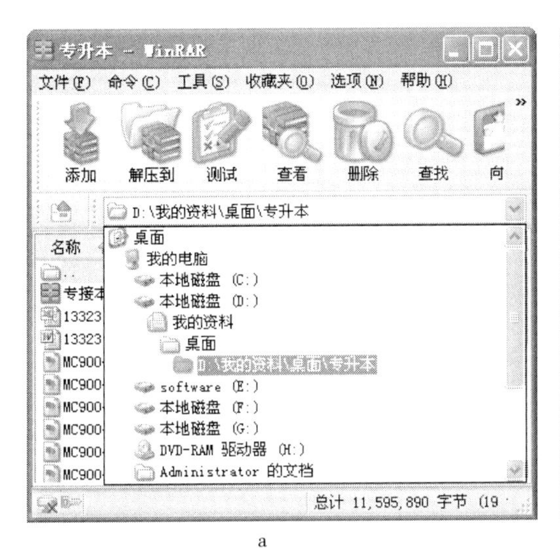

a

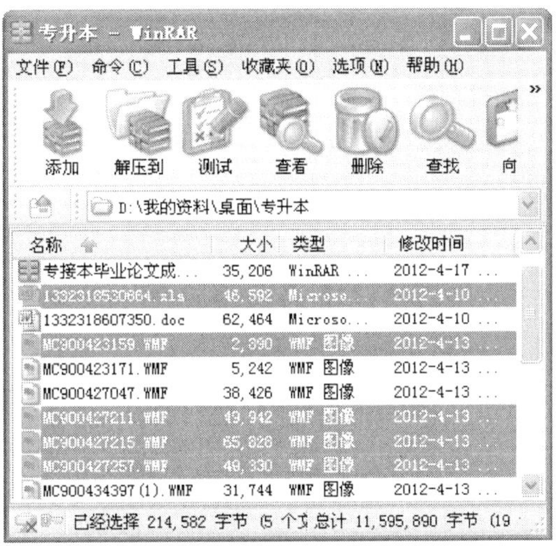

b

图 7-1-6　WinRAR 主窗口

a. 选择文件路径　b. 选择多个文件

（3）文件选定后，单击“添加”按钮，则出现如图 7-1-4 所示的“压缩文件名和参数”对话框，输入压缩文件的名称、选择压缩文件的格式。还可以选择“文件”选项卡，再次追加需要压缩的文件。

（4）单击“确定”按钮即完成多个文件的压缩。

📖**3. 生成分卷压缩文件**　在进行数据备份或大文件交换时，通常需要将文件进行分卷压缩。具体操作步骤如下：

（1）选中需要压缩的一个或多个文件或文件夹，打开“压缩文件名和参数”对话框，如图 7-1-4 所示。

（2）在“压缩文件名”文本框中输入文件的名称，如“校园风光”；在“压缩分卷大小，字节”列表框中选择“1，457，664－3.5”选项，也可以输入自己设定的数值。

（3）单击“确定”按钮，则开始进行分卷压缩，生成的第一个文件的文件名为“校园风光．partl. rar”，第二个文件的文件名为“校园风光．part2. rar”，第三个为“校园风光．part3. rar”，依此类推。解压时，解压第一个文件，系统自动将其余压缩文件复制到同一个文件夹中。

📖**4. 创建自解压文件**　有的时候，需要创建自解压文件，这样就可以随时随地地调用它，而不需要压缩软件的支持。在“压缩文件名和参数”对话框中选择“常规”选项卡（图 7-1-4），选中“创建自解压格式压缩文件”复选框，此时，压缩文件扩展名由“. rar”变成了“. exe”。

📖**5. 生成加密压缩文件**　在“压缩文件名和参数”对话框中，选择“高级”选项卡，如图 7-1-7 所示，单击“设置密码”按钮，在打开的对话框中输入并确认密码，单击“确定”按钮后即可生成加密压缩文件。

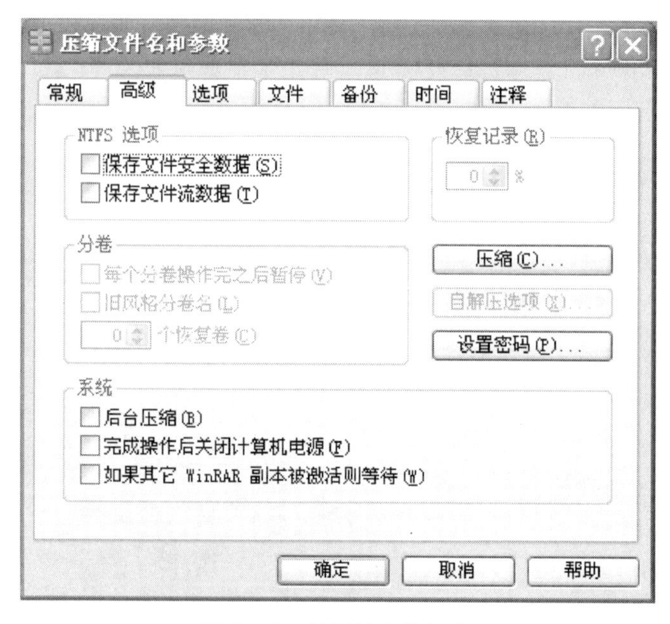

图 7-1-7　给压缩文件加密

7.1.3　解压文件

1. 快速解压　右键单击要解压的压缩文件，在弹出的快捷菜单中选择“解压到当前文件夹”命令即可。

2. 在 WinRAR 主界面操作　双击要解压的压缩文件，打开 WinRAR 主界面；单击工具栏中的“解压到”按钮，打开如图 7-1-8 所示“解压路径和选项”对话框，在“目标路径”列表框中选择目标文件夹或者在对话框的右下侧区域选择文件被解压后存放的路径，单击“确定”按钮就可以解压了。

3. WinRAR 能够解压多种文件格式　WinRAR 的解压缩非常简单，只要是 WinRAR 能够识别的压缩格式，都可以用 WinRAR 来解压文件，查看压缩包中的文件，就像对文件夹进行操作一样，不过这并不是真正的解压缩，如果想将其中的一个文件或部分解压到指定文件夹，只需选中这个（些）文件，然后单击工具栏中的“解压缩”按钮，选择文件解压后存放的位置，或

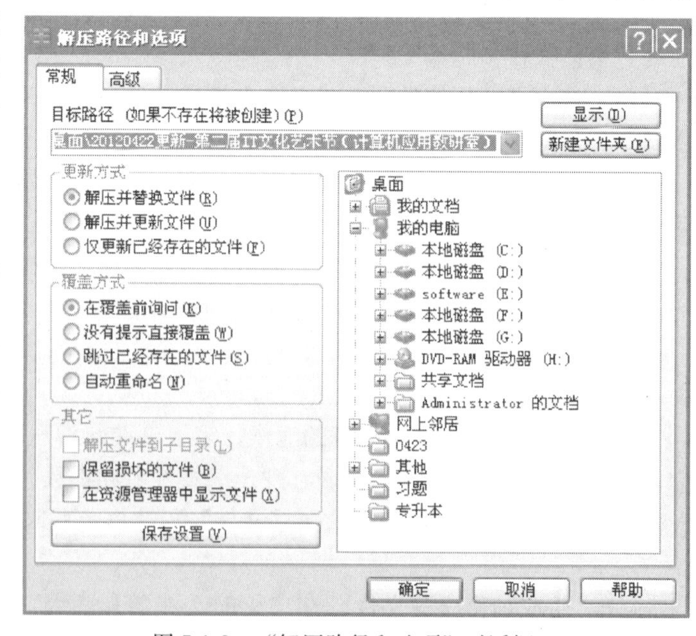

图 7-1-8　“解压路径和选项”对话框

者用鼠标直接将待解压的文件拖到目标文件夹中。

情境二　下载资源

❶情境描述

小王今天一上班，老板就交给他一项工作，要求他收集各类工程布线系统图，并打印出来。小王的同事提醒他可以到网上搜索并下载。对于搜索资料，小王知道可以利用浏览器或搜索引擎来完成，但是下载资料呢?

❷情境分析

下载大容量的资料可借助下载工具来完成。下载工具的主要功能是采用多线程技术把一个文件分成几个部分同时下载来成倍地提高下载速度，同时可对下载的文件进行分类管理。常用的下载工具软件包括迅雷、网际快车、网络蚂蚁等。下面给大家介绍迅雷（Thunder）这款热门的下载软件。

本情境中，主要掌握如下知识技能点：

➢学习迅雷的下载与安装

➢熟练利用迅雷快速下载网络资源

❸具体实现

7.2.1　下载并安装迅雷

🕮**1. 迅雷**　迅雷是一个提供下载和自主上传的工具软件。迅雷的资源取决于拥有资源网站的多少，同时需要有任何一个迅雷用户使用迅雷下载过相关资源，迅雷就能有所记录。迅雷使用的多资源超线程技术基于网络原理，能够将网络上存在的服务器和计算机资源进行有效的整合，构成独特的迅雷网络，通过迅雷网络各种数据文件能够以最快的速度进行传递。

多资源超线程技术还具有互联网下载负载均衡功能，在不降低用户体验的前提下，迅雷网络可以对服务器资源进行均衡，有效降低了服务器负载。

🕮**2. 下载与安装**　在 IE 浏览器的地址栏中输入“http：//www. xunlei. com”，进入迅雷主页，免费利用浏览器自带的下载功能下载迅雷安装程序。

双击下载后的迅雷安装程序，然后选择相应的文件安装路径，一直单击“下一步”按钮，即可安装迅雷，安装过程中出现的部分附加软件或插件可不安装。

7.2.2　使用迅雷下载资源

🕮**1. 用右键快捷菜单方式使用迅雷下载资源**

(1) 找到资源的下载页面，在下载地址上单击鼠标右键，弹出快捷菜单，选择“使用迅雷下载”命令。如图 7-2-1 所示。

(2) 出现“新建任务”对话框，如图 7-2-2 所示，指定“存储目录”后单击“立即下载”按钮即开始下载。

🕮**2. 使用迅雷批量下载资源**　有时候需要同时下载多个有规律的链接，这时就可以使

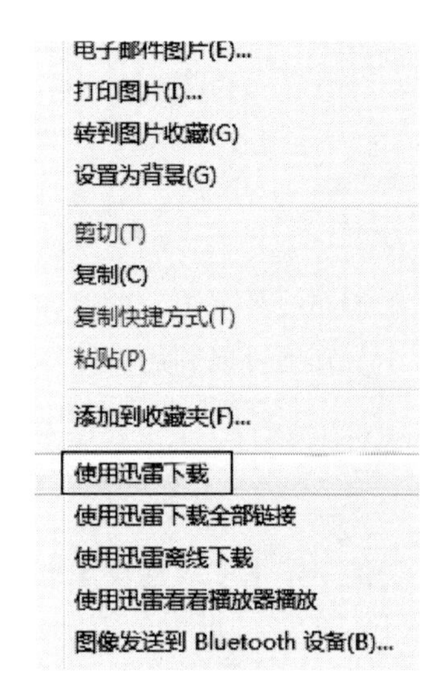

图 7-2-1　下载地址右键菜单

图 7-2-2　“新建任务”对话框

用迅雷建立批量任务的方法下载了，其操作步骤如下：

（1）找到批量资源的下载地址。

（2）在下载地址上单击鼠标右键，弹出快捷菜单，选择“使用迅雷下载全部链接”命令，将弹出如图 7-2-3 所示的“选择要下载的 URL”对话框。

（3）在弹出的“选择要下载的 URL”对话框中，选择需要批量下载的资源类型，如“. jpg”等，单击“确定”按钮，再选择“存储目录”复选框后单击“立即下载”按钮。

3. 导入未完成的迅雷下载　如果有某个任务没有下载完成，而迅雷的下载列表中并没有这个任务，就可以使用“导入未完成下载”命令来继续下载任务。其操作步骤如下：

（1）启动迅雷工具软件，在其主窗口中单击“菜单”按钮，在弹出的下拉菜单中依次选择“文件”→“导入未完成下载”命令（图 7-2-4），打开“打开”对话框。

图 7-2-3　“选择要下载的 URL”对话框

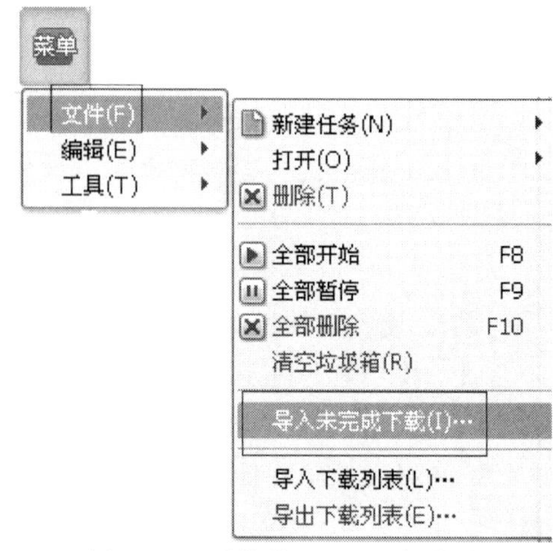

图 7-2-4　“菜单”按钮下拉菜单

（2）在“打开”对话框中选中要导入的未下载完成的文件，然后单击“打开”按钮，弹出“导入未完成任务”对话框，单击“确定”按钮，即导入未完成的任务并立刻开始下载。

情境三　系统维护

❶情境描述

小李上班打开计算机，想要登录QQ时发现总是提示密码错误，难道密码被人盗取并修改了吗？打开浏览器，突然弹出了许多不知名的窗口；计算机的运行速度越来越慢。这些问题如何解决呢？

❷情境分析

Windows操作系统经过长时间的使用，安装的软件也越来越多，再加上大部分使用者掌握的计算机技术有限，不熟悉如何对Windows操作系统进行良好的维护，最后导致计算机的运行越来越慢，系统中存在大量的病毒，并由此产生诸如盗号等一系列严重的后果。

在这种情况下，不少网络安全公司开发出一类用于对系统进行安全维护的软件，此类软件功能强大，对系统的维护效果明显，同时操作简单，易于上手，适合各类计算机使用者。下面给大家介绍其中最热门的一款——360安全卫士。

本情境中，主要掌握如下知识技能点：

➢学习360安全卫士的下载与安装

➢学习利用360安全卫士对系统进行维护

❸具体实现

7.3.1　安全优化系统

360安全卫士是当前功能最强、效果最好、最受用户欢迎的上网必备安全软件，其拥有查杀木马、清理插件、修复漏洞、电脑体检等多种功能，并独创了“木马防火墙”功能，可全面、智能地拦截各类木马，保护用户的账号、隐私等重要信息。360安全卫士自身非常轻巧，同时还具备开机加速、垃圾清理等多种系统优化功能，大大提高了电脑运行速度，内含的360软件管家还可帮助用户轻松下载、升级和强力卸载各种应用软件。

📖**1. 下载并安装**　在IE浏览器的地址栏中输入“http://www.360.cn/weishi/index.html”，进入360安全卫士的下载页面；点击“免费下载”（在线安装包）或“下载离线安装包”链接就可以下载。

双击下载后的360安全卫士安装程序，然后选择相应的文件安装路径，一直单击“下一步”按钮，即可完成安装。

📖**2. 电脑体检**　双击打开360安全卫士桌面快捷方式，程序运行后会自动启动“电脑体检”功能模块，为用户检查计算机存在的安全隐患，并给出隐患等级和安全系数评分。体检结果如图7-3-1所示。

电脑体检完成后，单击“一键修复”按钮，即可对计算机存在的问题进行修复，包括系统安全漏洞、产生的垃圾文件等。

图 7-3-1　电脑体检结果

📖**3. 查杀木马**　在操作系统中，对用户危害较大的是木马病毒，会因此带来账号、密码被盗而导致损失。360 安全卫士中单独设置了“查杀木马”这个功能模块。打开 360 安全卫士应用程序窗口，单击“查杀木马”按钮即进入“查杀木马”功能窗口，如图 7-3-2 所示。

图 7-3-2　查杀木马

“查杀木马”功能模块提供了三种扫描方式：快速扫描、全盘扫描、自定义扫描，用户可以根据需求选择相应的方式。快速扫描只是扫描系统重要位置的文件，花费时间短，效果好；全盘扫描是对整个硬盘进行扫描，所需时间长，适合全面清理；自定义扫描可以根据需要单独扫描某一驱动器或文件夹，特别适合对 U 盘等移动存储进行查杀。

4. 清理插件　用户在上网的过程中，会有意无意地打开各种各样的站点，许多非正规的网站会在页面中隐藏不少插件，这些插件会在用户不察觉的情况下强行安装。这些插件会捆绑广告、病毒等非法内容，因此也称它们为“流氓软件”。为了保证用户计算机运行速度流畅，网速正常，能够实现常见的功能（如网银等），需要定期对操作系统进行插件的清理。操作步骤如下：

（1）打开 360 安全卫士应用程序窗口，单击“清理插件”按钮即打开“清理插件”功能窗口。

（2）单击“开始扫描”按钮，即开始扫描当前系统中已安装的插件，得到扫描结果，如图 7-3-3 所示。

图 7-3-3　“清理插件”扫描结果

（3）用户根据扫描结果及清理建议，选中插件名称前的复选框，然后单击“立即清理”按钮将差评插件或影响系统正常功能的插件清理掉。

5. 修复漏洞　“修复漏洞”功能模块主要针对 Windows 操作系统和 Office 办公软件的安全漏洞来自动下载补丁并安装。许多病毒的入侵都是通过系统漏洞，因此修复系统漏洞能有效地确保系统安全。360 安全卫士能够自动检测系统当前存在的漏洞，并进行评级，提醒用户进行修复。

6. 系统修复　有时在某种未知的情况下，系统也可能出现严重的问题，如基本功能无法正常使用。这时候用户可以使用“系统修复”模块修复异常的上网设置及系统设置，让系统恢复正常。

7. 电脑清理　操作系统一旦使用，会源源不断地产生各种垃圾文件，日积月累后不但占用大量的磁盘，尤其是系统盘空间，还会拖慢整个电脑的运行速度。定期清理电脑垃圾能最大限度地提升系统性能，给用户一个洁净、顺畅的系统。进行电脑清理操作步骤如下：

（1）打开 360 安全卫士应用程序窗口，单击“电脑清理”按钮即打开“电脑清理”功能窗口，如图 7-3-4 所示。

图 7-3-4 “电脑清理”选项

（2）用户可以根据需要单击“电脑中的垃圾”、“使用电脑和上网产生的痕迹”或“注册表中的多余选项”按钮。

（3）用户还可以单击“一键清理”按钮，达到清理系统中的垃圾文件、清理使用电脑和上网产生的痕迹、优化注册表结构，从而释放磁盘空间、提高系统性能的目的。

📖**8. 优化加速** 为了缩短开机时间，提高系统运行速度，用户可以适当地对开机自启动的程序进行一定的删减，把一些不必要开机启动的程序设置为“禁止启动”，这样做是为了避免大量当前不使用的程序留驻内存，浪费系统资源。方法是单击 360 安全卫士应用程序窗口中的“优化加速”按钮，即开始扫描当前系统，智能分析出当前计算机系统中可优化的项目，并一一给出优化建议，用户根据该建议进行相应的操作。

7.3.2 功能扩展

📖**1. 功能大全** 360 安全卫士还根据当前计算机和网络的使用情况定制了一些专用的小工具来方便用户，这些专用工具往往能快速解决实际使用中一些经常遇到但又非常棘手的问题。

打开 360 安全卫士应用程序窗口，单击“功能大全”按钮即打开“功能大全”功能窗口。

📖**2. 软件管家** 360 安全卫士还附加了“软件管家”功能模块，其中包含“软件宝典”、“应用宝库”、“游戏大全”、“软件升级”、“下载管理”、“软件卸载”、“开机加速”、“手机必备”子模块。对于日常的软件下载、安装、卸载等都可以很方便地完成。

打开 360 安全卫士应用程序窗口，单击“软件管家”按钮即打开“软件管家”功能窗口。

情境四　系统安装与维护

❶情境描述

小刘的笔记本电脑在使用过程中出现了未知错误并自动重启，小刘本以为重新启动后系统能恢复正常，但是没想到再也不能进入系统了。根据了解到的计算机知识，知道这是因为操作系统出现了严重、无法自我修复的故障。电脑硬盘中，尤其是C盘下还存放着不少有用的文件，如何重新安装操作系统？如何确保文件不丢失？小刘犯愁了。

❷情境分析

Windows操作系统经过长时间的使用，经过大量的流氓软件、病毒的“折磨”，发生崩溃也在所难免。出现这种情况，首先需要把有用的文件备份出来，然后重新安装操作系统。安装操作系统对于许多计算机新手来说是非常困难的事情，于是出现了很多能方便完成上述任务的软件。本情境要介绍其中的一款，大白菜超级U盘启动盘制作工具。

❸具体实现

7.4.1　安装下载并制作自启动U盘

📖**1. 工具功能简介**　大白菜U盘工具主要有如下功能：

（1）真正的快速一键制作万能启动U盘，所有操作简单方便，只需要点一下鼠标即可。

（2）启动系统集成大白菜精心制作和改良的PE系统，真正可以识别众多不同硬盘驱动的PE系统，集成一键装机、硬盘数据恢复、密码破解等实用的程序。

（3）自定义启动系统加载，用户只需要在大白菜官网或者在其他网上找到的各种功能的PE或者其他启动系统，只需要制作时添加一下，自动集成到启动系统中。

（4）U盘启动区自动隐藏，防病毒感染破坏，剩下的空间可以正常当U盘使用，无任何干挠影响。

📖**2. 下载与安装**　在IE浏览器的地址栏中输入“http：//www. winbaicai. com/”，进入大白菜官网，找到“超级U盘启动盘制作工具”，如图7-4-1所示；单击“立即下载”按钮即可。

双击下载后的大白菜超级U盘启动盘制作工具V4. 5beta. exe，然后选择相应的文件安装路径，一直单击“下一步”按钮，即可完成安装。

📖**3. 制作自启动U盘**　将U盘插入计算机的USB接口，先将U盘中重要的数据进行备份。双击桌面快捷图标运行大白菜超级U盘启动盘制作工具，在运行界面下方的“请选择U盘”下拉列表中选择想要制作启动的U盘；在“模式”下拉列表中选择“USB-HDD”模式。最后单击“一键制作USB启动盘”按钮即开始制作。如图7-4-2所示。在制作过程中，计算机会自动格式化U盘，因此切记

图7-4-1　超级U盘启动盘制作工具下载

提前做好数据备份。制作完成后，U 盘就具有了引导系统的功能，会损耗约 200M 的空间，U 盘启动区自动隐藏，防病毒感染破坏，剩下的空间可以正常当 U 盘使用，无任何干扰影响。

图 7-4-2　制作 USB 启动盘

7.4.2　使用 WinPE 进行系统恢复与备份

📖1. WinPE 系统与 Ghost 工具　安装系统的方法有多种，这里简单介绍一下 WinPE 系统与 Ghost 工具。

WinPE 全称 Windows Preinstall Environment，即“Windows 预安装环境”，是一个只有 Windows 内核、并运行在内存中的迷你系统。在 WinPE 下，可以任意操作硬盘上的文件而不会因为文件正在使用而无法删除等；也可以直接格式化系统分区，因为这个系统运行于内存，绝对不牵扯到硬盘中的任何文件；也可以在这个系统下采用硬盘安装系统，这对于没有光驱的用户来说是个好办法，所以称为“Windows 预安装环境”。

Ghost 工具可以实现 FAT16、FAT32、NTFS、OS2 等多种硬盘分区格式的分区及硬盘的备份还原。在这些功能中，数据备份和备份恢复的使用频率特别高，以至于人们一提起 Ghost 就把它和克隆挂钩，往往忽略了它其他的一些功能。在微软的视窗操作系统广为流传的基础上，为避开微软视窗操作系统原始完整安装的费时和重装系统后驱动应用程序再装的麻烦，大家把自己做好的干净系统用 Ghost 工具软件来备份和还原，以达到快速重装操作系统的目的。Ghost 工具备份时生成的 .gho 文件被指为能快速恢复的系统备份文件。

📖2. 准备系统镜像文件　如需恢复操作系统，除了上面介绍的“大白菜”工具软件之外还不够，U 盘或计算机的非系统盘中还应该保存系统备份文件。该文件的获取途径有两个，一是上次安装操作系统之后利用 Ghost 工具进行了备份，生成了 .gho 文件；二是从网上下载各种第三方制作的操作系统备份文件，根据 WinXP、Win7 等系统的不同，下载备份文件的大小为 500MB～4GB。

📖**3. 启动 WinPE 系统，恢复操作系统**　将制作好的 U 盘插入计算机，开机并进入 CMOS 设置，将开机启动项设置为 U 盘优先（具体设置方法请参照计算机主板 CMOS 说明）。进入启动选项界面后，如图 7-4-3 所示。可以看到，“大白菜”集成了不少实用的小工具，其中 DiskGenius 分区工具可以对硬盘进行分区，这里不做详细讲解，直接介绍如何在计算机操作系统崩溃（即无法启动系统）的情况下进行系统的恢复。其操作步骤如下：

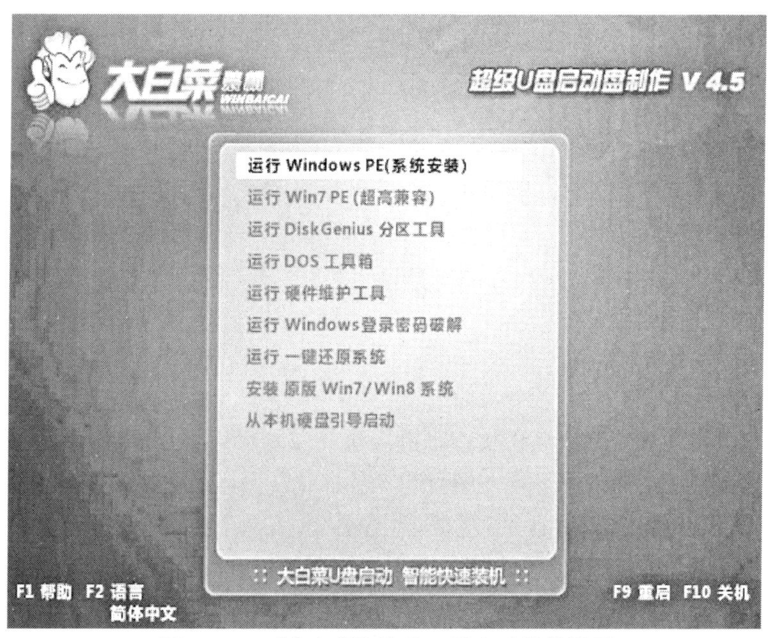

图 7-4-3　“大白菜”装机工具启动菜单界面

（1）选择“运行 Windows PE（系统安装）”，稍等片刻进入“大白菜”WinPE 系统主界面，与 Window 桌面相似。

（2）双击主界面上的图标“Ghost 11.0.2 手动运行”，将运行 Ghost 工具来恢复或备份操作系统，出现如图 7-4-4 所示的 Ghost 工具启动界面。点击启动界面中的“OK”按钮，

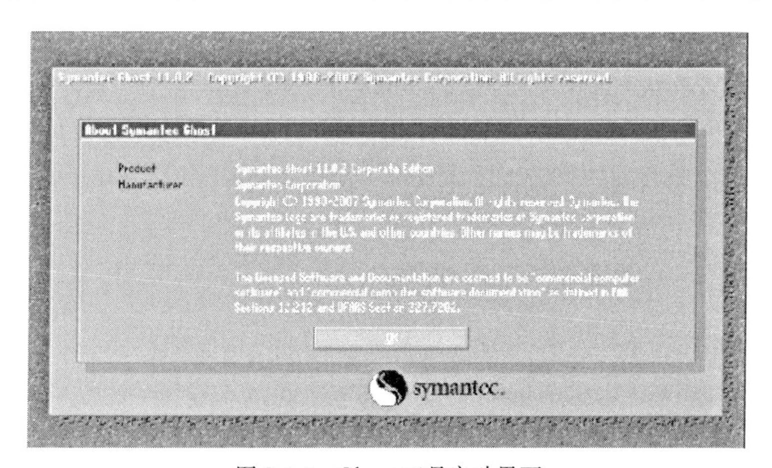

图 7-4-4　Ghost 工具启动界面

进入工具的主选单，如图 7-4-5 所示。

（3）依次选择“Local”→“Partion”→“From Image”命令，然后按 Enter 键，则开始对系统分区（C 盘）进行恢复。

（4）要恢复系统文件，首先找到扩展名为 . gho 的系统备份文件，即事先准备的系统镜像文件，如图 7-4-6 所示，找到存放在 U 盘或其他非系统分区（如 D、E、F 等盘符）中的系统备份文件。

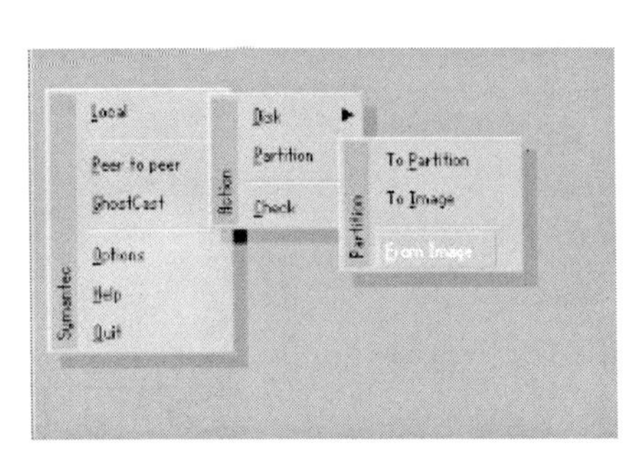

图 7-4-5　Ghost 工具主选单

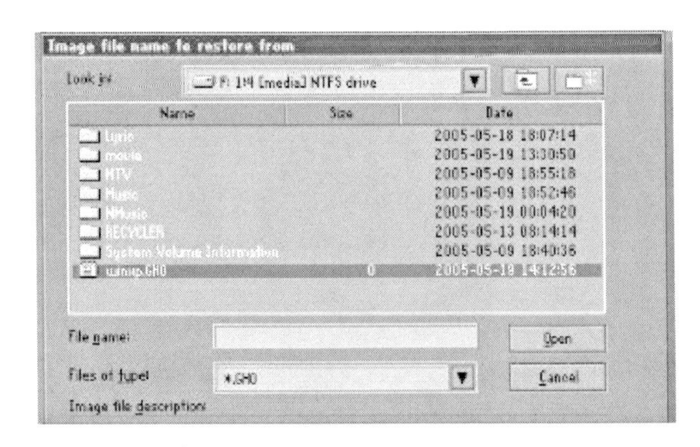

图 7-4-6　定位系统备份文件界面

（5）双击打开定位到的系统备份文件，进入选择恢复目标硬盘界面，如图 7-4-7 所示。一般一台计算机只有一块硬盘，而且现在硬盘的容量都非常大，因此在选择时很容易和同时接入计算机的 U 盘等移动存储设备相区别。注意，选择硬盘时不能选错。选定之后单击“OK”按钮。

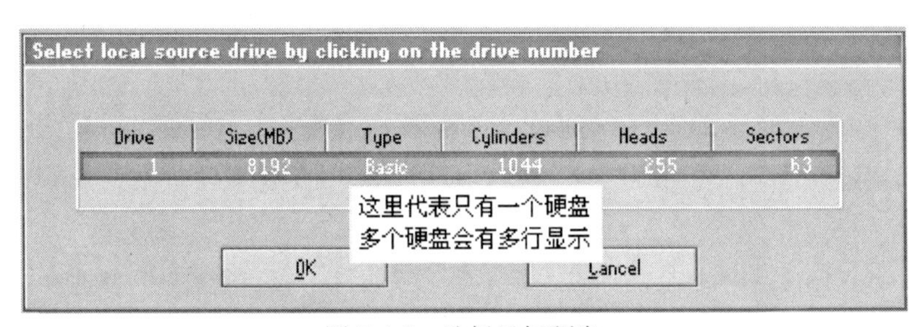

图 7-4-7　选择目标硬盘

（6）选定目标硬盘后还需要选择目标分区，这里应该选择硬盘系统分区（Primary 分区），也就是常说的 C 盘，如图 7-4-8 所示。在选择分区时注意不能选择其他非系统分区，否则在镜像恢复时会删除非系统分区上的所有数据。

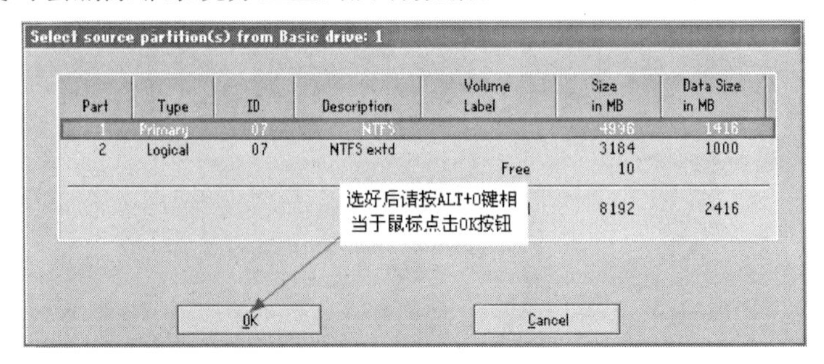

图 7-4-8　选择目标分区

（7）单击“OK”按钮，则出现提示框，如图 7-4-9 所示，提示用户是否确定回复。单击“Yes”按钮，则开始镜像恢复，恢复的速度取决于存储系统备份文件介质和目标硬盘的读写速度。一般 3～8 分钟，镜像恢复完成，这时软件提示需要重新启动计算机。

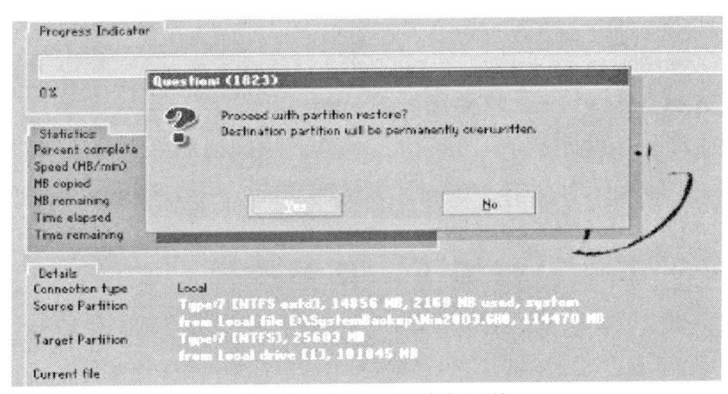

图 7-4-9　确认是否恢复系统

重启计算机会发现，能够正常使用的操作系统又回来了。当然，只是恢复了操作系统还远远不够，接下来需要给计算机安装所需的硬件驱动，下载安装杀毒软件和各类应用软件等。

4. 启动 WinPE 系统，备份操作系统　操作系统安装完成后，用户可以对其进行备份，生成扩展名为 .gho 的系统镜像文件。操作步骤如下：

（1）将制作好的自启动 U 盘插入计算机，通过 U 盘启动计算机，出现如图 7-4-3 所示的“大白菜”装机工具启动菜单界面。选择“运行 Windows PE（系统安装）”命令，进入“大白菜”WinPE 系统主界面。双击主界面上的图标“Ghost 11.0.2 手动运行”，将运行 GHOST 工具来备份操作系统，出现如图 7-4-4 所示的 Ghost 工具启动界面。单击“OK”按钮进入工具的主选单，如图 7-4-5 所示。

（2）选择备份系统命令。依次选择主选单命令“Local”→“Partion”→“To Image”，然后按 Enter 键，则开始对系统分区（C 盘）进行备份。

（3）同恢复系统类似，下一步是选择目标硬盘。如当前计算机安装有多个存储器，请选择安装操作系统的硬盘，单击“OK”按钮进入下一步。

（4）选择硬盘系统分区。选择想要备份的硬盘系统分区（Primary 分区），单击“OK”按钮，进入下一步。

（5）选择系统备份文件存放位置。如图 7-4-10 所示，选择一个有足够空闲容量的非系

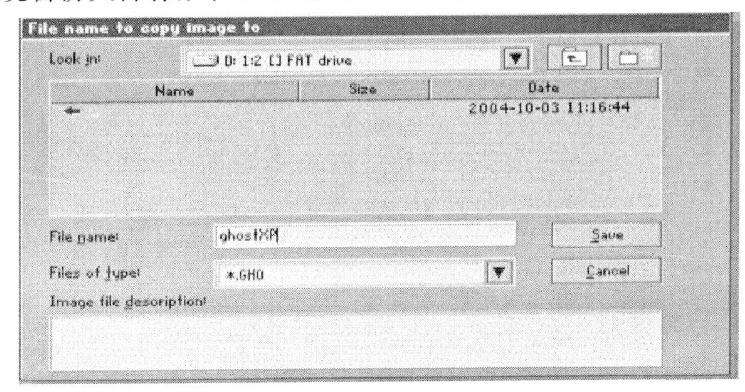

图 7-4-10　选择备份文件存放位置

统分区来存放备份文件，并在 File name 文本框中输入系统备份文件的名称，建议使用英文字母或数字。单击 Save 按钮出现如图 7-4-11 所示的“压缩镜像”对话框。

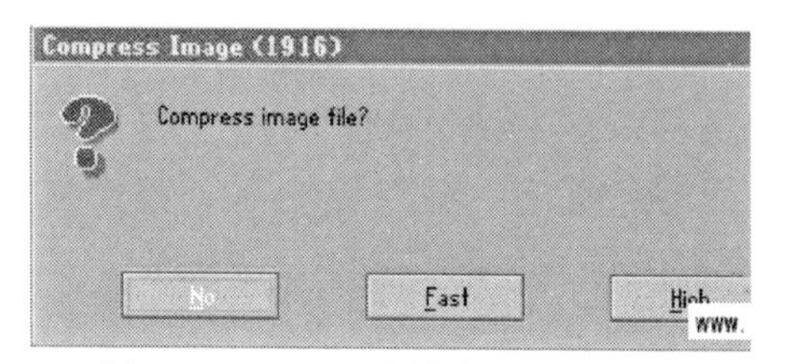

图 7-4-11 “压缩镜像”对话框

（6）在“压缩镜像”对话框中选择备份文件的压缩方式。如果计算机硬盘空闲不多可选择“High”，如果想要备份的速度快一些可选择“Fast”。在弹出的确认界面中单击“Yes”按钮确认备份。备份的时间取决于系统分区的大小和计算机的性能，一般 3～5min。

情境五 网络交流

❶情境描述

总公司领导安排小张组织一项活动，参加的人员遍布各地分公司，小张犯愁了，实地通知？不可能也不现实。电话通知？费用高，事情难以交代清楚。发信件通知？速度慢，可靠性低。领导安排的工作时间紧，任务重，该怎么办呢？

❷情境分析

现代社会，生活节奏越来越快，工作、生活之间的沟通也变得越来越频繁，信息化的时代需要信息的快速传递。传统的电话、信件已不能满足需求，高速网络成为了人们的首选，但是有了好的“道路”，也需要好的“车”才能快速把“货物”送达。因此，即时通信软件成了我们交流的首选工具。本情境推荐最热门的一款即时通信软件——腾讯 QQ2012。

❸具体实现

7.5.1 即时通信——腾讯 QQ

在 IE 浏览器的地址栏中输入 http：//im. qq. com/qq/2012/，打开 QQ2012 官方网站，如图 7-5-1 所示；单击“立即下载”按钮即可以下载。

图 7-5-1 QQ2012 官方网站

双击下载的可执行文件，打开“QQ2012 安装向导”对话框，按照安装向导的提示步骤即可实现将 QQ2012Beta1 安装到硬盘中。安装完成后，桌面上会出现“腾讯 QQ”图标，双击该图标，即弹出 QQ 登录窗口，如图 7-5-2 所示。

图 7-5-2　QQ2012 登录窗口

在登录窗口中，对于老用户来说，只需要依次输入 QQ 账号和密码，单击“登录”按钮即可；对于新用户（无 QQ 账号）来说，首先单击“注册账号”按钮，在打开的腾讯公司网站上选择合适的方法申请 QQ 账号，账号申请成功后在登录窗口中依次输入新申请的账号和密码即可完成登录。

登录成功的主界面上有许多快捷按钮，用来启动腾讯的其他应用，如“QQ 空间”、“QQ 邮箱”等。

使用 QQ 不仅可实现网友即时聊天，还可以与好友视频聊天，给好友发送文件，给好友点歌等。其使用方法这里就不做介绍了。

QQ 软件还开通了群功能，方便大家进行集中的交流。打开群聊天窗口，右侧有一个公告栏用来显示发布的通知。用户发送的文字、图片等消息可以被每一位群友看到，适合用于集中发布相关消息。QQ 群另一个较为实用的功能就是群共享，群友可以将本地文件上传到群共享中，供每位群友下载，不同等级的 QQ 群，群共享空间的容量是不同的，但也能满足日常使用。

7.5.2　微博——腾讯微博

1. 微博简介　博客作为一种网络交流的形式其实已经流行多时，大家可以通过博客在网上发布自己的文章、见解等。但是博客的使用貌似是一些有才之人的专享，好像没一定的思想深度都不好意思在网上显摆。这时，作为博客的推广应用——微博就应运而生。

微博，即微博客（MicroBlog）的简称，是一个基于用户关系的信息分享、传播以及获取平台，用户可以通过 Web、WAP 以及各种客户端组建个人社区，以 140 字左右的文字更新信息，并实现即时分享。最早也是最著名的微博是美国的 twitter，根据相关公开数据，截至 2010 年 1 月份，该产品在全球已经拥有7 500万注册用户。2009 年 8 月份中国最大的门户网站新浪网推出“新浪微博”内测版，成为门户网站中第一家提供微博服务的网站，微博正式进入中文上网主流人群视野。用户可以想到什么就说什么，哪怕就一句话，一张照片都可以发布，使得博客使用的门槛大大降低了。微博也被广大网友亲切地称为“围脖”。

互联网上可以注册登录的微博有新浪微博、腾讯微博等。这里简要介绍腾讯微博。

2. 腾讯微博的开通与使用

（1）开通微博。使用腾讯微博，首先要开通腾讯微博。最简单的方法是单击 QQ 面板中按钮，然后单击“　”按钮，在弹出的窗口中输入“姓名”即完成开通。开通成功后单击 QQ 面板上的按钮，就出现如图 7-5-3 所示的画面。在微博导航栏中有

“主页”、“广播大厅”、“我的微博”、“发表广播”等按钮，通过这些按钮可非常方便地使用微博。

(2) 发表广播。在QQ面板上微博导航栏中单击“主页”按钮（图7-5-3），在“来，说说你在做什么，想什么”所在的文本框内输入你想要说的话，同时可以插入图片和表情，甚至音乐视频等。然后单击“发表”按钮，你的话就会传给成千上万的网友。

图7-5-3　QQ面板中微博主页

(3) 建立话题。在如图7-5-3所示的窗口中，单击“话题”按钮#，则在“来，说说你在做什么，想什么”所在的文本框中，显示“＃输入话题标题＃”。用户在其后输入话题的标题，然后单击“发表”按钮，即在微博上建立一个新话题，感兴趣的博友可就该话题发表自己的看法。

(4) 转发微博。用户可以根据爱好转播他人的微博。单击导航栏中的“广播大厅”按钮，则出现网友们最新的广播。选择想要转播的广播，然后单击“转播”按钮，则出现“转播给我的听众”对话框，在该对话框中输入转播的理由，单击“发表”按钮即可。

(5) 个人微博设置。用户可以对个人微博进行设置，设置方法有两种：

方法一：使用个人微博首页设置。

①在浏览器的地址栏中输入“http：//t.qq.com”，如果已经登录QQ并开通微博则自动打开个人微博首页；或者单击QQ面板中签名下一行中的按钮，也可打开个人微博首页。

②单击微博昵称右方的下三角，在弹出的菜单中选择“设置”命令（如图7-5-4所示的昵称为“幸福如花”的微博），打开如图7-5-5所示的“设置个人资料”网页。

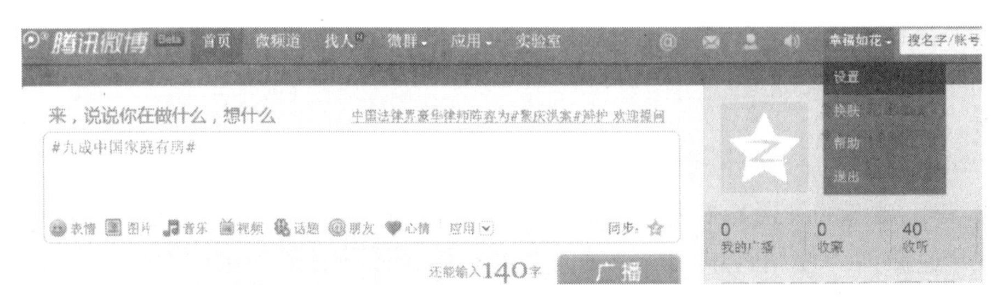

图7-5-4　个人微博首页

图 7-5-5　设置个人资料网页

③在“姓名”文本框中输入现在所用的QQ昵称，选择性别、生日和所在地，然后写上140字的介绍，单击“保存”按钮即可。

④除了可以修改个人资料外，还可以修改个人头像、绑定手机、隐私设置、同步设置、偏好设置、其他设置等。

方法二：单击QQ面板中微博导航栏中的“我的微博”按钮，然后单击“个人设置”按钮，也可以设置个人微博，这里就不再赘述了。

练　习　题

1. 使用WinRAR软件将D盘中的某个文件夹压缩，然后解压到E盘根目录下。

2. 下载安装迅雷软件，并利用迅雷下载360安全卫士、“大白菜”系统启动工具以及第三方的系统备份文件，存放到硬盘的某个分区下。

3. 安装下载好的360安全卫士，练习使用360系列工具为计算机优化系统，删除无效文件，杀灭病毒。

4. 安装“大白菜”U盘启动工具，制作可以引导系统的U盘，并练习使用Ghost工具备份和恢复操作系统。

5. 利用QQ和自己的朋友在线联络，并利用微博即时发表自己的见闻和感言。

参　考　文　献

曾斌，陈斌．2004. 中文版 Word 2003 文字处理全新教程［M］．上海：上海科学普及出版社．

东正科技公司．2006. Excel 2003 中文版应用教程［M］．北京：电子工业出版社．

高嗣慧，郑喜珍．2009. 计算机应用基础［M］．北京：中国农业出版社．

国家职业技能鉴定专家委员会．2005. 办公软件应用（Windows 平台）［M］．北京：北京希望电子出版社．

教育部考试中心．2004. 全国计算机等级考试一级 B 教程［M］．北京：高等教育出版社．

李辉，王荣，王庆桦．2004. 案例学 Office 2003 中文版［M］．北京：人民邮电出版社．

许洪军，王魏．2010. 计算机应用基础任务教程［M］．北京：中国铁道出版社．

阳东青，徐也可，谢晓东，等．2010. 计算机应用基础项目教程［M］．北京．中国铁道出版社．

张福炎，孙志辉．2007. 大学计算机信息技术教程［M］．4 版．南京：南京大学出版社．

图书在版编目（CIP）数据

计算机应用基础情境教程/余小燕，陆全华主编
.—北京：中国农业出版社，2012.9
全国高等职业教育“十二五”规划教材
ISBN 978-7-109-17192-3

Ⅰ.①计… Ⅱ.①余…②陆… Ⅲ.①电子计算机—高等职业教育—教材 Ⅳ.①TP3

中国版本图书馆 CIP 数据核字（2012）第 221708 号

中国农业出版社出版
（北京市朝阳区农展馆北路 2 号）
（邮政编码 100125）
策划编辑 赵 娴
文字编辑 李兴旺

北京通州皇家印刷厂印刷 新华书店北京发行所发行
2012 年 9 月第 1 版 2012 年 9 月北京第 1 次印刷

开本：787mm×1092mm 1/16 印张：24.25
字数：586 千字
定价：49.60 元